实战008　滤镜特效添加功能
▶ 视频位置：光盘\视频\第1章\实战008.mp4

实战009　转场特效添加功能
▶ 视频位置：光盘\视频\第1章\实战009.mp4

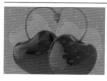

实战010　字幕工具功能
▶ 视频位置：光盘\视频\第1章\实战010.mp4

实战042　使用比率拉伸工具
▶ 视频位置：光盘\视频\第2章\实战042.mp4

实战052　分离影视视频
▶ 视频位置：光盘\视频\第3章\实战052.mp4

实战066　运用四点剪辑素材
▶ 视频位置：光盘\视频\第4章\实战066.mp4

实战069　运用波纹编辑工具剪辑素材
▶ 视频位置：光盘\视频\第4章\实战069.mp4

实战070　校正"RGB曲线"特效
▶ 视频位置：光盘\视频\第5章\实战070.mp4

实战071　校正"RGB颜色校正器"特效
▶ 视频位置：光盘\视频\第5章\实战071.mp4

实战072　校正"三向颜色校正器"特效
▶ 视频位置：光盘\视频\第5章\实战072.mp4

实战073　校正"亮度曲线"特效
▶ 视频位置：光盘\视频\第5章\实战073.mp4

实战074　校正"亮度校正器"特效
▶ 视频位置：光盘\视频\第5章\实战074.mp4

实战075　校正"广播级颜色"特效
▶ 视频位置：光盘\视频\第5章\实战075.mp4

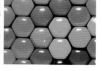

实战076　校正"快速颜色校正器"特效
▶ 视频位置：光盘\视频\第5章\实战076.mp4

实战077　校正"更改颜色"特效
▶ 视频位置：光盘\视频\第5章\实战077.mp4

实战078　校正"更改为颜色"特效
▶ 视频位置：光盘\视频\第5章\实战078.mp4

实战079　校正"颜色平衡（HLS）"特效
▶ 视频位置：光盘\视频\第5章\实战079.mp4

实战080　校正"分色"特效
▶ 视频位置：光盘\视频\第5章\实战080.mp4

实战展示

U0319336

实战081 校正"通道混合器"特效
▶ 视频位置：光盘\视频\第5章\实战081.mp4

实战082 校正"色调"特效
▶ 视频位置：光盘\视频\第5章\实战082.mp4

实战083 校正"均衡"特效
▶ 视频位置：光盘\视频\第5章\实战083.mp4

实战084 校正"视频限幅器"特效
▶ 视频位置：光盘\视频\第5章\实战084.mp4

实战085 校正"亮度与对比度"特效
▶ 视频位置：光盘\视频\第5章\实战085.mp4

实战086 调整图像的自动颜色
▶ 视频位置：光盘\视频\第5章\实战086.mp4

实战087 调整图像的自动色阶
▶ 视频位置：光盘\视频\第5章\实战087.mp4

实战088 调整图像的卷积内核
▶ 视频位置：光盘\视频\第5章\实战088.mp4

实战089 调整图像的光照效果
▶ 视频位置：光盘\视频\第5章\实战089.mp4

实战090 调整图像的阴影/高光
▶ 视频位置：光盘\视频\第5章\实战090.mp4

实战091 调整图像的自动对比度
▶ 视频位置：光盘\视频\第5章\实战091.mp4

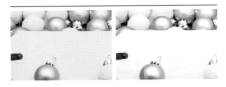

实战092 调整图像的ProcAmp
▶ 视频位置：光盘\视频\第5章\实战092.mp4

实战094 调整图像的颜色过滤
▶ 视频位置：光盘\视频\第5章\实战094.mp4

实战095 调整图像的颜色替换
▶ 视频位置：光盘\视频\第5章\实战095.mp4

实战096 调整图像的灰度系数
▶ 视频位置：光盘\视频\第5章\实战096.mp4

实战097 调整图像的颜色平衡（RGB）
▶ 视频位置：光盘\视频\第5章\实战097.mp4

实战098 添加转场效果
▶ 视频位置：光盘\视频\第6章\实战098.mp4

实战099 为不同的轨道添加转场效果
▶ 视频位置：光盘\视频\第6章\实战099.mp4

实战100 替换转场效果

▶ 视频位置：光盘\视频\第6章\实战100.mp4

实战101 删除转场效果

▶ 视频位置：光盘\视频\第6章\实战101.mp4

实战102 转场时间的设置

▶ 视频位置：光盘\视频\第6章\实战102.mp4

实战103 转场效果的对齐

▶ 视频位置：光盘\视频\第6章\实战103.mp4

实战104 转场效果的反向

▶ 视频位置：光盘\视频\第6章\实战104.mp4

实战105 实际来源的显示

▶ 视频位置：光盘\视频\第6章\实战105.mp4

实战106 转场边框设置

▶ 视频位置：光盘\视频\第6章\实战106.mp4

实战107 向上折叠转场效果

▶ 视频位置：光盘\视频\第7章\实战107.mp4

实战108 交叉伸展转场效果

▶ 视频位置：光盘\视频\第7章\实战108.mp4

实战109 星形划像转场效果

▶ 视频位置：光盘\视频\第7章\实战109.mp4

实战110 叠加溶解转场效果

▶ 视频位置：光盘\视频\第7章\实战110.mp4

实战111 中心拆分转场效果

▶ 视频位置：光盘\视频\第7章\实战111.mp4

实战112 带状滑动转场效果

▶ 视频位置：光盘\视频\第7章\实战112.mp4

实战113 缩放轨迹转场效果

▶ 视频位置：光盘\视频\第7章\实战113.mp4

实战115 映射转场效果

▶ 视频位置：光盘\视频\第7章\实战115.mp4

实战116 翻转转场效果

▶ 视频位置：光盘\视频\第7章\实战116.mp4

实战117 纹理化转场效果

▶ 视频位置：光盘\视频\第7章\实战117.mp4

实战118 门转场效果

▶ 视频位置：光盘\视频\第7章\实战118.mp4

实战展示

实战119 卷走转场效果
▶ 视频位置：光盘\视频\第7章\实战119.mp4

实战120 旋转转场效果
▶ 视频位置：光盘\视频\第7章\实战120.mp4

实战121 摆入转场效果
▶ 视频位置：光盘\视频\第7章\实战121.mp4

实战122 摆出转场效果
▶ 视频位置：光盘\视频\第7章\实战122.mp4

实战123 棋盘转场效果
▶ 视频位置：光盘\视频\第7章\实战123.mp4

实战124 交叉划像转场效果
▶ 视频位置：光盘\视频\第7章\实战124.mp4

实战125 中心剥落转场效果
▶ 视频位置：光盘\视频\第7章\实战125.mp4

实战126 帘式转场效果
▶ 视频位置：光盘\视频\第7章\实战126.mp4

实战127 旋转离开转场效果
▶ 视频位置：光盘\视频\第7章\实战127.mp4

实战128 多种转场效果
▶ 视频位置：光盘\视频\第7章\实战128.mp4

实战129 筋斗过渡转场效果
▶ 视频位置：光盘\视频\第7章\实战129.mp4

实战130 伸展转场效果
▶ 视频位置：光盘\视频\第7章\实战130.mp4

实战131 伸展覆盖转场效果
▶ 视频位置：光盘\视频\第7章\实战131.mp4

实战132 圆划像转场效果
▶ 视频位置：光盘\视频\第7章\实战132.mp4

实战133 星形划像转场效果
▶ 视频位置：光盘\视频\第7章\实战133.mp4

实战134 点划像转场效果
▶ 视频位置：光盘\视频\第7章\实战134.mp4

实战135 盒形划像转场效果
▶ 视频位置：光盘\视频\第7章\实战135.mp4

实战136 菱形划像转场效果
▶ 视频位置：光盘\视频\第7章\实战136.mp4

实战137　划出转场效果
▶ 视频位置：光盘\视频\第7章\实战137.mp4

实战138　双侧平推门转场效果
▶ 视频位置：光盘\视频\第7章\实战138.mp4

实战139　带状擦除转场效果
▶ 视频位置：光盘\视频\第7章\实战139.mp4

实战140　径向擦除转场效果
▶ 视频位置：光盘\视频\第7章\实战140.mp4

实战141　插入转场效果
▶ 视频位置：光盘\视频\第7章\实战141.mp4

实战142　时钟式擦除转场效果
▶ 视频位置：光盘\视频\第7章\实战142.mp4

实战143　两种转场效果
▶ 视频位置：光盘\视频\第7章\实战143.mp4

实战144　棋盘擦除转场效果
▶ 视频位置：光盘\视频\第7章\实战144.mp4

实战145　楔形擦除转场效果
▶ 视频位置：光盘\视频\第7章\实战145.mp4

实战146　水波块转场效果
▶ 视频位置：光盘\视频\第7章\实战146.mp4

实战147　油漆飞溅转场效果
▶ 视频位置：光盘\视频\第7章\实战147.mp4

实战148　百叶窗转场效果
▶ 视频位置：光盘\视频\第7章\实战148.mp4

实战149　螺旋框转场效果
▶ 视频位置：光盘\视频\第7章\实战149.mp4

实战150　随机块转场效果
▶ 视频位置：光盘\视频\第7章\实战150.mp4

实战151　随机擦除转场效果
▶ 视频位置：光盘\视频\第7章\实战151.mp4

实战152　风车转场效果
▶ 视频位置：光盘\视频\第7章\实战152.mp4

实战153　渐变擦除转场效果
▶ 视频位置：光盘\视频\第7章\实战153.mp4

实战154　翻页转场效果
▶ 视频位置：光盘\视频\第7章\实战154.mp4

实战展示

实战155　滑动带转场效果

▶ 视频位置：光盘\视频\第7章\实战155.mp4

实战156　滑动转场效果

▶ 视频位置：光盘\视频\第7章\实战156.mp4

实战157　抖动溶解转场效果

▶ 视频位置：光盘\视频\第7章\实战157.mp4

实战158　伸展进入转场效果

▶ 视频位置：光盘\视频\第7章\实战158.mp4

实战159　划像形状转场效果

▶ 视频位置：光盘\视频\第7章\实战159.mp4

实战160　缩放轨迹转场效果

▶ 视频位置：光盘\视频\第7章\实战160.mp4

实战161　立方体旋转转场效果

▶ 视频位置：光盘\视频\第7章\实战161.mp4

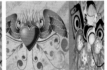

实战162　三维转场效果

▶ 视频位置：光盘\视频\第7章\实战162.mp4

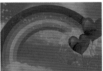

实战163　明亮度映射转场效果

▶ 视频位置：光盘\视频\第7章\实战163.mp4

实战164　交叉溶解转场效果

▶ 视频位置：光盘\视频\第7章\实战164.mp4

实战165　渐隐为白色转场效果

▶ 视频位置：光盘\视频\第7章\实战165.mp4

实战166　渐隐为黑色转场效果

▶ 视频位置：光盘\视频\第7章\实战166.mp4

实战167　胶片溶解转场效果

▶ 视频位置：光盘\视频\第7章\实战167.mp4

实战168　随机反转转场效果

▶ 视频位置：光盘\视频\第7章\实战168.mp4

实战169　非叠加溶解转场效果

▶ 视频位置：光盘\视频\第7章\实战169.mp4

实战170　中心合并转场效果

▶ 视频位置：光盘\视频\第7章\实战170.mp4

实战171　互换转场效果

▶ 视频位置：光盘\视频\第7章\实战171.mp4

实战172　多旋转转场效果

▶ 视频位置：光盘\视频\第7章\实战172.mp4

实战173 拆分转场效果

▶ 视频位置：光盘\视频\第7章\实战173.mp4

实战174 推转场效果

▶ 视频位置：光盘\视频\第7章\实战174.mp4

实战175 斜线滑动转场效果

▶ 视频位置：光盘\视频\第7章\实战175.mp4

实战176 旋绕转场效果

▶ 视频位置：光盘\视频\第7章\实战176.mp4

实战177 滑动框转场效果

▶ 视频位置：光盘\视频\第7章\实战177.mp4

实战178 置换转场效果

▶ 视频位置：光盘\视频\第7章\实战178.mp4

实战179 交叉缩放转场效果

▶ 视频位置：光盘\视频\第7章\实战179.mp4

实战180 缩放转场效果

▶ 视频位置：光盘\视频\第7章\实战180.mp4

实战181 缩放框转场效果

▶ 视频位置：光盘\视频\第7章\实战181.mp4

实战182 剥开背面转场效果

▶ 视频位置：光盘\视频\第7章\实战182.mp4

实战183 添加单个视频效果

▶ 视频位置：光盘\视频\第8章\实战183.mp4

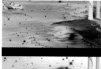

实战184 添加多个视频效果

▶ 视频位置：光盘\视频\第8章\实战184.mp4

实战186 删除视频效果

▶ 视频位置：光盘\视频\第8章\实战186.mp4

实战187 设置对话框参数

▶ 视频位置：光盘\视频\第8章\实战187.mp4

实战188 设置效果控件参数

▶ 视频位置：光盘\视频\第8章\实战188.mp4

实战189 键控特效

▶ 视频位置：光盘\视频\第8章\实战189.mp4

实战190 垂直翻转特效

▶ 视频位置：光盘\视频\第8章\实战190.mp4

实战191 水平翻转特效

▶ 视频位置：光盘\视频\第8章\实战191.mp4

实战展示

实战192 高斯模糊特效

▶ 视频位置： 光盘\视频\第8章\实战192.mp4

实战193 镜头光晕特效

▶ 视频位置： 光盘\视频\第8章\实战193.mp4

实战195 纯色合成特效

▶ 视频位置： 光盘\视频\第8章\实战195.mp4

实战197 透视视频特效

▶ 视频位置： 光盘\视频\第8章\实战197.mp4

实战198 时间码特效

▶ 视频位置： 光盘\视频\第8章\实战198.mp4

实战199 闪光灯视频特效

▶ 视频位置： 光盘\视频\第8章\实战199.mp4

实战200 彩色浮雕特效

▶ 视频位置： 光盘\视频\第8章\实战200.mp4

实战201 摄像机视图特效

▶ 视频位置： 光盘\视频\第8章\实战201.mp4

实战202 羽化边缘特效

▶ 视频位置： 光盘\视频\第8章\实战202.mp4

实战203 裁剪特效

▶ 视频位置： 光盘\视频\第8章\实战203.mp4

实战204 快速模糊特效

▶ 视频位置： 光盘\视频\第8章\实战204.mp4

实战205 相机模糊特效

▶ 视频位置： 光盘\视频\第8章\实战205.mp4

实战206 锐化特效

▶ 视频位置： 光盘\视频\第8章\实战206.mp4

实战207 重影特效

▶ 视频位置： 光盘\视频\第8章\实战207.mp4

实战208 色阶特效

▶ 视频位置： 光盘\视频\第8章\实战208.mp4

实战209 Cineon转换器特效

▶ 视频位置： 光盘\视频\第8章\实战209.mp4

实战210 位移特效

▶ 视频位置： 光盘\视频\第8章\实战210.mp4

实战211 变换特效

▶ 视频位置： 光盘\视频\第8章\实战211.mp4

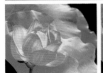 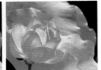

实战212 弯曲特效
▶ 视频位置： 光盘\视频\第8章\实战212.mp4

实战213 放大特效
▶ 视频位置： 光盘\视频\第8章\实战213.mp4

实战214 旋转特效
▶ 视频位置： 光盘\视频\第8章\实战214.mp4

实战215 果冻效应修复特效
▶ 视频位置： 光盘\视频\第8章\实战215.mp4

实战216 球面化特效
▶ 视频位置： 光盘\视频\第8章\实战216.mp4

实战217 边角定位特效
▶ 视频位置： 光盘\视频\第8章\实战217.mp4

实战218 镜像特效
▶ 视频位置： 光盘\视频\第8章\实战218.mp4

实战219 镜头扭曲特效
▶ 视频位置： 光盘\视频\第8章\实战219.mp4

实战220 抽帧时间特效
▶ 视频位置： 光盘\视频\第8章\实战220.mp4

实战221 残影特效
▶ 视频位置： 光盘\视频\第8章\实战221.mp4

实战222 中间值特效
▶ 视频位置： 光盘\视频\第8章\实战222.mp4

实战223 杂色特效
▶ 视频位置： 光盘\视频\第8章\实战223.mp4

实战224 杂色Alpha特效
▶ 视频位置： 光盘\视频\第8章\实战224.mp4

实战225 杂色HLS特效
▶ 视频位置： 光盘\视频\第8章\实战225.mp4

实战226 杂色HLS自动特效
▶ 视频位置： 光盘\视频\第8章\实战226.mp4

实战227 书写特效
▶ 视频位置： 光盘\视频\第8章\实战227.mp4

实战228 单元格图案特效
▶ 视频位置： 光盘\视频\第8章\实战228.mp4

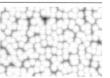

实战229 吸管填充特效
▶ 视频位置： 光盘\视频\第8章\实战229.mp4

实战230 四色渐变特效
▶ 视频位置：光盘\视频\第8章\实战230.mp4

实战231 圆形特效
▶ 视频位置：光盘\视频\第8章\实战231.mp4

实战232 棋盘特效
▶ 视频位置：光盘\视频\第8章\实战232.mp4

实战233 椭圆特效
▶ 视频位置：光盘\视频\第8章\实战233.mp4

实战234 油漆桶特效
▶ 视频位置：光盘\视频\第8章\实战234.mp4

实战235 渐变特效
▶ 视频位置：光盘\视频\第8章\实战235.mp4

实战236 网格特效
▶ 视频位置：光盘\视频\第8章\实战236.mp4

实战237 闪电特效
▶ 视频位置：光盘\视频\第8章\实战237.mp4

实战238 剪辑名称特效
▶ 视频位置：光盘\视频\第8章\实战238.mp4

实战239 投影特效
▶ 视频位置：光盘\视频\第8章\实战239.mp4

实战240 放射阴影特效
▶ 视频位置：光盘\视频\第8章\实战240.mp4

实战241 斜角边特效
▶ 视频位置：光盘\视频\第8章\实战241.mp4

实战242 斜面Alpha特效
▶ 视频位置：光盘\视频\第8章\实战242.mp4

实战243 反转特效
▶ 视频位置：光盘\视频\第8章\实战243.mp4

实战244 复合运算特效
▶ 视频位置：光盘\视频\第8章\实战244.mp4

实战245 混合特效
▶ 视频位置：光盘\视频\第8章\实战245.mp4

实战246 算术特效
▶ 视频位置：光盘\视频\第8章\实战246.mp4

实战247 计算特效
▶ 视频位置：光盘\视频\第8章\实战247.mp4

实战248　设置遮罩特效

▶ 视频位置：光盘\视频\第8章\实战248.mp4

实战249　Alpha发光特效

▶ 视频位置：光盘\视频\第8章\实战249.mp4

实战250　复制特效

▶ 视频位置：光盘\视频\第8章\实战250.mp4

实战251　曝光过度特效

▶ 视频位置：光盘\视频\第8章\实战251.mp4

实战252　查找边缘特效

▶ 视频位置：光盘\视频\第8章\实战252.mp4

实战253　浮雕特效

▶ 视频位置：光盘\视频\第8章\实战253.mp4

实战254　画笔描边特效

▶ 视频位置：光盘\视频\第8章\实战254.mp4

实战255　粗糙边缘特效

▶ 视频位置：光盘\视频\第8章\实战255.mp4

实战256　阈值特效

▶ 视频位置：光盘\视频\第8章\实战256.mp4

实战257　马赛克特效

▶ 视频位置：光盘\视频\第8章\实战257.mp4

实战258　两种混合特效

▶ 视频位置：光盘\视频\第8章\实战258.mp4

实战259　复合模糊特效

▶ 视频位置：光盘\视频\第8章\实战259.mp4

实战260　创建水平字幕

▶ 视频位置：光盘\视频\第9章\实战260.mp4

实战261　创建垂直字幕

▶ 视频位置：光盘\视频\第9章\实战261.mp4

实战263　字幕样式

▶ 视频位置：光盘\视频\第9章\实战263.mp4

实战264　变换效果

▶ 视频位置：光盘\视频\第9章\实战264.mp4

实战265　设置字幕间距

▶ 视频位置：光盘\视频\第9章\实战265.mp4

实战266　设置字幕属性

▶ 视频位置：光盘\视频\第9章\实战266.mp4

实战展示

实战268　设置字幕大小

▶ 视频位置：光盘\视频\第9章\实战268.mp4

实战273　设置消除填充

▶ 视频位置：光盘\视频\第10章\实战273.mp4

实战274　设置重影填充

▶ 视频位置：光盘\视频\第10章\实战274.mp4

实战275　设置光泽填充

▶ 视频位置：光盘\视频\第10章\实战275.mp4

实战277　设置内描边填充

▶ 视频位置：光盘\视频\第10章\实战277.mp4

实战278　设置外描边填充

▶ 视频位置：光盘\视频\第10章\实战278.mp4

实战280　绘制直线

▶ 视频位置：光盘\视频\第11章\实战280.mp4

实战282　钢笔工具转换直线

▶ 视频位置：光盘\视频\第11章\实战282.mp4

实战283　椭圆工具创建圆

▶ 视频位置：光盘\视频\第11章\实战283.mp4

实战284　游动字幕

▶ 视频位置：光盘\视频\第11章\实战284.mp4

实战285　滚动字幕

▶ 视频位置：光盘\视频\第11章\实战285.mp4

实战289　流动路径字幕特效

▶ 视频位置：光盘\视频\第11章\实战289.mp4

实战290　水平翻转字幕特效

▶ 视频位置：光盘\视频\第11章\实战290.mp4

实战291　旋转字幕特效

▶ 视频位置：光盘\视频\第11章\实战291.mp4

实战292　拉伸字幕特效

▶ 视频位置：光盘\视频\第11章\实战292.mp4

实战293　扭曲字幕特效

▶ 视频位置：光盘\视频\第11章\实战293.mp4

实战294　发光字幕特效

▶ 视频位置：光盘\视频\第11章\实战294.mp4

实战329　创建PSD图层图像的方法

▶ 视频位置：光盘\视频\第15章\实战329.mp4

实战330　通过Alpha通道进行视频叠加

实战331　运用透明度叠加

实战333　运用非红色键叠加

实战334　运用颜色键透明叠加

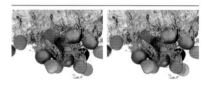

实战338　应用淡入淡出叠加特效

实战339　运用4点无用信号遮罩特效

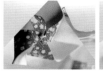

实战340　运用8点无用信号遮罩特效

实战341　运用16点无用信号遮罩特效

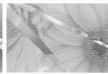

实战348　制作飞行运动特效

实战351　制作镜头推拉特效

实战352　制作字幕漂浮特效

实战353　制作字幕逐字输出特效

实战354　制作字幕立体旋转特效

实战356　制作画中画特效

实战367　制作颜色渐变动画

实战368　制作多个引导动画

实战371　制作图像旋转动画

实战372　制作照片美白特效

实战展示

实战374　制作反相图像特效
▶ 视频位置：光盘\视频\第18章\实战374.mp4

实战375　制作色彩平衡特效
▶ 视频位置：光盘\视频\第18章\实战375.mp4

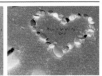

实战376　制作渐变映射特效
▶ 视频位置：光盘\视频\第18章\实战376.mp4

实战377　制作智能滤镜特效
▶ 视频位置：光盘\视频\第18章\实战377.mp4

实战378　制作专色通道特效
▶ 视频位置：光盘\视频\第18章\实战378.mp4

实战379　调整图像的色调
▶ 视频位置：光盘\视频\第18章\实战379.mp4

实战380　调整图像的亮度
▶ 视频位置：光盘\视频\第18章\实战380.mp4

实战381　调整图像的饱和度
▶ 视频位置：光盘\视频\第18章\实战381.mp4

实战382　调整图像的对比度
▶ 视频位置：光盘\视频\第18章\实战382.mp4

实战383　制作模糊滤镜特效
▶ 视频位置：光盘\视频\第18章\实战383.mp4

实战384　制作泡泡滤镜特效
▶ 视频位置：光盘\视频\第18章\实战384.mp4

实战385　制作雨滴滤镜特效
▶ 视频位置：光盘\视频\第18章\实战385.mp4

实战386　制作水彩滤镜特效
▶ 视频位置：光盘\视频\第18章\实战386.mp4

实战387　制作双色套印滤镜特效
▶ 视频位置：光盘\视频\第18章\实战387.mp4

实战388　制作旧底片滤镜特效
▶ 视频位置：光盘\视频\第18章\实战388.mp4

实战389　制作肖像画滤镜特效
▶ 视频位置：光盘\视频\第18章\实战389.mp4

实战390　制作百叶窗转场特效
▶ 视频位置：光盘\视频\第18章\实战390.mp4

实战391　制作折叠盒转场特效
▶ 视频位置：光盘\视频\第18章\实战391.mp4

实战392　制作扭曲转场特效

▶ 视频位置：光盘\视频\第18章\实战392.mp4

实战393　制作遮罩转场特效

▶ 视频位置：光盘\视频\第18章\实战393.mp4

实战394　制作开门转场特效

▶ 视频位置：光盘\视频\第18章\实战394.mp4

实战395　制作剥落转场特效

▶ 视频位置：光盘\视频\第18章\实战395.mp4

实战396　制作相册转场特效

▶ 视频位置：光盘\视频\第18章\实战396.mp4

实战397　制作装饰图案特效

▶ 视频位置：光盘\视频\第18章\实战397.mp4

实战398　制作Flash动画特效

▶ 视频位置：光盘\视频\第18章\实战398.mp4

实战399　制作照片边框特效

▶ 视频位置：光盘\视频\第18章\实战399.mp4

实战400　制作画中画特效

▶ 视频位置：光盘\视频\第18章\实战400.mp4

19.1　戒指广告效果欣赏

▶ 视频位置：光盘\视频\第19章\实战401.mp4~实战403.mp4

20.1　制作"玫瑰花开"字幕特效

▶ 视频位置：光盘\视频\第20章\实战412.mp4~实战419.mp4

20.2　制作"圣诞快乐"字幕特效

▶ 视频位置：光盘\视频\第20章\实战420.mp4~实战434.mp4

中文版 Premiere Pro CC 实战视频教程

20.3　制作"冰封王座"字幕特效

▶ 视频位置：光盘\视频\第20章\实战435.mp4~实战448.mp4

21.1　婚纱相册效果欣赏

22.1　儿童相册效果欣赏

23.1　老年相册效果欣赏

24.1　制作戒指宣传效果

▶ 视频位置：光盘\视频\第24章\实战563.mp4~实战575.mp4

 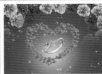 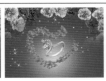 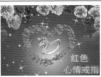 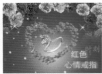 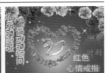

24.2　制作啤酒宣传效果

▶ 视频位置：光盘\视频\第24章\实战576.mp4~实战588.mp4

24.3　制作玉器宣传效果

▶ 视频位置：光盘\视频\第24章\实战589.mp4~实战600.mp4

中文版

Premiere Pro CC

实战视频教程

华天印象 编著

人民邮电出版社
北京

图书在版编目（ＣＩＰ）数据

中文版Premiere Pro CC实战视频教程 / 华天印象编
著. -- 北京：人民邮电出版社，2017.2（2018.1重印）
ISBN 978-7-115-43200-1

Ⅰ. ①中… Ⅱ. ①华… Ⅲ. ①视频编辑软件—教材
Ⅳ. ①TN94

中国版本图书馆CIP数据核字(2016)第314121号

内 容 提 要

本书通过 600 个实例详细介绍了 Premiere Pro CC 的相关知识与操作技巧，具体内容包括 Premiere Pro CC 自学入门、Premiere Pro CC 基础操作、影视素材的添加与编辑、影视素材的调整与剪辑、影视画面的校正与调整、转场效果的编辑与设置、视频转场效果精彩应用、视频特效的添加与制作、影视字幕的编辑与设置、影视字幕的填充与描边、字幕特效的创建与应用、音频文件的操作与编辑、音频效果的处理与制作、音频特效的添加与制作、影视素材的叠加与合成、动态效果的设置与制作、影视视频的设置与导出、Premiere Pro CC 扩展软件以及制作《戒指广告》特效、制作炫彩字幕特效、制作《爱的魔力》特效、制作《纯真的童年》特效、制作《老有所乐》特效、制作《商业广告》特效等。读者学习后可以融会贯通、举一反三，制作出更多精彩、完美的效果。

随书光盘提供了全部 600 个案例的素材文件和效果文件，以及所有实战的操作演示视频，方便读者边学习、边练习。

本书结构清晰，语言简洁，适合 Premiere Pro CC 的初级读者学习使用，是从事影视广告设计和影视后期制作的广大从业人员的必备工具书，还可以作为高等院校动画影视相关专业的辅导教材。

◆ 编　著　华天印象
　　责任编辑　张丹阳
　　责任印制　陈　犇

◆ 人民邮电出版社出版发行　　北京市丰台区成寿寺路 11 号
　　邮编　100164　电子邮件　315@ptpress.com.cn
　　网址　http://www.ptpress.com.cn
　　固安县铭成印刷有限公司印刷

◆ 开本：787×1092　1/16
　　印张：48　　　　　　　　彩插：8
　　字数：1514 千字　　　　　2017 年 2 月第 1 版
　　印数：2 501－2 800 册　　2018 年 1 月河北第 2 次印刷

定价：99.00 元（附光盘）

读者服务热线：(010)81055410　印装质量热线：(010)81055316
反盗版热线：(010)81055315

前言

软件简介

Premiere Pro CC是美国Adobe公司出品的视音频非线性编辑软件，是视频编辑爱好者和专业人士必不可少的编辑工具，可以支持当前所有标清和高清格式的实时编辑。它提供了采集、剪辑、调色、美化音频、字幕添加、输出、DVD刻录的一整套流程，并可以和其他Adobe软件高效集成，满足用户创建高质量作品的要求。目前，这款软件广泛应用于影视编辑、广告制作和电视节目制作中。

本书特色

特色1：全实战！铺就新手成为高手之路。本书为读者奉献了一场全操作性的实战大餐，共计600个案例！采用"庖丁解牛"的写作思路，步步深入和讲解，直达软件核心与精髓，帮助新手在大量的案例演练中逐步掌握软件的各项技能、核心技术和商业应用，成为超级熟练的软件应用达人、作品设计高手！

特色2：全视频！全程重现所有实例的过程。书中600个技能实例，全部录制了带语音讲解的高清教学视频，时间长达620分钟，全程重现了书中所有技能实例的操作，读者可以结合书本，也可以独立在计算机、手机或平板电脑中观看高清语音视频演示，轻松、高效学习！

特色3：随时学！开创手机/平板电脑学习模式。随书光盘提供的高清视频（MP4格式）可供读者复制到手机、平板电脑中观看，运用平常的休闲、等待、坐车等零散时间，随时随地地观看视频，如同平时在外用手机看新闻、视频一样，利用碎片化的闲暇时间，轻松、愉快地进行学习。

本书内容

本书共分为6篇，即入门篇、进阶篇、提高篇、晋级篇、精通篇和实战篇，能够帮助读者循序渐进，快乐学习。具体章节内容如下。

入门篇：第1~3章，专业讲解了新手起步知识，初识Premiere Pro CC、视频基础等内容。

进阶篇：第4章和第5章，专业讲解了添加与编辑影视素材、调整与剪辑影视素材等内容。

提高篇：第6~8章，专业讲解了编辑与设置转场效果、转场效果的精彩应用等内容。

晋级篇：第9~14章，专业讲解了编辑与设置影视字幕、音频文件的基本操作等内容。

精通篇：第15~18章，专业讲解了叠加与合成影视素材、制作影视的动态效果、Premiere Pro CC扩展软件等内容。

实战篇：第19~24章，专业讲解了综合实例的制作，如制作《戒指广告》特效、制作炫彩字幕特效、制作《爱的魔力》特效、制作《纯真的童年》特效、制作《老有所乐》特效、制作《商业广告》特效等内容。

读者售后

本书由华天印象编著，参与编写的还有柏慧等人。由于书中信息量大，兼且时间仓促，书中难免存在疏漏与不足之处，欢迎广大读者来信咨询和指正，联系邮箱：itsir@qq.com。

编　者

目录

软件
入门篇

软件
进阶篇

第4章
影视素材的调整与剪辑

第5章
影视画面的校正与调整

软件
提高篇

第6章
转场效果的编辑与设置

第7章
视频转场效果精彩应用

第8章
视频特效的添加与制作

软件
晋级篇

第9章
影视字幕的编辑与设置

软件实战篇

第19章
制作《戒指广告》特效

第20章
制作炫彩字幕特效

第21章
制作《爱的魔力》特效

第22章
制作《纯真的童年》特效

第23章
制作《老有所乐》特效

第24章
制作《商业广告》特效

软件
入门篇

第 **1** 章

Premiere Pro CC自学入门

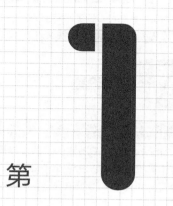

本章导读

Premiere Pro CC 是由 Adobe 公司开发的一款非线性视频编辑软件，是目前影视编辑领域内应用最为广泛的视频编辑处理软件。本章主要介绍 Premiere Pro CC 的工作界面以及基本操作等知识。

要点索引

- Premiere Pro CC 的新增功能
- Premiere Pro CC 的主要功能
- 启动与退出 Premiere Pro CC
- 自定义 Premiere Pro CC 快捷键
- Premiere Pro CC 的工作界面
- Premiere Pro CC 的操作界面

1.1 Premiere Pro CC 的新增功能

　　Premiere Pro CC软件专业性强，操作更简便，可以对声音、图像、动画、视频、文件等多种素材进行处理和加工，从而得到令人满意的影视文件。本节将对Premiere Pro CC的一些新增功能进行详细的介绍。

实战 001 同步设置

▶ 实例位置：无
▶ 素材位置：无
▶ 视频位置：光盘\视频\第1章\实战001.mp4

● 实例介绍 ●

　　Premiere Pro CC新增的"同步设置"命令使用户可以将其首选项、预设和设置同步到Creative Cloud。如果用户在多台计算机上使用Premiere Pro CC，则借助"同步设置"功能很容易使各计算机之间的设置保持同步，同步将通过Adobe Creative Cloud账户进行，将所有设置上载到Creative Cloud账户，然后再下载并应用到其他计算机上。

● 操作步骤 ●

STEP 01 单击"文件"|"同步设置"|"管理同步设置"命令，如图1-1所示。

STEP 02 弹出"首选项"对话框，用户可以在此设置同步首选项的设置参数、工作区的布局样式、键盘快捷键，如图1-2所示。

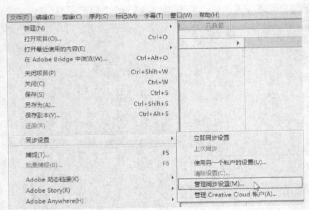

图1-1　"管理同步设置"菜单命令

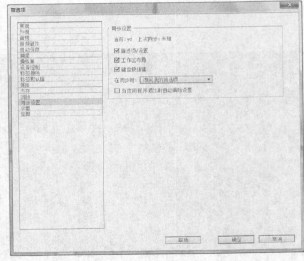

图1-2　"首选项"对话框

实战 002 Adobe Anywhere集成

▶ 实例位置：无
▶ 素材位置：无
▶ 视频位置：光盘\视频\第1章\实战002.mp4

● 实例介绍 ●

　　Adobe Anywhere可以让各视频团队有效协作并跨标准网络访问共享媒体。用户可以使用本地或远程网络同时访问、处理以及使用远程存储的媒体，不需要大型文件传输重复的媒体和代理文件。

● 操作步骤 ●

STEP 01 在Premiere Pro CC中使用Adobe Anywhere，单击"文件"|"Adobe Anywhere"|"登录"命令，如图1-3所示。

STEP 02 弹出"Adobe Anywhere登录"对话框，在其中输入所需信息，如图1-4所示。单击"确定"按钮，即可登录Adobe Anywhere使用远程存储的媒体。

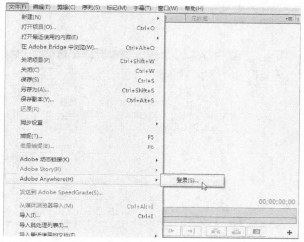

图1-3　Adobe　Anywhere

图1-4　"Adobe　Anywhere登录"对话框

实战 003　音频增效工具管理器

▶ 实例位置：无
▶ 素材位置：光盘 \ 素材 \ 第1章 \ 实战 003.prproj
▶ 视频位置：光盘 \ 视频 \ 第1章 \ 实战 003.mp4

● 实例介绍 ●

　　"音频增效工具管理器"适用于处理音频效果，用户可从"音频轨道混合器"和"效果"面板中访问音频增效工具管理器，也可从"音频首选项"对话框中访问音频增效工具管理器。Premiere Pro CC现在支持第三方VST3增效工具。

● 操作步骤 ●

STEP 01　按Ctrl＋O组合键，打开一个项目文件，如图1-5所示。

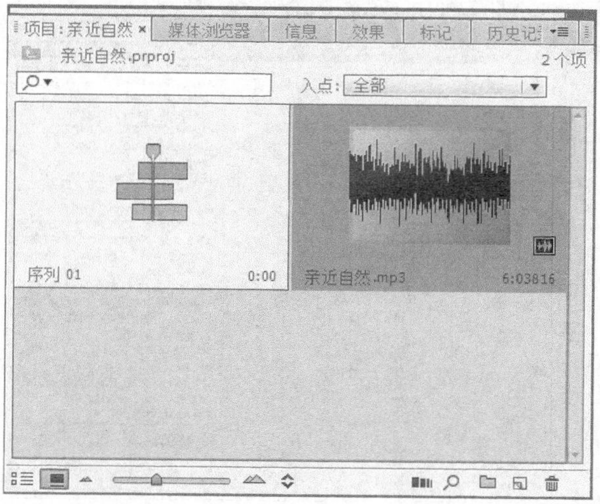

STEP 02　在"源监视器"面板中，单击"音频轨道混合器：序列01"，如图1-6所示。

图1-5　打开项目文件

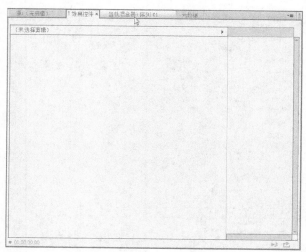

图1-6　单击"音频轨道混合器：序列01"

STEP 03　在"源监视器"面板中，单击面板右上角的下三角按钮，在弹出的列表框中选择"音频增效工具管理器"，如图1-7所示。

STEP 04　执行操作后，即可弹出相应对话框，如图1-8所示。

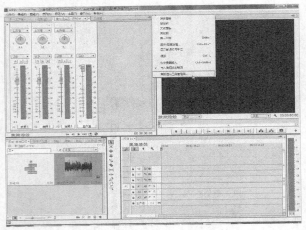

图1-7 选择"音频增效工具管理器"

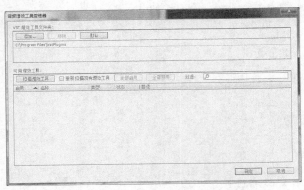

图1-8 弹出相应对话框

实战 004 导入项目

▶ 实例位置：无
▶ 素材位置：无
▶ 视频位置：光盘＼视频＼第1章＼实战004.mp4

● 实例介绍 ●

在新版的Premiere Pro CC中，进一步地改进和增强了项目的导入功能，用户能够导入更大的保真度AAF项目，并支持更多的视频格式。

● 操作步骤 ●

STEP 01 单击"文件"｜"导入"命令，如图1-9所示。

STEP 02 执行操作后，弹出"导入"对话框，在其中选择"所有支持的媒体"选项，在其中选择项目导入支持的视频格式，如图1-10所示。

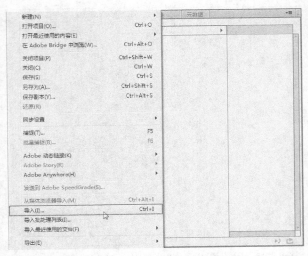

图1-9 单击"导入"命令

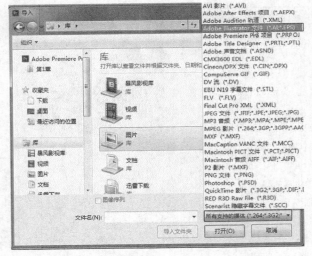

图1-10 项目导入支持的视频格式

实战 005 导出项目

▶ 实例位置：无
▶ 素材位置：光盘＼素材＼第1章＼实战005.prproj
▶ 视频位置：光盘＼视频＼第1章＼实战005.mp4

● 实例介绍 ●

在新版的Premiere Pro CC中，进一步地改进和增强了项目的导出功能，用户能够导出更大保真度的AAF项目，并支持更多的视频格式。

STEP 01 按Ctrl＋O组合键，打开一个项目文件，如图1-11所示。

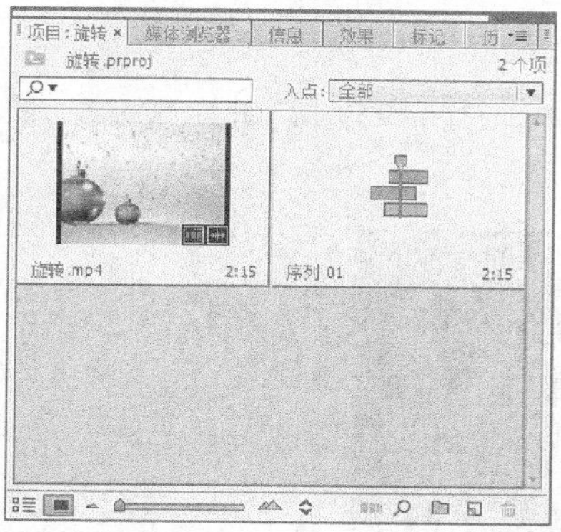

STEP 02 单击"文件"｜"导出"｜"媒体"命令，如图1-12所示。

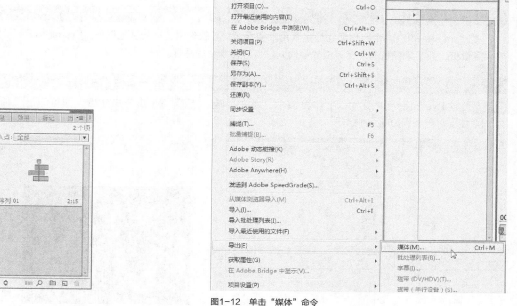

图1-11　打开项目文件

图1-12　单击"媒体"命令

STEP 03 执行操作后，弹出"导出设置"对话框，如图1-13所示。

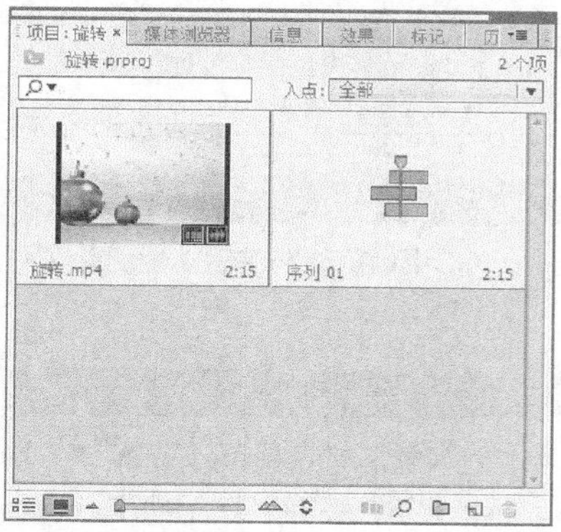

STEP 04 在其中选择"所有支持的媒体"选项，在其中选择项目导出支持的视频格式，如图1-14所示。

图1-13　"导出设置"对话框

图1-14　项目导出支持的视频格式

1.2 Premiere Pro CC 的主要功能

　　Premiere Pro CC是一款具有强大编辑功能的视频编辑软件，其简单的操作步骤、简明的操作界面、多样化的特效受到广大用户的青睐。本节将对Premiere Pro CC的主要功能进行详细的介绍。

实战 006 捕捉功能

▶ 实例位置：无
▶ 素材位置：无
▶ 视频位置：光盘 \ 视频 \ 第 1 章 \ 实战 006.mp4

• 实例介绍 •

在Premiere Pro CC中，捕捉功能主要用来捕捉素材至软件中，进行其他操作。Premiere Pro CC可以直接从便携式数字摄像机、数字录像机、麦克风或其他输入设备进行素材的捕捉。

• 操作步骤 •

STEP 01 在Premiere Pro CC工作界面中，单击"窗口"|"捕捉"命令，如图1-15所示。

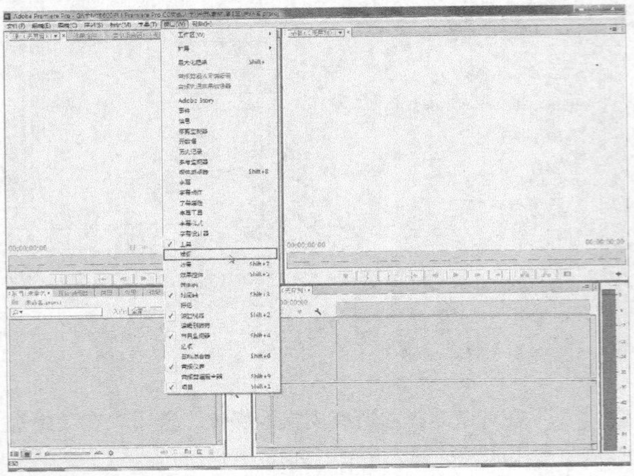

STEP 02 执行操作后，即可弹出"捕捉"对话框，如图1-16所示。

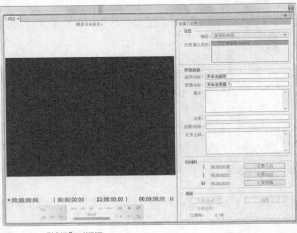

图1-15 单击"捕捉"命令

图1-16 "捕捉"对话框

实战 007 剪辑与编辑功能

▶ 实例位置：光盘 \ 效果 \ 第 1 章 \ 实战 007.prproj
▶ 素材位置：光盘 \ 素材 \ 第 1 章 \ 实战 007.prproj
▶ 视频位置：光盘 \ 视频 \ 第 1 章 \ 实战 007.mp4

• 实例介绍 •

经过多次的升级与修正，Premiere Pro CC拥有了许多种编辑工具。Premiere Pro CC中的剪辑与编辑功能，除了可以轻松剪辑视频与音频素材外，还可以直接改变素材的播放速度、排列顺序等。

• 操作步骤 •

STEP 01 按Ctrl + O组合键，打开一个项目文件，如图1-17所示。

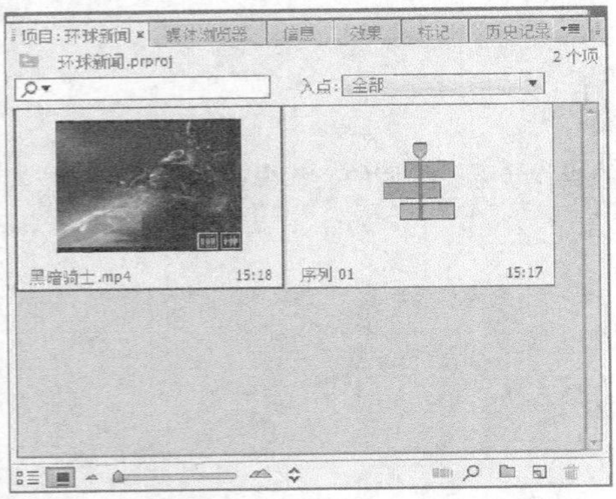

STEP 02 选择V1轨道上的视频素材，单击"剪辑"|"取消链接"命令，即可完成剪辑操作，如图1-18所示。

图1-17 打开项目文件

图1-18 单击"取消链接"命令

实战 008　滤镜特效添加功能

▶ 实例位置：光盘 \ 效果 \ 第 1 章 \ 实战 008. prproj
▶ 素材位置：光盘 \ 素材 \ 第 1 章 \ 实战 008. prproj
▶ 视频位置：光盘 \ 视频 \ 第 1 章 \ 实战 008. mp4

● 实例介绍 ●

　　添加特效可以使得原始素材更具有艺术氛围。在最新版本的Premiere Pro CC中，系统自带有许多不同风格的特效滤镜，为视频或素材图像添加特效滤镜，可以增加素材的美感度。

● 操作步骤 ●

STEP 01 按Ctrl + O组合键，打开一个项目文件，如图1-19所示。在"效果"面板中，展开"视频效果"选项。

STEP 02 在"风格化"列表框中选择"彩色浮雕"选项，如图1-20所示，并将其拖曳至V1轨道上。

图1-19　打开项目文件

图1-20　选择"彩色浮雕"选项

STEP 03 展开"效果控件"面板，设置"起伏"为10.00，如图1-21所示。

STEP 04 执行操作后，即可添加"彩色浮雕"视频效果，视频效果如图1-22所示。

图1-21　设置参数值

图1-22　预览视频效果

实战 009　转场特效添加功能

▶ 实例位置：光盘 \ 效果 \ 第 1 章 \ 实战 009. prproj
▶ 素材位置：光盘 \ 素材 \ 第 1 章 \ 实战 009. prproj
▶ 视频位置：光盘 \ 视频 \ 第 1 章 \ 实战 009. mp4

● 实例介绍 ●

　　段落与段落、场景与场景之间的过渡或转换，就叫作转场。
　　Premiere Pro CC中能够让各种镜头实现自然的过渡，如黑场、淡入、淡出、闪烁、翻滚以及3D转场效果，用户可以通过这些常用的转场让镜头之间的衔接更加完美。

● 操作步骤 ●

STEP 01 按Ctrl + O组合键，打开一个项目文件，如图1-23所示。

STEP 02 在"效果"面板中，展开"视频过渡" | "特殊效果"选项，在其中选择"三维"视频过渡，将其拖曳到"时间轴"面板中相应的两个素材文件之间，如图1-24所示。

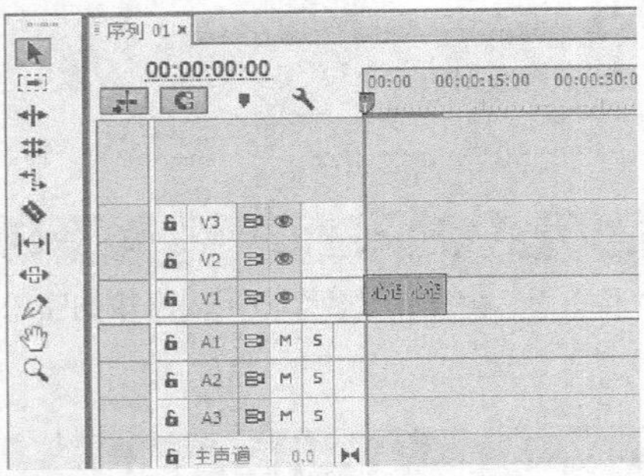

图1-23　打开项目文件

图1-24　添加转场效果

STEP 03 执行操作后，即可添加"三维"转场效果，在"节目监视器"面板中，单击"播放-停止切换"按钮，预览添加转场后的视频效果，如图1-25所示。

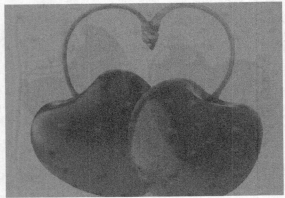

图1-25　预览视频效果

实战 010　字幕工具功能

▶ 实例位置：光盘＼效果＼第1章＼实战010.prproj
▶ 素材位置：光盘＼素材＼第1章＼实战010.prproj
▶ 视频位置：光盘＼视频＼第1章＼实战010.mp4

● 实例介绍 ●

字幕是指以文字形式显示电视、电影、舞台作品里面的对话等非影像内容，也泛指影视作品后期加工的文字。

字幕是在电影银幕或电视机荧光屏下方出现的外语对话的译文或其他解说文字以及种种文字，如影片的片名、演职员表、唱词、对白、说明词、人物介绍、地名和年代等。将节目的语音内容以字幕方式显示，可以帮助听力较弱的观众理解节目内容。另外，字幕也能用于翻译外语节目，让不理解该外语的观众，既能听见原作的声带，又能理解节目内容。

字幕工具能够创建出各种效果的静态或动态字幕，灵活运用这些工具可以使影片的内容更加丰富多彩。

● 操作步骤 ●

STEP 01 按Ctrl＋O组合键，打开一个项目文件，如图1-26所示。

图1-26　打开项目文件

STEP 02 选择V1轨道上的视频素材，单击"字幕"|"新建字幕"|"默认静态字幕"命令，即可弹出"新建字幕"对话框，如图1-27所示。

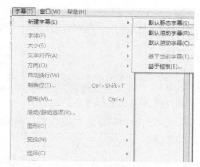

图1-27　单击"默认静态字幕"命令

STEP 03 单击"确定"按钮，打开"字幕编辑"窗口，选取工具箱中的垂直文字工具，在工作区中输入文字"咖啡物语"。然后选择输入的文字，设置"字体系列"为"长城行楷体"，执行操作后，即可预览视频效果，如图1-28所示。

图1-28　预览视频效果

实战 011　音频处理功能

▶ 实例位置：光盘 \ 效果 \ 第1章 \ 实战011.prproj
▶ 素材位置：光盘 \ 素材 \ 第1章 \ 音乐.mp3
▶ 视频位置：光盘 \ 视频 \ 第1章 \ 实战011.mp4

● 实例介绍 ●

在为视频素材中添加音乐文件后，用户可以对添加的音乐文件进行特殊的处理效果。用户在Premiere Pro CC中不仅可以处理视频素材，还为用户提供了强大的音频处理功能，能直接剪辑音频素材，而且可以添加一些音频特效。

● 操作步骤 ●

STEP 01 在Premiere Pro CC界面中，新建一个项目文件，在"项目"面板的空白位置处双击鼠标左键，如图1-29所示。

STEP 02 弹出"导入"对话框，选择需要添加的音频素材，如图1-30所示。

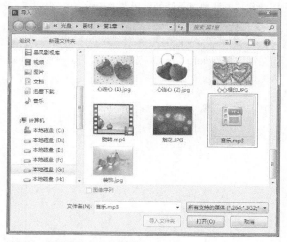

图1-29　双击鼠标左键

图1-30　选择需要添加的音频素材

实战 012 效果输出功能

▶ 实例位置：无
▶ 素材位置：光盘 \ 素材 \ 第 1 章 \ 实战 012. prproj
▶ 视频位置：光盘 \ 视频 \ 第 1 章 \ 实战 012. mp4

● 实例介绍 ●

输出主要是对制作的文件进行导出的操作。

Premiere Pro CC拥有强大输出功能，可以将制作完成后的视频输出成多种格式的视频或图片文件，还可以将文件输出到硬盘或刻录成DVD光盘。

● 操作步骤 ●

STEP 01 进入Premiere Pro CC工作界面，单击"文件" | "打开项目"命令，打开一个项目文件，如图1-31所示。

STEP 02 单击"文件" | "导出"命令，即可看到视频输出的多种格式，如图1-32所示。

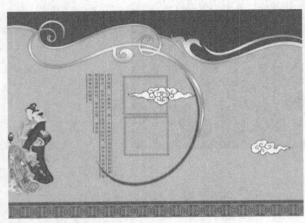

图1-31 打开一个项目文件

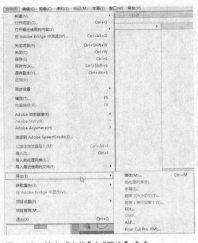

图1-32 单击"文件" | "导出"命令

实战 013 强大的项目管理功能

▶ 实例位置：无
▶ 素材位置：光盘 \ 素材 \ 第 1 章 \ 实战 013. prproj
▶ 视频位置：光盘 \ 视频 \ 第 1 章 \ 实战 013. mp4

● 实例介绍 ●

在最新版本的Premiere Pro CC中，对于每个项目都拥有单独的保存工作区。

在Premiere Pro CC中，独有的Rapid Find搜索功能能让用户查看并搜索需要的结果。除此之外，独立设置每个序列可以让用户方便地将不同的编辑和渲染设置分别应用在多个序列。

● 操作步骤 ●

STEP 01 进入Premiere Pro CC工作界面，打开一个项目文件，如图1-33所示。

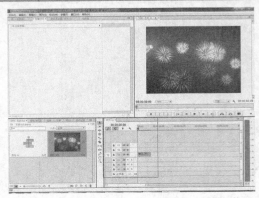

图1-33 打开一个项目文件

操作步骤

STEP 02 即可在项目面板中查看打开的项目文件，如图
1-34所示。

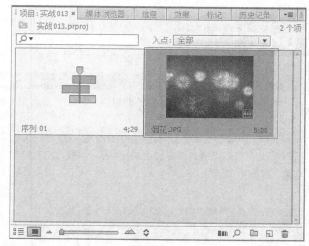

图1-34　查看打开的项目文件

实战 014　时间的精确显示

▶ 实例位置：无
▶ 素材位置：光盘＼素材＼第 1 章＼实战 014.prproj
▶ 视频位置：光盘＼视频＼第 1 章＼实战 014.mp4

● 实例介绍 ●

控制时间的精确显示功能可以对影片中的每一个时间进行调整。
Premiere Pro CC拥有更加完善的时间显示功能，使得影片的每一个环节都能得到精确地控制。

● 操作步骤 ●

STEP 01 进入Premiere Pro CC工作界面，打开一个项目文件，如图1-35所示。

STEP 02 在时间指示器数值框中输入00:00:02:00，即可预览时间的精确显示，如图1-36所示。

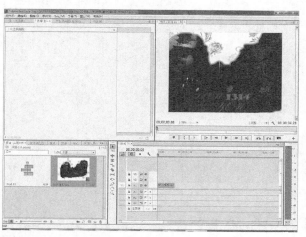

图1-35　打开一个项目文件

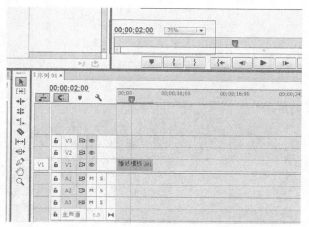

图1-36　预览时间的精确显示

1.3 启动与退出 Premiere Pro CC

在运用Premiere Pro CC进行视频编辑之前，用户首先要学习一些最基本的操作：启动与退出Premiere Pro CC。

实战 015 启动程序

▶ 实例位置：无
▶ 素材位置：无
▶ 视频位置：光盘\视频\第1章\实战015.mp4

● 实例介绍 ●

将Premiere Pro CC安装到计算机中后，就可以启动Premiere Pro CC程序进行影视编辑操作了。

● 操作步骤 ●

STEP 01 用鼠标左键双击桌面上的Premiere Pro CC程序图标，如图1-37所示。

STEP 02 启动Premiere Pro CC程序后，弹出"欢迎使用Adobe Premiere Pro"对话框，单击"新建项目"链接，如图1-38所示。

图1-37 双击程序图标

图1-38 显示程序启动信息

STEP 03 弹出"新建项目"对话框，设置项目名称与位置，然后单击"确定"按钮，如图1-39所示。

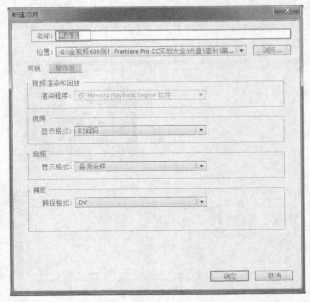

图1-39 单击"新建项目"按钮

技巧点拨

在安装 Adobe Premiere Pro CC 时，软件默认不在桌面创建快捷图标。用户可以在计算机左下方的"开始"程序列表中，在"Adobe Premiere Pro CC"命令上按住鼠标左键并拖曳至桌面上的空白位置处释放鼠标左键，即可在桌面上创建 Premiere Pro CC 的快捷方式图标；或是单击鼠标右键发送到"桌面快捷方式"，在桌面上双击 Premiere Pro CC 程序图标，即可启动 Premiere Pro CC 程序。

知识扩展

用户还可以通过以下 3 种方法启动 Premiere Pro CC 软件。

➤ 程序菜单：单击"开始"按钮，在弹出的"开始"菜单中，单击"Adobe|Adobe Premiere Pro CC"命令。

➤ 快捷菜单：在 Windows 桌面上选择 Premiere Pro CC 图标，单击鼠标右键，在弹出的快捷菜单中，选择"打开"选项。

➤ 用户也可以在计算机中双击 prproj 格式的项目文件，即可启动 Adobe Premiere Pro CC 应用程序并打开该项目文件。

STEP 04 执行操作后，即可新建项目，进入Premiere Pro CC工作界面，如图1-40所示。

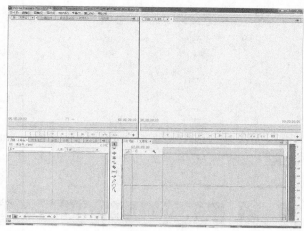

图1-40　Premiere　Pro　CC工作界面

实战 016　退出程序

▶ 实例位置：无
▶ 素材位置：无
▶ 视频位置：光盘 \ 视频 \ 第 1 章 \ 实战 016.mp4

● 实例介绍 ●

当用户完成对影视素材的编辑后，不再需要使用Premiere Pro CC时，则可以退出该程序。

● 操作步骤 ●

STEP 01 在Premiere Pro CC中保存项目后，单击"文件" | "退出"命令，如图1-41所示。

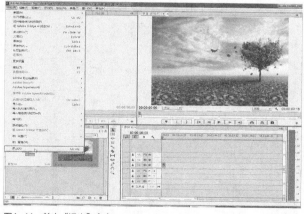

图1-41　单击"退出"命令

STEP 02 执行操作后，即可退出Premiere Pro CC程序，如图1-42所示。

图1-42　退出Premiere　Pro　CC程序

知识扩展

　　退出 Premiere Pro CC 程序有以下 6 种方法。

➤ 按 Ctrl + Q 组合键，即可退出程序。

➤ 在 Premiere Pro CC 操作界面中，单击右上角的"关闭"按钮，如图 1-43 所示。

➤ 双击"标题栏"左上角的 Pr 图标，即可退出程序。

➤ 单击"标题栏"左上角的 Pr 图标，在弹出的列表框中选择"关闭"选项，如图 1-44 所示，即可退出程序。

➤ 按 Alt + F4 组合键，即可退出程序。

➤ 在任务栏的 Premiere Pro CC 程序图标上，单击鼠标右键，在弹出的快捷菜单中选择"关闭窗口"选项，如图 1-45 所示，也可以退出程序。

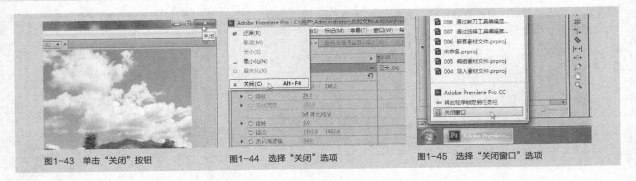

图1-43 单击"关闭"按钮　　　　图1-44 选择"关闭"选项　　　　图1-45 选择"关闭窗口"选项

1.4 自定义 Premiere Pro CC 快捷键

在Premiere Pro CC中，用户可以根据自己的习惯设置操作界面、视频采集以及缓存设置、快捷键等。本节将详细介绍快捷键的自定义操作方法。

实战 017 键盘快捷键的更改

▶ 实例位置：无
▶ 素材位置：无
▶ 视频位置：光盘＼视频＼第 1 章＼实战 017.mp4

● 实例介绍 ●

更改按键需要在"键盘快捷键"对话框中进行编辑，下面将介绍更改键盘快捷键的操作方法。

● 操作步骤 ●

STEP 01 单击"编辑"|"快捷键"命令，弹出"键盘快捷键"对话框，如图1-46所示。

STEP 02 在列表框中选择需要设置快捷键的选项，并选择"快捷键"列表框中的对应选项，如图1-47所示。

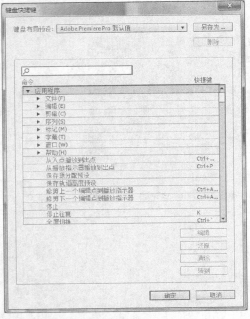

图1-46 "键盘快捷键"对话框

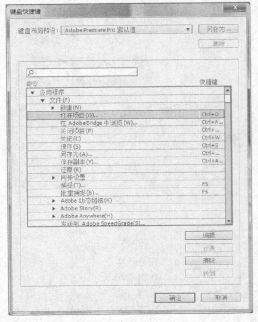

图1-47 选择对应选项

STEP 03 单击"编辑"按钮，在键盘上按Tab键，再单击"确定"按钮，即可更改键盘快捷键。

实战 018	面板快捷键的更改

▶实例位置：无
▶素材位置：无
▶视频位置：光盘\视频\第1章\实战018.mp4

● 实例介绍 ●

更改面板快捷键需要在"键盘快捷键"对话框中进行编辑，下面将介绍更改面板快捷键的操作方法。

● 操作步骤 ●

STEP 01 单击"编辑"|"快捷键"命令，将弹出"键盘快捷键"对话框，选择"面板"选项，如图1-48所示。

STEP 02 在列表框中，选择"音轨混合器"|"音轨混合器面板菜单"|"显示/隐藏轨道"选项，如图1-49所示。

图1-48　选择"面板"选项

图1-49　选择"显示/隐藏轨道"选项

STEP 03 单击"编辑"按钮，在键盘上按Backspace键，单击"确定"按钮，即可将"显示/隐藏轨道"选项的快捷键改为Backspace。

技巧点拨

　　在更改快捷键后，用户还可以对快捷键进行清除操作，或重新进行布局等。在Premiere Pro CC的"键盘快捷键"对话框中，用户可以单击"键盘布局预设"右侧的下三角按钮，在弹出的列表框中可以根据需要选择Premiere不同版本选项，自定义键盘布局。另外，还可以在"键盘快捷键"对话框中修改键盘快捷键后，单击右上角的"另存为"按钮，另存为布局预设。

1.5　Premiere Pro CC 的工作界面

　　在启动Premiere Pro CC后，便可以看到Premiere Pro CC简洁的工作界面。界面中主要包括"监视器"面板、"历史记录"面板等。本节将对Premiere Pro CC工作界面的一些常用内容进行介绍。

实战 019	监视器面板的显示模式

▶实例位置：光盘\效果\第1章\实战019.prproj
▶素材位置：光盘\素材\第1章\实战019.prproj
▶视频位置：光盘\视频\第1章\实战019.mp4

● 实例介绍 ●

　　启动Premiere Pro CC软件并任意打开一个项目文件后，此时默认的"监视器"面板分为"素材源"和"节目监视器"两部分。

● 操作步骤 ●

STEP 01 进入Premiere Pro CC工作界面，打开一个项目文件，即可预览默认的"监视器"面板，如图1-50所示。

STEP 02 单击"节目监视器"面板右上角的下三角按钮，选择相应选项，即可预览"节目监视器"面板，如图1-51所示。

图1-50 预览默认的"监视器"面板

图1-51 预览"节目监视器"面板

知识扩展

标题栏位于Premiere Pro CC软件窗口的最上方，显示了系统当前正在运行的程序名及文件名等信息。

Premiere Pro CC默认的文件名称为"未命名"，单击标题栏右侧的按钮组，可以最小化、最大化或关闭Premiere Pro CC应用程序窗口。

"监视器"面板可以分为以下两种。

➤ "源监视器"面板：在该面板中可以对项目进行剪辑和预览。

➤ "节目监视器"面板：在该面板中可以预览项目素材。

"节目监视器"面板中各图标的含义如下。

➤ 添加标记：单击该按钮可以显示隐藏的标记。

➤ 标记入点：单击该按钮可以将时间轴标尺所在的位置标记为素材入点。

➤ 标记出点：单击该按钮可以将时间轴标尺所在的位置标记为素材出点。

➤ 转到入点：单击该按钮可以跳转到入点。

➤ 逐帧后退：每单击该按钮一次即可将素材后退一帧。

➤ 播放—停止切换：单击该按钮可以播放所选的素材，再次单击该按钮，则会停止播放。

➤ 逐帧前进：每单击该按钮一次即可将素材前进一帧。

➤ 转到出点：单击该按钮可以跳转到出点。

➤ 插入：每单击该按钮一次可以在"时间轴"面板的时间轴后面插入源素材一次。

➤ 覆盖：每单击该按钮一次可以在"时间轴"面板的时间轴后面插入源素材一次，并覆盖时间轴上原有的素材。

➤ 提升：单击该按钮可以将在播放窗口中标注的素材从"时间轴"面板中提出，其他素材的位置不变。

➤ 提取：单击该按钮可以将在播放窗口中标注的素材从"时间轴"面板中提取，后面的素材位置自动向前对齐填补间隙。

➤ 按钮编辑器：单击该按钮将弹出"按钮编辑器"面板，在该面板中可以重新布局"监视器"面板中的按钮。

实战 020 **"历史记录"面板**

▶ 实例位置：无
▶ 素材位置：光盘 \ 素材 \ 第1章 \ 实战020.prproj
▶ 视频位置：光盘 \ 视频 \ 第1章 \ 实战020.mp4

● 实例介绍 ●

在Premiere Pro CC中，"历史记录"面板主要用于记录编辑操作时执行的每一个命令。用户可以通过在"历史记录"面板中删除指定的命令，还原成之前的编辑操作记录，当用户选择"历史记录"面板中的历史记录后，单击"历史记录"面板右下角的"删除重做操作"按钮，即可将当前历史记录删除。

STEP 01 进入Premiere Pro CC工作界面，打开一个项目文件，如图1-52所示。

STEP 02 在上方单击"历史记录"按钮，即可查看当前历史记录，如图1-53所示。

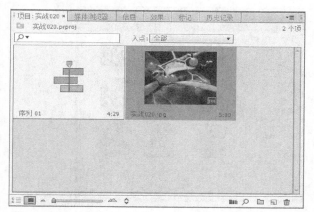

图1-52 打开一个项目文件

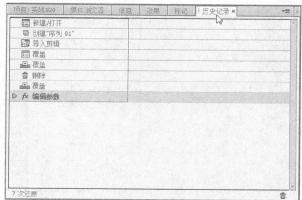

图1-53 查看当前历史记录

知识扩展

"信息"面板用于显示所选素材以及当前序列中素材的信息。"信息"面板中包括素材本身的帧速率、分辨率、素材长度和素材在序列中的位置等，如图1-54所示。在Premiere Pro CC中，素材类型不同时，"信息"面板中所显示的内容也会不一样。

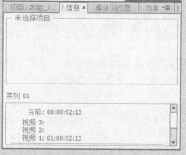

图1-54 "信息"面板

1.6 Premiere Pro CC 的操作界面

除了菜单栏与标题栏外，"项目"面板、"工具"面板等都是Premiere Pro CC操作界面中十分重要的组成部分。

实战 021 "项目"面板

▶ 实例位置：无
▶ 素材位置：光盘 \ 素材 \ 第1章 \ 实战 021.prproj
▶ 视频位置：光盘 \ 视频 \ 第1章 \ 实战 021.mp4

Premiere Pro CC的"项目"面板主要用于输入和储存供"时间线"面板编辑合成的素材文件。"项目"面板由四个部分构成，最上面的一部分为素材预览区；在预览区下方的是查找区；位于最中间的是素材目录栏；最下面是工具栏，也就是菜单命令的快捷按钮，单击这些按钮可以方便地实现一些常用操作。

STEP 01 进入Premiere Pro CC工作界面，单击"文件"|"打开项目"命令，如图1-55所示。

STEP 02 弹出相应对话框，在其中选择所需的项目文件，单击"打开"按钮，如图1-56所示。

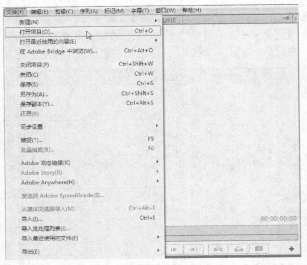

图1-55 单击"文件"｜"打开项目"命令

图1-56 单击"打开"按钮

知识扩展

在Premierer Pro CC中，"效果"面板中包括"预置""视频特效""音频特效""音频切换效果"和"视频切换效果"选项。

在"效果"面板中各种选项以效果类型分组的方式存放视频、音频的特效和转场。通过对素材应用视频特效，可以调整素材的色调、明度等效果，应用音频效果可以调整素材音频的音量和均衡等效果。在"效果"面板中，单击"视频过渡"效果前面的三角形按钮，即可展开"视频过渡"效果列表。

STEP 03 执行操作后，在"项目"面板中，即可查看打开的项目文件，如图1-57所示。

STEP 04 默认情况下，"项目"面板是不会显示素材预览区的，只有单击面板右上角的下三角按钮，在弹出的列表框中选择"预览区域"选项，如图1-58所示，才可显示素材预览区。

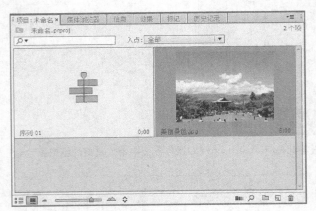

图1-57 预览打开的项目文件

图1-58 选择"预览区域"选项

实战 022 "效果控件"面板

▶ 实例位置：光盘＼效果＼第1章＼实战022.prproj
▶ 素材位置：光盘＼素材＼第1章＼实战022.prproj
▶ 视频位置：光盘＼视频＼第1章＼实战022.mp4

● 实例介绍 ●

Premiere Pro CC的"效果控件"面板主要用于控制对象的运动、透明度、切换效果以及改变效果的参数等。

● 操作步骤 ●

STEP 01 进入Premiere Pro CC工作界面，单击"文件""打开项目"命令，打开一个项目文件，如图1-59所示。

STEP 02 选择V1轨道上的素材，展开"效果控件"面板，如图1-60所示。

图1-59　打开一个项目文件

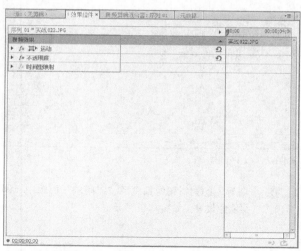

图1-60　展开"效果控件"面板

STEP 03 在"效果控件"面板中，展开"运动"选项，设置"缩放"为30.0，即可完成操作，如图1-61所示。

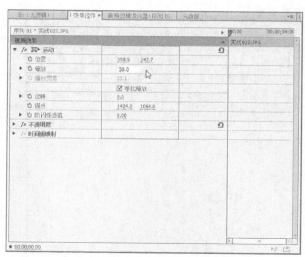

技巧点拨

在"效果"面板中选择需要的视频特效，将其添加至视频素材上，然后选择视频素材，进入"效果控件"面板，就可以为添加的特效设置属性。如果用户在工作界面中没有找到"效果控件"面板，可以单击"窗口"|"效果控件"命令，即可展开"效果控件"面板。

图1-61　设置"缩放"为30.0

实战 023 "时间轴"面板

▶ 实例位置：光盘 \ 效果 \ 第 1 章 \ 实战 023. prproj
▶ 素材位置：光盘 \ 素材 \ 第 1 章 \ 乡村小屋 . jpg
▶ 视频位置：光盘 \ 视频 \ 第 1 章 \ 实战 023. mp4

● 实例介绍 ●

"时间轴"面板是Premiere Pro CC中进行视频、音频编辑的重要窗口之一，在该面板中可以轻松地实现对素材的剪辑、插入、调整以及添加关键帧等操作。

● 操作步骤 ●

STEP 01 进入Premiere Pro CC工作界面，单击"文件"|"新建"|"序列"命令，即可新建一个序列，如图1-62所示。

STEP 02 单击"文件"|"导入"命令，即可导入一个素材图像，如图1-63所示。

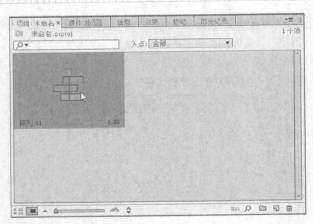

图1-62　新建一个序列

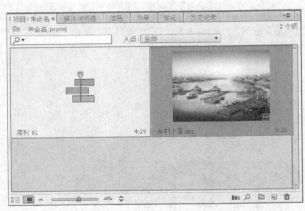

图1-63　导入一个素材图像

STEP 03 将导入的素材图像拖曳至"时间轴"面板中，即可预览素材图像效果，如图1-64所示。

技巧点拨

在Premiere Pro CC版本中，"时间轴"面板经过了重新设计，用户可以自定义"时间轴"的轨道头，并可以确定显示哪些控件。由于视频和音频轨道的控件各不相同，因此每种轨道类型各有单独的按钮编辑器。可用鼠标右键单击视频或音频轨道，在弹出的快捷菜单中选择"自定义"命令，然后根据需要拖放按钮。

图1-64　预览素材图像效果

第 **2** 章

Premiere Pro CC基本操作

本章导读

Premiere Pro CC 软件主要用于对影视视频进行编辑，但在编辑之前需要掌握项目文件、素材文件和常用工具的使用方法。本章详细介绍创建项目文件、打开项目文件、保存和关闭项目文件以及使用常用工具等内容，以帮助读者掌握基本操作方法。

要点索引

- 创建项目文件
- 打开项目文件
- 保存和关闭项目文件
- 操作素材文件
- 使用常用工具

2.1 创建项目文件

在启动Premiere Pro CC后，用户首选需要做的就是创建一个新的工作项目。为此，Premiere Pro CC提供了多种创建项目的方法。

实战 024	在欢迎界面中创建项目	▶ 实例位置：无 ▶ 素材位置：无 ▶ 视频位置：光盘 \ 视频 \ 第 2 章 \ 实战 024.mp4

● 实例介绍 ●

在"欢迎使用Adobe Premiere Pro"对话框中，可以执行相应的操作以进行项目创建。

当用户启动Premiere Pro CC后，系统将自动弹出欢迎界面，界面中有"新建项目""打开项目"和"帮助"三个拥有不同功能的按钮，此时用户单击"新建项目"按钮，即可创建一个新的项目。

● 操作步骤 ●

STEP 01 使用鼠标左键双击桌面上的Premiere Pro CC程序图标，如图2-1所示。

STEP 02 启动Premiere Pro CC程序，在弹出的"欢迎使用Adobe Premiere Pro"对话框中单击"新建项目"按钮，如图2-2所示。

图2-1 双击Premiere Pro CC程序图标

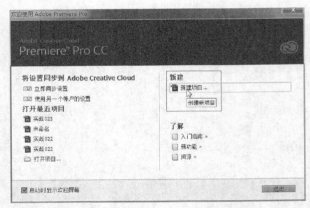

图2-2 查看素材画面

STEP 03 在弹出的"新建项目"对话框中单击"确定"按钮，即可完成在欢迎界面中创建项目的操作，如图2-3所示。

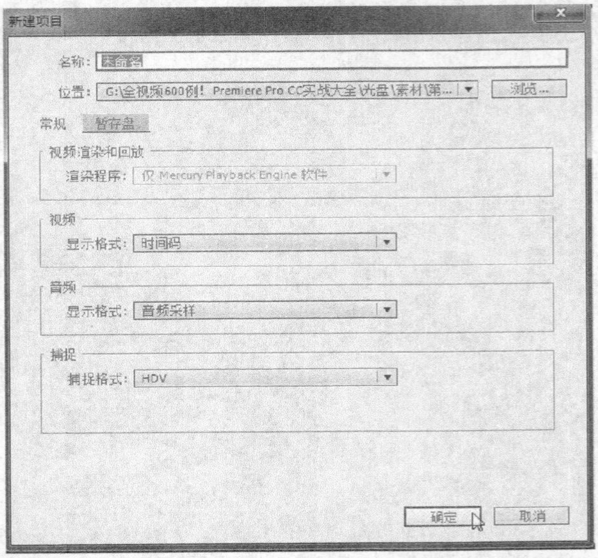

图2-3 单击"确定"按钮

实战 025 使用"文件"菜单创建项目

▶ 实例位置：无
▶ 素材位置：无
▶ 视频位置：光盘 \ 视频 \ 第 2 章 \ 实战 025.mp4

● 实例介绍 ●

用户除了通过欢迎界面新建项目外，也可以进入到Premiere主界面中，通过"文件"菜单进行项目创建。

● 操作步骤 ●

STEP 01 单击"文件"|"新建"|"项目"命令，如图2-4所示。

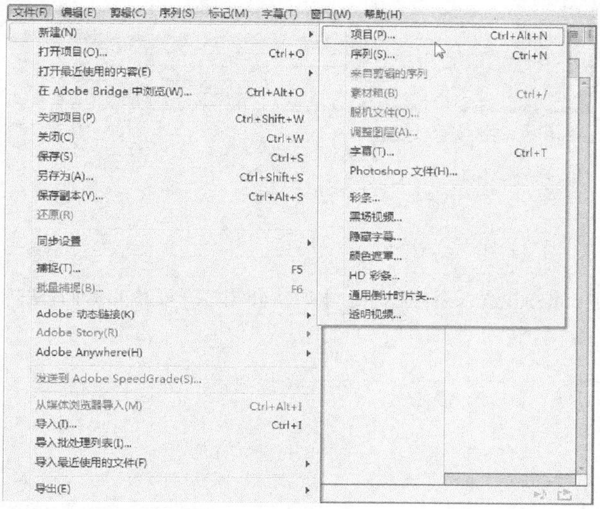

STEP 02 弹出"新建项目"对话框后，单击"浏览"按钮，如图2-5所示。

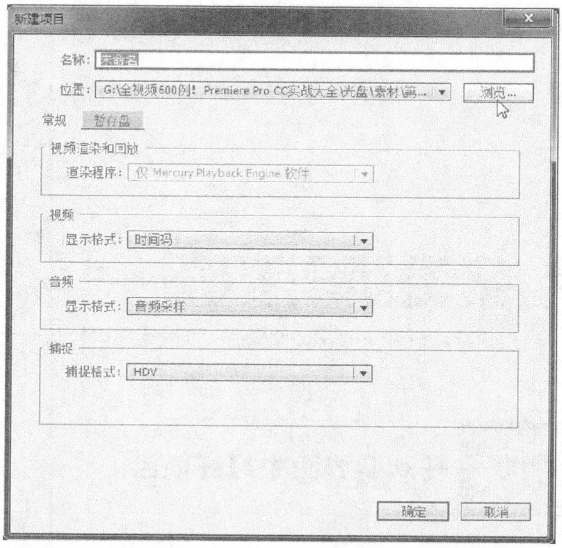

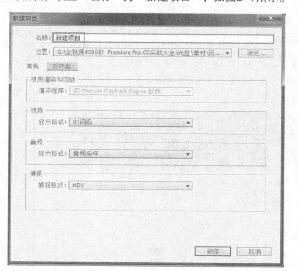

图2-4 单击"项目"命令

图2-5 单击"浏览"按钮

STEP 03 在弹出的"请选择新项目的目标路径"对话框中选择合适的文件夹，如图2-6所示。

STEP 04 单击"选择文件夹"按钮，返回到"新建项目"对话框，设置"名称"为"新建项目"，如图2-7所示。

图2-6 选择合适的文件夹

图2-7 设置项目名称

知识扩展

除了上述两种创建新项目的方法外，用户还可以使用Ctrl + Alt + N组合键来快速创建一个项目文件。

STEP 05 单击"确定"按钮，单击"文件"|"新建"|"序列"命令，弹出"新建序列"对话框后单击"确定"按钮，如图2-8所示，即可使用"文件"菜单创建项目文件。

图2-8 "新建序列"对话框

2.2 打开项目文件

当用户启动Premiere Pro CC后，可以选择以打开一个项目的方式进入系统程序，本节将介绍打开项目的3种方法。

实战 026	在欢迎界面中打开项目	▶ 实例位置：无 ▶ 素材位置：光盘 \ 素材 \ 第 2 章 \ 实战 026.prproj ▶ 视频位置：光盘 \ 视频 \ 第 2 章 \ 实战 026.mp4

● 实例介绍 ●

在欢迎界面中除了可以创建项目文件外，还可以打开项目文件。

当用户启动Premiere Pro CC后，系统将自动弹出欢迎界面。此时，用户可以单击"打开项目"按钮，即可弹出"打开项目"对话框，选择需要打开的编辑项目，单击"打开"按钮即可。

● 操作步骤 ●

STEP 01 启动Premiere Pro CC程序，弹出"欢迎使用Adobe Premiere Pro"对话框后单击"打开项目"按钮，如图2-9所示。

STEP 02 弹出"打开项目"对话框，在其中选择所需的素材文件，如图2-10所示。

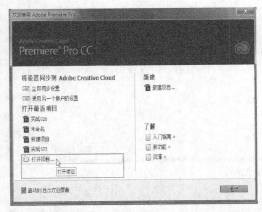

图2-9 打开项目文件

图2-10 选择所需的素材文件

STEP 03 执行操作后，单击"打开"按钮，如图2-11所示。

STEP 04 在"节目监视器"面板中单击"播放-停止切换"按钮，即可预览在欢迎界面中打开的项目文件的效果，如图2-12所示。

图2-11　单击"打开"按钮

图2-12　预览在欢迎界面中打开的项目文件的效果

实战 027　使用"文件"菜单打开项目

▶ 实例位置：无
▶ 素材位置：光盘\素材\第 2 章\实战 027.prproj
▶ 视频位置：光盘\视频\第 2 章\实战 027.mp4

● 实例介绍 ●

在Premiere Pro CC中，用户可以根据需要打开已保存的项目文件。下面介绍使用"文件"菜单打开项目的操作方法。

● 操作步骤 ●

STEP 01 进入Premiere Pro CC工作界面，单击"文件"|"打开项目"命令，如图2-13所示。

STEP 02 弹出"打开项目"对话框，在其中选择所需的项目文件，如图2-14所示。

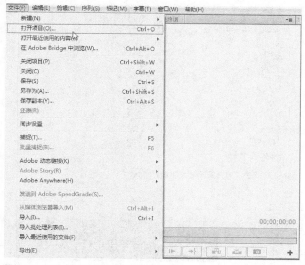

图2-13　单击"文件"|"打开项目"命令

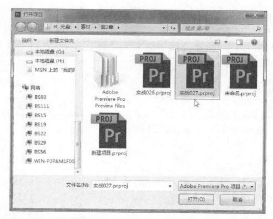

图2-14　选择所需的项目文件

技巧点拨

用户还可通过以下方式打开项目文件。

➤ 通过按 Ctrl + Alt + O 组合键，打开 bridge 浏览器，在浏览器中选择需要打开的项目或者素材文件。

➤ 使用快捷键进行项目文件的打开操作，按 Ctrl + O 组合键，在弹出的"打开项目"对话框中选择需要打开的文件，单击"打开"按钮，即可打开当前选择的项目。

STEP 03 单击"打开"按钮，即可使用"文件"菜单打开项目文件，如图2-15所示。

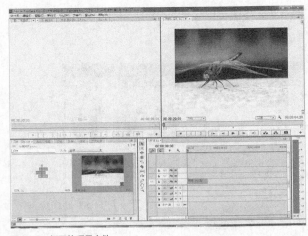

图2-15 打开的项目文件

实战 028 打开最近使用的项目

▶ 实例位置：无
▶ 素材位置：无
▶ 视频位置：光盘 \ 视频 \ 第 2 章 \ 实战 028.mp4

● 实例介绍 ●

使用"打开最近使用的项目"功能可以快速地打开项目文件。

● 操作步骤 ●

STEP 01 进入Premiere Pro CC工作界面，如图2-16所示。

STEP 02 单击菜单栏中的"文件"|"打开最近使用的内容"命令，如图2-17所示，在弹出的子菜单中单击需要打开的项目。

图2-16 进入Premiere Pro CC工作界面

图2-17 单击"打开最近使用的内容"命令

知识扩展

进入欢迎界面后，用户可以通过单击位于欢迎界面中间部分的"打开最近项目"来打开上次编辑的项目，如图2-18所示。

图2-18 打开最近项目

2.3 保存和关闭项目文件

除了上一节介绍的创建项目和打开项目的操作方法，用户还可以对项目文件进行保存和关闭操作。本节将详细介绍保存的操作方法，以供读者掌握。

实战 029　使用"文件"菜单保存项目

▶ 实例位置：无
▶ 素材位置：光盘 \ 素材 \ 第 2 章 \ 实战 029.prproj
▶ 视频位置：光盘 \ 视频 \ 第 2 章 \ 实战 029.mp4

● 实例介绍 ●

为了确保用户所编辑的项目文件不会丢失，当用户编辑完当前项目文件后，可以将项目文件进行保存，以便下次进行修改操作。

● 操作步骤 ●

STEP 01 按Ctrl＋O组合键，打开一个项目文件，如图2-19所示。

STEP 02 在"时间线"面板中调整素材的长度，如图2-20所示。

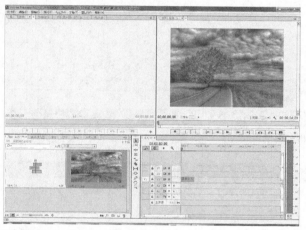

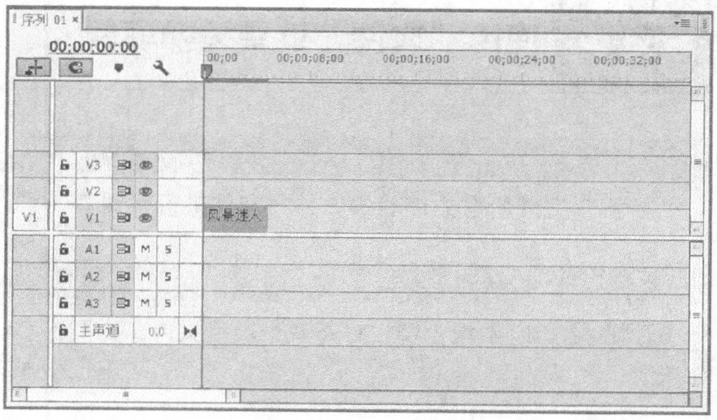

图2-19　打开项目文件

图2-20　调整素材长度

STEP 03 单击"文件"|"保存"命令，如图2-21所示。

STEP 04 弹出"保存项目"对话框，显示保存进度，即可保存项目，如图2-22所示。

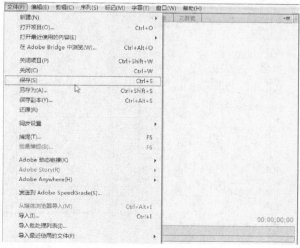

图2-21　单击"保存"命令

图2-22　显示保存进度

技巧点拨

使用快捷键保存项目：

➤ 使用快捷键保存项目是一种很快捷的保存方法，用户可以按Ctrl + S组合键来弹出"保存项目"对话框。如果用户已经对文件进行过一次保存，则再次保存文件时将不会弹出"储存项目"对话框。

➤ 也可以按Ctrl + Alt + S组合键，在弹出的"保存项目"对话框中将项目作为副本保存，如图2-23所示。

图2-23 "保存项目"对话框

实战 030 使用"文件"菜单关闭项目

▶ 实例位置：无
▶ 素材位置：光盘 \ 素材 \ 第 2 章 \ 实战 030. prproj
▶ 视频位置：光盘 \ 视频 \ 第 2 章 \ 实战 030. mp4

● 实例介绍 ●

当用户完成所有的编辑操作并将文件进行了保存，可以将项目文件关闭。

● 操作步骤 ●

STEP 01 按Ctrl + O组合键，打开一个项目文件，如图2-24所示。

STEP 02 用户如果需要关闭项目，可以单击"文件" | "关闭"命令，如图2-25所示。

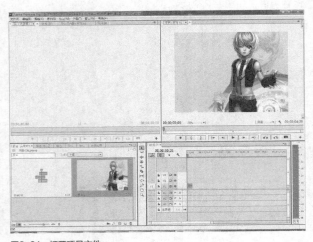

图2-24 打开项目文件

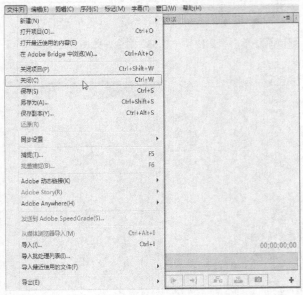

图2-25 单击"文件" | "关闭"命令

技巧点拨

使用快捷键保存项目：

➤ 单击"文件"|"关闭项目"命令，如图2-26所示。

➤ 按Ctrl + W组合键，或者按Ctrl + Alt + W组合键，执行关闭项目的操作。

图2-26　单击"关闭项目"命令

2.4 操作素材文件

在Premiere Pro CC中，除了项目文件的创建、打开、保存和关闭操作之外，用户还可以在项目文件中进行素材文件的相关基本操作。

实战 031　导入素材文件

▶ 实例位置：光盘 \ 效果 \ 第2章 \ 实战 031.prproj
▶ 素材位置：光盘 \ 素材 \ 第2章 \ 花.jpg
▶ 视频位置：光盘 \ 视频 \ 第2章 \ 实战 031.mp4

● 实例介绍 ●

导入素材是Premiere编辑的首要前提，通常所指的素材包括视频文件、音频文件和图像文件等。

● 操作步骤 ●

STEP 01 按Ctrl + Alt + N组合键，弹出"新建项目"对话框后单击"确定"按钮，如图2-27所示，即可创建一个项目文件，按Ctrl + N组合键新建序列。

STEP 02 单击"文件"|"导入"命令，如图2-28所示。

图2-27　单击"确定"按钮

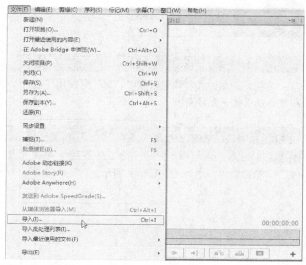

图2-28　单击"导入"命令

STEP 03 弹出"导入"对话框，在对话框中，选择所需的项目文件，单击"打开"按钮，如图2-29所示。

图2-29　单击"打开"按钮

STEP 05 将图像素材拖曳至"时间线"面板中，并预览图像效果，如图2-31所示。

STEP 04 执行操作后，即可在"项目"面板中查看导入的图像素材文件，如图2-30所示。

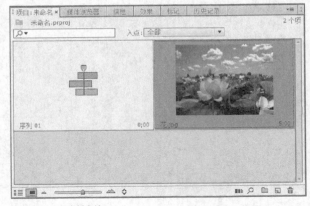

图2-30　查看素材文件

图2-31　预览图像效果

实战 032　打包项目素材

▶ 实例位置：光盘＼效果＼第2章＼实战032.prproj
▶ 素材位置：光盘＼素材＼第2章＼实战032.prproj
▶ 视频位置：光盘＼视频＼第2章＼实战032.mp4

● 实例介绍 ●

当用户使用的素材数量较多时，除了可使用"项目"面板来对素材进行管理之外，还可以将素材进行统一规划，并将其归纳于同一文件夹内。

● 操作步骤 ●

STEP 01 进入Premiere Pro CC工作界面，单击"文件"｜"项目管理"命令，如图2-32所示。

STEP 02 在弹出的"项目管理器"对话框中，选择需要保留的序列。在"生成项目"选项区内设置项目文件归档方式，单击"确定"按钮，如图2-33所示。

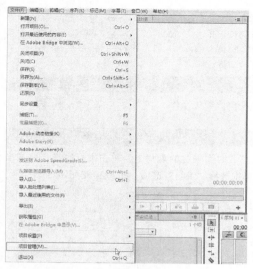

图2-32　单击"项目管理"命令

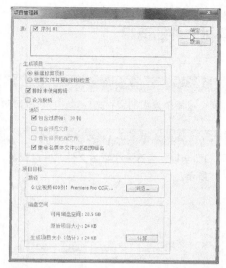

图2-33　单击"确定"按钮

实战 033	播放导入的素材	▶ 实例位置：无
		▶ 素材位置：光盘 \ 素材 \ 第 2 章 \ 实战 033. prproj
		▶ 视频位置：光盘 \ 视频 \ 第 2 章 \ 实战 033. mp4

● 实例介绍 ●

在Premiere Pro CC中，导入素材文件后，用户可以根据需要播放导入的素材。

● 操作步骤 ●

STEP 01 按Ctrl＋O组合键，打开一个项目文件，如图2-34所示。

STEP 02 在"节目监视器"面板中，单击"播放-停止切换"按钮，如图2-35所示。

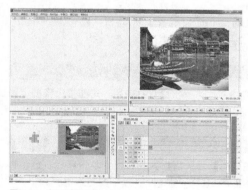

图2-34　打开项目文件

图2-35　单击"播放-停止切换"按钮

STEP 03 执行操作后，即可播放导入的素材，在"节目监视器"面板中可预览素材画面效果，如图2-36所示。

图2-36　预览素材画面效果

实战 034 素材文件的编组

▶ 实例位置：光盘\效果\第2章\实战034.prproj
▶ 素材位置：光盘\素材\第2章\实战034.prproj
▶ 视频位置：光盘\视频\第2章\实战034.mp4

● 实例介绍 ●

当用户添加两个或两个以上的素材文件时，可以同时对多个素材进行整体编辑操作。

● 操作步骤 ●

STEP 01 按Ctrl + O组合键，打开一个项目文件，并选择两个素材，如图2-37所示。

STEP 02 在"时间轴"的素材上，单击鼠标右键，在弹出的快捷菜单中选择"编组"选项，如图2-38所示。

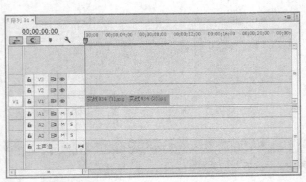

图2-37 选择两个素材

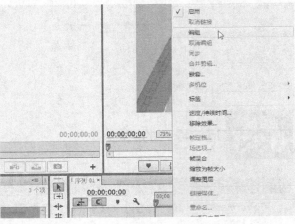

图2-38 选择"编组"选项

STEP 03 执行操作后，即可编组素材文件。

实战 035 素材文件的嵌套

▶ 实例位置：光盘\效果\第2章\实战035.prproj
▶ 素材位置：光盘\素材\第2章\实战035.prproj
▶ 视频位置：光盘\视频\第2章\实战035.mp4

● 实例介绍 ●

Premiere Pro CC中的嵌套功能是将一个时间线嵌套至另一个时间线中，作为一整段素材使用，这在很大程度上提高了工作效率。

● 操作步骤 ●

STEP 01 按Ctrl + O组合键，打开一个项目文件，选择两个素材，如图2-39所示。

STEP 02 在"时间轴"面板的素材上，单击鼠标右键，在弹出的快捷菜单中选择"嵌套"选项，如图2-40所示。

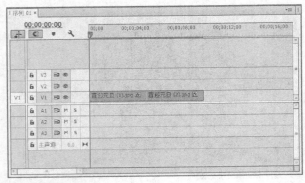

图2-39 选择两个素材

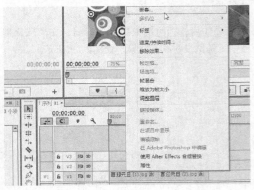

图2-40 选择"嵌套"选项

STEP 03 执行操作后，即可嵌套素材文件，在"项目"面板中将增加一个"嵌套序列01"的文件，如图2-41所示。

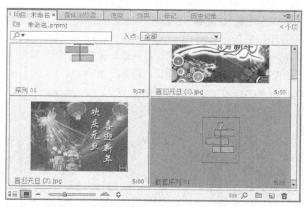

技巧点拨

当用户为一个嵌套的序列应用特效时，Premiere Pro CC 将自动将特效应用于嵌套序列内的所有素材中，这样可以将复杂的操作简单化。

图2-41　增加的"嵌套序列01"文件

实战 036　插入编辑

▶ 实例位置：光盘 \ 效果 \ 第 2 章 \ 实战 036.prproj
▶ 素材位置：光盘 \ 素材 \ 第 2 章 \ 实战 036.prproj
▶ 视频位置：光盘 \ 视频 \ 第 2 章 \ 实战 036.mp4

● 实例介绍 ●

插入编辑是在当前"时间线"面板中没有该素材的情况下，使用"源监视器"面板中的"插入"功能向"时间线"面板中插入素材。

● 操作步骤 ●

STEP 01 在Premiere Pro CC中打开一个项目文件，将当前时间指示器移至"时间线"面板中已有素材的中间，单击"源监视器"面板中的"插入"按钮，如图2-42所示。

STEP 02 执行操作后，即可将"时间线"面板中的素材一分为二，并将"源监视器"面板中的素材插入至两个素材之间，如图2-43所示。

图2-42　单击"插入"按钮

图2-43　插入素材效果

实战 037　覆盖编辑

▶ 实例位置：光盘 \ 效果 \ 第 2 章 \ 实战 037.prproj
▶ 素材位置：光盘 \ 素材 \ 第 2 章 \ 实战 037.prproj
▶ 视频位置：光盘 \ 视频 \ 第 2 章 \ 实战 037.mp4

● 实例介绍 ●

覆盖编辑是指利用新的素材文件替换原有的素材文件。

● 操作步骤 ●

STEP 01 在Premiere Pro CC中，当"时间线"面板中已经存在一段素材文件时，在"源监视器"面板中调出"覆盖"按钮，然后单击"覆盖"按钮，如图2-44所示。

STEP 02 执行操作后，"时间线"面板中的原有素材内容将被覆盖，如图2-45所示。

图2-44 单击"覆盖"按钮

图2-45 覆盖素材效果

技巧点拨

当"监视器"面板的底部放置按钮的空间不足时，软件会自动隐藏一些按钮。用户可以单击右下角的"＋"按钮，在弹出的列表框中选择被隐藏的按钮。

2.5 使用常用工具

Premiere Pro CC中为用户提供了各种实用的工具，并将其集中在了工具栏中。用户只有熟练地掌握各种工具的操作方法，才能够更加熟练地掌握Premiere Pro CC的编辑技巧。

实战 038 使用选择工具

▶ 实例位置：光盘 \ 效果 \ 第 2 章 \ 实战 038.prproj
▶ 素材位置：光盘 \ 素材 \ 第 2 章 \ 实战 038.prproj
▶ 视频位置：光盘 \ 视频 \ 第 2 章 \ 实战 038.mp4

● 实例介绍 ●

选择工具作为Premiere Pro CC中使用最为频繁的工具之一，其主要功能是选择一个或多个片段。

● 操作步骤 ●

STEP 01 如果用户需要选择单个片段，在该片段处单击鼠标左键即可，如图2-46所示。

STEP 02 如果用户需要选择多个片段，可以按住鼠标左键并拖曳，框选需要选择的多个片段，如图2-47所示。

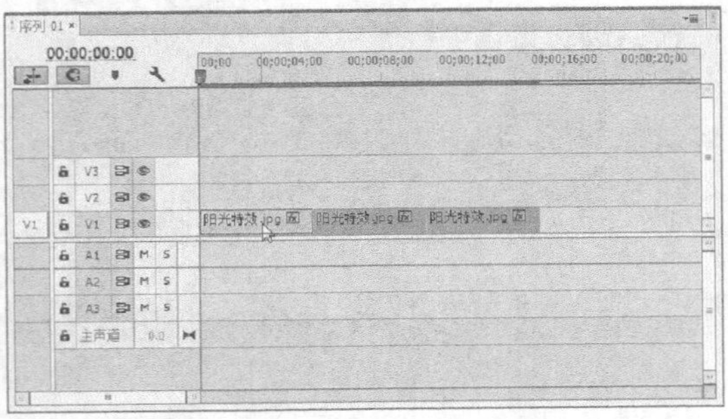

图2-46 选择单个素材

图2-47 选择多个素材

实战 039　使用剃刀工具

▶ 实例位置：光盘 \ 效果 \ 第 2 章 \ 实战 039. prproj
▶ 素材位置：光盘 \ 素材 \ 第 2 章 \ 实战 039. prproj
▶ 视频位置：光盘 \ 视频 \ 第 2 章 \ 实战 039. mp4

● 实例介绍 ●

剃刀工具可以对一段选中的素材文件进行剪切，将其分成两段或几段独立的素材片段。

● 操作步骤 ●

STEP 01　按Ctrl + O组合键，打开一个项目文件，如图2-48所示。

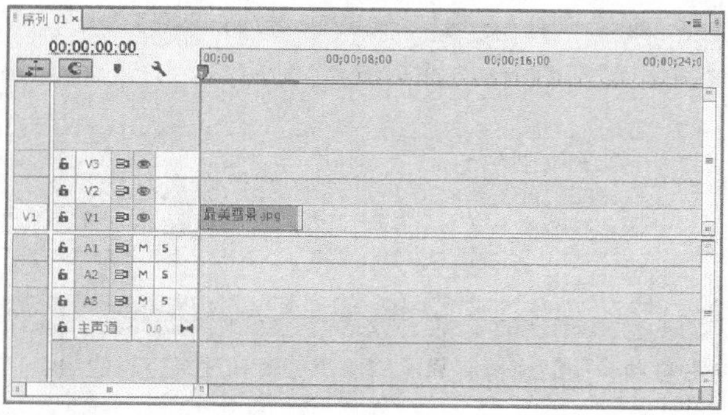

STEP 02　选取剃刀工具▨，在"时间轴"面板的素材上单击鼠标左键，即可剪切素材，如图2-49所示。

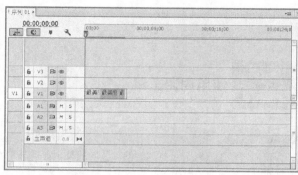

图2-48　打开项目文件

图2-49　剪切素材效果

实战 040　使用外滑工具

▶ 实例位置：无
▶ 素材位置：光盘 \ 素材 \ 第 2 章 \ 实战 040. prproj
▶ 视频位置：光盘 \ 视频 \ 第 2 章 \ 实战 040. mp4

● 实例介绍 ●

滑动工具用于移动"时间轴"面板中素材的位置。该工具会影响相邻素材片段的出入点和长度，滑动工具包括外滑工具与内滑工具。使用外滑工具时，可以同时更改"时间轴"内某剪辑的入点和出点，并保持入点和出点之间的时间间隔不变。

● 操作步骤 ●

STEP 01　按Ctrl + O组合键，打开一个项目文件，如图2-50所示。

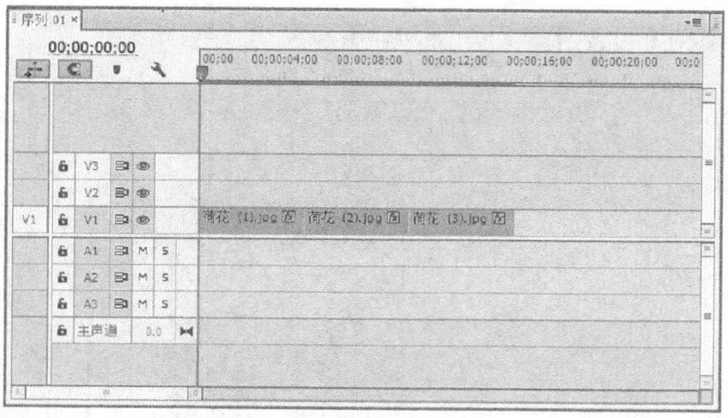

STEP 02　在V1轨道上添加"荷花（3）"素材，并覆盖部分"荷花（2）"素材，选取外滑工具▸◂，如图2-51所示。

图2-50　打开项目文件

图2-51　选择外滑工具

STEP 03 在V1轨道上的"荷花（2）"素材对象上按住鼠标左键并拖曳，在"节目监视器"面板中会显示出更改素材入点和出点的效果，如图2-52所示。

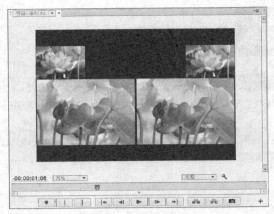

图2-52 显示更改素材入点和出点的效果

实战 041 使用内滑工具

▶ 实例位置：无
▶ 素材位置：光盘\素材\第2章\实战 041.prproj
▶ 视频位置：光盘\视频\第2章\实战 041.mp4

● 实例介绍 ●

使用内滑工具时，可将"时间轴"内的某个剪辑向左或向右移动，同时修剪其周围的两个剪辑。三个剪辑的组合持续时间以及该组在"时间轴"内的位置将保持不变。

● 操作步骤 ●

STEP 01 打开一个素材，在工具箱中选择内滑工具，在V1轨道上的"背景（2）"素材对象上按住鼠标左键并拖曳，即可将"背景（2）"素材向左或向右移动，同时修剪其周围的两个视频，如图2-53所示。

STEP 02 释放鼠标后，即可确认更改"背景（3）"素材的位置，如图2-54所示。

图2-53 移动素材文件

图2-54 更改"背景（3）"素材的位置

STEP 03 将时间指示器定位在"背景（1）"素材的开始位置，在"节目监视器"面板中单击"播放-停止切换"按钮，即可观看更改后的视频效果，如图2-55所示。

技巧点拨

内滑工具与外滑工具最大的区别在于，使用内滑工具剪辑只能剪辑相邻的素材，而本身的素材不会被剪辑。

图2-55 观看视频效果

▶ 实例位置：光盘 \ 效果 \ 第 2 章 \ 实战 042.prproj
▶ 素材位置：光盘 \ 素材 \ 第 2 章 \ 实战 042.prproj
▶ 视频位置：光盘 \ 视频 \ 第 2 章 \ 实战 042.mp4

实战 042　使用比率拉伸工具

● 实例介绍 ●

比率拉伸工具主要用于调整素材的速度。使用比率拉伸工具在"时间轴"面板中缩短素材，则会加快视频的播放速度；反之，拉长素材则速度减慢。下面介绍使用比率拉伸工具编辑素材的操作方法。

● 操作步骤 ●

STEP 01 在Premiere Pro CC工作界面中，打开一个项目文件，如图2-56所示。

STEP 02 在"项目"面板中选择导入的素材文件，并将其拖曳至"时间轴"面板中的V1轨道上。在工具箱中选择比率拉伸工具，如图2-57所示。

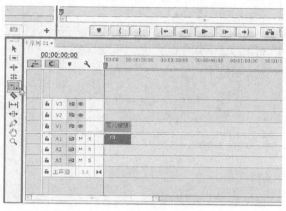

图2-56　打开项目文件

图2-57　选择比率拉伸工具

STEP 03 将鼠标移至添加的素材文件的结束位置，当鼠标变成比率拉伸图标时，按住鼠标左键并向左拖曳至合适位置处释放鼠标，可以缩短素材文件，如图2-58所示。

STEP 04 在"节目监视器"面板中单击"播放-停止切换"按钮，即可观看缩短素材后的视频播放效果，如图2-59所示。

技巧点拨

用与上述同样的操作方法，拉长素材对象，在"节目监视器"面板中单击"播放"按钮，即可观看拉长素材后的视频播放效果。

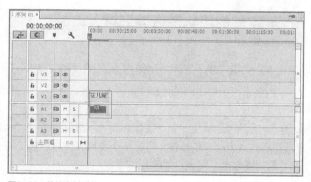

图2-58　缩短素材对象

图2-59　比率拉伸工具编辑视频的效果

实战 043 使用波纹编辑工具

▶ 实例位置：光盘 \ 效果 \ 第 2 章 \ 实战 043. prproj
▶ 素材位置：光盘 \ 素材 \ 第 2 章 \ 实战 043. prproj
▶ 视频位置：光盘 \ 视频 \ 第 2 章 \ 实战 043. mp4

● 实例介绍 ●

使用波纹编辑工具拖曳素材的出点可以改变所选素材的长度，而轨道上其他素材的长度不会受影响。

● 操作步骤 ●

STEP 01 按Ctrl + O组合键，打开一个项目文件，选取工具箱中的波纹编辑工具 ![] ，如图2-60所示。

STEP 02 选择最下方素材并向右拖曳至合适位置，即可改变素材长度，如图2-61所示。

图2-60　选取波纹编辑工具

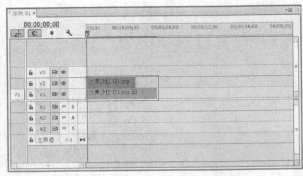

图2-61　改变素材长度

知识扩展

工具箱主要是使用选择工具对"时间轴"面板中的素材进行编辑、添加或删除。因此，默认状态下工具箱将自动激活选择工具。

实战 044 使用轨道选择工具

▶ 实例位置：光盘 \ 效果 \ 第 2 章 \ 实战 044. prproj
▶ 素材位置：光盘 \ 素材 \ 第 2 章 \ 实战 044. prproj
▶ 视频位置：光盘 \ 视频 \ 第 2 章 \ 实战 044. mp4

● 实例介绍 ●

轨道选择工具用于选择某一轨道上的所有素材，当用户按住Shift键时，可以切换到多轨道选择工具。

● 操作步骤 ●

STEP 01 按Ctrl + O组合键，打开一个项目文件，选取工具箱中的轨道选择工具 ![] ，如图2-62所示。

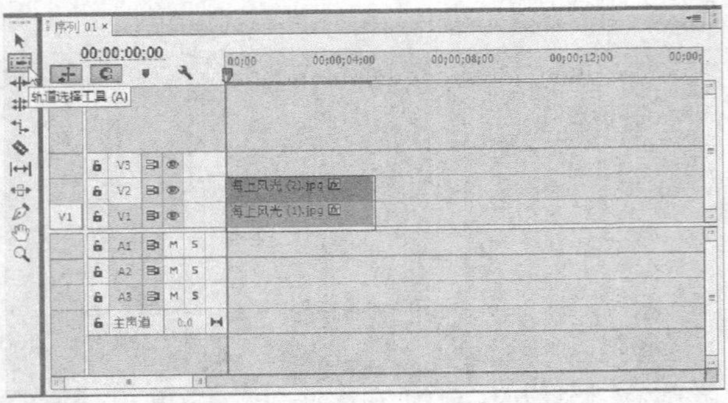

STEP 02 在最上方轨道上，单击鼠标左键，即可选择轨道上的素材，如图2-63所示。

图2-62　选取轨道选择工具

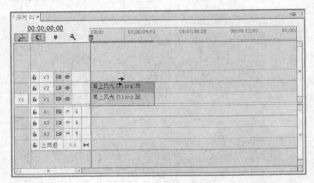

图2-63　选择轨道上的素材

STEP 03 执行上述操作后，即可在"节目监视器"面板中
查看视频效果，如图2-64所示。

图2-64　视频效果

知识扩展

> 选择工具：该工具主要用于选择素材、移动素材以及调节素材关键帧。将该工具移至素材的边缘，光标将变成拉伸图标，可以拉伸素材为素材设置入点和出点。

> 轨道选择工具：该工具主要用于选择某一轨道上的所有素材。按住Shift键的同时单击鼠标左键，可以选择所有轨道。

> 波纹编辑工具：该工具主要用于拖动素材的出点可以改变所选素材的长度，而轨道上其他素材的长度不受影响。

> 滚动编辑工具：该工具主要用于调整两个相邻素材的长度。两个被调整的素材长度变化是一种此消彼长的关系，在固定的长度范围内，一个素材增加的帧数必然会从相邻的素材中减去。

> 比率拉伸工具：该工具主要用于调整素材的速度。缩短素材则速度加快，拉长素材则速度减慢。

> 剃刀工具：该工具主要用于分割素材。将素材分割为两段，将产生新的入点和出点。

> 外滑工具：选择此工具时，可同时更改"时间轴"内某剪辑的入点和出点，并保持入点和出点之间的时间间隔不变。例如，如果将"时间轴"内的一个10秒剪辑修剪到了5秒，可以使用外滑工具来确定剪辑的哪个5秒部分显示在"时间轴"内。

> 内滑工具：选择此工具时，可将"时间轴"内的某个剪辑向左或向右移动，同时修剪周围的两个剪辑。三个剪辑的组合持续时间以及该组在"时间轴"内的位置将保持不变。

> 钢笔工具：该工具主要用于调整素材的关键帧。

> 手形工具：该工具主要用于改变"时间轴"面板的可视区域。在编辑一些较长的素材时，使用该工具非常方便。

> 缩放工具：该工具主要用于调整"时间轴"面板中显示的时间单位。按住Alt键，可以在放大和缩小模式间进行切换。

第 **3** 章

影视素材的添加与编辑

本章导读

通过对 Premiere Pro CC 常用操作的了解，用户应该已经对"时间轴"面板这一影视剪辑常用的对象有了一定的认识。本章从添加与编辑视频素材的操作方法与技巧讲起，逐渐提升用户对 Premiere Pro CC 的熟练度。

要点索引
- 素材的采集操作
- 添加影视素材
- 编辑影视素材

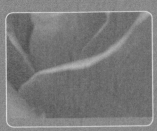

3.1 素材的采集操作

对素材的捕捉是进行视频影片编辑前的一个准备性工作，这项工作直接关系到后期编辑和最终输出的影片质量，具有重要的意义。

| 实战
045 | 捕捉参数的设置 | ▶ 实例位置：无
▶ 素材位置：无
▶ 视频位置：光盘 \ 视频 \ 第 3 章 \ 实战 045.mp4 |

● 实例介绍 ●

在进行视频捕捉之前，首先需要对捕捉参数进行设置。

● 操作步骤 ●

STEP 01 在 Premiere Pro CC 中，单击"编辑" | "首选项" | "设备控制"命令，如图 3-1 所示。

STEP 02 即可弹出"首选项"对话框，如图 3-2 所示，用户可以在对话框中设置视频输入设备的标准。

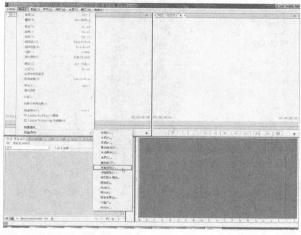

图 3-1 单击"设备控制"命令

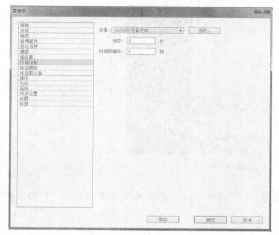

图 3-2 "首选项"对话框

技巧点拨

在设置完捕捉参数后，就可以对视频文件进行捕捉操作了。捕捉视频大致可以分为三个步骤：首先，用户在"设备控制"面板中单击"录制"按钮，即可开始捕捉所需要的视频素材；接下来，当视频捕捉结束后，用户可以再次单击"录制"按钮，系统将自动弹出"保存已捕捉素材"对话框；最后，用户可以设置素材的保存位置及素材的名称等，完成后单击"确定"按钮，即可完成捕捉。

视频捕捉是一个 A/D 转换的过程，所以需要特定的硬件设备。Premiere Pro CC 可以通过 1394 卡或者具有 1394 接口的捕捉卡来捕捉视频素材信号和输出影片。现在常用到的视频捕捉卡多是被继承为视音频处理套卡，图 3-3 所示为 1394 卡。

现在一般采用数码摄像机进行实地拍摄，可以直接得到自己需要的视频素材内容，因而实地拍摄是取得素材最常用的方法。拍摄完毕后，将数码摄像机的 IEEE 1394 接口与计算机连接好，就可以开始传输视频了。在传输视频之前，用户首先需要掌握好安装与设置 1394 卡的方法，只有正常地安装了 1394 卡，才能顺利地采集视频。

图 3-3 1394 卡

对于业余爱好者来说，有一般的 IEEE 1934 接口卡和一款不错的视频采集软件就足以应付平时的使用需求了。在绝大多数场合中，1394 卡只是作为一种影像采集设备用来连接 DV 和计算机，其本身并不具备视频的采集和压缩功能，它只是为用户提供多个 1394 接口，以便连接 1394 硬件设备。

用户在选购视频捕获卡前，需要先考虑自己的计算机是否能够胜任视频捕获、压缩及保存工作，因为视频编辑对 CPU、硬盘、内存等硬件的要求较高。另外，用户在购买前还应了解购买捕获卡的用途，根据需要选择不同档次的产品。

实战 046 音频素材的录制

▶ 实例位置：无
▶ 素材位置：无
▶ 视频位置：光盘\视频\第3章\实战046.mp4

● 实例介绍 ●

录制音频的方法很多，Windows中就自带有录音设备。用户可以使用Windows中的录音机程序进行录制。

● 操作步骤 ●

STEP 01 单击"开始"按钮，在弹出的"开始"菜单中单击"所有程序"命令，如图3-4所示。

STEP 02 单击"附件"|"录音机"命令，如图3-5所示。

图3-4 单击"所有程序"命令

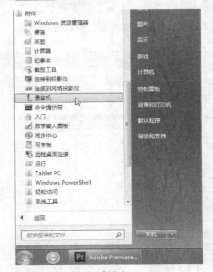

图3-5 单击"录音机"命令

STEP 03 执行操作后，系统将自动弹出"录音机"对话框，如图3-6所示。

图3-6 "录音机"对话框

STEP 04 单击"录音机"对话框中的"开始录制"按钮，即可开始录制音频素材，如图3-7所示。

图3-7 开始录制音频素材

STEP 05 录制完成后，用户可以单击"停止录制"按钮，如图3-8所示。

STEP 06 弹出"另存为"对话框，设置文件名和保存路径后单击"保存"按钮即可保存音频素材，如图3-9所示。

图3-9 "另存为"对话框

图3-8 单击"停止录制"按钮

3.2 添加影视素材

制作视频影片的首要操作就是添加素材，本节将主要介绍在Premiere Pro CC中添加影视素材的方法，包括添加视频素材、音频素材、静态图像及图层图像等。

实战 047	添加视频素材

▶ 实例位置：光盘 \ 效果 \ 第 3 章 \ 实战 047.prproj
▶ 素材位置：光盘 \ 素材 \ 第 3 章 \ 婚纱视频.mp4
▶ 视频位置：光盘 \ 视频 \ 第 3 章 \ 实战 047.mp4

● 实例介绍 ●

添加一段视频素材是一个将源素材导入到素材库，并将素材库的源素材添加到"时间轴"面板中的视频轨道上的过程。

● 操作步骤 ●

STEP 01 在Premiere Pro CC界面中，新建一个项目文件，单击"文件"|"导入"命令，如图3-10所示。

STEP 02 在弹出的"导入"对话框中选择所需的视频素材，如图3-11所示。

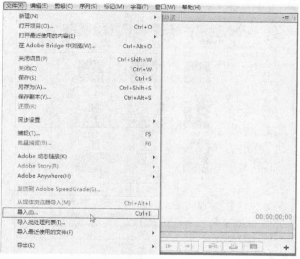

图3-10　单击"文件"|"导入"命令

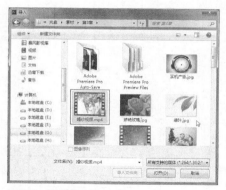

图3-11　选择视频素材

STEP 03 单击"打开"按钮，将视频素材导入至"项目"面板中，如图3-12所示。

STEP 04 在"项目"面板中，选择视频，将其拖曳至"时间轴"面板的V1轨道中，如图3-13所示。

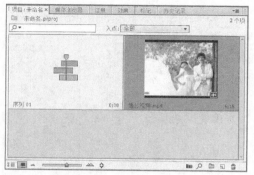

图3-12　导入视频素材

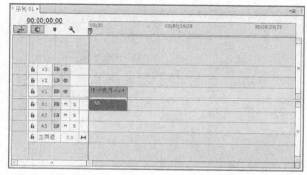

图3-13　将视频拖曳至"时间轴"面板

STEP 05 执行上述操作后，即可添加视频素材。

技巧点拨

在 Premiere Pro CC 中，导入素材除了运用上述方法外，还可以双击"项目"面板空白位置以快速弹出"导入"对话框。

实战 048 添加音频素材

▶ **实例位置**：光盘 \ 效果 \ 第 3 章 \ 实战 048.prproj
▶ **素材位置**：光盘 \ 素材 \ 第 3 章 \ 音乐 .mp3
▶ **视频位置**：光盘 \ 视频 \ 第 3 章 \ 实战 048.mp4

● 实例介绍 ●

添加一段音频素材是一个将源素材导入到素材库，并将素材库的源素材添加到"时间轴"面板中的音频轨道上的过程。

● 操作步骤 ●

STEP 01 在Premiere Pro CC界面中，新建一个项目文件，单击"文件"|"导入"命令，如图3-14所示。

STEP 02 在弹出的"导入"对话框中选择需要添加的音频素材，如图3-15所示。

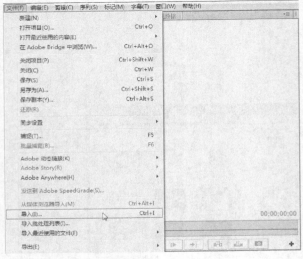

图3-14 单击"文件"|"导入"命令

图3-15 选择音频素材

STEP 03 单击"打开"按钮，将音频素材导入至"项目"面板中，如图3-16所示。

STEP 04 选择素材文件，将其拖曳至"时间轴"面板的A1轨道中，即可添加音频素材，如图3-17所示。

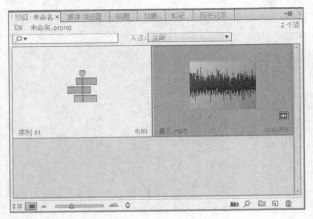

图3-16 导入音频素材

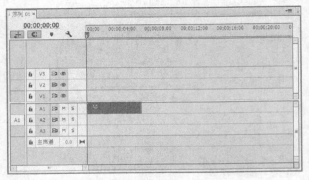

图3-17 将素材文件拖曳至"时间轴"面板

<table>
<tr><td rowspan="2">实战
049</td><td rowspan="2">添加静态图像</td></tr>
</table>

实战 049　添加静态图像

▶ 实例位置：光盘 \ 效果 \ 第 3 章 \ 实战 049.prproj
▶ 素材位置：光盘 \ 素材 \ 第 3 章 \ 水晶特效.jpg
▶ 视频位置：光盘 \ 视频 \ 第 3 章 \ 实战 049.mp4

● 实例介绍 ●

为了使影片内容更加丰富多彩，在进行影片编辑的过程中，用户可以根据需要添加各种静态的图像。

● 操作步骤 ●

STEP 01 在 Premiere Pro CC 界面中，新建一个项目文件，单击"文件"|"导入"命令，如图 3-18 所示。

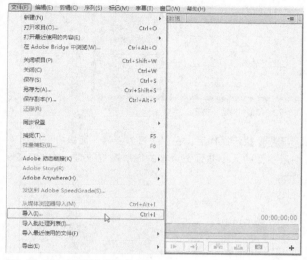

图 3-18　单击"文件"|"导入"命令

STEP 02 在弹出的"导入"对话框中选择需要添加的静态图像，如图 3-19 所示。

图 3-19　选择静态图像

STEP 03 单击"打开"按钮，将图像素材导入至"项目"面板中，如图 3-20 所示。

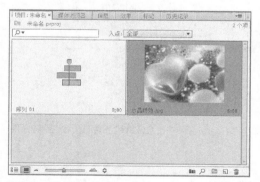

图 3-20　导入图像素材

STEP 04 选择素材文件，将其拖曳至"时间轴"面板的 V1 轨道中，如图 3-21 所示。

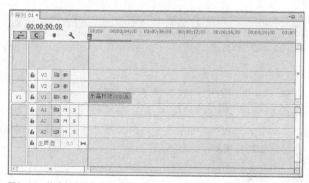

图 3-21　将素材文件拖曳至"时间轴"面板

STEP 05 执行上述操作后，即可添加静态图像。

<table>
<tr><td>实战
050</td><td>添加图层图像</td></tr>
</table>

实战 050　添加图层图像

▶ 实例位置：光盘 \ 效果 \ 第 3 章 \ 实战 050.prproj
▶ 素材位置：光盘 \ 素材 \ 第 3 章 \ 模版.psd
▶ 视频位置：光盘 \ 视频 \ 第 3 章 \ 实战 050.mp4

● 实例介绍 ●

在 Premiere Pro CC 中，不仅可以导入视频、音频和静态图像等素材，还可以导入图层图像素材。

STEP 01 在Premiere Pro CC界面中，新建一个项目文件，单击"文件"|"导入"命令，弹出"导入"对话框，选择需要的图像，如图3-22所示，单击"打开"按钮。

STEP 02 弹出"导入分层文件：奔跑"对话框，单击"确定"按钮，如图3-23所示，将所选择的PSD图像导入至"项目"面板中。

图3-22　选择需要的素材图

图3-23　单击"确定"按钮

STEP 03 选择导入的PSD图像，并将其拖曳至"时间轴"面板的V1轨道中，即可添加图层图像，如图3-24所示。

STEP 04 执行操作后，在"节目监视器"面板中可以调整图层图像的大小并预览添加的图层图像效果，如图3-25所示。

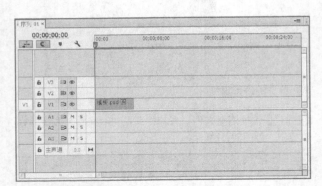

图3-24　添加图层图像

图3-25　预览图层图像效果

3.3 编辑影视素材

对影片素材进行编辑是整个影片编辑过程中的一个重要环节，同样也是Premiere Pro CC功能的体现。本节将详细介绍编辑影视素材的操作方法。

实战 051 复制与粘贴影视视频

▶ 实例位置：光盘 \ 效果 \ 第3章 \ 实战 051.prproj
▶ 素材位置：光盘 \ 素材 \ 第3章 \ 实战 051.prproj
▶ 视频位置：光盘 \ 视频 \ 第3章 \ 实战 051.mp4

复制也称拷贝，是指将文件从一处复制一份完全一样的到另一处，而原来的一份依然保留。复制影视视频的具体方法是：在"时间轴"面板中，选择需要复制的视频，单击"编辑"|"复制"命令即可复制影视视频。

粘贴素材可以为用户节约许多不必要的重复操作，让用户的工作效率得到提高。

● 操作步骤 ●

STEP 01 在Premiere Pro CC界面中，新建一个项目文件，单击"文件"|"导入"命令，并将其拖曳至V1轨道，在视频轨道上选择视频，如图3-26所示。

STEP 02 将时间线移至00:00:05:00的位置，单击"编辑"|"复制"命令，如图3-27所示。

图3-26　选择视频

图3-27　单击"复制"命令

STEP 03 执行操作后，即可复制文件，按Ctrl + V组合键，即可将复制的视频粘贴至V1轨道中的时间轴位置，如图3-28所示。

STEP 04 将时间轴移至素材的开始位置，单击"播放-停止切换"按钮，即可预览视频效果，如图3-29所示。

图3-28　粘贴视频

图3-29　预览视频效果

技巧点拨

在编辑影视时，常常会用到一些简单的基本操作，如复制和粘贴素材、分离与组合素材、删除素材等。

"复制"与"粘贴"对于使用过计算机的用户来说，这两个命令已经再熟悉不过了，其作用是将选择的素材文件进行复制，然后将其粘贴。

用户在使用"复制"与"粘贴"命令对素材进行操作时，可以按Ctrl + C组合键进行复制操作，按Ctrl + V组合键进行粘贴操作。

实战 052　分离影视视频

▶ 实例位置：光盘 \ 效果 \ 第3章 \ 实战 052.prproj
▶ 素材位置：光盘 \ 素材 \ 第3章 \ 实战 052.prproj
▶ 视频位置：光盘 \ 视频 \ 第3章 \ 实战 052.mp4

● 实例介绍 ●

为了使影视获得更好的音乐效果，许多影视都会在后期重新配音，这时需要用到分离影视素材的操作。

● 操作步骤 ●

STEP 01 在Premiere Pro CC界面中，打开一个项目文件，如图3-30所示。

STEP 02 选择V1轨道上的视频素材，单击"剪辑"|"取消链接"命令，如图3-31所示。

图3-30 打开项目文件

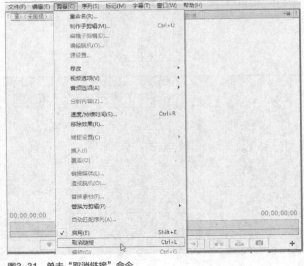

图3-31 单击"取消链接"命令

STEP 03 即可将视频与音频分离，选择V1轨道上的视频素材，按住鼠标左键并拖曳，即可单独移动视频素材，如图3-32所示。

图3-32 移动视频素材

STEP 04 在"节目监视器"面板上，单击"播放-停止切换"按钮，即可预览视频效果，如图3-33所示。

图3-33 分离影片的效果

技巧点拨

使用"取消链接"命令可以将视频素材与音频素材分离后单独进行编辑，防止编辑视频素材时，音频素材也被修改。

实战		实例位置：光盘 \ 效果 \ 第 3 章 \ 实战 053.prproj
053	**组合影视视频**	▶ 素材位置：光盘 \ 素材 \ 第 3 章 \ 实战 053.prproj
		▶ 视频位置：光盘 \ 视频 \ 第 3 章 \ 实战 053.mp4

● 实例介绍 ●

在对视频和音频文件进行重新编辑后，可以对其进行组合操作。

● 操作步骤 ●

STEP 01 在Premiere Pro CC界面中，打开一个项目文件，如图3-34所示。

图3-34　打开项目文件

STEP 02 在"时间轴"面板中，选择所有的素材，如图3-35所示。

图3-35　选择所有的素材

STEP 03 单击"剪辑"|"链接"命令，如图3-36所示。

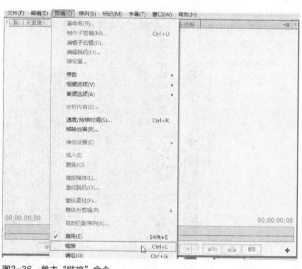

图3-36　单击"链接"命令

STEP 04 执行操作后，即可组合影视视频，如图3-37所示。

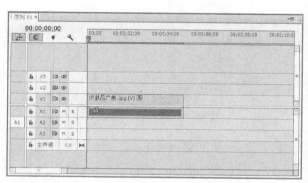

图3-37　组合影视视频

技巧点拨

　　"分离"与"组合"是作用于两个或两个以上素材的命令。当序列中一段有音频的视频需要重新配音时，用户可以通过分离素材的方法将音乐与视频进行分离，然后为视频素材添加新的音频。

▶ 实例位置：光盘 \ 效果 \ 第 3 章 \ 实战 054.prproj
▶ 素材位置：光盘 \ 素材 \ 第 3 章 \ 实战 054.prproj
▶ 视频位置：光盘 \ 视频 \ 第 3 章 \ 实战 054.mp4

实战 054 删除影视视频

• 实例介绍 •

当用户对添加的视频素材不满意时，可以将其删除，重新导入新的视频素材。

• 操作步骤 •

STEP 01 在Premiere Pro CC界面中，打开一个项目文件，如图3-38所示。

STEP 02 在"时间轴"面板中选择中间的"闪光"素材，单击"编辑" | "清除"命令，如图3-39所示。

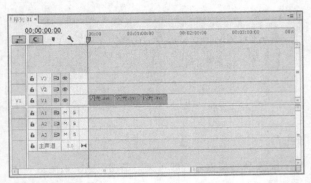

图3-38 打开项目文件

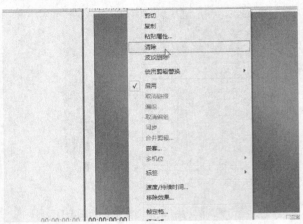

图3-39 单击"清除"命令

STEP 03 执行上述操作后，即可删除目标素材。在V1轨道上选择左侧的"闪光"素材，如图3-40所示。

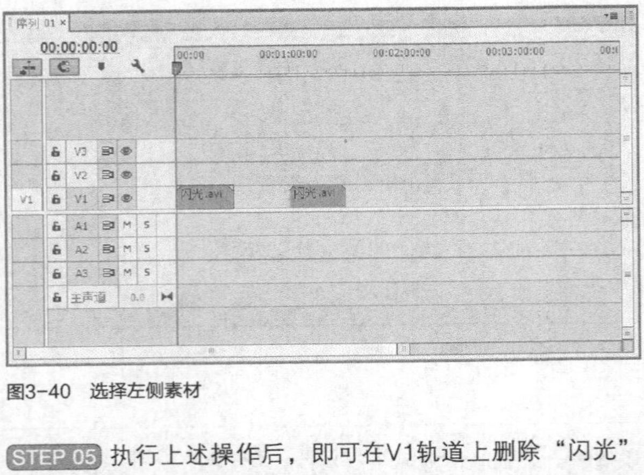

STEP 04 单击鼠标右键，在弹出的快捷菜单中单击"波纹删除"命令，如图3-41所示。

图3-40 选择左侧素材

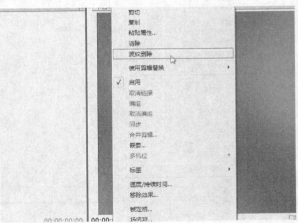

图3-41 单击"波纹删除"命令

STEP 05 执行上述操作后，即可在V1轨道上删除"闪光"素材，此时，第3段素材将会移动到第2段素材的位置，如图3-42所示。

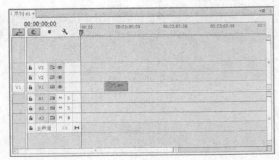

图3-42 删除"闪光"素材

STEP 06 在"节目监视器"面板上，单击"播放-停止切换"按钮，即可预览视频效果，如图3-43所示。

技巧点拨

当用户对添加的视频素材不满意时，可以将其删除，并导入新的视频素材。

在 Premiere Pro CC 中除了上述方法可以删除素材对象外，用户还可以在选择素材对象后，使用以下快捷键。

➤ 按 Delete 键，快速删除选择的素材对象。

➤ 按 Backspace 键，快速删除选择的素材对象。

➤ 按 Shift + Delete 组合键，快速对素材进行波纹删除操作。

➤ 按 Shift + Backspace 组合键，快速对素材进行波纹删除操作。

图3-43　预览视频效果

实战 055	重命名影视视频

▶ 实例位置：光盘 \ 效果 \ 第3章 \ 实战 055.prproj
▶ 素材位置：光盘 \ 素材 \ 第3章 \ 实战 055.prproj
▶ 视频位置：光盘 \ 视频 \ 第3章 \ 实战 055.mp4

● 实例介绍 ●

"重命名"命令可以对导入的视频素材的名称进行修改。

● 操作步骤 ●

STEP 01 在Premiere Pro CC界面中，打开一个项目文件，如图3-44所示。

STEP 02 在"时间轴"面板中选择"娃娃"素材，单击"剪辑" | "重命名"命令，如图3-45所示。

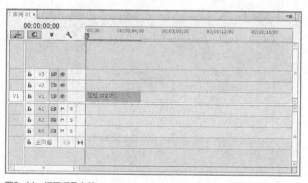

图3-44　打开项目文件

图3-45　单击"重命名"命令

STEP 03 在弹出的"重命名剪辑"对话框中，将"剪辑名称"改为"可爱"，如图3-46所示。

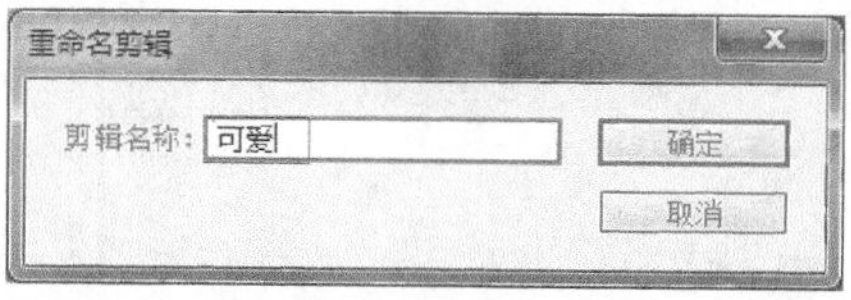

图3-46　"重命名剪辑"对话框

STEP 04 单击"确定"按钮，即可在V1轨道上重命名"娃娃"素材，如图3-47所示。

技巧点拨

重命名素材可以对导入的视频素材的名称进行修改。

在Premiere Pro CC中，除了上述方法可以重命名素材对象外，用户还可以选择素材对象后，素材名称进入编辑状态，此时即可重新设置视频素材的名称，输入新的名称，并按Enter键确认，即可重命名影视素材。

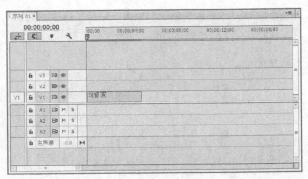

图3-47　重命名"娃娃"素材

实战 056 ## 设置显示方式

▶ 实例位置：光盘 \ 效果 \ 第 3 章 \ 实战 056.prproj
▶ 素材位置：光盘 \ 素材 \ 第 3 章 \ 实战 056.prproj
▶ 视频位置：光盘 \ 视频 \ 第 3 章 \ 实战 056.mp4

• 实例介绍 •

在Premiere Pro CC中，素材拥有多种显示方式，如默认的"合成视频"模式、Alpha模式以及"所有示波器"模式等。

• 操作步骤 •

STEP 01 在Premiere Pro CC界面中，打开一个项目文件，如图3-48所示。

STEP 02 使用鼠标左键双击导入的素材文件，在"源监视器"面板中即可显示该素材，如图3-49所示。

图3-48　打开素材文件

图3-49　显示素材

STEP 03 单击"源监视器"面板右上角的下三角按钮，在弹出的列表框中选择"所有示波器"选项，如图3-50所示。

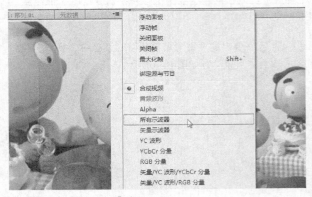

图3-50　选择"所有示波器"选项

STEP 04 执行操作后，即可改变素材的显示方式。"源监视器"面板中的素材将以"所有示波器"方式显示，如图3-51所示。

技巧点拨

> Premiere Pro CC中素材的显示方法分为两种，一种为列表式，另一种为图标式。用户可以通过修改"项目"面板下方的图标按钮来改变素材的显示方法。

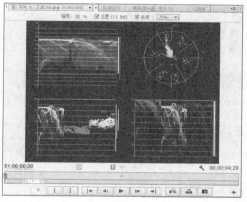

图3-51　以"所有示波器"方式显示

实战 057 设置素材入点

▶ 实例位置：光盘 \ 效果 \ 第 3 章 \ 实战 057.prproj
▶ 素材位置：光盘 \ 素材 \ 第 3 章 \ 最美风光 . jpg
▶ 视频位置：光盘 \ 视频 \ 第 3 章 \ 实战 057.mp4

● **实例介绍** ●

在Premiere Pro CC中，设置素材的入点可以标识素材起始点时间的可用部分。

● **操作步骤** ●

STEP 01 在Premiere Pro CC界面中，新建一个项目文件，单击"文件"|"导入"命令，弹出"导入"对话框，导入一个视频素材文件，如图3-52所示。

STEP 02 选择"项目"面板中的素材文件，并将其拖曳至"时间线"面板的"V1"轨道中，如图3-53所示。

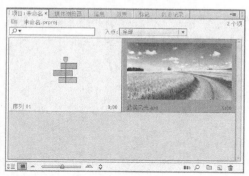

图3-52　导入一个视频素材文件

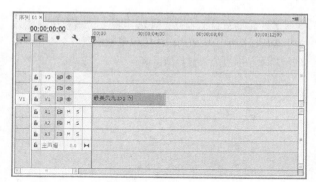

图3-53　将文件拖曳至"V1"轨道中

STEP 03 在"节目监视器"面板中拖曳"当前时间指示器"至合适位置，单击"标记"|"标记入点"命令，如图3-54所示，即可为素材添加入点。

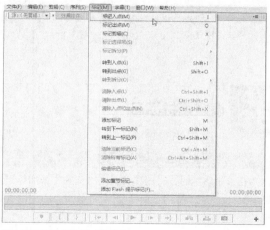

图3-54　单击"标记入点"命令

实战 058 设置素材出点

▶实例位置：光盘 \ 效果 \ 第 3 章 \ 实战 058.prproj
▶素材位置：光盘 \ 素材 \ 第 3 章 \ 实战 058.jpg
▶视频位置：光盘 \ 视频 \ 第 3 章 \ 实战 058.mp4

● 实例介绍 ●

在Premiere Pro CC中，设置素材的出点可以标识素材结束点时间的可用部分。

● 操作步骤 ●

STEP 01 在Premiere Pro CC界面中，新建一个项目文件，单击"文件"｜"导入"命令，弹出"导入"对话框，导入一个视频素材文件，如图3-55所示。

STEP 02 选择"项目"面板中的素材文件，并将其拖曳至"时间线"面板的"V1"轨道中，如图3-56所示。

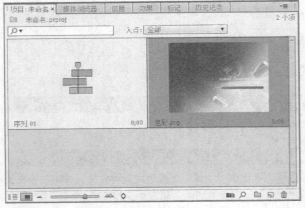

图3-55 导入一个视频素材文件

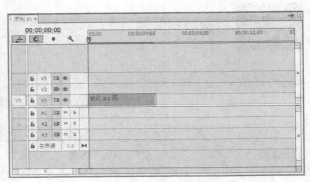

图3-56 将文件拖曳至"时间线"面板的"V1"轨道中

STEP 03 在"节目监视器"面板中拖曳"当前时间指示器"至合适位置，单击"标记"｜"标记出点"命令，如图3-57所示，即可为素材添加出点。

技巧点拨

素材的入点和出点功能可以表示素材可用部分的起始时间与结束时间，其作用是让用户在添加素材之前，将素材内符合影片需求的部分挑选出来。

图3-57 单击"标记出点"命令

实战 059 设置素材标记

▶实例位置：光盘 \ 效果 \ 第 3 章 \ 实战 059.prproj
▶素材位置：光盘 \ 素材 \ 第 3 章 \ 实战 059.prproj
▶视频位置：光盘 \ 视频 \ 第 3 章 \ 实战 059.mp4

● 实例介绍 ●

用户在编辑影视时，可以在素材或时间轴中添加标记。为素材设置标记后，可以快速切换至标记的位置，从而快速查询视频帧。

● 操作步骤 ●

STEP 01 按Ctrl＋O组合键，打开一个项目文件，如3-58 所示。

STEP 02 在"时间轴"面板中拖曳"当前时间指示器"至 合适位置，如图3-59所示。

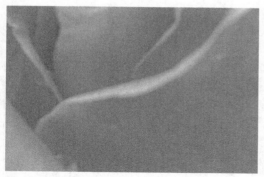

图3-58　打开项目文件

图3-59　拖曳"当前时间指示器"至合适位置

STEP 03 单击"标记"|"添加标记"命令，如图3-60所示。

STEP 04 执行操作后，即可设置素材标记，如图3-61所示。

图3-60　单击"添加标记"命令

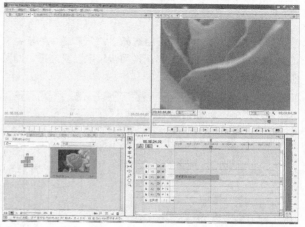

图3-61　设置素材标记

技巧点拨

标记能用来确定序列或素材中重要的动作或声音，有助于定位和排列素材。使用标记不会改变素材内容。

标记的作用是在素材或时间轴上添加一个可以达到快速查找视频帧的记号，还可以快速对齐其他素材。

在含有相关联系的音频和视频素材中，用户添加的编号标记将同时作用于素材的音频部分和视频部分。

在 Premiere Pro CC 中，除了可以运用上述方法为素材添加标记外，用户还可以使用以下两种方法添加标记。

在"时间轴"面板中将播放指示器拖曳至合适位置，然后单击面板左上角的"添加标记"按钮，可以设置素材标记。

在"节目监视器"面板中单击"按钮编辑器"按钮，弹出"按钮编辑器"面板，在其中将"添加标记"按钮拖曳至"节目监视器"面板的下方，即可在"节目监视器"面板中使用"添加标记"按钮为素材设置标记。

实战 060　锁定和解锁轨道

▶ 实例位置：光盘＼效果＼第3章＼实战060.prproj
▶ 素材位置：光盘＼素材＼第3章＼绿叶.jpg
▶ 视频位置：光盘＼视频＼第3章＼实战060.mp4

● 实例介绍 ●

锁定轨道的作用是为了防止编辑后的特效被修改，因此，用户可以将确定不需要修改的轨道进行锁定。当用户需要对锁定的轨道进行修改时，可以将轨道解锁。

STEP 01 在Premiere Pro CC界面中，新建一个项目文件，单击"文件"|"导入"命令，弹出"导入"对话框，导入一个素材文件，如图3-62所示。

STEP 02 选择"项目"面板中的素材文件，并将其拖曳至"时间线"面板的"V1"轨道中，如图3-63所示。

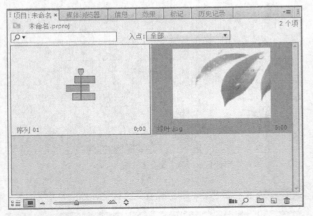

图3-62　导入一个素材文件

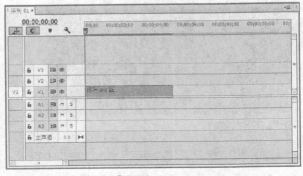

图3-63　将文件拖曳至"V1"轨道中

STEP 03 在"时间线"面板中选择"V1"轨道中的素材文件，然后选中轨道左侧的"切换同步锁定"复选框，即可锁定该轨道，如图3-64所示。

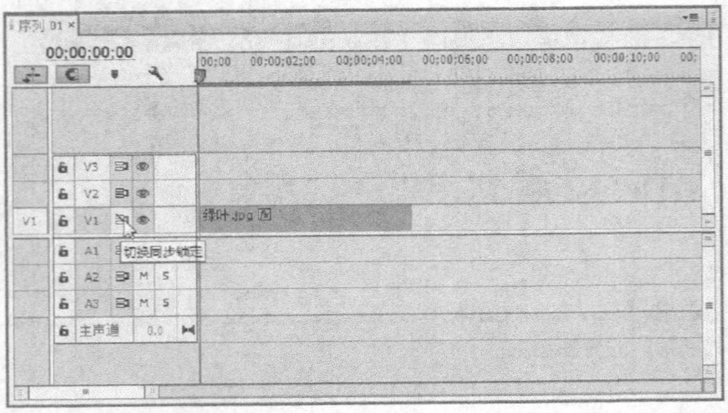

STEP 04 当用户需要解除"V1"轨道的锁定时，可以取消选中的"轨道锁定开关"复选框，即可解除轨道的锁定，如图3-65所示。

图3-64　锁定该轨道

图3-65　解除轨道的锁定

知识扩展

　　虽然无法对已锁定轨道中的素材进行修改，但是当用户预览或导出序列时，这些素材也将包含在其中。

　　锁定轨道是为了防止编辑后的特效被修改，因此用户常常将确定不需要修改的轨道进行锁定。当用户需要再次修改锁定的轨道时，可以将轨道解锁。

软件
进阶篇

第 **4** 章

影视素材的调整与剪辑

本章导读

Premiere Pro CC 软件主要用于对影视视频进行编辑，在编辑影片时，有时需要调整项目尺寸来放大显示素材，更要掌握剪辑影视素材时的三点剪辑和四点剪辑的操作方法，本章详细介绍调整影视素材和剪辑影视素材的操作技巧。

要点索引

● 调整影视素材
● 剪辑影视素材

4.1 调整影视素材

在编辑影片时，有时需要调整项目尺寸来放大显示素材，有时需要调整播放时间或播放速度，这些操作都可以在Premiere Pro CC中实现。

实战 061 调整项目尺寸

▶ **实例位置**：光盘 \ 效果 \ 第4章 \ 实战061.prproj
▶ **素材位置**：光盘 \ 素材 \ 第4章 \ 花语.jpg
▶ **视频位置**：光盘 \ 视频 \ 第4章 \ 实战061.mp4

● 实例介绍 ●

在编辑影片时，由于素材的尺寸长短不一，常常需要通过时间标尺栏上的控制条来调整项目尺寸的长短。

● 操作步骤 ●

STEP 01 在Premiere Pro CC欢迎界面中，单击"新建项目"按钮，弹出"新建项目"对话框，设置"名称"为"实战061"，如图4-1所示。单击"确定"按钮，即可新建一个项目文件。

STEP 02 按Ctrl＋N组合键弹出"新建序列"对话框，如图4-2所示。单击"确定"按钮，即可新建一个"序列01"序列。

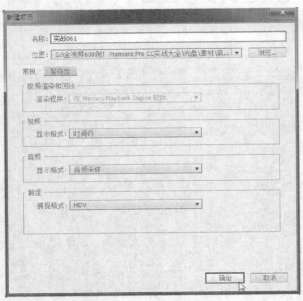

图4-1 新建项目文件

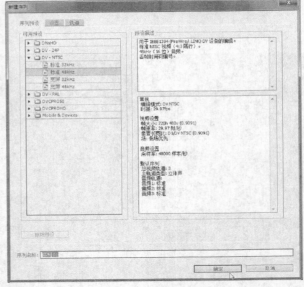

图4-2 新建序列

STEP 03 单击"文件"|"导入"命令，弹出"导入"对话框，从中选择所需的项目文件，如图4-3所示。

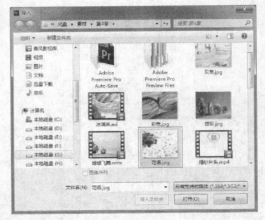

图4-3 "导入"对话框

STEP 04 单击"打开"按钮，导入素材文件，如图4-4所示。

图4-4　打开素材

STEP 05 选择"项目"面板中的素材文件，并将其拖曳至"时间线"面板的V1轨道中，如图4-5所示。

图4-5　将素材拖曳到"时间轴"面板

STEP 06 选择素材文件，将鼠标移至"切换轨道输出"旁边的空白位置，如图4-6所示。

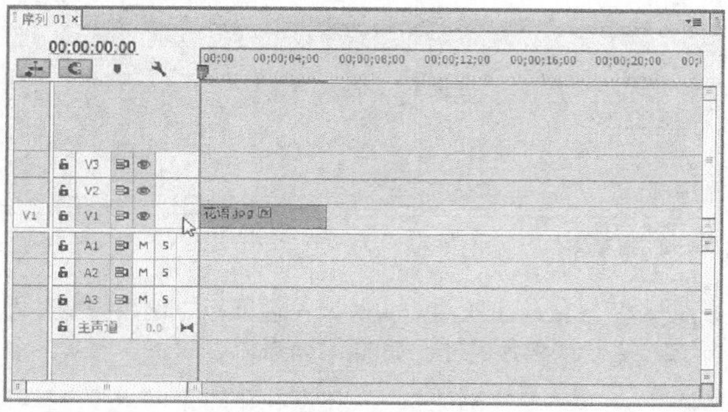

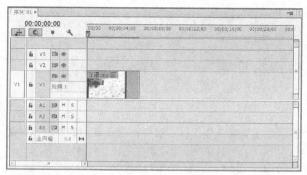

图4-6　将鼠标移至空白位置

STEP 07 执行上述操作后，双击鼠标左键，即可调整项目的尺寸，如图4-7所示。

图4-7　调整项目的尺寸

知识扩展

　　"时间线"面板由"时间标尺""当前时间指示器""时间显示""查看区域栏""工作区栏"以及"设置无编号标记" 6部分组成，下面将对"时间线"面板中各选项进行介绍。

➤ 认识时间标尺

　　时间标尺是一种可视化时间间隔显示工具。时间标尺位于"时间线"面板的上部，其单位为"帧"，即素材画面数。在默认情况下，以每秒所播放画面的数量来划分时间线，从而对应于项目的帧速率。

➤ 认识当前时间指示器

　　"当前时间指示器"是一个蓝色的三角形图标。当前时间指示器的作用是查看当前视频的帧，以及在当前序列中的位置。用户可以直接在时间标尺中拖动"当前时间指示器"来查看内容。

➤ 认识时间显示

　　时间显示"当前时间指示器"所在位置的时间。拖曳时间显示区域时，"当前时间指示器"图标也会发生改变。当用户在"时间线"面板的时间显示区域上左右拖曳时，"当前时间指示器"的图标位置也会随之改变。

➤ 认识查看区域栏

　　在查看区域栏中，确定在"时间线"面板上的视频帧数量。用户可以通过拖曳查看区域两段的锚点，改变时间线上的时间间隔，同时改变显示视频帧的数量。

➤ 认识工作区栏

　　工作区栏位于查看区域栏和时间线之间。工作区栏的作用是导出或渲染项目区域，用户可以通过拖曳工作区栏任意一段的方式进行调整。

➤ 认识"设置无编号标记"按钮

　　使用"设置无编号标记"按钮可以添加相应的标记对象。使用"设置无编号标记"按钮后，可以在编辑素材时快速跳转到这些点所在位置处的视频帧上。"设置无编号标记"按钮的作用是在当前时间指示器位置添加标记，从而在编辑素材时能够快速跳转到这些点所在位置处的视频帧上。

实战 062 调整播放时间

▶ 实例位置：光盘 \ 效果 \ 第 4 章 \ 实战 062.prproj
▶ 素材位置：光盘 \ 素材 \ 第 4 章 \ 实战 062.jpg
▶ 视频位置：光盘 \ 视频 \ 第 4 章 \ 实战 062.mp4

● 实例介绍 ●

在编辑影片的过程中，很多时候需要对素材本身的播放时间进行调整，接下来将介绍如何来调整素材的播放时间。

● 操作步骤 ●

STEP 01 创建一个新项目，按Ctrl + I组合键，弹出"导入"对话框，导入一个素材文件，如图4-8所示。

STEP 02 拖动鼠标指针至"项目"面板，选择需要添加的素材文件，并将其拖曳至时间线的视频轨道中，如图4-9所示。

图4-8 导入素材

图4-9 拖入素材

STEP 03 选取选择工具，选择视频轨道上的素材，如图4-10所示，并将鼠标指针拖曳至素材右端的结束点。

STEP 04 当鼠标呈双向箭头时，按住鼠标左键并拖曳，即可调整素材的播放时间，如图4-11所示。

图4-10 选取素材

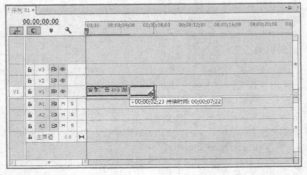

图4-11 调整播放时间

实战 063 调整播放速度

▶ 实例位置：光盘 \ 效果 \ 第 4 章 \ 实战 063.prproj
▶ 素材位置：光盘 \ 素材 \ 第 4 章 \ 蝴蝶飞舞.wmv
▶ 视频位置：光盘 \ 视频 \ 第 4 章 \ 实战 063.mp4

● 实例介绍 ●

每一种素材都具有特定的播放速度，对于视频素材，可以通过调整视频素材的播放速度来制作快镜头或慢镜头效果。

● 操作步骤 ●

STEP 01 在Premiere Pro CC欢迎界面中，单击"新建项目"按钮，弹出"新建项目"对话框，设置"名称"为"实战063"，单击"确定"按钮，即可新建项目文件，如图4-12所示。

STEP 02 按Ctrl + N组合键，弹出"新建序列"对话框，新建一个"序列01"序列，单击"确定"按钮，即可创建序列，如图4-13所示。

图4-12　新建项目文件

图4-13　新建序列

STEP 03 按Ctrl＋I组合键,弹出"导入"对话框,选择所需的项目文件,如图4-14所示。

STEP 04 单击"打开"按钮,导入素材文件,如图4-15所示。

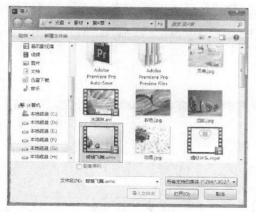

图4-14　"导入"对话框

图4-15　打开素材

STEP 05 选择"项目"面板中的素材文件,并将其拖曳至"时间线"面板的V1轨道中,如图4-16所示。

STEP 06 选择V1轨道上的素材,单击鼠标右键,在弹出的快捷菜单中选择"速度/持续时间"选项,如图4-17所示。

图4-16　将素材拖曳到"时间轴"面板

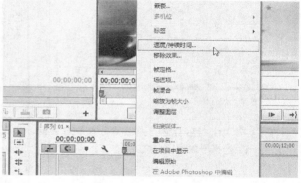

图4-17　选择"速度/持续时间"选项

STEP 07 弹出"剪辑速度/持续时间"对话框，设置"速度"为220%，如图4-18所示。

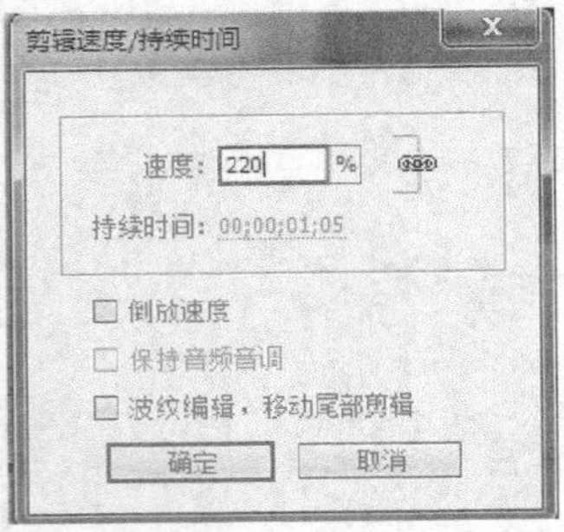

STEP 08 设置完成后，单击"确定"按钮，即可在"时间线"面板中查看调整播放速度后的效果，如图4-19所示。

图4-18 设置参数值

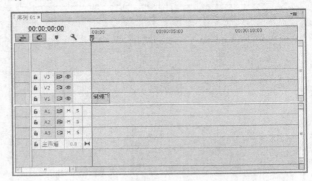

图4-19 查看调整播放速度后的效果

实战 064 调整播放位置

▶ 实例位置：光盘 \ 效果 \ 第4章 \ 实战 064.prproj
▶ 素材位置：光盘 \ 素材 \ 第4章 \ 贝壳 .jpg
▶ 视频位置：光盘 \ 视频 \ 第4章 \ 实战 064.mp4

● 实例介绍 ●

如果对添加到视频轨道上的素材位置不满意，可以根据需要对其进行调整，并且可以将素材调整到不同的轨道位置。

● 操作步骤 ●

STEP 01 在Premiere Pro CC欢迎界面中，单击"新建项目"按钮，弹出"新建项目"对话框，设置"名称"为"实战064"，单击"确定"按钮，即可新建一个项目文件，如图4-20所示。

STEP 02 按Ctrl + N组合键，弹出"新建序列"对话框，单击"确定"按钮，即可新建一个"序列01"序列，如图4-21所示。

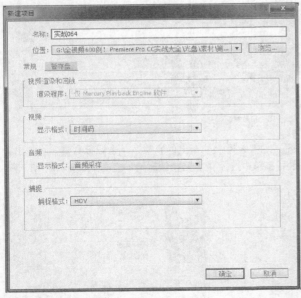

图4-20 新建"实战064"项目文件

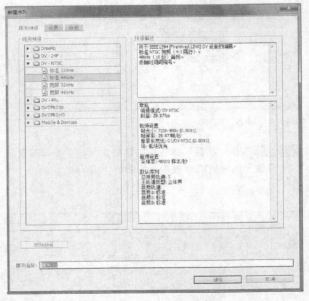

图4-21 新建序列

STEP 03 按Ctrl + I组合键，弹出"导入"对话框，如图4-22所示，选择所需的项目文件。

STEP 04 单击"打开"按钮，导入素材文件，如图4-23所示。

图4-22　"导入"对话框

图4-23　打开素材

STEP 05 选取工具箱中的选择工具，选择"项目"面板中的一个素材文件，按住鼠标左键并将其拖曳至视频轨道中，如图4-24所示。

STEP 06 执行上述操作后，选择V1轨道中的素材文件，并将其拖曳至V2轨道中，即可完成调整播放位置的操作，如图4-25所示。

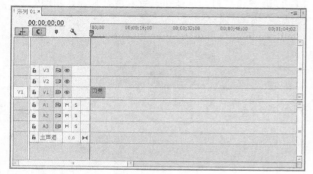

图4-24　将文件拖曳至视频轨道中

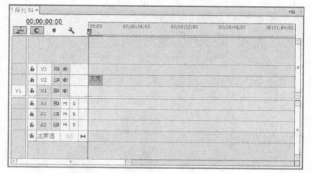

图4-25　拖曳至其他轨道

4.2　剪辑影视素材

剪辑就是通过为素材设置出点和入点，从而截取其中较好的片段，然后将截取的影视片断与新的素材片段组合。三点和四点剪辑是专业视频影视编辑工作中常常运用到的编辑方法。本节将主要介绍在Premiere Pro CC中剪辑影视素材的方法。

实战 065　运用三点剪辑素材

▶ 实例位置：光盘 \ 效果 \ 第4章 \ 实战065.prproj
▶ 素材位置：光盘 \ 素材 \ 第4章 \ 实战065.prproj
▶ 视频位置：光盘 \ 视频 \ 第4章 \ 实战065.mp4

● 实例介绍 ●

三点剪辑是指将素材中的部分内容替换影片剪辑中的部分内容，下面介绍运用三点剪辑素材的操作方法。

● 操作步骤 ●

STEP 01 在Premiere Pro CC欢迎界面中，单击"新建项目"按钮，弹出"新建项目"对话框，设置"名称"为"实战065"，如图4-26所示。单击"确定"按钮，即可新建一个项目文件。

STEP 02 按Ctrl + N组合键，弹出"新建序列"对话框，单击"确定"按钮，即可新建一个"序列01"序列，如图4-27所示。

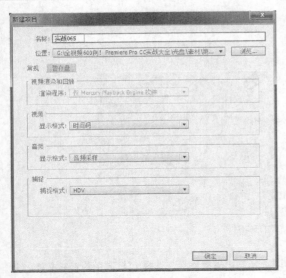

图4-26 新建项目文件

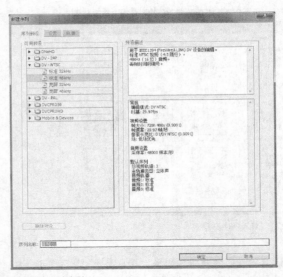

图4-27 新建序列

STEP 03 按Ctrl+I组合键，弹出"导入"对话框，选择所需的项目文件，如图4-28所示。

STEP 04 单击"打开"按钮，导入素材文件，如图4-29所示。

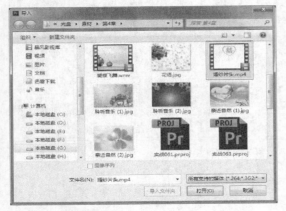

图4-28 "导入"对话框

图4-29 打开素材

STEP 05 选择"项目"面板中的视频素材文件，并将其拖曳至"时间线"面板的V1轨道中，如图4-30所示。

STEP 06 设置时间为00:00:02:02，单击"标记入点"按钮，添加标记，如图4-31所示。

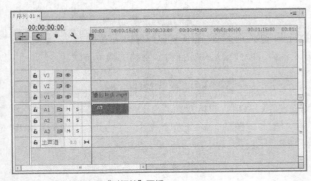

图4-30 将素材拖曳至"时间轴"面板

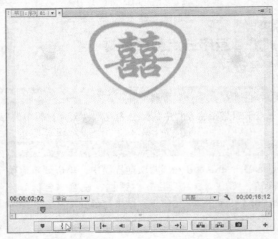

图4-31 添加标记

STEP 07 在"节目监视器"面板中设置时间为00:00: 04:00，并单击"标记出点"按钮，如图4-32所示。

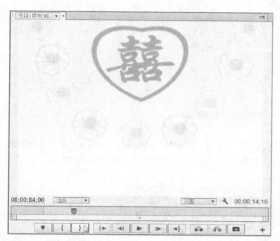

图4-32　单击"标记出点"

STEP 08 在"项目"面板中双击视频，在"源监视器"面板中设置时间为00:00:01:12，并单击"标记入点"按钮，如图4-33所示。

图4-33　单击"标记入点"

STEP 09 执行操作后，单击"源监视器"面板中的"覆盖"按钮，即可将当前序列的00:00:02:02～00:00:04:00时间段的内容替换为从00:00:01:12为起始点至对应时间段的素材内容，如图4-34所示。

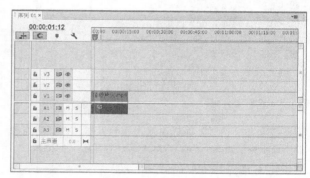

图4-34　三点剪辑素材效果

技巧点拨

　　在Premiere Pro CC中编辑某个视频作品，只需要使用中间部分或者视频的开始部分、结尾部分，此时就可以通过四点剪辑素材实现操作。

　　"三点剪辑技术"是用于将素材中的部分内容替换影片剪辑中的部分内容。

　　在进行剪辑操作时，需要三个重要的点，下面将分别进行介绍。

　　➤ 素材的入点：是指素材在影片剪辑内部首先出现的帧。

　　➤ 剪辑的入点：是指剪辑内被替换部分在当前序列上的第一帧。

　　➤ 剪辑的出点：是指剪辑内被替换部分在当前序列上的最后一帧。

实战 066　运用四点剪辑素材

▶ 实例位置：光盘＼效果＼第 4 章＼实战 066.prproj
▶ 素材位置：光盘＼素材＼第 4 章＼实战 066.prproj
▶ 视频位置：光盘＼视频＼第 4 章＼实战 066.mp4

● 实例介绍 ●

　　"四点剪辑技术"比三点剪辑多一个点，需要设置源素材的出点。"四点编辑技术"同样需要运用到设置入点和出点的操作。

● 操作步骤 ●

STEP 01 在Premiere Pro CC界面中，按Ctrl＋O组合键打开所需的项目文件，如图4-35所示。

STEP 02 选择"项目"面板中的视频素材文件，并将其拖曳至"时间线"面板的V1轨道中，如图4-36所示。

图4-35 打开项目文件

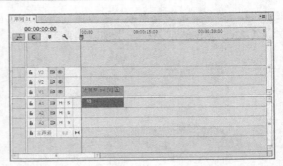

图4-36 拖曳素材至视频轨道

STEP 03 在"节目监视器"面板中设置时间为00:00:02:20,并单击"标记入点"按钮,如图4-37所示。

STEP 04 在"节目监视器"面板中设置时间为00:00:04:00,并单击"标记出点"按钮,如图4-38所示。

图4-37 单击"标记入点"

图4-38 单击"标记出点"

STEP 05 在"项目"面板中双击视频素材,在"源监视器"面板中设置时间为00:00:01:00,并单击"标记入点"按钮,如图4-39所示。

STEP 06 在"源监视器"面板中设置时间为00:00:05:00,并单击"标记出点"按钮,如图4-40所示。

图4-39 单击"标记入点"

图4-40 单击"标记出点"

STEP 07 在"源监视器"面板中单击"覆盖"按钮,即可完成四点剪辑的操作,如图4-41所示。

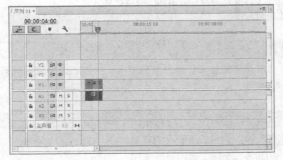

图4-41 四点剪辑素材效果

STEP 08 单击"播放"按钮，预览视频画面效果，如图4-42所示。

图4-42　预览视频效果

实战 067　运用滚动工具剪辑素材

▶ 实例位置：光盘 \ 效果 \ 第4章 \ 实战 067.prproj
▶ 素材位置：光盘 \ 素材 \ 第4章 \ 实战 067.prproj
▶ 视频位置：光盘 \ 视频 \ 第4章 \ 实战 067.mp4

● 实例介绍 ●

在Premiere Pro CC中，使用滚动编辑工具剪辑素材时，在"时间线"面板中拖曳素材文件的边缘可以同时修整素材的进入端和输出端。下面介绍运用滚动编辑工具剪辑素材的操作方法。

● 操作步骤 ●

STEP 01 按Ctrl + O组合键，打开所需的项目文件，如图4-43所示。

STEP 02 选择"项目"面板中的素材文件，并将其拖曳至"时间线"面板的V1轨道中，在"节目监视器"面板中适当调整其大小和位置，如图4-44所示。

图4-43　打开项目文件

图4-44　拖曳素材至视频轨道

STEP 03 在工具箱中选择滚动编辑工具，将鼠标指针移至"时间线"面板中的两个素材之间，当鼠标指针呈双向箭头时按住鼠标左键向右拖曳，如图4-45所示。

STEP 04 至合适位置后释放鼠标左键。可以发现，使用滚动编辑工具剪辑素材时，轨道上的其他素材也发生了变化，如图4-46所示。

图4-45　向右拖曳

图4-46　使用滚动编辑工具剪辑素材效果

实战 068 运用滑动工具剪辑素材

▶ 实例位置：光盘 \ 效果 \ 第 4 章 \ 实战 068.prproj
▶ 素材位置：光盘 \ 素材 \ 第 4 章 \ 实战 068.prproj
▶ 视频位置：光盘 \ 视频 \ 第 4 章 \ 实战 068.mp4

● 实例介绍 ●

　　滑动工具包括外滑工具与内滑工具，使用外滑工具时，可以同时更改"时间轴"内某剪辑的入点和出点，并保留入点和出点之间的时间间隔不变；使用内滑工具时，可将"时间轴"内的某个剪辑向左或向右移动，同时修剪其周围的两个剪辑。下面介绍运用滑动工具剪辑素材的操作方法。

● 操作步骤 ●

STEP 01 按Ctrl + O组合键，打开所需的项目文件，如图4-47所示。

图4-47　打开项目文件

STEP 03 在"时间轴"面板上，将时间指示器定位在"彩色"素材对象的中间，如图4-49所示。

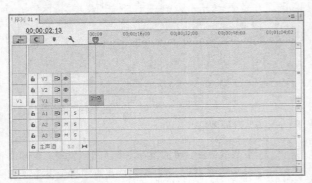

图4-49　定位时间指示器

STEP 05 执行操作后，即可在V1轨道上的时间指示器位置上添加"齿轮"素材，并覆盖位置上的原素材，如图4-51所示。

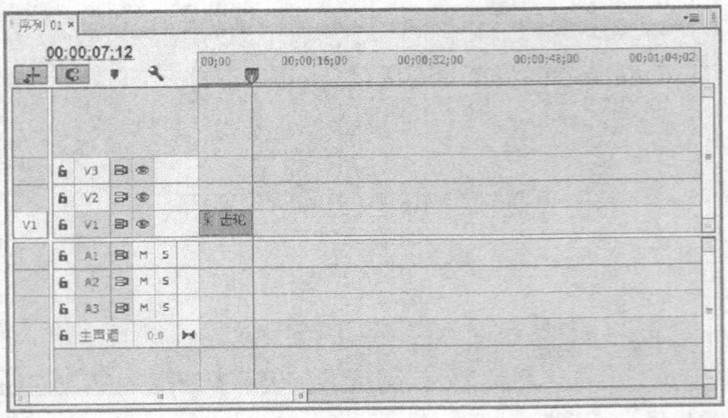

STEP 02 选择"项目"面板中的"彩色"素材文件，并将其拖曳至"时间线"面板的V1轨道中，如图4-48所示。

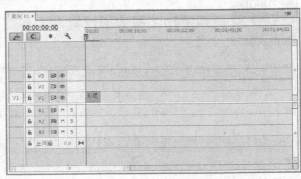

图4-48　拖曳素材至视频轨道

STEP 04 在"项目"面板中双击"彩色"素材文件，在"源监视器"面板中显示素材，单击"覆盖"按钮，如图4-50所示。

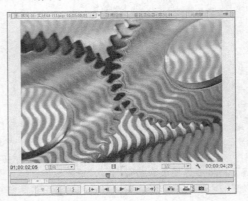

图4-50　单击"覆盖"按钮

图4-51　添加"齿轮"素材

STEP 06 将"边框"素材拖曳至时间轴上的"齿轮"素材后面，并覆盖部分"齿轮"素材，如图4-52所示。

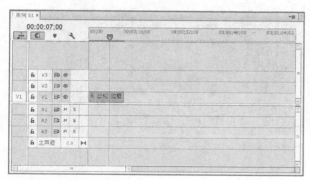

图4-52　添加"边框"素材

STEP 08 在V1轨道上的"齿轮"素材对象上按住鼠标左键并拖曳，在"节目监视器"面板中显示更改素材入点和出点的效果，如图4-54所示。

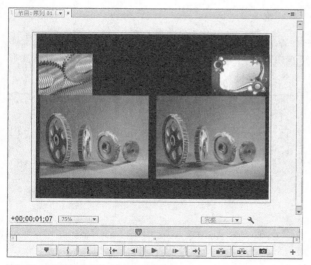

图4-54　显示更改素材入点和出点的效果

STEP 10 在工具箱中选择内滑工具，在V1轨道上的"齿轮"素材对象上按住鼠标左键并拖曳，即可将"齿轮"素材向左或向右移动，同时修剪其周围的两个视频，如图4-56所示。

图4-56　移动素材文件

STEP 07 释放鼠标后，即可在V1轨道上添加"边框"素材，并覆盖部分"齿轮"素材。在工具箱中选择外滑工具，如图4-53所示。

图4-53　选择外滑工具

STEP 09 释放鼠标后，即可确认更改"齿轮"素材的入点和出点，将时间指示器定位在"齿轮"素材的开始位置。在"节目监视器"面板中单击"播放"按钮，即可观看更改效果，如图4-55所示。

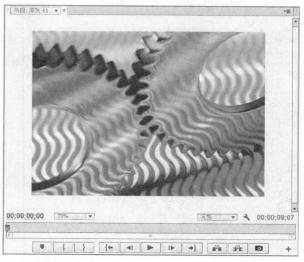

图4-55　观看更改效果

STEP 11 释放鼠标后，即可确认更改"齿轮"素材的位置，如图4-57所示。

图4-57　移动"齿轮"素材的位置

STEP 12 将时间指示器定位在"彩色"素材的开始位置，在"节目监视器"面板中单击"播放-停止切换"按钮，即可观看更改后的视频效果，如图4-58所示。

图4-58 观看更改效果

实战 069 运用波纹编辑工具剪辑素材

▶ 实例位置：光盘\效果\第4章\实战069.prproj
▶ 素材位置：光盘\素材\第4章\实战069.prproj
▶ 视频位置：光盘\视频\第4章\实战069.mp4

● 实例介绍 ●

使用波纹编辑工具拖曳素材的出点可以改变所选素材的长度，而轨道上其他素材的长度不受影响。下面介绍使用波纹编辑工具编辑素材的操作方法。

● 操作步骤 ●

STEP 01 在Premiere Pro CC工作界面中，按Ctrl+O组合键，打开所需的项目文件，如图4-59所示。

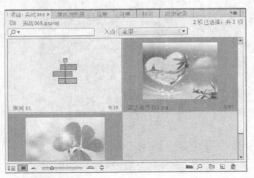

图4-59 打开项目文件

STEP 03 执行上述操作后，在工具箱中选择波纹编辑工具，如图4-61所示。

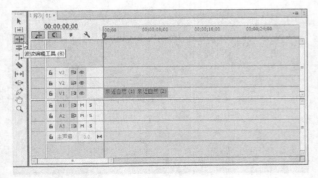

图4-61 选择波纹编辑工具

STEP 02 在"项目"面板中选择两个素材文件，并将其拖曳至"时间轴"面板中的V1轨道上，如图4-60所示。

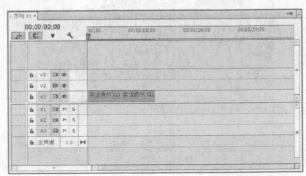

图4-60 将文件拖曳至V1轨道上

STEP 04 将鼠标移至"亲近自然 (1)"素材对象的末端位置，当鼠标变成波纹编辑图标时，按住鼠标左键并向右拖曳，如图4-62所示。

图4-62 按住鼠标左键并向右拖曳

STEP 05 至合适位置后释放鼠标，即可使用波纹编辑工具剪辑素材。使用相同的方法，对其他素材进行操作，如图4-63所示。

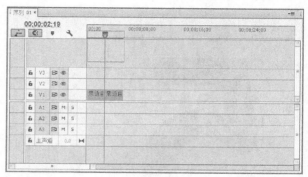

图4-63　剪辑素材

STEP 06 执行上述操作后，得到的最终效果如图4-64所示。

图4-64　波纹编辑工具剪辑视频的效果

知识扩展

　　用户在了解了素材的添加与编辑的方法后，还需要对各种素材进行筛选，并根据不同的素材来选择对应的主题。

　　➤ 主题素材的选择

　　当用户确定一个主题后，接下来就是选择相应的素材。通常情况下，应该选择与主题相符合的素材图像或者视频，这样能够让视频的最终效果更加突出，主题更加明显。

　　➤ 素材主题的设置

　　或许很多用户习惯首先收集大量的素材，并根据素材来选择接下来编辑的内容。

　　根据素材来选择内容也是个好的习惯，不仅扩大了选择的范围，还能扩展视野。对于素材与主题之间的选择，用户首先要确定手中所拥有素材的内容。因此，用户可以根据素材来设置对应的主题。

第 **5** 章

影视画面的校正与调整

本章导读

在制作影视的过程中，色彩的灵活运用是设计者设计水平强有力的体现，通过色彩可以表现设计者独特的风采和个性，运用色彩这一手段可以在制作的影视作品中赋予特定的情感和内涵。本章对视频的色彩校正技巧进行详细介绍。

要点索引

● 色彩校正
● 图像色彩的调整
● 图像色彩的控制

5.1 色彩校正

在Premiere Pro CC中编辑影片时，往往需要对影视素材的色彩进行校正，调整素材的颜色。本节主要介绍校正视频色彩的技巧。

实战 070 校正"RGB曲线"特效

▶ 实例位置：光盘 \ 效果 \ 第 5 章 \ 实战 070.prproj
▶ 素材位置：光盘 \ 素材 \ 第 5 章 \ 实战 070.prproj
▶ 视频位置：光盘 \ 视频 \ 第 5 章 \ 实战 070.mp4

● 实例介绍 ●

"RGB曲线"特效主要是通过调整画面的明暗关系和色彩变化来实现对画面的校正。

● 操作步骤 ●

STEP 01 在Premiere Pro CC工作界面中，按Ctrl + O组合键，打开一个项目文件，如图5-1所示。

STEP 02 选择"项目"面板中的素材文件，并将其拖曳至"时间轴"面板的V1轨道中，如图5-2所示。

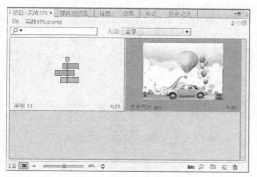

图5-1 打开项目文件

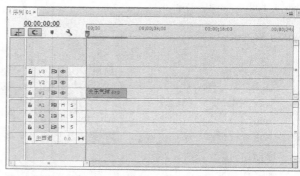

图5-2 拖曳素材文件至V1轨道中

知识扩展

RGB是指由红、绿、蓝三原色组成的色彩模式，三原色中的每一种色彩都包含 256 种亮度，合成 3 个通道即可显示完整的色彩图像。在 Premiere Pro CC 中可以通过对红、绿、蓝 3 个通道数值的调整，来校正对象的色彩。

RGB 曲线效果是针对每个颜色通道使用曲线调整来调整剪辑的颜色，每条曲线允许在整个图像的色调范围内调整多达 16 个不同的点。通过使用"辅助颜色校正"控件，还可以指定要校正的颜色范围。

STEP 03 在"时间轴"面板中添加素材后，在"节目监视器"面板中可以查看素材画面，如图5-3所示。

STEP 04 在"效果"面板中，展开"效果"|"颜色校正"选项，在其中选择"RGB曲线"视频特效，如图5-4所示。

图5-3 查看素材画面

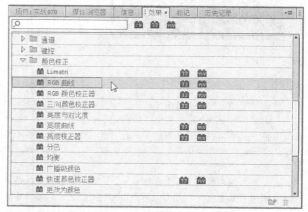

图5-4 选择"RGB曲线"视频特效

STEP 05 按住鼠标左键并拖曳"RGB曲线"特效至"时间轴"面板中的素材文件上，如图5-5所示，释放鼠标即可添加视频特效。

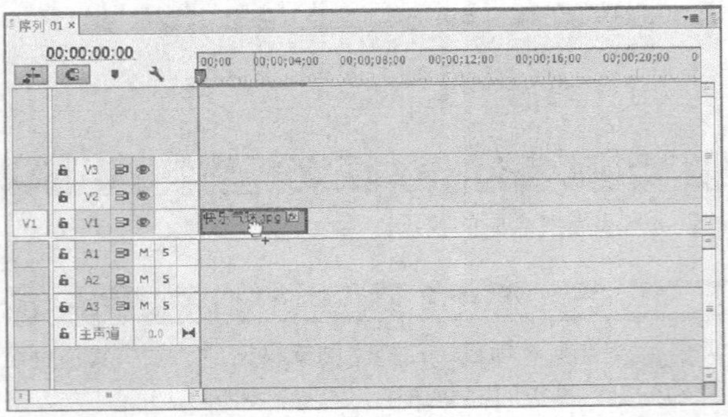

STEP 06 选择V1轨道上的素材，在"效果控件"面板中展开"RGB曲线"选项，如图5-6所示。

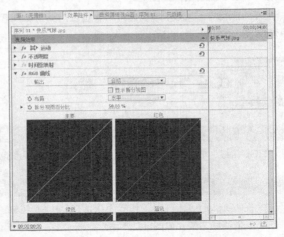

图5-5 拖曳"RGB曲线"特效

图5-6 展开"RGB曲线"选项

知识扩展

输出：选择"合成"选项，可以在"节目监视器"中查看调整的最终结果；选择"亮度"选项，可以在"节目监视器"中查看色调值调整的显示效果。

布局：确定"拆分视图"图像是并排（水平）还是上下（垂直）布局。

拆分视图百分比：调整校正视图的大小，默认值为50%。

STEP 07 在"红色"矩形区域中，按住鼠标左键拖曳可创建并移动控制点，如图5-7所示。

STEP 08 执行上述操作后，即可运用RGB曲线校正色彩，如图5-8所示。

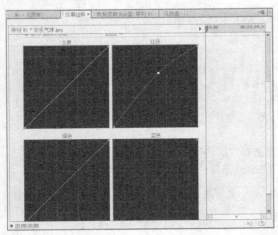

图5-7 创建并移动控制点

图5-8 运用RGB曲线校正色彩

知识扩展

在"RGB曲线"选项列表中，用户还可以设置以下选项。

➢ 显示拆分视图：将图像的一部分显示为校正视图，而将图像的其余部分显示为未校正视图。

➢ 主通道：在更改曲线形状时改变所有通道的亮度和对比度。使曲线向上弯曲会使剪辑变亮，使曲线向下弯曲会使剪辑变暗。曲线较陡峭的部分表示图像中对比度较高的部分。通过单击可将点添加到曲线上，而通过拖动可操控形状，将点拖离图表可以删除点。

➢ 辅助颜色校正：指定由效果校正的颜色范围。可以通过色相、饱和度和明亮度定义颜色。单击三角形可访问控件。

➢ 中央：在用户指定的范围中定义中央颜色，选择吸管工具，然后在屏幕上单击任意位置以指定颜色，此颜色会显示在色板中。可以使用吸管工具扩大颜色范围，也可使用吸管工具减小颜色范围。也可以单击色板来打开Adobe拾色器，然后选择中央颜色。

> 色相、饱和度和亮度：根据色相、饱和度或明亮度指定要校正的颜色范围。单击选项名称旁边的三角形可以访问阈值和柔和度(羽化)控件，用于定义色相、饱和度或明亮度范围。

> 结尾柔和度：使指定区域的边界模糊，从而使校正效果在更大程度上与原始图像混合。较高的值会增加柔和度。

> 边缘细化：使指定区域有更清晰的边界，校正显得更明显，较高的值会增加指定区域的边缘清晰度。

STEP 09 单击"播放–停止切换"按钮，预览视频效果，如图5-9所示。

图5-9　RGB曲线调整前后的对比效果

技巧点拨

"辅助颜色校正"属性用来指定使用效果校正的颜色范围。可以通过色相、饱和度和明亮度指定颜色或颜色范围，将颜色校正效果隔离到图像的特定区域，这类似于在 Photoshop 中执行选择或遮蔽图像。"辅助颜色校正"属性可供"亮度校正器""亮度曲线""RGB 颜色校正器""RGB 曲线"以及"三向颜色校正器"等效果使用。

实战 071 校正"RGB颜色校正器"特效

> 实例位置：光盘 \ 效果 \ 第 5 章 \ 实战 071. prproj
> 素材位置：光盘 \ 素材 \ 第 5 章 \ 实战 071. prproj
> 视频位置：光盘 \ 视频 \ 第 5 章 \ 实战 071. mp4

● **实例介绍** ●

"RGB颜色校正器"特效可以通过色调调整图像，也可以通过通道调整图像。

● **操作步骤** ●

STEP 01 按Ctrl + O组合键，打开一个项目文件，如图5-10所示。

STEP 02 选择"项目"面板中的素材文件，并将其拖曳至"时间轴"面板的V1轨道中，如图5-11所示。

图5-10　打开项目文件

图5-11　拖曳素材文件至V1轨道

STEP 03 在"时间轴"面板中添加素材后，在"节目监视器"面板中可以查看素材画面，如图5-12所示。

STEP 04 在"效果"面板中，展开"视频效果"|"颜色校正"选项，在其中选择"RGB颜色校正器"选项，如图5-13所示。

图5-12 查看素材画面

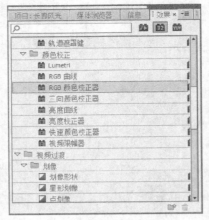

图5-13 选择"RGB颜色校正器"视频特效

STEP 05 按住鼠标左键并拖曳"RGB颜色校正器"特效至"时间轴"面板中的素材文件上，如图5-14所示，释放鼠标即可添加视频特效。

STEP 06 选择V1轨道上的素材，在"效果控件"面板中，展开"RGB颜色校正器"选项，如图5-15所示。

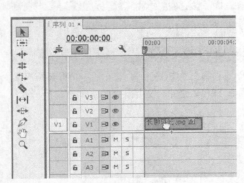

图5-14 拖曳"RGB颜色校正器"特效

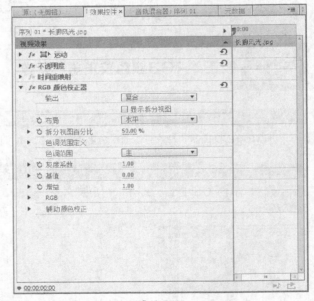

图5-15 展开"RGB颜色校正器"选项

知识扩展

"RGB 颜色校正器"各选项含义如下。

➢ 色彩范围定义：使用"阈值"和"衰减"控件来定义阴影和高光的色调范围。"阴影阈值"能确定阴影的色调范围；"阴影柔和度"能使用衰减确定阴影的色调范围；"高光阈值"用于确定高光的色调范围；"高光柔和度"使用衰减确定高光的色调范围。

➢ 色彩范围：指定将颜色校正应用于整个图像(主)、仅高光、仅中间调还是仅阴影。

➢ 灰度系数：在不影响黑白色阶的情况下调整图像的中间调值。使用此控件可在不扭曲阴影和高光的情况下调整太暗或太亮的图像。

➢ 基值：通过将固定偏移添加到图像的像素值中来调整图像。此控件与"增益"控件结合使用可增加图像的总体亮度。

➢ 增益：通过乘法调整亮度值，从而影响图像的总体对比度。较亮的像素受到的影响大于较暗的像素受到的影响。

➢ RGB：允许分别调整每个颜色通道的中间调值、对比度和亮度。单击三角形可展开用于设置每个通道的灰度系数、基值和增益的选项。"红色灰度系数""绿色灰度系数"和"蓝色灰度系数"在不影响黑白色阶的情况下调整红色、绿色或蓝色通道的中间调值；"红色基值""绿色基值"和"蓝色基值"通过将固定的偏移添加到通道的像素值中来调整红色、绿色或蓝色通道的色调值，此控件与"增益"控件结合使用可增加通道的总体亮度；"红色增益""绿色增益"和"蓝色增益"通过乘法调整红色、绿色或蓝色通道的亮度值，使较亮的像素受到的影响大于较暗的像素受到的影响。

STEP 07 为V1轨道添加选择的特效，在"效果控件"面板中，设置"灰度系数"为1.50，如图5-16所示。

STEP 08 执行上述操作后，即可运用RGB颜色校正器校正色彩，如图5-17所示。

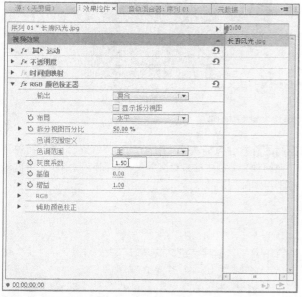

图5-16　设置"灰度系数"为1.50

图5-17　运用RGB颜色校正器校正色彩

技巧点拨

在 Premiere Pro CC 中，RGB 色彩校正视频特效主要用于调整图像的颜色和亮度。用户使用"RGB 颜色校正器"特效来调整 RGB 颜色各通道的中间调值、色调值以及亮度值，修改画面的高光、中间调和阴影定义的色调范围，从而调整剪辑中的颜色。

STEP 09 单击"播放-停止切换"按钮，预览视频效果，如图5-18所示。

图5-18　RGB颜色校正器调整前后的对比效果

实战 072　校正"三向颜色校正器"特效

▶ 实例位置：光盘 \ 效果 \ 第 5 章 \ 实战 072.prproj
▶ 素材位置：光盘 \ 素材 \ 第 5 章 \ 实战 072.prproj
▶ 视频位置：光盘 \ 视频 \ 第 5 章 \ 实战 072.mp4

● 实例介绍 ●

"三向颜色校正器"特效的主要作用是调整暗度、中间色和亮度的颜色，用户可以通过精确调整参数来指定颜色范围。

● 操作步骤 ●

STEP 01 按Ctrl＋O组合键，打开一个项目文件，如图5-19所示。

STEP 02 打开项目文件后，在"节目监视器"面板中可以查看素材画面，如图5-20所示。

图5-19　打开项目文件

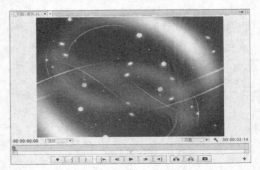

图5-20　查看素材画面

STEP 03 在"效果"面板中，展开"视频效果"|"颜色校正"选项，在其中选择"三向颜色校正器"选项，如图5-21所示。

STEP 04 按住鼠标左键并拖曳"三向颜色校正器"特效至"时间轴"面板中的素材文件上，如图5-22所示，释放鼠标即可添加视频特效。

图5-21　选择"三向颜色校正器"视频特效

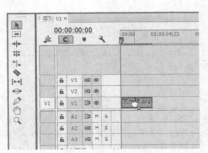

图5-22　拖曳"三向颜色校正器"特效

STEP 05 选择V1轨道上的素材，在"效果控件"面板中，展开"三向颜色校正器"选项，如图5-23所示。

STEP 06 展开"三向颜色校正器"|"主要"选项，设置"主色相角度"为16.0°、"主平衡数量级"为50.00、"主平衡增益"为80.00，如图5-24所示。

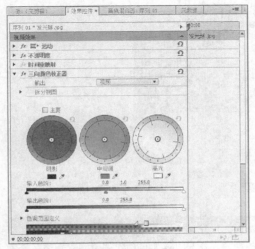

图5-23　展开"三向颜色校正器"选项

图5-24　设置相应选项

知识扩展

"三向颜色校正器"各选项含义如下。

➢ 饱和度：调整主、阴影、中间调或高光的颜色饱和度。默认值为100，表示不影响颜色；小于100的值表示降低饱和度；而0则表示完全移除颜色。大于100的值将产生饱和度更高的颜色。

➢ 辅助颜色校正：指定由效果校正的颜色范围。可以通过色相、饱和度和明亮度定义颜色。通过"柔化""边缘细化""反转限制颜色"调整校正效果。"柔化"使指定区域的边界模糊，从而使校正更大程度上与原始图像混合，较高的值会增加柔和度；"边缘细化"使指定区域有更清晰的边界，校正显得更明显，较高的值会增加指定区域的边缘清晰度；"反转限制颜色"校正所有颜色，用户使用"辅助颜色校正"设置指定的颜色范围除外。

➢ 阴影/中间调/高光：通过调整"色相角度""平衡数量级""平衡增益"以及"平衡角度"控件调整相应的色调范围。

➢ 主色相角度：控制高光、中间调或阴影中的色相旋转。默认值为0。负值向左旋转色轮，正值则向右旋转色轮。

➢ 主平衡数量级：控制由"平衡角度"确定的颜色平衡校正量。可对高光、中间调和阴影应用调整。

➢ 主平衡增益：通过乘法调整亮度值，使较亮的像素受到的影响大于较暗的像素受到的影响。可对高光、中间调和阴影应用调整。

➢ 主平衡角度：控制高光、中间调或阴影中的色相转换。

➢ 主色阶：输入黑色阶、输入灰色阶、输入白色阶用来调整高光、中间调或阴影的黑场、中间调和白场输入色阶。输出黑色阶、输出白色阶用来调整输入黑色对应的映射输出色阶以及高光、中间调或阴影对应的输入白色阶。

STEP 07 执行上述操作后，即可运用"三向颜色校正器"校正色彩，如图5-25所示。

STEP 08 在"效果控件"界面中，单击"三向颜色校正器"选项左侧的"切换效果开关"按钮，如图5-26所示，即可隐藏"三向颜色校正器"的校正效果，从而对比查看校正前后的视频画面效果。

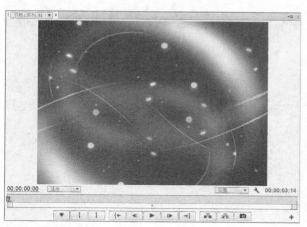

图5-25　预览视频效果

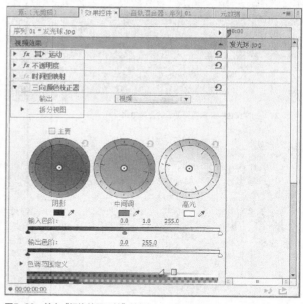

图5-26　单击"切换效果开关"按钮

知识扩展

在"三向颜色校正器"选项列表中，用户还可以设置以下选项。

➢ 三向色相平衡和角度：使用对应于阴影（左轮）、中间调（中轮）和高光（右轮）的三个色轮来控制色相和饱和度调整。一个圆形缩略图围绕色轮中心移动，并控制色相（UV）转换。缩略图上的垂直手柄控制平衡数量级，而平衡数量级将影响控件的相对粗细度。色轮的外环控制色相旋转。

➢ 输入色阶：外面的两个输入色阶滑块将黑场和白场映射到输出滑块的设置。中间输入滑块用于调整图像中的灰度系数。此滑块移动中间调并更改灰色调的中间范围的强度值，但不会显著改变高光和阴影。

➢ 输出色阶：将黑场和白场输入色阶滑块映射到指定值。默认情况下，输出滑块分别位于色阶0（此时阴影是全黑的）和色阶255（此时高光是全白的）。因此，在输出滑块的默认位置，移动黑色输入滑块会将阴影值映射到色阶0，而移动白场滑块会将高光值映射到色阶255。其余色阶将在色阶0~255重新分布。这种重新分布将会增大图像的色调范围，实际上也提高了图像的总体对比度。

> 色调范围定义：定义剪辑中的阴影、中间调和高光的色调范围。拖动方形滑块可调整阈值。拖动三角形滑块可调整柔和度(羽化)的程度。

> 自动黑色阶：提升剪辑中的黑色阶，使最黑的色阶高于7.5IRE。阴影的一部分会被剪切，而中间像素值将按比例重新分布。因此，使用自动黑色阶会使图像中的阴影变亮。

> 自动对比度：同时应用自动黑色阶和自动白色阶。这将使高光变暗而阴影部分变亮。

> 自动白色阶：降低剪辑中的白色阶，使最亮的色阶不超过100IRE。高光的一部分会被剪切，而中间像素值将按比例重新分布。因此，使用自动白色阶会使图像中的高光变暗。

> 黑色阶、灰色阶、白色阶：使用不同的吸管工具来采样图像中的目标颜色或监视器桌面上的任意位置，以设置最暗阴影、中间调灰色和最高高光的色阶。也可以单击色板打开Adobe拾色器，然后选择颜色来定义黑色、中间调灰色和白色。

> 输入黑色阶、输入灰色阶、输入白色阶：指定由效果校正的颜色范围。可以通过色相、饱和度和明亮度定义颜色。单击三角形可访问控件调整高光、中间调或阴影的黑场、中间调和白场输入色阶。

STEP 09 单击"播放-停止切换"按钮可预览视频效果，如图5-27所示。

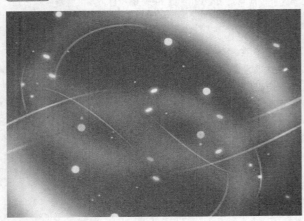 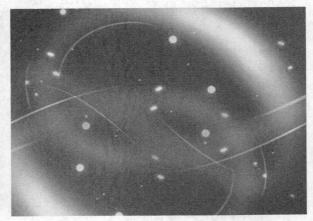

图5-27　三向颜色校正器调整前后的效果对比

技巧点拨

在Premiere Pro CC中，使用色轮进行相应调整的方法如下。

> 色相角度：将颜色向目标颜色旋转。向左移动外环将颜色向绿色旋转，向右移动外环会将颜色向红色旋转，如图5-28所示。

> 平衡数量级：控制引入视频的颜色强度。从中心向外移动圆形会增加数量级(强度)。通过移动"平衡增益"手柄可以微调强度，如图5-29所示。

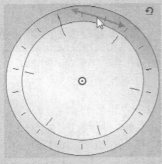 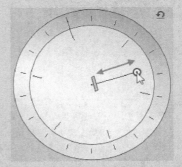

图5-28　色相角度　　　　图5-29　平衡数量级

> 平衡增益：影响"平衡数量级"和"平衡角度"调整的相对粗细度。保持此控件的垂直手柄靠近色轮中心会使调整非常精细，向外环移动手柄会使调整非常粗略，如图5-30所示。

> 平衡角度：向目标颜色移动视频颜色。向特定色相移动"平衡数量级"圆形会相应地移动颜色，移动的强度取决于"平衡数量级"和"平衡增益"的共同调整，如图5-31所示。

在Premiere Pro CC中，使用"三向颜色校正器"还可以进行以下调整。

> ➤ 快速消除色偏："三向颜色校正器"特效拥有一些控件可以快速平衡颜色，使白色、灰色和黑色保持中性。
> ➤ 快速进行明亮度校正："三向颜色校正器"具有可快速调整剪辑明亮度的自动控件。
> ➤ 调整颜色平衡和饱和度：三向颜色校正器效果提供"色相平衡和角度"色轮和"饱和度"控件供用户设置，用于平衡视频中的颜色。顾名思义，颜色平衡可平衡红色、绿色和蓝色分量，从而在图像中产生所需的白色和中性灰色。也可以为特定的场景设置特殊色调。
> ➤ 替换颜色：使用"三向颜色校正器"中的"辅助颜色校正"控件可以帮助用户将更改应用于单个颜色或一系列颜色。

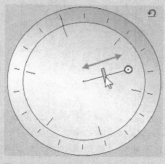
图5-30 平衡增益

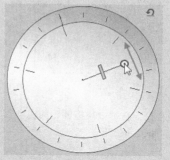
图5-31 平衡角度

实战 073 校正"亮度曲线"特效

> ➤ 实例位置：光盘 \ 效果 \ 第 5 章 \ 实战 073.prproj
> ➤ 素材位置：光盘 \ 素材 \ 第 5 章 \ 实战 073.prproj
> ➤ 视频位置：光盘 \ 视频 \ 第 5 章 \ 实战 073.mp4

● 实例介绍 ●

　　"亮度曲线"特效可以通过单独调整画面的亮度，让整个画面的明暗得到统一控制。这种调整方法无法单独调整每个通道的亮度。

● 操作步骤 ●

STEP 01 按Ctrl＋O组合键，打开一个项目文件，如图5-32所示。

STEP 02 打开项目文件后，在"节目监视器"面板中可以查看素材画面，如图5-33所示。

图5-33 查看素材画面

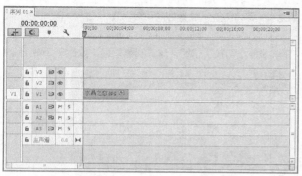
图5-32 打开项目文件

STEP 03 在"效果"面板中，展开"视频效果"|"颜色校正"选项，在其中选择"亮度曲线"视频特效，如图5-34所示。

STEP 04 按住鼠标左键并拖曳"亮度曲线"特效至"时间轴"面板中的素材文件上，如图5-35所示，释放鼠标即可添加视频特效。在"节目监视器"面板中可适当地调整其大小和位置。

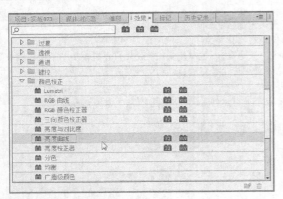

图5-34 选择"亮度曲线"视频特效

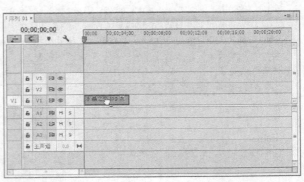

图5-35 拖曳"亮度曲线"特效

STEP 05 选择V1轨道上的素材，在"效果控件"面板中，展开"亮度曲线"选项，如图5-36所示。

STEP 06 将鼠标移至"亮度波形"矩形区域中，在曲线上单击鼠标左键并拖曳，添加控制点并调整控制点位置。重复以上操作，添加两个控制点并调整位置，如图5-37所示。

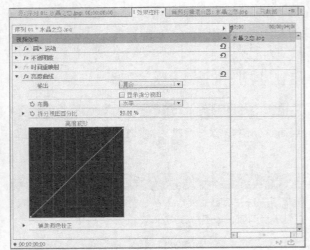

图5-36 展开"亮度曲线"选项

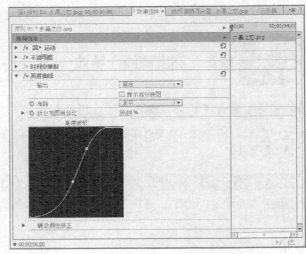

图5-37 添加两个控制点并调整位置

技巧点拨

亮度曲线和RGB曲线可以调整视频剪辑中的整个色调范围或仅调整选定的颜色范围。但与色阶不同，色阶只有三种调整（黑色阶、灰色阶和白色阶），而亮度曲线和RGB曲线允许在整个图像的色调范围内调整多达16个不同的点（从阴影到高光）。

STEP 07 执行上述操作后，即可运用亮度曲线校正色彩，单击"播放–停止切换"按钮，预览视频效果，如图5-38所示。

图5-38 亮度曲线调整前后的效果对比

实战 074	校正"亮度校正器"特效	▶ 实例位置：光盘 \ 效果 \ 第 5 章 \ 实战 074.prproj ▶ 素材位置：光盘 \ 素材 \ 第 5 章 \ 实战 074.prproj ▶ 视频位置：光盘 \ 视频 \ 第 5 章 \ 实战 074.mp4

● 实例介绍 ●

"亮度校正器"特效可以调整素材的高光、中间值、阴影状态下的亮度与对比度参数，也可以使用"辅助颜色校正"来指定色彩范围。

● 操作步骤 ●

STEP 01 按Ctrl＋O组合键，打开一个项目文件，如图5-39所示。

STEP 02 打开项目文件后，在"节目监视器"面板中可以查看素材画面，如图5-40所示。

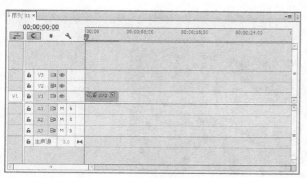

5-39　打开项目文件

图5-40　查看素材画面

STEP 03 在"效果"面板中，展开"视频效果"｜"颜色校正"选项，在其中选择"亮度校正器"视频特效，如图5-41所示。

STEP 04 将"亮度校正器"特效拖曳至"时间轴"面板中的素材文件上，选择V1轨道上的素材，如图5-42所示。

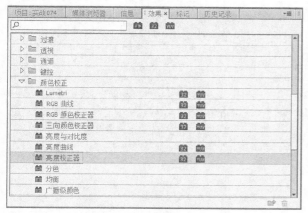

图5-41　选择"亮度校正器"视频特效

图5-42　拖曳"亮度校正器"特效

STEP 05 在"效果控件"面板中，展开"亮度校正器"选项，单击"色调范围"栏右侧的下三角形按钮，在弹出的列表框中选择"主"选项，设置"亮度"为30.00、"对比度"为40.00，如图5-43所示。

STEP 06 单击"色调范围"栏右侧的下三角形按钮，在弹出的列表框中选择"阴影"选项，设置"亮度"为-4.00、"对比度"为-10.00，如图5-44所示。

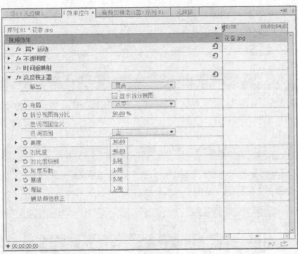

图5-43 设置相应选项1　　　　　　　　　　图5-44 设置相应选项2

STEP 07 执行上述操作后，即可运用亮度校正器调整色彩，单击"播放-停止切换"按钮，预览视频效果，如图5-45所示。

图5-45 亮度校正器调整前后的效果对比

知识扩展

"亮度校正器"特效中各选项的含义如下。

➤ 色调范围：指定将明亮度调整应用于整个图像(主)、仅高光、仅中间调或仅阴影。

➤ 亮度：调整剪辑中的黑色阶。使用此控件确保剪辑中的黑色画面内容即显示为黑色。

➤ 对比度：通过调整相对于剪辑原始对比度值的增益来影响图像的对比度。

➤ 对比度级别：设置剪辑的原始对比度值。

➤ 灰度系数：在不影响黑白色阶的情况下调整图像的中间调值。此控件会导致对比度变化，非常类似于在亮度曲线效果中更改曲线的形状。使用此控件可在不扭曲阴影和高光的情况下调整太暗或太亮的图像。

➤ 基值：通过将固定偏移添加到图像的像素值中来调整图像。此控件与"增益"控件结合使用可增加图像的总体亮度。

➤ 增益：通过乘法调整亮度值，从而影响图像的总体对比度。较亮的像素受到的影响大于较暗的像素受到的影响。

实战 075　校正"广播级颜色"特效

▶ 实例位置：光盘\效果\第5章\实战075.prproj
▶ 素材位置：光盘\素材\第5章\实战075.prproj
▶ 视频位置：光盘\视频\第5章\实战075.mp4

● 实例介绍 ●

"广播级颜色"特效用于校正需要输出到录像带上的影片色彩，使用这种校正技巧可以改善输出影片的品质。

● 操作步骤 ●

STEP 01 按Ctrl + O组合键，打开一个项目文件，如图5-46所示。

STEP 02 打开项目文件后，在"节目监视器"面板中可以查看素材画面，如图5-47所示。

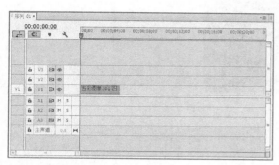

图5-46 打开项目文件

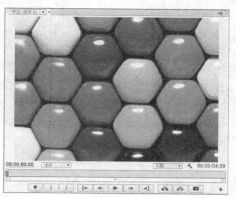

图5-47 查看素材画面

STEP 03 在"效果"面板中，展开"视频效果"|"颜色校正"选项，在其中选择"广播级颜色"视频特效，如图5-48所示。

STEP 04 按住鼠标左键并拖曳"广播级颜色"特效至"时间轴"面板中的素材文件上，如图5-49所示，释放鼠标即可添加视频特效。

图5-48 选择"广播级颜色"视频特效

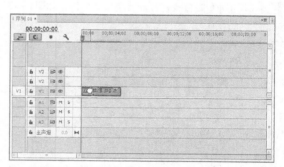

图5-49 拖曳"广播级颜色"特效

STEP 05 选择V1轨道上的素材，在"效果控件"面板中，展开"广播级颜色"选项，如图5-50所示。

STEP 06 设置"最大信号波幅"为90，如图5-51所示。

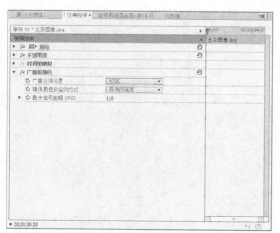

图5-50 展开"广播级颜色"选项

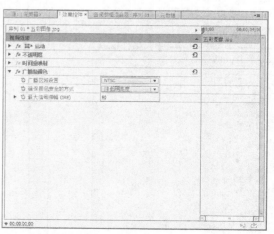

图5-51 设置"最大信号波幅"选项

STEP 07 执行上述操作后，即可运用广播级颜色调整色彩，单击"播放-停止切换"按钮，预览视频效果，如图5-52所示。

图5-52 广播级颜色调整前后的效果对比

实战 **076**	校正"快速颜色校正器"特效	▶ 实例位置：光盘 \ 效果 \ 第 5 章 \ 实战 076.prproj ▶ 素材位置：光盘 \ 素材 \ 第 5 章 \ 实战 076.prproj ▶ 视频位置：光盘 \ 视频 \ 第 5 章 \ 实战 076.mp4

● 实例介绍 ●

"快速颜色校正器"特效不仅可以通过调整素材的色调饱和度校正素材的颜色，还可以调整素材的白平衡。

● 操作步骤 ●

STEP 01 按Ctrl＋O组合键，打开一个项目文件，如图5-53所示。

STEP 02 打开项目文件后，在"节目监视器"面板中可以查看素材画面，如图5-54所示。

图5-53 打开项目文件

图5-54 查看素材画面

STEP 03 在"效果"面板中，展开"视频效果"|"颜色校正"选项，在其中选择"快速颜色校正器"视频特效，如图5-55所示。

STEP 04 按住鼠标左键并拖曳"快速颜色校正器"特效至"时间轴"面板中的素材文件上，如图5-56所示，释放鼠标即可添加视频特效。

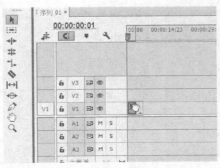

图5-55 选择"快速颜色校正器"视频特效

图5-56 拖曳"快速颜色校正器"特效

STEP 05 选择V1轨道上的素材，在"效果控件"面板中，展开"快速颜色校正器"选项，单击"白平衡"选项右侧的色块，如图5-57所示。

STEP 06 在弹出的"拾色器"对话框中，设置RGB参数值分别为119、198、187，如图5-58所示。

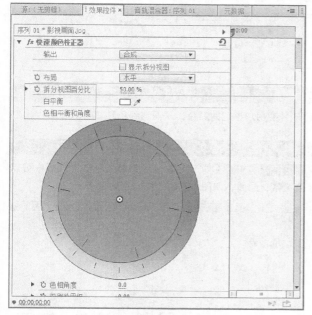

图5-57　单击"白平衡"选项右侧的色块

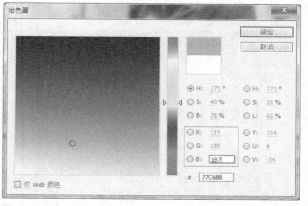

图5-58　设置RGB参数值

知识扩展

"快速颜色校正器"特效中各选项的含义如下。

➢ 白平衡：通过使用吸管工具来采样图像中的目标颜色或监视器桌面上的任意位置，将白平衡分配给图像。也可以单击色板打开 Adobe 拾色器，然后选择颜色来定义白平衡。

➢ 色相平衡和角度：使用色轮控制色相平衡和色相角度，小圆形围绕色轮中心移动，并控制色相(UV)转换，这将会改变平衡数量级和平衡角度，小垂线可设置控件的相对粗精度，而此控件控制平衡增益。

技巧点拨

在"快速颜色校正器"选项列表中，用户还可以设置以下选项。

色相角度：控制色相旋转，默认值为 0，负值向左旋转色轮，正值则向右旋转色轮。

平衡数量级：控制由"平衡角度"确定的颜色平衡校正量。

平衡增益：通过乘法来调整亮度值，使较亮的像素受到的影响大于较暗的像素受到的影响。

平衡角度：控制所需的色相值的选择范围。

饱和度：调整图像的颜色饱和度。默认值为 100，表示不影响颜色；小于 100 的值表示降低饱和度；而 0 则表示完全移除颜色；大于 100 的值将产生饱和度更高的颜色。

STEP 07 单击"确定"按钮，即可运用"快速颜色校正器"调整色彩，单击"播放-停止切换"按钮，预览视频效果，如图5-59所示。

图5-59　快速颜色校正器调整前后的效果对比

技巧点拨

在Premiere Pro CC中，用户也可以单击"白平衡"吸管，然后通过单击方式对节目监视器中的区域进行采样，最好对本应为白色的区域采样。"快速颜色校正器"特效将会对采样的颜色向白色调整，从而校正素材画面的白平衡。

实战 077　校正"更改颜色"特效

▶ 实例位置：光盘 \ 效果 \ 第 5 章 \ 实战 077.prproj
▶ 素材位置：光盘 \ 素材 \ 第 5 章 \ 实战 077.prproj
▶ 视频位置：光盘 \ 视频 \ 第 5 章 \ 实战 077.mp4

● 实例介绍 ●

更改颜色是指通过指定一种颜色，然后用另一种新的颜色来替换用户指定的颜色，从而达到色彩转换的效果。

● 操作步骤 ●

STEP 01 按Ctrl＋O组合键，打开一个项目文件，如图5-60所示。

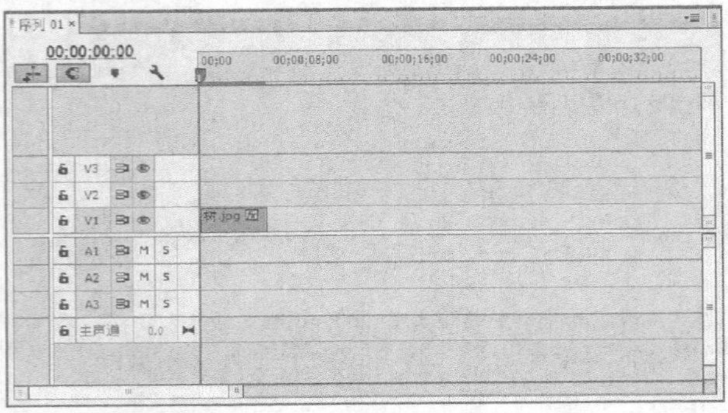

STEP 02 打开项目文件后，在"节目监视器"面板中可以查看素材画面，如图5-61所示。

图5-60　打开项目文件

图5-61　查看素材画面

STEP 03 在"效果"面板中，展开"视频效果"|"颜色校正"选项，在其中选择"更改颜色"视频特效，如图5-62所示。

STEP 04 按住鼠标左键并拖曳"更改颜色"特效至"时间轴"面板中的素材文件上，如图5-63所示，释放鼠标即可添加视频特效。

图5-62　选择"更改颜色"视频特效

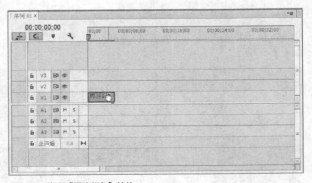

图5-63　拖曳"更改颜色"特效

STEP 05 选择V1轨道上的素材，在"效果控件"面板中，展开"更改颜色"选项，单击"要更改的颜色"选项右侧的吸管图标，如图5-64所示。

STEP 06 在"节目监视器"中的合适位置单击，进行采样，如图5-65所示。

图5-64　单击吸管图标

图5-65　进行采样

STEP 07 取样完成后，在"效果控件"面板中，展开"更改颜色"选项，设置"色相变换"为-175、"亮度变换"为8、"匹配容差"为28%，如图5-66所示。

STEP 08 执行上述操作后，即可运用"更改颜色"特效调整色彩，如图5-67所示。

图5-66　设置相应的选项

图5-67　运用"更改颜色"特效调整色彩

知识扩展

"更改颜色"特效中各选项的含义如下。

➤ 视图："校正的图层"显示更改颜色效果的结果；"颜色校正遮罩"显示将要更改的图层的区域。颜色校正遮罩中的白色区域的变化最大，黑暗区域变化最小。

➤ 色相变换：色相的调整量(读数)。

➤ 亮度变换：正值使匹配的像素变亮，负值使它们变暗。

➤ 饱和度变换：正值增加匹配的像素的饱和度(向纯色移动)，负值降低匹配的像素的饱和度(向灰色移动)。

➤ 要更改的颜色：范围中要更改的中央颜色。

➤ 匹配容差：颜色可以在多大程度上不同于"要匹配的颜色"并且仍然匹配。

➤ 匹配柔和度：不匹配的像素受效果影响的程度，与"要匹配的颜色"的相似性成比例。

➤ 匹配颜色：确定一个在其中比较颜色以确定相似性的色彩空间。RGB在RGB色彩空间中比较颜色。色相在颜色的色相上做比较，忽略饱和度和亮度：因此鲜红和浅粉匹配。色度使用两个色度分量来确定相似性，忽略明亮度(亮度)。

➤ 反转颜色校正蒙版：反转用于确定哪些颜色受影响的蒙版。

STEP 09 单击"播放-停止切换"按钮，预览视频效果，最终效果如图5-68所示。

图5-68　更改颜色调整前后的效果对比

技巧点拨

　　当用户第一次确认需要修改的颜色时，只需要选择近似的颜色即可，因为在了解颜色替换效果后才能精确调整替换的颜色。"更改颜色"特效是通过调整素材色彩范围内色相、亮度以及饱和度的数值，来改变色彩范围内的颜色的。

实战 078　校正"更改为颜色"特效

▶ 实例位置：光盘 \ 效果 \ 第 5 章 \ 实战 078.prproj
▶ 素材位置：光盘 \ 素材 \ 第 5 章 \ 实战 078.prproj
▶ 视频位置：光盘 \ 视频 \ 第 5 章 \ 实战 078.mp4

● 实例介绍 ●

　　在Premiere Pro CC中，用户也可以使用"更改为颜色"特效，使用色相、亮度和饱和度（HLS）值将用户在图像中选择的颜色更改为另一种颜色，同时保持其他颜色不受影响。

● 操作步骤 ●

STEP 01 按Ctrl＋O组合键，打开一个项目文件，如图5-69所示。

STEP 02 打开项目文件后，在"节目监视器"面板中可以查看素材画面，如图5-70所示。

图5-69　打开项目文件

图5-70　查看素材画面

STEP 03 在"效果"面板中，展开"视频效果"|"颜色校正"选项，在其中选择"更改为颜色"视频特效，如图5-71所示。

图5-71　选择"更改为颜色"视频特效

STEP 04 按住鼠标左键并拖曳"更改为颜色"特效至"时间轴"面板中的素材文件上，如图5-72所示，释放鼠标即可添加视频特效。

STEP 05 选择V1轨道上的素材，在"效果控件"面板中，展开"更改为颜色"选项，单击"自"选项右侧的吸管图标，如图5-73所示。

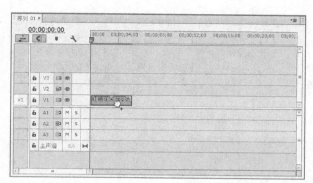

图5-72 拖曳"更改为颜色"特效

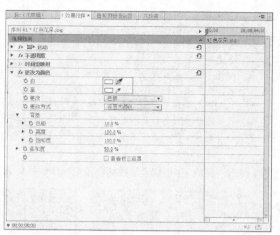

图5-73 单击吸管图标

STEP 06 在"节目监视器"面板中的合适位置单击，进行采样，如图5-74所示。

STEP 07 取样完成后，在"效果控件"面板中，展开"更改为颜色"选项，设置"色相"为9.0、"亮度"为80%，如图5-75所示。

图5-74 进行采样

图5-75 设置相应的选项

STEP 08 执行上述操作后，即可运用"更改为颜色"特效调整色彩，如图5-76所示。

图5-76 运用"更改为颜色"特效调整色彩

知识扩展

　　"更改为颜色"提供了"更改颜色"效果未能提供的灵活性和选项。这些选项包括用于精确颜色匹配的色相、亮度和饱和度容差滑块，以及选择用户希望更改成的目标颜色的精确RGB值的功能。

　　"更改为颜色"特效中各选项的含义如下。

> 自：要更改的颜色范围的中心。
> 至：将匹配的像素更改成的颜色(要将动画化颜色变化，请为"至"颜色设置关键帧。)
> 更改：选择受影响的通道。
> 更改方式：如何更改颜色。"设置为颜色"将受影响的像素直接更改为目标颜色；"变换为颜色"使用HLS插值向目标颜色变换受影响的像素值，每个像素的更改量取决于像素的颜色与"自"颜色的接近程度。
> 容差：颜色可以在多大程度上不同于"自"颜色并且仍然匹配，展开此控件可以显示色相、亮度和饱和度值的单独滑块。
> 柔和度：用于校正遮罩边缘的羽化量，较高的值将在受颜色更改影响的区域与不受影响的区域之间创建更平滑的过渡。
> 查看校正遮罩：显示灰度遮罩，表示效果影响每个像素的程度，白色区域的变化最大，黑暗区域变化最小。

STEP 09 单击"播放–停止切换"按钮，预览视频效果。调整前后的效果对比如图5-77所示。

图5-77　更改为颜色调整前后的效果对比

实战 079　校正"颜色平衡（HLS）"特效

> 实例位置：光盘 \ 效果 \ 第 5 章 \ 实战 079.prproj
> 素材位置：光盘 \ 素材 \ 第 5 章 \ 实战 079.prproj
> 视频位置：光盘 \ 视频 \ 第 5 章 \ 实战 079.mp4

● 实例介绍 ●

　　HLS分别表示色相、亮度以及饱和度3个颜色通道的简称。"颜色平衡（HLS）"特效能够通过调整画面的色相、饱和度以及明度来达到平衡素材颜色的作用。

● 操作步骤 ●

STEP 01 按Ctrl＋O组合键，打开一个项目文件，如图5-78所示。

STEP 02 打开项目文件后，在"节目监视器"面板中可以查看素材画面，如图5-79所示。

图5-78　打开项目文件

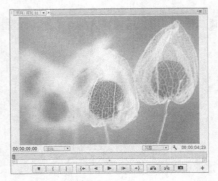

图5-79　查看素材画面

STEP 03 在"效果"面板中，展开"视频效果" | "颜色校正"选项，在其中选择"颜色平衡（HLS）"视频特效，如图5-80所示。

STEP 04 按住鼠标左键并拖曳"颜色平衡（HLS）"特效至"时间轴"面板中的素材文件上，如图5-81所示，释放鼠标即可添加视频特效。

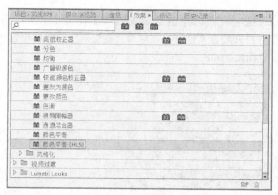

图5-80 选择"颜色平衡（HLS）"视频特效

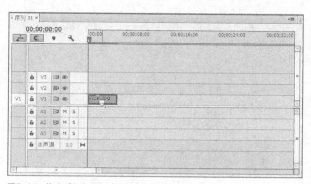

图5-81 拖曳"颜色平衡（HLS）"特效

STEP 05 选择V1轨道上的素材，在"效果控件"面板中，展开"颜色平衡（HLS）"选项，如图5-82所示。

STEP 06 在"效果控件"面板中，设置"色相"为50.0°、"亮度"为10.0、"饱和度"为10.0，如图5-83所示。

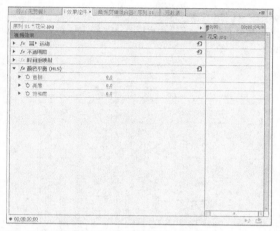

图5-82 展开"颜色平衡（HLS）"选项

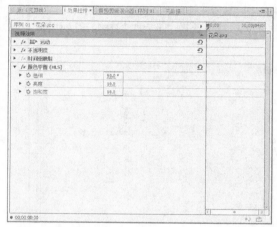

图5-83 设置相应的数值

STEP 07 执行以上操作后，即可运用"颜色平衡（HLS）"调整色彩，单击"播放-停止切换"按钮，预览视频效果，如图5-84所示。

图5-84 "颜色平衡（HLS）"特效调整前后的效果对比

实战 080 校正"分色"特效

▶ 实例位置：光盘＼效果＼第5章＼实战080.prproj
▶ 素材位置：光盘＼素材＼第5章＼实战080.prproj
▶ 视频位置：光盘＼视频＼第5章＼实战080.mp4

● 实例介绍 ●

"分色"特效可以将素材中除选中颜色及类似色以外的颜色分离，并以灰度模式显示。

● 操作步骤 ●

STEP 01 按Ctrl+O组合键，打开一个项目文件，如图5-85所示。

STEP 02 打开项目文件后，在"节目监视器"面板中可以查看素材画面，如图5-86所示。

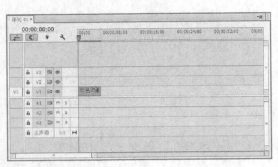

图5-85 打开项目文件

图5-86 查看素材画面

STEP 03 在"效果"面板中，展开"视频效果"|"颜色校正"选项，在其中选择"分色"视频特效，如图5-87所示。

STEP 04 按住鼠标左键并拖曳"分色"特效至"时间轴"面板中的素材文件上，如图5-88所示，释放鼠标即可添加视频特效。

图5-87 选择"分色"视频特效

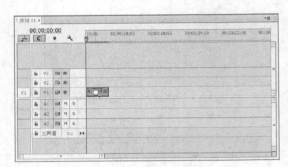

图5-88 拖曳"分色"特效

STEP 05 选择V1轨道上的素材，在"效果控件"面板中，展开"分色"选项，单击"要保留的颜色"选项右侧的吸管，如图5-89所示。

STEP 06 在"节目监视器"面板中的素材背景中的蓝色处单击鼠标左键以进行采样，如图5-90所示。

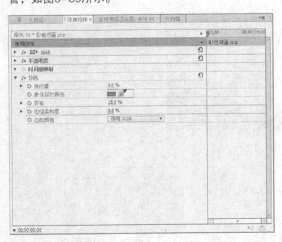

图5-89 单击吸管图标

图5-90 进行采样

STEP 07 取样完成后，在"效果控件"面板中，展开"分色"选项，设置"脱色量"为100.0%、"容差"为33.0%，如图5-91所示。

STEP 08 执行上述操作后，即可运用"分色"特效调整色彩，如图5-92所示。

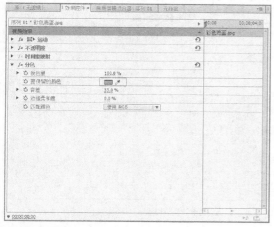

图5-91　设置相应的选项

图5-92　运用"分色"特效调整色彩

STEP 09 单击"播放-停止切换"按钮，预览视频效果，如图5-93所示。

图5-93　分色调整前后的效果对比

实战 081　校正"通道混合器"特效

▶ 实例位置：光盘 \ 效果 \ 第 5 章 \ 实战 081.prproj
▶ 素材位置：光盘 \ 素材 \ 第 5 章 \ 实战 081.prproj
▶ 视频位置：光盘 \ 视频 \ 第 5 章 \ 实战 081.mp4

● 实例介绍 ●

"通道混合器"特效是利用当前颜色通道的混合值修改一个颜色通道，通过为每一个通道设置不同的颜色偏移来校正素材的颜色。

● 操作步骤 ●

STEP 01 按Ctrl + O组合键，打开一个项目文件，如图5-94所示。

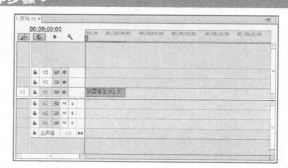

图5-94　打开项目文件

STEP 02 打开项目文件后，在"节目监视器"面板中可以查看素材画面，如图5-95所示。

图5-95 查看素材画面

STEP 04 按住鼠标左键并拖曳"通道混合器"特效至"时间轴"面板中的素材文件上，如图5-97所示，释放鼠标即可添加视频特效。

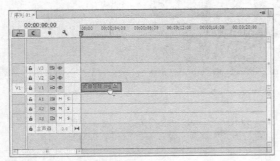

图5-97 拖曳"通道混合器"特效

STEP 06 在"效果控件"面板中，设置"红色-红色"为131、"红色-绿色"为-85、"红色-蓝色"为69、"红色-恒量"为-7、"绿色-红色"为45、"绿色-绿色"为90，如图5-99所示。

STEP 03 在"效果"面板中，展开"视频效果"|"颜色校正"选项，在其中选择"通道混合器"视频特效，如图5-96所示。

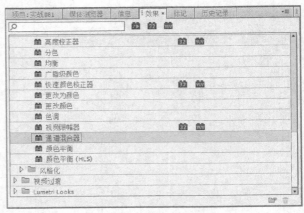

图5-96 选择"通道混合器"视频特效

STEP 05 选择V1轨道上的素材，在"效果控件"面板中，展开"通道混合器"选项，如图5-98所示。

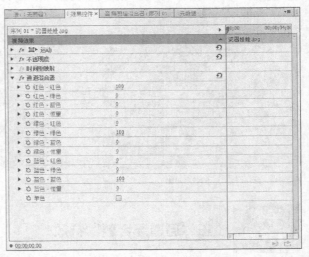

图5-98 展开"通道混合器"选项

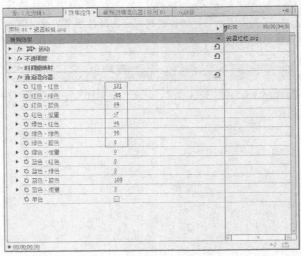

图5-99 设置相应的数值

STEP 07 执行以上操作后，即可运用"通道混合器"调整色彩，单击"播放–停止切换"按钮，预览视频效果，如图5-100所示。

图5-100　通道混合器调整前后的效果对比

知识扩展

　　"通道混合器"特效中各选项的含义如下。

　　➤ 输出通道–输入通道：增加到输出通道值的输入通道值的百分比。例如，"红色–绿色"设置为10表示在每个像素的红色通道的值上增加该像素绿色通道的值的10%。"蓝色–绿色"设置为100和"蓝色–蓝色"设置为0表示将蓝色通道值替换成绿色通道值。

　　➤ 输出通道–恒量：增加到输出通道值的恒量值(百分比)。例如，"红色–恒量"为100表示通过增加100%红色来为每个像素增加红色通道的饱和度。

　　➤ 单色：使用红、绿、蓝三色输出通道中的红色输出通道的值，从而创建灰度图像。

技巧点拨

　　在Premiere Pro CC中，"通道混合器"效果通过使用当前颜色通道的混合组合来修改颜色通道，使用此效果可以执行其他颜色调整工具无法轻松完成的创意颜色调整。例如，通过选择每个颜色通道所占的百分比来创建高质量灰度图像，创建高质量棕褐色调或其他着色图像，以及交换或复制通道。

实战 082　校正"色调"特效

▶ **实例位置**：光盘 \ 效果 \ 第 5 章 \ 实战 082.prproj
▶ **素材位置**：光盘 \ 素材 \ 第 5 章 \ 实战 082.prproj
▶ **视频位置**：光盘 \ 视频 \ 第 5 章 \ 实战 082.mp4

● 实例介绍 ●

　　"色调"特效可以修改图像的颜色信息，并对每个像素效果施加一种混合效果。

● 操作步骤 ●

STEP 01 按Ctrl + O组合键，打开一个项目文件，如图5-101所示。

STEP 02 打开项目文件后，在"节目监视器"面板中可以查看素材画面，如图5-102所示。

图5-101　打开项目文件

图5-102　查看素材画面

STEP 03 在"效果"面板中，展开"视频效果"|"颜色校正"选项，在其中选择"色调"视频特效，如图5-103所示。

图5-103 选择"色调"视频特效

STEP 05 选择V1轨道上的素材，在"效果控件"面板中，展开"色调"选项，如图5-105所示。

图5-105 展开"色调"选项

STEP 04 按住鼠标左键并拖曳"色调"特效至"时间轴"面板中的素材文件上，如图5-104所示，释放鼠标即可添加视频特效。

图5-104 拖曳"色调"特效

STEP 06 在"效果控件"面板中，设置"将黑色映射到"的RGB参数为（22、189、57）、"着色量"为20.0%，如图5-106所示。

图5-106 设置相应的数值

STEP 07 执行以上操作后，即可运用"色调"调整色彩，单击"播放-停止切换"按钮，预览视频效果，如图5-107所示。

图5-107 色调调整前后的效果对比

实战 083 校正"均衡"特效

▶ 实例位置：光盘 \ 效果 \ 第5章 \ 实战083.prproj
▶ 素材位置：光盘 \ 素材 \ 第5章 \ 实战083.prproj
▶ 视频位置：光盘 \ 视频 \ 第5章 \ 实战083.mp4

● 实例介绍 ●

"均衡"特效可以改变图像的像素，效果与Adobe Photoshop中的"色调均化"特效的效果相似。

• 操作步骤 •

STEP 01 按Ctrl + O组合键，打开一个项目文件，如图 5-108所示。

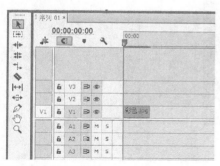

图5-108 打开项目文件

STEP 02 打开项目文件后，在"节目监视器"面板中可以 查看素材画面，如图5-109所示。

图5-109 查看素材画面

STEP 03 在"效果"面板中，展开"视频效果"|"颜色校正"选项，在其中选择"均衡"视频特效，如图5-110 所示。

图5-110 选择"均衡"视频特效

STEP 04 按住鼠标左键并拖曳"均衡"特效至"时间轴"面板中的素材文件上，如图5-111所示，释放鼠标即可添加视频特效。

图5-111 拖曳"均衡"特效

STEP 05 选择V1轨道上的素材，在"效果控件"面板中，展开"均衡"选项，如图5-112所示。

图5-112 展开"均衡"选项

STEP 06 在"效果控件"面板中，设置"均衡量"为 80.0%，如图5-113所示。

图5-113 设置相应的数值

STEP 07 执行以上操作后，即可运用"均衡"调整色彩，单击"播放–停止切换"按钮，预览视频效果，如图5-114所示。

图5-114 均衡调整的前后对比效果

实战 084 校正"视频限幅器"特效

▶ 实例位置：光盘 \ 效果 \ 第 5 章 \ 实战 084. prproj
▶ 素材位置：光盘 \ 素材 \ 第 5 章 \ 实战 084. prproj
▶ 视频位置：光盘 \ 视频 \ 第 5 章 \ 实战 084. mp4

● 实例介绍 ●

"视频限幅器"特效用于限制剪辑中的明亮度和颜色，使它们位于用户定义的参数范围内。这些参数可用于在使视频信号满足广播限制的情况下尽可能地保留视频。

● 操作步骤 ●

STEP 01 按Ctrl＋O组合键，打开一个项目文件，如图5-115所示。

STEP 02 打开项目文件后，在"节目监视器"面板中可以查看素材画面，如图5-116所示。

图5-115 打开项目文件

图5-116 查看素材画面

STEP 03 在"效果"面板中，展开"视频效果"|"颜色校正"选项，在其中选择"视频限幅器"视频特效，如图5-117所示。

STEP 04 按住鼠标左键并拖曳"视频限幅器"特效至"时间轴"面板中的素材文件上，如图5-118所示，释放鼠标即可添加视频特效。

图5-117 选择"视频限幅器"视频特效

图5-118 拖曳"视频限幅器"特效

STEP 05 选择V1轨道上的素材，在"效果控件"面板中，展开"视频限幅器"选项，如图5-119所示。

STEP 06 在"效果控件"面板中，设置"色度最大值"为80.00%，如图5-120所示。

图5-119　展开"视频限幅器"选项

图5-120　设置相应的数值

知识扩展

"视频限幅器"特效各选项的含义如下。

➤ 显示拆分视图：将图像的一部分显示为校正视图，而将图像的另一部分显示为未校正视图。

➤ 缩小轴：允许设置多项限制，以定义明亮度的范围（亮度）、颜色（色度）和明亮度（色度和亮度）或总体视频信号（智能限制）。"最小"和"最大"控件的可用性取决于您选择的"缩小轴"选项。

➤ 亮度最小值：指定图像中的最暗级别。

➤ 亮度最大值：指定图像中的最亮级别。

➤ 色度最小值：指定图像中的颜色的最低饱和度。

➤ 色度最大值：指定图像中的颜色的最高饱和度。

➤ 缩小方式：允许压缩特定的色调范围以保留重要色调范围中的细节（"高光压缩""中间调压缩""阴影压缩"或"高光和阴影压缩"）或压缩所有的色调范围（"压缩全部"）。默认值为"压缩全部"。

➤ 色调范围定义：定义剪辑中的阴影、中间调和高光的色调范围，拖动方形滑块可调整阈值，拖动三角形滑块可调整柔和度（羽化）的程度。阴影阈值、阴影柔和度、高光阈值、高光柔和度确定剪辑中的阴影、中间调和高光的阈值和柔和度。输入值，或单击选项名称旁边的三角形并拖动滑块。

在"视频限幅器"选项列表中，用户还可以设置以下选项。

➤ 信号最小值：指定最小的视频信号，包括亮度和饱和度。

➤ 信号最大值：指定最大的视频信号，包括亮度和饱和度。

STEP 07 执行以上操作后，即可运用"视频限幅器"调整色彩，单击"播放−停止切换"按钮，预览视频效果，如图5-121所示。

图5-121　视频限幅器调整前后的效果对比

技巧点拨

　　进行颜色校正之后，应用视频限幅器效果，可以使视频信号符合广播标准，同时尽可能地保持较高的图像质量。建议使用YC 波形范围，以确保视频信号介于 7.5~100IRE 的等级范围内。

实战 085 校正"亮度与对比度"特效

▶ 实例位置：光盘 \ 效果 \ 第 5 章 \ 实战 085. prproj
▶ 素材位置：光盘 \ 素材 \ 第 5 章 \ 实战 085. prproj
▶ 视频位置：光盘 \ 视频 \ 第 5 章 \ 实战 085. mp4

● 实例介绍 ●

　　"亮度与对比度"特效可以调整素材画面的亮度，让整体的效果得到统一控制。它对素材的每个像素都进行同样的调整，"亮度与对比度"对单个通道不起作用。

● 操作步骤 ●

STEP 01 按Ctrl + O组合键，打开一个项目文件，如图5-122所示。

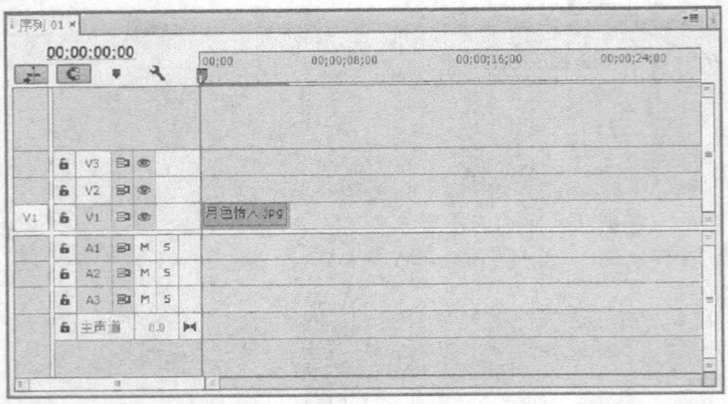

STEP 02 打开项目文件后，在"节目监视器"面板中可以查看素材画面，如图5-123所示。

图5-122　打开项目文件

图5-123　查看素材画面

STEP 03 在"效果"面板中，展开"视频效果"|"颜色校正"选项，在其中选择"亮度与对比度"视频特效，如图5-124所示。

STEP 04 按住鼠标左键并拖曳"亮度与对比度"特效至"时间轴"面板中的素材文件上，如图5-125所示，释放鼠标即可添加视频特效。在"节目监视器"面板中可适当地调整其大小和位置。

图5-124　选择"亮度与对比度"视频特效

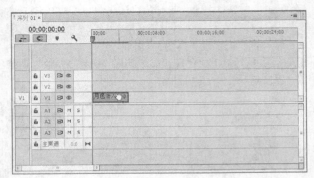

图5-125　拖曳"亮度与对比度"特效

STEP 05 选择V1轨道上的素材，在"效果控件"面板中，展开"亮度与对比度"选项，如图5-126所示。

STEP 06 在"亮度与对比度"选项下拉列表框中，设置"亮度"为30.0，"对比度"为10.0，如图5-127所示。

图5-126　展开"亮度与对比度"选项

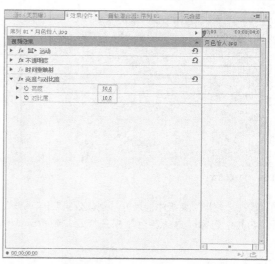

图5-127　设置相应参数

`STEP 07` 执行上述操作后，即可运用亮度与对比度校正色彩，单击"播放–停止切换"按钮，预览视频效果，如图5-128所示。

图5-128　亮度与对比度调整前后的效果对比

5.2　图像色彩的调整

　　色彩的调整主要是针对素材中的对比度、亮度、颜色以及通道等项目进行特殊的调整和处理。在Premiere Pro CC中，系统为用户提供了9种特殊效果，本节将对其中几种常用特效进行介绍。

实战 086	调整图像的自动颜色

▶实例位置：光盘 \ 效果 \ 第 5 章 \ 实战 086.prproj
▶素材位置：光盘 \ 素材 \ 第 5 章 \ 实战 086.prproj
▶视频位置：光盘 \ 视频 \ 第 5 章 \ 实战 086.mp4

● 实例介绍 ●

　　在Premiere Pro CC中，用户可以根据需要运用自动颜色调整图像的色彩。下面介绍运用自动颜色调整图像的操作方法。

● 操作步骤 ●

`STEP 01` 在Premiere Pro CC工作界面中，按Ctrl + O组合键，打开一个项目文件，如图5-129所示。

`STEP 02` 打开项目文件后，在"节目监视器"面板中可以查看素材画面，如图5-130所示。

图5-129　打开项目文件

图5-130　查看素材画面

STEP 03 在"效果"面板中，展开"视频效果"|"调整"选项，在其中选择"自动颜色"视频特效，如图5-131所示。

STEP 04 按住鼠标左键并拖曳"自动颜色"特效至"时间轴"面板中的素材文件上，如图5-132所示，释放鼠标即可添加视频特效。

图5-131　选择"自动颜色"选项

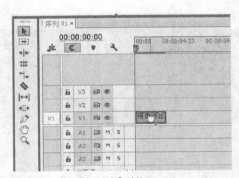

图5-132　拖曳"自动颜色"特效

STEP 05 选择V1轨道上的素材，在"效果控件"面板中，展开"自动颜色"选项，如图5-133所示。

STEP 06 在"效果控件"面板中，设置"减少黑色像素"和"减少白色像素"均为10.00%，如图5-134所示。

图5-133　展开"自动颜色"选项

图5-134　设置相应的数值

STEP 07 执行以上操作后，即可运用"自动颜色"调整色彩，单击"播放－停止切换"按钮，预览视频效果，如图5-135所示。

图5-135　自动颜色调整前后的效果对比

技巧点拨

在Premiere Pro CC中，使用"自动颜色"视频特效，用户可以通过搜索图像的方式来标识暗调、中间调和高光，以调整图像的对比度和颜色。

实战 087　调整图像的自动色阶

▶ **实例位置**：光盘 \ 效果 \ 第 5 章 \ 实战 087. prproj
▶ **素材位置**：光盘 \ 素材 \ 第 5 章 \ 实战 087. prproj
▶ **视频位置**：光盘 \ 视频 \ 第 5 章 \ 实战 087. mp4

● 实例介绍 ●

在Premiere Pro CC中，"自动色阶"特效可以自动调整素材画面的高光、阴影。下面介绍运用自动色阶调整图像的操作方法。

● 操作步骤 ●

STEP 01 在Premiere Pro CC工作界面中，按Ctrl + O组合键，打开一个项目文件，如图5-136所示。

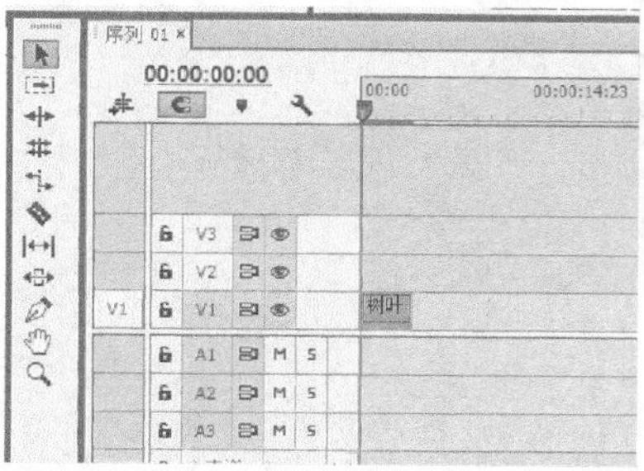

STEP 02 打开项目文件后，在"节目监视器"面板中可以查看素材画面，如图5-137所示。

图5-136　打开项目文件

图5-137　查看素材画面

STEP 03 在"效果"面板中，展开"视频效果"|"调整"选项，在其中选择"自动色阶"视频特效，如图5-138所示。

STEP 04 按住鼠标左键并拖曳"自动色阶"特效至"时间轴"面板中的素材文件上，如图5-139所示，释放鼠标即可添加视频特效。

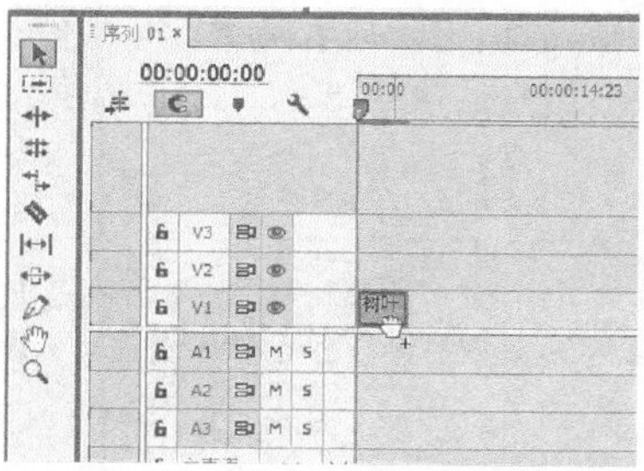

图5-138　选择"自动色阶"视频特效

图5-139　拖曳"自动色阶"特效

STEP 05 选择V1轨道上的素材，在"效果控件"面板中，展开"自动色阶"选项，如图5-140所示。

STEP 06 在"效果控件"面板中，设置"减少白色像素"为10.00%、"与原始图像混合"为20.0%，如图5-141所示。

图5-140 展开"自动色阶"选项

图5-141 设置相应的数值

STEP 07 执行以上操作后，即可运用"自动色阶"调整色彩，单击"播放-停止切换"按钮，预览视频效果，如图5-142所示。

图5-142 自动色阶调整前后的效果对比

实战 088 调整图像的卷积内核

▶实例位置：光盘 \ 效果 \ 第5章 \ 实战088.prproj
▶素材位置：光盘 \ 素材 \ 第5章 \ 实战088.prproj
▶视频位置：光盘 \ 视频 \ 第5章 \ 实战088.mp4

● 实例介绍 ●

在Premiere Pro CC中，"卷积内核"特效可以根据数学中卷积分的运算来改变素材中的每一个像素。下面介绍运用卷积内核调整图像的操作方法。

● 操作步骤 ●

STEP 01 在Premiere Pro CC工作界面中，按Ctrl + O组合键，打开一个项目文件，如图5-143所示。

STEP 02 打开项目文件后，在"节目监视器"面板中可以查看素材画面，如图5-144所示。

技巧点拨

在Premiere Pro CC中，"卷积内核"视频特效主要用于以某种预先指定的数字计算方法来改变图像中像素的亮度值，从而得到丰富的视频效果。在"效果控件"面板的"卷积内核"选项下，单击各选项前的三角形按钮，在其下方可以通过拖动滑块来调整数值。

图5-143　打开项目文件

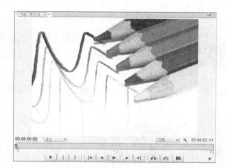

图5-144　查看素材画面

STEP 03 在"效果"面板中，展开"视频效果"｜"调整"选项，在其中选择"卷积内核"视频特效，如图5-145所示。

图5-145　选择"卷积内核"选项

STEP 05 选择V1轨道上的素材，在"效果控件"面板中，展开"卷积内核"选项，如图5-147所示。

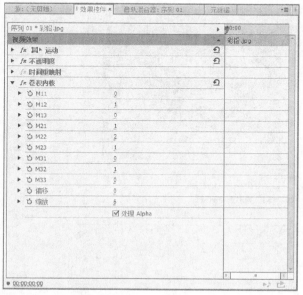

图5-147　展开"卷积内核"选项

STEP 04 按住鼠标左键并拖曳"卷积内核"特效至"时间轴"面板中的素材文件上，如图5-146所示，释放鼠标即可添加视频特效。

图5-146　拖曳"卷积内核"特效

STEP 06 在"效果控件"面板中，设置M11为2，如图5-148所示。

图5-148　设置相应的数值

技巧点拨

在"卷积内核"选项列表中，每项以字母M开头的设置均表示3×3矩阵中的一个单元格，例如，M11表示第1行第1列的单元格，M22表示矩阵中心的单元格。单击任何单元格设置旁边的数字，可以输入要作为该像素亮度值的倍数的值。

技巧点拨

在"卷积内核"选项列表中，单击"偏移"选项旁边的数字并键入一个值，此值将与缩放计算的结果相加；单击"缩放"选项旁边的数字并键入一个值，计算中的像素亮度值总和将除以此值。

STEP 07 执行以上操作后，即可运用"卷积内核"调整色彩，单击"播放–停止切换"按钮，预览视频效果，如图5–149所示。

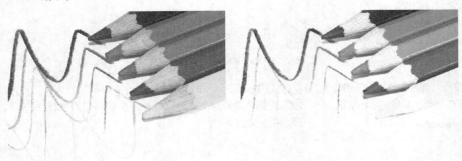

图5–149 卷积内核调整前后的效果对比

实战 089 调整图像的光照效果

▶ 实例位置：光盘 \ 效果 \ 第 5 章 \ 实战 089. prproj
▶ 素材位置：光盘 \ 素材 \ 第 5 章 \ 实战 089. prproj
▶ 视频位置：光盘 \ 视频 \ 第 5 章 \ 实战 089. mp4

● 实例介绍 ●

在Premiere Pro CC中，"光照效果"特效可以用来在图像中制作并应用多种照明效果。下面介绍运用光照调整图像的操作方法。

● 操作步骤 ●

STEP 01 在Premiere Pro CC工作界面中，按Ctrl + O组合键，打开一个项目文件，如图5–150所示。

STEP 02 打开项目文件后，在"节目监视器"面板中可以查看素材画面，如图5–151所示。

图5–150 打开项目文件

图5–151 查看素材画面

STEP 03 在"效果"面板中，展开"视频效果"|"调整"选项，在其中选择"光照效果"视频特效，如图5–152所示。

图5–152 选择"光照效果"特效

STEP 04 按住鼠标左键并拖曳"光照效果"特效至"时间轴"面板中的素材文件上，如图5-153所示，释放鼠标即可添加视频特效。

技巧点拨

　　在"光照效果"选项列表中，用户还可以设置以下选项。

　　➤ 表面材质：用于确定反射率较高者是光本身还是光照对象。值-100表示反射光的颜色，值100表示反射对象的颜色。

　　➤ 曝光：用于增加（正值）或减少（负值）光照的亮度。光照的默认亮度值为0。

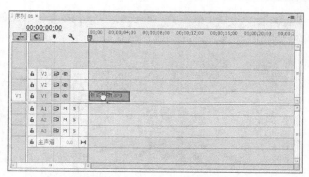

图5-153　拖曳"光照效果"特效

STEP 05 选择V1轨道上的素材，在"效果控件"面板中，展开"光照效果"选项，如图5-154所示。

STEP 06 在"效果控件"面板中，设置"光照类型"为"平行光"、"中央"为（16.0，126.0）、"投影半径"为30.0、"角度"为123.0°、"强度"为20.0，如图5-155所示。

图5-154　展开"光照效果"选项

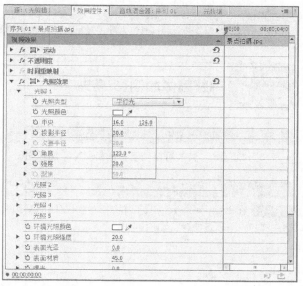

图5-155　设置相应的数值

知识扩展

　　➤ 光照类型：选择光照类型以指定光源。"无"用来关闭光照；"方向型"从远处提供光照，使光线角度不变；"全光源"直接在图像上方提供四面八方的光照，类似于灯泡照在一张纸上的情形；"聚光"投射椭圆形光束。

　　➤ 光照颜色：用来指定光照颜色。可以单击色板使用 Adobe 拾色器选择颜色，然后单击"确定"按钮；也可以单击"吸管"图标，然后单击计算机桌面上的任意位置以选择颜色。

　　➤ 中央：使用光照中心的 X 和 Y 坐标值移动光照，也可以通过在节目监视器中拖动中心圆来定位光照。

　　➤ 主要半径：调整全光源或点光源的长度，也可以在节目监视器中拖动手柄来调整。

　　➤ 次要半径：用于调整点光源的宽度。光照变为圆形后，增加次要半径也就会增加主要半径，也可以在节目监视器中拖动手柄之一来调整此属性。

　　➤ 角度：用于更改平行光或点光源的方向。通过指定度数值可以调整此项控制，也可在"节目监视器"中将指针移至控制柄之外，直至其变成双头弯箭头，再进行拖动以旋转光。

　　➤ 强度：该选项用于控制光照的明亮强度。

　　➤ 聚焦：该选项用于调整点光源的最明亮区域的大小。

　　➤ 环境光照颜色：该选项用于更改环境光的颜色。

　　➤ 环境光照强度：提供漫射光，就像该光照与室内其他光照（如日光或荧光）相混合一样。选择值100表示仅使用光源，或选择值-100表示移除光源。要更改环境光的颜色，可以单击颜色框并使用出现的拾色器进行设置。

STEP 07 执行以上操作后，即可运用"光照效果"调整色彩，单击"播放-停止切换"按钮，预览视频效果，如图5-156所示。

图5-156 光照效果调整前后的效果对比

技巧点拨

在Premiere Pro CC中，对剪辑应用"光照效果"时，最多可采用5个光照来产生有创意的光照。"光照效果"可用于控制光照属性，如光照类型、方向、强度、颜色、光照中心和光照传播，Premiere Pro CC中还有一个"凹凸层"控件可以使用其他素材中的纹理或图案产生特殊光照效果，例如类似3D表面的效果。

实战 090 调整图像的阴影/高光

▶ 实例位置：光盘 \ 效果 \ 第5章 \ 实战 090. prproj
▶ 素材位置：光盘 \ 素材 \ 第5章 \ 实战 090. prproj
▶ 视频位置：光盘 \ 视频 \ 第5章 \ 实战 090. mp4

● 实例介绍 ●

"阴影/高光"特效可以使素材画面变亮并加强阴影。

● 操作步骤 ●

STEP 01 在Premiere Pro CC工作界面中，按Ctrl + O组合键，打开一个项目文件，如图5-157所示。

STEP 02 打开项目文件后，在"节目监视器"面板中可以查看素材画面，如图5-158所示。

图5-158 查看素材画面

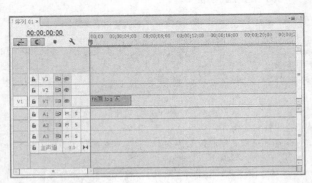

图5-157 打开项目文件

STEP 03 在"效果"面板中，展开"视频效果"|"调整"选项，在其中选择"阴影/高光"视频特效，如图5-159所示。

STEP 04 按住鼠标左键并拖曳"阴影/高光"特效至"时间轴"面板中的素材文件上，如图5-160所示，释放鼠标即可添加视频特效。

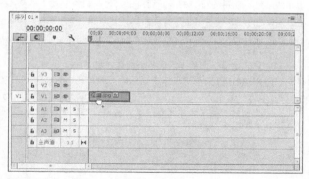

图5-159　选择"阴影/高光"特效

图5-160　拖曳"阴影/高光"特效

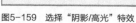
STEP 05 选择V1轨道上的素材，在"效果控件"面板中，展开"阴影/高光"选项，如图5-161所示。

STEP 06 在"效果控件"面板中，即可设置"阴影色调宽度"为50、"阴影半径"为89、"高光半径"为27、"颜色校正"为20、"减少黑色像素"为26.00%、"减少白色像素"为15.01%，如图5-162所示。

图5-161　展开"阴影/高光"选项

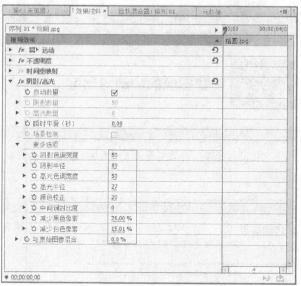

图5-162　设置相应的数值

知识扩展

　　➢ 自动数量：如果选择此选项，将忽略"阴影数量"和"高光数量"值，并使用适合变亮和恢复阴影细节的自动确定的数量。选择此选项还会激活"瞬时平滑"控件。

　　➢ 阴影数量：使图像中的阴影变亮的程度，仅当取消选中"自动数量"复选框时，此控件才处于活动状态。

　　➢ 高光数量：使图像中的高光变暗的程度，仅当取消选中"自动数量"复选框时，此控件才处于活动状态。

　　➢ 瞬时平滑：相邻帧相对于其周围帧的范围（以秒为单位），通过分析此范围可以确定每个帧所需的校正量，如果设置"瞬时平滑"选项为 0，将独立分析每个帧，而不考虑周围的帧。"瞬时平滑"选项可以随时间推移而形成外观更平滑的校正。

　　➢ 场景检测：如果选中该复选框，在分析周围帧的瞬时平滑时，超出场景变化的帧将被忽略。

> ➤ 阴影色调宽度和高光色调宽度：用于调整阴影和高光中的可调色调的范围，较低的值将可调范围分别限制到仅最暗和最亮的区域，较高的值会扩展可调范围，这些控件有助于隔离要调整的区域。例如，要使暗的区域变亮的同时不影响中间调，应设置较低的"阴影色调宽度"值，以便在调整"阴影数量"选项时，仅使图像最暗的区域变亮，指定对给定图像而言太大的值可能在强烈的从暗到亮边缘的周围产生光晕。
>
> ➤ 阴影半径和高光半径：某个像素周围区域的半径(以像素为单位)，效果使用此半径来确定这一像素是否位于阴影或高光中。通常，此值应大致等于图像中的关注主体的大小。
>
> ➤ 颜色校正：效果应用于所调整的阴影和高光的颜色校正量。例如，如果增大"阴影数量"值，原始图像中的暗色将显示出来。"颜色校正"值越高，这些颜色越饱和；对阴影和高光的校正越明显，可用的颜色校正范围越大。
>
> ➤ 中间调对比度：效果应用于中间调的对比度的数量，较高的值单独增加中间调中的对比度，而同时使阴影变暗、高光变亮，负值表示降低对比度。
>
> ➤ 与原始图像混合：用于调整效果的透明度。效果的结果与原始图像混合，合成的效果结果位于顶部。此值设置得越高，效果对剪辑的影响越小。例如，如果将此值设置为100%，效果对剪辑没有可见结果；如果将此值设置为0%，原始图像不会显示出来。

STEP 07 执行以上操作后，即可运用"阴影/高光"调整色彩，单击"播放–停止切换"按钮，预览视频效果，如图5–163所示。

图5–163 阴影/高光调整的前后对比效果

实战 091 调整图像的自动对比度

> ▶ 实例位置：光盘 \ 效果 \ 第5章 \ 实战091.prproj
> ▶ 素材位置：光盘 \ 素材 \ 第5章 \ 实战091.prproj
> ▶ 视频位置：光盘 \ 视频 \ 第5章 \ 实战091.mp4

● 实例介绍 ●

"自动对比度"特效主要用于调整素材整体色彩的混合，去除素材的偏色。下面介绍运用自动对比度调整图像的操作方法。

● 操作步骤 ●

STEP 01 在Premiere Pro CC工作界面中，按Ctrl + O组合键，打开一个项目文件，如图5–164所示。

STEP 02 打开项目文件后，在"节目监视器"面板中可以查看素材画面，如图5–165所示。

图5–164 打开项目文件

图5–165 查看素材画面

STEP 03 在"效果"面板中，展开"视频效果"|"调整"选项，在其中选择"自动对比度"视频特效，如图5-166所示。

STEP 04 按住鼠标左键并拖曳"自动对比度"特效至"时间轴"面板中的素材文件上，如图5-167所示，释放鼠标即可添加视频特效。

图5-166　选择"自动对比度"特效

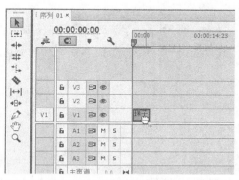

图5-167　拖曳"自动对比度"特效

STEP 05 选择V1轨道上的素材，在"效果控件"面板中，展开"自动对比度"选项，如图5-168所示。

STEP 06 在"效果控件"面板中，设置"减少白色像素"为10.00%，如图5-169所示。

图5-168　展开"自动对比度"选项

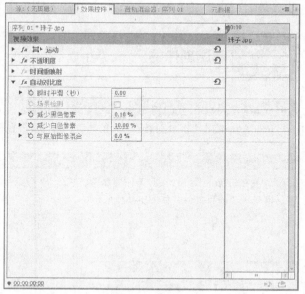

图5-169　设置相应的数值

知识扩展

> 瞬时平滑：用于调整相邻帧相对于其周围帧的范围（以秒为单位），通过分析此范围可以确定每个帧所需的校正量。如果"瞬时平滑"为 0，将独立分析每个帧，而不考虑周围的帧。"瞬时平滑"选项可以随时间推移而形成外观更平滑的校正。

> 场景检测：如果选中该复选框，在效果分析周围帧的瞬时平滑时，超出场景变化的帧将被忽略。

> 减少黑色像素、减少白色像素：有多少阴影和高光被剪切到图像中新的极端阴影和高光颜色。注意不要将剪切值设置得太大，因为这样做会降低阴影或高光中的细节。建议设置为 0.0%~1% 的值。默认情况下，阴影和高光像素将被剪切 0.1%，也就是说，当发现图像中最暗和最亮的像素时，将会忽略任一极端的前 0.1%；这些像素随后映射到输出黑色和输出白色。此剪切可确保输入黑色和输入白色值基于代表像素值而不是极端像素值。

STEP 07 执行以上操作后，即可运用"自动对比度"调整色彩，单击"播放–停止切换"按钮，预览视频效果，如图5–170所示。

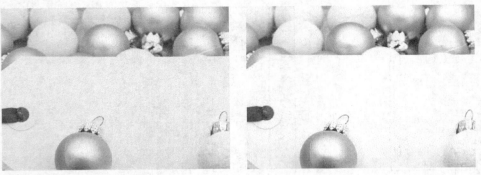

图5-170 自动对比度调整前后的效果对比

技巧点拨

在 Premiere Pro CC 中，使用"自动对比度"视频特效，将通道中的像素自定义为白色和黑色后，根据需要按比例重新分配中间像素值来自动调整图像的色调。

实战 092 调整图像的ProcAmp

> 实例位置：光盘 \ 效果 \ 第 5 章 \ 实战 092.prproj
> 素材位置：光盘 \ 素材 \ 第 5 章 \ 实战 092.prproj
> 视频位置：光盘 \ 视频 \ 第 5 章 \ 实战 092.mp4

● 实例介绍 ●

ProcAmp特效可以分别调整影片的亮度、对比度、色相以及饱和度。

● 操作步骤 ●

STEP 01 在Premiere Pro CC工作界面中，按Ctrl＋O组合键，打开一个项目文件，如图5-171所示。

STEP 02 打开项目文件后，在"节目监视器"面板中可以查看素材画面，如图5-172所示。

图5-171 打开项目文件

图5-172 查看素材画面

STEP 03 在"效果"面板中，展开"视频效果"|"调整"选项，在其中选择"ProcAmp"视频特效，如图5-173所示。

图5-173　选择"ProcAmp"特效

STEP 05 选择V1轨道上的素材，在"效果控件"面板中，展开"ProcAmp"选项，如图5-175所示。

图5-175　展开"ProcAmp"选项

STEP 04 按住鼠标左键并拖曳"ProcAmp"特效至"时间轴"面板中的素材文件上，如图5-174所示，释放鼠标即可添加视频特效。

图5-174　拖曳"ProcAmp"特效

STEP 06 在"效果控件"面板中，设置"色相"为30.0°，如图5-176所示。

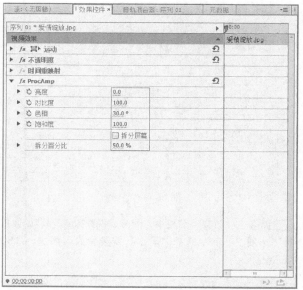

图5-176　设置相应的数值

STEP 07 执行上述操作后，即可运用"ProcAmp"调整色彩，单击"播放-停止切换"按钮，预览视频效果，如图5-177所示。

图5-177　ProcAmp调整前后的效果对比

技巧点拨

在Premiere Pro CC中，ProcAmp效果用于模仿标准电视设备上的处理放大器。此效果调整剪辑图像的亮度、对比度、色相、饱和度以及拆分百分比。

5.3 图像色调的控制

在Premiere Pro CC中，图像的色调控制主要用于纠正素材画面的色彩，以弥补素材在前期采集中所存在的一些缺陷。本节主要介绍图像色调的控制技巧。

实战 093 调整图像的黑白

▶ 实例位置：光盘 \ 效果 \ 第 5 章 \ 实战 093.prproj
▶ 素材位置：光盘 \ 素材 \ 第 5 章 \ 实战 093.prproj
▶ 视频位置：光盘 \ 视频 \ 第 5 章 \ 实战 093.mp4

● 实例介绍 ●

"黑白"特效主要用于将素材画面转换为灰度图像。下面将介绍调整图像的黑白效果的操作方法。

● 操作步骤 ●

STEP 01 在Premiere Pro CC工作界面中，按Ctrl＋O组合键，打开一个项目文件，如图5-178所示。

STEP 02 打开项目文件后，在"节目监视器"面板中可以查看素材画面，如图5-179所示。

图5-178　打开项目文件

图5-179　查看素材画面

STEP 03 在"效果"面板中，展开"视频效果"｜"图像控制"选项，在其中选择"黑白"视频特效，如图5-180所示。

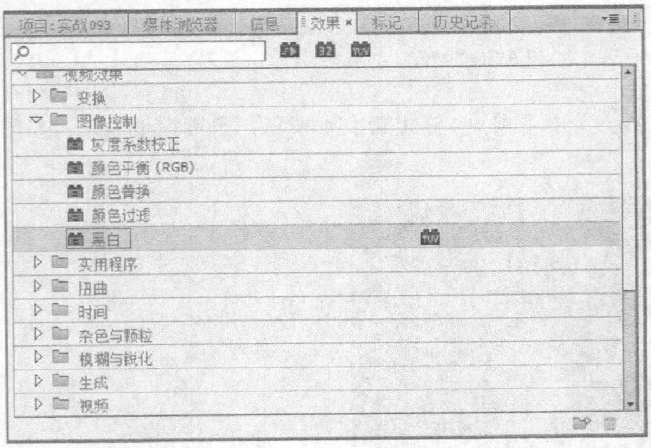

STEP 04 按住鼠标左键并拖曳"黑白"特效至"时间轴"面板中的素材文件上，如图5-181所示，释放鼠标即可添加视频特效。

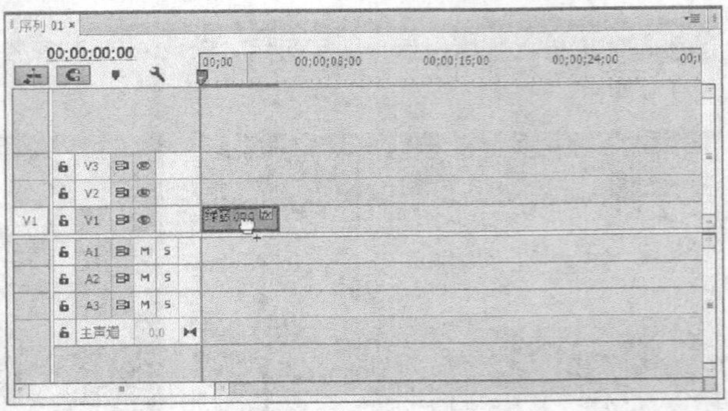

图5-180　选择"黑白"特效

图5-181　拖曳"黑白"特效

STEP 05 选择V1轨道上的素材，在"效果控件"面板中，展开"黑白"选项，保持默认设置即可，如图5-182所示。

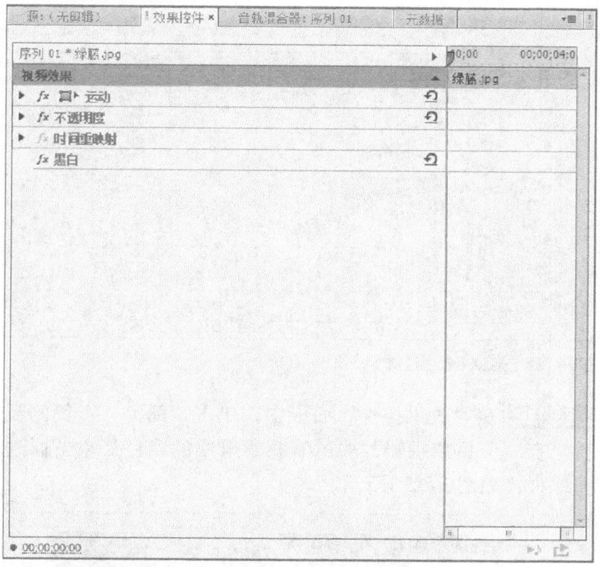

STEP 06 执行以上操作后，即可运用"黑白"调整色彩，单击"播放-停止切换"按钮，预览视频效果，如图5-183所示。

图5-182　保持默认设置

图5-183　预览视频效果

实战 094　调整图像的颜色过滤

▶ 实例位置：光盘 \ 效果 \ 第 5 章 \ 实战 094.prproj
▶ 素材位置：光盘 \ 素材 \ 第 5 章 \ 实战 094.prproj
▶ 视频位置：光盘 \ 视频 \ 第 5 章 \ 实战 094.mp4

● 实例介绍 ●

"颜色过滤"特效主要用于将图像中某一指定单一颜色外的其他部分转换为灰度图像。

● 操作步骤 ●

STEP 01 在Premiere Pro CC工作界面中，按Ctrl + O组合键，打开一个项目文件，如图5-184所示。

STEP 02 打开项目文件后，在"节目监视器"面板中可以查看素材画面，如图5-185所示。

图5-184　打开项目文件

图5-185　查看素材画面

STEP 03 在"效果"面板中，展开"视频效果"|"图像控制"选项，在其中选择"颜色过滤"视频特效，如图5-186所示。

图5-186 选择"颜色过滤"特效

STEP 05 选择V1轨道上的素材，在"效果控件"面板中，展开"颜色过滤"选项，如图5-188所示。

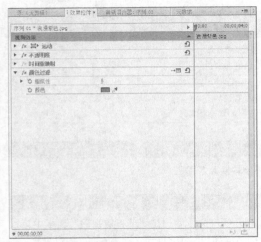

图5-188 展开"颜色过滤"选项

STEP 07 取样完成后，在"效果控件"面板中，设置"相似性"为45，如图5-190所示。

图5-190 设置相应选项

STEP 04 按住鼠标左键并拖曳"颜色过滤"特效至"时间轴"面板中的素材文件上，如图5-187所示，释放鼠标即可添加视频特效。

图5-187 拖曳"颜色过滤"特效

STEP 06 在"效果控件"面板中，单击"颜色"右侧的吸管，在"节目监视器"中的素材背景中的紫色处单击以进行取样，如图5-189所示。

图5-189 进行采样

STEP 08 执行以上操作后，即可运用"颜色过滤"调整色彩，如图5-191所示。

图5-191 运用"颜色过滤"调整色彩

STEP 09 单击"播放-停止切换"按钮，预览视频效果，最终效果如图5-192所示。

图5-192　颜色过滤调整前后的效果对比

实战 095　调整图像的颜色替换

▶ 实例位置：光盘 \ 效果 \ 第 5 章 \ 实战 095.prproj
▶ 素材位置：光盘 \ 素材 \ 第 5 章 \ 实战 095.prproj
▶ 视频位置：光盘 \ 视频 \ 第 5 章 \ 实战 095.mp4

● 实例介绍 ●

"颜色替换"特效主要是通过目标颜色来改变素材中的颜色。下面将介绍调整图像的颜色替换的操作方法。

● 操作步骤 ●

STEP 01 在Premiere Pro CC工作界面中，按Ctrl＋O组合键，打开一个项目文件，如图5-193所示。

STEP 02 打开项目文件后，在"节目监视器"面板中可以查看素材画面，如图5-194所示。

图5-193　打开项目文件

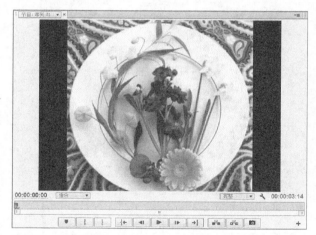

图5-194　查看素材画面

STEP 03 在"效果"面板中，展开"视频效果"|"图像控制"选项，在其中选择"颜色替换"视频特效，如图5-195所示。

图5-195　选择"颜色替换"特效

STEP 04 按住鼠标左键并拖曳"颜色替换"特效至"时间轴"面板中的素材文件上，如图5-196所示，释放鼠标即可添加视频特效。

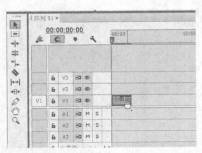

图5-196 拖曳"颜色替换"特效

STEP 06 在"效果控件"面板中，单击"目标颜色"右侧的吸管，并在"节目监视器"的素材背景中吸取枝干颜色，进行取样，如图5-198所示。

图5-198 进行采样

STEP 08 执行以上操作后，即可运用"颜色替换"调整色彩，如图5-200所示。

STEP 05 选择V1轨道上的素材，在"效果控件"面板中，展开"颜色替换"选项，如图5-197所示。

图5-197 展开"颜色替换"选项

STEP 07 取样完成后，在"效果控件"面板中，设置"替换颜色"为黑色，设置"相似性"为30，如图5-199所示。

图5-199 设置相应选项

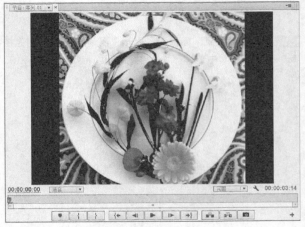

图5-200 运用"颜色替换"调整色彩

STEP 09 单击"播放－停止切换"按钮，预览视频效果，最终效果如图5-201所示。

图5-201　颜色替换调整前后的效果对比

实战 096　调整图像的灰度系数

▶ 实例位置：光盘 \ 效果 \ 第 5 章 \ 实战 096. prproj
▶ 素材位置：光盘 \ 素材 \ 第 5 章 \ 实战 096. prproj
▶ 视频位置：光盘 \ 视频 \ 第 5 章 \ 实战 096. mp4

● 实例介绍 ●

在Premiere Pro CC中，"灰度系数校正"特效主要用于修正图像的中间色调。下面介绍运用调整图像中的灰度系数校正的操作方法。

● 操作步骤 ●

STEP 01 在Premiere Pro CC工作界面中，按Ctrl＋O组合键，打开一个项目文件，如图5-202所示。

STEP 02 打开项目文件后，在"节目监视器"面板中可以查看素材画面，如图5-203所示。

图5-202　打开项目文件

图5-203　查看素材画面

STEP 03 在"效果"面板中，展开"视频效果"|"图像控制"选项，在其中选择"灰度系数校正"视频特效，如图5-204所示。

STEP 04 按住鼠标左键并拖曳"灰度系数校正"特效至"时间轴"面板中的素材文件上，如图5-205所示，释放鼠标即可添加视频特效。

图5-204　选择"灰度系数校正"特效

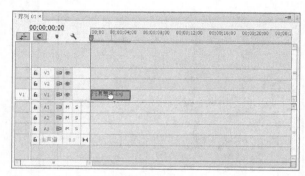

图5-205　拖曳"灰度系数校正"特效

STEP 05 选择V1轨道上的素材，在"效果控件"面板中，展开"灰度系数校正"选项，如图5-206所示。

STEP 06 在"效果控件"面板中，设置"灰度系数"为20，如图5-207所示。

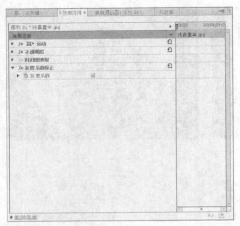

图5-206 展开"灰度系数校正"选项

图5-207 设置相应选项

STEP 07 执行以上操作后，即可运用"灰度系数校正"调整色彩，单击"播放-停止切换"按钮，预览视频效果，最终效果如图5-208所示。

图5-208 灰度系数校正调整前后的效果对比

实战 097 调整图像的颜色平衡（RGB）

▶ 实例位置：光盘 \ 效果 \ 第5章 \ 实战097.prproj
▶ 素材位置：光盘 \ 素材 \ 第5章 \ 实战097.prproj
▶ 视频位置：光盘 \ 视频 \ 第5章 \ 实战097.mp4

● 实例介绍 ●

在Premiere Pro CC中，"颜色平衡（RGB）"特效用于调整素材画面色彩的R、G、B参数，以校正图像的色彩。下面介绍运用颜色平衡（RGB）调整图像的操作方法。

● 操作步骤 ●

STEP 01 在Premiere Pro CC工作界面中，按Ctrl + O组合键，打开一个项目文件，如图5-209所示。

STEP 02 打开项目文件后，在"节目监视器"面板中可以查看素材画面，如图5-210所示。

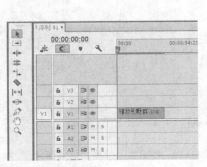

图5-209 打开项目文件

图5-210 查看素材画面

STEP 03 在"效果"面板中，展开"视频效果"丨"图像控制"选项，在其中选择"颜色平衡（RGB）"视频特效，如图5-211所示。

STEP 04 按住鼠标左键并拖曳"颜色平衡（RGB）"特效至"时间轴"面板中的素材文件上，如图5-212所示，释放鼠标即可添加视频特效。

图5-211　选择"颜色平衡（RGB）"特效

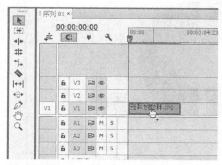

图5-212　拖曳"颜色平衡（RGB）"特效

STEP 05 选择V1轨道上的素材，在"效果控件"面板中，展开"颜色平衡（RGB）"选项，如图5-213所示。

STEP 06 在"效果控件"面板中，设置"红色"为105、"绿色"为105、"蓝色"为110，如图5-214所示。

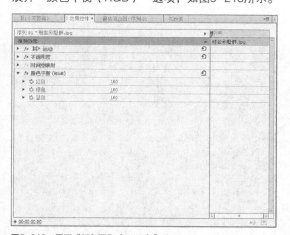

图5-213　展开"颜色平衡（RGB）"选项

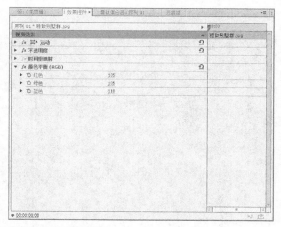

图5-214　设置相应选项

STEP 07 执行以上操作后，即可运用"颜色平衡（RGB）"调整色彩，单击"播放–停止切换"按钮，预览视频效果，如图5-215所示。

图5-215　颜色平衡（RGB）调整前后的效果对比

6

软件
提高篇

转场效果的编辑与设置

本章导读

转场主要是利用某些特殊的效果，在素材与素材之间产生自然、平滑、美观以及流畅的过渡效果，让视频画面更富有表现力。合理地运用转场效果，可以制作出让人赏心悦目的影视片段。本章详细介绍编辑与设置转场的方法。

要点索引
● 转场效果的编辑
● 转场效果的设置

6.1 转场效果的编辑

在两个镜头之间添加转场效果，将使得镜头与镜头之间的过渡更为平滑。本节主要介绍转场效果的编辑的基本操作方法。

实战 098	添加转场效果	▶ 实例位置：光盘 \ 效果 \ 第 6 章 \ 实战 098.prproj
		▶ 素材位置：光盘 \ 素材 \ 第 6 章 \ 实战 098.prproj
		▶ 视频位置：光盘 \ 视频 \ 第 6 章 \ 实战 098.mp4

● 实例介绍 ●

在Premiere Pro CC中，转场效果被放置在"效果"面板的"视频过渡"文件夹中，用户只需将转场效果拖入视频轨道中即可。下面介绍添加转场效果的操作方法。

● 操作步骤 ●

STEP 01 单击"文件"|"打开项目"命令，打开所需的项目文件，如图6-1所示。

STEP 02 在"效果控件"面板中调整素材的缩放比例，在"效果"面板中展开"视频过渡"选项，如图6-2所示。

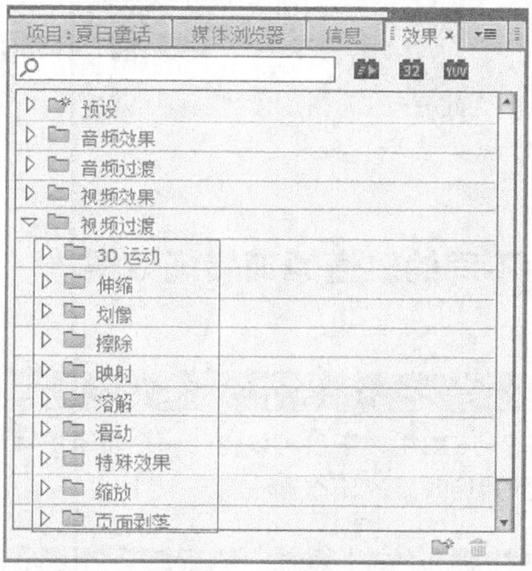

图6-1 打开项目文件

图6-2 展开"视频过渡"选项

STEP 03 执行上述操作后，在其中展开"3D运动"选项，选择"旋转离开"转场效果，如图6-3所示。

STEP 04 按住鼠标左键并将其拖曳至V1轨道的两个素材之间，即可添加转场效果，如图6-4所示。

图6-3 选择"旋转离开"转场效果

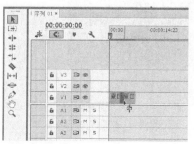

图6-4 添加转场效果

知识扩展

　　视频影片是由镜头与镜头之间的连接组建起来的,因此在许多镜头与镜头之间的切换过程中,难免会显得过于僵硬。因此,在许多镜头之间的切换过程中,需要选择不同的转场来达到过渡效果。转场除了平滑两个镜头的过渡外,还能起到画面和视角之间的切换作用。

　　在Premiere Pro CC中,添加完转场效果后,按Space键,也可播放转场效果。

STEP 05 执行上述操作后,单击"节目监视器"面板中的"播放–停止切换"按钮,即可预览转场效果,如图6-5所示。

图6-5　预览转场效果

实战 099 为不同的轨道添加转场效果

▶ 实例位置:光盘\效果\第6章\实战099.prproj
▶ 素材位置:光盘\素材\第6章\实战099.prproj
▶ 视频位置:光盘\视频\第6章\实战099.mp4

● 实例介绍 ●

　　在Premiere Pro CC中,不仅可以在同一个轨道中添加转场效果,还可以在不同的轨道中添加转场效果。下面介绍为不同的轨道添加转场效果的操作方法。

● 操作步骤 ●

STEP 01 单击"文件"|"打开项目"命令,打开所需的项目文件,如图6-6所示。

STEP 02 拖曳"项目"面板中的素材至V1轨道和V2轨道上,并使素材与素材之间形成合适的交叉,如图6-7所示,在"效果控件"面板中调整素材的缩放比例。

图6-6　打开项目文件

图6-7　拖曳素材

STEP 03 在"效果"面板中展开"视频过渡"|"3D运动"选项,选择"门"转场效果,如图6-8所示。

STEP 04 按住鼠标左键将其拖曳至V2轨道的素材上,即可添加转场效果,如图6-9所示。

图6-8 选择"门"转场效果

图6-9 添加转场效果

STEP 05 执行上述操作后，单击"节目监视器"面板中的"播放–停止切换"按钮，即可预览转场效果，如图6-10所示。

图6-10 预览转场效果

知识扩展

　　在Premiere Pro CC中，将多个素材依次连接在轨道中的时候，注意前一个素材的最后一帧与后一个素材的第一帧之间的衔接性，两个素材一定要紧密地连接在一起。如果中间留有时间空隙，则会在最终的影片播放中出现黑场。

实战 100 **替换转场效果**

▶ 实例位置：光盘 \ 效果 \ 第 6 章 \ 实战 100.prproj
▶ 素材位置：光盘 \ 素材 \ 第 6 章 \ 实战 100.prproj
▶ 视频位置：光盘 \ 视频 \ 第 6 章 \ 实战 100.mp4

● **实例介绍** ●

　　在Premiere Pro CC中，当用户发现添加的转场效果并不满意时，可以替换转场效果。下面介绍替换转场效果的操作方法。

● **操作步骤** ●

STEP 01 单击"文件"|"打开项目"命令，打开所需的项目文件，如图6-11所示。

STEP 02 在"时间线"面板的V1轨道中可以查看转场效果，如图6-12所示。

图6-11 打开项目文件

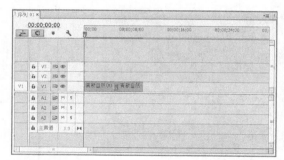

图6-12 查看转场效果

STEP 03 在"效果"面板中展开"视频过渡"|"划像"选项，选择"圆划像"转场效果，如图6-13所示。

STEP 04 单击鼠标左键并将其拖曳至V1轨道的原转场效果所在位置，即可替换转场效果，如图6-14所示。

图6-13 选择"圆划像"转场效果

图6-14 替换转场效果

STEP 05 执行上述操作后，单击"节目监视器"面板中的"播放-停止切换"按钮，即可预览替换后的转场效果，如图6-15所示。

图6-15 预览转场效果

实战 101 删除转场效果

▶ 实例位置：光盘\效果\第6章\实战101.prproj
▶ 素材位置：光盘\素材\第6章\实战101.prproj
▶ 视频位置：光盘\视频\第6章\实战101.mp4

● 实例介绍 ●

在Premiere Pro CC中，当用户发现添加的转场效果并不满意时，可以删除转场效果。下面介绍删除转场效果的操作方法。

● 操作步骤 ●

STEP 01 单击"文件"|"打开项目"命令，打开所需的项目文件，如图6-16所示。

STEP 02 在"时间线"面板的V1轨道中可以查看转场效果，如图6-17所示。

图6-16 打开项目文件

图6-17 查看转场效果

STEP 03 在"时间线"面板中选择转场效果，单击鼠标右键，在弹出的快捷菜单中选择"清除"选项，如图6-18所示。

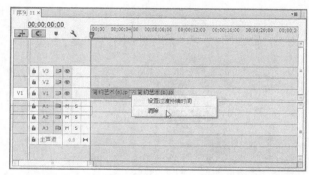

图6-18 选择"清除"选项

STEP 04 执行上述操作后，单击"节目监视器"面板中的"播放-停止切换"按钮，即可预览删除转场后的效果，如图6-19所示。

图6-19 预览效果

技巧点拨

在Premiere Pro CC中，如果用户不再需要某个转场效果，可以在"时间线"面板中选择该转场效果，按Delete键删除。

6.2 转场效果的设置

在Premiere Pro CC中，可以对添加后的转场效果进行相应设置，从而达到美化转场效果的目的。本节主要介绍设置转场效果属性的方法。

实战 102 转场时间的设置

▶ 实例位置：光盘 \ 效果 \ 第6章 \ 实战102.prproj
▶ 素材位置：光盘 \ 素材 \ 第6章 \ 实战102.prproj
▶ 视频位置：光盘 \ 视频 \ 第6章 \ 实战102.mp4

● 实例介绍 ●

在Premiere Pro CC中，用户可以根据需要对转场时间进行设置。下面介绍转场时间的设置方法。

● 操作步骤 ●

STEP 01 在Premiere Pro CC界面中，单击"文件"|"打开项目"命令，打开所需的项目文件，如图6-20所示。

STEP 02 在"效果控件"面板中调整素材的缩放比例，在"效果"面板中展开"视频过渡"|"划像"选项，选择"划像形状"转场效果，如图6-21所示。

图6-20　打开项目文件

图6-21　选择"划像形状"转场效果

STEP 03 按住鼠标左键并将其拖曳至V1轨道的两个素材之间，即可添加转场效果，如图6-22所示。

STEP 04 在"时间线"面板的V1轨道中选择添加的转场效果，在"效果控件"面板中设置"持续时间"为00:00:05:00，如图6-23所示。

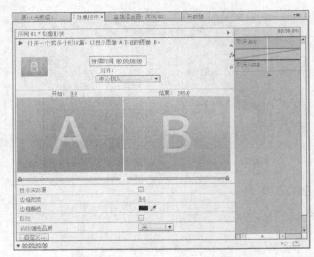

图6-23　设置持续时间

图6-22　添加转场效果

技巧点拨

在 Premiere Pro CC 中的"效果控件"面板中，不仅可以设置转场效果的持续时间，还可以显示素材的实际来源、边框、边色、反向以及抗锯齿品质等。

STEP 05 执行上述操作后，即可设置转场时间，单击"节目监视器"面板中的"播放-停止切换"按钮，即可预览转场效果，如图6-24所示。

图6-24　预览转场效果

▶ 实例位置：光盘 \ 效果 \ 第 6 章 \ 实战 103.prproj
▶ 素材位置：光盘 \ 素材 \ 第 6 章 \ 实战 103.prproj
▶ 视频位置：光盘 \ 视频 \ 第 6 章 \ 实战 103.mp4

实战 103　转场效果的对齐

● 实例介绍 ●

在Premiere Pro CC中，用户可以根据需要对添加的转场效果设置对齐方式。下面介绍"对齐"转场效果的操作方法。

● 操作步骤 ●

STEP 01 在Premiere Pro CC界面中，单击"文件"|"打开项目"命令，打开所需的项目文件，如图6-25所示。

图6-25　打开项目文件

STEP 02 在"项目"面板中拖曳素材至V1轨道中，在"效果控件"面板中调整素材的缩放比例，在"效果"面板中展开"视频过渡"|"页面剥落"选项，选择"卷走"转场效果，如图6-26所示。

STEP 03 按住鼠标左键并将其拖曳至V1轨道的两个素材之间，即可添加转场效果，如图6-27所示。

图6-26　选择"卷走"转场效果

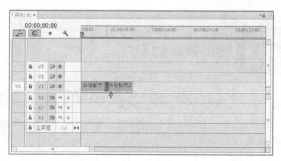

图6-27　添加转场效果

STEP 04 双击添加的转场效果，在"效果控件"面板中单击"对齐"下方的下拉按钮，在弹出的列表框中选择"起点切入"选项，如图6-28所示。

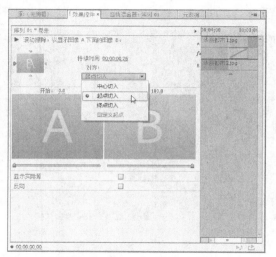

图6-28　选择"起点切入"选项

STEP 05 执行上述操作后，V1轨道上的转场效果即可对齐到"起点切入"位置，如图6-29所示。

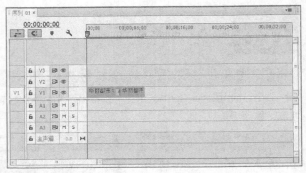

图6-29 对齐转场效果

STEP 06 单击"节目监视器"面板中的"播放-停止切换"按钮，即可预览转场效果，如图6-30所示。

图6-30 预览转场效果

实战 104 转场效果的反向

▶ 实例位置：光盘\效果\第6章\实战104.prproj
▶ 素材位置：光盘\素材\第6章\实战104.prproj
▶ 视频位置：光盘\视频\第6章\实战104.mp4

● 实例介绍 ●

在Premiere Pro CC中，将转场效果设置为反向，预览转场效果时可以反向预览显示效果。下面介绍反向转场效果的操作方法。

● 操作步骤 ●

STEP 01 在Premiere Pro CC界面中，单击"文件"|"打开项目"命令，打开所需的项目文件，如图6-31所示。

图6-31 打开项目文件

STEP 02 在"时间线"面板中选择转场效果，如图6-32 所示。

STEP 03 执行上述操作后，展开"效果控件"面板，如图 6-33所示。

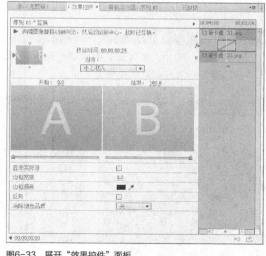

图6-32　选择转场效果

图6-33　展开"效果控件"面板

STEP 04 在"效果控件"面板中选中"反向"复选框，如 图6-34所示。

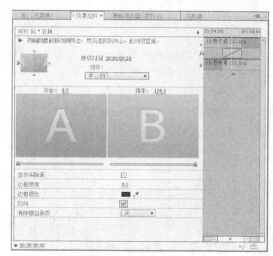

图6-34　选中"反向"复选框

STEP 05 执行上述操作后，单击"节目监视器"面板中的"播放-停止切换"按钮，即可预览反向转场效果，如图6-35 所示。

图6-35　预览反向转场效果

实战 105	实际来源的显示	▶ 实例位置：光盘 \ 效果 \ 第 6 章 \ 实战 105.prproj
		▶ 素材位置：光盘 \ 素材 \ 第 6 章 \ 实战 105.prproj
		▶ 视频位置：光盘 \ 视频 \ 第 6 章 \ 实战 105.mp4

• 实例介绍 •

在Premiere Pro CC中，系统默认的转场效果不会显示原始素材，用户可以通过设置"效果控件"面板来显示素材来源。下面介绍显示实际来源的操作方法。

• 操作步骤 •

STEP 01 在Premiere Pro CC界面中，单击"文件"|"打开项目"命令，打开所需的项目文件，如图6-36所示。

图6-36　打开项目文件

STEP 02 在"时间线"面板的V1轨道中双击转场效果，展开"效果控件"面板，如图6-37所示。

STEP 03 在其中选中"显示实际来源"复选框，执行上述操作后，即可显示实际来源，查看到转场的开始与结束点，如图6-38所示。

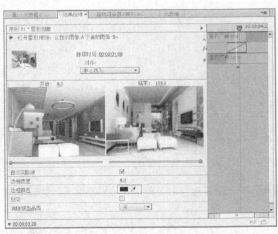

图6-37　展开"效果控件"面板　　　　　　　图6-38　显示实际来源

技巧点拨

在"效果控件"面板中选中"显示实际来源"复选框，则大写A和B两个预览区中显示的分别是视频轨道上第一段素材转场的开始帧和第二段素材的结束帧。

实战 106	转场边框设置	▶ 实例位置：光盘 \ 效果 \ 第 6 章 \ 实战 106.prproj
		▶ 素材位置：光盘 \ 素材 \ 第 6 章 \ 实战 106.prproj
		▶ 视频位置：光盘 \ 视频 \ 第 6 章 \ 实战 106.mp4

• 实例介绍 •

在Premiere Pro CC中，不仅可以对齐转场，设置转场播放时间、反向效果等，还可以设置边框宽度及边框颜色。下面介绍设置边框宽度与颜色的操作方法。

● 操作步骤 ●

STEP 01 在Premiere Pro CC界面中，单击"文件"|"打开项目"命令，打开所需的项目文件，如图6-39所示。

图6-39 打开项目文件

STEP 02 在"时间线"面板中选择转场效果，如图6-40所示。

图6-40 选择转场效果

STEP 03 在"效果控件"面板中单击"边框颜色"右侧的色块，弹出"拾色器"对话框，在其中设置RGB颜色值为60、255、0，如图6-41所示。

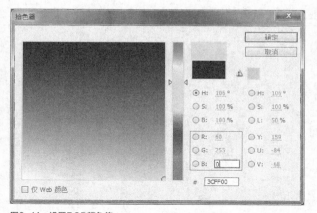

图6-41 设置RGB颜色值

STEP 04 单击"确定"按钮，在"效果控件"面板中设置"边框宽度"为5.0，如图6-42所示。

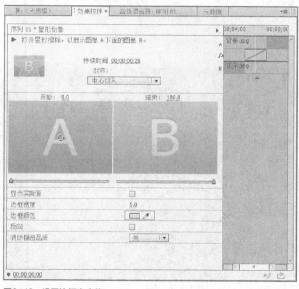

图6-42 设置边框宽度值

STEP 05 执行上述操作后，单击"节目监视器"面板中的"播放-停止切换"按钮，即可预览设置边框宽度与颜色后的转场效果，如图6-43所示。

图6-43 预览转场效果

7

第 7 章

视频转场效果精彩应用

本章导读

在第 6 章中了解了转场效果的基本操作方法后，读者可以通过这些常用的转场让镜头之间的衔接更加完美。本章详细介绍如何制作出更多影视转场特效的操作方法。

要点索引

● 常用转场效果的添加
● 高级转场效果的添加

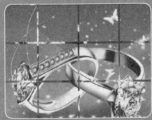

7.1 常用转场效果的添加

本节主要介绍常用转场效果的制作方法，以实现场景或情节之间的平滑过渡或达到丰富画面、吸引观众的效果。

实战 107	向上折叠转场效果	▶ 实例位置：光盘 \ 效果 \ 第 7 章 \ 实战 107.prproj ▶ 素材位置：光盘 \ 素材 \ 第 7 章 \ 实战 107.prproj ▶ 视频位置：光盘 \ 视频 \ 第 7 章 \ 实战 107.mp4

● 实例介绍 ●

"向上折叠"视频转场效果会在第一个镜头中出现类似"折纸"一样的折叠效果，并逐渐显示出第二个镜头的转场效果。

● 操作步骤 ●

STEP 01 在Premiere Pro CC工作界面中，按Ctrl + O组合键，打开一个项目文件，如图7-1所示。

STEP 02 打开项目文件后，在"节目监视器"面板中可以查看素材画面，如图7-2所示。

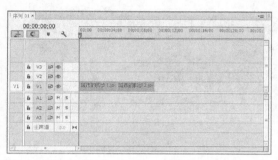

图7-1　打开一个项目文件

图7-2　查看素材画面

STEP 03 在"效果"面板中，展开"视频过渡" | "3D运动"选项，在其中选择"向上折叠"视频过渡，如图7-3所示。

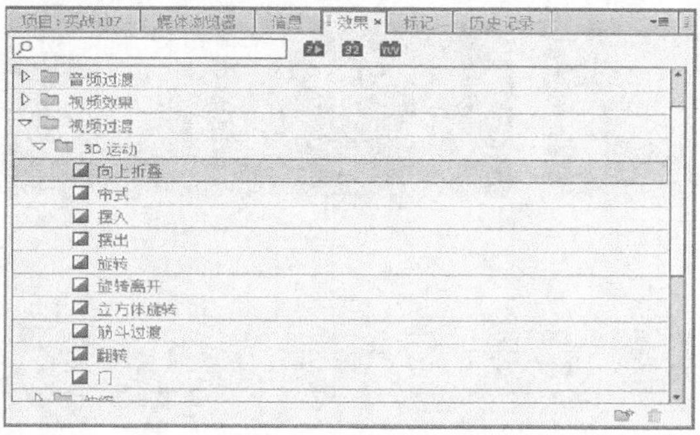

STEP 04 将"向上折叠"视频过渡拖曳至"时间轴"面板中的两个素材之间，如图7-4所示，释放鼠标即可添加视频过渡。

图7-3　选择"向上折叠"视频过渡

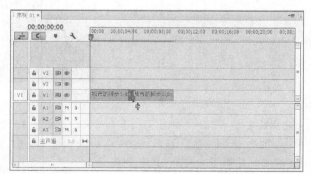

图7-4　拖曳"向上折叠"视频过渡

技巧点拨

在 Premiere Pro CC 中，将视频过渡效果应用于素材文件的开始或者结尾处时，可以认为是在素材文件与黑屏之间应用视频过渡效果。

STEP 05 在添加的视频过渡上单击鼠标右键，在弹出的快捷菜单中选择"设置过渡持续时间"选项，如图7-5所示。

STEP 06 在弹出的"设置过渡持续时间"对话框中，设置"持续时间"为00:00:03:00，如图7-6所示。

图7-5 选择"设置过渡持续时间"选项

图7-6 "设置过渡持续时间"对话框

STEP 07 单击"确定"按钮，即可改变过渡持续时间，如图7-7所示。

STEP 08 执行上述操作后，即可设置"向上折叠"转场效果，如图7-8所示。

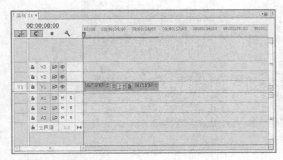

图7-7 设置过渡持续时间

图7-8 设置"向上折叠"转场效果

STEP 09 在"节目监视器"面板中，单击"播放-停止切换"按钮，预览视频效果，如图7-9所示。

图7-9 预览视频效果

技巧点拨

"3D运动"文件夹中，提供了"向上折叠""帘式""摆入""摆出""旋转""旋转离开""立方体旋转""筋斗过渡""翻转"以及"门"10种3D运动视频过渡效果。

实战 108 交叉伸展转场效果

▶ 实例位置：光盘＼效果＼第7章＼实战108.prproj
▶ 素材位置：光盘＼素材＼第7章＼实战108.prproj
▶ 视频位置：光盘＼视频＼第7章＼实战108.mp4

● 实例介绍 ●

"交叉伸展"转场效果是将第一个镜头的画面进行收缩，然后逐渐过渡至第二个镜头的转场效果。应用"交叉伸展"转场效果的具体操作步骤如下。

● 操作步骤 ●

STEP 01 在Premiere Pro CC工作界面中，按Ctrl + O组合键，打开一个项目文件，如图7-10所示。

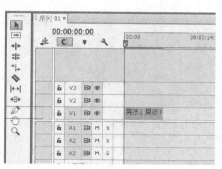

图7-10　打开项目文件

STEP 02 打开项目文件后，在"节目监视器"面板中可以查看素材画面，如图7-11所示。

图7-11　查看素材画面

STEP 03 在"效果"面板中，展开"视频过渡"|"伸缩"选项，在其中选择"交叉伸展"视频过渡，如图7-12所示。

图7-12　选择"交叉伸展"视频过渡

STEP 04 将"交叉伸展"视频过渡添加到"时间轴"面板中两个素材文件之间，选择"交叉伸展"视频过渡，如图7-13所示。

图7-13　添加"交叉伸展"视频过渡

STEP 05 切换至"效果控件"面板，在效果缩略图右侧单击"自东向西"按钮，如图7-14所示，调整伸展的方向。

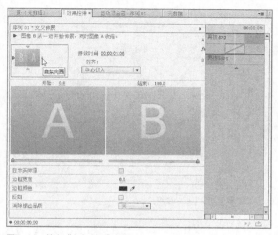

图7-14　单击"自东向西"按钮

STEP 06 执行上述操作后，即可设置"交叉伸展"转场效果，如图7-15所示。

图7-15　设置"交叉伸展"转场效果

STEP 07 在"节目监视器"面板中，单击"播放-停止切换"按钮，即可预览视频效果，如图7-16所示。

图7-16 预览视频效果

实战 109 星形划像转场效果

▶ 实例位置：光盘 \ 效果 \ 第 7 章 \ 实战 109.prproj
▶ 素材位置：光盘 \ 素材 \ 第 7 章 \ 实战 109.prproj
▶ 视频位置：光盘 \ 视频 \ 第 7 章 \ 实战 109.mp4

● 实例介绍 ●

"星形划像"转场效果是将第二个镜头的画面以星形方式扩张，然后逐渐取代第一个镜头的转场效果。

● 操作步骤 ●

STEP 01 在Premiere Pro CC工作界面中，按Ctrl + O组合键，打开一个项目文件，如图7-17所示。

图7-17 打开项目文件

STEP 03 在"效果"面板中，展开"视频过渡"l"划像"选项，在其中选择"星形划像"视频过渡，如图7-19所示。

图7-19 选择"星形划像"视频过渡

STEP 05 切换至"效果控件"面板，单击"对齐"下方的下拉按钮，在弹出的列表框中选择"起点切入"选项，如图7-21所示。

STEP 02 打开项目文件后，在"节目监视器"面板中可以查看素材画面，如图7-18所示。

图7-18 查看素材画面

STEP 04 将"星形划像"视频过渡添加到"时间轴"面板中相应的两个素材文件之间，选择"星形划像"视频过渡，如图7-20所示。

图7-20 添加"星形划像"视频过渡

STEP 06 执行上述操作后，即可设置视频过渡效果的切入方式，在"效果控件"面板右侧的时间轴上可以看到视频过渡的切入起点，如图7-22所示。

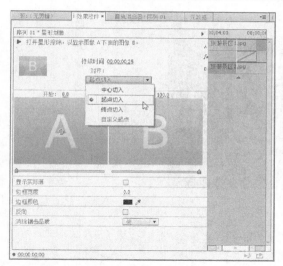

图7-21　选择"起点切入"选项

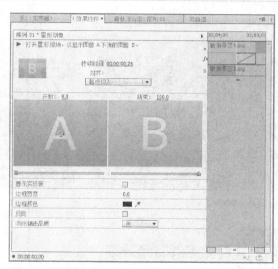

图7-22　查看切入起点

技巧点拨

在"效果控件"面板的时间轴上，将鼠标移至效果图标右侧的视频过渡效果上，当鼠标指针呈带箭头的矩形形状时，按住鼠标左键并拖曳，可以自定义视频过渡的切入起点，如图 7-23 所示。

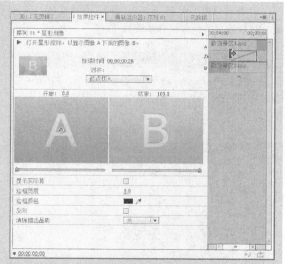

图7-23　拖曳视频过渡

STEP 07 执行上述操作后，即可设置"星形划像"转场效果，如图7-24所示。

图7-24　设置"星形划像"转场效果

STEP 08 在"节目监视器"面板中，单击"播放−停止切换"按钮，预览视频效果，如图7-25所示。

图7-25 预览视频效果

实战 110 叠加溶解转场效果

▶ 实例位置：光盘 \ 效果 \ 第7章 \ 实战110.prproj
▶ 素材位置：光盘 \ 素材 \ 第7章 \ 实战110.prproj
▶ 视频位置：光盘 \ 视频 \ 第7章 \ 实战110.mp4

● 实例介绍 ●

"叠加溶解"转场效果是将第一个镜头的画面融化消失，第二个镜头的画面同时出现的转场效果。应用"叠加溶解"转场效果的具体操作步骤如下。

● 操作步骤 ●

STEP 01 在Premiere Pro CC工作界面中，按Ctrl + O组合键，打开一个项目文件，如图7-26所示。

图7-26 打开项目文件

STEP 02 打开项目文件后，在"节目监视器"面板中可以查看素材画面，如图7-27所示。

图7-27 查看素材画面

STEP 03 在"效果"面板中，展开"视频过渡"|"溶解"选项，在其中选择"叠加溶解"视频过渡，如图7-28所示。

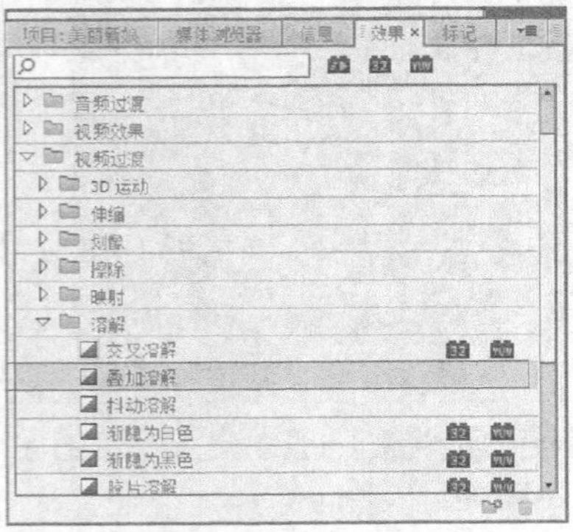

图7-28 选择"叠加溶解"视频过渡

STEP 04 将"叠加溶解"视频过渡添加到"时间轴"面板中相应的两个素材文件之间，如图7-29所示。

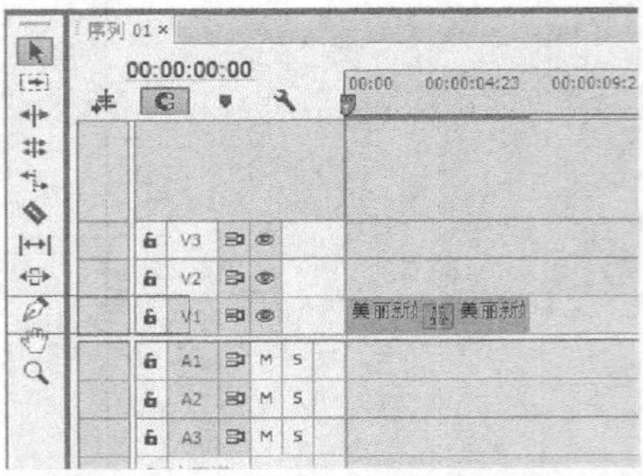

图7-29 添加"叠加溶解"视频过渡

STEP 05 在"时间轴"面板中选择"叠加溶解"视频过渡，切换至"效果控件"面板，将鼠标移至效果图标右侧的视频过渡效果上，当鼠标指针呈红色拉伸形状时，按住鼠标左键并向右拖曳，如图7-30所示，即可调整视频过渡效果的播放时间。

STEP 06 执行上述操作后，即可设置"叠加溶解"转场效果，如图7-31所示。

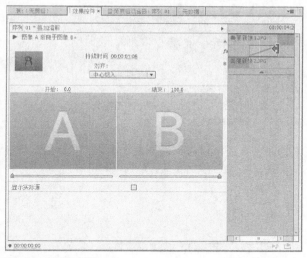

图7-30　拖曳视频过渡

图7-31　设置"叠加溶解"转场效果

STEP 07 在"节目监视器"面板中，单击"播放–停止切换"按钮，即可预览视频效果，如图7-32所示。

图7-32　预览视频效果

技巧点拨

在"时间轴"面板中也可以对视频过渡效果进行简单的设置：将鼠标移至视频过渡效果图标上，当鼠标指针呈白色三角形状时，按住鼠标左键并拖曳，可以调整视频过渡效果的切入位置；将鼠标移至视频过渡效果图标的一侧，当鼠标指针呈红色拉伸形状时，按住鼠标左键并拖曳，可以调整视频过渡效果的播放时间。

实战 111　中心拆分转场效果

▶ 实例位置：光盘＼效果＼第 7 章＼实战 111.prproj
▶ 素材位置：光盘＼素材＼第 7 章＼实战 111.prproj
▶ 视频位置：光盘＼视频＼第 7 章＼实战 111.mp4

● 实例介绍 ●

"中心拆分"转场效果是将第一个镜头的画面从中心拆分为4个画面，并向4个角落移动，逐渐过渡至第二个镜头的转场效果。

● 操作步骤 ●

STEP 01 在Premiere Pro CC工作界面中，按Ctrl＋O组合键，打开一个项目文件，如图7-33所示。

STEP 02 打开项目文件后，在"节目监视器"面板中可以查看素材画面，如图7-34所示。

图7-33 打开项目文件

图7-34 查看素材画面

STEP 03 在"效果"面板中，展开"视频过渡"|"滑动"选项，在其中选择"中心拆分"视频过渡，如图7-35所示。

STEP 04 将"中心拆分"视频过渡添加到"时间轴"面板中相应的两个素材文件之间，如图7-36所示。

图7-35 选择"中心拆分"视频过渡

图7-36 添加"中心拆分"视频过渡

STEP 05 在"时间轴"面板中选择"中心拆分"视频过渡，切换至"效果控件"面板，设置"边框宽度"为2.0、"边框颜色"为白色，如图7-37所示。

STEP 06 执行上述操作后，即可设置"中心拆分"转场效果，如图7-38所示。

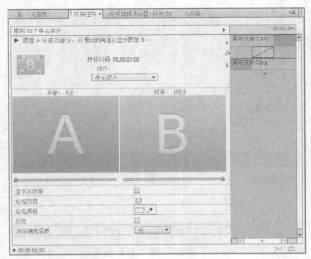

图7-37 设置颜色为白色

图7-38 设置"中心拆分"转场效果

STEP 07 在"节目监视器"面板中，单击"播放-停止切换"按钮，即可预览视频效果，如图7-39所示。

图7-39 预览视频效果

▶ 实例位置：光盘 \ 效果 \ 第 7 章 \ 实战 112.prproj
▶ 素材位置：光盘 \ 素材 \ 第 7 章 \ 实战 112.prproj
▶ 视频位置：光盘 \ 视频 \ 第 7 章 \ 实战 112.mp4

实战 112 带状滑动转场效果

● 实例介绍 ●

"带状滑动"转场效果是让第二个镜头的画面以长条带状的方式进入，逐渐取代第一个镜头的转场效果。

● 操作步骤 ●

STEP 01 在Premiere Pro CC工作界面中，按Ctrl + O组合键，打开一个项目文件，如图7-40所示。

STEP 02 打开项目文件后，在"节目监视器"面板中可以查看素材画面，如图7-41所示。

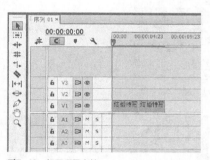

图7-40 打开项目文件

图7-41 查看素材画面

STEP 03 在"效果"面板中，展开"视频过渡"|"滑动"选项，在其中选择"带状滑动"视频过渡，如图7-42所示。

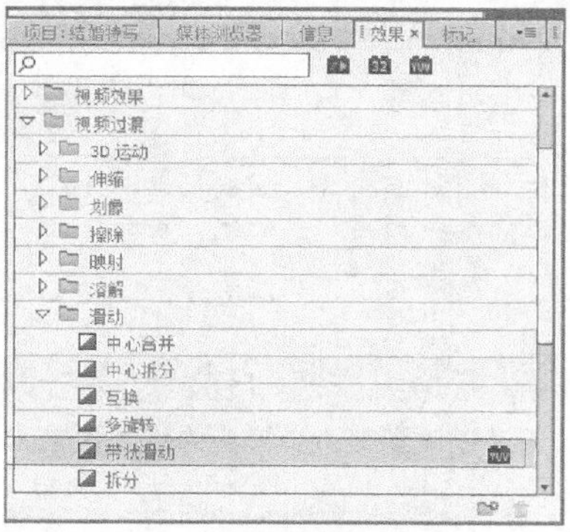

STEP 04 将"带状滑动"视频过渡拖曳到"时间轴"面板中相应的两个素材文件之间，如图7-43所示。

图7-42 选择"带状滑动"视频过渡

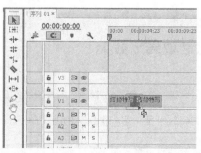

图7-43 添加"带状滑动"视频过渡

STEP 05 释放鼠标即可添加视频过渡转场效果。在"时间轴"面板中选择"带状滑动"视频过渡，如图7-44所示。

STEP 06 切换至"效果控件"面板，单击"自定义"按钮，如图7-45所示。

图7-44 选择"带状滑动"视频过渡

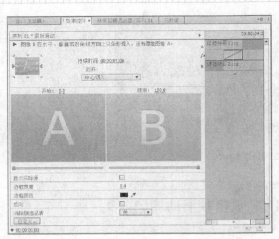

图7-45 单击"自定义"按钮

STEP 07 弹出"带状滑动设置"对话框,设置"带数量"为12,如图7-46所示。

STEP 08 单击"确定"按钮,即可设置"带状滑动"视频过渡效果,如图7-47所示。

图7-46 设置"带数量"为12

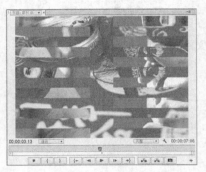

图7-47 设置"带状滑动"视频过渡效果

STEP 09 在"节目监视器"面板中,单击"播放-停止切换"按钮,即可预览视频转场效果,如图7-48所示。

图7-48 预览视频效果

实战 113 缩放轨迹转场效果

▶ 实例位置:光盘\效果\第7章\实战113. prproj
▶ 素材位置:光盘\素材\第7章\实战113. prproj
▶ 视频位置:光盘\视频\第7章\实战113. mp4

● 实例介绍 ●

"缩放轨迹"转场效果是将第一个镜头的画面向中心缩小,并显示缩小轨迹,逐渐过渡到第二个镜头的转场效果。

● 操作步骤 ●

STEP 01 在Premiere Pro CC工作界面中,按Ctrl + O组合键,打开一个项目文件,如图7-49所示。

STEP 02 打开项目文件后,在"节目监视器"面板中可以查看素材画面,如图7-50所示。

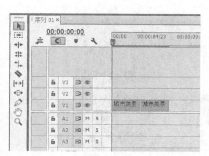

图7-49　打开项目文件

图7-50　查看素材画面

STEP 03 在"效果"面板中，展开"视频过渡"|"缩放"选项，在其中选择"缩放轨迹"视频过渡，如图7-51所示。

STEP 04 将"缩放轨迹"视频过渡拖曳到"时间轴"面板中相应的两个素材文件之间，如图7-52所示。

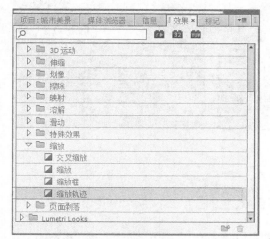

图7-51　选择"缩放轨迹"视频过渡

图7-52　将其拖曳至"时间轴"面板中

STEP 05 释放鼠标即可添加视频过渡转场效果。在"时间轴"面板中选择"缩放轨迹"视频过渡，如图7-53所示。

STEP 06 切换至"效果控件"面板，单击"自定义"按钮，如图7-54所示。

图7-53　选择视频过渡

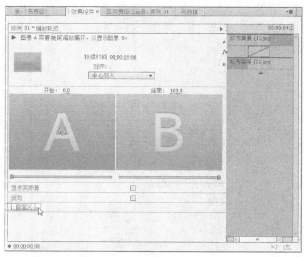

图7-54　单击"自定义"按钮

STEP 07 弹出"缩放轨迹设置"对话框，设置"轨迹数量"为16，如图7-55所示。

STEP 08 单击"确定"按钮，即可设置"缩放轨迹"视频过渡，如图7-56所示。

图7-55 设置"轨迹数量"为16

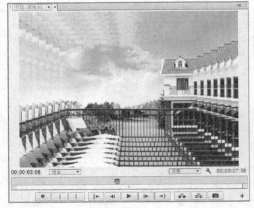

图7-56 设置"缩放轨迹"视频过渡

STEP 09 在"节目监视器"面板中，单击"播放-停止切换"按钮，即可预览视频效果，如图7-57所示。

图7-57 预览视频效果

实战 114 页面剥落转场效果

▶ 实例位置：光盘 \ 效果 \ 第7章 \ 实战114.prproj
▶ 素材位置：光盘 \ 素材 \ 第7章 \ 实战114.prproj
▶ 视频位置：光盘 \ 视频 \ 第7章 \ 实战114.mp4

● 实例介绍 ●

"页面剥落"转场效果是将第一个镜头的画面以页面的形式从左上角剥落，逐渐过渡到第二个镜头的转场效果。

● 操作步骤 ●

STEP 01 在Premiere Pro CC工作界面中，按Ctrl + O组合键，打开一个项目文件，如图7-58所示。

STEP 02 打开项目文件后，在"节目监视器"面板中可以查看素材画面，如图7-59所示。

图7-58 打开项目文件

图7-59 查看素材画面

STEP 03 在"效果"面板中，展开"视频过渡"|"页面剥落"选项，在其中选择"页面剥落"视频过渡，如图7-60所示。

STEP 04 将"页面剥落"视频过渡添加到"时间轴"面板中相应的两个素材文件之间，如图7-61所示。

图7-60　选择"页面剥落"视频过渡

图7-61　添加"页面剥落"视频过渡

STEP 05 在"时间轴"面板中选择"页面剥落"视频过渡，切换至"效果控件"面板，选中"反向"复选框，如图7-62所示，即可将页面剥落视频过渡效果进行反向。

STEP 06 在"节目监视器"面板中，单击"播放-停止切换"按钮，即可预览视频效果，如图7-63所示。

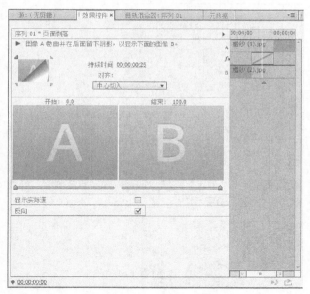

图7-62　选中"反向"复选框

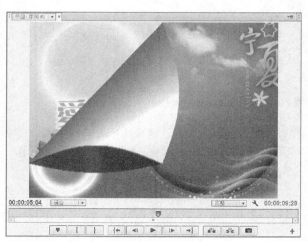

图7-63　预览视频效果

实战 115　映射转场效果

▶ **实例位置**：光盘 \ 效果 \ 第 7 章 \ 实战 115.prproj
▶ **素材位置**：光盘 \ 素材 \ 第 7 章 \ 实战 115.prproj
▶ **视频位置**：光盘 \ 视频 \ 第 7 章 \ 实战 115.mp4

● 实例介绍 ●

　　"映射"转场效果提供了两种类型的转场特效，一种是"声道映射"转场，另一种是"明亮度映射"转场。本例将介绍"声道映射"转场效果的使用方法。

● 操作步骤 ●

STEP 01 在Premiere Pro CC工作界面中，按Ctrl + O组合键，打开一个项目文件，如图7-64所示。

STEP 02 打开项目文件后，在"节目监视器"面板中可以查看素材画面，如图7-65所示。

图7-64 打开项目文件

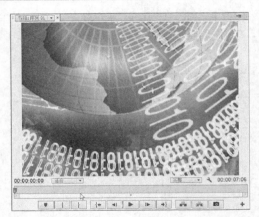

图7-65 查看素材画面

STEP 03 在"效果"面板中，展开"视频过渡"|"映射"选项，在其中选择"声道映射"视频过渡，如图7-66所示。

STEP 04 将"声道映射"视频过渡拖曳到"时间轴"面板中相应的两个素材文件之间，如图7-67所示。

图7-66 选择"声道映射"视频过渡

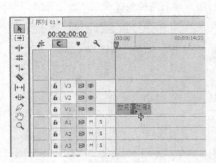

图7-67 添加"声道映射"视频过渡

STEP 05 释放鼠标，弹出"通道映射设置"对话框，选中"至目标蓝色"右侧的"反转"复选框，如图7-68所示。

STEP 06 单击"确定"按钮，即可添加"声道映射"转场效果，如图7-69所示。

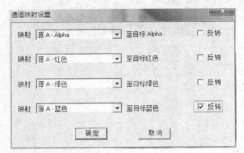

图7-68 选中相应的复选框

图7-69 添加"声道映射"转场效果

STEP 07 在"节目监视器"面板中，单击"播放-停止切换"按钮，即可预览视频效果，如图7-70所示。

图7-70 预览视频效果

实例位置：光盘 \ 效果 \ 第 7 章 \ 实战 116. prproj
素材位置：光盘 \ 素材 \ 第 7 章 \ 实战 116. prproj
视频位置：光盘 \ 视频 \ 第 7 章 \ 实战 116. mp4

实战 116　翻转转场效果

● 实例介绍 ●

"翻转"转场效果是将第一个镜头的画面翻转，逐渐过渡到第二个镜头的转场效果。

● 操作步骤 ●

STEP 01 在Premiere Pro CC工作界面中，按Ctrl + O组合键，打开一个项目文件，如图7-71所示。

图7-71　打开项目文件

STEP 02 打开项目文件后，在"节目监视器"面板中可以查看素材画面，如图7-72所示。

图7-72　查看素材画面

STEP 03 在"效果"面板中，展开"视频过渡" | "3D运动"选项，在其中选择"翻转"视频过渡，如图7-73所示。

图7-73　选择"翻转"视频过渡

STEP 04 将"翻转"视频过渡添加到"时间轴"面板中相应的两个素材文件之间即可，如图7-74所示。

图7-74　添加"翻转"视频过渡

STEP 05 在"时间轴"面板中选择"翻转"视频过渡，切换至"效果控件"面板，单击"自定义"按钮，如图7-75所示。

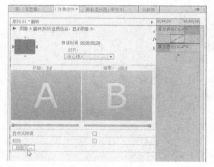

图7-75　单击"自定义"按钮

STEP 06 在弹出的"翻转设置"对话框中，设置"带"为8，单击"填充颜色"右侧的色块，如图7-76所示。

图7-76　单击色块

STEP 07 在弹出的"拾色器"对话框中,设置颜色的RGB参数值分别为255、252、0,如图7-77所示。

STEP 08 单击"确定"按钮,即可设置"翻转"转场效果,如图7-78所示。

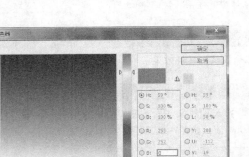

图7-77 设置颜色

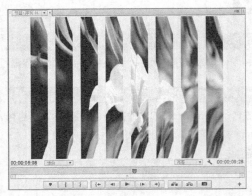

图7-78 设置"翻转"转场效果

STEP 09 在"节目监视器"面板中,单击"播放–停止切换"按钮,即可预览视频效果,如图7-79所示。

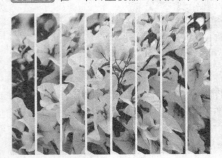

图7-79 预览视频效果

实战 117 纹理化转场效果

▶ 实例位置:光盘 \ 效果 \ 第 7 章 \ 实战 117.prproj
▶ 素材位置:光盘 \ 素材 \ 第 7 章 \ 实战 117.prproj
▶ 视频位置:光盘 \ 视频 \ 第 7 章 \ 实战 117.mp4

● 实例介绍 ●

"纹理化"转场效果是在第一个镜头的画面显示第二个镜头画面的纹理,然后过渡到第二个镜头的转场效果。

● 操作步骤 ●

STEP 01 在Premiere Pro CC工作界面中,按Ctrl + O组合键,打开一个项目文件,如图7-80所示。

STEP 02 打开项目文件后,在"节目监视器"面板中可以查看素材画面,如图7-81所示。

图7-80 打开项目文件

图7-81 查看素材画面

STEP 03 在"效果"面板中，展开"视频过渡"|"特殊效果"选项，在其中选择"纹理化"视频过渡，如图7-82所示。

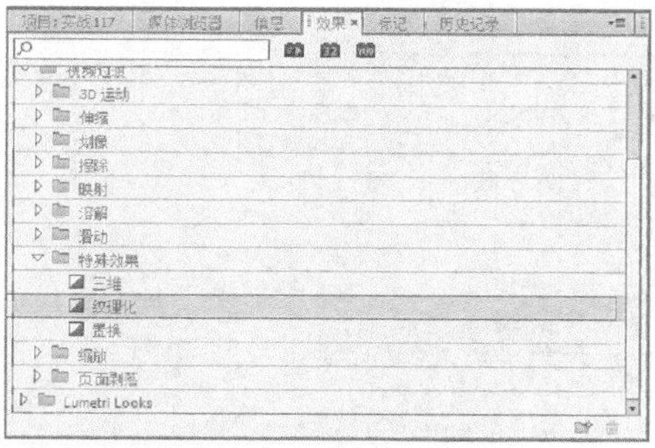

STEP 04 将"纹理化"视频过渡拖曳到"时间轴"面板中相应的两个素材文件之间，释放鼠标，即可添加"纹理化"转场效果，如图7-83所示。

图7-82　选择"纹理化"视频过渡

图7-83　添加"纹理化"视频过渡

STEP 05 在"节目监视器"面板中，单击"播放-停止切换"按钮，即可预览视频效果，如图7-84所示。

图7-84　预览视频效果

实战 118　门转场效果

▶ 实例位置：光盘 \ 效果 \ 第 7 章 \ 实战 118.prproj
▶ 素材位置：光盘 \ 素材 \ 第 7 章 \ 实战 118.prproj
▶ 视频位置：光盘 \ 视频 \ 第 7 章 \ 实战 118.mp4

● 实例介绍 ●

"门"转场效果主要是在两个图像素材之间以关门的形式来实现过渡。

● 操作步骤 ●

STEP 01 在Premiere Pro CC工作界面中，按Ctrl + O组合键，打开一个项目文件，如图7-85所示。

STEP 02 打开项目文件后，在"节目监视器"面板中可以查看素材画面，如图7-86所示。

图7-86　查看素材画面

图7-85　打开项目文件

STEP 03 在"效果"面板中,展开"视频过渡"|"3D运动"选项,在其中选择"门"视频过渡,如图7-87所示。

STEP 04 将"门"视频过渡拖曳到"时间轴"面板中相应的两个素材文件之间,释放鼠标,即可添加"门"转场效果,如图7-88所示。

图7-87 选择"门"视频过渡

图7-88 添加"门"视频过渡

STEP 05 在"节目监视器"面板中,单击"播放–停止切换"按钮,即可预览视频效果,如图7-89所示。

图7-89 预览视频效果

实战 119 卷走转场效果

▶ 实例位置:光盘 \ 效果 \ 第 7 章 \ 实战 119. prproj
▶ 素材位置:光盘 \ 素材 \ 第 7 章 \ 实战 119. prproj
▶ 视频位置:光盘 \ 视频 \ 第 7 章 \ 实战 119. mp4

● 实例介绍 ●

"卷走"转场效果是将第一个镜头中的画面像纸张一样的卷出镜头,最终显示出第二个镜头。

● 操作步骤 ●

STEP 01 在Premiere Pro CC工作界面中,按Ctrl + O组合键,打开一个项目文件,如图7-90所示。

STEP 02 打开项目文件后,在"节目监视器"面板中可以查看素材画面,如图7-91所示。

图7-90 打开项目文件

图7-91 查看素材画面

STEP 03 在"效果"面板中，展开"视频过渡"|"页面剥落"选项，在其中选择"卷走"视频过渡，如图7-92所示。

STEP 04 将"卷走"视频过渡拖曳到"时间轴"面板中相应的两个素材文件之间，释放鼠标，即可添加"卷走"转场效果，如图7-93所示。

图7-92 选择"卷走"视频过渡

图7-93 添加"卷走"视频过渡

STEP 05 在"节目监视器"面板中，单击"播放-停止切换"按钮，即可预览视频效果，如图7-94所示。

图7-94 预览视频效果

实战 120 旋转转场效果

▶ 实例位置：光盘 \ 效果 \ 第 7 章 \ 实战 120.prproj
▶ 素材位置：光盘 \ 素材 \ 第 7 章 \ 实战 120.prproj
▶ 视频位置：光盘 \ 视频 \ 第 7 章 \ 实战 120.mp4

● 实例介绍 ●

"旋转"转场效果是让第二幅图像以旋转的形式出现在第一幅图像上以实现过渡。

● 操作步骤 ●

STEP 01 在Premiere Pro CC工作界面中，按Ctrl + O组合键，打开一个项目文件，如图7-95所示。

STEP 02 打开项目文件后，在"节目监视器"面板中可以查看素材画面，如图7-96所示。

图7-95 打开项目文件

图7-96 查看素材画面

STEP 03 在"效果"面板中，展开"视频过渡"｜"3D运动"选项，在其中选择"旋转"视频过渡，如图7-97所示。

STEP 04 将"旋转"视频过渡拖曳到"时间轴"面板中相应的两个素材文件之间，如图7-98所示。

图7-97 选择"旋转"视频过渡

图7-98 添加"旋转"视频过渡

STEP 05 展开"效果控件"面板，设置"持续时间"为00:00:07:06，如图7-99所示。

STEP 06 执行上述操作后，即可设置"旋转"转场效果，如图7-100所示。

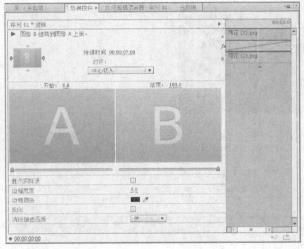

图7-99 设置持续时间

图7-100 设置"旋转"转场效果

STEP 07 在"节目监视器"面板中，单击"播放-停止切换"按钮，即可预览视频效果，如图7-101所示。

图7-101 预览视频效果

▶ 实例位置：光盘 \ 效果 \ 第 7 章 \ 实战 121.prproj
▶ 素材位置：光盘 \ 素材 \ 第 7 章 \ 实战 121.prproj
▶ 视频位置：光盘 \ 视频 \ 第 7 章 \ 实战 121.mp4

实战 121 摆入转场效果

● 实例介绍 ●

"摆入"转场效果是使第二幅图像像钟摆一样从画面外侧摆入，并取代第一幅图像在屏幕中的位置以实现过渡。

● 操作步骤 ●

STEP 01 在Premiere Pro CC工作界面中，按Ctrl + O组合键，打开一个项目文件，如图7-102所示。

STEP 02 打开项目文件后，在"节目监视器"面板中可以查看素材画面，如图7-103所示。

图7-102　打开项目文件

图7-103　查看素材画面

STEP 03 在"效果"面板中，展开"视频过渡"|"3D运动"选项，在其中选择"摆入"视频过渡，如图7-104所示。

STEP 04 将"摆入"视频过渡拖曳到"时间轴"面板中相应的两个素材文件之间，如图7-105所示。

图7-104　选择"摆入"视频过渡

图7-105　添加"摆入"视频过渡

STEP 05 执行操作后，即可设置"摆入"转场效果。在"节目监视器"面板中，单击"播放-停止切换"按钮，预览添加转场后的视频效果，如图7-106所示。

图7-106　预览视频效果

实战	摆出转场效果	▶ 实例位置: 光盘 \ 效果 \ 第 7 章 \ 实战 122. prproj
122		▶ 素材位置: 光盘 \ 素材 \ 第 7 章 \ 实战 122. prproj
		▶ 视频位置: 光盘 \ 视频 \ 第 7 章 \ 实战 122. mp4

● 实例介绍 ●

"摆出"转场效果是使第二幅图像像钟摆一样从画面外侧摆出,并取代第一幅图像在屏幕中的位置以实现过渡。

● 操作步骤 ●

STEP 01 在Premiere Pro CC工作界面中,按Ctrl + O组合键,打开一个项目文件,如图7-107所示。

STEP 02 打开项目文件后,在"节目监视器"面板中可以查看素材画面,如图7-108所示。

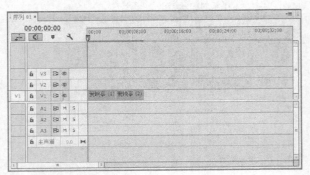

图7-107 打开项目文件

图7-108 查看素材画面

STEP 03 在"效果"面板中,展开"视频过渡"|"3D运动"选项,在其中选择"摆出"视频过渡,如图7-109所示。

STEP 04 将"摆出"视频过渡拖曳到"时间轴"面板中相应的两个素材文件之间,如图7-110所示。

图7-109 选择"摆出"视频过渡

图7-110 添加"摆出"视频过渡

STEP 05 执行操作后,即可设置"摆出"转场效果。在"节目监视器"面板中,单击"播放-停止切换"按钮,预览添加转场后的视频效果,如图7-111所示。

图7-111 预览视频效果

实战 123　**棋盘转场效果**

▶ 实例位置：光盘 \ 效果 \ 第 7 章 \ 实战 123.prproj
▶ 素材位置：光盘 \ 素材 \ 第 7 章 \ 实战 123.prproj
▶ 视频位置：光盘 \ 视频 \ 第 7 章 \ 实战 123.mp4

● 实例介绍 ●

"棋盘"转场效果是使第二幅图像以棋盘格的形式出现在第一幅图像上以实现过渡。

● 操作步骤 ●

STEP 01 在Premiere Pro CC工作界面中，按Ctrl + O组合键，打开一个项目文件，如图7-112所示。

STEP 02 打开项目文件后，在"节目监视器"面板中可以查看素材画面，如图7-113所示。

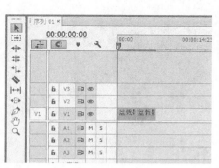

图7-112　打开项目文件

图7-113　查看素材画面

STEP 03 在"效果"面板中，展开"视频过渡"选项，在"擦除"列表框中选择"棋盘"选项，如图7-114所示。

STEP 04 按住鼠标左键将"棋盘"视频过渡拖曳到"时间轴"面板中相应的两个素材文件之间，如图7-115所示。

图7-114　选择"棋盘"选项

图7-115　添加"棋盘"转场效果

STEP 05 在"节目监视器"面板中，单击"播放-停止切换"按钮，预览添加转场后的视频效果，如图7-116所示。

图7-116　预览视频效果

实战 124 交叉划像转场效果

▶ 实例位置：光盘 \ 效果 \ 第7章 \ 实战124.prproj
▶ 素材位置：光盘 \ 素材 \ 第7章 \ 实战124.prproj
▶ 视频位置：光盘 \ 视频 \ 第7章 \ 实战124.mp4

● 实例介绍 ●

"交叉划像"转场是一种将第一个镜头的画面进行收缩，然后逐渐过渡至第二个镜头的转场效果。应用"交叉划像"转场效果的具体操作如下。

● 操作步骤 ●

STEP 01 在Premiere Pro CC工作界面中，按Ctrl + O组合键，打开一个项目文件，如图7-117所示。

STEP 02 打开项目文件后，在"节目监视器"面板中可以查看素材画面，如图7-118所示。

图7-117 打开项目文件

图7-118 查看素材画面

STEP 03 在"效果"面板中，展开"视频过渡"选项，在"划像"列表框中选择"交叉划像"选项，如图7-119所示。

STEP 04 按住鼠标左键将"交叉划像"视频过渡拖曳到"时间轴"面板中相应的两个素材文件之间，如图7-120所示。

图7-119 选择"交叉划像"选项

图7-120 添加"交叉划像"转场效果

STEP 05 在"节目监视器"面板中，单击"播放-停止切换"按钮，预览添加转场后的视频效果，如图7-121所示。

图7-121 预览视频效果

实战 125 中心剥落转场效果

▶ 实例位置：光盘 \ 效果 \ 第 7 章 \ 实战 125.prproj
▶ 素材位置：光盘 \ 素材 \ 第 7 章 \ 实战 125.prproj
▶ 视频位置：光盘 \ 视频 \ 第 7 章 \ 实战 125.mp4

● 实例介绍 ●

"中心剥落"转场是一种将第一个镜头从中心逐渐展开，然后逐渐过渡至第二个镜头的转场效果。应用"中心剥落"转场效果的具体操作步骤如下。

● 操作步骤 ●

STEP 01 在Premiere Pro CC工作界面中，按Ctrl＋O组合键，打开一个项目文件，如图7-122所示。

STEP 02 打开项目文件后，在"节目监视器"面板中可以查看素材画面，如图7-123所示。

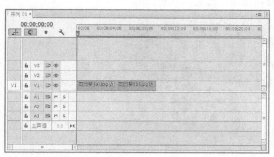

图7-122 打开项目文件

图7-123 查看素材画面

STEP 03 在"效果"面板中，展开"视频过渡"选项，在"页面剥落"列表框中选择"中心剥落"选项，如图7-124所示。

STEP 04 按住鼠标左键将"中心剥落"视频过渡拖曳到"时间轴"面板中相应的两个素材文件之间，如图7-125所示。

图7-124 选择"中心剥落"选项

图7-125 添加"中心剥落"转场效果

STEP 05 在"节目监视器"面板中，单击"播放-停止切换"按钮，预览添加转场后的视频效果，如图7-126所示。

图7-126 预览视频效果

实战 126　帘式转场效果

▶ 实例位置：光盘＼效果＼第7章＼实战126.prproj
▶ 素材位置：光盘＼素材＼第7章＼实战126.prproj
▶ 视频位置：光盘＼视频＼第7章＼实战126.mp4

● 实例介绍 ●

　　"帘式"转场是一种将第一个镜头的画面中心分开，然后逐渐过渡至第二个镜头的转场效果。应用"帘式"转场效果的具体操作步骤如下。

● 操作步骤 ●

STEP 01 在Premiere Pro CC工作界面中，按Ctrl＋O组合键，打开一个项目文件，如图7-127所示。

STEP 02 打开项目文件后，在"节目监视器"面板中可以查看素材画面，如图7-128所示。

图7-127　打开项目文件

图7-128　查看素材画面

STEP 03 在"效果"面板中，展开"视频过渡"选项，在"3D运动"列表框中选择"帘式"选项，如图7-129所示。

STEP 04 按住鼠标左键将"帘式"视频过渡拖曳到"时间轴"面板中相应的两个素材文件之间，如图7-130所示。

图7-129　选择"帘式"选项

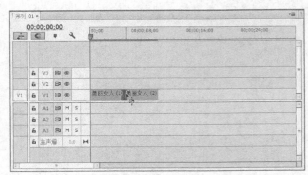

图7-130　添加"帘式"转场效果

STEP 05 在"节目监视器"面板中，单击"播放-停止切换"按钮，预览添加转场后的视频效果，如图7-131所示。

图7-131　预览视频效果

▶ 实例位置：光盘＼效果＼第 7 章＼实战 127.prproj
▶ 素材位置：光盘＼素材＼第 7 章＼实战 127.prproj
▶ 视频位置：光盘＼视频＼第 7 章＼实战 127.mp4

实战 127　旋转离开转场效果

● 实例介绍 ●

　　"旋转离开"转场是一种将第一个镜头的画面旋转进入，然后逐渐过渡至第二个镜头的转场效果。应用"旋转离开"转场效果的具体操作步骤如下。

● 操作步骤 ●

STEP 01 在 Premiere Pro CC 工作界面中，按 Ctrl + O 组合键，打开一个项目文件，如图 7-132 所示。

STEP 02 打开项目文件后，在"节目监视器"面板中可以查看素材画面，如图 7-133 所示。

图7-132　打开项目文件

图7-133　查看素材画面

STEP 03 在"效果"面板中，展开"视频过渡"选项，在"3D运动"列表框中选择"旋转离开"选项，如图7-134所示。

STEP 04 按住鼠标左键将"旋转离开"视频过渡拖曳到"时间轴"面板中相应的两个素材文件之间，如图7-135所示。

图7-134　选择"旋转离开"选项

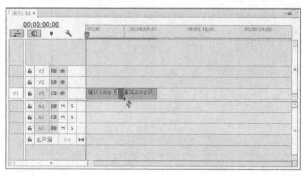

图7-135　添加"旋转离开"转场效果

STEP 05 在"节目监视器"面板中，单击"播放-停止切换"按钮，预览添加转场后的视频效果，如图7-136所示。

图7-136　预览视频效果

实战 128 多种转场效果

▶ 实例位置：光盘 \ 效果 \ 第 7 章 \ 实战 128. prproj
▶ 素材位置：光盘 \ 素材 \ 第 7 章 \ 实战 128. prproj
▶ 视频位置：光盘 \ 视频 \ 第 7 章 \ 实战 128. mp4

● 实例介绍 ●

转场是一种将第一个镜头的画面进入逐渐过渡至第二个镜头的转场效果。应用多种转场效果的具体操作步骤如下。

● 操作步骤 ●

STEP 01 在Premiere Pro CC工作界面中，按Ctrl + O组合键，打开一个项目文件，如图7-137所示。

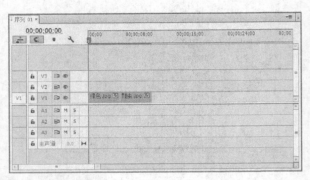

图7-137 打开项目文件

STEP 02 打开项目文件后，在"节目监视器"面板中可以查看素材画面，如图7-138所示。

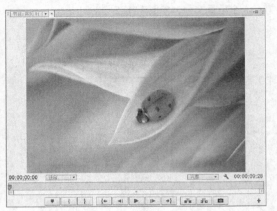

图7-138 查看素材画面

STEP 03 在"效果"面板中，展开"视频过渡"选项，在"3D运动"列表框中选择"旋转离开"选项，如图7-139所示。

图7-139 选择"旋转离开"选项

STEP 04 按住鼠标左键将"旋转离开"视频过渡拖曳到"时间轴"面板中相应的两个素材文件之间，如图7-140所示。

图7-140 添加"旋转离开"转场效果

STEP 05 将"旋转"视频过渡拖曳到"时间轴"面板中的相应素材上。在"节目监视器"面板中，单击"播放-停止切换"按钮，预览添加多种转场后的视频效果，如图7-141所示。

图7-141 预览视频效果

▶ 实例位置：光盘 \ 效果 \ 第 7 章 \ 实战 129.prproj	
▶ 素材位置：光盘 \ 素材 \ 第 7 章 \ 实战 129.prproj	
▶ 视频位置：光盘 \ 视频 \ 第 7 章 \ 实战 129.mp4	

实战 129 筋斗过渡转场效果

● 实例介绍 ●

　　"筋斗过渡"转场是一种将第一个镜头的画面旋转进入，然后逐渐过渡至第二个镜头的转场效果。应用"筋斗过渡"转场效果的具体操作步骤如下。

● 操作步骤 ●

STEP 01 在Premiere Pro CC工作界面中，按Ctrl＋O组合键，打开一个项目文件，如图7-142所示。

STEP 02 打开项目文件后，在"节目监视器"面板中可以查看素材画面，如图7-143所示。

图7-142　打开项目文件

图7-143　查看素材画面

STEP 03 在"效果"面板中，展开"视频过渡"选项，在"3D运动"列表框中选择"筋斗过渡"选项，如图7-144所示。

STEP 04 按住鼠标左键将"筋斗过渡"视频过渡拖曳到"时间轴"面板中相应的两个素材文件之间，如图7-145所示。

图7-144　选择"筋斗过渡"选项

图7-145　添加"筋斗过渡"转场效果

STEP 05 在"节目监视器"面板中，单击"播放-停止切换"按钮，预览添加转场后的视频效果，如图7-146所示。

图7-146　预览视频效果

实战
130　伸展转场效果

▶ 实例位置：光盘 \ 效果 \ 第 7 章 \ 实战 130.prproj
▶ 素材位置：光盘 \ 素材 \ 第 7 章 \ 实战 130.prproj
▶ 视频位置：光盘 \ 视频 \ 第 7 章 \ 实战 130.mp4

● 实例介绍 ●

　　"伸展"转场是一种将第一个镜头的画面从屏幕一边伸展进入屏幕，逐渐还原，然后逐渐过渡至第二个镜头的转场效果。应用"伸展"转场效果的具体操作步骤如下。

● 操作步骤 ●

STEP 01 在Premiere Pro CC工作界面中，按Ctrl + O组合键，打开一个项目文件，如图7-147所示。

STEP 02 打开项目文件后，在"节目监视器"面板中可以查看素材画面，如图7-148所示。

图7-147　打开项目文件

图7-148　查看素材画面

STEP 03 在"效果"面板中，展开"视频过渡"选项，在"伸缩"列表框中选择"伸展"选项，如图7-149所示。

STEP 04 按住鼠标左键将"伸展"视频过渡拖曳到"时间轴"面板中相应的两个素材文件之间，如图7-150所示。

图7-149　选择"伸展"选项

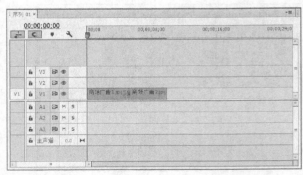

图7-150　添加"伸展"转场效果

STEP 05 在"节目监视器"面板中，单击"播放–停止切换"按钮，预览添加转场后的视频效果，如图7-151所示。

图7-151　预览视频效果

实战 131　伸展覆盖转场效果

▶ 实例位置：光盘＼效果＼第 7 章＼实战 131.prproj
▶ 素材位置：光盘＼素材＼第 7 章＼实战 131.prproj
▶ 视频位置：光盘＼视频＼第 7 章＼实战 131.mp4

● 实例介绍 ●

"伸展覆盖"转场是一种将第一个镜头的画面从屏幕中心横向压缩伸展，逐渐还原，然后逐渐过渡至第二个镜头的转场效果。应用"伸展覆盖"转场效果的具体操作步骤如下。

● 操作步骤 ●

STEP 01 在Premiere Pro CC工作界面中，按Ctrl + O组合键，打开一个项目文件，如图7-152所示。

STEP 02 打开项目文件后，在"节目监视器"面板中可以查看素材画面，如图7-153所示。

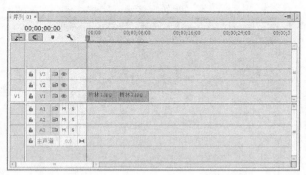

图7-152　打开项目文件

图7-153　查看素材画面

STEP 03 在"效果"面板中，展开"视频过渡"选项，在"伸缩"列表框中选择"伸展覆盖"选项，如图7-154所示。

STEP 04 按住鼠标左键将"伸展覆盖"视频过渡拖曳到"时间轴"面板中相应的两个素材文件之间，如图7-155所示。

图7-154　选择"伸展覆盖"选项

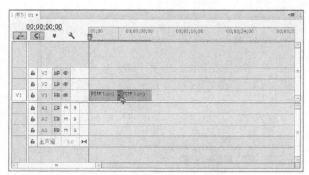

图7-155　添加"伸展覆盖"转场效果

STEP 05 在"节目监视器"面板中，单击"播放-停止切换"按钮，预览添加转场后的视频效果，如图7-156所示。

图7-156　预览视频效果

▶ 实例位置：光盘＼效果＼第7章＼实战132.prproj
▶ 素材位置：光盘＼素材＼第7章＼实战132.prproj
▶ 视频位置：光盘＼视频＼第7章＼实战132.mp4

● 实例介绍 ●

"圆划像"转场是一种将第一个镜头的画面从圆形图像由小变大，逐渐还原，然后逐渐过渡至第二个镜头的转场效果。应用"圆划像"转场效果的具体操作步骤如下。

● 操作步骤 ●

STEP 01 在Premiere Pro CC工作界面中，按Ctrl＋O组合键，打开一个项目文件，如图7-157所示。

STEP 02 打开项目文件后，在"节目监视器"面板中可以查看素材画面，如图7-158所示。

图7-157　打开项目文件

图7-158　查看素材画面

STEP 03 在"效果"面板中，展开"视频过渡"选项，在"划像"列表框中选择"圆划像"选项，如图7-159所示。

STEP 04 按住鼠标左键将"圆划像"视频过渡拖曳到"时间轴"面板中相应的两个素材文件之间，如图7-160所示。

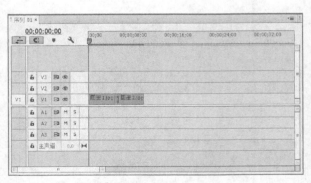

图7-159　选择"圆划像"选项

图7-160　添加"圆划像"转场效果

STEP 05 在"节目监视器"面板中，单击"播放-停止切换"按钮，预览添加转场后的视频效果，如图7-161所示。

图7-161　预览视频效果

实战 133　星形划像转场效果

● 实例介绍 ●

"星形划像"转场是一种将第一个镜头的画面五角形图案由小变大，逐渐还原，然后逐渐过渡至第二个镜头的转场效果。应用"星形划像"转场效果的具体操步骤作如下。

● 操作步骤 ●

STEP 01 在Premiere Pro CC工作界面中，按Ctrl + O组合键，打开一个项目文件，如图7-162所示。

STEP 02 打开项目文件后，在"节目监视器"面板中可以查看素材画面，如图7-163所示。

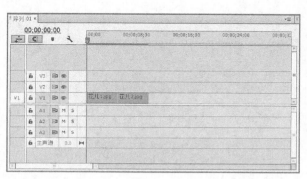

图7-162　打开项目文件

图7-163　查看素材画面

STEP 03 在"效果"面板中，展开"视频过渡"选项，在"划像"列表框中选择"星形划像"选项，如图7-164所示。

STEP 04 按住鼠标左键将"星形划像"视频过渡拖曳到"时间轴"面板中相应的两个素材文件之间，如图7-165所示。

图7-164　选择"星形划像"选项

图7-165　添加"星形划像"转场效果

STEP 05 在"节目监视器"面板中，单击"播放–停止切换"按钮，预览添加转场后的视频效果，如图7-166所示。

图7-166　预览视频效果

实战 134 点划像转场效果

▶ 实例位置：光盘＼效果＼第7章＼实战134.prproj
▶ 素材位置：光盘＼素材＼第7章＼实战134.prproj
▶ 视频位置：光盘＼视频＼第7章＼实战134.mp4

● 实例介绍 ●

　　"点划像"转场是一种将第一个镜头的画面从五角形图案由小变大，逐渐还原，然后逐渐过渡至第二个镜头的转场效果。应用"点划像"转场效果的具体操作步骤如下。

● 操作步骤 ●

STEP 01 在Premiere Pro CC工作界面中，按Ctrl + O组合键，打开一个项目文件，如图7-167所示。

STEP 02 打开项目文件后，在"节目监视器"面板中可以查看素材画面，如图7-168所示。

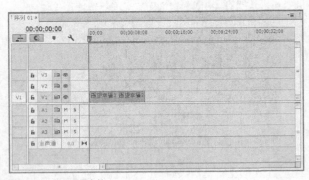

图7-167　打开项目文件

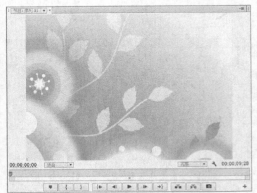

图7-168　查看素材画面

STEP 03 在"效果"面板中，展开"视频过渡"选项，在"划像"列表框中选择"点划像"选项，如图7-169所示。

STEP 04 按住鼠标左键将"点划像"视频过渡拖曳到"时间轴"面板中相应的两个素材文件之间，如图7-170所示。

图7-169　选择"点划像"选项

图7-170　添加"点划像"转场效果

STEP 05 在"节目监视器"面板中，单击"播放–停止切换"按钮，预览添加转场后的视频效果，如图7-171所示。

图7-171　预览视频效果

实战 135　盒形划像转场效果

▶ 实例位置：光盘 \ 效果 \ 第 7 章 \ 实战 135.prproj
▶ 素材位置：光盘 \ 素材 \ 第 7 章 \ 实战 135.prproj
▶ 视频位置：光盘 \ 视频 \ 第 7 章 \ 实战 135.mp4

● 实例介绍 ●

　　"盒形划像"转场是一种将第一个镜头的画面从正方形图案由小变大，逐渐还原，然后逐渐过渡至第二个镜头的转场效果。应用"盒形划像"转场效果的具体操作步骤如下。

● 操作步骤 ●

STEP 01 在Premiere Pro CC工作界面中，按Ctrl + O组合键，打开一个项目文件，如图7-172所示。

STEP 02 打开项目文件后，在"节目监视器"面板中可以查看素材画面，如图7-173所示。

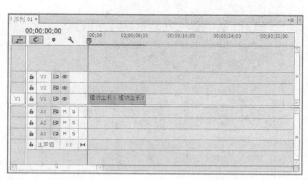

图7-172　打开项目文件

图7-173　查看素材画面

STEP 03 在"效果"面板中，展开"视频过渡"选项，在"划像"列表框中选择"盒形划像"选项，如图7-174所示。

STEP 04 按住鼠标左键将"盒形划像"视频过渡拖曳到"时间轴"面板中相应的两个素材文件之间，如图7-175所示。

图7-174　选择"盒形划像"选项

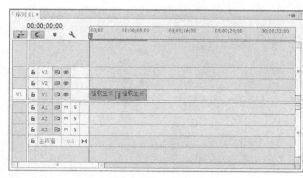

图7-175　添加"盒形划像"转场效果

STEP 05 在"节目监视器"面板中，单击"播放-停止切换"按钮，预览添加转场后的视频效果，如图7-176所示。

图7-176　预览视频效果

实战 136 菱形划像转场效果

▶ 实例位置：光盘 \ 效果 \ 第7章 \ 实战136.prproj
▶ 素材位置：光盘 \ 素材 \ 第7章 \ 实战136.prproj
▶ 视频位置：光盘 \ 视频 \ 第7章 \ 实战136.mp4

● 实例介绍 ●

"菱形划像"转场是一种将第一个镜头的画面从菱形图像由小变大，逐渐还原，然后逐渐过渡至第二个镜头的转场效果。应用"菱形划像"转场效果的具体操作步骤如下。

● 操作步骤 ●

STEP 01 在Premiere Pro CC工作界面中，按Ctrl + O组合键，打开一个项目文件，如图7-177所示。

STEP 02 打开项目文件后，在"节目监视器"面板中可以查看素材画面，如图7-178所示。

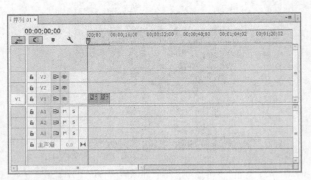

图7-177 打开项目文件

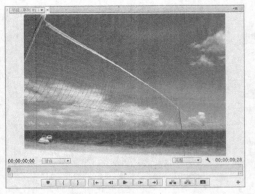

图7-178 查看素材画面

STEP 03 在"效果"面板中，展开"视频过渡"选项，在"划像"列表框中选择"菱形划像"选项，如图7-179所示。

STEP 04 按住鼠标左键将"菱形划像"视频过渡拖曳到"时间轴"面板中相应的两个素材文件之间，如图7-180所示。

图7-179 选择"菱形划像"选项

图7-180 添加转场效果

STEP 05 在"节目监视器"面板中，单击"播放-停止切换"按钮，预览添加转场后的视频效果，如图7-181所示。

图7-181 预览视频效果

实战 137　划出转场效果

▶ 实例位置：光盘 \ 效果 \ 第 7 章 \ 实战 137. prproj
▶ 素材位置：光盘 \ 素材 \ 第 7 章 \ 实战 137. prproj
▶ 视频位置：光盘 \ 视频 \ 第 7 章 \ 实战 137. mp4

● 实例介绍 ●

"划出"转场效果是将第一个镜头的画面以划出的方式逐渐取代第二个镜头的转场效果。应用"划出"转场效果的具体操作步骤如下。

● 操作步骤 ●

STEP 01 在Premiere Pro CC工作界面中，按Ctrl + O组合键，打开一个项目文件，如图7-182所示。

STEP 02 打开项目文件后，在"节目监视器"面板中可以查看素材画面，如图7-183所示。

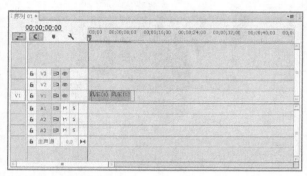

图7-182　打开项目文件

图7-183　查看素材画面

STEP 03 在"效果"面板中，展开"视频过渡"选项，在"擦除"列表框中选择"划出"选项，如图7-184所示。

STEP 04 按住鼠标左键将"划出"视频过渡拖曳到"时间轴"面板中相应的两个素材文件之间，如图7-185所示。

图7-184　选择"划出"选项

图7-185　添加"划出"转场效果

STEP 05 在"节目监视器"面板中，单击"播放-停止切换"按钮，预览添加转场后的视频效果，如图7-186所示。

图7-186　预览视频效果

实战 138 双侧平推门转场效果

▶ 实例位置：光盘 \ 效果 \ 第 7 章 \ 实战 138.prproj
▶ 素材位置：光盘 \ 素材 \ 第 7 章 \ 实战 138.prproj
▶ 视频位置：光盘 \ 视频 \ 第 7 章 \ 实战 138.mp4

● 实例介绍 ●

"双侧平推门"转场是一种将第一个镜头的画面从屏幕中心横向或纵向两边拉开，然后逐渐过渡至第二个镜头的转场效果。应用"双侧平推门"转场效果的具体操作步骤如下。

● 操作步骤 ●

STEP 01 在Premiere Pro CC工作界面中，按Ctrl + O组合键，打开一个项目文件，如图7-187所示。

STEP 02 打开项目文件后，在"节目监视器"面板中可以查看素材画面，如图7-188所示。

图7-187　打开项目文件

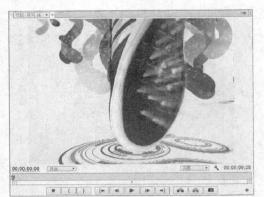

图7-188　查看素材画面

STEP 03 在"效果"面板中，展开"视频过渡"选项，在"擦除"列表框中选择"双侧平推门"选项，如图7-189所示。

STEP 04 按住鼠标左键将"双侧平推门"视频过渡拖曳到"时间轴"面板中相应的两个素材文件之间，如图7-190所示。

图7-189　选择"双侧平推门"选项

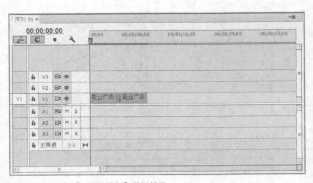

图7-190　添加"双侧平推门"转场效果

STEP 05 在"节目监视器"面板中，单击"播放-停止切换"按钮，预览添加转场后的视频效果，如图7-191所示。

图7-191　预览视频效果

实战 139 带状擦除转场效果

▶ 实例位置：光盘 \ 效果 \ 第 7 章 \ 实战 139.prproj
▶ 素材位置：光盘 \ 素材 \ 第 7 章 \ 实战 139.prproj
▶ 视频位置：光盘 \ 视频 \ 第 7 章 \ 实战 139.mp4

● 实例介绍 ●

"带状擦除"转场是一种将第一个镜头的画面以奇数、偶数行分成若干带状条，然后从相对的方向逐渐插入，然后逐渐过渡至第二个镜头的转场效果。应用"带状擦除"转场效果的具体操作步骤如下。

● 操作步骤 ●

STEP 01 在Premiere Pro CC工作界面中，按Ctrl + O组合键，打开一个项目文件，如图7-192所示。

STEP 02 打开项目文件后，在"节目监视器"面板中可以查看素材画面，如图7-193所示。

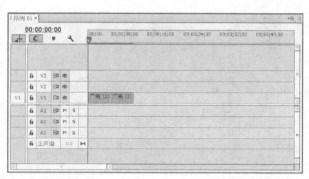

图7-192 打开项目文件

图7-193 查看素材画面

STEP 03 在"效果"面板中，展开"视频过渡"选项，在"擦除"列表框中选择"带状擦除"选项，如图7-194所示。

STEP 04 按住鼠标左键将"带状擦除"视频过渡拖曳到"时间轴"面板中相应的两个素材文件之间，如图7-195所示。

图7-194 选择"带状擦除"选项

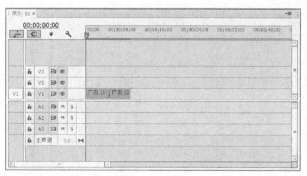

图7-195 添加"带状擦除"转场效果

STEP 05 在"节目监视器"面板中，单击"播放-停止切换"按钮，预览添加转场后的视频效果，如图7-196所示。

图7-196 预览视频效果

实战 140 径向擦除转场效果

▶ 实例位置：光盘 \ 效果 \ 第 7 章 \ 实战 140.prproj
▶ 素材位置：光盘 \ 素材 \ 第 7 章 \ 实战 140.prproj
▶ 视频位置：光盘 \ 视频 \ 第 7 章 \ 实战 140.mp4

● 实例介绍 ●

"径向擦除"转场是一种将第一个镜头的画面从屏幕的一角以射线形式进入、擦除，然后逐渐过渡至第二个镜头的转场效果。应用"径向擦除"转场效果的具体操作步骤如下。

● 操作步骤 ●

STEP 01 在Premiere Pro CC工作界面中，按Ctrl + O组合键，打开一个项目文件，如图7-197所示。

STEP 02 打开项目文件后，在"节目监视器"面板中可以查看素材画面，如图7-198所示。

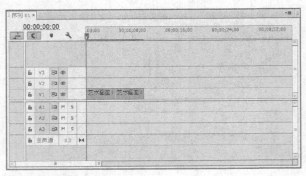

图7-197 打开项目文件

图7-198 查看素材画面

STEP 03 在"效果"面板中，展开"视频过渡"选项，在"擦除"列表框中选择"径向擦除"选项，如图7-199所示。

STEP 04 按住鼠标左键将"径向擦除"视频过渡拖曳到"时间轴"面板中相应的两个素材文件之间，如图7-200所示。

图7-199 选择"径向擦除"选项

图7-200 添加"径向擦除"转场效果

STEP 05 在"节目监视器"面板中，单击"播放-停止切换"按钮，预览添加转场后的视频效果，如图7-201所示。

图7-201 预览视频效果

实战 141　插入转场效果

▶ 实例位置：光盘 \ 效果 \ 第7章 \ 实战141.prproj
▶ 素材位置：光盘 \ 素材 \ 第7章 \ 实战141.prproj
▶ 视频位置：光盘 \ 视频 \ 第7章 \ 实战141.mp4

● 实例介绍 ●

　　"插入"转场是一种将第一个镜头的画面从屏幕的一角斜着插入，然后逐渐过渡至第二个镜头的转场效果。应用"插入"转场效果的具体操作步骤如下。

● 操作步骤 ●

STEP 01 在Premiere Pro CC工作界面中，按Ctrl＋O组合键，打开一个项目文件，如图7-202所示。

STEP 02 打开项目文件后，在"节目监视器"面板中可以查看素材画面，如图7-203所示。

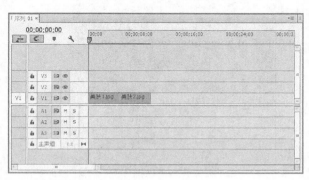

图7-202　打开项目文件

图7-203　查看素材画面

STEP 03 在"效果"面板中，展开"视频过渡"选项，在"擦除"列表框中选择"插入"选项，如图7-204所示。

STEP 04 按住鼠标左键将"插入"视频过渡拖曳到"时间轴"面板中相应的两个素材文件之间，如图7-205所示

图7-204　选择"插入"选项

图7-205　添加"插入"转场效果

STEP 05 在"节目监视器"面板中，单击"播放-停止切换"按钮，预览添加转场后的视频效果，如图7-206所示。

图7-206　预览视频效果

实战
142 时钟式擦除转场效果

▶ 实例位置：光盘 \ 效果 \ 第7章 \ 实战142. prproj
▶ 素材位置：光盘 \ 素材 \ 第7章 \ 实战142. prproj
▶ 视频位置：光盘 \ 视频 \ 第7章 \ 实战142. mp4

● 实例介绍 ●

　　"时钟式擦除"转场是一种将第一个镜头的画面以时钟运动方式擦除，然后逐渐过渡至第二个镜头的转场效果。应用"时钟式擦除"转场效果的具体操作步骤如下。

● 操作步骤 ●

STEP 01 在Premiere Pro CC工作界面中，按Ctrl + O组合键，打开一个项目文件，如图7-207所示。

STEP 02 打开项目文件后，在"节目监视器"面板中可以查看素材画面，如图7-208所示。

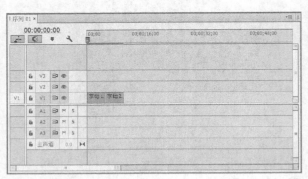

图7-207　打开项目文件

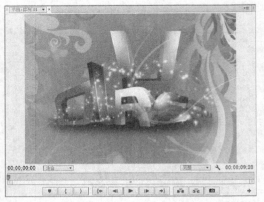

图7-208　查看素材画面

STEP 03 在"效果"面板中，展开"视频过渡"选项，在"擦除"列表框中选择"时钟式擦除"选项，如图7-209所示。

STEP 04 按住鼠标左键将"时钟式擦除"视频过渡拖曳到"时间轴"面板中相应的两个素材文件之间，如图7-210所示。

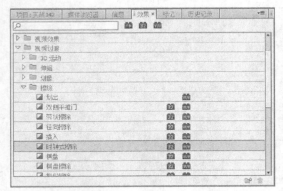

图7-209　选择"时钟式擦除"选项

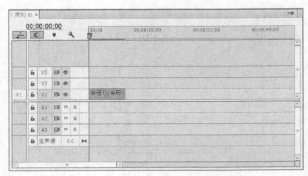

图7-210　添加"时钟式擦除"转场效果

STEP 05 在"节目监视器"面板中，单击"播放-停止切换"按钮，预览添加转场后的视频效果，如图7-211所示。

图7-211　预览视频效果

实战		
143	**两种转场效果**	▶ 实例位置：光盘 \ 效果 \ 第 7 章 \ 实战 143.prproj ▶ 素材位置：光盘 \ 素材 \ 第 7 章 \ 实战 143.prproj ▶ 视频位置：光盘 \ 视频 \ 第 7 章 \ 实战 143.mp4

● 实例介绍 ●

应用两种转场效果的具体操作步骤如下。

● 操作步骤 ●

STEP 01 在Premiere Pro CC工作界面中，按Ctrl＋O组合键，打开一个项目文件，如图7-212所示。

STEP 02 打开项目文件后，在"节目监视器"面板中可以查看素材画面，如图7-213所示。

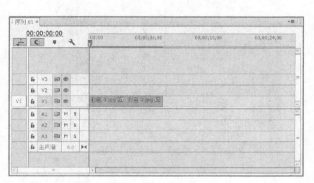

图7-212　打开项目文件

图7-213　查看素材画面

STEP 03 在"效果"面板中，展开"视频过渡"选项，在"擦除"列表框中选择"棋盘"选项，如图7-214所示。

STEP 04 按住鼠标左键将"棋盘"视频过渡拖曳到"时间轴"面板中相应的两个素材文件之间，如图7-215所示。

图7-214　选择"棋盘"选项

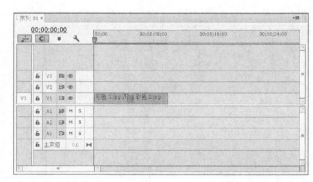

图7-215　添加转场效果

STEP 05 用同样的方法，在其中再添加一个转场效果，在"节目监视器"面板中，单击"播放–停止切换"按钮，预览添加转场后的视频效果，如图7-216所示。

图7-216　预览视频效果

实战 144 棋盘擦除转场效果

▶ 实例位置：光盘 \ 效果 \ 第 7 章 \ 实战 144.prproj
▶ 素材位置：光盘 \ 素材 \ 第 7 章 \ 实战 144.prproj
▶ 视频位置：光盘 \ 视频 \ 第 7 章 \ 实战 144.mp4

● 实例介绍 ●

"棋盘擦除"转场是一种将第一个镜头的画面分成若干块逐渐显示，然后逐渐过渡至第二个镜头的转场效果。应用"棋盘擦除"转场效果的具体操作步骤如下。

● 操作步骤 ●

STEP 01 在Premiere Pro CC工作界面中，按Ctrl + O组合键，打开一个项目文件，如图7-217所示。

STEP 02 打开项目文件后，在"节目监视器"面板中可以查看素材画面，如图7-218所示。

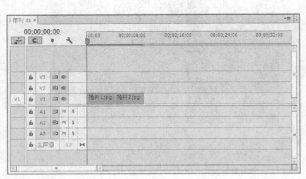

图7-217 打开项目文件

图7-218 查看素材画面

STEP 03 在"效果"面板中，展开"视频过渡"选项，在"擦除"列表框中选择"棋盘擦除"选项，如图7-219所示。

STEP 04 按住鼠标左键将"棋盘擦除"视频过渡拖曳到"时间轴"面板中相应的两个素材文件之间，如图7-220所示。

图7-219 选择"棋盘擦除"选项

图7-220 添加转场效果

STEP 05 在"节目监视器"面板中，单击"播放-停止切换"按钮，预览添加转场后的视频效果，如图7-221所示。

图7-221 预览视频效果

实战 145　楔形擦除转场效果

▶ 实例位置：光盘 \ 效果 \ 第 7 章 \ 实战 145.prproj
▶ 素材位置：光盘 \ 素材 \ 第 7 章 \ 实战 145.prproj
▶ 视频位置：光盘 \ 视频 \ 第 7 章 \ 实战 145.mp4

● 实例介绍 ●

"楔形擦除"转场是一种将第一个镜头的画面以打开扇面的方式从中心擦除，然后逐渐过渡至第二个镜头的转场效果。应用"楔形擦除"转场效果的具体操作步骤如下。

● 操作步骤 ●

STEP 01 在Premiere Pro CC工作界面中，按Ctrl + O组合键，打开一个项目文件，如图7-222所示。

STEP 02 打开项目文件后，在"节目监视器"面板中可以查看素材画面，如图7-223所示。

图7-222　打开项目文件

图7-223　查看素材画面

STEP 03 在"效果"面板中，展开"视频过渡"选项，在"擦除"列表框中选择"楔形擦除"选项，如图7-224所示。

STEP 04 按住鼠标左键将"楔形擦除"视频过渡拖曳到"时间轴"面板中相应的两个素材文件之间，如图7-225所示。

图7-224　选择"楔形擦除"选项

图7-225　添加转场效果

STEP 05 在"节目监视器"面板中，单击"播放-停止切换"按钮，预览添加转场后的视频效果，如图7-226所示。

图7-226　预览视频效果

实战 146 水波块转场效果

▶ 实例位置：光盘 \ 效果 \ 第 7 章 \ 实战 146.prproj
▶ 素材位置：光盘 \ 素材 \ 第 7 章 \ 实战 146.prproj
▶ 视频位置：光盘 \ 视频 \ 第 7 章 \ 实战 146.mp4

● 实例介绍 ●

　　"水波块"转场是一种将第一个镜头的画面用Z字形从屏幕第一行到最后一行擦除，然后逐渐过渡至第二个镜头的转场效果。应用"水波块"转场效果的具体操作步骤如下。

● 操作步骤 ●

STEP 01 在Premiere Pro CC工作界面中，按Ctrl + O组合键，打开一个项目文件，如图7-227所示。

STEP 02 打开项目文件后，在"节目监视器"面板中可以查看素材画面，如图7-228所示。

图7-227　打开项目文件

图7-228　查看素材画面

STEP 03 在"效果"面板中，展开"视频过渡"选项，在"擦除"列表框中选择"水波块"选项，如图7-229所示。

STEP 04 按住鼠标左键将"水波块"视频过渡拖曳到"时间轴"面板中相应的两个素材文件之间，如图7-230所示。

图7-229　选择"水波块"选项

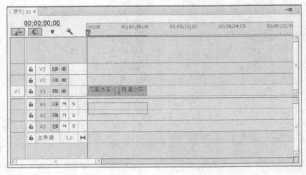

图7-230　添加转场效果

STEP 05 在"节目监视器"面板中，单击"播放-停止切换"按钮，预览添加转场后的视频效果，如图7-231所示。

图7-231　预览视频效果

<table>
<tr><td rowspan="2">实战
147</td><td rowspan="2">油漆飞溅转场效果</td><td>▶ 实例位置：光盘＼效果＼第 7 章＼实战 147. prproj</td></tr>
<tr><td>▶ 素材位置：光盘＼素材＼第 7 章＼实战 147. prproj</td></tr>
</table>

▶ 视频位置：光盘＼视频＼第 7 章＼实战 147. mp4

● 实例介绍 ●

　　"油漆飞溅"转场是一种将第一个镜头的画面像涂料泼洒一样飞溅出图案，然后逐渐过渡至第二个镜头的转场效果。应用"油漆飞溅"转场效果的具体操作步骤如下。

● 操作步骤 ●

STEP 01 在 Premiere Pro CC 工作界面中，按 Ctrl + O 组合键，打开一个项目文件，如图 7-232 所示。

STEP 02 打开项目文件后，在"节目监视器"面板中可以查看素材画面，如图 7-233 所示。

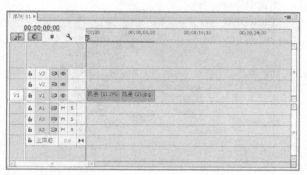

图7-232　打开项目文件

图7-233　查看素材画面

STEP 03 在"效果"面板中，展开"视频过渡"选项，在"擦除"列表框中选择"油漆飞溅"选项，如图 7-234 所示。

STEP 04 按住鼠标左键将"油漆飞溅"视频过渡拖曳到"时间轴"面板中相应的两个素材文件之间，如图 7-235 所示。

图7-234　选择"油漆飞溅"选项

图7-235　添加转场效果

STEP 05 在"节目监视器"面板中，单击"播放-停止切换"按钮，预览添加转场后的视频效果，如图 7-236 所示。

图7-236　预览视频效果

▶ 实例位置：光盘 \ 效果 \ 第 7 章 \ 实战 148.prproj
▶ 素材位置：光盘 \ 素材 \ 第 7 章 \ 实战 148.prproj
▶ 视频位置：光盘 \ 视频 \ 第 7 章 \ 实战 148.mp4

实战 148 百叶窗转场效果

● 实例介绍 ●

"百叶窗"转场是一种将第一个镜头的画面以百叶窗打开或关闭的形式擦除，然后逐渐过渡至第二个镜头的转场效果。应用"百叶窗"转场效果的具体操作步骤如下。

● 操作步骤 ●

STEP 01 在Premiere Pro CC工作界面中，按Ctrl + O组合键，打开一个项目文件，如图7-237所示。

STEP 02 打开项目文件后，在"节目监视器"面板中可以查看素材画面，如图7-238所示。

图7-237　打开项目文件

图7-238　查看素材画面

STEP 03 在"效果"面板中，展开"视频过渡"选项，在"擦除"列表框中选择"百叶窗"选项，如图7-239所示。

STEP 04 按住鼠标左键将"百叶窗"视频过渡拖曳到"时间轴"面板中相应的两个素材文件之间，如图7-240所示。

图7-239　选择"百叶窗"选项

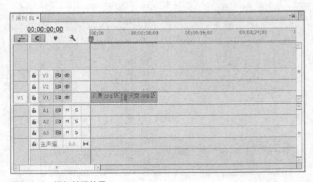

图7-240　添加转场效果

STEP 05 在"节目监视器"面板中，单击"播放–停止切换"按钮，预览添加转场后的视频效果，如图7-241所示。

图7-241　预览视频效果

实战 149　螺旋框转场效果

▶ 实例位置：光盘 \ 效果 \ 第 7 章 \ 实战 149.prproj
▶ 素材位置：光盘 \ 素材 \ 第 7 章 \ 实战 149.prproj
▶ 视频位置：光盘 \ 视频 \ 第 7 章 \ 实战 149.mp4

● 实例介绍 ●

　　"螺旋框"转场是一种将第一个镜头的画面以螺旋方式擦除，然后逐渐过渡至第二个镜头的转场效果。应用"螺旋框"转场效果的具体操作步骤如下。

● 操作步骤 ●

STEP 01 在 Premiere Pro CC 工作界面中，按 Ctrl + O 组合键，打开一个项目文件，如图 7-242 所示。

STEP 02 打开项目文件后，在"节目监视器"面板中可以查看素材画面，如图 7-243 所示。

图 7-242　打开项目文件

图 7-243　查看素材画面

STEP 03 在"效果"面板中，展开"视频过渡"选项，在"擦除"列表框中选择"螺旋框"选项，如图 7-244 所示。

STEP 04 按住鼠标左键将"螺旋框"视频过渡拖曳到"时间轴"面板中相应的两个素材文件之间，如图 7-245 所示。

图 7-244　选择"螺旋框"选项

图 7-245　添加转场效果

STEP 05 在"节目监视器"面板中，单击"播放−停止切换"按钮，预览添加转场后的视频效果，如图 7-246 所示。

图 7-246　预览视频效果

实战 150 随机块转场效果

▶ 实例位置：光盘 \ 效果 \ 第 7 章 \ 实战 150. prproj
▶ 素材位置：光盘 \ 素材 \ 第 7 章 \ 实战 150. prproj
▶ 视频位置：光盘 \ 视频 \ 第 7 章 \ 实战 150. mp4

● 实例介绍 ●

"随机块"转场是一种将第一个镜头的画面以随机产生的矩形块擦除，然后逐渐过渡至第二个镜头的转场效果。应用"随机块"转场效果的具体操作步骤如下。

● 操作步骤 ●

STEP 01 在Premiere Pro CC工作界面中，按Ctrl＋O组合键，打开一个项目文件，如图7-247所示。

STEP 02 打开项目文件后，在"节目监视器"面板中可以查看素材画面，如图7-248所示。

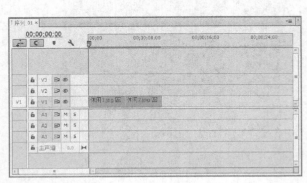

图7-247 打开项目文件

图7-248 查看素材画面

STEP 03 在"效果"面板中，展开"视频过渡"选项，在"擦除"列表框中选择"随机块"选项，如图7-249所示。

STEP 04 按住鼠标左键将"随机块"视频过渡拖曳到"时间轴"面板中相应的两个素材文件之间，如图7-250所示。

图7-249 选择"随机块"选项

图7-250 添加转场效果

STEP 05 在"节目监视器"面板中，单击"播放-停止切换"按钮，预览添加转场后的视频效果，如图7-251所示。

图7-251 预览视频效果

实战
151
随机擦除转场效果

▶ 实例位置：光盘 \ 效果 \ 第 7 章 \ 实战 151.prproj
▶ 素材位置：光盘 \ 素材 \ 第 7 章 \ 实战 151.prproj
▶ 视频位置：光盘 \ 视频 \ 第 7 章 \ 实战 151.mp4

● 实例介绍 ●

　　"随机擦除"转场是一种将第一个镜头的画面以随机产生的矩形块（一个方向）擦除，然后逐渐过渡至第二个镜头的转场效果。应用"随机擦除"转场效果的具体操作步骤如下。

● 操作步骤 ●

STEP 01 在Premiere Pro CC工作界面中，按Ctrl＋O组合键，打开一个项目文件，如图7-252所示。

STEP 02 打开项目文件后，在"节目监视器"面板中可以查看素材画面，如图7-253所示。

图7-252　打开项目文件

图7-253　查看素材画面

STEP 03 在"效果"面板中，展开"视频过渡"选项，在"擦除"列表框中选择"随机擦除"选项，如图7-254所示。

STEP 04 按住鼠标左键将"随机擦除"视频过渡拖曳到"时间轴"面板中相应的两个素材文件之间，如图7-255所示。

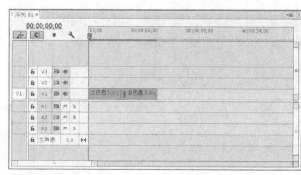

图7-254　选择"随机擦除"选项

图7-255　添加转场效果

STEP 05 在"节目监视器"面板中，单击"播放–停止切换"按钮，预览添加转场后的视频效果，如图7-256所示。

图7-256　预览视频效果

▶ 实例位置：光盘 \ 效果 \ 第 7 章 \ 实战 152. prproj
▶ 素材位置：光盘 \ 素材 \ 第 7 章 \ 实战 152. prproj
▶ 视频位置：光盘 \ 视频 \ 第 7 章 \ 实战 152.mp4

实战 152 风车转场效果

● 实例介绍 ●

"风车"转场是一种将第一个镜头的画面以风车旋转的形式擦除，然后逐渐过渡至第二个镜头的转场效果。应用"风车"转场效果的具体操作步骤如下。

● 操作步骤 ●

STEP 01 在Premiere Pro CC工作界面中，按Ctrl + O组合键，打开一个项目文件，如图7-257所示。

STEP 02 打开项目文件后，在"节目监视器"面板中可以查看素材画面，如图7-258所示。

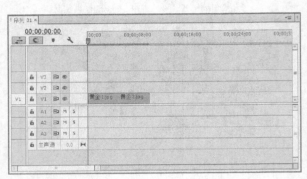

图7-257 打开项目文件

图7-258 查看素材画面

STEP 03 在"效果"面板中，展开"视频过渡"选项，在"擦除"列表框中选择"风车"选项，如图7-259所示。

STEP 04 按住鼠标左键将"风车"视频过渡拖曳到"时间轴"面板中相应的两个素材文件之间，如图7-260所示。

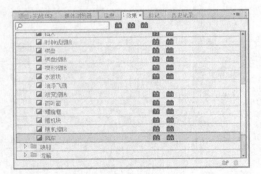

图7-259 选择"风车"选项

图7-260 添加转场效果

STEP 05 在"节目监视器"面板中，单击"播放-停止切换"按钮，预览添加转场后的视频效果，如图7-261所示。

图7-261 预览视频效果

7.2 高级转场效果的添加

高级视频转场效果主要是指Premiere Pro CC自身附带的特定转场效果，用户可以根据需要在影片素材之间添加高级转场特效。本节主要介绍高级转场效果的添加方法，供读者掌握。

实战 153 渐变擦除转场效果

▶ 实例位置：光盘 \ 效果 \ 第 7 章 \ 实战 153.prproj
▶ 素材位置：光盘 \ 素材 \ 第 7 章 \ 实战 153.prproj
▶ 视频位置：光盘 \ 视频 \ 第 7 章 \ 实战 153.mp4

● 实例介绍 ●

"渐变擦除"转场效果是将第二个镜头的画面以渐变的方式逐渐取代第一个镜头的转场效果。应用"风车"转场效果的具体操作步骤如下。

● 操作步骤 ●

STEP 01 在Premiere Pro CC工作界面中，按Ctrl + O组合键，打开一个项目文件，如图7-262所示。

STEP 02 打开项目文件后，在"节目监视器"面板中可以查看素材画面，如图7-263所示。

图7-262 打开一个项目文件

图7-263 查看素材画面

STEP 03 在"效果"面板中，展开"视频过渡"|"擦除"选项，在其中选择"渐变擦除"视频过渡，如图7-264所示。

STEP 04 将"渐变擦除"视频过渡拖曳到"时间轴"面板中相应的两个素材文件之间，如图7-265所示。

图7-264 选择"渐变擦除"视频过渡

图7-265 拖曳视频过渡

STEP 05 释放鼠标，弹出"渐变擦除设置"对话框，在对话框中设置"柔和度"为0，如图7-266所示。

STEP 06 单击"确定"按钮，即可设置"渐变擦除"转场效果，如图7-267所示。

图7-266 设置"柔和度"

图7-267 设置"渐变擦除"转场效果

STEP 07 单击"播放-停止切换"按钮,预览视频效果,如图7-268所示。

图7-268 预览视频效果

实战 154 翻页转场效果

▶ 实例位置:光盘 \ 效果 \ 第 7 章 \ 实战 154.prproj
▶ 素材位置:光盘 \ 素材 \ 第 7 章 \ 实战 154.prproj
▶ 视频位置:光盘 \ 视频 \ 第 7 章 \ 实战 154.mp4

● 实例介绍 ●

"翻页"转场效果主要是将第一幅图像以翻页的形式从一角卷起,最终将第二幅图像显示出来。

● 操作步骤 ●

STEP 01 在Premiere Pro CC工作界面中,按Ctrl + O组合键,打开一个项目文件,如图7-269所示。

STEP 02 打开项目文件后,在"节目监视器"面板中可以查看素材画面,如图7-270所示。

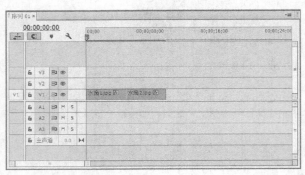

图7-269 打开项目文件

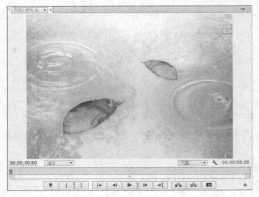

图7-270 查看素材画面

STEP 03 在"效果"面板中,展开"视频过渡"|"页面剥落"选项,在其中选择"翻页"视频过渡,如图7-271所示。

STEP 04 将"翻页"视频过渡拖曳到"时间轴"面板中相应的两个素材文件之间,如图7-272所示。

图7-271 选择"翻页"视频过渡

图7-272 添加视频过渡

STEP 05 执行操作后，即可添加"翻页"转场效果。在"节目监视器"面板中，单击"播放－停止切换"按钮，预览添加转场后的视频效果，如图7-273所示。

图7-273　预览视频效果

技巧点拨

　　用户在"效果"面板的"页面剥落"列表框中，选择"翻页"转场效果后，可以单击鼠标右键，在弹出的快捷菜单中选择"设置所选择为默认过渡"选项，即可将"翻页"转场效果设置为默认转场。

实战 155　滑动带转场效果

▶ 实例位置：光盘 \ 效果 \ 第 7 章 \ 实战 155.prproj
▶ 素材位置：光盘 \ 素材 \ 第 7 章 \ 实战 155.prproj
▶ 视频位置：光盘 \ 视频 \ 第 7 章 \ 实战 155.mp4

● 实例介绍 ●

　　"滑动带"转场效果能够将第二个镜头画面以百叶窗的形式用水平线逐渐显示出来。

● 操作步骤 ●

STEP 01 在Premiere Pro CC工作界面中，按Ctrl＋O组合键，打开一个项目文件，如图7-274所示。

STEP 02 打开项目文件后，在"节目监视器"面板中可以查看素材画面，如图7-275所示。

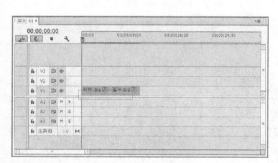

图7-274　打开项目文件

图7-275　查看素材画面

STEP 03 在"效果"面板中，展开"视频过渡"|"滑动"选项，在其中选择"滑动带"视频过渡，如图7-276所示。

STEP 04 将"滑动带"视频过渡拖曳到"时间轴"面板中相应的两个素材文件之间，如图7-277所示。

图7-276　选择"滑动带"视频过渡

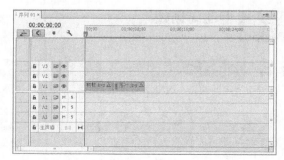

图7-277　拖曳视频过渡

STEP 05 在添加的视频过渡上单击鼠标右键，在弹出的快捷菜单中选择"设置过渡持续时间"选项，如图7-278所示。

STEP 06 在弹出的"设置过渡持续时间"对话框中，设置"持续时间"为00:00:09:00，如图7-279所示。

图7-278 选择"设置过渡持续时间"选项

图7-279 "设置过渡持续时间"对话框

技巧点拨

在Premiere Pro CC中，"滑动"转场效果是以画面滑动的方式进行转换的，共有12种转场效果。

STEP 07 单击"确定"按钮，设置过渡持续时间，如图7-280所示。

STEP 08 执行上述操作后，即可设置"滑动带"转场效果，如图7-281所示。

图7-280 设置过渡持续时间

图7-281 设置"滑动带"转场效果

STEP 09 在"节目监视器"面板中，单击"播放-停止切换"按钮，预览添加转场后的视频效果，如图7-282所示。

图7-282 预览视频效果

实战 156 滑动转场效果

▶ 实例位置：光盘\效果\第7章\实战156.prproj
▶ 素材位置：光盘\素材\第7章\实战156.prproj
▶ 视频位置：光盘\视频\第7章\实战156.mp4

● 实例介绍 ●

"滑动"转场效果不改变第一镜头画面，而是直接将第二画面滑入第一镜头中。

● 操作步骤 ●

STEP 01 在Premiere Pro CC工作界面中，按Ctrl+O组合键，打开一个项目文件，如图7-283所示。

STEP 02 打开项目文件后，在"节目监视器"面板中可以查看素材画面，如图7-284所示。

图7-283　打开项目文件

图7-284　查看素材画面

STEP 03 在"效果"面板中，展开"视频过渡"|"滑动"选项，在其中选择"滑动"视频过渡，如图7-285所示。

图7-285　选择"滑动"视频过渡

STEP 04 将"滑动"视频过渡拖曳到"时间轴"面板中相应的两个素材文件之间，如图7-286所示。

图7-286　拖曳视频过渡

STEP 05 在添加的视频过渡上单击鼠标右键，在弹出的快捷菜单中选择"设置过渡持续时间"选项，如图7-287所示。

图7-287　选择"设置过渡持续时间"选项

STEP 06 在弹出的"设置过渡持续时间"对话框中，设置"持续时间"为00:00:06:20，如图7-288所示。

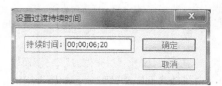

图7-288　"设置过渡持续时间"对话框

STEP 07 单击"确定"按钮，设置过渡持续时间，如图7-289所示。

图7-289　设置过渡持续时间

STEP 08 执行上述操作后，即可设置"滑动带"转场效果，如图7-290所示。

图7-290　设置"滑动带"转场效果

STEP 09 在"节目监视器"面板中，单击"播放–停止切换"按钮，预览添加转场后的视频效果，如图7–291所示。

图7–291　预览视频效果

实战 157　抖动溶解转场效果

▶ 实例位置：光盘 \ 效果 \ 第 7 章 \ 实战 157. prproj
▶ 素材位置：光盘 \ 素材 \ 第 7 章 \ 实战 157. prproj
▶ 视频位置：光盘 \ 视频 \ 第 7 章 \ 实战 157. mp4

● 实例介绍 ●

"抖动溶解"转场效果是在第一镜头画面中出现点状矩阵，直至第一镜头中的画面完全被替换为第二镜头的画面。

● 操作步骤 ●

STEP 01 在Premiere Pro CC工作界面中，按Ctrl + O组合键，打开一个项目文件，如图7–292所示。

STEP 02 打开项目文件后，在"节目监视器"面板中可以查看素材画面，如图7–293所示。

图7–292　打开项目文件

图7–293　查看素材画面

STEP 03 在"效果"面板中，展开"视频过渡"|"溶解"选项，在其中选择"抖动溶解"视频过渡，如图7–294所示。

STEP 04 将"抖动溶解"视频过渡拖曳到"时间轴"面板中相应的两个素材文件之间，如图7–295所示。

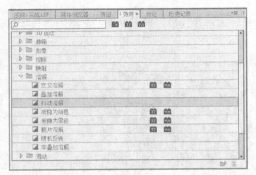

图7–294　选择"抖动溶解"视频过渡

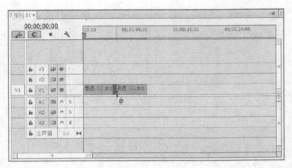

图7–295　拖曳视频过渡

STEP 05 在添加的视频过渡上单击鼠标右键，在弹出的快捷菜单中选择"设置过渡持续时间"选项，如图7–296所示。

STEP 06 在弹出的"设置过渡持续时间"对话框中，设置"持续时间"为00:00:06:20，如图7–297所示。然后单击"确定"按钮，设置过渡持续时间。

图7-296　选择"设置过渡持续时间"选项

图7-297　"设置过渡持续时间"对话框

STEP 07 执行操作后，即可添加"抖动溶解"转场效果。在"节目监视器"面板中，单击"播放–停止切换"按钮，预览添加转场后的视频效果，如图7-298所示。

图7-298　预览视频效果

实战 158　伸展进入转场效果

▶ 实例位置：光盘 \ 效果 \ 第 7 章 \ 实战 158.prproj
▶ 素材位置：光盘 \ 素材 \ 第 7 章 \ 实战 158.prproj
▶ 视频位置：光盘 \ 视频 \ 第 7 章 \ 实战 158.mp4

● 实例介绍 ●

　　"伸展进入"转场效果是一种以覆盖的方式来完成转场的转场效果，在第二个镜头画面被放大的同时，逐渐恢复到正常比例和透明度，最终覆盖在第一个镜头画面上。

● 操作步骤 ●

STEP 01 在Premiere Pro CC工作界面中，按Ctrl + O组合键，打开一个项目文件，如图7-299所示。

STEP 02 打开项目文件后，在"节目监视器"面板中可以查看素材画面，如图7-300所示。

图7-299　打开项目文件

图7-300　查看素材画面

STEP 03 在"效果"面板中，展开"视频过渡"|"伸缩"选项，在其中选择"伸展进入"视频过渡，如图7-301所示。

STEP 04 将"伸展进入"视频过渡拖曳到"时间轴"面板中相应的两个素材文件之间，如图7-302所示。

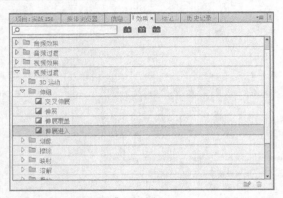

图7-301 选择"伸展进入"视频过渡

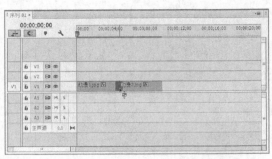

图7-302 拖曳视频过渡

STEP 05 在添加的视频过渡上单击鼠标右键，在弹出的快捷菜单中选择"设置过渡持续时间"选项，如图7-303所示。

STEP 06 在弹出的"设置过渡持续时间"对话框中，设置"持续时间"为00:00:10:00，如图7-304所示。然后单击"确定"按钮，设置过渡持续时间。

图7-303 选择"设置过渡持续时间"选项

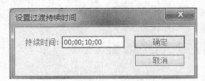

图7-304 "设置过渡持续时间"对话框

STEP 07 执行操作后，即可添加"伸展进入"转场效果。在"节目监视器"面板中，单击"播放–停止切换"按钮，预览添加转场后的视频效果，如图7-305所示。

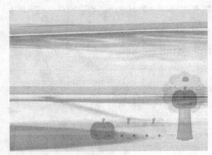 

图7-305 预览视频效果

实战 159 划像形状转场效果

▶ 实例位置：光盘 \ 效果 \ 第 7 章 \ 实战 159.prproj
▶ 素材位置：光盘 \ 素材 \ 第 7 章 \ 实战 159.prproj
▶ 视频位置：光盘 \ 视频 \ 第 7 章 \ 实战 159.mp4

● 实例介绍 ●

　　"划像形状"转场效果是在第一个镜头画面中出现一种形状透明的部分，然后逐渐展现出第二个镜头。

● 操作步骤 ●

STEP 01 在Premiere Pro CC工作界面中，按Ctrl + O组合键，打开一个项目文件，如图7-306所示。

STEP 02 打开项目文件后，在"节目监视器"面板中可以查看素材画面，如图7-307所示。

图7-306 打开项目文件

图7-307 查看素材画面

STEP 03 在"效果"面板中，展开"视频过渡"|"划像"选项，在其中选择"划像形状"视频过渡，如图7-308所示。

STEP 04 将"划像形状"视频过渡拖曳到"时间轴"面板中相应的两个素材文件之间，如图7-309所示。

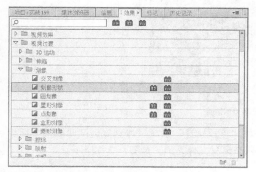

图7-308 选择"划像形状"视频过渡

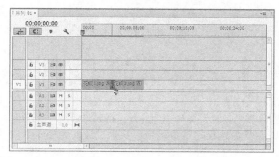

图7-309 拖曳视频过渡

STEP 05 在添加的视频过渡上单击鼠标右键，在弹出的快捷菜单中选择"设置过渡持续时间"选项，如图7-310所示。

STEP 06 在弹出的"设置过渡持续时间"对话框中，设置"持续时间"为00:00:09:00，如图7-311所示。然后单击"确定"按钮，设置过渡持续时间。

图7-310 选择"设置过渡持续时间"选项

图7-311 设置过渡持续时间

STEP 07 执行操作后，即可添加"划像形状"转场效果。在"节目监视器"面板中，单击"播放-停止切换"按钮，预览添加转场后的视频效果，如图7-312所示。

图7-312 预览视频效果

实战 160 缩放轨迹转场效果

▶ 实例位置：光盘 \ 效果 \ 第7章 \ 实战160.prproj
▶ 素材位置：光盘 \ 素材 \ 第7章 \ 实战160.prproj
▶ 视频位置：光盘 \ 视频 \ 第7章 \ 实战160.mp4

● 实例介绍 ●

在Premiere Pro CC中，"缩放轨迹"转场效果采用了大小变换的方式来实现视频剪辑之间的过渡。下面介绍应用缩放轨迹转场效果的方法。

● 操作步骤 ●

STEP 01 在Premiere Pro CC工作界面中，按Ctrl＋O组合键，打开一个项目文件，如图7-313所示。

STEP 02 打开项目文件后，在"节目监视器"面板中可以查看素材画面，如图7-314所示。

图7-313　打开项目文件

图7-314　查看素材画面

STEP 03 在"效果"面板中，展开"视频过渡"|"缩放"选项，在其中选择"缩放轨迹"视频过渡，如图7-315所示。

STEP 04 将"缩放轨迹"视频过渡拖曳到"时间轴"面板中相应的两个素材文件之间，如图7-316所示。

图7-315　选择"缩放轨迹"视频过渡

图7-316　拖曳视频过渡

STEP 05 执行上述操作后，单击"节目监视器"面板中的"播放-停止切换"按钮，即可预览"缩放轨迹"转场效果，如图7-317所示。

图7-317　预览视频效果

技巧点拨

在Premiere Pro CC中，"缩放"转场效果包含"交叉缩放""缩放""缩放轨迹"以及"缩放框"4种转场类型，下面对部分类型进行介绍.

➢ "缩放轨迹"转场效果：此种过渡是将两个相邻的剪辑，将图像B从图像A的中心放大并带着拖尾出现，然后取代图像A。

➢ "缩放框"转场效果：此种过渡是将两个相邻的剪辑，将图像B以12个方框的形式在图像A上放大出现，并取代图像A。

实战
161　立方体旋转转场效果

▶ 实例位置：光盘 \ 效果 \ 第 7 章 \ 实战 161. prproj
▶ 素材位置：光盘 \ 素材 \ 第 7 章 \ 实战 161. prproj
▶ 视频位置：光盘 \ 视频 \ 第 7 章 \ 实战 161. mp4

● 实例介绍 ●

　　"立方体旋转"是一种比较高级的3D转场效果，该效果是将第一个镜头与第二个镜头各自作为某个立方体的一面而进行旋转转换的。

● 操作步骤 ●

STEP 01 在Premiere Pro CC工作界面中，按Ctrl + O组合键，打开一个项目文件，如图7–318所示。

STEP 02 打开项目文件后，在"节目监视器"面板中可以查看素材画面，如图7–319所示。

图7-318　打开项目文件

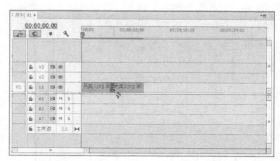

图7-319　查看素材画面

STEP 03 在"效果"面板中，展开"视频过渡"｜"3D运动"选项，在其中选择"立方体旋转"视频过渡，如图7–320所示。

STEP 04 将"立方体旋转"视频过渡拖曳到"时间轴"面板中相应的两个素材文件之间，如图7–321所示。

图7-320　选择"立方体旋转"视频过渡

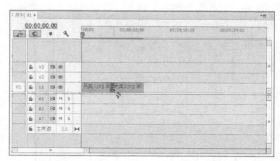

图7-321　拖曳视频过渡

STEP 05 执行上述操作后，单击"节目监视器"面板中的"播放–停止切换"按钮，即可预览"立方体旋转"转场效果，如图7–322所示。

图7-322　预览视频效果

实战 162 三维转场效果

▶ 实例位置：光盘 \ 效果 \ 第 7 章 \ 实战 162. prproj
▶ 素材位置：光盘 \ 素材 \ 第 7 章 \ 实战 162. prproj
▶ 视频位置：光盘 \ 视频 \ 第 7 章 \ 实战 162. mp4

● 实例介绍 ●

"三维"转场效果是将第一镜头与第二镜头画面的通道信息生成一段全新画面内容后，将其应用至镜头之间的转场效果中。

● 操作步骤 ●

STEP 01 在Premiere Pro CC工作界面中，按Ctrl + O组合键，打开一个项目文件，如图7-323所示。

STEP 02 打开项目文件后，在"节目监视器"面板中可以查看素材画面，如图7-324所示。

图7-324 查看素材画面

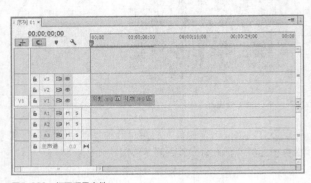
图7-323 打开项目文件

STEP 03 在"效果"面板中，展开"视频过渡"|"特殊效果"选项，在其中选择"三维"视频过渡，如图7-325所示。

STEP 04 将"三维"视频过渡拖曳到"时间轴"面板中的两个素材文件之间，如图7-326所示。

图7-325 选择"三维"视频过渡

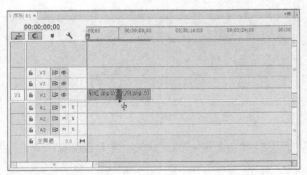
图7-326 拖曳视频过渡

STEP 05 执行上述操作后，单击"节目监视器"面板中的"播放-停止切换"按钮，即可预览"三维"转场效果，如图7-327所示。

图7-327 预览视频效果

<table>
<tr><td rowspan="3">

实战
163

</td><td rowspan="3">

明亮度映射转场效果

</td><td>▶ 实例位置：光盘 \ 效果 \ 第 7 章 \ 实战 163. prproj</td></tr>
<tr><td>▶ 素材位置：光盘 \ 素材 \ 第 7 章 \ 实战 163. prproj</td></tr>
<tr><td>▶ 视频位置：光盘 \ 视频 \ 第 7 章 \ 实战 163. mp4</td></tr>
</table>

● 实例介绍 ●

　　"明亮度映射"转场效果是将素材A的红色、绿色、蓝色通道作为映射条件逐渐显示。应用"明亮度映射"转场效果的具体操作步骤如下。

● 操作步骤 ●

STEP 01 在Premiere Pro CC工作界面中，按Ctrl + O组合键，打开一个项目文件，如图7-328所示。

STEP 02 打开项目文件后，在"节目监视器"面板中可以查看素材画面，如图7-329所示。

图7-328　打开一个项目文件

图7-329　查看素材画面

STEP 03 在"效果"面板中，展开"视频过渡"|"映射"选项，在其中选择"明亮度映射"视频过渡，如图7-330所示。

STEP 04 将"明亮度映射"视频过渡拖曳到"时间轴"面板中相应的两个素材文件之间，如图7-331所示。

图7-330　选择"明亮度映射"视频过渡

图7-331　拖曳视频过渡

STEP 05 在添加的视频过渡上单击鼠标右键，在弹出的快捷菜单中选择"设置过渡持续时间"选项，如图7-332所示。

STEP 06 在弹出的"设置过渡持续时间"对话框中，设置"持续时间"为00:00:09:00，如图7-333所示。然后单击"确定"按钮，设置过渡持续时间。

图7-332　选择"设置过渡持续时间"选项

图7-333　"设置过渡持续时间"对话框

STEP 07 执行操作后，即可添加"明亮度映射"转场效果。在"节目监视器"面板中，单击"播放–停止切换"按钮，预览添加转场后的视频效果，如图7-334所示。

图7-334　预览视频效果

实战 164　交叉溶解转场效果

▶ 实例位置：光盘\效果\第7章\实战164.prproj
▶ 素材位置：光盘\素材\第7章\实战164.prproj
▶ 视频位置：光盘\视频\第7章\实战164.mp4

● 实例介绍 ●

　　"交叉溶解"转场效果是将第一镜头与第二镜头画面淡入淡出，然后逐渐过渡至第二个镜头的转场效果。应用"交叉溶解"转场效果的具体操作步骤如下。

● 操作步骤 ●

STEP 01 在Premiere Pro CC工作界面中，按Ctrl + O组合键，打开一个项目文件，如图7-335所示。

STEP 02 打开项目文件后，在"节目监视器"面板中可以查看素材画面，如图7-336所示。

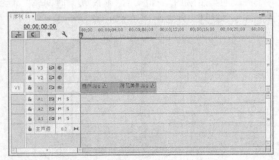

图7-335　打开一个项目文件

图7-336　查看素材画面

STEP 03 在"效果"面板中，展开"视频过渡"|"溶解"选项，在其中选择"交叉溶解"视频过渡，如图7-337所示。

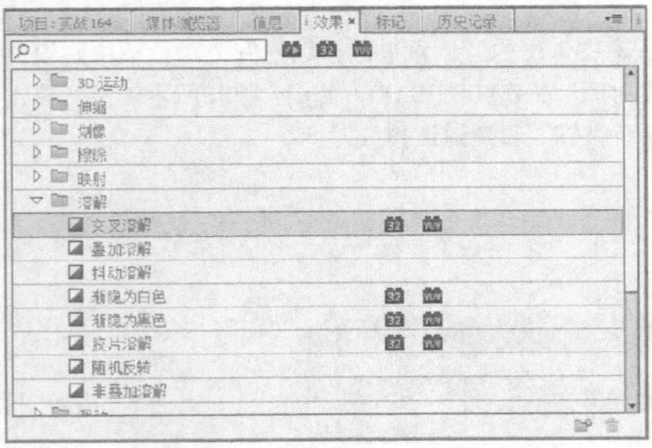

STEP 04 将"交叉溶解"视频过渡拖曳到"时间轴"面板中相应的两个素材文件之间，如图7-338所示。

图7-337　选择"交叉溶解"视频过渡

图7-338　拖曳视频过渡

STEP 05 在添加的视频过渡上单击鼠标右键，在弹出的快捷菜单中选择"设置过渡持续时间"选项，如图7-339所示。

STEP 06 在弹出的"设置过渡持续时间"对话框中，设置"持续时间"为00:00:09:00，如图7-340所示。单击"确定"按钮，设置过渡持续时间。

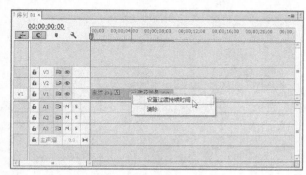

图7-339　选择"设置过渡持续时间"选项

图7-340　"设置过渡持续时间"对话框

STEP 07 执行操作后，即可添加"交叉溶解"转场效果。在"节目监视器"面板中，单击"播放–停止切换"按钮，预览添加转场后的视频效果，如图7-341所示。

图7-341　预览视频效果

实战 165　渐隐为白色转场效果

▶ 实例位置：光盘 \ 效果 \ 第 7 章 \ 实战 165.prproj
▶ 素材位置：光盘 \ 素材 \ 第 7 章 \ 实战 165.prproj
▶ 视频位置：光盘 \ 视频 \ 第 7 章 \ 实战 165.mp4

● 实例介绍 ●

"渐隐为白色"转场效果是将第一镜头与第二镜头画面渐隐为白色，然后逐渐过渡至第二个镜头的转场效果。应用"渐隐为白色"转场效果的具体操作步骤如下。

● 操作步骤 ●

STEP 01 在Premiere Pro CC工作界面中，按Ctrl + O组合键，打开一个项目文件，如图7-342所示。

STEP 02 打开项目文件后，在"节目监视器"面板中可以查看素材画面，如图7-343所示。

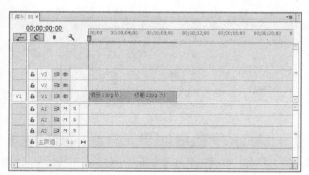

图7-342　打开一个项目文件

图7-343　查看素材画面

STEP 03 在"效果"面板中，展开"视频过渡"|"溶解"选项，在其中选择"渐隐为白色"视频过渡，如图7-344所示。

STEP 04 将"渐隐为白色"视频过渡拖曳到"时间轴"面板中相应的两个素材文件之间，如图7-345所示。

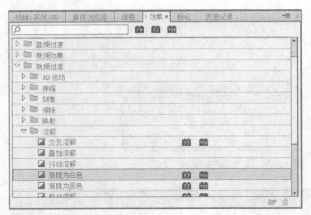

图7-344 选择"渐隐为白色"视频过渡

图7-345 拖曳视频过渡

STEP 05 在添加的视频过渡上单击鼠标右键，在弹出的快捷菜单中选择"设置过渡持续时间"选项，如图7-346所示。

STEP 06 在弹出的"设置过渡持续时间"对话框中，设置"持续时间"为00:00:09:00，如图7-347所示。单击"确定"按钮，设置过渡持续时间。

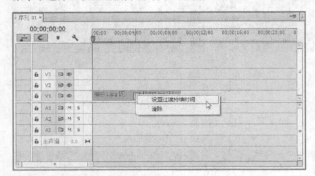

图7-346 选择"设置过渡持续时间"选项

图7-347 "设置过渡持续时间"对话框

STEP 07 执行操作后，即可添加"渐隐为白色"转场效果。在"节目监视器"面板中，单击"播放-停止切换"按钮，预览添加转场后的视频效果，如图7-348所示。

图7-348 预览视频效果

实战 166 渐隐为黑色转场效果

▶ 实例位置：光盘 \ 效果 \ 第7章 \ 实战166.prproj
▶ 素材位置：光盘 \ 素材 \ 第7章 \ 实战166.prproj
▶ 视频位置：光盘 \ 视频 \ 第7章 \ 实战166.mp4

● 实例介绍 ●

"渐隐为黑色"转场效果是将第一镜头与第二镜头画面渐隐为黑色，然后逐渐过渡至第二个镜头的转场效果。应用"渐隐为黑色"转场效果的具体操作步骤如下。

● 操作步骤 ●

STEP 01 在Premiere Pro CC工作界面中，按Ctrl＋O组合键，打开一个项目文件，如图7-349所示。

STEP 02 打开项目文件后，在"节目监视器"面板中可以查看素材画面，如图7-350所示。

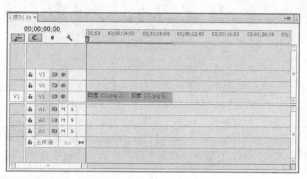

图7-349　打开一个项目文件

图7-350　查看素材画面

STEP 03 在"效果"面板中，展开"视频过渡" | "溶解"选项，在其中选择"渐隐为黑色"视频过渡，如图7-351所示。

STEP 04 将"渐隐为黑色"视频过渡拖曳到"时间轴"面板中相应的两个素材文件之间，如图7-352所示。

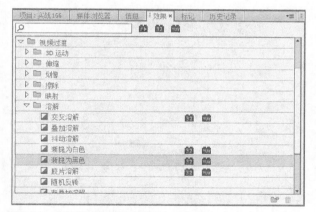

图7-351　选择"渐隐为黑色"视频过渡

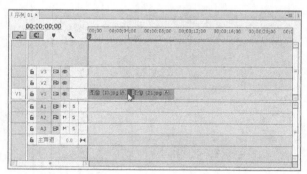

图7-352　拖曳视频过渡

STEP 05 在添加的视频过渡上单击鼠标右键，在弹出的快捷菜单中选择"设置过渡持续时间"选项，如图7-353所示。

STEP 06 在弹出的"设置过渡持续时间"对话框中，设置"持续时间"为00:00:09:00，如图7-354所示。单击"确定"按钮，设置过渡持续时间。

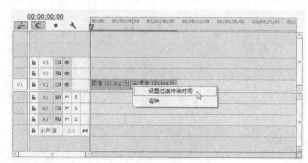

图7-353　选择"设置过渡持续时间"选项

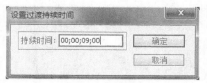

图7-354　"设置过渡持续时间"对话框

STEP 07 执行操作后，即可添加"渐隐为黑色"转场效果。在"节目监视器"面板中，单击"播放－停止切换"按钮，预览添加转场后的视频效果，如图7-355所示。

图7-355 预览视频效果

实战 167 胶片溶解转场效果

▶ 实例位置：光盘 \ 效果 \ 第 7 章 \ 实战 167. prproj
▶ 素材位置：光盘 \ 素材 \ 第 7 章 \ 实战 167. prproj
▶ 视频位置：光盘 \ 视频 \ 第 7 章 \ 实战 167. mp4

● 实例介绍 ●

"胶片溶解"转场效果是将第一镜头与第二镜头用场景淡入和淡出，然后逐渐过渡至第二个镜头的转场效果。应用"胶片溶解"转场效果的具体操作步骤如下。

● 操作步骤 ●

STEP 01 在Premiere Pro CC工作界面中，按Ctrl＋O组合键，打开一个项目文件，如图7-356所示。

STEP 02 打开项目文件后，在"节目监视器"面板中可以查看素材画面，如图7-357所示。

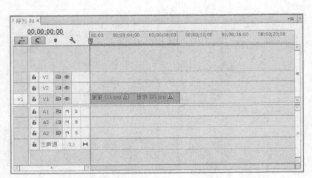

图7-356 打开一个项目文件

图7-357 查看素材画面

STEP 03 在"效果"面板中，展开"视频过渡"|"溶解"选项，在其中选择"胶片溶解"视频过渡，如图7-358所示。

STEP 04 将"胶片溶解"视频过渡拖曳到"时间轴"面板中相应的两个素材文件之间，如图7-359所示。

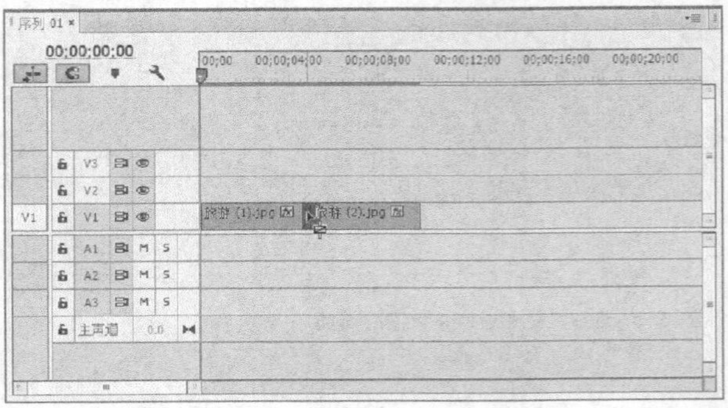

图7-358 选择"胶片溶解"视频过渡

图7-359 拖曳视频过渡

STEP 05 在添加的视频过渡上单击鼠标右键，在弹出的快捷菜单中选择"设置过渡持续时间"选项，如图7-360所示。

STEP 06 在弹出的"设置过渡持续时间"对话框中，设置"持续时间"为00:00:09:00，如图7-361所示。单击"确定"按钮，设置过渡持续时间。

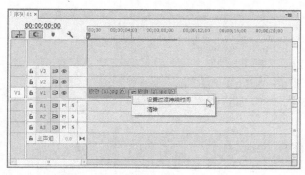

图7-360 选择"设置过渡持续时间"选项

图7-361 "设置过渡持续时间"对话框

STEP 07 执行操作后，即可添加"胶片溶解"转场效果。在"节目监视器"面板中，单击"播放–停止切换"按钮，预览添加转场后的视频效果，如图7-362所示。

图7-362 预览视频效果

实战 168 随机反转转场效果

▶ 实例位置：光盘 \ 效果 \ 第 7 章 \ 实战 168.prproj
▶ 素材位置：光盘 \ 素材 \ 第 7 章 \ 实战 168.prproj
▶ 视频位置：光盘 \ 视频 \ 第 7 章 \ 实战 168.mp4

● 实例介绍 ●

"随机反转"转场效果是将第一镜头与第二镜头用一组随机的反色块过渡至第二个镜头的转场效果。应用"随机反转"转场效果的具体操作步骤如下。

● 操作步骤 ●

STEP 01 在Premiere Pro CC工作界面中，按Ctrl＋O组合键，打开一个项目文件，如图7-363所示。

STEP 02 打开项目文件后，在"节目监视器"面板中可以查看素材画面，如图7-364所示。

图7-363 打开一个项目文件

图7-364 查看素材画面

STEP 03 在"效果"面板中，展开"视频过渡"丨"溶解"选项，在其中选择"随机反转"视频过渡，如图7-365所示。

图7-365　选择"随机反转"视频过渡

STEP 04 将"随机反转"视频过渡拖曳到"时间轴"面板中相应的两个素材文件之间，如图7-366所示。

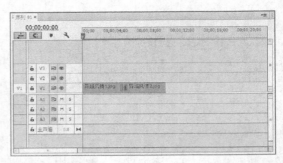

图7-366　拖曳视频过渡

STEP 05 在添加的视频过渡上单击鼠标右键，在弹出的快捷菜单中选择"设置过渡持续时间"选项，如图7-367所示。

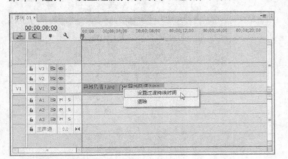

图7-367　选择"设置过渡持续时间"选项

STEP 06 在弹出的"设置过渡持续时间"对话框中，设置"持续时间"为00:00:09:00，如图7-368所示。单击"确定"按钮，设置过渡持续时间。

图7-368　"设置过渡持续时间"对话框

STEP 07 执行操作后，即可添加"随机反转"转场效果。在"节目监视器"面板中，单击"播放-停止切换"按钮，预览添加转场后的视频效果，如图7-369所示。

图7-369　预览视频效果

实战 169　非叠加溶解转场效果

▶ 实例位置：光盘 \ 效果 \ 第 7 章 \ 实战 169. prproj
▶ 素材位置：光盘 \ 素材 \ 第 7 章 \ 实战 169. prproj
▶ 视频位置：光盘 \ 视频 \ 第 7 章 \ 实战 169. mp4

● 实例介绍 ●

　　"非叠加溶解"转场效果是将第一镜头与第二镜头用色相纹理逐渐过渡至第二个镜头的转场效果。应用"非叠加溶解"转场效果的具体操作步骤如下。

● 操作步骤 ●

STEP 01 在Premiere Pro CC工作界面中，按Ctrl＋O组合键，打开一个项目文件，如图7-370所示。

STEP 02 打开项目文件后，在"节目监视器"面板中可以查看素材画面，如图7-371所示。

图7-370 打开一个项目文件

图7-371 查看素材画面

STEP 03 在"效果"面板中，展开"视频过渡"|"溶解"选项，在其中选择"非叠加溶解"视频过渡，如图7-372所示。

STEP 04 将"非叠加溶解"视频过渡拖曳到"时间轴"面板中相应的两个素材文件之间，如图7-373所示。

图7-372 选择"非叠加溶解"视频过渡

图7-373 拖曳视频过渡

STEP 05 在添加的视频过渡上单击鼠标右键，在弹出的快捷菜单中选择"设置过渡持续时间"选项，如图7-374所示。

STEP 06 在弹出的"设置过渡持续时间"对话框中，设置"持续时间"为00:00:09:00，如图7-375所示。单击"确定"按钮，设置过渡持续时间。

图7-374 选择"设置过渡持续时间"选项

图7-375 "设置过渡持续时间"对话框

STEP 07 执行操作后，即可添加"非叠加溶解"转场效果。在"节目监视器"面板中，单击"播放-停止切换"按钮，预览添加转场后的视频效果，如图7-376所示。

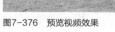

图7-376 预览视频效果

实战 170 中心合并转场效果

▶ 实例位置：光盘 \ 效果 \ 第 7 章 \ 实战 170. prproj
▶ 素材位置：光盘 \ 素材 \ 第 7 章 \ 实战 170. prproj
▶ 视频位置：光盘 \ 视频 \ 第 7 章 \ 实战 170. mp4

● 实例介绍 ●

"中心合并"转场效果是将素材分成4块后向中心收缩。应用"中心合并"转场效果的具体操作步骤如下。

● 操作步骤 ●

STEP 01 在Premiere Pro CC工作界面中，按Ctrl + O组合键，打开一个项目文件，如图7-377所示。

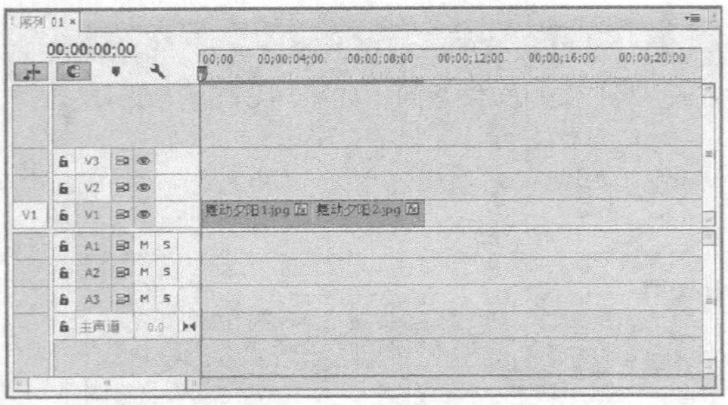

STEP 02 打开项目文件后，在"节目监视器"面板中可以查看素材画面，如图7-378所示。

图7-377 打开一个项目文件

图7-378 查看素材画面

STEP 03 在"效果"面板中，展开"视频过渡"|"滑动"选项，在其中选择"中心合并"视频过渡，如图7-379所示。

STEP 04 将"中心合并"视频过渡拖曳到"时间轴"面板中相应的两个素材文件之间，如图7-380所示。

图7-379 选择"中心合并"视频过渡

图7-380 拖曳视频过渡

STEP 05 在添加的视频过渡上单击鼠标右键，在弹出的快捷菜单中选择"设置过渡持续时间"选项，如图7-381所示。

STEP 06 在弹出的"设置过渡持续时间"对话框中，设置"持续时间"为00:00:09:00，如图7-382所示。单击"确定"按钮，设置过渡持续时间。

图7-381 选择"设置过渡持续时间"选项

图7-382 "设置过渡持续时间"对话框

STEP 07 执行操作后，即可添加"中心合并"转场效果。在"节目监视器"面板中，单击"播放–停止切换"按钮，预览添加转场后的视频效果，如图7-383所示。

图7-383　预览视频效果

实战 171 互换转场效果

▶ 实例位置：光盘 \ 效果 \ 第 7 章 \ 实战 171.prproj
▶ 素材位置：光盘 \ 素材 \ 第 7 章 \ 实战 171.prproj
▶ 视频位置：光盘 \ 视频 \ 第 7 章 \ 实战 171.mp4

● 实例介绍 ●

"互换"转场效果是将第二镜头从第一镜头的后面交换到上面。应用"互换"转场效果的具体操作步骤如下。

● 操作步骤 ●

STEP 01 在Premiere Pro CC工作界面中，按Ctrl + O组合键，打开一个项目文件，如图7-384所示。

STEP 02 打开项目文件后，在"节目监视器"面板中可以查看素材画面，如图7-385所示。

图7-384　打开一个项目文件

STEP 03 在"效果"面板中，展开"视频过渡"|"滑动"选项，在其中选择"互换"视频过渡，如图7-386所示。

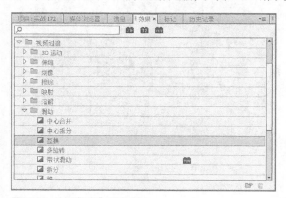

图7-386　选择"互换"视频过渡

STEP 04 将"互换"视频过渡拖曳到"时间轴"面板中的两个素材文件之间，如图7-387所示。

图7-387　拖曳视频过渡

223

STEP 05 在添加的视频过渡上单击鼠标右键，在弹出的快捷菜单中选择"设置过渡持续时间"选项，如图7-388所示。

STEP 06 在弹出的"设置过渡持续时间"对话框中，设置"持续时间"为00:00:09:00，如图7-389所示。单击"确定"按钮，设置过渡持续时间。

图7-388 选择"设置过渡持续时间"选项

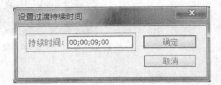

图7-389 "设置过渡持续时间"对话框

STEP 07 执行操作后，即可添加"互换"转场效果。在"节目监视器"面板中，单击"播放-停止切换"按钮，预览添加转场后的视频效果，如图7-390所示。

图7-390 预览视频效果

实战 172 多旋转转场效果

▶ 实例位置：光盘 \ 效果 \ 第7章 \ 实战172.prproj
▶ 素材位置：光盘 \ 素材 \ 第7章 \ 实战172.prproj
▶ 视频位置：光盘 \ 视频 \ 第7章 \ 实战172.mp4

● 实例介绍 ●

"多旋转"转场效果是一种将第一个镜头的画面分割成矩形块并不断旋转放大，然后逐渐过渡至第二个镜头的转场效果。应用"多旋转"转场效果的具体操作步骤如下。

● 操作步骤 ●

STEP 01 在Premiere Pro CC工作界面中，按Ctrl+O组合键，打开一个项目文件，如图7-391所示。

STEP 02 打开项目文件后，在"节目监视器"面板中可以查看素材画面，如图7-392所示。

图7-391 打开一个项目文件

图7-392 查看素材画面

STEP 03 在"效果"面板中，展开"视频过渡"|"滑动"选项，在其中选择"多旋转"视频过渡，如图7-393所示。

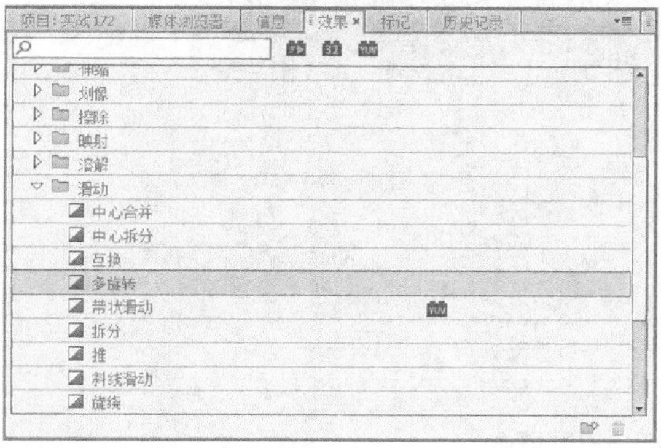

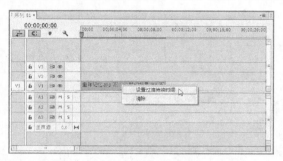

图7-393　选择"多旋转"视频过渡

STEP 04 将"多旋转"视频过渡拖曳到"时间轴"面板中的两个素材文件之间，如图7-394所示。

图7-394　拖曳视频过渡

STEP 05 在添加的视频过渡上单击鼠标右键，在弹出的快捷菜单中选择"设置过渡持续时间"选项，如图7-395所示。

图7-395　选择"设置过渡持续时间"选项

STEP 06 在弹出的"设置过渡持续时间"对话框中，设置"持续时间"为00:00:09:00，如图7-396所示。单击"确定"按钮，设置过渡持续时间。

图7-396　"设置过渡持续时间"对话框

STEP 07 执行操作后，即可添加"多旋转"转场效果。在"节目监视器"面板中，单击"播放-停止切换"按钮，预览添加转场后的视频效果，如图7-397所示。

图7-397　预览视频效果

实战 173　拆分转场效果

▶ 实例位置：光盘 \ 效果 \ 第 7 章 \ 实战 173.prproj
▶ 素材位置：光盘 \ 素材 \ 第 7 章 \ 实战 173.prproj
▶ 视频位置：光盘 \ 视频 \ 第 7 章 \ 实战 173.mp4

● 实例介绍 ●

"拆分"转场效果是一种将第一个镜头的画面从屏幕一分为二并向两边滑动，然后逐渐过渡至第二个镜头的转场效果。应用"拆分"转场效果的具体操作步骤如下。

● 操作步骤 ●

STEP 01 在Premiere Pro CC工作界面中，按Ctrl + O组合键，打开一个项目文件，如图7-398所示。

STEP 02 打开项目文件后，在"节目监视器"面板中可以查看素材画面，如图7-399所示。

图7-398 打开一个项目文件

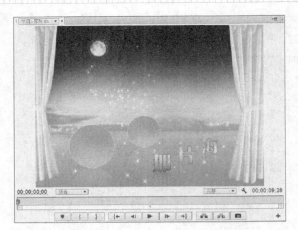

图7-399 查看素材画面

STEP 03 在"效果"面板中，展开"视频过渡"|"滑动"选项，在其中选择"拆分"视频过渡，如图7-400所示。

STEP 04 将"拆分"视频过渡拖曳到"时间轴"面板中的两个素材文件之间，如图7-401所示。

图7-400 选择"拆分"视频过渡

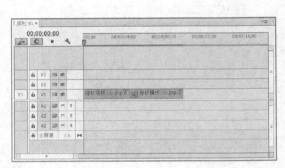

图7-401 拖曳视频过渡

STEP 05 在添加的视频过渡上单击鼠标右键，在弹出的快捷菜单中选择"设置过渡持续时间"选项，如图7-402所示。

STEP 06 在弹出的"设置过渡持续时间"对话框中，设置"持续时间"为00:00:09:00，如图7-403所示。单击"确定"按钮，设置过渡持续时间。

图7-402 选择"设置过渡持续时间"选项

图7-403 "设置过渡持续时间"对话框

STEP 07 执行操作后，即可添加"拆分"转场效果。在"节目监视器"面板中，单击"播放-停止切换"按钮，预览添加转场后的视频效果，如图7-404所示。

图7-404 预览视频效果

实战 174　推转场效果

▶ 实例位置：光盘 \ 效果 \ 第 7 章 \ 实战 174.prproj
▶ 素材位置：光盘 \ 素材 \ 第 7 章 \ 实战 174.prproj
▶ 视频位置：光盘 \ 视频 \ 第 7 章 \ 实战 174.mp4

● 实例介绍 ●

　　"推"转场效果是一种将第一个镜头的画面以推动的方式滑出屏幕，然后逐渐过渡至第二个镜头的转场效果。应用"推"转场效果的具体操作步骤如下。

● 操作步骤 ●

STEP 01 在Premiere Pro CC工作界面中，按Ctrl + O组合键，打开一个项目文件，如图7-405所示。

STEP 02 打开项目文件后，在"节目监视器"面板中可以查看素材画面，如图7-406所示。

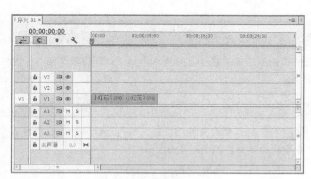

图7-405　打开一个项目文件

图7-406　查看素材画面

STEP 03 在"效果"面板中，展开"视频过渡"|"滑动"选项，在其中选择"推"视频过渡，如图7-407所示。

STEP 04 将"推"视频过渡拖曳到"时间轴"面板中的两个素材文件之间，如图7-408所示。

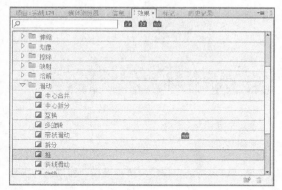

图7-407　选择"推"视频过渡

图7-408　拖曳视频过渡

STEP 05 在添加的视频过渡上单击鼠标右键，在弹出的快捷菜单中选择"设置过渡持续时间"选项，如图7-409所示。

STEP 06 在弹出的"设置过渡持续时间"对话框中，设置"持续时间"为00:00:09:00，如图7-410所示。单击"确定"按钮，设置过渡持续时间。

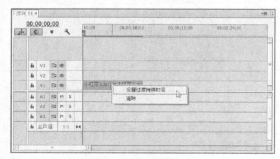

图7-409　选择"设置过渡持续时间"选项

图7-410　"设置过渡持续时间"对话框

STEP 07 执行上述操作后，即可添加
"推"转场效果。在"节目监视器"面
板中，单击"播放-停止切换"按钮，预
览添加转场后的视频效果，如图7-411
所示。

图7-411　预览视频效果

实战 175　斜线滑动转场效果

▶ 实例位置：光盘 \ 效果 \ 第 7 章 \ 实战 175.prproj
▶ 素材位置：光盘 \ 素材 \ 第 7 章 \ 实战 175.prproj
▶ 视频位置：光盘 \ 视频 \ 第 7 章 \ 实战 175.mp4

● 实例介绍 ●

　　"斜线滑动"转场效果是一种将第一个镜头的画面以自由线条的形式从某一方向滑入，然后逐渐过渡至第二个镜
头的转场效果。应用"斜线滑动"转场效果的具体操作步骤如下。

● 操作步骤 ●

STEP 01 在Premiere Pro CC工作界面中，按Ctrl + O组合
键，打开一个项目文件，如图7-412所示。

STEP 02 打开项目文件后，在"节目监视器"面板中可以
查看素材画面，如图7-413所示。

图7-412　打开一个项目文件

图7-413　查看素材画面

STEP 03 在"效果"面板中，展开"视频过渡"|"滑动"选
项，在其中选择"斜线滑动"视频过渡，如图7-414所示。

STEP 04 将"斜线滑动"视频过渡拖曳到"时间轴"面板
中的两个素材文件之间，如图7-415所示。

图7-414　选择"斜线滑动"视频过渡

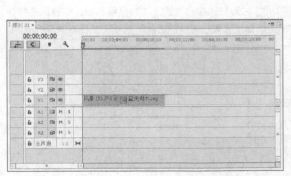

图7-415　拖曳视频过渡

STEP 05 在添加的视频过渡上单击鼠标右键，在弹出的快捷菜单中选择"设置过渡持续时间"选项，如图7-416所示。

STEP 06 在弹出的"设置过渡持续时间"对话框中，设置"持续时间"为00:00:09:00，如图7-417所示。单击"确定"按钮，设置过渡持续时间。

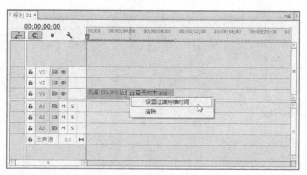

图7-416 选择"设置过渡持续时间"选项

图7-417 "设置过渡持续时间"对话框

STEP 07 执行操作后，即可添加"斜线滑动"转场效果。在"节目监视器"面板中，单击"播放–停止切换"按钮，预览添加转场后的视频效果，如图7-418所示。

图7-418 预览视频效果

实战 176 旋绕转场效果

▶ 实例位置：光盘 \ 效果 \ 第7章 \ 实战176.prproj
▶ 素材位置：光盘 \ 素材 \ 第7章 \ 实战176.prproj
▶ 视频位置：光盘 \ 视频 \ 第7章 \ 实战176.mp4

● **实例介绍** ●

"旋绕"转场效果是一种将第一个镜头的画面分割成若干块，集中从中心旋转放大，然后逐渐过渡至第二个镜头的转场效果。应用"旋绕"转场效果的具体操作步骤如下。

● **操作步骤** ●

STEP 01 在Premiere Pro CC工作界面中，按Ctrl + O组合键，打开一个项目文件，如图7-419所示。

STEP 02 打开项目文件后，在"节目监视器"面板中可以查看素材画面，如图7-420所示。

图7-419 打开一个项目文件

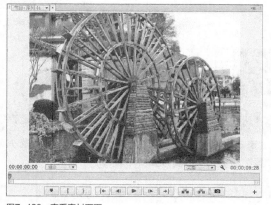

图7-420 查看素材画面

STEP 03 在"效果"面板中，展开"视频过渡" | "滑动"选项，在其中选择"旋绕"视频过渡，如图7-421所示。

STEP 04 将"旋绕"视频过渡拖曳到"时间轴"面板中的两个素材文件之间，如图7-422所示。

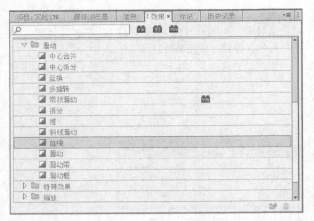

图7-421 选择"旋绕"视频过渡

图7-422 拖曳视频过渡

STEP 05 在添加的视频过渡上单击鼠标右键，在弹出的快捷菜单中选择"设置过渡持续时间"选项，如图7-423所示。

STEP 06 在弹出的"设置过渡持续时间"对话框中，设置"持续时间"为00:00:09:00，如图7-424所示。单击"确定"按钮，设置过渡持续时间。

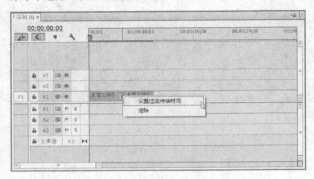

图7-423 选择"设置过渡持续时间"选项

图7-424 "设置过渡持续时间"对话框

STEP 07 执行操作后，即可添加"旋绕"转场效果。在"节目监视器"面板中，单击"播放-停止切换"按钮，预览添加转场后的视频效果，如图7-425所示。

图7-425 预览视频效果

实战 177 滑动框转场效果

▶ 实例位置：光盘 \ 效果 \ 第 7 章 \ 实战 177. prproj
▶ 素材位置：光盘 \ 素材 \ 第 7 章 \ 实战 177. prproj
▶ 视频位置：光盘 \ 视频 \ 第 7 章 \ 实战 177. mp4

● 实例介绍 ●

"滑动框"转场效果是一种将第一个镜头的画面分割成若干块，从屏幕某一方向滑动进屏幕的转场效果。应用"滑动框"转场效果的具体操作步骤如下。

● 操作步骤 ●

STEP 01 在Premiere Pro CC工作界面中，按Ctrl＋O组合键，打开一个项目文件，如图7-426所示。

STEP 02 打开项目文件后，在"节目监视器"面板中可以查看素材画面，如图7-427所示。

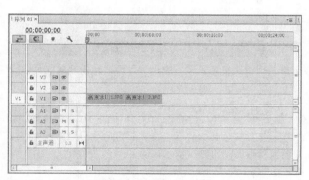

图7-426　打开一个项目文件

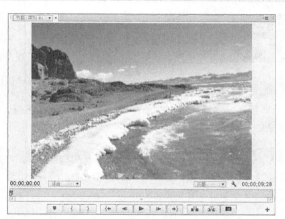

图7-427　查看素材画面

STEP 03　在"效果"面板中，展开"视频过渡"|"滑动"选项，在其中选择"滑动框"视频过渡，如图7-428所示。

STEP 04　将"滑动框"视频过渡拖曳到"时间轴"面板中的两个素材文件之间，如图7-429所示。

图7-428　选择"滑动框"视频过渡

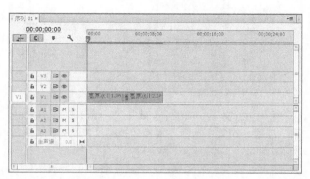

图7-429　拖曳视频过渡

STEP 05　在添加的视频过渡上单击鼠标右键，在弹出的快捷菜单中选择"设置过渡持续时间"选项，如图7-430所示。

STEP 06　在弹出的"设置过渡持续时间"对话框中，设置"持续时间"为00:00:09:00，如图7-431所示。单击"确定"按钮，设置过渡持续时间。

图7-430　选择"设置过渡持续时间"选项

图7-431　"设置过渡持续时间"对话框

STEP 07　执行操作后，即可添加"滑动框"转场效果。在"节目监视器"面板中，单击"播放–停止切换"按钮，预览添加转场后的视频效果，如图7-432所示。

图7-432　预览视频效果

实战 **178** 置换转场效果

▶ 实例位置：光盘 \ 效果 \ 第 7 章 \ 实战 178.prproj
▶ 素材位置：光盘 \ 素材 \ 第 7 章 \ 实战 178.prproj
▶ 视频位置：光盘 \ 视频 \ 第 7 章 \ 实战 178.mp4

● 实例介绍 ●

　　"置换"转场效果是一种将第一个镜头的画面逐渐过渡至第二个镜头转场效果。应用"置换"转场效果的具体操作步骤如下。

● 操作步骤 ●

STEP 01 在Premiere Pro CC工作界面中，按Ctrl + O组合键，打开一个项目文件，如图7-433所示。

STEP 02 打开项目文件后，在"节目监视器"面板中可以查看素材画面，如图7-434所示。

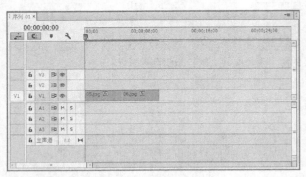

图7-433　打开一个项目文件

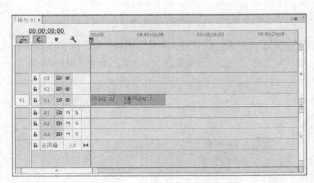

图7-434　查看素材画面

STEP 03 在"效果"面板中，展开"视频过渡"|"特殊效果"选项，在其中选择"置换"视频过渡，如图7-435所示。

STEP 04 将"置换"视频过渡拖曳到"时间轴"面板中的两个素材文件之间，如图7-436所示。

图7-435　选择"置换"视频过渡

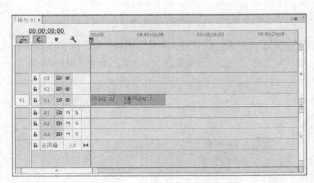

图7-436　拖曳视频过渡

STEP 05 在添加的视频过渡上单击鼠标右键，在弹出的快捷菜单中选择"设置过渡持续时间"选项，如图7-437所示。

STEP 06 在弹出的"设置过渡持续时间"对话框中，设置"持续时间"为00:00:09:00，如图7-438所示。单击"确定"按钮，设置过渡持续时间。

图7-437　选择"设置过渡持续时间"选项

图7-438　"设置过渡持续时间"对话框

STEP 07 执行操作后，即可添加"置换"转场效果。在"节目监视器"面板中，单击"播放-停止切换"按钮，预览添加转场后的视频效果，如图7-439所示。

图7-439　预览视频效果

实战 179　交叉缩放转场效果

▶ 实例位置：光盘 \ 效果 \ 第 7 章 \ 实战 179.prproj
▶ 素材位置：光盘 \ 素材 \ 第 7 章 \ 实战 179.prproj
▶ 视频位置：光盘 \ 视频 \ 第 7 章 \ 实战 179.mp4

● 实例介绍 ●

"交叉缩放"转场效果是一种将第一个镜头的画面通过镜头视觉的快速拉和推来实现过渡的转场效果。应用"交叉缩放"转场效果的具体操作步骤如下。

● 操作步骤 ●

STEP 01 在Premiere Pro CC工作界面中，按Ctrl + O组合键，打开一个项目文件，如图7-440所示。

STEP 02 打开项目文件后，在"节目监视器"面板中可以查看素材画面，如图7-441所示。

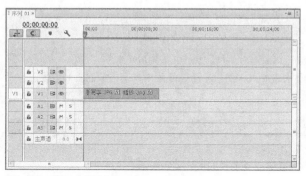

图7-440　打开一个项目文件

图7-441　查看素材画面

STEP 03 在"效果"面板中，展开"视频过渡"|"缩放"选项，在其中选择"交叉缩放"视频过渡，如图7-442所示。

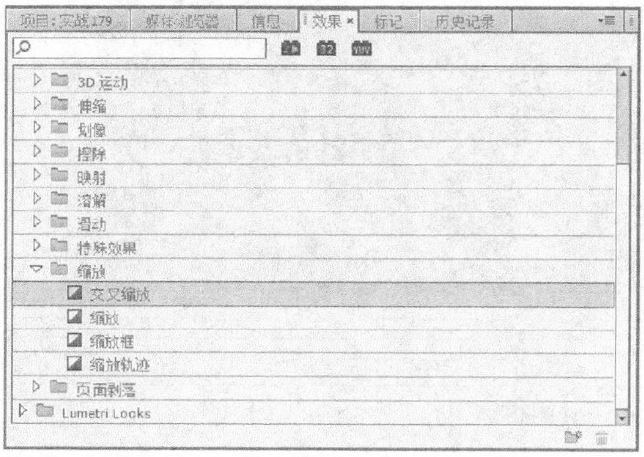

STEP 04 将"交叉缩放"视频过渡拖曳到"时间轴"面板中的两个素材文件之间，如图7-443所示。

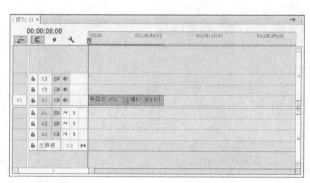

图7-442　选择"交叉缩放"视频过渡

图7-443　拖曳视频过渡

STEP 05 在添加的视频过渡上单击鼠标右键，在弹出的快捷菜单中选择"设置过渡持续时间"选项，如图7-444所示。

STEP 06 在弹出的"设置过渡持续时间"对话框中，设置"持续时间"为00:00:09:00，如图7-445所示。单击"确定"按钮，设置过渡持续时间。

图7-444 选择"设置过渡持续时间"选项

图7-445 "设置过渡持续时间"对话框

STEP 07 执行操作后，即可添加"交叉缩放"转场效果。在"节目监视器"面板中，单击"播放-停止切换"按钮，预览添加转场后的视频效果，如图7-446所示。

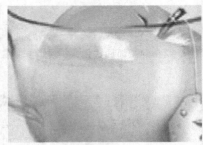

图7-446 预览视频效果

实战 180 缩放转场效果

▶ 实例位置：光盘 \ 效果 \ 第 7 章 \ 实战 180.prproj
▶ 素材位置：光盘 \ 素材 \ 第 7 章 \ 实战 180.prproj
▶ 视频位置：光盘 \ 视频 \ 第 7 章 \ 实战 180.mp4

● 实例介绍 ●

"缩放"转场效果是一种将第一个镜头的画面从屏幕中心快速放大，然后逐渐过渡至第二个镜头的转场效果。应用"缩放"转场效果的具体操作步骤如下。

● 操作步骤 ●

STEP 01 在Premiere Pro CC工作界面中，按Ctrl + O组合键，打开一个项目文件，如图7-447所示。

STEP 02 打开项目文件后，在"节目监视器"面板中可以查看素材画面，如图7-448所示。

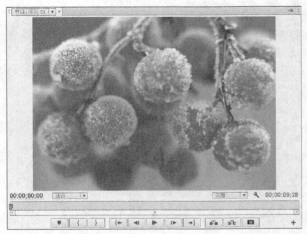

图7-447 打开一个项目文件

图7-448 查看素材画面

STEP 03 在"效果"面板中，展开"视频过渡"|"缩放"
选项，在其中选择"缩放"视频过渡，如图7-449所示。

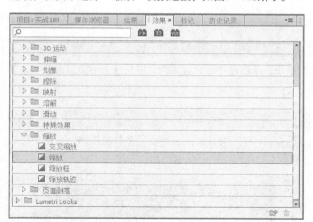

图7-449 选择"缩放"视频过渡

STEP 04 将"缩放"视频过渡拖曳到"时间轴"面板中的
两个素材文件之间，如图7-450所示。

图7-450 拖曳视频过渡

STEP 05 在添加的视频过渡上单击鼠标右键，在弹出的快捷
菜单中选择"设置过渡持续时间"选项，如图7-451所示。

图7-451 选择"设置过渡持续时间"选项

STEP 06 在弹出的"设置过渡持续时间"对话框中，设置
"持续时间"为00:00:09:00，如图7-452所示。单击"确
定"按钮，设置过渡持续时间。

图7-452 "设置过渡持续时间"对话框

STEP 07 执行操作后，即可添加"缩放"转场效果。在"节目监视器"面板中，单击"播放-停止切换"按钮，预览添
加转场后的视频效果，如图7-453所示。

图7-453 预览视频效果

<table>
<tr><td rowspan="2">实战
181</td><td rowspan="2">缩放框转场效果</td></tr>
</table>

**实战
181 缩放框转场效果**

▶ 实例位置：光盘 \ 效果 \ 第 7 章 \ 实战 181. prproj
▶ 素材位置：光盘 \ 素材 \ 第 7 章 \ 实战 181. prproj
▶ 视频位置：光盘 \ 视频 \ 第 7 章 \ 实战 181. mp4

● 实例介绍 ●

"缩放框"转场效果是一种将第一个镜头的画面分割成若干块，从屏幕中心快速放大，然后逐渐过渡至第二个镜头的转场效果。应用"缩放框"转场效果的具体操作步骤如下。

● 操作步骤 ●

STEP 01 在Premiere Pro CC工作界面中，按Ctrl + O组合键，打开一个项目文件，如图7-454所示。

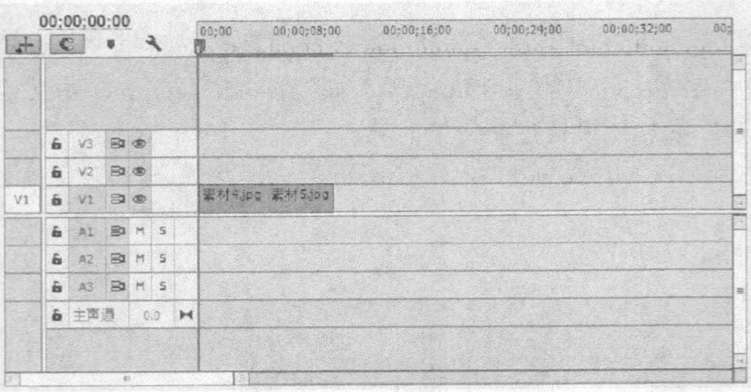

STEP 02 打开项目文件后，在"节目监视器"面板中可以查看素材画面，如图7-455所示。

图7-454　打开一个项目文件

图7-455　查看素材画面

STEP 03 在"效果"面板中，展开"视频过渡"|"缩放"选项，在其中选择"缩放框"视频过渡，如图7-456所示。

STEP 04 将"缩放框"视频过渡拖曳到"时间轴"面板中的两个素材文件之间，如图7-457所示。

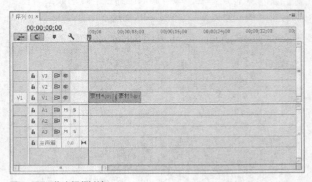

图7-456　选择"缩放框"视频过渡

图7-457　拖曳视频过渡

STEP 05 在添加的视频过渡上单击鼠标右键，在弹出的快捷菜单中选择"设置过渡持续时间"选项，如图7-458所示。

STEP 06 在弹出的"设置过渡持续时间"对话框中，设置"持续时间"为00:00:09:00，如图7-459所示。单击"确定"按钮，设置过渡持续时间。

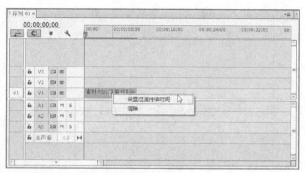

图7-458 选择"设置过渡持续时间"选项

图7-459 "设置过渡持续时间"对话框

STEP 07 执行操作后，即可添加"缩放框"转场效果。在"节目监视器"面板中，单击"播放-停止切换"按钮，预览添加转场后的视频效果，如图7-460所示。

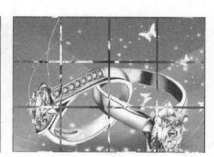

图7-460 预览视频效果

实战 182 **剥开背面转场效果**

▶ 实例位置：光盘\效果\第7章\实战182.prproj
▶ 素材位置：光盘\素材\第7章\实战182.prproj
▶ 视频位置：光盘\视频\第7章\实战182.mp4

● 实例介绍 ●

"剥开背面"转场效果是一种将第一个镜头的画面分为4块并依次卷起，然后逐渐过渡至第二个镜头的转场效果。应用"剥开背面"转场效果的具体操作步骤如下。

● 操作步骤 ●

STEP 01 在Premiere Pro CC工作界面中，按Ctrl + O组合键，打开一个项目文件，如图7-461所示。

STEP 02 打开项目文件后，在"节目监视器"面板中可以查看素材画面，如图7-462所示。

图7-461 打开一个项目文件

图7-462 查看素材画面

STEP 03 在"效果"面板中,展开"视频过渡"|"页面剥落"选项,在其中选择"剥开背面"视频过渡,如图7-463所示。

图7-463 选择"剥开背面"视频过渡

STEP 04 将"剥开背面"视频过渡拖曳到"时间轴"面板中相应的两个素材文件之间,如图7-464所示。

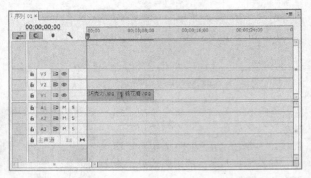

图7-464 拖曳视频过渡

STEP 05 在添加的视频过渡上单击鼠标右键,在弹出的快捷菜单中选择"设置过渡持续时间"选项,如图7-465所示。

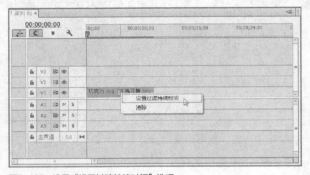

图7-465 选择"设置过渡持续时间"选项

STEP 06 在弹出的"设置过渡持续时间"对话框中,设置"持续时间"为00:00:09:00,如图7-466所示。单击"确定"按钮,设置过渡持续时间。

图7-466 "设置过渡持续时间"对话框

STEP 07 执行操作后,即可添加"剥开背面"转场效果。在"节目监视器"面板中,单击"播放-停止切换"按钮,预览添加转场后的视频效果,如图7-467所示。

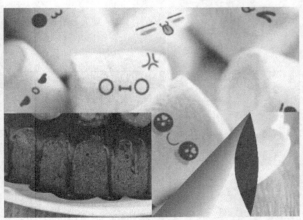

图7-467 预览视频效果

第 **8** 章

视频特效的添加与制作

本章导读

随着数字时代的发展,添加影视效果这一复杂的工作已经得到了简化。在 Premiere Pro CC 强大的视频效果的帮助下,添加视频效果已经成为非线性视频编辑初学者也能轻松做到的事。本章讲解 Premiere Pro CC 系统中提供的多种视频效果的添加与制作方法。

要点索引

● 视频特效的基本操作
● 设置视频效果的参数
● 常规视频特效的添加

8.1 视频特效的基本操作

Premiere Pro CC根据视频效果的作用，将提供的130多种视频效果分为"变换""视频控制""实用程序""扭曲""时间""杂色与颗粒""模糊与锐化""生成""视频""调整""过渡""透视""通道""键控""颜色校正"和"风格化"等16个文件夹，放置在"效果"面板中的"视频效果"文件夹中，为了更好地应用这些绚丽的效果，用户首先需要掌握视频效果的基本操作方法。

实战 183	添加单个视频效果	▶ 实例位置：光盘\效果\第8章\实战183.prproj ▶ 素材位置：光盘\素材\第8章\实战183.prproj ▶ 视频位置：光盘\视频\第8章\实战183.mp4

● 实例介绍 ●

在Premiere Pro CC的"效果"面板中，展开"视频效果"选项，在其中可以发现所有的视频特效。下面介绍添加单个视频效果的操作方法。

● 操作步骤 ●

STEP 01 在Premiere Pro CC工作界面中，按Ctrl + O组合键，打开一个项目文件，如图8-1所示。

STEP 02 打开项目文件后，在"节目监视器"面板中可以查看素材画面，如图8-2所示。

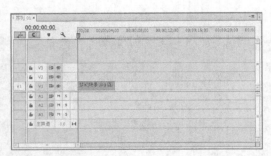

图8-1 打开一个项目文件

图8-2 查看素材画面

STEP 03 在"效果"面板中，展开"视频效果"|"变换"选项，在其中选择"垂直定格"视频效果，如图8-3所示。

STEP 04 将"垂直定格"特效拖曳至"时间轴"面板中的相应素材文件上，如图8-4所示。

图8-3 选择"垂直定格"视频效果

图8-4 将特效拖曳至相应素材文件上

STEP 05 执行上述操作后，即可预览添加单个视频效果，如图8-5所示。

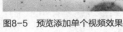

图8-5 预览添加单个视频效果

　　Premiere Pro CC 在应用于视频的所有标准效果之后渲染固定效果，标准效果会按照从上往下出现的顺序渲染，可以在"效果控件"面板中将标准效果拖到新的位置来更改它们的顺序，但是不能重新排列固定效果的顺序。这些操作可能会影响到视频效果的最终效果。

实战 184　添加多个视频效果

▶ 实例位置：光盘 \ 效果 \ 第 8 章 \ 实战 184.prproj
▶ 素材位置：光盘 \ 素材 \ 第 8 章 \ 实战 184.prproj
▶ 视频位置：光盘 \ 视频 \ 第 8 章 \ 实战 184.mp4

● 实例介绍 ●

　　在Premiere Pro CC中，将素材拖入"时间线"面板后，用户可以将"效果"面板中的视频效果依次拖曳至"时间线"面板的素材上，从而实现多个视频效果的添加。下面介绍添加多个视频效果的方法。

● 操作步骤 ●

STEP 01　在Premiere Pro CC工作界面中，按Ctrl + O组合键，打开一个项目文件，如图8-6所示。

STEP 02　打开项目文件后，在"节目监视器"面板中可以查看素材画面，如图8-7所示。

图8-6　打开一个项目文件

图8-7　查看素材画面

STEP 03　在"效果"面板中，展开"视频效果" | "变换"选项，在其中选择"垂直定格"和"水平定格"视频效果，如图8-8所示。

STEP 04　将选择的两个特效拖曳至"时间轴"面板中的相应素材文件上后，可在"效果控件"面板中查看已添加的视频效果，如图8-9所示。

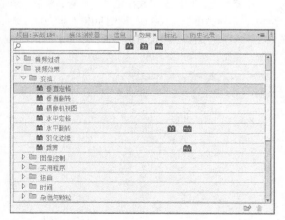

图8-8　选择视频效果

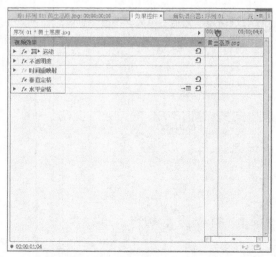

图8-9　查看已添加的视频效果

STEP 05 执行上述操作后，即可预览添加的多个视频效果，如图8-10所示。

图8-10　预览添加的多个视频效果

实战 185　复制与粘贴视频效果

▶ 实例位置：光盘 \ 效果 \ 第 8 章 \ 实战 185.prproj
▶ 素材位置：光盘 \ 素材 \ 第 8 章 \ 实战 185.prproj
▶ 视频位置：光盘 \ 视频 \ 第 8 章 \ 实战 185.mp4

● 实例介绍 ●

　　使用"复制"功能可以对重复使用视频效果进行复制操作。用户在执行复制操作时，可以在"时间轴"面板中选择已添加视频效果的源素材，并在"效果控件"面板中选择视频效果，单击鼠标右键，在弹出的快捷菜单中选择"复制"选项即可。

● 操作步骤 ●

STEP 01 在Premiere Pro CC工作界面中，按Ctrl + O组合键，打开一个项目文件，如图8-11所示。

STEP 02 打开项目文件后，在"节目监视器"面板中可以查看素材画面，如图8-12所示。

图8-11　打开一个项目文件

图8-12　查看素材画面

STEP 03 在"效果"面板中，展开"视频效果"|"调整"选项，在其中选择"ProcAmp"视频效果，如图8-13所示。

STEP 04 将"ProcAmp"视频效果拖曳至"时间轴"面板中的第一个素材上，切换至"效果控件"面板，设置"亮度"为1.0、"对比度"为108.0、"饱和度"为100.0。然后在"ProcAmp"选项上单击鼠标右键，在弹出的快捷菜单中选择"复制"选项，如图8-14所示。

图8-13　选择"ProcAmp"视频效果

图8-14　选择"复制"选项

STEP 05 在"时间轴"面板中，选择第二个素材文件，如图8-15所示。

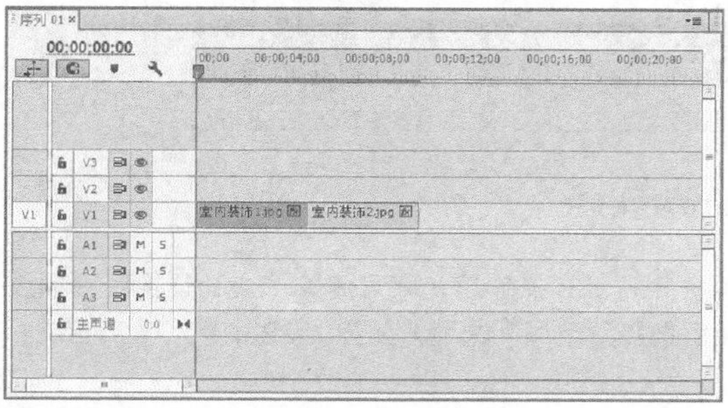

STEP 06 在"效果控件"面板中的空白位置单击鼠标右键，在弹出的快捷菜单中选择"粘贴"选项，如图8-16所示。

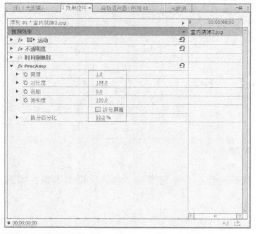

图8-15　选择第二个素材文件

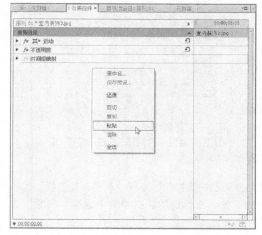

图8-16　选择"粘贴"选项

STEP 07 执行操作后，即可将复制的视频效果粘贴到第二个素材中，如图8-17所示。

STEP 08 单击"播放-停止切换"按钮，预览视频效果，如图8-18所示。

图8-17　粘贴视频效果

图8-18　预览视频效果

实战 186　删除视频效果

▶ **实例位置**：光盘＼效果＼第 8 章＼实战 186.prproj
▶ **素材位置**：光盘＼素材＼第 8 章＼实战 186.prproj
▶ **视频位置**：光盘＼视频＼第 8 章＼实战 186.mp4

● 实例介绍 ●

用户在进行视频效果添加的过程中，如果对添加的视频效果不满意，可以通过"清除"命令来删除效果。

● 操作步骤 ●

STEP 01 在Premiere Pro CC工作界面中，按Ctrl＋O组合键，打开一个项目文件，如图8-19所示。

STEP 02 打开项目文件后，在"节目监视器"面板中可以查看素材画面，如图8-20所示。

图8-19 打开一个项目文件

图8-20 查看素材画面

STEP 03 切换至"效果控件"面板，在"紊乱置换"选项上单击鼠标右键，在弹出的快捷菜单中选择"清除"选项，如图8-21所示。

STEP 04 执行上述操作后，即可清除"紊乱置换"视频效果。然后选择"色调"选项，如图8-22所示。

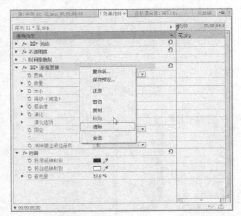

图8-21 选择"清除"选项

图8-22 选择"色调"选项

STEP 05 在菜单栏中单击"编辑"|"清除"命令，如图8-23所示。

STEP 06 执行操作后，即可清除"色调"视频效果，如图8-24所示。

图8-23 单击"清除"命令

图8-24 清除"色调"视频效果

技巧点拨

除了上述方法可以删除视频效果外，用户还可以选中相应的视频效果后，按Delete键即可将其删除。

STEP 07 单击"播放－停止切换"按钮，预览视频效果，如图8-25所示。

图8-25 删除视频效果前后的效果对比

技巧点拨

　　关闭视频效果是指将已添加的视频效果暂时隐藏，如果需要再次显示该效果，用户可以重新启用，而无需再次添加。

　　在Premiere Pro CC中，用户可以单击"效果控件"面板中的"切换效果开关"按钮，如图8-26所示，即可隐藏该素材的视频效果。当用户再次单击"切换效果开关"按钮时，即可重新显示视频效果，如图8-27所示。

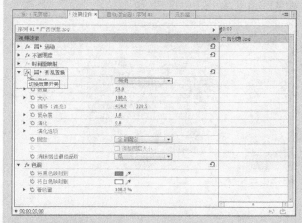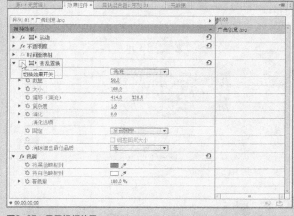

图8-26 隐藏视频效果　　　　　　　　　　　图8-27 显示视频效果

8.2 设置视频效果的参数

　　在Premiere Pro CC中，每一个独特的效果都具有各自的参数，用户可以通过合理设置这些参数，让这些效果达到最佳效果。本节主要介绍视频效果参数的设置方法。

实战 187	设置对话框参数	▶ 实例位置：光盘 \ 效果 \ 第 8 章 \ 实战 187. prproj ▶ 素材位置：光盘 \ 素材 \ 第 8 章 \ 实战 187. prproj ▶ 视频位置：光盘 \ 视频 \ 第 8 章 \ 实战 187. mp4

● 实例介绍 ●

　　在Premiere Pro CC中，用户可以根据需要运用对话框设置视频效果的参数。下面介绍运用对话框设置参数的操作方法。

● 操作步骤 ●

STEP 01 在Premiere Pro CC工作界面中，按Ctrl＋O组合键，打开一个项目文件，如图8-28所示。然后在V1轨道上，选择素材文件。

STEP 02 展开"效果控件"面板，单击"弯曲"效果右侧的"设置"按钮，如图8-29所示。

图8-28 打开项目文件

图8-29 单击"设置"按钮

STEP 03 弹出"弯曲设置"对话框，调整垂直速率后单击"确定"按钮，如图8-30所示。

STEP 04 执行操作后，即可通过对话框设置参数，其视频效果如图8-31所示。

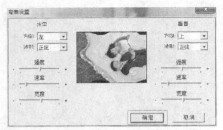

图8-30 单击"确定"按钮

图8-31 预览视频效果

实战 188 设置效果控件参数

▶ 实例位置：光盘 \ 效果 \ 第 8 章 \ 实战 188. prproj
▶ 素材位置：光盘 \ 素材 \ 第 8 章 \ 实战 188. prproj
▶ 视频位置：光盘 \ 视频 \ 第 8 章 \ 实战 188. mp4

● 实例介绍 ●

在Premiere Pro CC中，除了可以使用对话框设置参数，用户还可以运用效果控制区来设置视频效果的参数。

● 操作步骤 ●

STEP 01 在Premiere Pro CC工作界面中，按Ctrl＋O组合键，打开一个项目文件，如图8-32所示。然后在V1轨道上，选择素材文件。

STEP 02 展开"效果控件"面板，单击"Cineon转换器"效果前的三角形按钮，展开"Cineon转换器"效果，如图8-33所示。

图8-32 打开项目文件

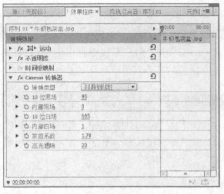

图8-33 展开"Cineon转换器"效果

STEP 03 单击"转换类型"右侧的下拉按钮，在弹出的列表框中，选择"对数到对数"选项，如图8-34所示。

STEP 04 执行操作后，即可运用效果控件面板设置视频效果参数，其视频效果如图8-35所示。

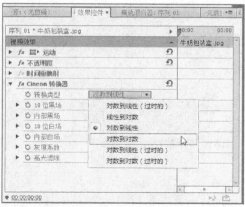

图8-34 选择"对数到对数"选项

图8-35 预览视频效果

8.3 常用视频特效的添加

系统根据视频效果的作用和效果，将视频效果分为"变换""视频控制""实用""扭曲"以及"时间"等多种类别。接下来将为读者介绍几种常用的视频效果的添加方法。

实战 189 键控特效

▶ 实例位置：光盘 \ 效果 \ 第 8 章 \ 实战 189. prproj
▶ 素材位置：光盘 \ 素材 \ 第 8 章 \ 实战 189. prproj
▶ 视频位置：光盘 \ 视频 \ 第 8 章 \ 实战 189. mp4

● 实例介绍 ●

在Premiere Pro CC中，"键控"视频效果主要针对视频图像的特定键进行处理。下面介绍"色度键"视频效果的操作方法。

● 操作步骤 ●

STEP 01 在Premiere Pro CC工作界面中，按Ctrl + O组合键，打开一个项目文件，如图8-36所示。

STEP 02 打开项目文件后，在"节目监视器"面板中可以查看素材画面，如图8-37所示。

图8-37 查看素材画面

图8-36 打开项目文件

STEP 03 在"效果"面板中，展开"视频效果"丨"键控"选项，在其中选择"色度键"视频效果，如图8-38所示。

STEP 04 将"色度键"特效拖曳至"时间轴"面板中的"边框"文件上，如图8-39所示。

图8-38 选择"色度键"视频效果

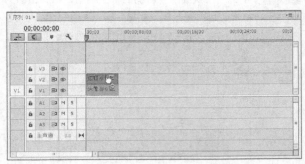

图8-39 拖曳"色度键"视频效果

知识扩展

"键控效果"特效中各选项的含义如下。

➤ 无用信号遮罩效果：这3个"无用信号遮罩效果"有助于剪除镜头中的无关部分，以便能够更有效地应用和调整关键效果。为了进行更详细的键控，将以4个、8个或16个调整点应用遮罩。应用效果后，单击"效果控件"面板中的效果名称旁边的"变换"图标，这样将会在节目监视器中显示无用信号遮罩手柄。要调整遮罩，可在节目监视器中拖动手柄，或在"效果控件"面板中拖动控件。

➤ Alpha调整：需要更改固定效果的默认渲染顺序时，可使用"Alpha调整"效果代替不透明度效果。更改不透明度百分比可创建透明度级别。

➤ RGB差值键："RGB差值键"效果是色度键效果的简化版本。此效果允许选择目标颜色的范围，但无法混合视频或调整灰色中的透明度。"RGB差值键"效果可用于不包含阴影的明亮场景，或用于不需要的粗剪。

➤ 亮度键："亮度键"效果可以抠出图层中指定明亮度或亮度的所有区域。

➤ 图像遮罩键："图像遮罩键"效果根据静止视频剪辑(充当遮罩)的明亮度值抠出剪辑视频的区域。透明区域显示下方轨道上的剪辑产生的视频，可以指定项目中要充当遮罩的任何静止视频剪辑，不必位于序列中。要使用移动视频作为遮罩，改用轨道遮罩键效果。

➤ 差值遮罩："差值遮罩"效果创建透明度的方法是将源剪辑和差值剪辑进行比较，然后在源视频中抠出与差值视频中的位置和颜色均匹配的像素。通常，此效果用于抠出移动物体后面的静态背景，然后放在不同的背景上。差值剪辑通常仅仅是背景素材的帧(在移动物体进入场景之前)。鉴于此，"差值遮罩"效果最适合使用固定摄像机和静止背景拍摄的场景。

➤ 极致键："极致键"效果在具有支持的NVIDIA显卡的计算机上采用GPU加速，从而提高播放和渲染性能。

➤ 移除遮罩："移除遮罩"效果从某种颜色的剪辑中移除颜色边纹。将Alpha通道与独立文件中的填充纹理相结合时，此效果很有用。如果导入具有Alpha通道的素材，或使用After Effects创建Alpha通道，则可能需要从视频中移除光晕。光晕源于视频的颜色和背景之间或遮罩与颜色之间较大的对比度，移除或更改遮罩的颜色可以移除光晕。

➤ 色度键："色度键"效果可以抠出所有类似于指定的主要颜色的视频像素。抠出剪辑中的颜色值时，该颜色或颜色范围将变得对整个剪辑透明。用户可通过调整容差级别来控制透明颜色的范围；也可以对透明区域的边缘进行羽化，以便创建透明和不透明区域之间的平滑过渡。

➤ 蓝屏键："蓝屏键"效果基于真色度的蓝色创建透明度区域。使用此键可在创建合成时抠出明亮的蓝屏。

STEP 05 在"效果控件"面板中，展开"色度键"选项，设置"颜色"为白色、"相似性"为4.0%，如图8-40所示。

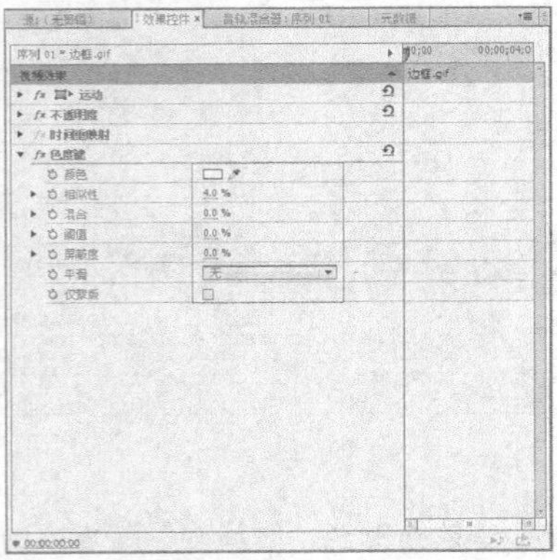

STEP 06 执行上述操作后，即可运用"键控"特效编辑素材，如图8-41所示。

图8-40 设置相应的参数

图8-41 预览视频效果

知识扩展

"色度键"特效中各选项的含义如下。

➤ 颜色：设置要抠出的目标颜色。

➤ 相似性：扩大或减小将变得透明的目标颜色的范围。较高的值可增大范围。

➤ 混合：把要抠出的剪辑与底层剪辑进行混合。较高的值可混合更大比例的剪辑。

➤ 阈值：使阴影变暗或变亮。向右拖动可使阴影变暗，但不要拖到"阈值"滑块之外，这样做可反转灰色和透明像素。

➤ 屏蔽度：使对象与文档的边缘对齐。

➤ 平滑：指定 Premiere ProCC 应用于透明和不透明区域之间边界的消除锯齿量。消除锯齿可混合像素，从而产生更柔化、更平滑的边缘。选择"无"即可产生锐化边缘，没有消除锯齿功能。需要保持锐化线条（如字幕中的线条）时，此选项很有用。选择"低"或"高"即可产生不同的平滑量。

➤ 仅蒙版：仅显示剪辑的 Alpha 通道。黑色表示透明区域，白色表示不透明区域，而灰色表示部分透明区域。

在"键控"文件夹中，用户还可以设置以下选项。

➤ 轨道遮罩键效果：使用轨道遮罩键移动或更改透明区域。轨道遮罩键通过一个剪辑（叠加的剪辑）显示另一个剪辑（背景剪辑），此过程中使用第三个文件作为遮罩，在叠加的剪辑中创建透明区域。此效果需要两个剪辑和一个遮罩，每个剪辑位于自身的轨道上。遮罩中的白色区域在叠加的剪辑中是不透明的，防止底层剪辑显示出来。遮罩中的黑色区域是透明的，而灰色区域是部分透明的。

➤ 非红色键：非红色键效果基于绿色或蓝色背景创建透明度。此键类似于蓝屏键效果，但是它还允许用户混合两个剪辑。此外，非红色键效果有助于减少不透明对象边缘的边纹。在需要控制混合时，或在蓝屏键效果无法产生满意结果时，可使用非红色键效果来抠出的绿色屏。

➤ 颜色键："颜色键"效果可以抠出所有类似于指定的主要颜色的视频像素。此效果仅修改剪辑的 Alpha 通道。

STEP 07 单击"播放–停止切换"按钮，预览视频效果，如图8-42所示。

图8-42　预览视频效果

实战 190　垂直翻转特效

▶ 实例位置：光盘 \ 效果 \ 第 8 章 \ 实战 190.prproj
▶ 素材位置：光盘 \ 素材 \ 第 8 章 \ 实战 190.prproj
▶ 视频位置：光盘 \ 视频 \ 第 8 章 \ 实战 190.mp4

● 实例介绍 ●

"垂直翻转"视频效果用于将视频上下垂直反转。下面将介绍添加垂直翻转效果的操作方法。

● 操作步骤 ●

STEP 01 在Premiere Pro CC工作界面中，按Ctrl + O组合键，打开一个项目文件，如图8-43所示。

STEP 02 打开项目文件后，在"节目监视器"面板中可以查看素材画面，如图8-44所示。

图8-43　打开项目文件

图8-44　查看素材画面

STEP 03 在"效果"面板中，展开"视频效果"|"变换"选项，在其中选择"垂直翻转"视频效果，如图8-45所示。

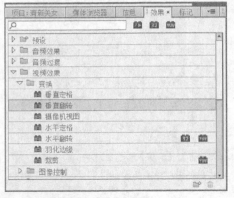

图8-45　选择"垂直翻转"视频效果

STEP 04 将"垂直翻转"特效拖曳至"时间轴"面板中的相应素材文件上，如图8-46所示。

图8-46　拖曳"垂直翻转"效果

STEP 05 单击"播放-停止切换"按钮，预览视频效果，如图8-47所示。

图8-47　预览视频效果

实战 191　水平翻转特效

▶ 实例位置：光盘 \ 效果 \ 第8章 \ 实战191.prproj
▶ 素材位置：光盘 \ 素材 \ 第8章 \ 实战191.prproj
▶ 视频位置：光盘 \ 视频 \ 第8章 \ 实战191.mp4

● 实例介绍 ●

"水平翻转"视频效果用于将视频中的每一帧从左向右翻转。下面将介绍添加水平翻转效果的操作方法。

● 操作步骤 ●

STEP 01 在Premiere Pro CC工作界面中，按Ctrl + O组合键，打开一个项目文件，如图8-48所示。

STEP 02 打开项目文件后，在"节目监视器"面板中可以查看素材画面，如图8-49所示。

图8-49　查看素材画面

图8-48　打开项目文件

STEP 03 在"效果"面板中，展开"视频效果"|"变换"选项，在其中选择"水平翻转"视频效果，如图8-50所示。

STEP 04 将"水平翻转"特效拖曳至"时间轴"面板中的相应素材文件上，如图8-51所示。

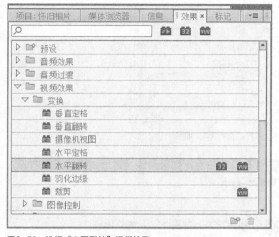

图8-50　选择"水平翻转"视频效果

图8-51　拖曳"水平翻转"效果

STEP 05 单击"播放-停止切换"按钮，预览视频效果，如图8-52所示。

图8-52　预览视频效果

技巧点拨

在 Premiere Pro CC 中，"变换"列表框中的视频效果主要是使素材的形状产生二维或者三维的变化，其效果包括"垂直空格""垂直翻转""摄像机视图""水平翻转""水平翻转""羽化边缘"以及"裁剪"7种视频效果。

实战 192　高斯模糊特效

▶ 实例位置：光盘 \ 效果 \ 第 8 章 \ 实战 192.prproj
▶ 素材位置：光盘 \ 素材 \ 第 8 章 \ 实战 192.prproj
▶ 视频位置：光盘 \ 视频 \ 第 8 章 \ 实战 192.mp4

● 实例介绍 ●

"高斯模糊"视频效果用于修改明暗分界点的差值，以产生模糊效果。

● 操作步骤 ●

STEP 01 在Premiere Pro CC工作界面中，按Ctrl + O组合键，打开一个项目文件，如图8-53所示。然后在"效果"面板中，展开"视频效果"选项。

STEP 02 在"模糊与锐化"列表框中选择"高斯模糊"选项，如图8-54所示，并将其拖曳至V1轨道上。

图8-53 打开项目文件

图8-54 选择"高斯模糊"选项

STEP 03 展开"效果控件"面板，设置"模糊度"为20.0，如图8-55所示。

STEP 04 执行操作后，即可添加"高斯模糊"视频效果，效果如图8-56所示。

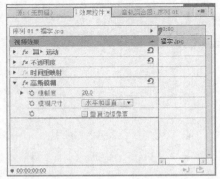

图8-55 设置参数值

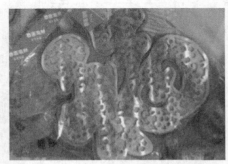

图8-56 添加"高斯模糊"视频效果后的效果

实战 193 镜头光晕特效

▶ 实例位置：光盘 \ 效果 \ 第 8 章 \ 实战 193.prproj
▶ 素材位置：光盘 \ 素材 \ 第 8 章 \ 实战 193.prproj
▶ 视频位置：光盘 \ 视频 \ 第 8 章 \ 实战 193.mp4

● 实例介绍 ●

"镜头光晕"视频效果用于修改明暗分界点的差值，以产生模糊效果。

● 操作步骤 ●

STEP 01 在Premiere Pro CC工作界面中，按Ctrl + O组合键，打开一个项目文件，如图8-57所示。然后在"效果"面板中，展开"视频效果"选项。

STEP 02 在"生成"列表框中选择"镜头光晕"选项，如图8-58所示，并将其拖曳至V1轨道上。

图8-57 打开项目文件

图8-58 选择"镜头光晕"选项

STEP 03 展开"效果控件"面板，设置"光晕中心"为（1076.6、329.6）、"光晕亮度"为136%，如图8-59所示。

STEP 04 执行操作后，即可添加"镜头光晕"视频效果，并预览视频效果，如图8-60所示。

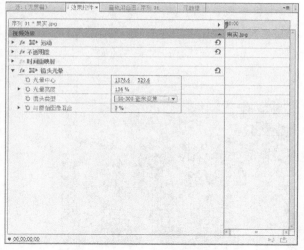

图8-59　设置参数值

图8-60　预览视频效果

技巧点拨

在Premiere Pro CC中，"生成"列表框中的视频效果主要用于在素材上创建具有特色的图形或渐变颜色，并可以与素材合成。

实战 194　波形变形特效

▶ 实例位置：光盘 \ 效果 \ 第 8 章 \ 实战 194.prproj
▶ 素材位置：光盘 \ 素材 \ 第 8 章 \ 实战 194.prproj
▶ 视频位置：光盘 \ 视频 \ 第 8 章 \ 实战 194.mp4

● 实例介绍 ●

"波形变形"视频效果用于使视频形成波浪式的变形效果。下面将介绍添加波形扭曲效果的操作方法。

● 操作步骤 ●

STEP 01 在Premiere Pro CC工作界面中，按Ctrl＋O组合键，打开一个项目文件，如图8-61所示。然后在"效果"面板中，展开"视频效果"选项。

STEP 02 在"扭曲"列表框中选择"波形变形"选项，如图8-62所示，并将其拖曳至V1轨道上。

图8-61　打开项目文件

图8-62　选择"波形变形"选项

STEP 03 展开"效果控件"面板，设置"波形宽度"为50，如图8-63所示。

STEP 04 执行操作后，即可添加"波形变形"视频效果，并预览其效果，如图8-64所示。

图8-63 设置参数值

图8-64 预览视频效果

实战 195 纯色合成特效

▶ 实例位置：光盘 \ 效果 \ 第8章 \ 实战195.prproj
▶ 素材位置：光盘 \ 素材 \ 第8章 \ 实战195.prproj
▶ 视频位置：光盘 \ 视频 \ 第8章 \ 实战195.mp4

● 实例介绍 ●

"纯色合成"视频效果用于将一种颜色与视频混合。下面将介绍添加纯色合成效果的操作方法。

● 操作步骤 ●

STEP 01 在Premiere Pro CC工作界面中，按Ctrl+O组合键，打开一个项目文件，如图8-65所示。然后在"效果"面板中，展开"视频效果"选项。

STEP 02 在"通道"列表框中选择"纯色合成"选项，如图8-66所示，并将其拖曳至V1轨道上。

图8-65 打开项目文件

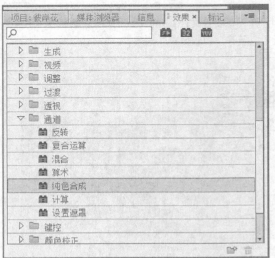

图8-66 选择"纯色合成"选项

STEP 03 展开"效果控件"面板，单击"源不透明度"和"颜色"所对应的"切换动画"按钮，如图8-67所示。

STEP 04 设置时间为00:00:03:00、"源不透明度"为50.0%、"颜色"RGB参数为（0、204、255），如图8-68所示。

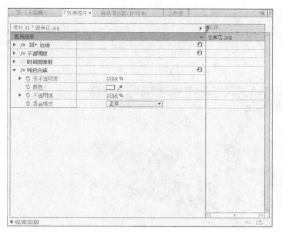 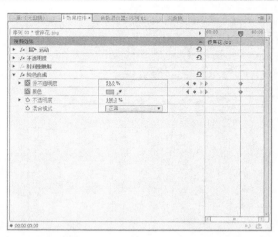

图8-67　单击"切换动画"按钮　　　　图8-68　设置参数值

STEP 05 执行操作后，即可添加"纯色合成"效果。单击"播放–停止切换"按钮，即可查看视频效果，如图8-69所示。

图8-69　查看视频效果

实战 196　蒙尘与划痕特效

▶ 实例位置：光盘\效果\第 8 章\实战 196.prproj
▶ 素材位置：光盘\素材\第 8 章\实战 196.prproj
▶ 视频位置：光盘\视频\第 8 章\实战 196.mp4

● 实例介绍 ●

"蒙尘与划痕"效果用于产生一种朦胧的模糊效果。下面将介绍添加蒙尘与划痕效果的操作方法。

● 操作步骤 ●

STEP 01 在Premiere Pro CC工作界面中，按Ctrl + O组合键，打开一个项目文件，如图8-70所示。然后在"效果"面板中，展开"视频效果"选项。

STEP 02 在"杂色与颗粒"列表框中选择"蒙尘与划痕"选项，如图8-71所示，并将其拖曳至V1轨道上。

 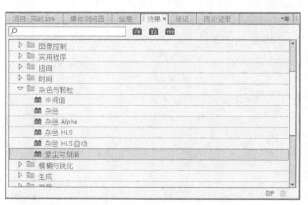

图8-70　打开项目文件　　　　图8-71　选择"蒙尘与划痕"选项

STEP 03 展开"效果控件"面板，设置"半径"为5，如图 8-72所示。

图8-72 设置参数值

STEP 04 执行操作后，即可添加"蒙尘与划痕"效果。视 频效果如图8-73所示。

图8-73 预览视频效果

实战 197 透视视频特效

▶ 实例位置：光盘 \ 效果 \ 第 8 章 \ 实战 197.prproj
▶ 素材位置：光盘 \ 素材 \ 第 8 章 \ 实战 197.prproj
▶ 视频位置：光盘 \ 视频 \ 第 8 章 \ 实战 197.mp4

● 实例介绍 ●

"透视"特效主要用于在视频画面上添加透视效果。下面介绍"基本3D"视频效果的添加方法。

● 操作步骤 ●

STEP 01 在Premiere Pro CC工作界面中，按Ctrl＋O组合 键，打开一个项目文件，如图8-74所示。

图8-74 打开项目文件

STEP 02 打开项目文件后，在"节目监视器"面板中可以 查看素材画面，如图8-75所示。

图8-75 查看素材画面

STEP 03 在"效果"面板中，展开"视频效果"丨"透视" 选项，在其中选择"基本3D"视频效果，如图8-76所示。

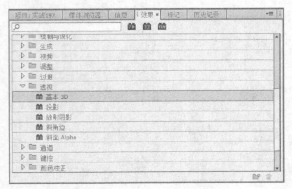

图8-76 选择"基本3D"视频效果

STEP 04 将"基本3D"视频特效拖曳至"时间轴"面板中 的素材文件上，如图8-77所示，并选择V1轨道上的素材。

图8-77 拖曳视频特效

知识扩展

"基本 3D" 特效中各选项的含义如下。

➤ 基本 3D："基本 3D"效果在 3D 空间中操控剪辑，可以围绕水平和垂直轴旋转视频，以及朝靠近或远离用户的方向移动剪辑，还可以创建镜面高光来表现由旋转表面反射的光感。

➤ 投影："投影"效果添加出现在剪辑后面的阴影，投影的形状取决于剪辑的 Alpha 通道。

➤ 放射阴影："放射阴影"效果在应用此效果的剪辑上创建来自点光源的阴影，而不是来自无限光源的阴影（如同投影效果）。此阴影是从源剪辑的 Alpha 通道投射的，因此在光透过半透明区域时，该剪辑的颜色可影响阴影的颜色。

➤ 斜角边："斜角边"效果为视频边缘提供凿刻和光亮的 3D 外观，边缘位置取决于源视频的 Alpha 通道。与"斜面 Alpha"不同，在此效果中创建的边缘始终为矩形，因此具有非矩形 Alpha 通道的视频无法形成适当的外观。所有的边缘具有同样的厚度。

➤ 斜面 Alpha："斜面 Alpha"效果将斜缘和光添加到视频的 Alpha 边界，通常可为 2D 元素呈现 3D 外观，如果剪辑没有 Alpha 通道或者剪辑完全不透明，则此效果将应用于剪辑的边缘。此效果所创建的边缘比斜角边效果创建的边缘柔和，此效果适用于包含 Alpha 通道的文本。

STEP 05 在"效果控件"面板中，展开"基本3D"选项，如图8-78所示。

图8-78 展开"基本3D"选项

STEP 06 设置"旋转"选项为-100.0°，然后单击"旋转"选项左侧的"切换动画"按钮，如图8-79所示。

图8-79 单击"切换动画"按钮

STEP 07 拖曳时间指示器至00:00:03:00的位置，设置"旋转"为0.0°，如图8-80所示。

图8-80 设置"旋转"为0.0°

STEP 08 执行上述操作后，即可运用"基本3D"特效调整素材，如图8-81所示。

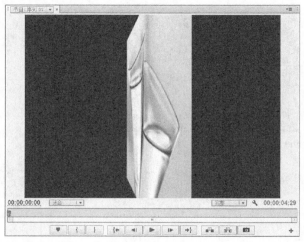

图8-81 运用"基本3D"特效调整视频

知识扩展

"基本 3D" 特效中各选项的含义如下。

➤ 旋转：控制水平旋转(围绕垂直轴旋转)。可以旋转90°以上来查看视频的背面(是前方的镜像视频)。

➤ 倾斜：控制垂直旋转(围绕水平轴旋转)。

➤ 与图像的距离：指定视频离观看者的距离。随着距离变大，视频会后退。

➤ 镜面高光：添加闪光来反射所旋转视频的表面，就像在表面上方有一盏灯照亮。在选择"绘制预览线框"的情况下，如果镜面高光在剪辑上不可见(高光的中心与剪辑不相交)，则以红色加号(+)作为指示，而如果镜面高光可见，则以绿色加号(+)作为指示。在镜面高光效果在节目监视器中变为可见之前，必须渲染一个预览。

➤ 预览：绘制 3D 视频的线框轮廓，线框轮廓可快速渲染。要查看最终结果，在完成操控线框视频时取消选中"绘制预览线框"复选框。

STEP 09 单击"播放–停止切换"按钮，预览视频效果，如图8-82所示。

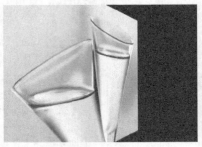

图8-82　预览视频效果

实战 198　时间码特效

▶ 实例位置：光盘\效果\第8章\实战198.prproj
▶ 素材位置：光盘\素材\第8章\实战198.prproj
▶ 视频位置：光盘\视频\第8章\实战198.mp4

● 实例介绍 ●

"时间码"特效可以在视频画面中添加一个时间码，表现出一种紧迫感。下面介绍"时间码"特效的添加方法。

● 操作步骤 ●

STEP 01 在Premiere Pro CC工作界面中，按Ctrl+O组合键，打开一个项目文件，如图8-83所示。

STEP 02 在"效果"面板中，展开"视频效果"选项，在"视频"列表框中选择"时间码"选项，如图8-84所示，并将其拖曳至V1轨道上。

图8-83　打开项目文件

图8-84　选择"时间码"选项

STEP 03 展开"效果控件"面板，设置"大小"为16.0%、"不透明度"为50.0%、"位移"为287，如图8-85所示。

图8-85 设置参数值

STEP 04 执行操作后，即可添加"时间码"视频效果。单击"播放-停止切换"按钮，即可查看视频效果，如图8-86所示。

图8-86 查看视频效果

实战 199 闪光灯视频特效

▶ 实例位置：光盘 \ 效果 \ 第 8 章 \ 实战 199. prproj
▶ 素材位置：光盘 \ 素材 \ 第 8 章 \ 实战 199. prproj
▶ 视频位置：光盘 \ 视频 \ 第 8 章 \ 实战 199. mp4

● 实例介绍 ●

"闪光灯"视频效果可以使视频产生一种周期性的频闪效果。下面将介绍添加闪光灯视频效果的操作方法。

● 操作步骤 ●

STEP 01 在Premiere Pro CC工作界面中，按Ctrl + O组合键，打开一个项目文件，如图8-87所示。

STEP 02 在"效果"面板中，展开"视频效果"选项，在"风格化"列表框中选择"闪光灯"选项，如图8-88所示，并将其拖曳至V1轨道上。

图8-87 打开项目文件

图8-88 选择"闪光灯"选项

STEP 03 展开"效果控件"面板，设置相应参数，如图8-89所示。

STEP 04 执行操作后，即可添加"闪光灯"视频效果。单击"播放-停止切换"按钮，即可查看视频效果，如图8-90所示。

图8-89 设置相应参数

图8-90 查看视频效果

实战 200 彩色浮雕特效

▶ **实例位置:** 光盘\效果\第8章\实战200.prproj
▶ **素材位置:** 光盘\素材\第8章\实战200.prproj
▶ **视频位置:** 光盘\视频\第8章\实战200.mp4

● 实例介绍 ●

"彩色浮雕"视频效果用于生成彩色的浮雕效果,视频中颜色对比越强烈,浮雕效果越明显。

● 操作步骤 ●

STEP 01 在Premiere Pro CC工作界面中,按Ctrl+O组合键,打开一个项目文件,如图8-91所示。

STEP 02 在"风格化"列表框中选择"彩色浮雕"选项,如图8-92所示,并将其拖曳至V1轨道上。

图8-91 打开项目文件

图8-92 选择"彩色浮雕"选项

STEP 03 展开"效果控件"面板,设置"起伏"为15.00,如图8-93所示。

STEP 04 执行操作后,即可添加"彩色浮雕"视频效果,视频效果如图8-94所示。

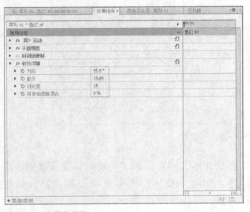

图8-93 设置参数值

图8-94 预览视频效果

实战
201 摄像机视图特效

▶ 实例位置：光盘 \ 效果 \ 第 8 章 \ 实战 201.prproj
▶ 素材位置：光盘 \ 素材 \ 第 8 章 \ 实战 201.prproj
▶ 视频位置：光盘 \ 视频 \ 第 8 章 \ 实战 201.mp4

● 实例介绍 ●

"摄像机视图"视频效果用于将视频前后移动。下面将介绍摄像机视图特效的操作方法。

● 操作步骤 ●

STEP 01 在Premiere Pro CC工作界面中，按Ctrl + O组合键，打开一个项目文件，如图8-95所示。

STEP 02 打开项目文件后，在"节目监视器"面板中可以查看素材画面，如图8-96所示。

图8-95 打开项目文件

图8-96 查看素材画面

STEP 03 在"效果"面板中，展开"视频效果"|"变换"选项，在其中选择"摄像机视图"视频效果，如图8-97所示。

STEP 04 将"摄像机视图"特效拖曳至"时间轴"面板中的相应素材文件上，如图8-98所示。

图8-97 选择"摄像机视图"视频效果

图8-98 拖曳"摄像机视图"效果

STEP 05 单击"播放-停止切换"按钮，预览视频效果，如图8-99所示。

图8-99 预览视频效果

实战 202 羽化边缘特效

▶ 实例位置：光盘 \ 效果 \ 第 8 章 \ 实战 202. prproj
▶ 素材位置：光盘 \ 素材 \ 第 8 章 \ 实战 202. prproj
▶ 视频位置：光盘 \ 视频 \ 第 8 章 \ 实战 202. mp4

● 实例介绍 ●

"羽化边缘"视频效果可以起到渐变的作用，从而达到自然衔接的效果。下面将介绍羽化边缘特效的操作方法。

● 操作步骤 ●

STEP 01 在Premiere Pro CC工作界面中，按Ctrl＋O组合键，打开一个项目文件，如图8-100所示。

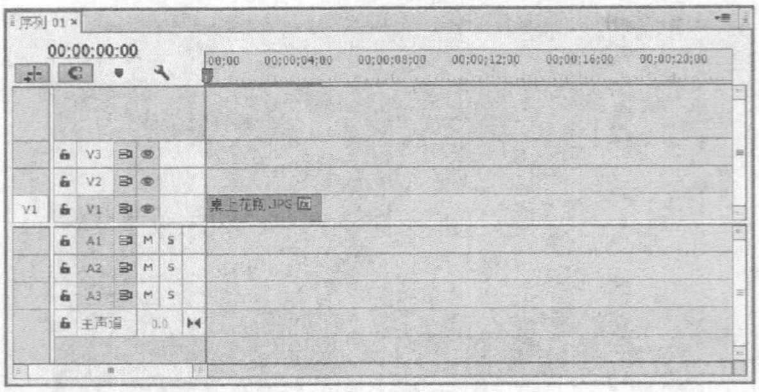

STEP 02 打开项目文件后，在"节目监视器"面板中可以查看素材画面，如图8-101所示。

图8-100 打开项目文件

图8-101 查看素材画面

STEP 03 在"效果"面板中，展开"视频效果"|"变换"选项，在其中选择"羽化边缘"视频效果，如图8-102所示。

STEP 04 将"羽化边缘"特效拖曳至"时间轴"面板中的相应素材文件上，如图8-103所示。

图8-102 选择"羽化边缘"视频效果

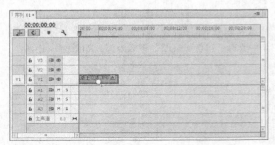

图8-103 拖曳"羽化边缘"效果

STEP 05 展开"效果控件"面板，在其中设置"数量"为80，如图8-104所示。

STEP 06 单击"播放-停止切换"按钮，预览视频效果，如图8-105所示。

图8-104 设置"数量"为80

图8-105 预览视频效果

实战
203
裁剪特效

▶ 实例位置：光盘 \ 效果 \ 第 8 章 \ 实战 203. prproj
▶ 素材位置：光盘 \ 素材 \ 第 8 章 \ 实战 203. prproj
▶ 视频位置：光盘 \ 视频 \ 第 8 章 \ 实战 203. mp4

● 实例介绍 ●

"裁剪"视频效果用于剪裁对象的垂直或水平边缘。经常需要对图片进行裁剪，以将注意力集中于特定区域。下面将介绍裁剪特效的操作方法。

● 操作步骤 ●

STEP 01 在Premiere Pro CC工作界面中，按Ctrl＋O组合键，打开一个项目文件，如图8-106所示。

图8-106 打开项目文件

STEP 02 打开项目文件后，在"节目监视器"面板中可以查看素材画面，如图8-107所示。

图8-107 查看素材画面

STEP 03 在"效果"面板中，展开"视频效果" | "变换"选项，在其中选择"裁剪"视频效果，如图8-108所示。

图8-108 选择"裁剪"视频效果

STEP 04 将"裁剪"视频特效拖曳至"时间轴"面板中的相应素材文件上，如图8-109所示。

图8-109 拖曳"裁剪"效果

STEP 05 展开"效果控件"面板，在其中设置相应参数，如图8-110所示。

图8-110 设置相应参数

STEP 06 单击"播放-停止切换"按钮，预览视频效果，如图8-111所示。

图8-111 预览视频效果

实战 204 快速模糊特效

▶ 实例位置：光盘 \ 效果 \ 第 8 章 \ 实战 204. prproj
▶ 素材位置：光盘 \ 素材 \ 第 8 章 \ 实战 204. prproj
▶ 视频位置：光盘 \ 视频 \ 第 8 章 \ 实战 204. mp4

● 实例介绍 ●

"快速模糊"视频效果用于修改明暗分界点的差值，以产生模糊效果。下面将介绍快速模糊特效的操作方法。

● 操作步骤 ●

STEP 01 在Premiere Pro CC工作界面中，按Ctrl + O组合键，打开一个项目文件，如图8-112所示。

STEP 02 打开项目文件后，在"节目监视器"面板中可以查看素材画面，如图8-113所示。

图8-112 打开项目文件

图8-113 查看素材画面

STEP 03 在"效果"面板中，展开"视频效果"|"模糊与锐化"选项，在其中选择"快速模糊"视频效果，如图8-114所示。

STEP 04 将"快速模糊"特效拖曳至"时间轴"面板中的相应素材文件上，如图8-115所示。

图8-114 选择"快速模糊"视频效果

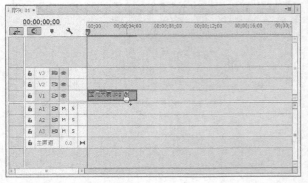

图8-115 拖曳"快速模糊"效果

STEP 05 展开"效果控件"面板，在其中设置"模糊度"为10，如图8-116所示。

STEP 06 单击"播放-停止切换"按钮，预览视频效果，如图8-117所示。

图8-116 设置"模糊度"为10

图8-117 预览视频效果

实战 205 相机模糊特效

▶ 实例位置：光盘 \ 效果 \ 第 8 章 \ 实战 205.prproj
▶ 素材位置：光盘 \ 素材 \ 第 8 章 \ 实战 205.prproj
▶ 视频位置：光盘 \ 视频 \ 第 8 章 \ 实战 205.mp4

● 实例介绍 ●

"相机模糊"视频效果用于修改明暗分界点的差值，以产生模糊效果。下面将介绍相机模糊特效的操作方法。

● 操作步骤 ●

STEP 01 在Premiere Pro CC工作界面中，按Ctrl + O组合键，打开一个项目文件，如图8-118所示。

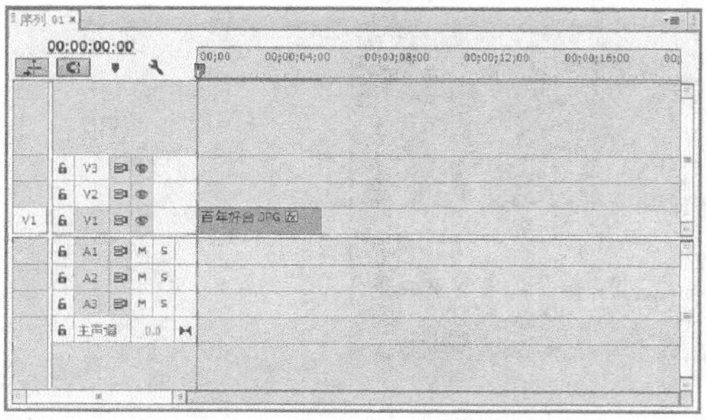

STEP 02 打开项目文件后，在"节目监视器"面板中可以查看素材画面，如图8-119所示。

图8-118 打开项目文件

图8-119 查看素材画面

STEP 03 在"效果"面板中，展开"视频效果"|"模糊与锐化"选项，在其中选择"相机模糊"视频效果，如图8-120所示。

STEP 04 将"相机模糊"特效拖曳至"时间轴"面板中的相应素材文件上，如图8-121所示。

图8-120 选择"相机模糊"视频效果

图8-121 拖曳"相机模糊"效果

STEP 05 展开"效果控件"面板，在其中设置相应参数，如图8-122所示。

STEP 06 单击"播放-停止切换"按钮，预览视频效果，如图8-123所示。

图8-122 设置相应参数

图8-123 预览视频效果

实战 206 锐化特效

▶ 实例位置：光盘 \ 效果 \ 第 8 章 \ 实战 206.prproj
▶ 素材位置：光盘 \ 素材 \ 第 8 章 \ 实战 206.prproj
▶ 视频位置：光盘 \ 视频 \ 第 8 章 \ 实战 206.mp4

● 实例介绍 ●

"锐化"是快速聚焦模糊边缘，提高图像中某一部位的清晰度或者聚集程度，使图像特定区域的色彩更加鲜明。下面将介绍锐化特效的操作方法。

● 操作步骤 ●

STEP 01 在Premiere Pro CC工作界面中，按Ctrl + O组合键，打开一个项目文件，如图8-124所示。

STEP 02 打开项目文件后，在"节目监视器"面板中可以查看素材画面，如图8-125所示。

图8-124 打开项目文件

图8-125 查看素材画面

STEP 03 在"效果"面板中，展开"视频效果"|"模糊与锐化"选项，选择"锐化"视频效果，如图8-126所示。

STEP 04 将"锐化"特效拖曳至"时间轴"面板中的相应素材文件上，如图8-127所示。

图8-126 选择"锐化"视频效果

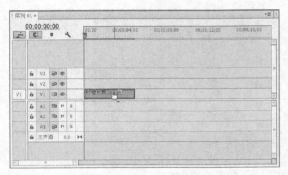

图8-127 拖曳"锐化"效果

STEP 05 展开"效果控件"面板，在其中设置相应参数，如图8-128所示。

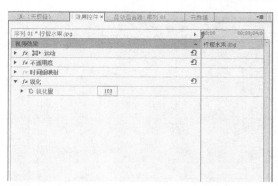

图8-128　设置相应参数

STEP 06 单击"播放-停止切换"按钮，预览视频效果，如图8-129所示。

图8-129　预览视频效果

实战 207　重影特效

▶ 实例位置：光盘 \ 效果 \ 第 8 章 \ 实战 207.prproj
▶ 素材位置：光盘 \ 素材 \ 第 8 章 \ 实战 207.prproj
▶ 视频位置：光盘 \ 视频 \ 第 8 章 \ 实战 207.mp4

● 实例介绍 ●

"重影"视频效果用于当强光进入镜头时，在镜头里面做反复反射的结果，在画面上形成虚像。下面将介绍重影特效的操作方法。

● 操作步骤 ●

STEP 01 在Premiere Pro CC工作界面中，按Ctrl + O组合键，打开一个项目文件，如图8-130所示。

STEP 02 打开项目文件后，在"节目监视器"面板中可以查看素材画面，如图8-131所示。

图8-130　打开项目文件

图8-131　查看素材画面

STEP 03 在"效果"面板中，展开"视频效果"|"模糊与锐化"选项，在其中选择"重影"视频效果，如图8-132所示。

STEP 04 将"重影"特效拖曳至"时间轴"面板中的相应素材文件上，如图8-133所示。

图8-132 选择"重影"视频效果

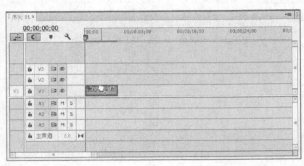

图8-133 拖曳"重影"效果

STEP 05 展开"效果控件"面板，在其设置相应参数，如图8-134所示。

STEP 06 单击"播放-停止切换"按钮，预览视频效果，如图8-135所示。

图8-134 设置相应参数

图8-135 预览视频效果

实战 208 色阶特效

▶ 实例位置：光盘\效果\第8章\实战208.prproj
▶ 素材位置：光盘\素材\第8章\实战208.prproj
▶ 视频位置：光盘\视频\第8章\实战208.mp4

● 实例介绍 ●

"色阶"视频效果是表示图像亮度强弱的指数标准。下面将介绍色阶特效的操作方法。

● 操作步骤 ●

STEP 01 在Premiere Pro CC工作界面中，按Ctrl+O组合键，打开一个项目文件，如图8-136所示。

STEP 02 打开项目文件后，在"节目监视器"面板中可以查看素材画面，如图8-137所示。

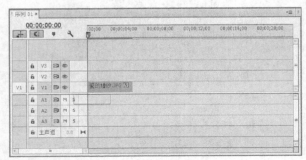

图8-136 打开项目文件

图8-137 查看素材画面

STEP 03 在"效果"面板中，展开"视频效果"|"调整"选项，在其中选择"色阶"视频效果，如图8-138所示。

STEP 04 将"色阶"特效拖曳至"时间轴"面板中的相应素材文件上，如图8-139所示。

图8-138 选择"色阶"视频效果

图8-139 拖曳"色阶"效果

STEP 05 单击"播放-停止切换"按钮，预览视频效果，如图8-140所示。

图8-140 预览视频效果

实战 209 Cineon转换器特效

▶ 实例位置：光盘 \ 效果 \ 第8章 \ 实战209.prproj
▶ 素材位置：光盘 \ 素材 \ 第8章 \ 实战209.prproj
▶ 视频位置：光盘 \ 视频 \ 第8章 \ 实战209.mp4

● 实例介绍 ●

"Cineon转换器"视频效果是由彩色到黑白色的渐变特效。下面将介绍黑白特效的操作方法。

● 操作步骤 ●

STEP 01 在Premiere Pro CC工作界面中，按Ctrl + O组合键，打开一个项目文件，如图8-141所示。

STEP 02 打开项目文件后，在"节目监视器"面板中可以查看素材画面，如图8-142所示。

图8-141 打开项目文件

图8-142 查看素材画面

STEP 03 在"效果"面板中，展开"视频效果"|"实用程序"选项，在其中选择"Cineon转换器"视频效果，如图8-143所示。

STEP 04 将"Cineon转换器"特效拖曳至"时间轴"面板中的相应素材文件上，如图8-144所示。

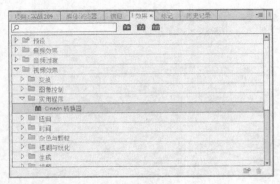

图8-143　选择"Cineon转换器"视频效果

图8-144　拖曳"Cineon转换器"效果

STEP 05 展开"效果控件"面板，在其中设置相应参数，如图8-145所示。

图8-145　设置相应参数

STEP 06 单击"播放-停止切换"按钮，预览视频效果，如图8-146所示。

图8-146　预览视频效果

实战 210 位移特效

▶ 实例位置：光盘 \ 效果 \ 第 8 章 \ 实战 210.prproj
▶ 素材位置：光盘 \ 素材 \ 第 8 章 \ 实战 210.prproj
▶ 视频位置：光盘 \ 视频 \ 第 8 章 \ 实战 210.mp4

● 实例介绍 ●

"位移"是用于由初位置到末位置的有向线段，其大小与路径无关，方向由起点指向终点。它是一个有大小和方向的物理量。下面将介绍位移特效的操作方法。

● 操作步骤 ●

STEP 01 在Premiere Pro CC工作界面中，按Ctrl + O组合键，打开一个项目文件，如图8-147所示。

STEP 02 打开项目文件后，在"节目监视器"面板中可以查看素材画面，如图8-148所示。

图8-147　打开项目文件

图8-148　查看素材画面

STEP 03 在"效果"面板中，展开"视频效果"|"扭曲"选项，在其中选择"位移"视频效果，如图8-149所示。

STEP 04 将"位移"特效拖曳至"时间轴"面板中的相应素材文件上，如图8-150所示。

图8-149　选择"位移"视频效果

图8-150　拖曳"位移"效果

STEP 05 展开"效果控件"面板，在其中设置相应参数，如图8-151所示。

STEP 06 单击"播放-停止切换"按钮，预览视频效果，如图8-152所示。

图8-151　设置相应参数

图8-152　预览视频效果

实战 211　变换特效

▶ 实例位置：光盘 \ 效果 \ 第 8 章 \ 实战 211. prproj
▶ 素材位置：光盘 \ 素材 \ 第 8 章 \ 实战 211. prproj
▶ 视频位置：光盘 \ 视频 \ 第 8 章 \ 实战 211. mp4

● **实例介绍** ●

"变换"是用于将事物的一种形式或内容换成另一种，侧重指由变化而改变。下面将介绍变换特效的操作方法。

● **操作步骤** ●

STEP 01 在Premiere Pro CC工作界面中，按Ctrl + O组合键，打开一个项目文件，如图8-153所示。

STEP 02 打开项目文件后，在"节目监视器"面板中可以查看素材画面，如图8-154所示。

图8-153　打开项目文件

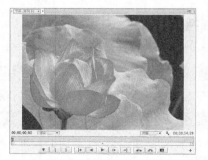

图8-154　查看素材画面

STEP 03 在"效果"面板中，展开"视频效果"｜"扭曲"选项，在其中选择"变换"视频效果，如图8-155所示。

STEP 04 将"变换"特效拖曳至"时间轴"面板中的相应素材文件上，如图8-156所示。

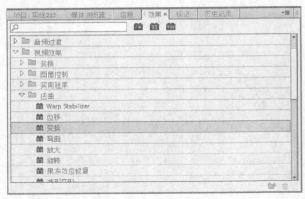

图8-155 选择"变换"视频效果

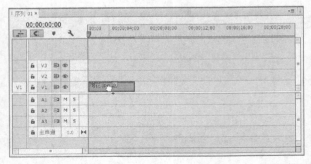

图8-156 拖曳"变换"效果

STEP 05 展开"效果控件"面板，在其中设置相应选项和参数，如图8-157所示。

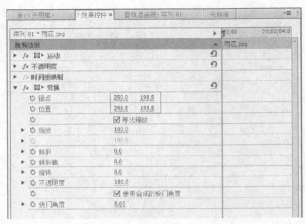

图8-157 设置相应选项和参数

STEP 06 单击"播放–停止切换"按钮，预览视频效果，如图8-158所示。

图8-158 预览视频效果

实战 212 弯曲特效

▶ 实例位置：光盘＼效果＼第8章＼实战212.prproj
▶ 素材位置：光盘＼素材＼第8章＼实战212.prproj
▶ 视频位置：光盘＼视频＼第8章＼实战212.mp4

● 实例介绍 ●

"弯曲"是由于受到力的作用而造成形变，这种力的作用是合力最终形成的结果。下面将介绍弯曲特效的操作方法。

● 操作步骤 ●

STEP 01 在Premiere Pro CC工作界面中，按Ctrl＋O组合键，打开一个项目文件，如图8-159所示。

STEP 02 打开项目文件后，在"节目监视器"面板中可以查看素材画面，如图8-160所示。

图8-159 打开项目文件

图8-160 查看素材画面

STEP 03 在"效果"面板中，展开"视频效果"|"扭曲"选项，在其中选择"弯曲"视频效果，如图8-161所示。

STEP 04 将"弯曲"特效拖曳至"时间轴"面板中的相应素材文件上，如图8-162所示。

图8-161 选择"弯曲"视频效果

图8-162 拖曳"弯曲"效果

STEP 05 展开"效果控件"面板，在其中设置相应参数，如图8-163所示。

STEP 06 单击"播放-停止切换"按钮，预览视频效果，如图8-164所示。

图8-163 设置相应参数

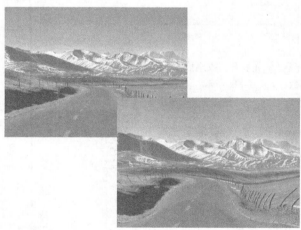

图8-164 预览视频效果

实战 213 放大特效

▶ 实例位置：光盘 \ 效果 \ 第 8 章 \ 实战 213.prproj
▶ 素材位置：光盘 \ 素材 \ 第 8 章 \ 实战 213.prproj
▶ 视频位置：光盘 \ 视频 \ 第 8 章 \ 实战 213.mp4

● 实例介绍 ●

"放大"视频效果是用于将图像变大。下面将介绍放大特效的操作方法。

● 操作步骤 ●

STEP 01 在Premiere Pro CC工作界面中，按Ctrl + O组合键，打开一个项目文件，如图8-165所示。

STEP 02 打开项目文件后，在"节目监视器"面板中可以查看素材画面，如图8-166所示。

图8-165 打开项目文件

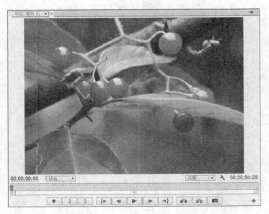

图8-166 查看素材画面

STEP 03 在"效果"面板中，展开"视频效果"|"扭曲"选项，在其中选择"放大"视频效果，如图8-167所示。

STEP 04 将"放大"特效拖曳至"时间轴"面板中的相应素材文件上，如图8-168所示。

图8-167 选择"放大"视频效果

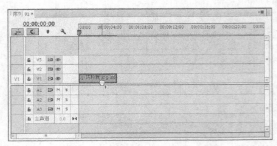

图8-168 拖曳"放大"效果

STEP 05 展开"效果控件"面板，在其中设置相应选项和参数，如图8-169所示。

STEP 06 单击"播放-停止切换"按钮，预览视频效果，如图8-170所示。

图8-169 设置相应选项和参数

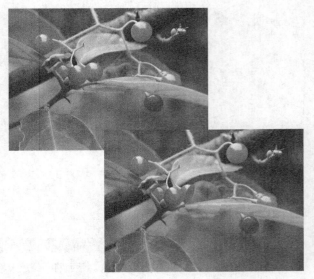

图8-170 预览视频效果

实战 214 旋转特效

▶ 实例位置：光盘 \ 效果 \ 第 8 章 \ 实战 214.prproj
▶ 素材位置：光盘 \ 素材 \ 第 8 章 \ 实战 214.prproj
▶ 视频位置：光盘 \ 视频 \ 第 8 章 \ 实战 214.mp4

● 实例介绍 ●

"旋转"视频效果是使物体围绕一个点或一个轴做圆周运动。下面将介绍旋转特效的操作方法。

● 操作步骤 ●

STEP 01 在Premiere Pro CC工作界面中，按Ctrl + O组合键，打开一个项目文件，如图8-171所示。

STEP 02 打开项目文件后，在"节目监视器"面板中可以查看素材画面，如图8-172所示。

图8-171 打开项目文件

图8-172 查看素材画面

STEP 03 在"效果"面板中，展开"视频效果" | "扭曲"选项，在其中选择"旋转"视频效果，如图8-173所示。

STEP 04 将"旋转"特效拖曳至"时间轴"面板中的相应素材文件上，如图8-174所示。

图8-173 选择"旋转"视频效果

图8-174 拖曳"旋转"效果

STEP 05 展开"效果控件"面板，在其中设置相应参数，如图8-175所示。

图8-175 设置相应参数

STEP 06 单击"播放－停止切换"按
钮，预览视频效果，如图8-176所示。

图8-176 预览视频效果

实战 215 果冻效应修复特效

▶ 实例位置：光盘 \ 效果 \ 第 8 章 \ 实战 215.prproj
▶ 素材位置：光盘 \ 素材 \ 第 8 章 \ 实战 215.prproj
▶ 视频位置：光盘 \ 视频 \ 第 8 章 \ 实战 215.mp4

● 实例介绍 ●

"果冻效应修复"视频效果是使画面一样产生变形和颜色变化。下面将介绍果冻效应修复特效的操作方法。

● 操作步骤 ●

STEP 01 在Premiere Pro CC工作界面中，按Ctrl＋O组合键，打开一个项目文件，如图8-177所示。

STEP 02 打开项目文件后，在"节目监视器"面板中可以查看素材画面，如图8-178所示。

图8-177 打开项目文件

图8-178 查看素材画面

STEP 03 在"效果"面板中，展开"视频效果"|"扭曲"选项，在其中选择"果冻效应修复"视频效果，如图8-179所示。

STEP 04 将"果冻效应修复"特效拖曳至"时间轴"面板中的相应素材文件上，如图8-180所示。

图8-179 选择"果冻效应修复"视频效果

图8-180 拖曳"果冻效应修复"效果

STEP 05 展开"效果控件"面板，在其中设置相应参数，如图8-181所示。

图8-181 设置相应参数

STEP 06 单击"播放-停止切换"按钮，预览视频效果，如图8-182所示。

图8-182 预览视频效果

实战 216 球面化特效

▶ 实例位置：光盘 \ 效果 \ 第 8 章 \ 实战 216.prproj
▶ 素材位置：光盘 \ 素材 \ 第 8 章 \ 实战 216.prproj
▶ 视频位置：光盘 \ 视频 \ 第 8 章 \ 实战 216.mp4

● 实例介绍 ●

"球面化"视频效果不是突兀地出现，而是逐渐地出现。下面将介绍球面化特效的操作方法。

● 操作步骤 ●

STEP 01 在Premiere Pro CC工作界面中，按Ctrl + O组合键，打开一个项目文件，如图8-183所示。

STEP 02 打开项目文件后，在"节目监视器"面板中可以查看素材画面，如图8-184所示。

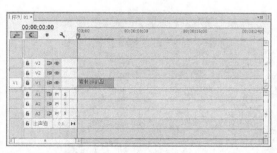

图8-183 打开项目文件

图8-184 查看素材画面

STEP 03 在"效果"面板中，展开"视频效果"|"扭曲"选项，在其中选择"球面化"视频效果，如图8-185所示。

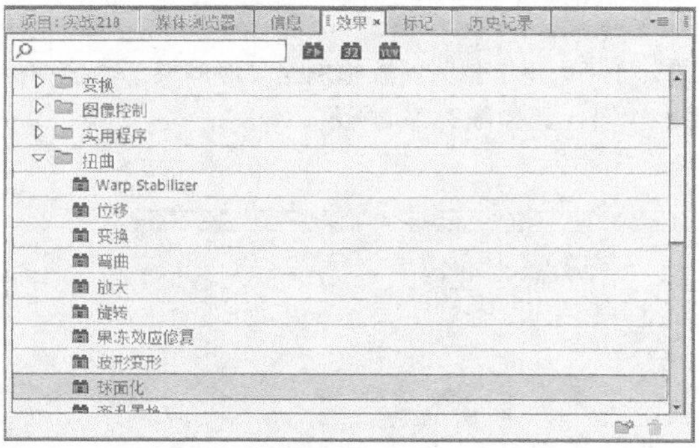

STEP 04 将"球面化"特效拖曳至"时间轴"面板中的相应素材文件上，如图8-186所示。

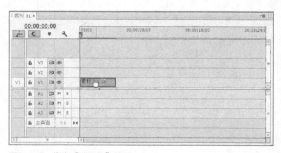

图8-185 选择"球面化"视频效果

图8-186 拖曳"球面化"效果

STEP 05 展开"效果控件"面板，在其中设置相应参数，如图8-187所示。

STEP 06 单击"播放-停止切换"按钮，预览视频效果，如图8-188所示。

图8-187 设置相应参数

图8-188 预览视频效果

实战 217 边角定位特效

▶ 实例位置：光盘 \ 效果 \ 第 8 章 \ 实战 217.prproj
▶ 素材位置：光盘 \ 素材 \ 第 8 章 \ 实战 217.prproj
▶ 视频位置：光盘 \ 视频 \ 第 8 章 \ 实战 217.mp4

● 实例介绍 ●

"边角定位"视频效果是以定位点为基准的。下面将介绍边角定位特效的操作方法。

● 操作步骤 ●

STEP 01 在Premiere Pro CC工作界面中，按Ctrl＋O组合键，打开一个项目文件，如图8-189所示。

STEP 02 打开项目文件后，在"节目监视器"面板中可以查看素材画面，如图8-190所示。

图8-189 打开项目文件

图8-190 查看素材画面

STEP 03 在"效果"面板中，展开"视频效果"|"扭曲"选项，在其中选择"边角定位"视频效果，如图8-191所示。

STEP 04 将"边角定位"特效拖曳至"时间轴"面板中的相应素材文件上，如图8-192所示。

图8-191 选择"边角定位"视频效果

图8-192 拖曳"边角定位"效果

STEP 05 展开"效果控件"面板，在其中单击"边角定位"所有的"切换动画"按钮，如图8-193所示。

STEP 06 单击"播放-停止切换"按钮，预览视频效果，如图8-194所示。

图8-193 单击相应按钮

图8-194 预览视频效果

实战 218 镜像特效

▶ 实例位置：光盘 \ 效果 \ 第 8 章 \ 实战 218.prproj
▶ 素材位置：光盘 \ 素材 \ 第 8 章 \ 实战 218.prproj
▶ 视频位置：光盘 \ 视频 \ 第 8 章 \ 实战 218.mp4

● 实例介绍 ●

"镜像"视频效果是冗余的一种类型，一个磁盘上的数据在另一个磁盘上存在一个完全相同的副本即为镜像。下面将介绍镜像特效的操作方法。

● 操作步骤 ●

STEP 01 在Premiere Pro CC工作界面中，按Ctrl + O组合键，打开一个项目文件，如图8-195所示。

STEP 02 打开项目文件后，在"节目监视器"面板中可以查看素材画面，如图8-196所示。

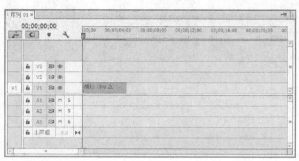

图8-195 打开项目文件

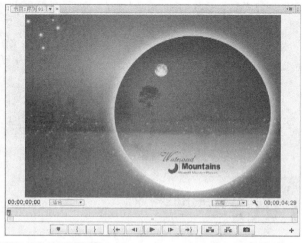

图8-196 查看素材画面

STEP 03 在"效果"面板中，展开"视频效果"|"扭曲"选项，在其中选择"镜像"视频效果，如图8-197所示。

STEP 04 将"镜像"特效拖曳至"时间轴"面板中的相应素材文件上，如图8-198所示。

图8-197 选择"镜像"视频效果

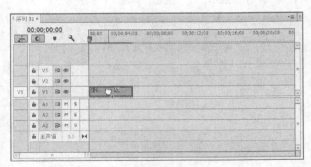

图8-198 拖曳"镜像"效果

STEP 05 展开"效果控件"面板，在其中设置相应参数，如图8-199所示。

图8-199 设置相应参数

STEP 06 单击"播放–停止切换"按钮，预览视频效果，如图8-200所示。

图8-200 预览视频效果

实战 219 镜头扭曲特效

▶ 实例位置：光盘 \ 效果 \ 第8章 \ 实战219.prproj
▶ 素材位置：光盘 \ 素材 \ 第8章 \ 实战219.prproj
▶ 视频位置：光盘 \ 视频 \ 第8章 \ 实战219.mp4

● 实例介绍 ●

"镜头扭曲"视频效果是将画面扭曲。下面将介绍镜头扭曲特效的操作方法。

● 操作步骤 ●

STEP 01　在Premiere Pro CC工作界面中，按Ctrl＋O组合键，打开一个项目文件，如图8-201所示。

STEP 02　打开项目文件后，在"节目监视器"面板中可以查看素材画面，如图8-202所示。

图8-202　查看素材画面

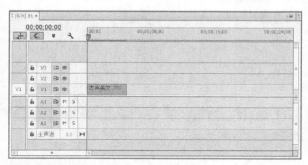

图8-201　打开项目文件

STEP 03　在"效果"面板中，展开"视频效果"|"扭曲"选项，在其中选择"镜头扭曲"视频效果，如图8-203所示。

STEP 04　将"镜头扭曲"特效拖曳至"时间轴"面板中的相应素材文件上，如图8-204所示。

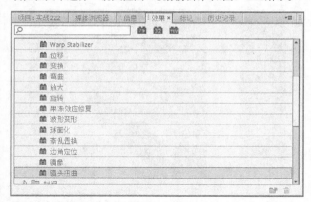

图8-203　选择"镜头扭曲"视频效果

图8-204　拖曳"镜头扭曲"效果

STEP 05　展开"效果控件"面板，在其中设置相应参数，如图8-205所示。

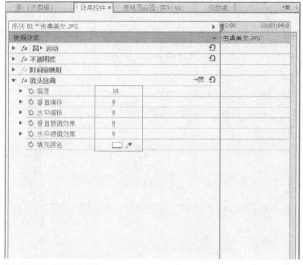

图8-205　设置相应参数

STEP 06 单击"播放–停止切换"按
钮，预览视频效果，如图8-206所示。

图8-206　预览视频效果

实战 220　抽帧时间特效

▶ 实例位置：光盘＼效果＼第8章＼实战220.prproj
▶ 素材位置：光盘＼素材＼第8章＼实战220.prproj
▶ 视频位置：光盘＼视频＼第8章＼实战220.mp4

● 实例介绍 ●

"抽帧时间"视频效果是模拟做定格动画效果。下面将介绍抽帧时间特效的操作方法。

● 操作步骤 ●

STEP 01 在Premiere Pro CC工作界面中，按Ctrl + O组合
键，打开一个项目文件，如图8-207所示。

STEP 02 打开项目文件后，在"节目监视器"面板中可以
查看素材画面，如图8-208所示。

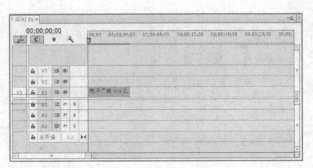

图8-207　打开项目文件

图8-208　查看素材画面

STEP 03 在"效果"面板中，展开"视频效果"|"时间"
选项，在其中选择"抽帧时间"视频效果，如图8-209
所示。

STEP 04 将"抽帧时间"特效拖曳至"时间轴"面板中的
相应素材文件上，如图8-210所示。

图8-209　选择"抽帧时间"视频效果

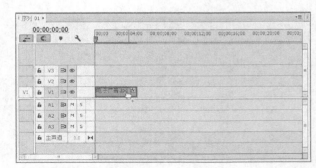

图8-210　拖曳"抽帧时间"效果

STEP 05 展开"效果控件"面板，在其中设置相应选项和参数，如图8-211所示。

STEP 06 单击"播放-停止切换"按钮，预览视频效果，如图8-212所示。

图8-211 设置相应选项和参数

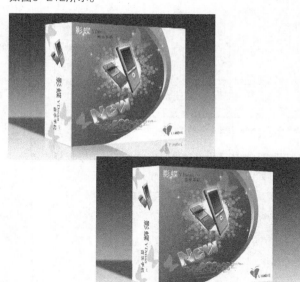

图8-212 预览视频效果

实战 221	残影特效

▶ 实例位置：光盘 \ 效果 \ 第 8 章 \ 实战 221.prproj
▶ 素材位置：光盘 \ 素材 \ 第 8 章 \ 实战 221.prproj
▶ 视频位置：光盘 \ 视频 \ 第 8 章 \ 实战 221.mp4

● 实例介绍 ●

"残影"视频效果是形容某运动中的事物速度达到一定程度，而使肉眼无法看清事物在运动中的位置，因为速度过快，所以肉眼能够看到事物在运动以前的位置的影像。下面将介绍残影特效的操作方法。

● 操作步骤 ●

STEP 01 在Premiere Pro CC工作界面中，按Ctrl + O组合键，打开一个项目文件，如图8-213所示。

STEP 02 打开项目文件后，在"节目监视器"面板中可以查看素材画面，如图8-214所示。

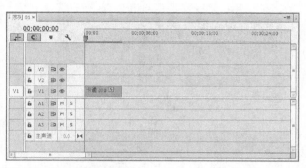

图8-213 打开项目文件

图8-214 查看素材画面

STEP 03 在"效果"面板中，展开"视频效果"|"时间"选项，在其中选择"残影"视频效果，如图8-215所示。

STEP 04 将"残影"特效拖曳至"时间轴"面板中的相应素材文件上，如图8-216所示。

图8-215　选择"残影"视频效果

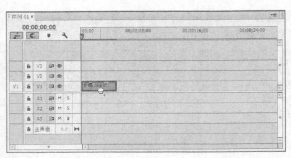

图8-216　拖曳"残影"效果

STEP 05 展开"效果控件"面板，在其中设置相应选项和参数，如图8-217所示。

图8-217　设置相应选项和参数

STEP 06 单击"播放-停止切换"按钮，预览视频效果，如图8-218所示。

图8-218　预览视频效果

实战 222　中间值特效

▶ 实例位置：光盘 \ 效果 \ 第 8 章 \ 实战 222. prproj
▶ 素材位置：光盘 \ 素材 \ 第 8 章 \ 实战 222. prproj
▶ 视频位置：光盘 \ 视频 \ 第 8 章 \ 实战 222. mp4

● 实例介绍 ●

"中间值"视频效果是取处于中间的那个数值。下面将介绍中间值特效的操作方法。

● 操作步骤 ●

STEP 01 在Premiere Pro CC工作界面中，按Ctrl＋O组合键，打开一个项目文件，如图8-219所示。

STEP 02 打开项目文件后，在"节目监视器"面板中可以查看素材画面，如图8-220所示。

图8-219　打开项目文件

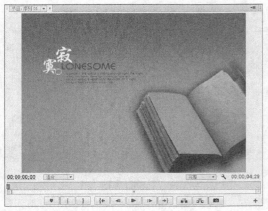

图8-220　查看素材画面

STEP 03 在"效果"面板中,展开"视频效果"|"杂色与颗粒"选项,在其中选择"中间值"视频效果,如图8-221所示。

STEP 04 将"中间值"特效拖曳至"时间轴"面板中的相应素材文件上,如图8-222所示。

图8-221 选择"中间值"视频效果

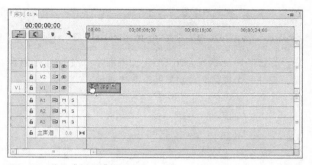

图8-222 拖曳"中间值"效果

STEP 05 展开"效果控件"面板,在其中设置相应选项和参数,如图8-223所示。

图8-223 设置相应选项和参数

STEP 06 单击"播放-停止切换"按钮,预览视频效果,如图8-224所示。

图8-224 预览视频效果

实战 223 杂色特效

▶ 实例位置：光盘\效果\第8章\实战223.prproj
▶ 素材位置：光盘\素材\第8章\实战223.prproj
▶ 视频位置：光盘\视频\第8章\实战223.mp4

● 实例介绍 ●

"杂色"视频效果是指具有各种颜色。下面将介绍杂色特效的操作方法。

● 操作步骤 ●

STEP 01 在Premiere Pro CC工作界面中，按Ctrl + O组合键，打开一个项目文件，如图8-225所示。

STEP 02 打开项目文件后，在"节目监视器"面板中可以查看素材画面，如图8-226所示。

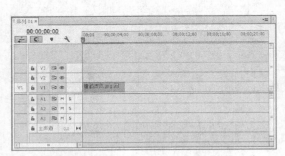

图8-225 打开项目文件

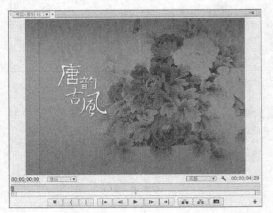

图8-226 查看素材画面

STEP 03 在"效果"面板中，展开"视频效果"|"杂色与颗粒"选项，在其中选择"杂色"视频效果，如图8-227所示。

STEP 04 将"杂色"特效拖曳至"时间轴"面板中的相应素材文件上，如图8-228所示。

图8-227 选择"杂色"视频效果

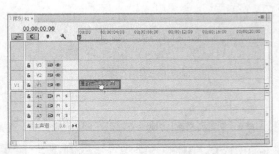

图8-228 拖曳"杂色"效果

STEP 05 展开"效果控件"面板，在其中设置相应参数，如图8-229所示。

图8-229 设置相应参数

STEP 06 单击"播放-停止切换"按钮，预览视频效果，如图8-230所示。

图8-230　预览视频效果

实战 224　杂色Alpha特效

> ▶ 实例位置：光盘 \ 效果 \ 第 8 章 \ 实战 224. prproj
> ▶ 素材位置：光盘 \ 素材 \ 第 8 章 \ 实战 224. prproj
> ▶ 视频位置：光盘 \ 视频 \ 第 8 章 \ 实战 224. mp4

● 实例介绍 ●

"杂色Alpha"视频效果用于实现一种半透明效果。下面将介绍杂色Alpha特效的操作方法。

● 操作步骤 ●

STEP 01 在Premiere Pro CC工作界面中，按Ctrl + O组合键，打开一个项目文件，如图8-231所示。

STEP 02 打开项目文件后，在"节目监视器"面板中可以查看素材画面，如图8-232所示。

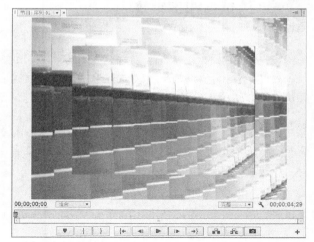

图8-231　打开项目文件

图8-232　查看素材画面

STEP 03 在"效果"面板中，展开"视频效果"|"杂色与颗粒"选项，在其中选择"杂色Alpha"视频效果，如图8-233所示。

STEP 04 将"杂色Alpha"特效拖曳至"时间轴"面板中的相应素材文件上，如图8-234所示。

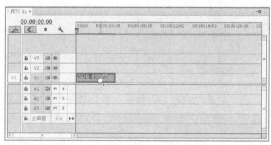

图8-233　选择"杂色Alpha"视频效果

图8-234　拖曳"杂色Alpha"效果

STEP 05 展开"效果控件"面板，在其中设置相应参数，如图8-235所示。

STEP 06 单击"播放-停止切换"按钮，预览视频效果，如图8-236所示。

图8-235 设置相应参数

图8-236 预览视频效果

实战 225 杂色HLS特效

▶ 实例位置：光盘 \ 效果 \ 第8章 \ 实战225.prproj
▶ 素材位置：光盘 \ 素材 \ 第8章 \ 实战225.prproj
▶ 视频位置：光盘 \ 视频 \ 第8章 \ 实战225.mp4

● 实例介绍 ●

设置杂色相位的关键帧时，该效果会进行相位循环来创建动画化的角色。关键帧之间存在较大的值差时可加快杂色动画的速度。下面将介绍杂色HLS特效的操作方法。

● 操作步骤 ●

STEP 01 在Premiere Pro CC工作界面中，按Ctrl+O组合键，打开一个项目文件，如图8-237所示。

STEP 02 打开项目文件后，在"节目监视器"面板中可以查看素材画面，如图8-238所示。

图8-237 打开项目文件

图8-238 查看素材画面

STEP 03 在"效果"面板中，展开"视频效果"|"杂色与颗粒"选项，在其中选择"杂色HLS"视频效果，如图8-239所示。

STEP 04 将"杂色HLS"特效拖曳至"时间轴"面板中的相应素材文件上，如图8-240所示。

图8-239 选择"杂色HLS"视频效果

图8-240 拖曳"杂色HLS"效果

STEP 05 展开"效果控件"面板,在其中设置相应选项和参数,如图8-241所示。

STEP 06 单击"播放-停止切换"按钮,预览视频效果,如图8-242所示。

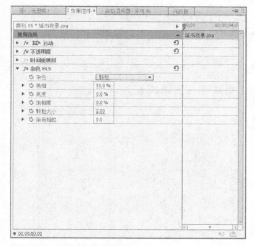

图8-241 设置相应选项和参数

图8-242 预览视频效果

实战 226 杂色HLS自动特效

▶ 实例位置:光盘 \ 效果 \ 第 8 章 \ 实战 226. prproj
▶ 素材位置:光盘 \ 素材 \ 第 8 章 \ 实战 226. prproj
▶ 视频位置:光盘 \ 视频 \ 第 8 章 \ 实战 226. mp4

● 实例介绍 ●

"杂色HLS自动"视频效果是制作纯色背景显得单调时,添加杂色有点磨砂的感觉。下面将介绍杂色HLS自动特效的操作方法。

● 操作步骤 ●

STEP 01 在Premiere Pro CC工作界面中,按Ctrl + O组合键,打开一个项目文件,如图8-243所示。

STEP 02 打开项目文件后,在"节目监视器"面板中可以查看素材画面,如图8-244所示。

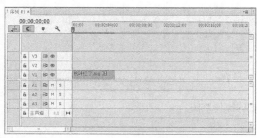

图8-243 打开项目文件

图8-244 查看素材画面

STEP 03 在"效果"面板中，展开"视频效果"|"杂色与颗粒"选项，在其中选择"杂色HLS自动"视频效果，如图8-245所示。

STEP 04 将"杂色HLS自动"特效拖曳至"时间轴"面板中的相应素材文件上，如图8-246所示。

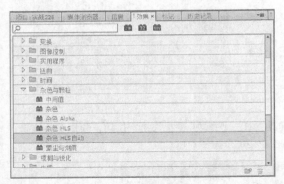

图8-245 选择"杂色HLS自动"视频效果

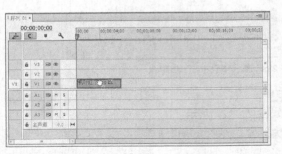

图8-246 拖曳"杂色HLS自动"效果

STEP 05 展开"效果控件"面板，在其中设置相应选项和参数，如图8-247所示。

图8-247 设置相应选项和参数

STEP 06 单击"播放-停止切换"按钮，预览视频效果，如图8-248所示。

图8-248 预览视频效果

实战 227 书写特效

▶ 实例位置：光盘\效果\第8章\实战227.prproj
▶ 素材位置：光盘\素材\第8章\实战227.prproj
▶ 视频位置：光盘\视频\第8章\实战227.mp4

·实例介绍·

"书写"视频效果是一种制作手写字的效果。下面将介绍书写特效的操作方法。

● 操作步骤 ●

STEP 01 在Premiere Pro CC工作界面中，按Ctrl + O组合键，打开一个项目文件，如图8-249所示。

STEP 02 打开项目文件后，在"节目监视器"面板中可以查看素材画面，如图8-250所示。

图8-249 打开项目文件

图8-250 查看素材画面

STEP 03 在"效果"面板中，展开"视频效果"|"生成"选项，在其中选择"书写"视频效果，如图8-251所示。

STEP 04 将"书写"特效拖曳至"时间轴"面板中的相应素材文件上，如图8-252所示。

图8-251 选择"书写"视频效果

图8-252 拖曳"书写"效果

STEP 05 展开"效果控件"面板，在其中设置相应选项和参数，如图8-253所示。

图8-253 设置相应选项和参数

STEP 06 单击"播放-停止切换"按钮,预览视频效果,如图8-254所示。

图8-254 预览视频效果

实战 228 单元格图案特效

▶ 实例位置:光盘\效果\第8章\实战228.prproj
▶ 素材位置:光盘\素材\第8章\实战228.prproj
▶ 视频位置:光盘\视频\第8章\实战228.mp4

● 实例介绍 ●

"单元格图案"视频效果是一种以单元格的形式出现的图案效果。下面将介绍单元格图案特效的操作方法。

● 操作步骤 ●

STEP 01 在Premiere Pro CC工作界面中,按Ctrl + O组合键,打开一个项目文件,如图8-255所示。

STEP 02 打开项目文件后,在"节目监视器"面板中可以查看素材画面,如图8-256所示。

图8-255 打开项目文件

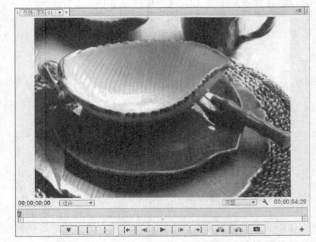

图8-256 查看素材画面

STEP 03 在"效果"面板中,展开"视频效果"|"生成"选项,在其中选择"单元格图案"视频效果,如图8-257所示。

STEP 04 将"单元格图案"特效拖曳至"时间轴"面板中的相应素材文件上,如图8-258所示。

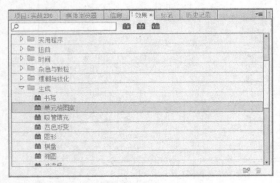

图8-257 选择"单元格图案"视频效果

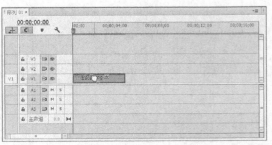

图8-258 拖曳"单元格图案"效果

STEP 05 展开"效果控件"面板，在其中设置相应选项和参数，如图8-259所示。

图8-259　设置相应选项和参数

STEP 06 单击"播放-停止切换"按钮，预览视频效果，如图8-260所示。

图8-260　预览视频效果

实战 229　吸管填充特效

▶ **实例位置**：光盘 \ 效果 \ 第 8 章 \ 实战 229. prproj
▶ **素材位置**：光盘 \ 素材 \ 第 8 章 \ 实战 229. prproj
▶ **视频位置**：光盘 \ 视频 \ 第 8 章 \ 实战 229. mp4

● 实例介绍 ●

"吸管填充"视频效果是取任意文档的颜色，并作为前景色进行其他地方的填充。下面将介绍吸管填充特效的操作方法。

● 操作步骤 ●

STEP 01 在Premiere Pro CC工作界面中，按Ctrl + O组合键，打开一个项目文件，如图8-261所示。

STEP 02 打开项目文件后，在"节目监视器"面板中可以查看素材画面，如图8-262所示。

图8-262　查看素材画面

图8-261　打开项目文件

STEP 03 在"效果"面板中，展开"视频效果"|"生成"选项，在其中选择"吸管填充"视频效果，如图8-263所示。

STEP 04 将"吸管填充"特效拖曳至"时间轴"面板中的相应素材文件上，如图8-264所示。

图8-263 选择"吸管填充"视频效果

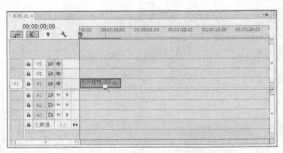

图8-264 拖曳"吸管填充"效果

STEP 05 展开"效果控件"面板，在其中设置相应选项和参数，如图8-265所示。

STEP 06 单击"播放-停止切换"按钮，预览视频效果，如图8-266所示。

图8-265 设置相应选项和参数

图8-266 预览视频效果

实战 230 四色渐变特效

▶ 实例位置：光盘 \ 效果 \ 第 8 章 \ 实战 230.prproj
▶ 素材位置：光盘 \ 素材 \ 第 8 章 \ 实战 230.prproj
▶ 视频位置：光盘 \ 视频 \ 第 8 章 \ 实战 230.mp4

● 实例介绍 ●

"四色渐变"视频效果是指四种颜色有规律性的变化，渐变的形式给人很强的节奏感和审美情趣。下面将介绍四色渐变特效的操作方法。

● 操作步骤 ●

STEP 01 在Premiere Pro CC工作界面中，按Ctrl＋O组合键，打开一个项目文件，如图8-267所示。

STEP 02 打开项目文件后，在"节目监视器"面板中可以查看素材画面，如图8-268所示。

图8-267 打开项目文件

图8-268 查看素材画面

STEP 03 在"效果"面板中,展开"视频效果"|"生成"
选项,在其中选择"四色渐变"视频效果,如图8-269
所示。

STEP 04 将"四色渐变"特效拖曳至"时间轴"面板中的
相应素材文件上,如图8-270所示。

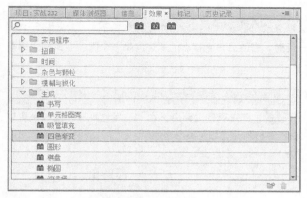

图8-269 选择"四色渐变"视频效果

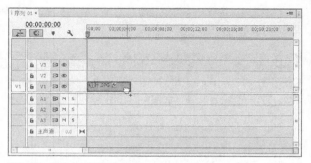

图8-270 拖曳"四色渐变"效果

STEP 05 展开"效果控件"面板,在其中设置相应选项和
参数,如图8-271所示。

图8-271 设置相应选项和参数

STEP 06 单击"播放-停止切换"按钮,预览视频效果,如图8-272所示。

图8-272 预览视频效果

▶ 实例位置：光盘 \ 效果 \ 第8章 \ 实战231.prproj
▶ 素材位置：光盘 \ 素材 \ 第8章 \ 实战231.prproj
▶ 视频位置：光盘 \ 视频 \ 第8章 \ 实战231.mp4

实战 231 圆形特效

● 实例介绍 ●

"圆形"是当一条线段绕着它的一个端点在平面内旋转一周时，它的另一个端点的轨迹就是一个圆。下面将介绍圆形特效的操作方法。

● 操作步骤 ●

STEP 01 在Premiere Pro CC工作界面中，按Ctrl＋O组合键，打开一个项目文件，如图8-273所示。

STEP 02 打开项目文件后，在"节目监视器"面板中可以查看素材画面，如图8-274所示。

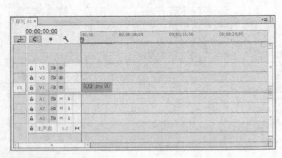

图8-273　打开项目文件

图8-274　查看素材画面

STEP 03 在"效果"面板中，展开"视频效果"|"生成"选项，在其中选择"圆形"视频效果，如图8-275所示。

STEP 04 将"圆形"特效拖曳至"时间轴"面板中的设置相应素材文件上，如图8-276所示。

图8-275　选择"圆形"视频效果

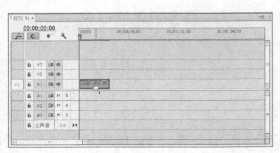

图8-276　拖曳"圆形"效果

STEP 05 展开"效果控件"面板，在其中设置相应选项和参数，如图8-277所示。

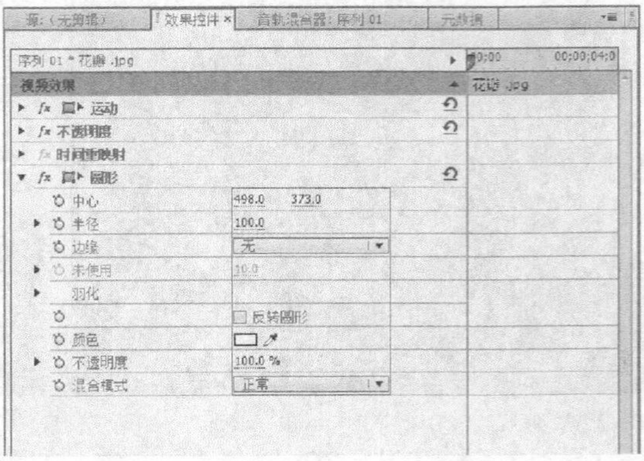

图8-277　设置相应选项和参数

STEP 06 单击"播放-停止切换"按钮，预览视频效果，如图8-278所示。

图8-278　预览视频效果

实战 232　棋盘特效

▶ 实例位置：光盘＼效果＼第8章＼实战232.prproj
▶ 素材位置：光盘＼素材＼第8章＼实战232.prproj
▶ 视频位置：光盘＼视频＼第8章＼实战232.mp4

● 实例介绍 ●

"棋盘"视频效果是像棋盘状一样的图案效果。下面将介绍棋盘特效的操作方法。

● 操作步骤 ●

STEP 01 在Premiere Pro CC工作界面中，按Ctrl＋O组合键，打开一个项目文件，如图8-279所示。

STEP 02 打开项目文件后，在"节目监视器"面板中可以查看素材画面，如图8-280所示。

图8-280　查看素材画面

图8-279　打开项目文件

STEP 03 在"效果"面板中，展开"视频效果"|"生成"选项，在其中选择"棋盘"视频效果，如图8-281所示。

STEP 04 将"棋盘"特效拖曳至"时间轴"面板中的相应素材文件上，如图8-282所示。

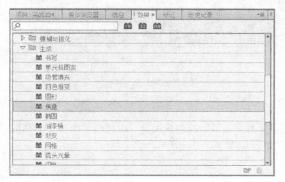

图8-281　选择"棋盘"视频效果

图8-282　拖曳"棋盘"效果

STEP 05 展开"效果控件"面板，在其中设置相应选项和参数，如图8-283所示。

图8-283　设置相应选项和参数

STEP 06 单击"播放–停止切换"按钮，预览视频效果，如图8-284所示。

图8-284　预览视频效果

实战 233 椭圆特效

▶ 实例位置：光盘 \ 效果 \ 第8章 \ 实战233.prproj
▶ 素材位置：光盘 \ 素材 \ 第8章 \ 实战233.prproj
▶ 视频位置：光盘 \ 视频 \ 第8章 \ 实战233.mp4

● 实例介绍 ●

"椭圆"是圆锥曲线的一种，即圆锥与平面的截线。下面将介绍椭圆特效的操作方法。

● 操作步骤 ●

STEP 01 在Premiere Pro CC工作界面中，按Ctrl + O组合键，打开一个项目文件，如图8-285所示。

STEP 02 打开项目文件后，在"节目监视器"面板中可以查看素材画面，如图8-286所示。

图8-285　打开项目文件

图8-286　查看素材画面

STEP 03 在"效果"面板中，展开"视频效果"|"生成"选项，在其中选择"椭圆"视频效果，如图8-287所示。

STEP 04 将"椭圆"特效拖曳至"时间轴"面板中的相应素材文件上，如图8-288所示。

图8-287　选择"椭圆"视频效果

图8-288　拖曳"椭圆"效果

STEP 05 展开"效果控件"面板，在其中设置相应选项和参数，如图8-289所示。

STEP 06 单击"播放-停止切换"按钮，预览视频效果，如图8-290所示。

图8-289　设置相应选项和参数

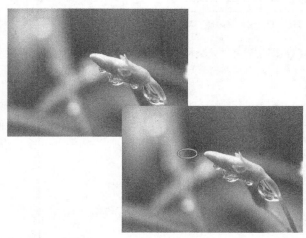

图8-290　预览视频效果

实战 234　油漆桶特效

▶ 实例位置：光盘 \ 效果 \ 第 8 章 \ 实战 234.prproj
▶ 素材位置：光盘 \ 素材 \ 第 8 章 \ 实战 234.prproj
▶ 视频位置：光盘 \ 视频 \ 第 8 章 \ 实战 234.mp4

● 实例介绍 ●

　　"油漆桶"视频效果是用来填充吸管工具所吸取的颜色，可使用前景色或定义的图案填充。下面将介绍油漆桶特效的操作方法。

● 操作步骤 ●

STEP 01 在Premiere Pro CC工作界面中，按Ctrl + O组合键，打开一个项目文件，如图8-291所示。

STEP 02 打开项目文件后，在"节目监视器"面板中可以查看素材画面，如图8-292所示。

图8-291　打开项目文件

图8-292　查看素材画面

STEP 03 在"效果"面板中,展开"视频效果"|"生成"选项,在其中选择"油漆桶"视频效果,如图8-293所示。

STEP 04 将"油漆桶"特效拖曳至"时间轴"面板中的相应素材文件上,如图8-294所示。

图8-293 选择"油漆桶"视频效果

图8-294 拖曳"油漆桶"效果

STEP 05 展开"效果控件"面板,在其中设置相应选项和参数,如图8-295所示。

图8-295 设置相应选项和参数

STEP 06 单击"播放-停止切换"按钮,预览视频效果,如图8-296所示。

图8-296 预览视频效果

实战 235 渐变特效

▶ 实例位置:光盘\效果\第8章\实战235.prproj
▶ 素材位置:光盘\素材\第8章\实战235.prproj
▶ 视频位置:光盘\视频\第8章\实战235.mp4

● 实例介绍 ●

"渐变"视频效果是指颜色有规律性的变化,渐变的形式给人很强的节奏感和审美情趣。下面将介绍渐变特效的操作方法。

● 操作步骤 ●

STEP 01 在Premiere Pro CC工作界面中，按Ctrl + O组合键，打开一个项目文件，如图8-297所示。

STEP 02 打开项目文件后，在"节目监视器"面板中可以查看素材画面，如图8-298所示。

图8-298　查看素材画面

图8-297　打开项目文件

STEP 03 在"效果"面板中，展开"视频效果"|"生成"选项，在其中选择"渐变"视频效果，如图8-299所示。

STEP 04 将"渐变"特效拖曳至"时间轴"面板中的相应素材文件上，如图8-300所示。

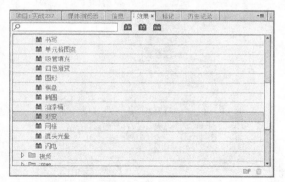

图8-299　选择"渐变"视频效果

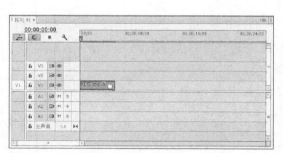

图8-300　拖曳"渐变"效果

STEP 05 展开"效果控件"面板，在其中设置相应选项和参数，如图8-301所示。

图8-301　设置相应选项和参数

STEP 06 单击"播放-停止切换"按
钮,预览视频效果,如图8-302所示。

图8-302 预览视频效果

实战 236 网格特效

▶ 实例位置:光盘 \ 效果 \ 第8章 \ 实战236.prproj
▶ 素材位置:光盘 \ 素材 \ 第8章 \ 实战236.prproj
▶ 视频位置:光盘 \ 视频 \ 第8章 \ 实战236.mp4

● 实例介绍 ●

"网格"视频效果是相当于固定网格形状的点,移动点就能改变网格形状。下面将介绍网格特效的操作方法。

● 操作步骤 ●

STEP 01 在Premiere Pro CC工作界面中,按Ctrl + O组合
键,打开一个项目文件,如图8-303所示。

STEP 02 打开项目文件后,在"节目监视器"面板中可以
查看素材画面,如图8-304所示。

图8-304 查看素材画面

图8-303 打开项目文件

STEP 03 在"效果"面板中,展开"视频效果"|"生成"
选项,在其中选择"网格"视频效果,如图8-305所示。

STEP 04 将"网格"特效拖曳至"时间轴"面板中的相应
素材文件上,如图8-306所示。

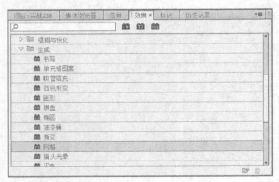

图8-305 选择"网格"视频效果

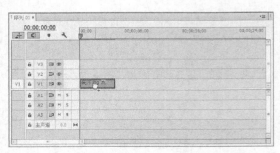

图8-306 拖曳"网格"效果

STEP 05 展开"效果控件"面板,在其中设置相应选项和
参数,如图8-307所示。

STEP 06 单击"播放-停止切换"按钮,预览视频效果,
如图8-308所示。

图8-307　设置相应选项和参数

图8-308　预览视频效果

实战 237	闪电特效	▶ 实例位置：光盘＼效果＼第8章＼实战237.prproj
		▶ 素材位置：光盘＼素材＼第8章＼实战237.prproj
		▶ 视频位置：光盘＼视频＼第8章＼实战237.mp4

● 实例介绍 ●

　　"闪电"是云与云之间、云与地之间或者云体内各部位之间的强烈放电现象(一般发生在积雨云中)。下面将介绍闪电特效的操作方法。

● 操作步骤 ●

STEP 01 在Premiere Pro CC工作界面中，按Ctrl＋O组合键，打开一个项目文件，如图8-309所示。

STEP 02 打开项目文件后，在"节目监视器"面板中可以查看素材画面，如图8-310所示。

图8-309　打开项目文件

图8-310　查看素材画面

STEP 03 在"效果"面板中，展开"视频效果"｜"生成"选项，在其中选择"闪电"视频效果，如图8-311所示。

STEP 04 将"闪电"特效拖曳至"时间轴"面板中的相应素材文件上，如图8-312所示。

图8-311 选择"闪电"视频效果

图8-312 拖曳"闪电"效果

STEP 05 展开"效果控件"面板,在其中设置相应选项,如图8-313所示。

STEP 06 单击"播放-停止切换"按钮,预览视频效果,如图8-314所示。

图8-313 设置相应选项

图8-314 预览视频效果

实战 238 剪辑名称特效

▶ 实例位置:光盘\效果\第8章\实战238.prproj
▶ 素材位置:光盘\素材\第8章\实战238.prproj
▶ 视频位置:光盘\视频\第8章\实战238.mp4

● 实例介绍 ●

"剪辑名称"视频效果是影片制作中所拍摄的大量素材,经过选择、取舍、分解与组接,最终完成一个连贯流畅、含义明确、主题鲜明并有艺术感染力的作品。下面介绍剪辑名称特效的操作方法。

● 操作步骤 ●

STEP 01 在Premiere Pro CC工作界面中,按Ctrl + O组合键,打开一个项目文件,如图8-315所示。

STEP 02 打开项目文件后,在"节目监视器"面板中可以查看素材画面,如图8-316所示。

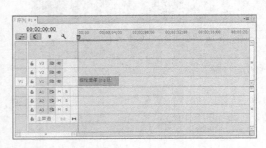

图8-315 打开项目文件

图8-316 查看素材画面

STEP 03 在"效果"面板中，展开"视频效果"I"视频"选项，在其中选择"剪辑名称"视频效果，如图8-317所示。

STEP 04 将"剪辑名称"特效拖曳至"时间轴"面板中的相应素材文件上，如图8-318所示。

图8-317 选择"剪辑名称"视频效果

图8-318 拖曳"剪辑名称"效果

STEP 05 展开"效果控件"面板，在其中设置相应参数，如图8-319所示。

图8-319 设置相应参数

STEP 06 单击"播放-停止切换"按钮，预览视频效果，如图8-320所示。

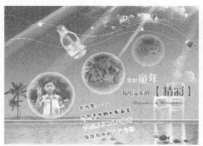

图8-320 预览视频效果

实战 239 投影特效

▶ 实例位置：光盘 \ 效果 \ 第 8 章 \ 实战 239.prproj
▶ 素材位置：光盘 \ 素材 \ 第 8 章 \ 实战 239.prproj
▶ 视频位置：光盘 \ 视频 \ 第 8 章 \ 实战 239.mp4

● 实例介绍 ●

"投影"视频效果是投射线通过物体向选定的投影面投射，并在该面上得到图形的方法。下面介绍投影特效的操作方法。

• 操作步骤 •

STEP 01 在Premiere Pro CC工作界面中，按Ctrl＋O组合键，打开一个项目文件，如图8-321所示。

STEP 02 打开项目文件后，在"节目监视器"面板中可以查看素材画面，如图8-322所示。

图8-321 打开项目文件

图8-322 查看素材画面

STEP 03 在"效果"面板中，展开"视频效果" | "透视"选项，在其中选择"投影"视频效果，如图8-323所示。

STEP 04 将"投影"特效拖曳至"时间轴"面板中的相应素材文件上，如图8-324所示。

图8-323 选择"投影"视频效果

图8-324 拖曳"投影"效果

STEP 05 展开"效果控件"面板，在其中设置相应参数，如图8-325所示。

图8-325 设置相应参数

STEP 06 单击"播放–停止切换"按钮，预览视频效果，如图8-326所示。

图8-326 预览视频效果

实战 240 **放射阴影特效**

▶ 实例位置：光盘＼效果＼第 8 章＼实战 240.prproj
▶ 素材位置：光盘＼素材＼第 8 章＼实战 240.prproj
▶ 视频位置：光盘＼视频＼第 8 章＼实战 240.mp4

● 实例介绍 ●

"放射阴影"视频效果用于调整阴影颜色和柔和度。下面将介绍放射阴影特效的操作方法。

● 操作步骤 ●

STEP 01 在Premiere Pro CC工作界面中，按Ctrl＋O组合键，打开一个项目文件，如图8-327所示。

STEP 02 打开项目文件后，在"节目监视器"面板中可以查看素材画面，如图8-328所示。

图8-327 打开项目文件

图8-328 查看素材画面

STEP 03 在"效果"面板中，展开"视频效果"|"透视"选项，在其中选择"放射阴影"视频效果，如图8-329所示。

STEP 04 将"放射阴影"特效拖曳至"时间轴"面板中的相应素材文件上，如图8-330所示。

图8-329 选择"放射阴影"视频效果

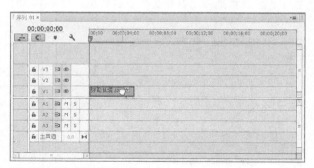

图8-330 拖曳"放射阴影"效果

STEP 05 展开"效果控件"面板,在其中设置相应参数,如图8-331所示。

图8-331 设置相应参数

STEP 06 单击"播放-停止切换"按钮,预览视频效果,如图8-332所示。

图8-332 预览视频效果

实战 241 斜角边特效

▶ 实例位置:光盘\效果\第8章\实战241.prproj
▶ 素材位置:光盘\素材\第8章\实战241.prproj
▶ 视频位置:光盘\视频\第8章\实战241.mp4

● 实例介绍 ●

"斜角边"视频效果用于产生斜度。下面将介绍斜角边特效的操作方法。

● 操作步骤 ●

STEP 01 在Premiere Pro CC工作界面中,按Ctrl+O组合键,打开一个项目文件,如图8-333所示。

图8-333 打开项目文件

STEP 02 打开项目文件后,在"节目监视器"面板中可以查看素材画面,如图8-334所示。

图8-334 查看素材画面

STEP 03 在"效果"面板中,展开"视频效果"|"透视"选项,在其中选择"斜角边"视频效果,如图8-335所示。

图8-335 选择"斜角边"视频效果

STEP 04 将"斜角边"特效拖曳至"时间轴"面板中的相应素材文件上,如图8-336所示。

图8-336 拖曳"斜角边"效果

STEP 05 展开 "效果控件" 面板，在其中设置相应参数，如图8-337所示。

STEP 06 单击 "播放-停止切换" 按钮，预览视频效果，如图8-338所示。

图8-337 设置相应参数

图8-338 预览视频效果

实战 242 斜面Alpha特效

▶ 实例位置：光盘 \ 效果 \ 第8章 \ 实战 242.prproj
▶ 素材位置：光盘 \ 素材 \ 第8章 \ 实战 242.prproj
▶ 视频位置：光盘 \ 视频 \ 第8章 \ 实战 242.mp4

● 实例介绍 ●

"斜面Alpha" 视频效果可为图像的 Alpha 边界增添凿刻、明亮的外观，通常用于为2D元素增添3D 外观。下面将介绍斜面Alpha特效的操作方法。

● 操作步骤 ●

STEP 01 在Premiere Pro CC工作界面中，按Ctrl + O组合键，打开一个项目文件，如图8-339所示。

STEP 02 打开项目文件后，在 "节目监视器" 面板中可以查看素材画面，如图8-340所示。

图8-340 查看素材画面

图8-339 打开项目文件

STEP 03 在 "效果" 面板中，展开 "视频效果" | "透视" 选项，在其中选择 "斜面Alpha" 视频效果，如图8-341所示。

STEP 04 将 "斜面Alpha" 特效拖曳至 "时间轴" 面板中的相应素材文件上，如图8-342所示。

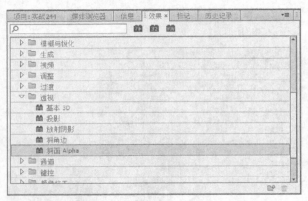

图8-341　选择"斜面Alpha"视频效果

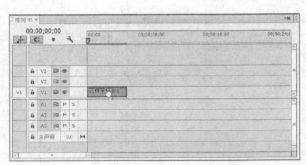

图8-342　拖曳"斜面Alpha"效果

STEP 05 展开"效果控件"面板，在其中设置相应参数，如图8-343所示。

图8-343　设置相应参数

STEP 06 单击"播放-停止切换"按钮，预览视频效果，如图8-344所示。

图8-344　预览视频效果

实战 243　反转特效

▶ 实例位置：光盘 \ 效果 \ 第 8 章 \ 实战 243.prproj
▶ 素材位置：光盘 \ 素材 \ 第 8 章 \ 实战 243.prproj
▶ 视频位置：光盘 \ 视频 \ 第 8 章 \ 实战 243.mp4

● 实例介绍 ●

"反转"视频效果用于使运行趋势方向改变。下面将介绍反转特效的操作方法。

● 操作步骤 ●

STEP 01 在Premiere Pro CC工作界面中，按Ctrl＋O组合键，打开一个项目文件，如图8-345所示。

STEP 02 打开项目文件后，在"节目监视器"面板中可以查看素材画面，如图8-346所示。

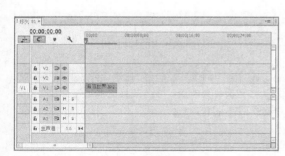

图8-345　打开项目文件

图8-346　查看素材画面

STEP 03 在"效果"面板中，展开"视频效果"|"通道"选项，在其中选择"反转"视频效果，如图8-347所示。

STEP 04 将"反转"特效拖曳至"时间轴"面板中的相应素材文件上，如图8-348所示。

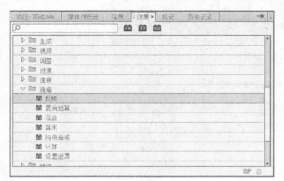

图8-347　选择"反转"视频效果

图8-348　拖曳"反转"效果

STEP 05 展开"效果控件"面板，在其中设置相应选项和参数，如图8-349所示。

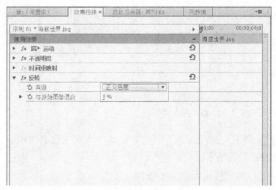

图8-349　设置相应选项和参数

STEP 06 单击"播放-停止切换"按钮，预览视频效果，如图8-350所示。

图8-350　预览视频效果

实战 244 复合运算特效

▶ 实例位置：光盘 \ 效果 \ 第 8 章 \ 实战 244. prproj
▶ 素材位置：光盘 \ 素材 \ 第 8 章 \ 实战 244. prproj
▶ 视频位置：光盘 \ 视频 \ 第 8 章 \ 实战 244. mp4

● 实例介绍 ●

"复合运算"视频效果主要是通过运算的方式柔和两个层的图像来创建效果，下面将介绍复合运算特效的操作方法。

● 操作步骤 ●

STEP 01 在Premiere Pro CC工作界面中，按Ctrl + O组合键，打开一个项目文件，如图8-351所示。

STEP 02 打开项目文件后，在"节目监视器"面板中可以查看素材画面，如图8-352所示。

图8-351 打开项目文件

图8-352 查看素材画面

STEP 03 在"效果"面板中，展开"视频效果"|"通道"选项，在其中选择"复合运算"视频效果，如图8-353所示。

STEP 04 将"复合运算"特效拖曳至"时间轴"面板中的相应素材文件上，如图8-354所示。

图8-353 选择"复合运算"视频效果

图8-354 拖曳"复合运算"效果

STEP 05 展开"效果控件"面板，在其中设置相应选项和参数，如图8-355所示。

STEP 06 单击"播放-停止切换"按钮，预览视频效果，如图8-356所示。

图8-355 设置相应选项和参数

图8-356 预览视频效果

实战 245 混合特效

▶ 实例位置：光盘 \ 效果 \ 第 8 章 \ 实战 245. prproj
▶ 素材位置：光盘 \ 素材 \ 第 8 章 \ 实战 245. prproj
▶ 视频位置：光盘 \ 视频 \ 第 8 章 \ 实战 245. mp4

● 实例介绍 ●

　　"混合"视频效果是两种或多种物料相互分散而达到一定均匀程度的单元操作。下面将介绍混合特效的操作方法。

● 操作步骤 ●

STEP 01 在Premiere Pro CC工作界面中，按Ctrl＋O组合键，打开一个项目文件，如图8-357所示。

STEP 02 打开项目文件后，在"节目监视器"面板中可以查看素材画面，如图8-358所示。

图8-357　打开项目文件

图8-358　查看素材画面

STEP 03 在"效果"面板中，展开"视频效果"|"通道"选项，在其中选择"混合"视频效果，如图8-359所示。

STEP 04 将"混合"特效拖曳至"时间轴"面板中的相应素材文件上，如图8-360所示。

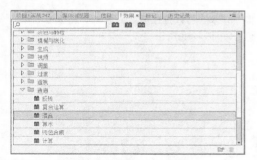

图8-359　选择"混合"视频效果

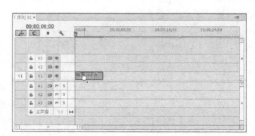

图8-360　拖曳"混合"效果

STEP 05 展开"效果控件"面板，在其中设置相应选项和参数，如图8-361所示。

STEP 06 单击"播放–停止切换"按钮，预览视频效果，如图8-362所示。

图8-361　设置相应选项和参数

图8-362　预览视频效果

<table>
<tr><td rowspan="2">实战
246</td><td rowspan="2">算术特效</td><td>▶ 实例位置：光盘 \ 效果 \ 第 8 章 \ 实战 246. prproj</td></tr>
</table>

▶ 实例位置：光盘 \ 效果 \ 第 8 章 \ 实战 246. prproj
▶ 素材位置：光盘 \ 素材 \ 第 8 章 \ 实战 246. prproj
▶ 视频位置：光盘 \ 视频 \ 第 8 章 \ 实战 246. mp4

● 实例介绍 ●

"算术"视频效果是针对RGB通道进行专门的通道运算。下面将介绍算术特效的操作方法。

● 操作步骤 ●

STEP 01 在Premiere Pro CC工作界面中，按Ctrl + O组合键，打开一个项目文件，如图8-363所示。

STEP 02 打开项目文件后，在"节目监视器"面板中可以查看素材画面，如图8-364所示。

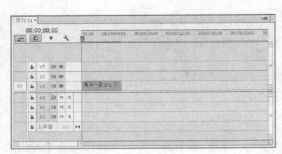

图8-363 打开项目文件

图8-364 查看素材画面

STEP 03 在"效果"面板中，展开"视频效果"|"通道"选项，在其中选择"算术"视频效果，如图8-365所示。

STEP 04 将"算术"特效拖曳至"时间轴"面板中的相应素材文件上，如图8-366所示。

图8-365 选择"算术"视频效果

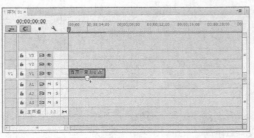

图8-366 拖曳"算术"效果

STEP 05 展开"效果控件"面板，在其中设置相应选项和参数，如图8-367所示。

图8-367 设置相应选项和参数

STEP 06 单击"播放–停止切换"按
钮，预览视频效果，如图8-368所示。

图8-368　预览视频效果

实战 247　计算特效

▶ 实例位置：光盘 \ 效果 \ 第 8 章 \ 实战 247. prproj
▶ 素材位置：光盘 \ 素材 \ 第 8 章 \ 实战 247. prproj
▶ 视频位置：光盘 \ 视频 \ 第 8 章 \ 实战 247. mp4

● 实例介绍 ●

"计算"视频效果将一个剪辑的通道与另一个剪辑的通道相结合。下面将介绍计算特效的操作方法。

● 操作步骤 ●

STEP 01 在Premiere Pro CC工作界面中，按Ctrl + O组合
键，打开一个项目文件，如图8-369所示。

STEP 02 打开项目文件后，在"节目监视器"面板中可以
查看素材画面，如图8-370所示。

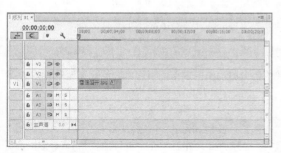

图8-369　打开项目文件

图8-370　查看素材画面

STEP 03 在"效果"面板中，展开"视频效果"│"通道"
选项，在其中选择"计算"视频效果，如图8-371所示。

STEP 04 将"计算"特效拖曳至"时间轴"面板中的相应
素材文件上，如图8-372所示。

图8-371　选择"计算"视频效果

图8-372　拖曳"计算"效果

STEP 05 展开"效果控件"面板,在其中设置相应选项和
参数,如图8-373所示。

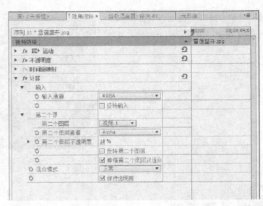

图8-373 设置相应选项和参数

STEP 06 单击"播放–停止切换"按
钮,预览视频效果,如图8-374所示。

图8-374 预览视频效果

实战 248 设置遮罩特效

▶ 实例位置:光盘 \ 效果 \ 第 8 章 \ 实战 248.prproj
▶ 素材位置:光盘 \ 素材 \ 第 8 章 \ 实战 248.prproj
▶ 视频位置:光盘 \ 视频 \ 第 8 章 \ 实战 248.mp4

● 实例介绍 ●

"设置遮罩"视频效果是一种可以屏蔽掉多余部分,只把想要的部分露出来的效果。下面将介绍设置遮罩特效的操
作方法。

● 操作步骤 ●

STEP 01 在Premiere Pro CC工作界面中,按Ctrl + O组合
键,打开一个项目文件,如图8-375所示。

STEP 02 打开项目文件后,在"节目监视器"面板中可以
查看素材画面,如图8-376所示。

图8-375 打开项目文件

图8-376 查看素材画面

STEP 03 在"效果"面板中,展开"视频效果"|"通道"选
项,在其中选择"设置遮罩"视频效果,如图8-377所示。

STEP 04 将"设置遮罩"特效拖曳至"时间轴"面板中的
相应素材文件上,如图8-378所示。

图8-377　选择"设置遮罩"视频效果

图8-378　拖曳"设置遮罩"效果

STEP 05 展开"效果控件"面板，在其中设置相应选项和参数，如图8-379所示。

图8-379　设置相应选项和参数

STEP 06 单击"播放–停止切换"按钮，预览视频效果，如图8-380所示。

图8-380　预览视频效果

实战 249　Alpha发光特效

▶ **实例位置**：光盘 \ 效果 \ 第 8 章 \ 实战 249.prproj
▶ **素材位置**：光盘 \ 素材 \ 第 8 章 \ 实战 249.prproj
▶ **视频位置**：光盘 \ 视频 \ 第 8 章 \ 实战 249.mp4

● 实例介绍 ●

"Alpha发光"视频效果表示散发出可见的光，明亮。下面将介绍Alpha发光特效的操作方法。

● 操作步骤 ●

STEP 01 在Premiere Pro CC工作界面中，按Ctrl＋O组合键，打开一个项目文件，如图8-381所示。

STEP 02 打开项目文件后，在"节目监视器"面板中可以查看素材画面，如图8-382所示。

图8-381　打开项目文件

图8-382　查看素材画面

STEP 03 在"效果"面板中,展开"视频效果"|"风格化"选项,在其中选择"Alpha发光"视频效果,如图8-383所示。

STEP 04 将"Alpha发光"特效拖曳至"时间轴"面板中的相应素材文件上,如图8-384所示。

图8-383 选择"Alpha发光"视频效果

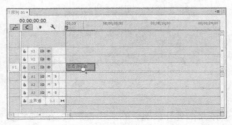

图8-384 拖曳"Alpha发光"效果

STEP 05 展开"效果控件"面板,在其中设置相应选项和参数,如图8-385所示。

STEP 06 单击"播放-停止切换"按钮,预览视频效果,如图8-386所示。

图8-385 设置相应选项和参数

图8-386 预览视频效果

实战 250 复制特效

▶ 实例位置:光盘 \ 效果 \ 第 8 章 \ 实战 250. prproj
▶ 素材位置:光盘 \ 素材 \ 第 8 章 \ 实战 250. prproj
▶ 视频位置:光盘 \ 视频 \ 第 8 章 \ 实战 250. mp4

● 实例介绍 ●

"复制"视频效果以美术品原作为依据,进行科学的复原制作。下面将介绍复制特效的操作方法。

● 操作步骤 ●

STEP 01 在Premiere Pro CC工作界面中,按Ctrl+O组合键,打开一个项目文件,如图8-387所示。

STEP 02 打开项目文件后,在"节目监视器"面板中可以查看素材画面,如图8-388所示。

图8-387 打开项目文件

图8-388 查看素材画面

STEP 03 在"效果"面板中，展开"视频效果"|"风格化"选项，在其中选择"复制"视频效果，如图8-389所示。

STEP 04 将"复制"特效拖曳至"时间轴"面板中的相应素材文件上，如图8-390所示。

图8-389　选择"复制"视频效果

图8-390　拖曳"复制"效果

STEP 05 展开"效果控件"面板，在其中设置相应选项和参数，如图8-391所示。

图8-391　设置相应选项和参数

STEP 06 单击"播放–停止切换"按钮，预览视频效果，如图8-392所示。

图8-392　预览视频效果

实战 251　曝光过度特效

▶ 实例位置：光盘 \ 效果 \ 第 8 章 \ 实战 251.prproj
▶ 素材位置：光盘 \ 素材 \ 第 8 章 \ 实战 251.prproj
▶ 视频位置：光盘 \ 视频 \ 第 8 章 \ 实战 251.mp4

● 实例介绍 ●

"曝光过度"是由于光圈开得过大、底片的感光度太高或曝光时间过长所造成的影像失常。下面将介绍曝光过度特效的操作方法。

● 操作步骤 ●

STEP 01 在Premiere Pro CC工作界面中，按Ctrl + O组合键，打开一个项目文件，如图8-393所示。

STEP 02 打开项目文件后，在"节目监视器"面板中可以查看素材画面，如图8-394所示。

图8-394 查看素材画面

图8-393 打开项目文件

STEP 03 在"效果"面板中，展开"视频效果"|"风格化"选项，在其中选择"曝光过度"视频效果，如图8-395所示。

STEP 04 将"曝光过度"特效拖曳至"时间轴"面板中的相应素材文件上，如图8-396所示。

图8-395 选择"曝光过度"视频效果

图8-396 拖曳"曝光过度"效果

STEP 05 展开"效果控件"面板，在其中设置相应选项和参数，如图8-397所示。

图8-397 设置相应选项和参数

STEP 06 单击"播放-停止切换"按
钮，预览视频效果，如图8-398所示。

图8-398　预览视频效果

实战 252　查找边缘特效

▶ 实例位置：光盘 \ 效果 \ 第 8 章 \ 实战 252. prproj
▶ 素材位置：光盘 \ 素材 \ 第 8 章 \ 实战 252. prproj
▶ 视频位置：光盘 \ 视频 \ 第 8 章 \ 实战 252. mp4

● 实例介绍 ●

"查找边缘"视频效果具有强烈反差的边界和有明显的直线条。下面将介绍查找边缘特效的操作方法。

● 操作步骤 ●

STEP 01 在Premiere Pro CC工作界面中，按Ctrl + O组合
键，打开一个项目文件，如图8-399所示。

STEP 02 打开项目文件后，在"节目监视器"面板中可以
查看素材画面，如图8-400所示。

图8-400　查看素材画面

图8-399　打开项目文件

STEP 03 在"效果"面板中，展开"视频效果"|"风格
化"选项，在其中选择"查找边缘"视频效果，如图8-401
所示。

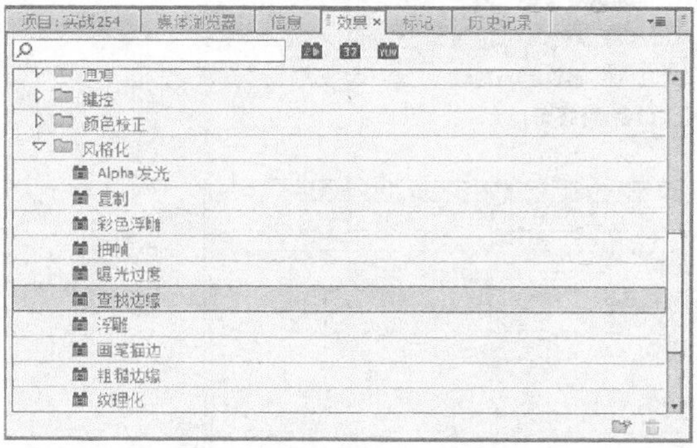

STEP 04 将"查找边缘"特效拖曳至"时间轴"面板中的
相应素材文件上，如图8-402所示。

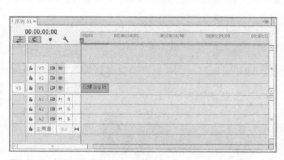

图8-401　选择"查找边缘"视频效果

图8-402　拖曳"查找边缘"效果

STEP 05 展开"效果控件"面板，在其中设置相应选项和参数，如图8-403所示。

图8-403 设置相应选项和参数

STEP 06 单击"播放-停止切换"按钮，预览视频效果，如图8-404所示。

图8-404 预览视频效果

实战 253 浮雕特效

▶ 实例位置：光盘 \ 效果 \ 第 8 章 \ 实战 253. prproj
▶ 素材位置：光盘 \ 素材 \ 第 8 章 \ 实战 253. prproj
▶ 视频位置：光盘 \ 视频 \ 第 8 章 \ 实战 253. mp4

● 实例介绍 ●

"浮雕"视频效果是在平面上雕出凸起的形象的一种雕塑。下面将介绍浮雕特效的操作方法。

● 操作步骤 ●

STEP 01 在Premiere Pro CC工作界面中，按Ctrl＋O组合键，打开一个项目文件，如图8-405所示。

图8-405 打开项目文件

STEP 02 打开项目文件后，在"节目监视器"面板中可以查看素材画面，如图8-406所示。

图8-406 查看素材画面

STEP 03 在"效果"面板中，展开"视频效果"|"风格化"选项，在其中选择"浮雕"视频效果，如图8-407所示。

图8-407 选择"浮雕"视频效果

STEP 04 将"浮雕"特效拖曳至"时间轴"面板中的相应素材文件上，如图8-408所示。

图8-408 拖曳"浮雕"效果

STEP 05 展开"效果控件"面板，在其中设置相应选项和参数，如图8-409所示。

STEP 06 单击"播放-停止切换"按钮，预览视频效果，如图8-410所示。

图8-409 设置相应选项和参数

图8-410 预览视频效果

实战 254 **画笔描边特效**

▶ 实例位置：光盘 \ 效果 \ 第 8 章 \ 实战 254.prproj
▶ 素材位置：光盘 \ 素材 \ 第 8 章 \ 实战 254.prproj
▶ 视频位置：光盘 \ 视频 \ 第 8 章 \ 实战 254.mp4

● 实例介绍 ●

"画笔描边"视频效果主要通过模拟不同的画笔或油墨笔刷来勾绘图像，产生绘画效果。下面将介绍画笔描边特效的操作方法。

● 操作步骤 ●

STEP 01 在Premiere Pro CC工作界面中，按Ctrl + O组合键，打开一个项目文件，如图8-411所示。

STEP 02 打开项目文件后，在"节目监视器"面板中可以查看素材画面，如图8-412所示。

图8-411 打开项目文件

图8-412 查看素材画面

STEP 03 在"效果"面板中,展开"视频效果"丨"风格化"选项,在其中选择"画笔描边"视频效果,如图8-413所示。

STEP 04 将"画笔描边"特效拖曳至"时间轴"面板中的相应素材文件上,如图8-414所示。

图8-413 选择"画笔描边"视频效果

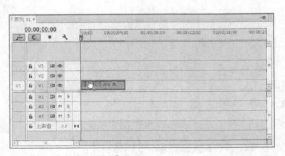

图8-414 拖曳"画笔描边"效果

STEP 05 展开"效果控件"面板,在其中设置相应选项和参数,如图8-415所示。

图8-415 设置相应选项和参数

STEP 06 单击"播放-停止切换"按钮,预览视频效果,如图8-416所示。

图8-416 预览视频效果

实战 255 粗糙边缘特效

▶实例位置:光盘\效果\第8章\实战255.prproj
▶素材位置:光盘\素材\第8章\实战255.prproj
▶视频位置:光盘\视频\第8章\实战255.mp4

●实例介绍●

"粗糙边缘"视频效果是让边缘变得不平滑。下面将介绍粗糙边缘特效的操作方法。

● 操作步骤 ●

STEP 01 在Premiere Pro CC工作界面中，按Ctrl + O组合键，打开一个项目文件，如图8-417所示。

STEP 02 打开项目文件后，在"节目监视器"面板中可以查看素材画面，如图8-418所示。

图8-417 打开项目文件

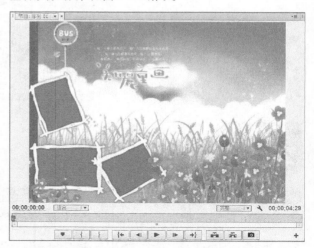

图8-418 查看素材画面

STEP 03 在"效果"面板中，展开"视频效果"|"风格化"选项，在其中选择"粗糙边缘"视频效果，如图8-419所示。

STEP 04 将"粗糙边缘"特效拖曳至"时间轴"面板中的相应素材文件上，如图8-420所示。

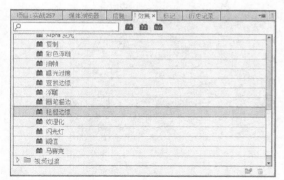

图8-419 选择"粗糙边缘"视频效果

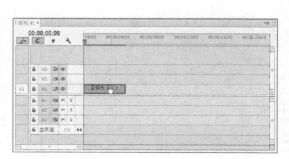

图8-420 拖曳"粗糙边缘"效果

STEP 05 展开"效果控件"面板，在其中设置相应选项和参数，如图8-421所示。

图8-421 设置相应选项和参数

STEP 06 单击"播放–停止切换"按
钮，预览视频效果，如图8–422所示。

图8–422　预览视频效果

实战 256　阈值特效

▶ 实例位置：光盘＼效果＼第8章＼实战256.prproj
▶ 素材位置：光盘＼素材＼第8章＼实战256.prproj
▶ 视频位置：光盘＼视频＼第8章＼实战256.mp4

● 实例介绍 ●

"阈值"视频效果是指一个效应能够产生的最低值或最高值。下面将介绍阈值特效的操作方法。

● 操作步骤 ●

STEP 01 在Premiere Pro CC工作界面中，按Ctrl＋O组合
键，打开一个项目文件，如图8–423所示。

STEP 02 打开项目文件后，在"节目监视器"面板中可以
查看素材画面，如图8–424所示。

图8–423　打开项目文件

图8–424　查看素材画面

STEP 03 在"效果"面板中，展开"视频效果"｜"风格化"
选项，在其中选择"阈值"视频效果，如图8–425所示。

STEP 04 将"阈值"特效拖曳至"时间轴"面板中的相应
素材文件上，如图8–426所示。

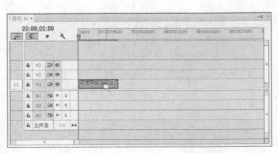

图8–426　拖曳"阈值"效果

图8–425　选择"阈值"视频效果

STEP 05 展开"效果控件"面板，在其中设置相应选项和
参数，如图8–427所示。

STEP 06 单击"播放–停止切换"按钮，预览视频效果，
如图8–428所示。

图8-427　设置相应选项和参数

图8-428　预览视频效果

实战 257　马赛克特效

▶ 实例位置：光盘 \ 效果 \ 第 8 章 \ 实战 257.prproj
▶ 素材位置：光盘 \ 素材 \ 第 8 章 \ 实战 257.prproj
▶ 视频位置：光盘 \ 视频 \ 第 8 章 \ 实战 257.mp4

● 实例介绍 ●

"马赛克"视频效果是将影像特定区域的色阶细节劣化并造成色块打乱的效果。下面将介绍马赛克特效的操作方法。

● 操作步骤 ●

STEP 01 在Premiere Pro CC工作界面中，按Ctrl＋O组合键，打开一个项目文件，如图8-429所示。

STEP 02 打开项目文件后，在"节目监视器"面板中可以查看素材画面，如图8-430所示。

图8-429　打开项目文件

图8-430　查看素材画面

STEP 03 在"效果"面板中，展开"视频效果" | "风格化"选项，在其中选择"马赛克"视频效果，如图8-431所示。

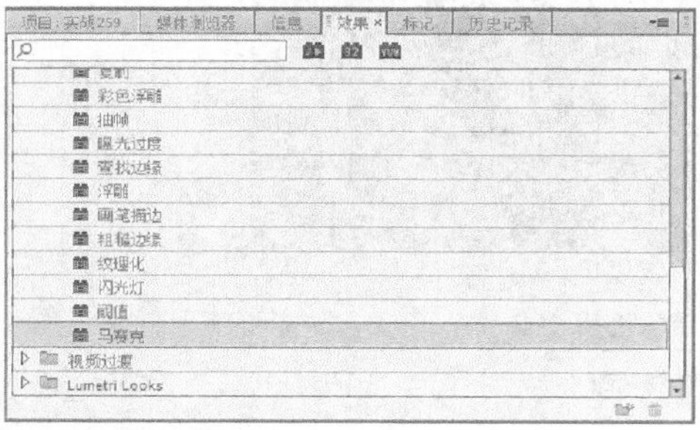

STEP 04 将"马赛克"特效拖曳至"时间轴"面板中的相应素材文件上，如图8-432所示。

图8-431　选择"马赛克"视频效果

图8-432　拖曳"马赛克"效果

STEP 05 展开"效果控件"面板，在其中设置相应参数，如图8-433所示。

图8-433　设置相应参数

STEP 06 单击"播放-停止切换"按钮，预览视频效果，如图8-434所示。

图8-434　预览视频效果

实战 258 两种混合特效

▶ 实例位置：光盘 \ 效果 \ 第 8 章 \ 实战 258.prproj
▶ 素材位置：光盘 \ 素材 \ 第 8 章 \ 实战 258.prproj
▶ 视频位置：光盘 \ 视频 \ 第 8 章 \ 实战 258.mp4

● 实例介绍 ●

下面将介绍两种混合特效的操作方法。

● 操作步骤 ●

STEP 01 在Premiere Pro CC工作界面中，按Ctrl + O组合键，打开一个项目文件，如图8-435所示。

STEP 02 打开项目文件后，在"节目监视器"面板中可以查看素材画面，如图8-436所示。

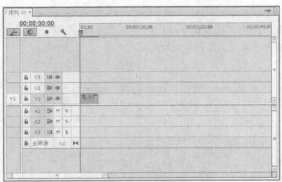 

图8-435　打开项目文件

图8-436　查看素材画面

STEP 03 在"效果"面板中，展开"视频效果"|"风格化"选项，在其中选择"画笔描边"和"粗糙边缘"两种视频效果，如图8-437所示。

STEP 04 将选择的特效拖曳至"时间轴"面板中的相应素材文件上，如图8-438所示。

图8-437　选择相应的视频效果

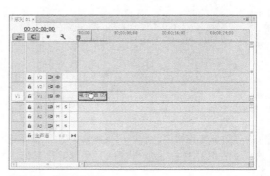

图8-438　拖曳两种效果

STEP 05 展开"效果控件"面板，在其中设置相应参数，如图8-439所示。

图8-439　设置相应参数

STEP 06 单击"播放-停止切换"按钮，预览视频效果，如图8-440所示。

图8-440　预览视频效果

实战 259　复合模糊特效

▶ 实例位置：光盘 \ 效果 \ 第8章 \ 实战259.prproj
▶ 素材位置：光盘 \ 素材 \ 第8章 \ 实战259.prproj
▶ 视频位置：光盘 \ 视频 \ 第8章 \ 实战259.mp4

● 实例介绍 ●

下面将介绍复合模糊特效的操作方法。

● 操作步骤 ●

STEP 01 在Premiere Pro CC工作界面中，按Ctrl+O组合键，打开一个项目文件，如图8-441所示。

STEP 02 打开项目文件后，在"节目监视器"面板中可以查看素材画面，如图8-442所示。

图8-441 打开项目文件

图8-442 查看素材画面

STEP 03 在"效果"面板中，展开"视频效果"|"模糊与锐化"选项，在其中选择"复合模糊"视频效果，如图8-443所示。

STEP 04 将"复合模糊"特效拖曳至"时间轴"面板中的相应素材文件上，如图8-444所示。

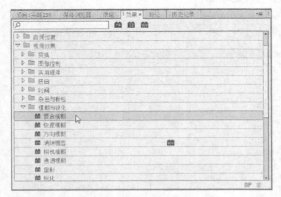

图8-443 选择"模糊与锐化"视频效果

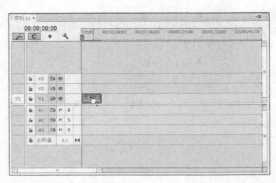

图8-444 拖曳"复合模糊"效果

STEP 05 展开"效果控件"面板，在其中设置相应参数，如图8-445所示。

图8-445 设置相应参数

STEP 06 单击"播放-停止切换"按钮，预览视频效果，如图8-446所示。

图8-446 预览视频效果

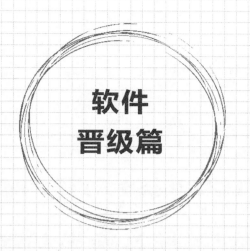

软件
晋级篇

第 **9** 章

影视字幕的编辑与设置

本章导读

字幕是影视作品中不可缺少的重要组成部分，漂亮的字幕设计可以使影片更具有吸引力和感染力，Premiere Pro CC 高质量的字幕功能，让用户使用起来更加得心应手。本章将详细介绍编辑与设置影视字幕的操作方法。

要点索引

● 字幕的基本编辑
● 字幕的属性设置

9.1 字幕的基本编辑

字幕是以各种字体、浮雕和动画等形式出现在画面中的文字总称。接下来用户将了解如何在Premiere Pro CC中添加和编辑字幕。

实战 260 创建水平字幕

▶ 实例位置：光盘 \ 效果 \ 第9章 \ 实战 260.prproj
▶ 素材位置：光盘 \ 素材 \ 第9章 \ 实战 260.prproj
▶ 视频位置：光盘 \ 视频 \ 第9章 \ 实战 260.mp4

● 实例介绍 ●

水平字幕是指沿水平方向进行分布的字幕类型。用户可以使用字幕工具中的"文字工具"进行创建。

● 操作步骤 ●

STEP 01 按Ctrl + O组合键，打开一个项目文件，如图9-1所示。

STEP 02 单击"文件"|"新建"|"字幕"命令，如图9-2所示。

图9-1 打开项目文件

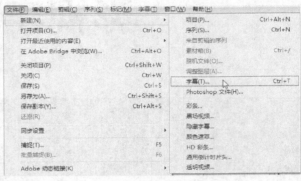

图9-2 单击"字幕"命令

知识扩展

"字幕"面板的主要功能是创建和编辑字幕，并可以直观地预览到字幕应用到视频影片中的效果。"字幕"面板由属性栏和编辑窗口两部分组成，其中编辑窗口是用户创建和编辑字幕的场所，在编辑完成后可以通过属性栏改变字体和字体样式。

STEP 03 弹出"新建字幕"对话框，设置"名称"为"字幕01"，如图9-3所示。

STEP 04 单击"确定"按钮，打开字幕编辑窗口，选择文字工具 T，如图9-4所示。

图9-3 设置"名称"

图9-4 选择文字工具

知识扩展

"字幕编辑"窗口中各部分的含义如下。

➤ 工具箱：主要包括创建各种字幕、图形的工具。

➤ 字幕动作：主要用于对字幕、图形进行移动、旋转等操作。

➤ 字幕样式：用于设置字幕的样式。用户也可以自己创建字幕样式，单击面板右上方的按钮，弹出列表框，选择"保存样式库"选项即可。

➤ 字幕属性：主要用于设置字幕、图形的一些特性。

➤ 工作区：用于创建字幕、图形的工作区域，在这个区域中有两个线框，外侧的线框为动作安全区；内侧的线框为标题安全区，在创建字幕时，字幕不能超过这个范围。

STEP 05 在工作区中的合适位置输入文字"美丽凤凰"，设置"字体系列"为方正姚体、"填充颜色"为青绿、"字体大小"为80.0，如图9-5所示。

STEP 06 关闭字幕编辑窗口，在"项目"面板中，将会显示新建的字幕对象，如图9-6所示。

图9-5　输入文字

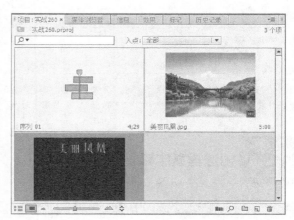

图9-6　显示新创建的字幕

知识扩展

字幕编辑窗口右上角的字幕工具箱中的各种工具，主要用于输入、移动各种文本和绘制各种图形。字幕工具主要包括有选择工具、旋转工具、文字工具、垂直文字工具、区域文字工具、垂直区域文字工具、路径输入工具、垂直路径输入工具以及钢笔工具等。

字幕工具箱中各选项的含义如下。

➤ 选择工具：选择该工具，可以对已经存在的图形及文字进行选择，以及对位置和控制点进行调整。

➤ 旋转工具：可以对已经存在的图形及文字进行旋转。

➤ 文字工具：选择该工具，可以在工作区中输入文本。

➤ 垂直文字工具：选择该工具，可以在工作区中输入垂直文本。

➤ 区域文字工具：选择该工具，可以制作段落文本，适用于文本较多的时候。

➤ 垂直区域文字工具：选择该工具，可以制作垂直段落文本。

➤ 路径文字工具：选择该工具，可以制作出水平路径文本效果。

➤ 垂直路径文字工具：选择该工具，可以制作出垂直路径文本效果。

➤ 钢笔工具：选择该工具，可以勾画复杂的轮廓和定义多个锚点。

➤ 删除定位点工具：选择该工具，可以在轮廓线上删除锚点。

➤ 添加定位点工具：选择该工具，可以在轮廓线上添加锚点。

➤ 转换定位点工具：选择该工具，可以调整轮廓线上锚点的位置和角度。

➤ 矩形工具：选择该工具，可以绘制出矩形。

➤ 圆角矩形工具：选择该工具，可以绘制出圆角的矩形。

➤ 切角矩形工具：选择该工具，可以绘制出切角的矩形。

➤ 圆矩形工具：选择该工具，可以绘制出圆矩形。

➤ 楔形工具：选择该工具，可以绘制出楔形的图形。

➤ 弧形工具：选择该工具，可以绘制出弧形。

➤ 椭圆形工具：选择该工具，可以绘制出椭圆形图形。

➤ 直线工具：选择该工具，可以绘制出直线图形。

STEP 07 将新创建的字幕拖曳至"时间线"面板的V2轨道上，即可调整控制条大小，如图9-7所示。

STEP 08 执行操作后，即可创建水平字幕，并查看新创建的字幕效果，如图9-8所示。

图9-7 添加字幕效果

图9-8 预览字幕效果

技巧点拨

在 Premiere Pro CC 中，除了使用以上方法创建字幕，用户还可以通过单击菜单栏上的"字幕"|"新建字幕"|"默认静态字幕"命令或按 Ctrl + T组合键，也可以快速弹出"新建字幕"对话框，创建字幕效果。

实战 261
创建垂直字幕

▶ 实例位置：光盘 \ 效果 \ 第9章 \ 实战 261. prproj
▶ 素材位置：光盘 \ 素材 \ 第9章 \ 实战 261. prproj
▶ 视频位置：光盘 \ 视频 \ 第9章 \ 实战 261. mp4

● 实例介绍 ●

用户在了解了如何创建水平文本字幕后，创建垂直文本字幕的方法就变得十分简单了。下面将介绍创建垂直字幕的操作方法。

● 操作步骤 ●

STEP 01 按Ctrl + O组合键，打开一个项目文件，如图9-9所示。

STEP 02 单击"文件"|"新建"|"字幕"命令，如图9-10所示。

图9-9 打开项目文件

图9-10 单击"字幕"命令

STEP 03 弹出"新建字幕"对话框，设置"名称"为"字幕01"，如图9-11所示。

STEP 04 单击"确定"按钮，打开字幕编辑窗口，选择垂直文字工具，如图9-12所示。

图9-11 设置"名称"

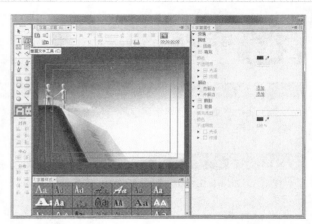

图9-12 选择文字工具

STEP 05 在工作区中的合适位置输入文字"成功的起点"，设置"字体系列"为方正舒体、"字体大小"为60、"字偶间距"为10.0、"颜色"为红色（RGB为247、13、13），如图9-13所示。

STEP 06 关闭字幕编辑窗口，在"项目"面板中，将会显示新创建的字幕对象，如图9-14所示。

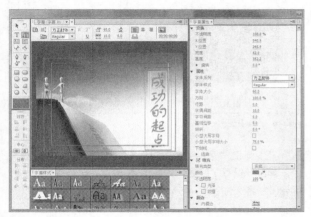

图9-13 输入文字

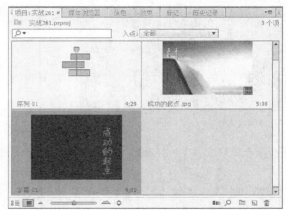

图9-14 显示新创建的字幕

STEP 07 将新创建的字幕拖曳至"时间线"面板的V2轨道上，即可调整控制条大小，如图9-15所示。

STEP 08 执行操作后，即可创建垂直字幕，并查看新创建的字幕效果，如图9-16所示。

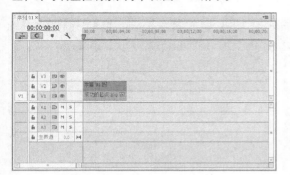

图9-15 添加字幕效果

图9-16 预览字幕效果

技巧点拨

在字幕编辑窗口中创建字幕时，在工作区中有两个线框，外侧的线框以内为动作安全区；内侧的线框以内为标题安全区，在创建字幕时，字幕不能超过相应范围，否则导出影片时将不能显示。

实战 262 导出字幕

▶ 实例位置：光盘 \ 效果 \ 第 9 章 \ 实战 262. prproj
▶ 素材位置：光盘 \ 素材 \ 第 9 章 \ 实战 262. prproj
▶ 视频位置：光盘 \ 视频 \ 第 9 章 \ 实战 262. mp4

● 实例介绍 ●

为了让用户更加方便地创建字幕，系统允许用户将设置好的字幕导出到字幕样式库中，这样方便用户随时调用这种字幕。

● 操作步骤 ●

STEP 01 按Ctrl＋O组合键，打开一个项目文件，如图9-17所示。

STEP 02 在"项目"面板中，选择字幕文件，如图9-18所示。

图9-17 打开项目文件

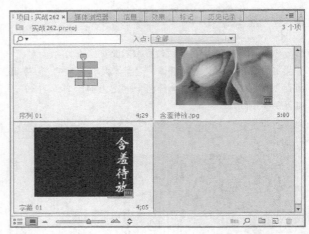

图9-18 选择字幕文件

STEP 03 单击"文件"|"导出"|"字幕"命令，如图9-19所示。

STEP 04 弹出"保存字幕"对话框，设置文件名和保存路径，单击"保存"按钮，如图9-20所示，执行操作后，即可导出字幕文件。

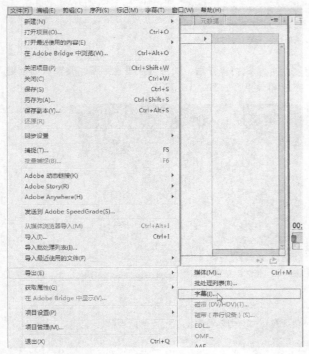

图9-19 单击"字幕"命令

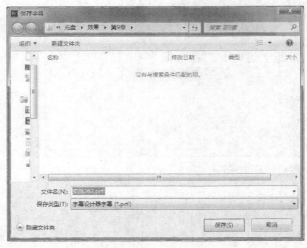

图9-20 单击"保存"按钮

9.2 字幕的属性设置

为了让字幕的整体效果更加具有吸引力和感染力，用户可以对字幕的属性进行设置。本节将介绍字幕属性的作用与调整的技巧。

实战 263　字幕样式

▶ 实例位置：光盘 \ 效果 \ 第 9 章 \ 实战 263.prproj
▶ 素材位置：光盘 \ 素材 \ 第 9 章 \ 实战 263.prproj
▶ 视频位置：光盘 \ 视频 \ 第 9 章 \ 实战 263.mp4

● 实例介绍 ●

字幕样式是Premiere Pro CC为用户预设的字幕属性设置方案，让用户能快速地设置字幕的属性。水平字幕是指沿水平方向进行分布的字幕类型。用户可以使用字幕工具中的"文字工具"进行创建。

● 操作步骤 ●

STEP 01 按Ctrl + O组合键，打开一个项目文件，如图9-21所示。

STEP 02 在"项目"面板上，使用鼠标左键双击字幕文件，如图9-22所示。

图9-21　打开项目文件

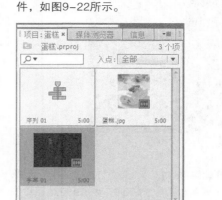

图9-22　双击字幕文件

STEP 03 打开字幕编辑窗口，在"字幕样式"面板中，选择合适的字幕样式，如图9-23所示。

STEP 04 执行操作后，即可应用字幕样式，其图像效果如图9-24所示。

图9-23　选择合适的字幕样式

图9-24　应用字幕样式后的效果

技巧点拨

根据字体类型的不同，某些字体拥有多种不同的形态效果，而"字体样式"选项便是用于指定当前所要显示的字体形态。

▶ 实例位置：光盘\效果\第9章\实战264.prproj
▶ 素材位置：光盘\素材\第9章\实战264.prproj
▶ 视频位置：光盘\视频\第9章\实战264.mp4

实战 264 变换效果

● 实例介绍 ●

在Premiere Pro CC中，设置字幕变换效果可以对文本或图形的透明度和位置等参数进行设置。

● 操作步骤 ●

STEP 01 按Ctrl+O组合键，打开一个项目文件，如图9-25所示。

STEP 02 在"时间线"面板中的V2轨道中，使用鼠标左键双击字幕文件，如图9-26所示。

图9-25 打开项目文件

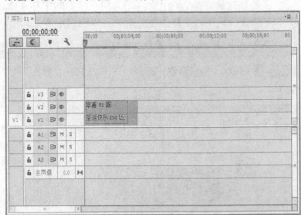

图9-26 双击字幕文件

STEP 03 打开字幕编辑窗口，在"变换"选项区中，设置"X位置"为360.0、"Y位置"为150.0，如图9-27所示。

STEP 04 执行操作后，即可设置变换效果，其图像效果如图9-28所示。

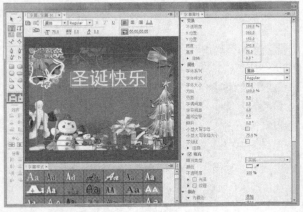

图9-27 设置参数值

图9-28 设置变换后的效果

知识扩展

"变换"选项区主要用于控制字幕的"透明度"、"X/Y位置""宽度/高度"及"旋转"等属性。"变换"选项区中各选项的含义如下。

➤ 不透明度：用于设置字幕的不透明度。

➤ X位置：用于设置字幕在X轴的位置。

➤ Y位置：用于设置字幕在Y轴的位置。

➤ 宽度：用于设置字幕的宽度。

➤ 高度：用于设置字幕的高度。

➤ 旋转：用于设置字幕的旋转角度。

实战 265 设置字幕间距

▶实例位置：光盘 \ 效果 \ 第 9 章 \ 实战 265.prproj
▶素材位置：光盘 \ 素材 \ 第 9 章 \ 实战 265.prproj
▶视频位置：光盘 \ 视频 \ 第 9 章 \ 实战 265.mp4

• 实例介绍 •

字幕间距主要是指文字之间的间隔距离。下面将介绍设置字幕间距的操作方法。

• 操作步骤 •

STEP 01 按Ctrl + O组合键，打开一个项目文件，如图9-29所示。

图9-29　打开项目文件

STEP 02 在“时间线”面板中的V2轨道中，使用鼠标左键双击字幕文件，如图9-30所示。

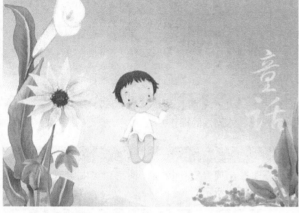

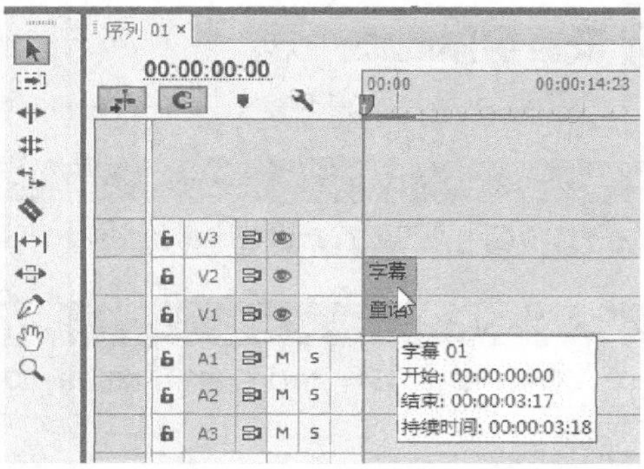
序列 01 ×
00:00:00:00
00:00
00:00:14:23
V3
V2
V1
A1
A2
A3
字幕 01
开始: 00:00:00:00
结束: 00:00:03:17
持续时间: 00:00:03:18

图9-30　双击字幕文件

STEP 03 打开字幕编辑窗口，在“属性”选项区中设置“字符间距”为20.0，如图9-31所示。

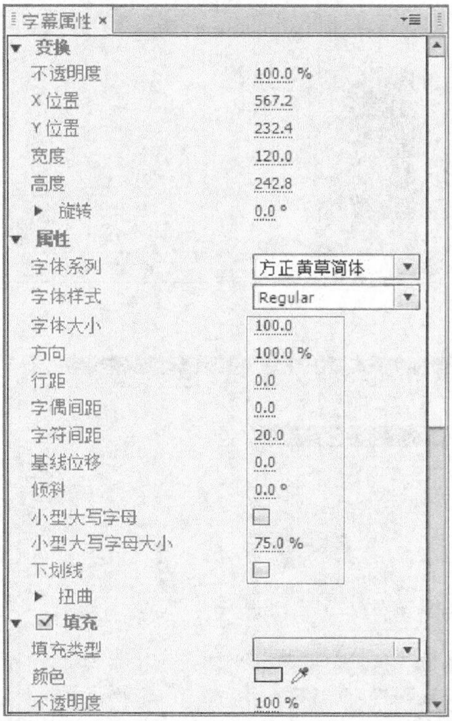
字幕属性 ×
变换
不透明度 100.0 %
X 位置 567.2
Y 位置 232.4
宽度 120.0
高度 242.8
旋转 0.0 °
属性
字体系列 方正黄草简体
字体样式 Regular
字体大小 100.0
方向 100.0 %
行距 0.0
字偶间距 0.0
字符间距 20.0
基线位移 0.0
倾斜 0.0 °
小型大写字母
小型大写字母大小 75.0 %
下划线
扭曲
填充
填充类型
颜色
不透明度 100 %

图9-31　设置参数值

STEP 04 执行操作后，即可修改字幕的间距，效果如图9-32所示。

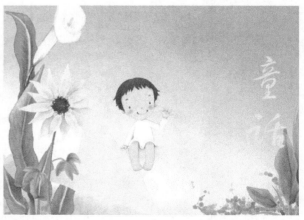

图9-32　视频效果

知识扩展

"属性"选项区中各选项的含义如下。

➤ 字体系列：单击"字体"右侧的按钮，在弹出的下拉列表框中可选择所需要的字体，显示的字体取决于Windows中安装的字库。

➤ 字体大小：用于设置当前选择的文本字体大小。

➤ 字偶间距/字符间距：用于设置文本的字距，数值越大，文字的距离越大。

➤ 基线位移：在保持文字行距和大小不变的情况下，改变文本在文字块内的位置，或将文本更远地偏离路径。

➤ 倾斜：用于调整文本的倾斜角度，当数值为0时，表示文本没有任何倾斜度；当数值大于0时，表示文本向右倾斜；当数值小于0时，表示文本向左倾斜。

➤ 小型大写字母：选中该复选框，则选择的所有字母将变为大写。

➤ 小型大写字母大小：用于设置大写字母的尺寸。

➤ 下划线：选中该复选框，则可为文本添加下划线。

实战 266　设置字体属性

▶ 实例位置：光盘 \ 效果 \ 第 9 章 \ 实战 266. prproj
▶ 素材位置：光盘 \ 素材 \ 第 9 章 \ 实战 266. prproj
▶ 视频位置：光盘 \ 视频 \ 第 9 章 \ 实战 266. mp4

● 实例介绍 ●

在"属性"选项区中，可以重新设置字幕的字体。下面将介绍设置字体属性的操作方法。

● 操作步骤 ●

STEP 01 按Ctrl+O组合键，打开一个项目文件，如图9-33所示。

STEP 02 在"项目"面板上，使用鼠标左键双击字幕文件，如图9-34所示。

图9-33　打开项目文件

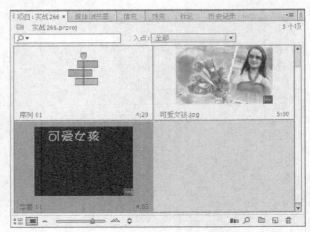

图9-34　双击字幕文件

STEP 03 打开字幕编辑窗口，在"属性"选项区中，设置"字体系列"为方正水柱简体、"字体大小"为110.0，如图9-35所示。

图9-35　设置各参数

STEP 04 执行操作后，即可设置字体属性，效果如图9-36所示。

图9-36　设置字体属性后的效果

| 实战
267 | 字幕角度的旋转 | ▶ 实例位置：光盘 \ 效果 \ 第 9 章 \ 实战 267. prproj
▶ 素材位置：光盘 \ 素材 \ 第 9 章 \ 实战 267. prproj
▶ 视频位置：光盘 \ 视频 \ 第 9 章 \ 实战 267. mp4 |

● 实例介绍 ●

在创建字幕对象后，可以对创建的字幕进行旋转操作，以得到更好的字幕效果。

● 操作步骤 ●

STEP 01 按Ctrl＋O组合键，打开一个项目文件，如图9-37所示。

图9-37　打开项目文件

STEP 02 在"项目"面板上，使用鼠标左键双击字幕文件，如图9-38所示。

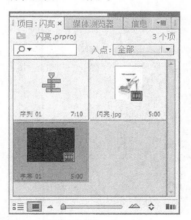

图9-38　双击字幕文件

STEP 03 打开字幕编辑窗口，在"字幕属性"面板的"变换"选项区设置"旋转"为330.0°，如图9-39所示。

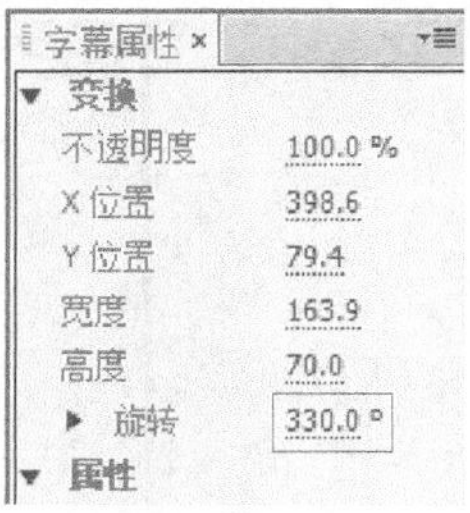

字幕属性 ×	▼ ≡
▼ 变换	
不透明度	100.0 %
X 位置	398.6
Y 位置	79.4
宽度	163.9
高度	70.0
▶ 旋转	330.0 °
▼ 属性	

图9-39　设置参数值

STEP 04 执行操作后，即可旋转字幕角度，在"节目监视器"面板中预览旋转字幕角度后的效果，如图9-40所示。

图9-40　旋转字幕角度后的效果

实战 268　设置字幕大小

● 实例介绍 ●

如果字幕中的字体太小，可以对其进行设置。下面将介绍设置字幕大小的操作方法。

● 操作步骤 ●

STEP 01 按Ctrl + O组合键，打开一个项目文件，如图9-41所示。

图9-41　打开项目文件

STEP 03 打开字幕编辑窗口，在"字幕属性"面板中设置"字体大小"为120.0，如图9-43所示。

STEP 02 在"项目"面板上，使用鼠标左键双击字幕文件，如图9-42所示。

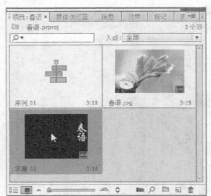

图9-42　双击字幕文件

图9-43　设置参数值

STEP 04 执行操作后，即可设置字幕大小，在"节目监视器"面板中预览设置字幕大小后的效果，如图9-44所示。

图9-44　预览图像效果

| 实战 269 | 排列属性 | ▶ 实例位置：光盘\效果\第9章\实战269.prproj
▶ 素材位置：光盘\素材\第9章\实战269.prproj
▶ 视频位置：光盘\视频\第9章\实战269.mp4 |

● 实例介绍 ●

在Premiere Pro CC中制作字幕文件之前，还可以对字幕进行排序，使字幕文件更加美观。

● 操作步骤 ●

STEP 01 按Ctrl＋O组合键，打开一个项目文件，如图9-45所示。

STEP 02 在"项目"面板上，使用鼠标左键双击字幕文件，如图9-46所示。

图9-45　打开项目文件

图9-46　双击字幕文件

STEP 03 打开字幕编辑窗口，选择最下方的字幕，如图9-47所示。

STEP 04 单击鼠标右键，在弹出的快捷菜单中选择"排列"|"后移"选项，如图9-48所示，即可设置排列属性。

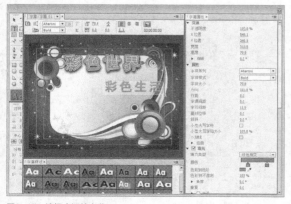

图9-47　选择合适的字幕

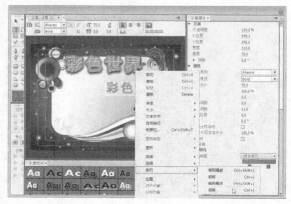

图9-48　选择"后移"选项

第 10 章

第 **10** 章

影视字幕的填充与描边

本章导读

在 Premiere Pro CC 中对字幕文件进行制作后，还可以进行填充或描边操作，以得到更漂亮的字幕效果。本章主要介绍设置实色填充、设置渐变填充、设置内描边效果、设置外描边效果以及设置字幕阴影等内容，以供读者掌握。

要点索引

● 字幕填充效果的设置
● 字幕描边与阴影的设置

   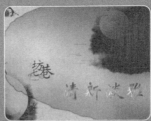

10.1 字幕填充效果的设置

"填充"属性中除了可以为字幕添加"实色填充"外,还可以添加"线性渐变填充""放射性渐变"及"四色渐变"等复杂的色彩渐变填充效果,同时还提供了"光泽"与"纹理"字幕填充效果。本节将详细介绍设置字幕填充效果的操作方法。

实战 270	设置实色填充	▶ 实例位置:光盘\效果\第 10 章\实战 270.prproj
		▶ 素材位置:光盘\素材\第 10 章\实战 270.prproj
		▶ 视频位置:光盘\视频\第 10 章\实战 270.mp4

● 实例介绍 ●

"实色填充"是指在字体内填充一种单独的颜色。下面将介绍设置实色填充的操作方法。

● 操作步骤 ●

STEP 01 在Premiere Pro CC工作界面中,按Ctrl + O组合键,打开一个项目文件,如图10-1所示。

STEP 02 打开项目文件后,在"节目监视器"面板中可以查看素材画面,如图10-2所示。

图10-1 打开项目文件

图10-2 查看素材画面

STEP 03 单击"字幕"|"新建字幕"|"默认静态字幕"命令,如图10-3所示。

STEP 04 在弹出的"新建字幕"对话框中输入字幕的名称,单击"确定"按钮,如图10-4所示。

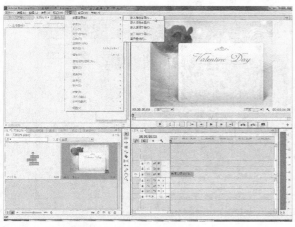

图10-3 单击"默认静态字幕"命令

图10-4 单击"确定"按钮

技巧点拨

在"字幕编辑"窗口中输入汉字时,有时会由于使用的字体样式不支持该文字,导致输入的汉字无法显示,此时用户可以选择输入的文字,将字体样式设置为常用的汉字字体,即可解决该问题。

STEP 05 打开"字幕编辑"窗口，选取工具箱中的文字工具 T，在绘图区中的合适位置单击鼠标左键，显示闪烁的光标，如图10-5所示。

STEP 06 输入文字"美丽心情"，选择输入的文字，如图10-6所示。

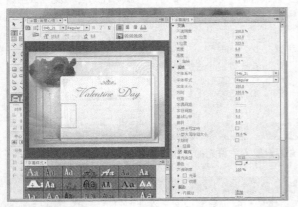

图10-5 显示闪烁的光标

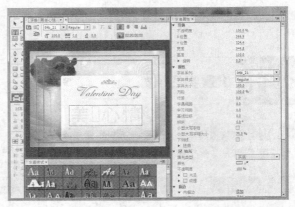

图10-6 选择输入的文字

STEP 07 展开"属性"选项，单击"字体系列"右侧的下拉按钮，在弹出的列表框中选择"黑体"选项，如图10-7所示。

STEP 08 执行操作后，即可调整字幕的字体样式。设置"字体大小"为50.0，选中"填充"复选框并单击"颜色"选项右侧的色块，如图10-8所示。

图10-7 选择"黑体"选项

图10-8 单击相应的色块

STEP 09 在弹出的"拾色器"对话框中，设置颜色为红色（RGB参数值分别为254、2、54），如图10-9所示。

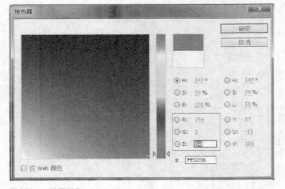

图10-9 设置颜色

STEP 10 单击"确定"按钮应用设置，就会在工作区中显示出字幕效果，如图10-10所示。

STEP 11 单击"字幕编辑"窗口右上角的"关闭"按钮，关闭"字幕编辑"窗口。此时可以在"项目"面板中查看创建的字幕，如图10-11所示。

图10-10　显示字幕效果

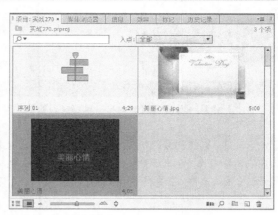

图10-11　查看创建的字幕

STEP 12 在字幕文件上，按住鼠标左键并拖曳至"时间轴"面板中的V2轨道中，如图10-12所示。

STEP 13 释放鼠标，即可将字幕文件添加到V2轨道上，如图10-13所示。

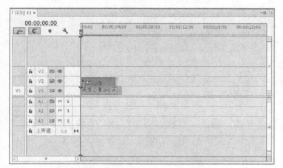

图10-12　拖曳创建的字幕

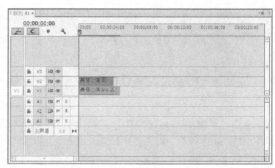

图10-13　添加字幕文件到V2轨道

STEP 14 单击"播放–停止切换"按钮，预览视频效果，如图10-14所示。

技巧点拨

Premiere Pro CC 软件会以从上至下的顺序渲染视频，如果将字幕文件添加到 V1 轨道，将影片素材文件添加到 V2 及以上的轨道，将会使后渲染的影片素材挡住字幕文件，导致字幕无法显示。

图10-14　预览视频效果

知识扩展

"填充"选项区主要是用来控制字幕的"填充类型""颜色"和"透明度"，以及为字幕添加"材质"和"光泽"属性。"填充"选项区中各选项的含义如下。

➤ 填充类型：单击"填充类型"右侧的下三角按钮，在弹出的列表框中选择不同的选项，可以制作出不同的填充效果。

➤ 颜色：单击其右侧的颜色色块，可以调整文本的颜色。

➤ 不透明度：用于调整文本颜色的透明度。

➤ 光泽：选中该复选框，并单击左侧的"展开"按钮▶，展开具体的"光泽"参数设置，可以在文本上加入光泽效果。

➤ 纹理：选中该复选框，并单击左侧的"展开"按钮▶，展开具体的"纹理"参数设置，可以对文本进行纹理贴图方面的设置，从而使字幕更加生动和美观。

实战 271 设置渐变填充

▶ 实例位置：光盘 \ 效果 \ 第 10 章 \ 实战 271. prproj
▶ 素材位置：光盘 \ 素材 \ 第 10 章 \ 实战 271. prproj
▶ 视频位置：光盘 \ 视频 \ 第 10 章 \ 实战 271. mp4

● 实例介绍 ●

渐变填充是指从一种颜色逐渐向另一种颜色过渡的一种填充方式。下面将介绍设置渐变填充的操作方法。

● 操作步骤 ●

STEP 01 在Premiere Pro CC工作界面中，按Ctrl + O组合键，打开一个项目文件，如图10-15所示。

STEP 02 打开项目文件后，在"节目监视器"面板中可以查看素材画面，如图10-16所示。

图10-15 打开项目文件

图10-16 查看素材画面

STEP 03 单击"字幕"|"新建字幕"|"默认静态字幕"命令，在弹出的"新建字幕"对话框中设置"名称"为"字幕01"，如图10-17所示。

STEP 04 单击"确定"按钮，即可打开"字幕编辑"窗口。选取工具箱中的文字工具，如图10-18所示。

图10-17 输入字幕名称

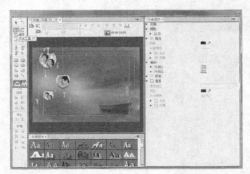

图10-18 选择文字工具

STEP 05 在工作区中输入文字"百年好合"，选择输入的文字，如图10-19所示。

STEP 06 展开"变换"选项，设置"X位置"为360.0、"Y位置"为96.8；展开"属性"选项，设置"字体系列"为"迷你简黄草"、"字体大小"为95.0，如图10-20所示。

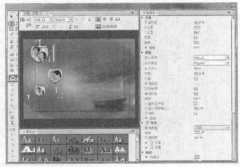

图10-19 选择输入的文字

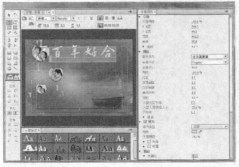

图10-20 设置参数值

STEP 07 选中"填充"复选框，单击"实底"选项右侧的下拉按钮，在弹出的列表框中选择"径向渐变"选项，如图10-21所示。

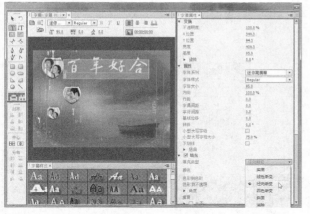

图10-21　选择"径向渐变"选项

STEP 09 在弹出的"拾色器"对话框中，设置颜色为绿色（RGB参数值分别为18、151、0），如图10-23所示。

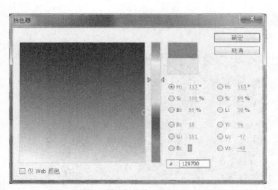

图10-23　设置第1个色标的颜色

STEP 11 单击"确定"按钮，返回"字幕编辑"窗口，单击"外描边"选项右侧的"添加"链接，如图10-25所示。

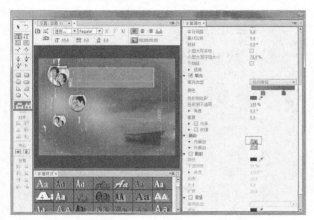

图10-25　单击"添加"链接

STEP 08 显示"径向渐变"选项，使用鼠标左键双击"颜色"选项右侧的第1个色标，如图10-22所示。

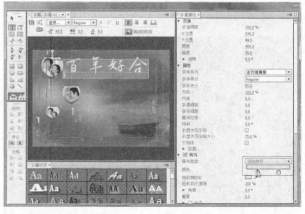

图10-22　双击第1个色标

STEP 10 单击"确定"按钮，返回"字幕编辑"窗口，双击"颜色"选项右侧的第2个色标，在弹出的"拾色器"对话框中设置颜色为蓝色（RGB参数值分别为0、88、162），如图10-24所示。

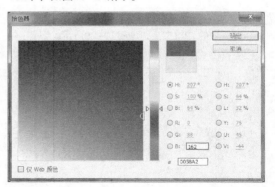

图10-24　设置第2个色标的颜色

STEP 12 显示"外描边"选项，设置"大小"为5.0，如图10-26所示。

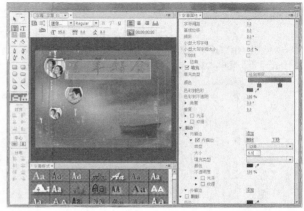

图10-26　设置"大小"参数

STEP 13 执行上述操作后，就会在工作区中显示出字幕效果，如图10-27所示。

STEP 14 单击"字幕编辑"窗口右上角的"关闭"按钮，关闭"字幕编辑"窗口。此时可以在"项目"面板中查看创建的字幕，如图10-28所示。

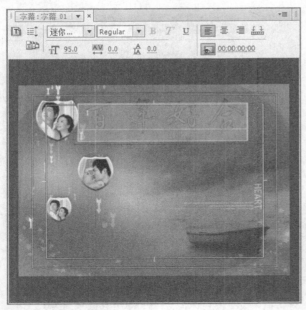

图10-27　显示字幕效果

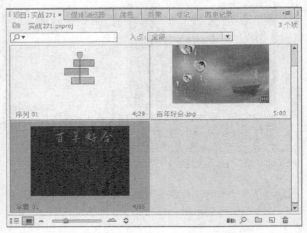

图10-28　查看创建的字幕

STEP 15 在"项目"面板中选择字幕文件，将其添加到"时间轴"面板中的V2轨道上，如图10-29所示。

STEP 16 单击"播放-停止切换"按钮，预览视频效果，如图10-30所示。

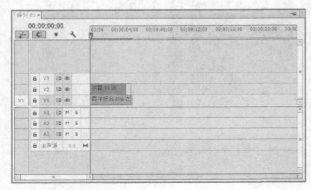

图10-29　添加字幕文件

图10-30　预览视频效果

知识扩展

在"描边"选项区中可以为字幕添加描边效果，下面介绍"描边"选项区的相关基础知识。

在 Premiere Pro CC 中，系统将描边分为"内描边"和"外描边"两种类型，单击"描边"选项左侧的"展开"按钮，展开该选项，然后再展开其中相应的选项。

"描边"选项区中各选项的含义如下。

- ➢ 类型：单击"类型"右侧的下三角按钮，弹出下拉列表，该列表中包括"边缘""凸出"和"凹进"3个选项。
- ➢ 大小：用于设置轮廓线的大小。
- ➢ 填充类型：用于设置轮廓的填充类型。
- ➢ 颜色：单击右侧的颜色色块，可以改变轮廓线的颜色。
- ➢ 不透明度：用于设置文本轮廓的透明度。
- ➢ 光泽：选中该复选框，可为轮廓线加入光泽效果。
- ➢ 纹理：选中该复选框，可为轮廓线加入纹理效果。

实战 272　设置斜面填充

▶ 实例位置：光盘 \ 效果 \ 第 10 章 \ 实战 272.prproj
▶ 素材位置：光盘 \ 素材 \ 第 10 章 \ 实战 272.prproj
▶ 视频位置：光盘 \ 视频 \ 第 10 章 \ 实战 272.mp4

● 实例介绍 ●

　　斜面填充是一种通过设置阴影色彩的方式，模拟一种中间较亮、边缘较暗的三维浮雕填充效果，下面将介绍设置斜面填充的操作方法。

● 操作步骤 ●

STEP 01 在Premiere Pro CC工作界面中，按Ctrl + O组合键，打开一个项目文件，如图10-31所示。

图10-31　打开项目文件

STEP 02 打开项目文件后，在"节目监视器"面板中可以查看素材画面，如图10-32所示。

图10-32　查看素材画面

STEP 03 单击"字幕"|"新建字幕"|"默认静态字幕"命令，在弹出的"新建字幕"对话框中设置"名称"为"影视频道"，如图10-33所示。

图10-33　输入字幕名称

STEP 04 单击"确定"按钮，即可打开"字幕编辑"窗口，选取工具箱中的文字工具 T，如图10-34所示。

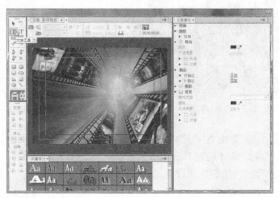

图10-34　选择文字工具

STEP 05 在工作区中输入文字"影视频道"，选择输入的文字，如图10-35所示。

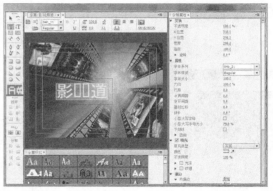

图10-35　选择输入的文字

STEP 06 展开"属性"选项，单击"字体系列"右侧的下拉按钮，在弹出的列表框中选择"黑体"选项，如图10-36所示。

STEP 07 在"字幕属性"面板中，展开"变换"选项，设置"X位置"为374.9、"Y位置"为285.0，如图10-37所示。

图10-36 选择"黑体"选项

图10-37 设置相应参数

STEP 08 选中"填充"复选框，单击"实底"选项右侧的下拉按钮，在弹出的列表框中选择"斜面"选项，如图10-38所示。

STEP 09 显示"斜面"选项，单击"高光颜色"右侧的色块，如图10-39所示。

图10-38 选择"斜面"选项

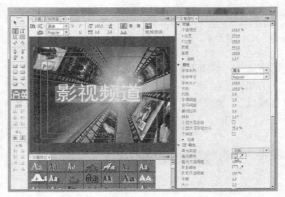

图10-39 单击相应的色块

STEP 10 在弹出的"拾色器"对话框中设置颜色为黄色（RGB参数值分别为255、255、0），如图10-40所示，单击"确定"按钮应用设置。

STEP 11 用与上述同样的操作方法，设置"阴影颜色"为红色（RGB参数值分别为255、0、0）、"平衡"为-27.0、"大小"为18.0，如图10-41所示。

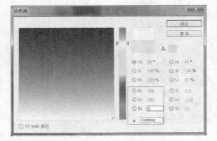

图10-40 设置颜色

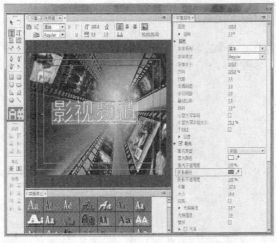

图10-41 设置"阴影颜色"为红色

STEP 12 执行上述操作后，就会在工作区中显示出字幕效果，如图10-42所示。

图10-42　显示字幕效果

STEP 14 单击"播放–停止切换"按钮，预览视频效果，如图10-44所示。

STEP 13 单击"字幕编辑"窗口右上角的"关闭"按钮，关闭"字幕编辑"窗口。在"项目"面板中选择创建的字幕，将其添加到"时间轴"面板中的V2轨道上，如图10-43所示。

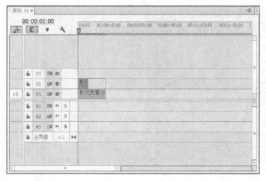

图10-43　添加字幕文件

图10-44　预览视频效果

实战 273　设置消除填充

▶ 实例位置：光盘 \ 效果 \ 第 10 章 \ 实战 273. prproj
▶ 素材位置：光盘 \ 素材 \ 第 10 章 \ 实战 273. prproj
▶ 视频位置：光盘 \ 视频 \ 第 10 章 \ 实战 273. mp4

● 实例介绍 ●

在Premiere Pro CC中，消除用来暂时性地隐藏字幕，包括其字幕的阴影和描边效果。

● 操作步骤 ●

STEP 01 在Premiere Pro CC工作界面中，按Ctrl + O组合键，打开一个项目文件，如图10-45所示。

图10-45　打开项目文件

STEP 02 在V2轨道上，使用鼠标左键双击字幕文件，如图10-46所示。

图10-46　双击字幕文件

STEP 03 打开"字幕编辑"窗口，单击"填充类型"右侧的下拉按钮，弹出列表框，选择"消除"选项，如图10-47所示。

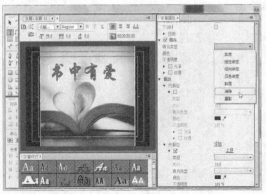

图10-47 选择"消除"选项

STEP 04 执行操作后，即可设置"消除"填充效果。在"节目监视器"面板中，可预览设置消除填充后的视频效果，如图10-48所示。

图10-48 设置消除填充后的效果

实战 274 设置重影填充

▶ 实例位置：光盘 \ 效果 \ 第10章 \ 实战 274.prproj
▶ 素材位置：光盘 \ 素材 \ 第10章 \ 实战 274.prproj
▶ 视频位置：光盘 \ 视频 \ 第10章 \ 实战 274.mp4

● 实例介绍 ●

重影与消除拥有类似的功能，两者都可以隐藏字幕的效果，其区别在于重影只能隐藏字幕本身，无法隐藏阴影效果。

● 操作步骤 ●

STEP 01 在Premiere Pro CC工作界面中，按Ctrl + O组合键，打开一个项目文件，如图10-49所示。

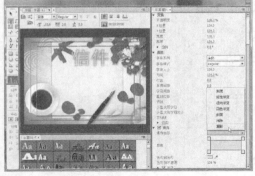

图10-49 打开项目文件

STEP 02 在V2轨道上，使用鼠标左键双击字幕文件，如图10-50所示。

图10-50 双击字幕文件

STEP 03 打开"字幕编辑"窗口，单击"填充类型"右侧的下拉按钮，弹出列表框，选择"重影"选项，如图10-51所示。

图10-51 选择"重影"选项

STEP 04 执行操作后，即可设置"重影"填充效果。在"节目监视器"面板中，可预览设置重影填充后的视频效果，如图10-52所示。

图10-52 设置重影填充后的效果

实战 275 设置光泽填充

▶ 实例位置：光盘 \ 效果 \ 第 10 章 \ 实战 275.prproj
▶ 素材位置：光盘 \ 素材 \ 第 10 章 \ 实战 275.prproj
▶ 视频位置：光盘 \ 视频 \ 第 10 章 \ 实战 275.mp4

● 实例介绍 ●

"光泽"效果的作用主要是为字幕叠加一层逐渐向两侧淡化的颜色，可以用来模拟物体表面的光泽感。

● 操作步骤 ●

STEP 01 在Premiere Pro CC工作界面中，按Ctrl + O组合键，打开一个项目文件，如图10-53所示。

图10-53 打开项目文件

STEP 03 打开"字幕编辑"窗口，在"填充"选项区中，选中"光泽"复选框，设置"颜色"为粉红色（RGB参数分别为247、203、196）、"大小"为100.0，如图10-55所示。

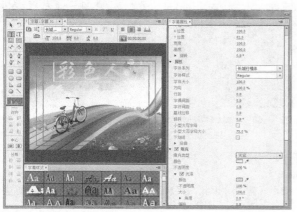

图10-55 设置参数值

STEP 02 在V2轨道上，使用鼠标左键双击字幕文件，如图10-54所示。

图10-54 双击字幕文件

STEP 04 执行操作后，即可设置光泽填充效果。在"节目监视器"面板中，可预览设置光泽填充后的视频效果，如图10-56所示。

图10-56 设置光泽填充后的效果

实战 276 设置纹理填充

▶ 实例位置：光盘 \ 效果 \ 第 10 章 \ 实战 276.prproj
▶ 素材位置：光盘 \ 素材 \ 第 10 章 \ 实战 276.prproj
▶ 视频位置：光盘 \ 视频 \ 第 10 章 \ 实战 276.mp4

● 实例介绍 ●

"纹理"效果的作用主要是为字幕设置背景纹理效果，纹理的文件即是位图，也是矢量图。

● 操作步骤 ●

STEP 01 在Premiere Pro CC工作界面中，按Ctrl + O组合键，打开一个项目文件，在"项目"面板中，选择字幕文件，双击鼠标左键，如图10-57所示。

STEP 02 打开"字幕编辑"窗口，在"填充"选项区中，选中"纹理"复选框，单击"纹理"右侧的按钮，如图10-58所示。

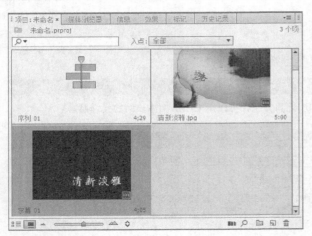

图10-57　双击字幕文件

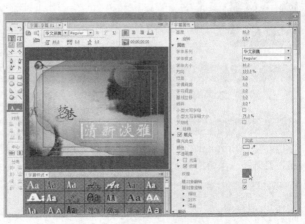

图10-58　单击"纹理"右侧的按钮

STEP 03 弹出"选择纹理图像"对话框，选择合适的纹理素材，如图10-59所示。

STEP 04 单击"打开"按钮，即可设置纹理效果，效果如图10-60所示。

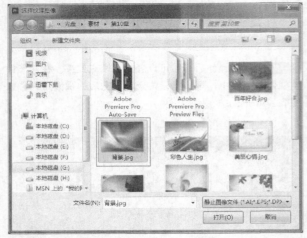

图10-59　选择合适的纹理素材

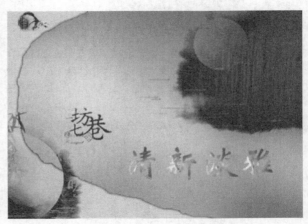

图10-60　设置纹理填充后的效果

10.2　字幕描边与阴影的设置

字幕的"描边"与"阴影"的主要作用是让字幕效果更加突出、醒目。因此，用户可以有选择性地添加或者删除字幕中的描边或阴影效果。

实战 277　设置内描边填充

▶ 实例位置：光盘 \ 效果 \ 第10章 \ 实战277.prproj
▶ 素材位置：光盘 \ 素材 \ 第10章 \ 实战277.prproj
▶ 视频位置：光盘 \ 视频 \ 第10章 \ 实战277.mp4

● 实例介绍 ●

"内描边"主要是从字幕边缘向内进行扩展，这种描边效果可能会覆盖字幕的原有填充效果。

● 操作步骤 ●

STEP 01 在Premiere Pro CC工作界面中，按Ctrl + O组合键，打开一个项目文件，如图10-61所示。

STEP 02 在V2轨道上，使用鼠标左键双击字幕文件，如图10-62所示。

图10-61　打开项目文件

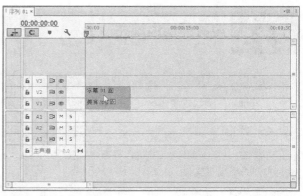

图10-62　双击字幕文件

STEP 03 打开"字幕编辑"窗口，在"描边"选项区中，单击"内描边"右侧的"添加"链接，添加一个内描边选项，如图10-63所示。

STEP 04 在"内描边"选项区中，单击"类型"右侧的下拉按钮，在弹出的列表框中选择"深度"选项，如图10-64所示。

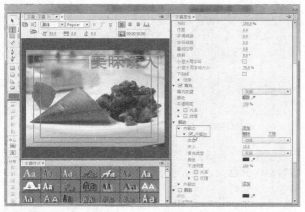

图10-63　添加内描边选项

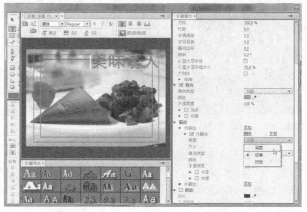

图10-64　选择"深度"选项

STEP 05 单击"颜色"右侧的颜色色块，弹出"拾色器"对话框，设置RGB参数分别为199、1、19，如图10-65所示。

STEP 06 单击"确定"按钮，返回到字幕编辑窗口，即可以设置内描边的描边效果，如图10-66所示。

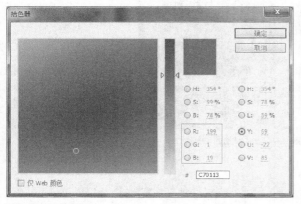

图10-65　设置参数值

图10-66　设置内描边后的描边效果

实战 278 设置外描边填充

▶ 实例位置：光盘＼效果＼第10章＼实战278.prproj
▶ 素材位置：光盘＼素材＼第10章＼实战278.prproj
▶ 视频位置：光盘＼视频＼第10章＼实战278.mp4

● 实例介绍 ●

"外描边"描边效果是从字幕的边缘向外扩展，并增加字幕占据画面的范围。

● 操作步骤 ●

STEP 01 在Premiere Pro CC工作界面中，按Ctrl＋O组合键，打开一个项目文件，如图10-67所示。

STEP 02 在V2轨道上，使用鼠标左键双击字幕文件，如图10-68所示。

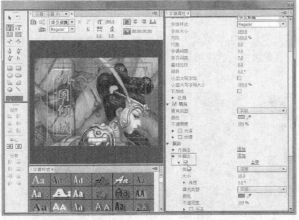

图10-67　打开项目文件

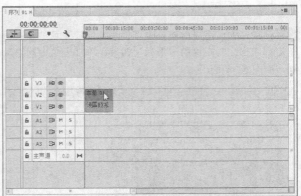

图10-68　双击字幕文件

STEP 03 打开"字幕编辑"窗口，在"描边"选项区中，单击"外描边"右侧的"添加"链接，添加一个外描边选项，如图10-69所示。

STEP 04 在"外描边"选项区中，单击"类型"右侧的下拉按钮，弹出列表框，选择"凹进"选项，如图10-70所示。

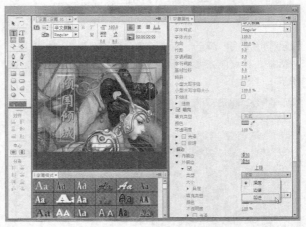

图10-69　添加外描边选项

图10-70　选择"凹进"选项

技巧点拨

在"类型"列表框中，"凸出"描边模式是最正统的描边模式，选择"凸出"模式后，可以设置其大小、色彩、透明度以及填充类型等。

STEP 05 单击"颜色"右侧的颜色色块，弹出"拾色器"对话框，设置RGB参数分别为90、46、26，如图10-71所示。

STEP 06 单击"确定"按钮，返回到字幕编辑窗口，即可以设置外描边的描边效果，如图10-72所示。

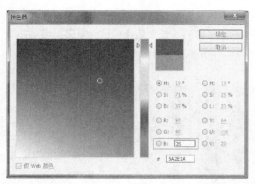

图10-71　设置参数值

图10-72　设置外描边后的效果

实战 279　设置字幕阴影

▶ 实例位置：光盘 \ 效果 \ 第 10 章 \ 实战 279.prproj
▶ 素材位置：光盘 \ 素材 \ 第 10 章 \ 实战 279.prproj
▶ 视频位置：光盘 \ 视频 \ 第 10 章 \ 实战 279.mp4

● 实例介绍 ●

由于"阴影"是可选效果，只有在用户选中"阴影"复选框的状态下，Premiere Pro CC才会显示用户添加的字幕阴影效果。在添加字幕阴影效果后，可以对"阴影"选项区中的各参数进行设置，以得到更好的阴影效果。

● 操作步骤 ●

STEP 01 按Ctrl+O组合键，打开一个项目文件，如图10-73所示。

STEP 02 打开项目文件后，在"节目监视器"面板中可以查看素材画面，如图10-74所示。

图10-73　打开项目文件

图10-74　查看素材画面

STEP 03 单击"文件"|"新建"|"字幕"命令，在弹出的"新建字幕"对话框中输入字幕名称，如图10-75所示。

STEP 04 单击"确定"按钮，打开"字幕编辑"窗口，选取工具箱中的文字工具T，在工作区中的合适位置输入文字"儿童乐园"，选择输入的文字，如图10-76所示。

图10-75　输入字幕名称

图10-76　选择输入的文字

STEP 05 展开"属性"选项，设置"字体系列"为"方正超粗黑简体"、"字体大小"为70.0；展开"变换"选项，设置"X位置"为400.0、"Y位置"为190.0，如图10-77所示。

图10-77 设置相应的选项

STEP 07 显示"径向渐变"选项，双击"颜色"选项右侧的第1个色标，如图10-79所示。

图10-79 单击第1个色标

STEP 09 单击"确定"按钮，返回"字幕编辑"窗口。双击"颜色"选项右侧的第2个色标，在弹出的"拾色器"对话框中设置颜色为黄色（RGB参数值分别为255、255、0），如图10-81所示。

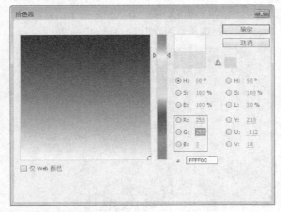

图10-81 设置第2个色标的颜色

STEP 06 选中"填充"复选框，单击"实底"选项右侧的下拉按钮，在弹出的列表框中选择"径向渐变"选项，如图10-78所示。

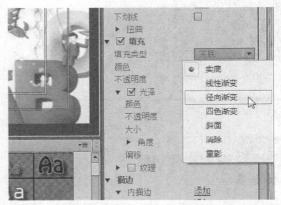

图10-78 选择"径向渐变"选项

STEP 08 在弹出的"拾色器"对话框中，设置颜色为红色（RGB参数值分别为255、0、0），如图10-80所示。

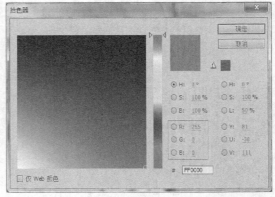

图10-80 设置第1个色标的颜色

STEP 10 单击"确定"按钮，返回"字幕编辑"窗口。选中"阴影"复选框，设置"扩展"为50.0，如图10-82所示。

图10-82 设置"扩展"为50.0

STEP 11 执行上述操作后，就会在工作区中显示出字幕效果，如图10-83所示。

STEP 12 单击"字幕编辑"窗口右上角的"关闭"按钮，关闭"字幕编辑"窗口。此时可以在"项目"面板中查看创建的字幕，如图10-84所示。

图10-83　显示字幕效果

图10-84　查看创建的字幕

STEP 13 在"项目"面板中选择字幕文件，将其添加到"时间轴"面板中的V2轨道上，如图10-85所示。

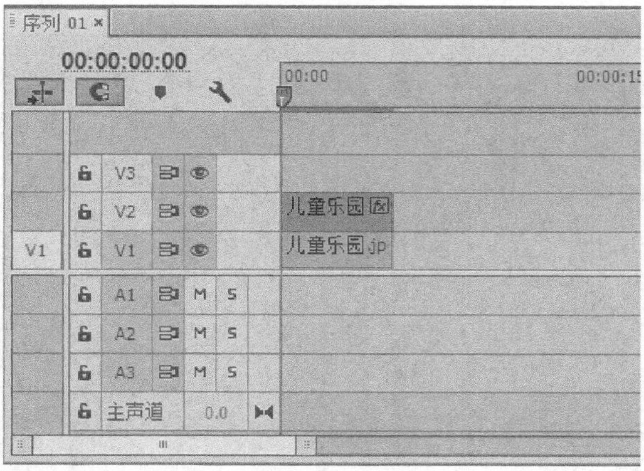

STEP 14 单击"播放-停止切换"按钮，预览视频效果，如图10-86所示。

图10-85　添加字幕文件

图10-86　预览视频效果

知识扩展

　　"阴影"选项组可以为字幕设置阴影属性。该选项组是一个可选效果，用户只有在选中"阴影"复选框后，才可以添加阴影效果。

　　选中"阴影"复选框，将激活"阴影"选项区中的各参数。

　　"阴影"选区中各选项的含义如下。

➢ 颜色：用于设置阴影的颜色。

➢ 不透明度：用于设置阴影的透明度。

➢ 角度：用于设置阴影的角度。

➢ 距离：用于调整阴影和文字的距离，数值越大，阴影与文字的距离越远。

➢ 大小：用于放大或缩小阴影的尺寸。

➢ 扩展：为阴影效果添加羽化并产生扩散效果。

11

第 **11** 章

字幕特效的创建与应用

本章导读

在影视节目中，字幕起着解释画面、补充内容等作用。由于字幕本身是静止的，因此在某些时候无法完美地表达画面的主题。本章介绍如何运用 Premiere Pro CC 制作各种文字特效，让画面中的文字更加生动。

要点索引

● 字幕路径的创建
● 运动字幕的创建
● 应用字幕模版和样式
● 制作精彩字幕特效

11.1 字幕路径的创建

字幕特效的种类很多，其中最常见的一种是通过"字幕路径"使字幕按用户创建的路径移动。本节将详细介绍字幕路径的创建方法。

<table>
<tr><td rowspan="2">实战
280</td><td rowspan="2">绘制直线</td><td>▶ 实例位置：光盘 \ 效果 \ 第 11 章 \ 实战 280.prproj</td></tr>
<tr><td>▶ 素材位置：光盘 \ 素材 \ 第 11 章 \ 实战 280.prproj</td></tr>
</table>

▶ 视频位置：光盘 \ 视频 \ 第 11 章 \ 实战 280.mp4

● 实例介绍 ●

"直线"是所有图形中最简单且最基本的图形。在Premiere Pro CC中，用户可以运用绘图工具直接绘制出一些简单的图形。

● 操作步骤 ●

STEP 01 按Ctrl＋O组合键，打开一个项目文件，如图11-1所示。

STEP 02 在V2轨道上，使用鼠标左键双击字幕文件，如图11-2所示。

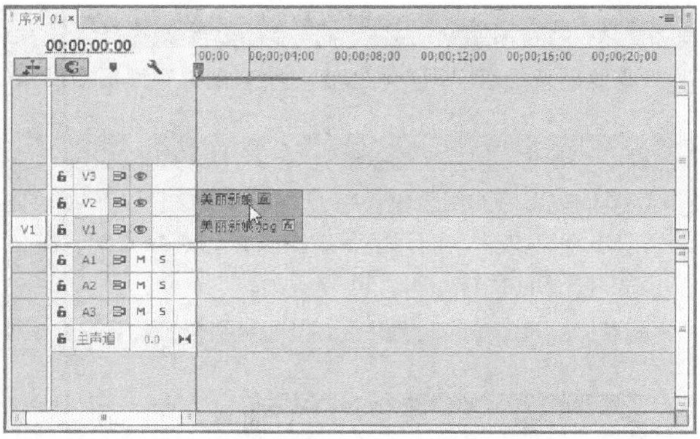

图11-1 打开项目文件

图11-2 双击字幕文件

STEP 03 打开字幕编辑窗口，选取直线工具 ，如图11-3所示。

STEP 04 在绘图区合适位置单击鼠标左键并拖曳，绘制直线，如图11-4所示。

图11-3 选取直线工具

图11-4 绘制直线

STEP 05 选取选择工具，将直线移至合适位置，并设置"线宽"为3.0，如图11-5所示。

STEP 06 执行操作后，即可绘制直线，效果如图11-6所示。

图11-5　设置参数值

图11-6　绘制直线效果

实战 281　直线颜色的调整

▶ 实例位置：光盘 \ 效果 \ 第 11 章 \ 实战 281.prproj
▶ 素材位置：光盘 \ 素材 \ 第 11 章 \ 实战 281.prproj
▶ 视频位置：光盘 \ 视频 \ 第 11 章 \ 实战 281.mp4

● 实例介绍 ●

在绘制直线后，用户可以在"字幕属性"面板中设置"填充"属性，调整直线的颜色。

● 操作步骤 ●

STEP 01 按Ctrl + O组合键，打开一个项目文件，在V2轨道上，双击字幕文件，打开字幕编辑窗口，选择直线，单击"颜色"右侧的色块，如图11-7所示。

STEP 02 弹出"拾色器"对话框，设置RGB参数值分别为233、220、13，单击"确定"按钮，即可调整直线颜色。调整后的效果如图11-8所示。

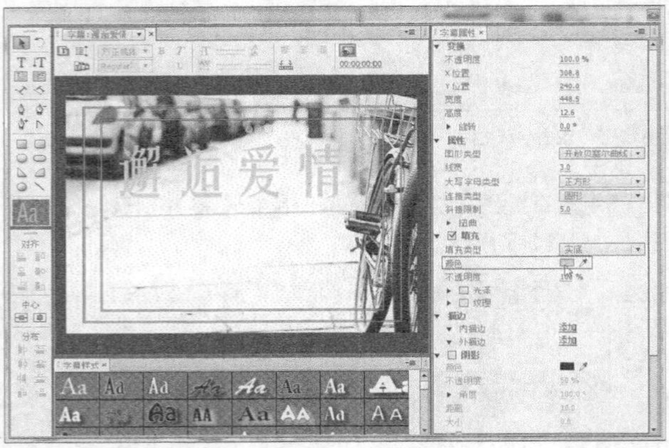

图11-7　设置颜色块

图11-8　调整直线颜色后的效果

实战 282　钢笔工具转换直线

▶ 实例位置：光盘 \ 效果 \ 第 11 章 \ 实战 282.prproj
▶ 素材位置：光盘 \ 素材 \ 第 11 章 \ 实战 282.prproj
▶ 视频位置：光盘 \ 视频 \ 第 11 章 \ 实战 282.mp4

● 实例介绍 ●

使用钢笔工具可以直接将直线转换为简单的曲线。下面介绍使用钢笔工具转换直线的操作方法。

● 操作步骤 ●

STEP 01 按Ctrl + O组合键，打开一个项目文件，如图11-9所示。

STEP 02 在V2轨道上，使用鼠标左键双击字幕文件，如图11-10所示。

图11-9 打开项目文件

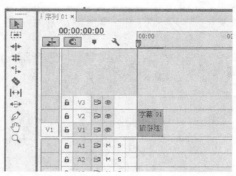

图11-10 双击字幕文件

STEP 03 打开字幕编辑窗口，选取钢笔工具 ，如图11-11所示。

STEP 04 在绘图区合适位置单击鼠标左键，绘制直线，如图11-12所示。

图11-11 选取钢笔工具

图11-12 绘制直线

STEP 05 在"字幕属性"面板中，取消选中"外描边"复选框与"阴影"复选框，如图11-13所示。

STEP 06 执行操作后，即可使用钢笔工具转换成直线，效果如图11-14所示。

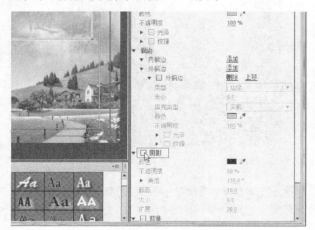

图11-13 取消选中"外描边"和"阴影"复选框

图11-14 使用钢笔工具转换直线

知识扩展

　　转换描点工具添加节点：当用户需要转换一条比较复杂的曲线时，需要用转换锚点工具来调整直线。选取转换锚点工具，根据提示进行操作即可。

　　转换锚点工具可以为直线添加两个或两个以上的节点，用户可以通过这些节点调节出更为复杂的曲线图形，选取转换锚点工具，在需要添加节点的曲线上，单击鼠标左键即可。图11-15所示为添加节点前后的效果对比。

图11-15　添加节点前后的效果对比

实战	椭圆工具创建圆	▶ 实例位置：光盘 \ 效果 \ 第11章 \ 实战283.prproj
283		▶ 素材位置：光盘 \ 素材 \ 第11章 \ 实战283.prproj
		▶ 视频位置：光盘 \ 视频 \ 第11章 \ 实战283.mp4

● 实例介绍 ●

　　当用户需要创建圆时，可以使用椭圆工具在绘图区中绘制一个正圆对象，下面介绍使用椭圆工具绘制圆的操作方法。

● 操作步骤 ●

STEP 01 按Ctrl＋O组合键，打开一个项目文件，如图11-16所示。在V1轨道上，双击字幕文件。

STEP 02 打开字幕编辑窗口，选取椭圆工具 ⬤ ，在按住Shift键的同时，在绘图区中创建圆，如图11-17所示。

图11-16　打开项目文件

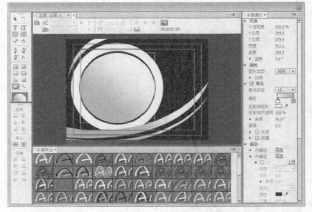

图11-17　创建圆

STEP 03 在"变换"选项区中，设置"宽度"和"高"均为390.0，如图11-18所示。

STEP 04 调整圆形的位置，即可使用椭圆工具创建圆，效果如图11-19所示。

图11-18　设置参数值

图11-19　创建圆效果

知识扩展

　　使用弧形工具创建弧形：当用户需要创建一个弧形对象时，可以通过弧形工具进行创建操作。在字幕编辑窗口中，选取弧形工具，在绘图区中，单击鼠标左键并拖曳，即可完成创建，如图 11-20 所示。

图11-20　创建弧形效果

11.2　运动字幕的创建

　　在Premiere Pro CC中，字幕被分为"静态字幕"和"动态字幕"两大类型。通过前面的学习，用户已经可以轻松创建出静态字幕以及静态的复杂图形。本节将介绍如何在Premiere Pro CC中创建动态字幕。

实战 284　游动字幕

▶ 实例位置：光盘 \ 效果 \ 第 11 章 \ 实战 284.prproj
▶ 素材位置：光盘 \ 素材 \ 第 11 章 \ 实战 284.prproj
▶ 视频位置：光盘 \ 视频 \ 第 11 章 \ 实战 284.mp4

● 实例介绍 ●

　　"游动字幕"是指字幕在画面中进行水平运动的动态字幕类型。下面将介绍可以设置游动的方向和位置。

● 操作步骤 ●

STEP 01 按Ctrl＋O组合键，打开一个项目文件，如图 11-21所示。在V2轨道上，双击字幕文件。

STEP 02 打开字幕编辑窗口，单击"滚动/游动选项"按钮，弹出"滚动/游动选项"对话框，选中"向左游动"单选项，如图11-22所示。

图11-21　打开项目文件

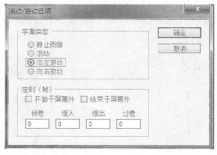

图11-22　选中"向左游动"单选项

STEP 03 选中"开始于屏幕外"复选框，并设置"缓入"为3、"过卷"为7，如图11-23所示。

STEP 04 单击"确定"按钮，返回到字幕编辑窗口，选取选择工具，将文字向右拖曳至合适位置，如图11-24所示。

图11-23 设置参数值

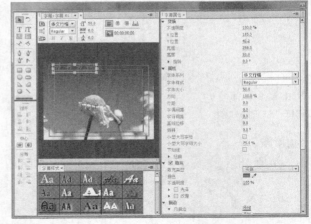

图11-24 拖曳字幕

STEP 05 执行操作后，即可创建游动运动字幕。在"节目监视器"面板中，单击"播放-停止切换"按钮，即可预览字幕游动效果，如图11-25所示。

图11-25 预览字幕游动效果

知识扩展

　　字幕的运动是通过关键帧实现的，为对象指定的关键帧越多，所产生的运动变化越复杂。在Premiere Pro CC中，可以通过关键帧对不同的时间点来引导目标运动、缩放、旋转等，并在计算机中随着时间点而发生变化，如图11-26所示。

图11-26 字幕运动原理

实战 285	滚动字幕	▶ 实例位置：光盘 \ 效果 \ 第 11 章 \ 实战 285.prproj
		▶ 素材位置：光盘 \ 素材 \ 第 11 章 \ 实战 285.prproj
		▶ 视频位置：光盘 \ 视频 \ 第 11 章 \ 实战 285.mp4

● 实例介绍 ●

"滚动字幕"是指字幕从画面的下方逐渐向上移动的动态字幕类型，这种类型的动态字幕经常运用在电视节目中。

● 操作步骤 ●

STEP 01 按Ctrl + O组合键，打开一个项目文件，如图 11-27所示。在V2轨道上，双击字幕文件。

图11-27　打开项目文件

STEP 03 选中"开始于屏幕外"复选框，并设置"缓入" 为4、"过卷"为8，如图11-29所示。

图11-29　设置参数值

STEP 02 打开字幕编辑窗口，单击"滚动/游动选项"按钮 ，弹出相应对话框，在其中选中"滚动"单选项，如图 11-28所示。

图11-28　选中"滚动"单选项

STEP 04 单击"确定"按钮，返回到字幕编辑窗口，选取 选择工具，将文字向下拖曳至合适位置，如图11-30所示。

图11-30　拖曳字幕

STEP 05 执行操作后，即可创建滚动运动字幕。在"节目监视器"面板中，单击"播放-停止切换"按钮，即可预览字幕 滚动效果，如图11-31所示。

图11-31　预览字幕滚动效果

技巧点拨

　　在影视制作中字幕的运动能起到突出主题、画龙点睛的妙用，如在影视广告中均是通过文字说明向观众强化产品的品牌、性能等信息。以前只有在耗资数万的专业编辑系统中才能实现的字幕效果，现在即使在业余条件下，在PC上使用优秀的视频编辑软件Premiere就能实现滚动字幕的制作。

11.3 应用字幕模版和样式

　　在Premiere Pro CC中，用户可以为文字应用多种字幕样式，使字幕变得更加美观；应用字幕模版功能，可以高质、高效率地制作专业品质字幕。本节主要介绍字幕样式和模版的应用方法。

实战 286　创建字幕模版

▶ 实例位置：光盘 \ 效果 \ 第11章 \ 实战286.prproj
▶ 素材位置：光盘 \ 素材 \ 第11章 \ 实战286.prproj
▶ 视频位置：光盘 \ 视频 \ 第11章 \ 实战286.mp4

● 实例介绍 ●

　　在Premiere Pro CC中，用户可根据需要创建字幕模版。下面介绍创建字幕模版的方法。

● 操作步骤 ●

STEP 01 按Ctrl + O组合键，打开一个项目文件。在V1轨道上，使用鼠标左键双击字幕文件，如图11-32所示。

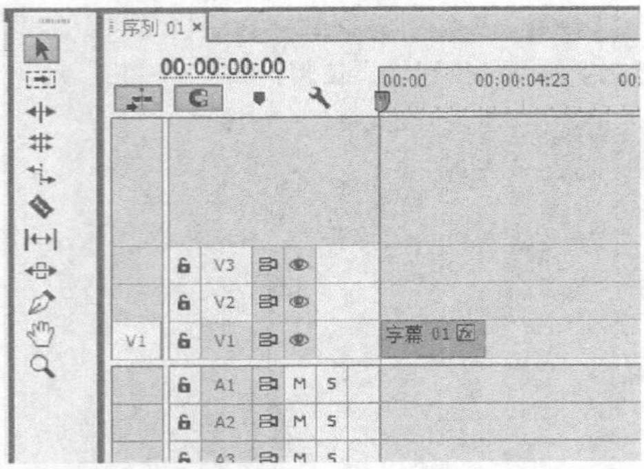

STEP 02 执行操作后，即可打开字幕编辑窗口，单击窗口上方的"模版"按钮，如图11-33所示。

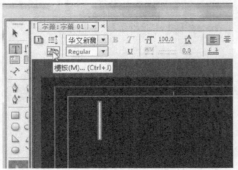

图11-32　双击字幕文件

图11-33　单击"模版"按钮

STEP 03 弹出"模版"对话框，单击相应的按钮 ⊙，弹出列表框，选择"导入当前字幕为模版"选项，如图11-34所示。

STEP 04 弹出"另存为"对话框，设置名称，单击"确定"按钮，如图11-35所示，即可创建字幕模版。

图11-34　选择"导入当前字幕为模版"选项

图11-35　单击"确定"按钮

知识扩展

　　Premiere Pro CC除了可以直接从字幕模版来创建字幕外，还可以在编辑字幕的过程中应用模版。

　　在字幕编辑窗口中，单击窗口上方的"模版"按钮，弹出"模版"对话框，选择需要的模版样式，如图11-36所示，单击"确定"按钮，即可将选择的模版导入到工作区中。

　　在"模版"对话框中，包括了两大类模版：一类是"用户模版"，用户可以将自己认为满意的模版保存为一个新模版，也可以创建一个新模版以方便使用；另一类是"字幕设计器预设"模版，这里提供了所有的模版类型，用户可根据需要进行选择。

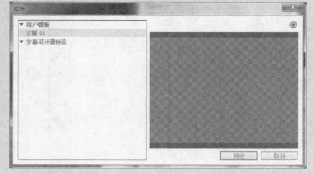

图11-36　选择需要的模版样式

实战 287　重命名字幕样式

▶ 实例位置：无
▶ 素材位置：光盘 \ 素材 \ 第 11 章 \ 实战 287.prproj
▶ 视频位置：光盘 \ 视频 \ 第 11 章 \ 实战 287.mp4

● 实例介绍 ●

　　用户可以在Premiere Pro CC中为创建好的字幕进行重命名操作。下面将介绍重命名字幕样式的操作方法。

● 操作步骤 ●

STEP 01 按Ctrl + O组合键，打开一个项目文件。在V1轨道上，双击字幕文件，打开字幕编辑窗口，选择合适的字幕样式，如图11-37所示。

STEP 02 在选择的字幕样式上，单击鼠标右键，在弹出的快捷菜单中选择"重命名样式"选项，如图11-38所示。

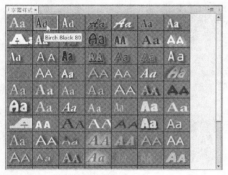

图11-37　选择合适的字幕样式

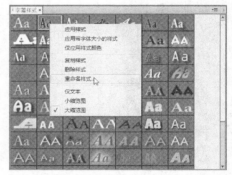

图11-38　选择"重命名样式"选项

STEP 03 弹出"重命名样式"对话框，输入新名称，如图11-39所示。

STEP 04 单击"确定"按钮，即可重命名字幕样式，如图11-40所示。

图11-39　输入新名称

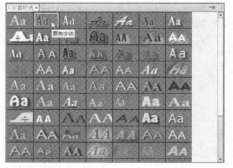

图11-40　重命名字幕样式

知识扩展

删除字幕样式：如果用户对创建好的字幕样式觉得不满意，可以将其删除。

在Premiere Pro CC中，删除字幕样式的方法很简单，当用户在"字幕样式"面板中选中不需要的字幕样式后，可以单击鼠标右键，在弹出的快捷菜单中，选择"删除样式"选项，如图11-41所示。此时，系统将弹出信息提示框，如图11-42所示，单击"确定"按钮，即可删除当前选择的字幕样式。

图11-41 选择"删除样式"选项

图11-42 弹出信息提示框

实战 288 字幕文件保存为模版

▶ 实例位置：光盘 \ 效果 \ 第11章 \ 实战288.prproj
▶ 素材位置：光盘 \ 素材 \ 第11章 \ 实战288.prproj
▶ 视频位置：光盘 \ 视频 \ 第11章 \ 实战288.mp4

● 实例介绍 ●

在Premiere Pro CC中，用户不仅可以直接应用系统提供的字幕模版，还可以将自定义的字幕样式保存为模版。

● 操作步骤 ●

STEP 01 按Ctrl + O组合键，打开一个项目文件。在V1轨道上，使用鼠标左键双击字幕文件，打开字幕编辑窗口，单击"模版"按钮，如图11-43所示。

STEP 02 弹出"模版"对话框，单击黑色三角形按钮，在弹出的列表框中选择"导入文件为模版"选项，如图11-44所示。

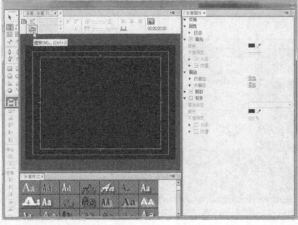

图11-43 单击"模版"按钮

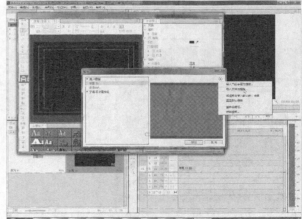

图11-44 选择"导入文件为模版"选项

STEP 03 弹出"将字幕导入为模版"对话框，选择需要导入的字幕文件，如图11-45所示。

STEP 04 单击"打开"按钮，弹出"另存为"对话框，输入名称，如图11-46所示。

图11-45 选择需要导入的字幕

图11-46 输入名称

知识扩展

重置字幕样式库：在 Premiere Pro CC 中，重置字幕样式库可以让用户得到最新的样式库。单击"字幕样式"面板右上角的下三角按钮，在弹出的列表框中选择"重置样式库"选项。执行上述操作后，系统将弹出信息提示框，单击"确定"按钮，即可重置字幕样式库。

替换字幕样式库：在 Premiere Pro CC 中，替换样式库操作可以将用户不满意的字幕样式进行替换。单击"字幕样式"面板右上角的下三角按钮，在弹出的列表框中选择"替换样式库"选项。执行上述操作后，即可弹出"打开样式库"对话框，选择需要替换的字幕样式库，单击"打开"按钮，即可完成字幕样式库的替换操作。

追加字幕样式库：单击"字幕样式"面板右上角的下三角按钮，在弹出的列表框中选择"追加样式库"选项。执行上述操作后，系统将弹出"打开样式库"对话框，选择需要追加的样式，单击"打开"按钮即可。

保存字幕样式库：单击"字幕样式"面板右上角的下三角按钮，在弹出的列表框中选择"保存样式库"选项。执行操作后，弹出"保存样式库"对话框，输入存储的文件名，单击"保存"按钮，即可保存字幕样式库。

STEP 05 单击"确定"按钮，即可将字幕文件保存为模版。此时，在"用户模版"中即可查看最新保存的模版，如图11-47所示。

图11-47　查看新保存的模版

11.4　制作精彩字幕特效

随着动态视频的发展，动态字幕的应用也越来越频繁了，这些精美的字幕特效不仅能够点明影视视频的主题，让影片更加生动，具有感染力，还能够为观众传递一种艺术信息。本节主要介绍精彩字幕特效的制作方法。

实战 289　流动路径字幕特效

▶ **实例位置**：光盘 \ 效果 \ 第 11 章 \ 实战 289.prproj
▶ **素材位置**：光盘 \ 素材 \ 第 11 章 \ 实战 289.prproj
▶ **视频位置**：光盘 \ 视频 \ 第 11 章 \ 实战 289.mp4

● **实例介绍** ●

在Premiere Pro CC中，用户可以使用钢笔工具绘制路径，制作字幕路径特效。

● **操作步骤** ●

STEP 01 按Ctrl + O组合键，打开一个项目文件，如图11-48所示。

图11-48　打开项目文件

STEP 02 在V2轨道上，选择字幕文件，如图11-49所示。

STEP 03 展开"效果控件"面板，分别为"运动"选项区中的"位置"和"旋转"选项及"不透明度"选项添加关键帧，如图11-50所示。

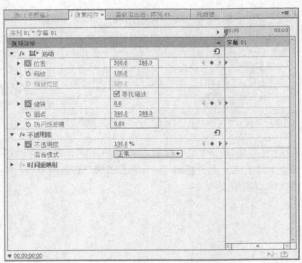

图11-50　设置关键帧

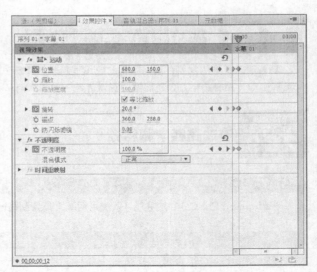

图11-49　选择字幕文件

STEP 04 将时间线移至00:00:00:12的位置，设置"位置"分别为680.0和160.0、"旋转"为20.0°、"不透明度"为100.0%，添加一组关键帧，如图11-51所示。

图11-51　添加一组关键帧

STEP 05 制作完成后，单击"节目监视器"面板中的"播放-停止切换"按钮，即可预览字幕路径特效，如图11-52所示。

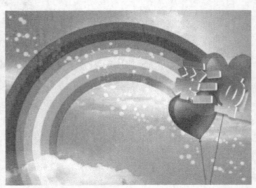

图11-52　预览字幕路径特效

实战 290　**水平翻转字幕特效**

▶ 实例位置：光盘 \ 效果 \ 第 11 章 \ 实战 290.prproj
▶ 素材位置：光盘 \ 素材 \ 第 11 章 \ 实战 290.prproj
▶ 视频位置：光盘 \ 视频 \ 第 11 章 \ 实战 290.mp4

● 实例介绍 ●

　　字幕的翻转效果主要是运用了"嵌套"序列将多个视频效果合并在一起，然后通过"摄像机视图"特效让其整体翻转。

● 操作步骤 ●

STEP 01　按Ctrl + O组合键，打开一个项目文件，如图11-53所示。

图11-53　打开项目文件

STEP 02　在V2轨道上，选择字幕文件，如图11-54所示。

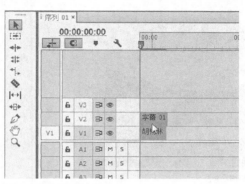

图11-54　选择字幕文件

STEP 03　在"效果控件"面板中，展开"运动"选项，将时间线移至00:00:00:00的位置，分别单击"缩放"和"旋转"左侧的"切换动画"按钮，并设置"缩放"为50.0、"旋转"为0.0°，添加一组关键帧，如图11-55所示。

图11-55　添加一组关键帧

STEP 04　将时间线移至00:00:02:00的位置，设置"缩放"为70.0、"旋转"为90.0°；单击"锚点"左侧的"切换动画"按钮，设置"锚点"分别为420.0和100.0，即可添加第二组关键帧，如图11-56所示。

图11-56　添加第二组关键帧

STEP 05　制作完成后，单击"节目监视器"面板中的"播放–停止切换"按钮，即可预览字幕翻转特效，如图11-57所示。

图11-57　预览字幕翻转特效

▶ 实例位置：光盘 \ 效果 \ 第 11 章 \ 实战 291.prproj
▶ 素材位置：光盘 \ 素材 \ 第 11 章 \ 实战 291.prproj
▶ 视频位置：光盘 \ 视频 \ 第 11 章 \ 实战 291.mp4

实战 291 旋转字幕特效

● 实例介绍 ●

"旋转"字幕效果主要是通过设置"运动"特效中的"旋转"选项的参数，让字幕在画面中旋转。下面将介绍旋转字幕特效的操作方法。

● 操作步骤 ●

STEP 01 按Ctrl＋O组合键，打开一个项目文件，如图11-58所示。

STEP 02 在V2轨道上，选择字幕文件，如图11-59所示。

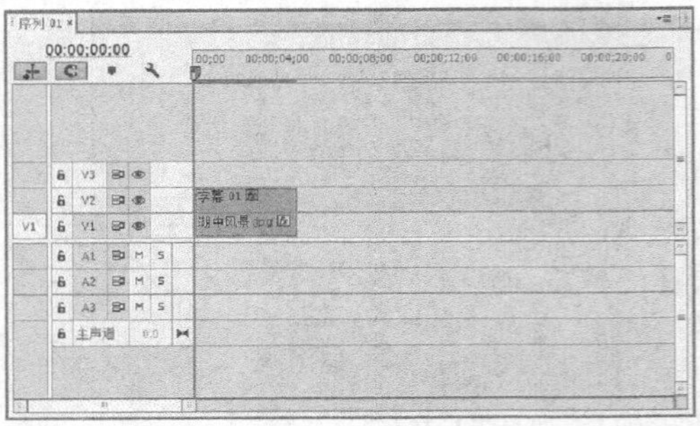

图11-58 打开项目文件

图11-59 选择字幕文件

STEP 03 在"效果控件"面板中，单击"旋转"左侧的"切换动画"按钮，并设置"旋转"为30.0°，添加关键帧，如图11-60所示。

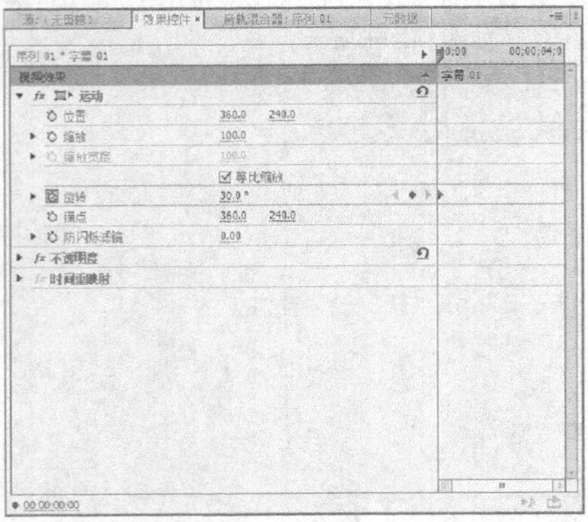

STEP 04 将时间线移至00:00:03:00的位置处，设置"旋转"参数为180.0°，添加关键帧，如图11-61所示。

图11-60 添加关键帧

图11-61 添加关键帧

STEP 05 制作完成后，单击"节目监视器"面板中的"播放-停止切换"按钮，即可预览字幕旋转特效，如图11-62所示。

图11-62 预览字幕旋转特效

实战 292　拉伸字幕特效

▶ 实例位置：光盘＼效果＼第 11 章＼实战 292. prproj
▶ 素材位置：光盘＼素材＼第 11 章＼实战 292. prproj
▶ 视频位置：光盘＼视频＼第 11 章＼实战 292. mp4

● 实例介绍 ●

"拉伸"字幕效果常常运用于大型的视频广告中，如电影广告、衣服广告、汽车广告等。

● 操作步骤 ●

STEP 01 按Ctrl＋O组合键，打开一个项目文件，如图 11-63所示。在V2轨道上，选择字幕文件。

STEP 02 在"效果控件"面板中，单击"缩放"左侧的"切换动画"按钮，添加关键帧，如图 11-64所示。

图 11-63　打开项目文件

图 11-64　添加关键帧（1）

STEP 03 将时间线移至00:00:01:15的位置处，设置"缩放"参数为70.0，添加关键帧，如图 11-65所示。

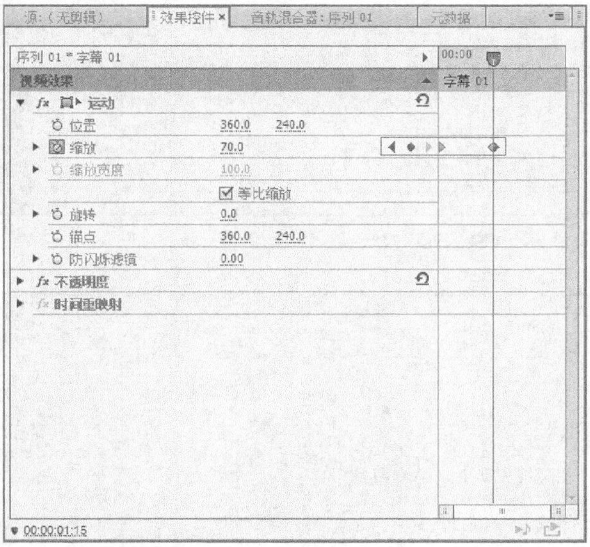

STEP 04 将时间线移至00:00:02:20的位置处，设置"缩放"参数为90.0，添加关键帧，如图 11-66所示。

图 11-65　添加关键帧（2）

图 11-66　添加关键帧（3）

STEP 05 执行操作后，即可制作拉伸特效字幕效果。单击"节目监视器"面板中的"播放-停止切换"按钮，即可预览字幕拉伸特效，如图11-67所示。

图11-67　预览字幕拉伸特效

实战 293	扭曲字幕特效	▶实例位置：光盘 \ 效果 \ 第 11 章 \ 实战 293 . prproj ▶素材位置：光盘 \ 素材 \ 第 11 章 \ 实战 293 . prproj ▶视频位置：光盘 \ 视频 \ 第 11 章 \ 实战 293 . mp4

● 实例介绍 ●

　　"扭曲"特效字幕主要是运用了"弯曲"特效可以让画面产生扭曲、变形效果的特点，使用户制作的字幕发生扭曲变形。

● 操作步骤 ●

STEP 01 按Ctrl + O组合键，打开一个项目文件，如图11-68所示。

图11-68　打开项目文件

STEP 03 按住鼠标左键，将其拖曳至V2轨道上，为字幕添加"扭曲"特效，如图11-70所示。

STEP 02 在"效果"面板中，展开"视频效果"|"扭曲"选项，在其中选择"弯曲"特效，如图11-69所示。

图11-69　选择"弯曲"特效

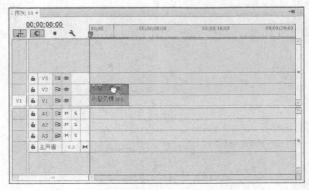

图11-70　添加"扭曲"特效

STEP 04 在"效果控件"面板中，查看添加"扭曲"特效的相应参数，如图11-71所示。

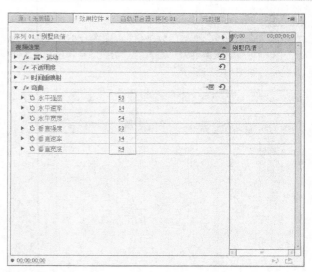

图11-71　查看参数值

STEP 05 执行操作后，即可制作"扭曲"特效字幕效果。单击"节目监视器"面板中的"播放—停止切换"按钮，即可预览字幕"扭曲"特效，如图11-72所示。

图11-72　预览字幕扭曲特效

实战 **294**　发光字幕特效

▶ 实例位置：光盘 \ 效果 \ 第 11 章 \ 实战 294. prproj
▶ 素材位置：光盘 \ 素材 \ 第 11 章 \ 实战 294. prproj
▶ 视频位置：光盘 \ 视频 \ 第 11 章 \ 实战 294. mp4

● 实例介绍 ●

在Premiere Pro CC中，发光字幕特效主要是运用了"镜头光晕"特效让字幕产生发光的效果。

● 操作步骤 ●

STEP 01 按Ctrl + O组合键，打开一个项目文件，如图11-73所示。

STEP 02 在"效果"面板中，展开"视频效果"|"生成"选项，在其中选择"镜头光晕"选项，将"镜头光晕"视频效果拖曳至V2轨道上的字幕素材上，如图11-74所示。

图11-73　打开项目文件

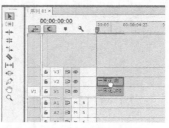

图11-74　添加"镜头光晕"视频效果

STEP 03 将时间线拖曳至00:00:01:00的位置，选择字幕文件，在"效果控件"面板中分别单击"光晕中心""光晕亮度"和"与原始图像混合"左侧的"切换动画"按钮，添加关键帧，如图11-75所示。

STEP 04 将时间线拖曳至00:00:03:00的位置，在"效果控件"面板中设置"光晕中心"分别为100.0和400.0、"光晕亮度"为300%、"与原始图像混合"为30%，添加第二组关键帧，如图11-76所示。

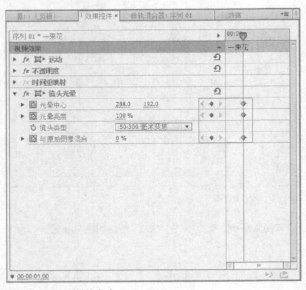

图11-75 添加关键帧（1）

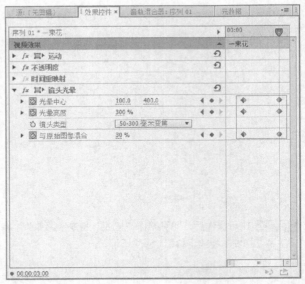

图11-76 添加关键帧（2）

STEP 05 执行操作后，即可制作发光特效字幕效果。单击"节目监视器"面板中的"播放-停止切换"按钮，即可预览字幕发光特效，如图11-77所示。

图11-77 预览字幕发光特效

技巧点拨

在Premiere Pro CC中，为字幕文件添加"镜头光晕"视频特效后，在"效果控件"面板中可以设置镜头光晕的类型。单击"镜头类型"右侧的下三角按钮，在弹出的列表框中可以根据需要选择"105毫米定焦"选项。

第 **12** 章

音频文件的操作与编辑

本章导读

在 Premiere Pro CC 中，音频的制作非常重要。在影视、游戏及多媒体的制作开发中，音频和视频具有同样重要的地位，音频质量的好坏直接影响到作品的质量。本章主要介绍影视背景音乐的制作方法和技巧，并对音频编辑的核心技巧进行讲解，让用户在了解声音的同时，了解如何编辑音频。

要点索引
- 音频的基本操作
- 音频效果的编辑

12.1 音频的基本操作

音频素材是指可以持续一段时间，含有各种音乐音响效果的声音。用户在编辑音频前，首先需要了解音频编辑的一些基本操作，如运用"项目"面板添加音频、运用菜单命令删除音频以及分割音频文件等。

实战 295 运用"项目"面板添加音频

▶ 实例位置：光盘 \ 效果 \ 第 12 章 \ 实战 295.prproj
▶ 素材位置：光盘 \ 素材 \ 第 12 章 \ 实战 295.prproj
▶ 视频位置：光盘 \ 视频 \ 第 12 章 \ 实战 295.mp4

● 实例介绍 ●

运用"项目"面板添加音频文件的方法与添加视频素材以及图片素材的方法基本相同。

● 操作步骤 ●

STEP 01 按Ctrl＋O组合键，打开一个项目文件，如图12-1所示。

STEP 02 在"项目"面板上，选择音频文件，如图12-2所示。

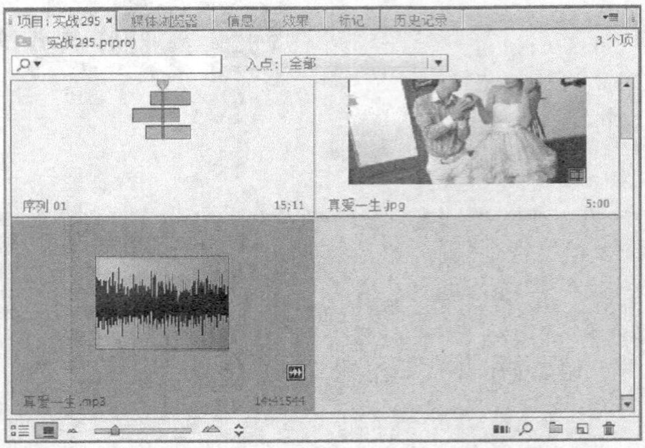

图12-1 打开项目文件

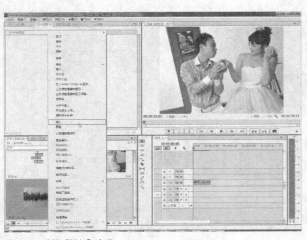

图12-2 选择音频文件

STEP 03 单击鼠标右键，在弹出的快捷菜单中，选择"插入"选项，如图12-3所示。

STEP 04 执行操作后，即可运用"项目"面板添加音频，如图12-4所示。

图12-3 选择"插入"选项

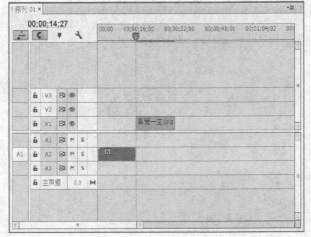

图12-4 添加音频效果

知识扩展

声音的基础认识：

人类听到的所有声音如对话、唱歌、乐器发出的声音等都可以被称为音频，然而这些声音都需要通过一定的处理。接下来将从声音的最基本概念开始，逐渐深入了解音频编辑的核心技巧。

➤ 声音原理

声音是由物体振动产生的，正在发声的物体叫声源，声音以声波的形式传播。声音是一种压力波，当演奏乐器、拍打一扇门或者敲击桌面时，它们的振动会引起介质——空气分子有节奏的振动，使周围的空气产生疏密变化，形成疏密相间的纵波，这就产生了声波，这种现象会一直延续到振动消失为止。

➤ 声音响度

"响度"是用于表达声音的强弱程度的重要指标，其大小取决于声波振幅的大小。响度是人耳判别声音由轻到响的强度等级概念，它不仅取决于声音的强度（如声压级），还与它的频率及波形有关。响度的单位为"宋"，1 宋的定义为声压级为 40dB，频率为 1000Hz，且来自听者正前方的平面波形的强度。如果另一个声音听起来比 1 宋的声音大 n 倍，即该声音的响度为 n 宋。

➤ 声音音高

"音高"用来表示人耳对声音高低的主观感受。通常较大的物体振动所发出的音调会较低，而轻巧的物体则可以发出较高的音调。

音调就是通常大家所说的"音高"，它是声音的一个重要物理特性。音调的高低决定于声音频率的高低，频率越高音调越高，频率越低音调越低。为了得到影视动画中某些特殊效果，可以将声音频率变高或者变低。

➤ 声音音色

"音色"主要是由声音波形的谐波频谱和包络决定的，也被称为"音品"。音色就好像是绘图中的颜色，发音体和发音环境的不同都会影响声音的质量。声音可分为基音和泛音，音色是由混入基音的泛音所决定的，泛音越高谐波越丰富，音色就越有明亮感和穿透力，不同的谐波具有不同的幅值和相位偏移，由此可产生各种音色。

音色的不同取决于不同的泛音，每一种乐器、不同的人以及所有能发声的物体发出的声音，除了一个基音外，还有许多不同频率（振动的速度）的泛音伴随，正是这些泛音决定了其不同的音色，使人能辨别出是不同的乐器甚至不同的人发出的声音。

➤ 失真

失真是指声音经录制加工后产生的一种畸变，一般分为非线性失真和线性失真两种。

非线性失真是指声音在录制加工后出现了一种新的频率，与原声产生了差异。

线性失真则没有产生新的频率，但是原有声音的比例发生了变化，要么增加了高频成分的音量，要么减少了低频成分的音量等。

➤ 静音和增益

静音和增益也是声音中的一种表现方式，下面将介绍这个表现方式的概念。所谓静音就是无声，在影视作品中没有声音是一种具有积极意义的表现手段。增益是"放大量"的统称，它包括功率的增益、电压的增益和电流的增益。通过调整音响设备的增益量，可以对音频信号电平进行调节，使系统的信号电平处于一种最佳状态。

实战 296　运用菜单命令添加音频

▶ 实例位置：光盘 \ 效果 \ 第 12 章 \ 实战 296. prproj
▶ 素材位置：光盘 \ 素材 \ 第 12 章 \ 实战 296. prproj
▶ 视频位置：光盘 \ 视频 \ 第 12 章 \ 实战 296. mp4

● 实例介绍 ●

用户在运用"菜单"命令添加音频素材之前，首选需要激活音频轨道。

● 操作步骤 ●

STEP 01　按 Ctrl + O 组合键，打开一个项目文件，如图 12-5 所示。

图 12-5　打开项目文件

STEP 02　单击"文件" | "导入"命令，如图 12-6 所示。

图 12-6　单击"导入"命令

STEP 03 弹出"导入"对话框,选择合适的音频文件,如 图12-7所示。

STEP 04 单击"打开"按钮,将音频文件拖曳至"时间 轴"面板中,如图12-8所示。

图12-7 选择合适的音频文件

图12-8 添加音频效果

知识扩展

声音类型的认识:

通常情况下,人类能够听到频率在 20Hz ~ 20kHz 的声音。因此,按照内容、频率范围以及时间的不同,可以将声音分为"自然音""纯音""复合音"和"协和音""噪声"等类型。

➢ 自然音

"自然音"就是指大自然所发出的声音,如下雨、刮风、流水等。之所以称之为"自然音",是因为其概念与名称相同。自然音结构是不以人的意志为转移的音之宇宙属性,当地球还没有出现人类时,这种现象就已经存在。

➢ 纯音

"纯音"是指声音中只存在一种频率的声波,此时,发出的声音便称为"纯音"。

纯音具有单一频率的正弦波,而一般的声音是由几种频率的波组成的。常见的纯音如金属撞击的声音。

➢ 复合音

由基音和泛音结合在一起形成的声音,叫作"复合音"。复合音是根据物体振动而产生的,不仅整体在振动,它的部分同时也在振动。因此,平时所听到的声音,都不只是一个声音,而是由许多个声音组合而成的,于是便产生了复合音。用户可以试着在钢琴上弹出一个较低的音,用心聆听,不难发现,除了最响的音之外,还有一些非常弱的声音同时在响,这就是全弦的振动和弦的部分振动所产生的结果。

➢ 协和音

"协和音"也是声音类型的一种,它同样是由多个音频所构成的组合音频,不同之处是构成组合音的频率是两个单独的纯音。

➢ 噪声

噪声是指音高和音强变化混乱、听起来不和谐的声音,是由发声体不规则的振动产生的。噪声主要来源于交通运输、车辆鸣笛、工业噪声、建筑施工、社会噪声(如音乐厅、高音喇叭、早市和人的大声说话)等。

噪声可以对人的正常听觉起一定的干扰,它通常是由不同频率和不同强度声波的无规律组合所形成的声音,即物体无规律的振动所产生的声音。噪声不仅由声音的物理特性决定,而且还与人们的生理和心理状态有关。

实战 297 运用"项目"面板删除音频

▶ 实例位置:光盘\效果\第12章\实战297.prproj
▶ 素材位置:光盘\素材\第12章\实战297.prproj
▶ 视频位置:光盘\视频\第12章\实战297.mp4

● 实例介绍 ●

用户若想删除多余的音频文件,可以在"项目"面板中进行音频删除操作。

● 操作步骤 ●

STEP 01 按Ctrl + O组合键，打开一个项目文件，如图12-9所示。

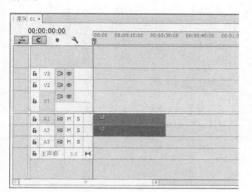

图12-9　打开项目文件

STEP 02 在"项目"面板上，选择音频文件，如图12-10所示。

图12-10　选择音频文件

STEP 03 单击鼠标右键，在弹出的快捷菜单中，选择"清除"选项，如图12-11所示。

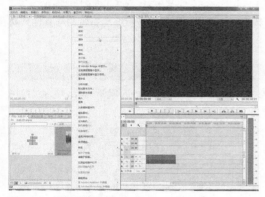

图12-11　选择"清除"选项

STEP 04 弹出信息提示框，单击"是"按钮，如图12-12所示，即可删除音频。

图12-12　单击"是"按钮

实战 298　运用"时间轴"面板删除音频

▶ 实例位置：光盘 \ 效果 \ 第 12 章 \ 实战 298.prproj
▶ 素材位置：光盘 \ 素材 \ 第 12 章 \ 实战 298.prproj
▶ 视频位置：光盘 \ 视频 \ 第 12 章 \ 实战 298.mp4

● 实例介绍 ●

在"时间轴"面板中，用户可以根据需要将轨道上的多余音频文件删除。

● 操作步骤 ●

STEP 01 按Ctrl + O组合键，打开一个项目文件，如图12-13所示。

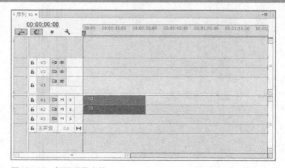

图12-13　打开项目文件

STEP 02 在"时间轴"面板中，选择A2轨道上的素材，如 图12-14所示。

STEP 03 按Delete键，即可删除音频文件，如图12-15 所示。

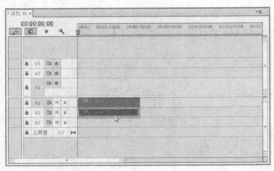

图12-14　选择音频素材

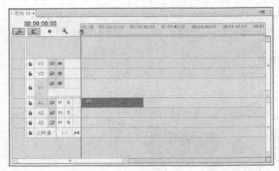

图12-15　删除音频文件

实战 299 分割音频文件

▶ 实例位置：光盘 \ 效果 \ 第 12 章 \ 实战 299. prproj
▶ 素材位置：光盘 \ 素材 \ 第 12 章 \ 实战 299. prproj
▶ 视频位置：光盘 \ 视频 \ 第 12 章 \ 实战 299. mp4

● 实例介绍 ●

　　分割音频文件是指运用剃刀工具将音频素材分割成两段或多段音频素材，这样可以让用户更好地将音频与其他素材 相结合。

● 操作步骤 ●

STEP 01 按Ctrl＋O组合键，打开一个项目文件，如图12-16 所示。

STEP 02 在"时间轴"面板中，选取剃刀工具，如图 12-17所示。

图12-16　打开项目文件

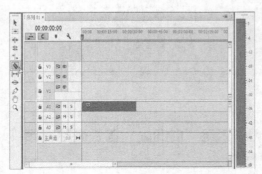

图12-17　选取剃刀工具

STEP 03 在音频文件上的合适位置，单击鼠标左键，即可 分割音频文件，如图12-18所示。

STEP 04 单击鼠标左键，在其他位置进行分割，如图12-19 所示。

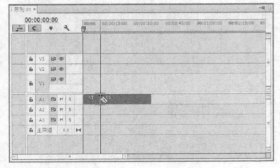

图12-18　分割音频文件

图12-19　在其他位置进行分割

知识扩展

应用数字音频：

随着数字音频储存和传输功能的提高，许多模拟音频已经无法与之比拟。数字音频技术已经广泛应用于数字录影机、调音台及数字音频工作站等音频制作中。

➤ 数字录音机

与模拟录音机相比，"数字录音机"加强了其剪辑功能和自动编辑功能。数字录音机采用了数字化的方式来记录音频信号，因此实现了很高的动态范围和频率响应。

➤ 数字调音台

"数字调音台"是一种同时拥有 A/D 和 D/A 转换器以及 DSP 处理器的音频控制台。

数字调音台作为音频设备的新生力量已经在专业录音领域占据了重要的席位，特别是近一两年来数字调音台开始涉足扩声场所，足见调音台由模拟向数字转移是一般不可忽视的潮流。数字调音台主要有个 8 个功能，下面将进行介绍。

操作过程可存储性。

信号的数字化处理。

数字调音台的信噪比和动态范围高。

采样频率为 44.1kHz，量化精度为 20bit 的可以保证 20Hz ～ 20kHz 范围内的频响不均匀度小于 ±1dB，总谐波失真小于 0.015%。

每个通道都可以方便设置高质量的数字压缩限制器和降噪扩展器。

数字通道的位移寄存器，可以给出足够的信号延迟时间，以便对各声部的节奏同步做出调整。

立体声的两个通道的联动调整十分方便。

数字使调音台没有故障诊断功能。

➤ 数字音频工作站

"数字音频工作站"以计算机控制的硬磁盘为主要记录媒体，具有很强的功能，性能优异，且具备良好的人机界面的设备。

数字音频工作站可以根据需要对轨道进行扩充，从而能够方便地进行音频、视频同步编辑。

数字音频工作站用于节目录制、编辑、播出时，与传统的模拟方式相比，具有节省人力、物力、提高节目质量、节目资源共享、操作简单、编辑方便、播出及时安全等优点，因此音频工作站的建立可以认为是声音节目制作由模拟走向数字的必由之路。

实战 300 **删除音频轨道**

▶ 实例位置：无
▶ 素材位置：无
▶ 视频位置：光盘 \ 视频 \ 第 12 章 \ 实战 300.mp4

● 实例介绍 ●

当用户添加的音频轨道过多时，用户可以删除部分音频轨道。下面将介绍如何删除音频轨道。

● 操作步骤 ●

STEP 01 按Ctrl + N组合键，新建一个项目文件，单击"序列" | "删除轨道"命令，如图12-20所示。

STEP 02 弹出"删除轨道"对话框，选中"删除音频轨道"复选框，并设置删除"音频1"轨道，如图12-21所示。

图12-20 单击"删除轨道"命令

图12-21 设置需要删除的轨道

知识扩展

运用菜单命令添加音频轨道：

用户在添加音频轨道时，可以选择运用"序列"菜单中的"添加轨道"命令的方法。运用菜单命令添加音频轨道的具体方法是：单击"序列" | "添加轨道"命令；在弹出的"添加轨道"对话框中，设置"视频轨"的添加参数为 0、"音频轨"的添加参数为 1；单击"确定"按钮，即可完成音频轨道的添加。

STEP 03 单击"确定"按钮，即可删除音频轨道，如图 12-22所示。

图12-22　删除音频轨道

知识扩展

运用"时间轴"面板添加音频轨道：

在默认情况下将自动创建 3 个音频轨道和 1 个主音轨，当用户添加的音频素材过多时，可以选择性地添加 1 个或多个音频轨道。

运用"时间轴"面板添加音频轨道的具体方法是：拖动鼠标至"时间轴"面板中的 A1 轨道，单击鼠标右键，在弹出的快捷菜单中选择"添加轨道"选项，如图 12-23所示。弹出"添加轨道"对话框，用户可以选择需要添加的音频数量，并单击"确定"按钮，此时用户可以在时间轴面板中查看到添加的音频轨道，如图 12-24所示。

图12-23　选择"添加轨道"选项

图12-24　添加音频轨道后的效果

实战 301　重命名音频轨道

▶ 实例位置：光盘 \ 效果 \ 第 12 章 \ 实战 301. prproj
▶ 素材位置：光盘 \ 素材 \ 第 12 章 \ 实战 301. prproj
▶ 视频位置：光盘 \ 视频 \ 第 12 章 \ 实战 301. mp4

● 实例介绍 ●

为了更好地管理音频轨道，用户可以为新添加的音频轨道设置名称。接下来将介绍如何重命名音频轨道。

● 操作步骤 ●

STEP 01 按Ctrl + O组合键，打开一个项目文件，如图12-25 所示。

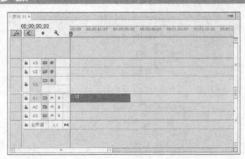

图12-25　打开项目文件

STEP 02 在"时间轴"面板中，使用鼠标左键双击A1轨道，如图12-26所示。

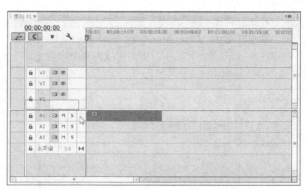

图12-26　双击A1轨道

STEP 03 单击鼠标右键，在弹出的快捷菜单中，选择"重命名"选项，如图12-27所示。

STEP 04 输入名称后按Enter键确认，即可完成轨道的重命名操作，如图12-28所示。

图12-27　选择"重命名"选项

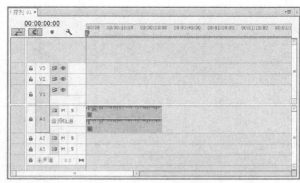

图12-28　重命名轨道

知识扩展

调整音频持续时间：

音频素材的持续时间是指音频的播放长度，当用户设置音频素材的出入点后，即可改变音频素材的持续时间。运用鼠标拖曳音频素材来延长或缩短音频的持续时间，这是最简单且方便的操作方法。然而，这种方法很可能会影响到音频素材的完整性。因此，用户可以选择运用"速度／持续时间"命令来实现。

当用户在调整素材长度时，向左拖动鼠标则可以缩短持续时间，向右拖动鼠标则可以增长持续时间。如果该音频处于最长持续时间状态，则无法继续增加其长度。

用户可以在"时间轴"面板中选择需要调整的音频文件，单击鼠标右键，在弹出的快捷菜单中选择"速度／持续时间"选项，如图12-29所示。在弹出的"剪辑速度／持续时间"对话框中，设置持续时间选项的参数值即可，如图12-30所示。

图12-29　选择"速度/持续时间"选项

图12-30　设置参数值

12.2 音频效果的编辑

在Premiere Pro CC中，用户可以对音频素材进行适当的处理，让音频达到更好的视听效果。本节将详细介绍编辑音频效果的操作方法。

实战 302 添加音频过渡

▶ 实例位置：光盘 \ 效果 \ 第 12 章 \ 实战 302. prproj
▶ 素材位置：光盘 \ 素材 \ 第 12 章 \ 实战 302. prproj
▶ 视频位置：光盘 \ 视频 \ 第 12 章 \ 实战 302. mp4

● 实例介绍 ●

在Premiere Pro CC中，系统为用户预设了"恒定功率""恒定增益"和"指数淡化"3种音频过渡效果。

● 操作步骤 ●

STEP 01 按Ctrl+O组合键，打开一个项目文件，如图12-31所示。

STEP 02 在"效果"面板中，展开"音频过渡"|"交叉淡化"选项，在其中选择"指数淡化"选项，如图12-32所示。

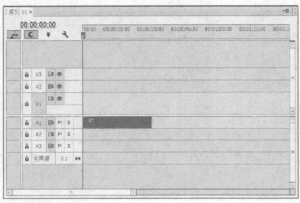

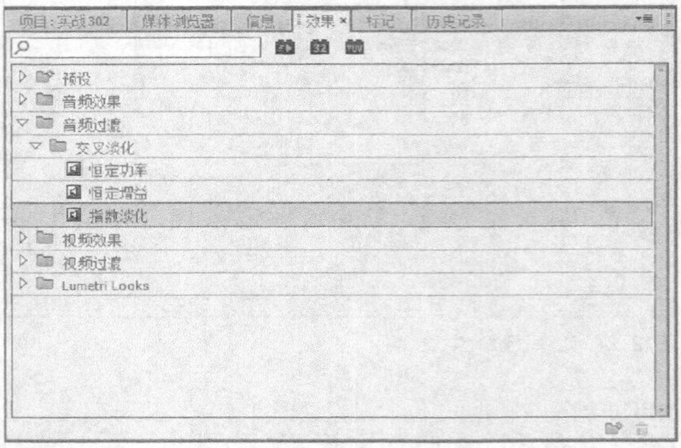

图12-31 打开项目文件

图12-32 选择"指数淡化"选项

STEP 03 按住鼠标左键并将其拖曳至A1轨道上，如图12-33所示。

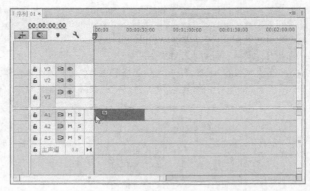

图12-33 添加音频过渡

实战 303 添加音频特效

▶ 实例位置：光盘 \ 效果 \ 第 12 章 \ 实战 303. prproj
▶ 素材位置：光盘 \ 素材 \ 第 12 章 \ 实战 303. prproj
▶ 视频位置：光盘 \ 视频 \ 第 12 章 \ 实战 303. mp4

● 实例介绍 ●

由于Premiere Pro CC是一款视频编辑软件，因此在音频特效的编辑方面并没有表现得那么突出，但系统仍然提供了大量的音频特效。

● 操作步骤 ●

STEP 01 按Ctrl + O组合键，打开一个项目文件，如图12-34所示。

STEP 02 在"效果"面板中展开"音频效果"选项，选择"带通"选项，如图12-35所示。

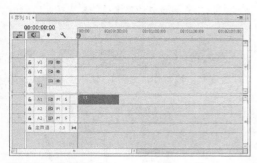

图12-34 打开项目文件

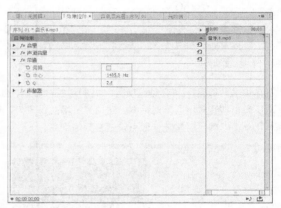

图12-35 选择"带通"选项

STEP 03 按住鼠标左键，将其拖曳至A1轨道上，添加特效，如图12-36所示。

STEP 04 在"效果控件"面板中，查看各参数，如图12-37所示。

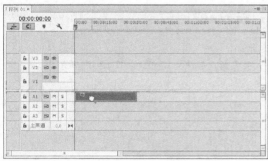

图12-36 添加特效

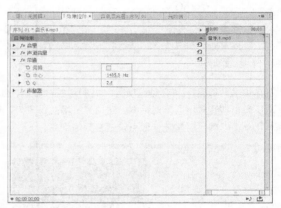

图12-37 查看各参数

知识扩展

运用"效果控件"面板删除特效：

如果用户对添加的音频特效不满意，可以选择删除音频特效。运用"效果控件"面板删除音频特效的具体方法是：选择"效果控件"面板中的音频特效，单击鼠标右键，在弹出的快捷菜单中，选择"清除"选项，如图12-38所示，即可删除音频特效，如图12-39所示。

除了运用上述方法删除特效外，还可以在选中特效的情况下，按Delete键以删除特效。

图12-38 选择"清除"选项

图12-39 删除音频特效

实战 304 设置音频增益

▶ 实例位置：光盘 \ 效果 \ 第 12 章 \ 实战 304.prproj
▶ 素材位置：光盘 \ 素材 \ 第 12 章 \ 实战 304.prproj
▶ 视频位置：光盘 \ 视频 \ 第 12 章 \ 实战 304.mp4

● 实例介绍 ●

在运用Premiere Pro CC调整音频时，往往会使用多个音频素材。因此，用户需要通过调整增益效果来控制音频的最终效果。

● 操作步骤 ●

STEP 01 按Ctrl＋O组合键，打开一个项目文件，如图12-40所示。

STEP 02 在"时间轴"面板中，选择A1轨道上的素材，如图12-41所示。

图12-40　打开项目文件　　　　　　　　　　　图12-41　选择音乐素材

STEP 03 单击"剪辑"|"音频选项"|"音频增益"命令，如图12-42所示。

STEP 04 弹出"音频增益"对话框，选中"将增益设置为"单选按钮，并设置其参数为12dB，如图12-43所示。

STEP 05 单击"确定"按钮，即可设置音频的增益。

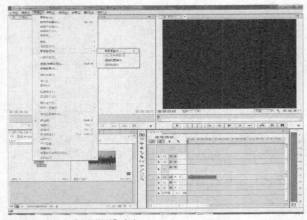

图12-42　单击"音频增益"命令

图12-43　设置参数值

知识扩展

设置音频淡化：

淡化效果可以让音频随着播放的背景音乐逐渐减弱，直到完全消失。淡化效果需要通过两个以上的关键帧来实现。

选择"时间轴"面板中的音频素材，在"效果控件"面板中，展开"音量"特效，选择"级别"选项，添加一个关键帧，如图12-44所示。拖曳"当前时间指示器"至合适位置，并将"级别"选项的参数设置为-300.0dB，创建另一个关键帧，即可完成对音频素材的淡化设置，如图12-45所示。

图12-44　添加关键帧

图12-45　完成音频淡化的设置

13

第 **13** 章

音频效果的处理与制作

本章导读

在 Premiere Pro CC 中，为影片添加优美动听的音乐，可以使制作的影片质量更上一个台阶。因此，音频的编辑是完成影视节目必不可少的一个重要环节。本章详细介绍处理 EQ 均衡器、处理高低音转换、导入视频素材、运用音轨混合器处理音频等内容，让读者通过本章的学习，可以掌握处理与制作音频效果的操作方法。

要点索引

● 音频效果的处理

● 制作立体声音特效

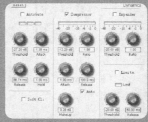

13.1 音频效果的处理

在Premiere Pro CC中，用户可以对音频素材进行适当的处理，通过对音频的高低音的调节，让素材达到更好的视听效果。

实战 305 处理EQ均衡器

▶ 实例位置：光盘 \ 效果 \ 第13章 \ 实战305.prproj
▶ 素材位置：光盘 \ 素材 \ 第13章 \ 实战305.prproj
▶ 视频位置：光盘 \ 视频 \ 第13章 \ 实战305.mp4

● 实例介绍 ●

EQ特效是用于平衡音频素材中的声音频率、波段和多重波段均衡等内容。

● 操作步骤 ●

STEP 01 按Ctrl＋O组合键，打开一个项目文件，如图13-1所示。

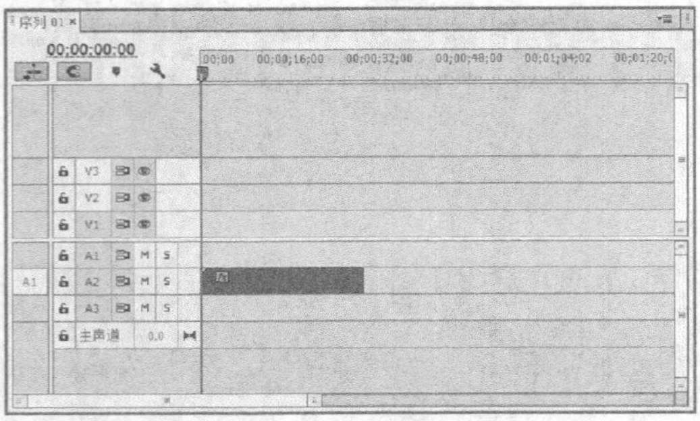

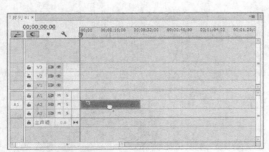

图13-1 打开项目文件

STEP 03 按住鼠标左键并将其拖曳至A1轨道上，即可完成添加音频特效，如图13-3所示。

图13-3 添加音频特效

STEP 05 弹出"剪辑效果编辑器"对话框，选中"Low"复选框，调整控制点，如图13-5所示，即可处理EQ均衡器。

STEP 02 在"效果"面板上，选择"EQ"选项，如图13-2所示。

图13-2 选择"EQ"选项

STEP 04 在"效果控件"面板中，单击"编辑"按钮，如图13-4所示。

图13-4 单击"编辑"按钮

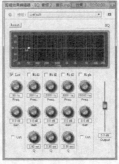

图13-5 调整控制点

知识扩展

了解"音轨混合器"面板：

"音轨混合器"是由许多音频轨道控制器和播放控制器组成的。在Premiere Pro CC界面中，单击"窗口"|"音轨混合器"命令，即可展开"音轨混合器"面板，如图13-6所示。

在默认情况下，"音轨混合器"面板中只会显示当前"时间线"面板中激活的音频轨道。如果用户需要在"音轨混合器"面板中显示其他轨道，则必须将序列中的轨道激活。

"音频混合器"的基本功能：

"音轨混合器"面板中的基本功能主要用来对音频文件进行修改与编辑操作。

下面将介绍"音轨混合器"面板中的各主要基本功能。

"自动模式"列表框：主要是用来调节音频素材和音频轨道，如图13-7所示。当调节对象是音频素材时，调节效果只会对当前素材有效，如果当调节对象是音频轨道，则音频特效将应用于整个音频轨道。

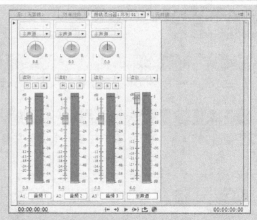

图13-6 "音轨混合器"面板

"轨道控制"按钮组：该类型的按钮包括"静音轨道"按钮、"独奏轨"按钮、"激活录制轨"按钮等，如图13-8所示。这些按钮的主要作用是让音频或素材在预览时，其指定的轨道完全以静音或独奏的方式进行播放。

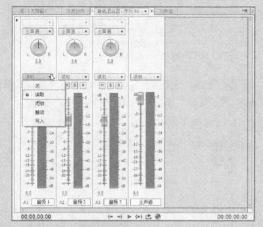

图13-7 "自动模式"列表框

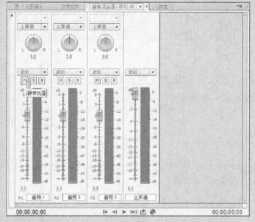

图13-8 "轨道控制"按钮组

"声道调节"滑轮：可以用来调节只有左、右两个声道的音频素材，当用户向左拖动滑轮时，左声道音量将提升；反之，用户向右拖动滑轮时，右声道将提升，如图13-9所示。

"音量控制器"按钮：分别控制音频素材播放的音量，以及素材播放的状态，如图13-10所示。

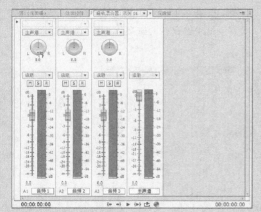

图13-9 "声道调节"滑轮

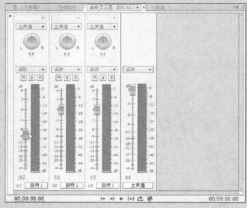

图13-10 "音量控制器"按钮

▶ 实例位置：光盘 \ 效果 \ 第13章 \ 实战 306.prproj
▶ 素材位置：光盘 \ 素材 \ 第13章 \ 实战 306.prproj
▶ 视频位置：光盘 \ 视频 \ 第13章 \ 实战 306.mp4

实战 306 处理高低音转换

● 实例介绍 ●

在Premiere Pro CC中，高低音之间的转换是运用Dynamics特效对组合的或独立的音频进行的调整。

● 操作步骤 ●

STEP 01 按Ctrl + O组合键，打开一个项目文件，如图13-11所示。

图13-11 打开项目文件

STEP 02 在"效果"面板上，选择"Dynamics"选项，如图13-12所示。

图13-12 选择"Dynamics"选项

STEP 03 按住鼠标左键将其拖曳至A1轨道上，即可添加音频特效，如图13-13所示。

图13-13 添加音频特效

STEP 04 在"效果控件"面板中，单击"自定义设置"选项右边的"编辑"按钮，如图13-14所示。

图13-14 单击"编辑"按钮

STEP 05 弹出"剪辑效果编辑器"对话框，如图13-15所示。

图13-15 "剪辑效果编辑器"对话框

STEP 06 单击"预设"选项右侧的下三角形按钮，在弹出的列表框中选择相应选项，如图13-16所示。

图13-16 选择合适的选项

STEP 07 展开"各个参数"选项，单击每一个参数前面的"切换动画"按钮，添加关键帧，如图13-17所示。

STEP 08 将时间线移至00:00:08:00位置处，单击"Dynamics"选项右侧的"预设"按钮 ⏱，在弹出的列表框中选择"Soft Clip"选项，此时系统将自动添加一组关键帧，如图13-18所示。设置完成后，将时间线移至开始位置，单击"播放–停止切换"按钮，用户可以听出原本开始的柔弱部分变得具有一定的力度，而原来具有力度的后半部分，也因为设置了Soft Clip效果而变得柔和了。

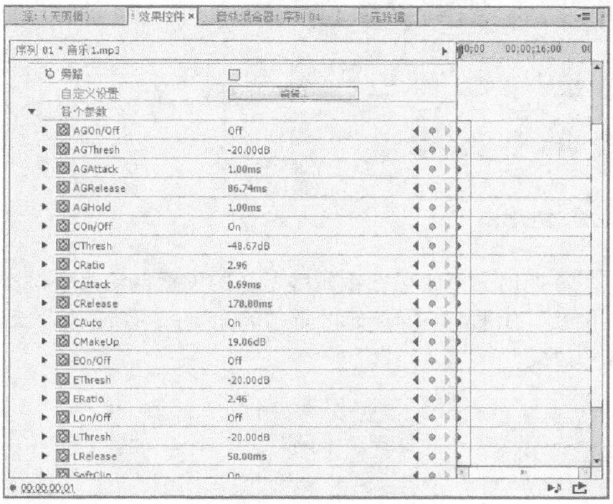

图13-17 添加关键帧

图13-18 添加关键帧

技巧点拨

尽管可以压缩音频素材的声音到一个更小的动态播放范围，但是对于扩展而言，如果超过了音频素材所能提供的范围，就不能再进一步扩展了，除非降低原始素材的动态范围。

实战 307 处理声音的波段

▶ **实例位置**：光盘 \ 效果 \ 第 13 章 \ 实战 307. prproj
▶ **素材位置**：光盘 \ 素材 \ 第 13 章 \ 实战 307. prproj
▶ **视频位置**：光盘 \ 视频 \ 第 13 章 \ 实战 307. mp4

● **实例介绍** ●

在Premiere Pro CC中，可以运用"多频段压缩器（旧版）"特效设置声音波段，该特效可以对音频的高、中、低三个波段进行压缩控制，让音频的效果更加理想。

● **操作步骤** ●

STEP 01 按Ctrl + O组合键，打开一个项目文件，如图13-19所示。

STEP 02 在"效果"面板上，选择"多频段压缩器（旧版）"选项，如图13-20所示。

图13-19 打开项目文件

图13-20 选择"多频段压缩器（旧版）"选项

STEP 03 为音乐素材添加音频特效，在"效果控件"面板中，展开"各个参数"选项，单击每一个参数前面的"切换动画"按钮，添加关键帧，如图13-21所示。

图13-21　添加关键帧

STEP 05 将时间线移至00:00:04:00的位置，在"自定义设置"选项下的波形窗口中，进行实时性的拖动，如图13-23所示。

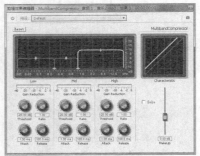

图13-23　进行实时性的拖动

STEP 04 选择"自定义设置"右边的"编辑"选项，弹出"剪辑效果编辑器"对话框，调整波形窗口中右侧波段的位置，使之变高一个波段，如图13-22所示。

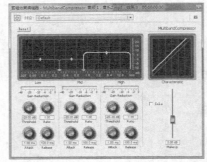

图13-22　设置波段

STEP 06 此时，系统可在编辑线所在的位置自动为素材添加关键帧，如图13-24所示。播放音乐，即可听到修改后的音频效果。

图13-24　添加关键帧

知识扩展

"音频混合器"面板菜单：

通过对"音轨混合器"面板的基本认识，用户应该对"音轨混合器"面板的组成有了一定了解。接下来将介绍"音轨混合器"的面板菜单。

在"音轨混合器"面板中，单击面板右上角的三角形按钮，将弹出面板菜单，如图13-25所示。

"音频混合器"面板菜单中各选项的含义如下。

显示/隐藏轨道：该选项可以对"音轨混合器"面板中的轨道进行隐藏或者显示设置。选择该选项，或按Ctrl + Alt+T组合键，就可弹出"显示/隐藏轨道"对话框，如图13-26所示，在左侧列表框中，处于选中状态的轨道属于显示状态，未被选中的轨道则处于隐藏的状态。

显示音频时间单位：选择该选项，可以在"时间线"窗口的时间标尺上显示音频单位，如图13-27所示。

循环：选择该选项，则系统会循环播放音乐。

仅计量器输入：如果在VU表上显示硬件输入电平，而不是轨道电平，则选择该选项来监控音频，以确定是否所有的轨道都被录制。

写入后切换到触动：选择该选项，则回放结束后，或一个回放循环完成后，所有的轨道设置将记录模式转换到接触模式。

图13-25　"音轨混合器"面板菜单

图13-26　"显示/隐藏轨道"对话框

图13-27　显示音频单位

13.2 制作立体声音频特效

Premiere Pro CC拥有强大的立体音频处理能力，在使用的素材为立体声道时，Premiere Pro CC可以在两个声道间实现立体声音频特效。本节主要介绍立体声音频效果的制作方法。

实战 308 导入视频素材

▶ 实例位置：光盘 \ 效果 \ 第 13 章 \ 实战 308. prproj
▶ 素材位置：光盘 \ 素材 \ 第 13 章 \ 实战 308. prproj
▶ 视频位置：光盘 \ 视频 \ 第 13 章 \ 实战 308. mp4

● 实例介绍 ●

在制作立体声音频效果之前，首先需要导入一段音频或有声音的视频素材，并将其拖曳至"时间线"面板中。

● 操作步骤 ●

STEP 01 新建一个项目文件，单击"文件"|"导入"命令，弹出"导入"对话框，导入相应的视频素材文件，如图13-28所示。

STEP 02 选择导入的视频素材，将其拖曳至"时间线"面板中的V1视频轨道上，即可添加视频素材，如图13-29所示。

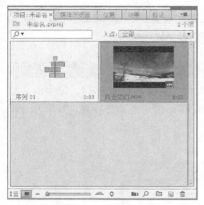

图13-28　导入视频素材

图13-29　添加视频素材

实战 309 分离视频与音频

▶ 实例位置：光盘 \ 效果 \ 第 13 章 \ 实战 309. prproj
▶ 素材位置：无
▶ 视频位置：光盘 \ 视频 \ 第 13 章 \ 实战 309. mp4

● 实例介绍 ●

在导入一段视频后，接下来需要对视频素材文件的音频与视频进行分离。

● 操作步骤 ●

STEP 01 以实战308的效果为例，选择视频，如图13-30所示。

STEP 02 单击鼠标右键，在弹出的快捷菜单中选择"取消链接"选项，如图13-31所示。

图13-30　选择视频

图13-31　选择"取消链接"选项

STEP 03 执行操作后，即可解除音频和视频之间的链接，如图13-32所示。

图13-32 解除音频和视频之间的链接

STEP 04 设置完成后，将时间线移至素材的开始位置，在"节目监视器"面板中，单击"播放-停止切换"按钮，预览视频效果，如图13-33所示。

图13-33 预览视频效果

实战 310 添加音频特效

▶ 实例位置：光盘 \ 效果 \ 第13章 \ 实战310.prproj
▶ 素材位置：无
▶ 视频位置：光盘 \ 视频 \ 第13章 \ 实战310.mp4

● 实例介绍 ●

在Premiere Pro CC中，分割音频素材后，接下来可以为分割的音频素材添加音频特效。

● 操作步骤 ●

STEP 01 以实战309的效果为例，在"效果"面板中展开"音频效果"选项，在其中选择"多功能延迟"选项，如图13-34所示。

图13-34 选择"多功能延迟"选项

STEP 02 按住鼠标左键，并将其拖曳至A1轨道中的音频素材上，拖曳时间线至00:00:02:00的位置，如图13-35所示。

图13-35 拖曳时间线

STEP 03 在"效果控件"面板中展开"多功能延迟"选项，选中"旁路"复选框，并设置"延迟1"为1.000秒，如图13-36所示。

图13-36 设置参数值

STEP 04 拖曳时间线至00:00:04:00的位置，单击"旁路"和"延迟1"左侧的"切换动画"按钮，添加关键帧，如图13-37所示。

图13-37 添加关键帧

STEP 05 取消选中"旁路"复选框，并将时间线拖曳至 00:00:07:00的位置，如图13-38所示。

STEP 06 执行操作后，选中"旁路"复选框，添加第2个关键帧，如图13-39所示，即可添加音频特效。

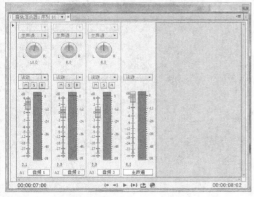

图13-38　拖曳时间线

图13-39　添加关键帧

实战 311　**设置音频混合器**

▶ 实例位置：光盘 \ 效果 \ 第13章 \ 实战311.prproj
▶ 素材位置：无
▶ 视频位置：光盘 \ 视频 \ 第13章 \ 实战311.mp4

● **实例介绍** ●

在Premiere Pro CC中，音频特效添加完成后，接下来将使用音轨混合器来控制添加的音频特效。

● **操作步骤** ●

STEP 01 以实战310的效果为例，展开"音轨混合器：序列01"面板，设置A1选项的参数为3.1、"左/右平衡"为10.0，如图13-40所示。

STEP 02 执行操作后，单击"音轨混合器：序列01"面板底部的"播放-停止切换"按钮，即可播放音频，如图13-41所示。

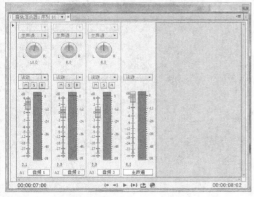

图13-40　设置参数值

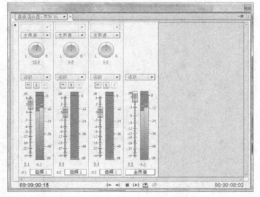

图13-41　播放音频

STEP 03 在"节目监视器"面板中，单击"播放-停止切换"按钮，预览效果，如图13-42所示。

图13-42　预览效果

第 **14** 章

音频特效的添加与制作

本章导读

在 Premiere Pro CC 中，声音能够带给影视节目更加强烈的震撼和冲击力，一部精彩的影视节目离不开音乐。因此，音频的编辑是影视节目编辑中必不可少的一个环节。本章主要介绍背景音乐特效的制作方法和技巧。

要点索引

● 常用音频特效的制作
● 其他音频特效的制作

14.1 常用音频特效的制作

音频在影片中是一个不可或缺的元素。在Premiere Pro CC中，用户可以根据需要制作常用的音频效果。本节主要介绍常用音频效果的制作方法。

实战 312 制作音量特效

▶ 实例位置：光盘 \ 效果 \ 第 14 章 \ 实战 312. prproj
▶ 素材位置：光盘 \ 素材 \ 第 14 章 \ 实战 312. prproj
▶ 视频位置：光盘 \ 视频 \ 第 14 章 \ 实战 312. mp4

● 实例介绍 ●

用户在导入一段音频素材后，对应的"效果控件"面板中将会显示"音量"选项，用户可以根据需要制作音量特效。

● 操作步骤 ●

STEP 01 按Ctrl + O组合键，打开一个项目文件，如图14-1所示。

STEP 02 在"项目"面板中选择"红花.jpg"素材文件，将其添加到"时间轴"面板中的V1轨道上，在"节目监视器"面板中调整其位置和大小并查看素材画面，如图14-2所示。

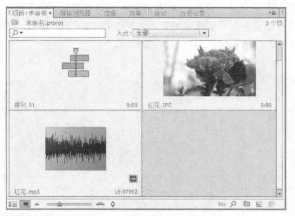

图14-1 打开项目文件

图14-2 查看素材画面

STEP 03 选择V1轨道上的素材文件，切换至"效果控件"面板，设置"缩放"为30.0，如图14-3所示。

STEP 04 在"项目"面板中选择"红花.mp3"素材文件，将其添加到"时间轴"面板中的A1轨道上，如图14-4所示。

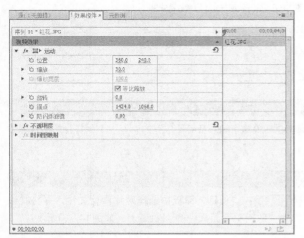

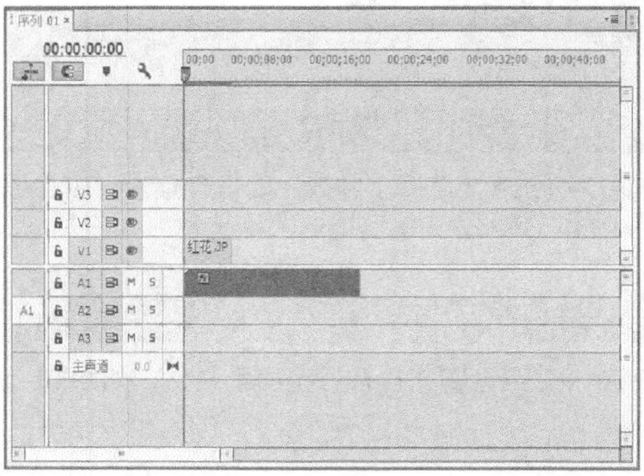

图14-3 设置"缩放"为30.0

图14-4 添加素材文件

STEP 05 将鼠标移至"红花.jpg"素材文件的结尾处，按住鼠标左键并向右拖曳以调整素材文件的持续时间，直至与音频素材的持续时间一致为止，如图14-5所示。

STEP 06 选择A1轨道上的素材文件，拖曳时间指示器至00:00:13:00的位置，切换至"效果控件"面板，展开"音量"选项，单击"级别"选项右侧的"添加/移除关键帧"按钮，如图14-6所示。

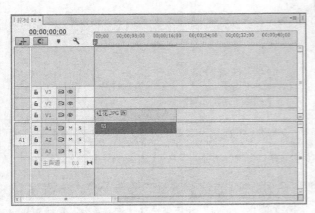

图14-5　调整素材持续时间

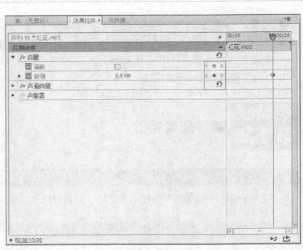

图14-6　单击"添加/移除关键帧"按钮

STEP 07 拖曳时间指示器至00:00:14:23的位置，设置"级别"为-20.0dB，如图14-7所示。

STEP 08 将鼠标移至A1轨道名称上，向上滚动鼠标滚轮，展开轨道并显示音量调整效果，如图14-8所示。单击"播放-停止切换"按钮，试听音量效果。

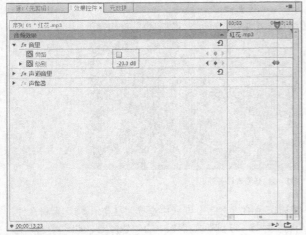

图14-7　设置"级别"为-20.0dB

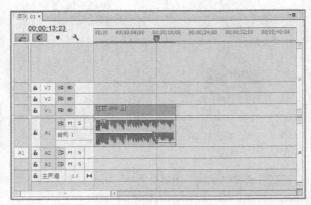

图14-8　展开轨道并显示音量调整效果

实战 313　制作降噪特效

▶ 实例位置：光盘 \ 效果 \ 第 14 章 \ 实战 313.prproj
▶ 素材位置：光盘 \ 素材 \ 第 14 章 \ 实战 313.prproj
▶ 视频位置：光盘 \ 视频 \ 第 14 章 \ 实战 313.mp4

● 实例介绍 ●

　　可以通过DeNoiser（降噪）特效来降低音频素材中的机器噪音、环境噪音和外音等不应有的杂音。下面将介绍制作降噪特效的操作方法。

● 操作步骤 ●

STEP 01 按Ctrl + O组合键，打开一个项目文件，如图14-9所示。

STEP 02 在"项目"面板中选择照片素材文件，并将其添加到"时间轴"面板中的V1轨道上，如图14-10所示。

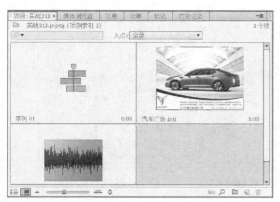

图14-9　打开项目文件

图14-10　添加素材文件

STEP 03　选择V1轨道上的素材文件，切换至"效果控件"面板，设置"缩放"为110.0，如图14-11所示。

STEP 04　设置视频缩放效果后，在"节目监视器"面板中可以查看素材画面，如图14-12所示。

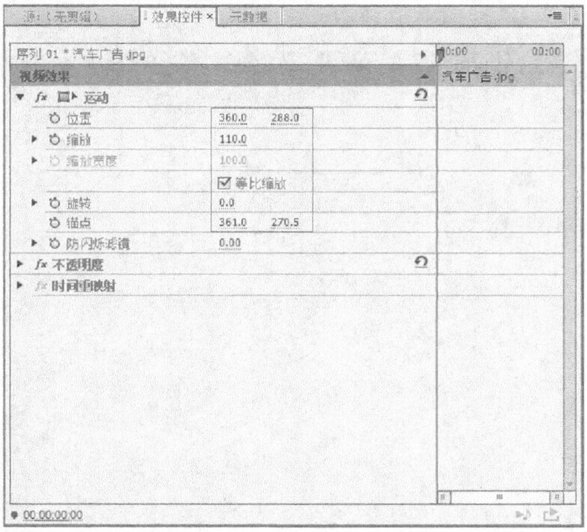

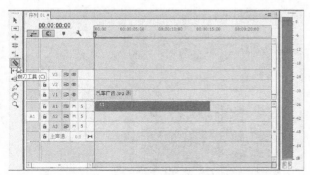

图14-11　设置"缩放"为110.0

图14-12　查看素材画面

STEP 05　将音频素材文件添加到"时间轴"面板中的A1轨道上，在"工具"面板中选取剃刀工具，如图14-13所示。

STEP 06　拖曳时间指示器至00:00:05:00的位置，将鼠标移至A1轨道上时间指示器的位置，单击鼠标左键，如图14-14所示。

图14-13　选择剃刀工具

图14-14　单击鼠标左键

STEP 07　执行操作后，即可分割相应的素材文件，如图14-15所示。

STEP 08　在"工具"面板中选取选择工具，选择A1轨道上第2段音频素材文件，按Delete键删除素材文件，如图14-16所示。

图14-15　分割素材文件

图14-16　删除素材文件

STEP 09 选择A1轨道上的素材文件，在"效果"面板中展开"音频效果"选项，使用鼠标左键双击"DeNoiser"选项，如图14-17所示，即可为选择的素材添加DeNoiser音频效果。

STEP 10 在"效果控件"面板中展开"DeNoiser"选项，单击"自定义设置"选项右侧的"编辑"按钮，如图14-18所示。

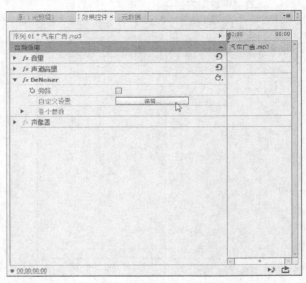

图14-18　单击"编辑"按钮

图14-17　双击"DeNoiser"选项

技巧点拨

　　用户在使用摄像机拍摄的素材时，常常会出现一些电流的声音，此时便可以添加DeNoiser（降噪）或者Notch（消频）特效来消除这些噪音。

STEP 11 在弹出的"剪辑效果编辑器"对话框中选中"Freeze"复选框，在"Reduction"旋转按钮上按住鼠标左键并拖曳，设置"Reduction"为-20.0dB。运用同样的操作方法，设置"Offset"为10.0dB，如图14-19所示。单击"关闭"按钮，关闭对话框，单击"播放-停止切换"按钮，即可试听降噪效果。

图14-19　设置相应参数

技巧点拨

　　用户也可以在"效果控件"面板中展开"各个参数"选项，在"Reduction"与"Offset"选项的右侧输入数字，设置降噪参数，如图14-20所示。

图14-20　设置参数

<table>
<tr><td>

**实战
314**

</td><td>

制作平衡特效

</td><td>

▶ 实例位置：光盘\效果\第14章\实战314.prproj
▶ 素材位置：光盘\素材\第14章\实战314.prproj
▶ 视频位置：光盘\视频\第14章\实战314.mp4

</td></tr>
</table>

● **实例介绍** ●

　　在Premiere Pro CC中，通过音质均衡器可以对素材的频率进行音量的提升或衰减。下面将介绍制作平衡特效的操作方法。

● **操作步骤** ●

STEP 01 按Ctrl + O组合键，打开一个项目文件，如图14-21所示。

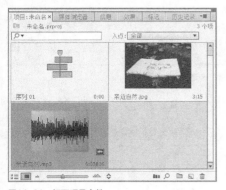

图14-21　打开项目文件

STEP 02 在"项目"面板中选择照片素材文件，并将其添加到"时间轴"面板中的V1轨道上，如图14-22所示。

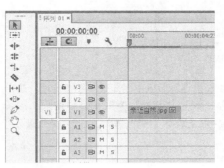

图14-22　添加素材文件

STEP 03 选择V1轨道上的素材文件，切换至"效果控件"面板，设置"缩放"为85.0，在"节目监视器"面板中可以查看素材画面，如图14-23所示。

图14-23　查看素材画面

STEP 04 将音频素材添加到"时间轴"面板中的A1轨道上，如图14-24所示。

图14-24 添加素材文件

STEP 05 拖曳时间指示器至00:00:05:00的位置，使用剃刀工具分割A1轨道上的素材文件，如图14-25所示。

图14-25 分割素材文件

STEP 06 在"工具"面板中选取选择工具，选择A1轨道上第2段音频素材文件，按Delete键删除素材文件，如图14-26所示。

STEP 07 选择A1轨道上的素材文件，在"效果"面板中展开"音频效果"选项，使用鼠标左键双击"平衡"选项，如图14-27所示，即可为选择的素材添加"平衡"音频效果。

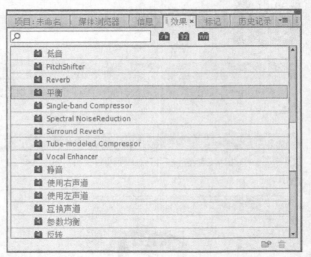

图14-27 双击"平衡"选项

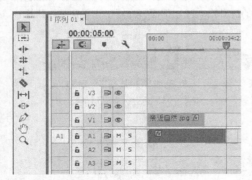

图14-26 删除素材文件

STEP 08 在"效果控件"面板中展开"平衡"选项，选中"旁路"复选框，设置"平衡"为50.0，如图14-28所示，单击"播放-停止切换"按钮，即可试听平衡效果。

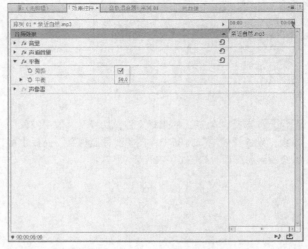

图14-28 设置相应选项

<table>
<tr><td rowspan="2">实战
315</td><td rowspan="2">制作延迟特效</td></tr>
</table>

▶ 实例位置：光盘 \ 效果 \ 第 14 章 \ 实战 315.prproj
▶ 素材位置：光盘 \ 素材 \ 第 14 章 \ 实战 315.prproj
▶ 视频位置：光盘 \ 视频 \ 第 14 章 \ 实战 315.mp4

● 实例介绍 ●

在Premiere Pro CC中，"延迟"音频效果是室内声音特效中常用的一种效果。下面将介绍制作延迟特效的操作方法。

● 操作步骤 ●

STEP 01 按Ctrl + O组合键，打开一个项目文件，如图14-29所示。

STEP 02 在"项目"面板中选择照片素材文件，并将其添加到"时间轴"面板中的V1轨道上，如图14-30所示。

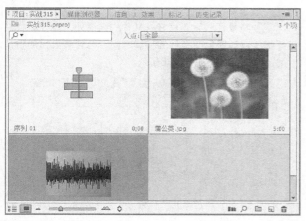

图14-29 打开项目文件

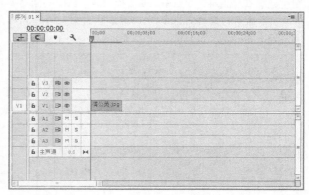

图14-30 添加素材文件

STEP 03 选择V1轨道上的素材文件，切换至"效果控件"面板，设置"缩放"为70.0，如图14-31所示。在"节目监视器"面板中可以查看素材画面。

STEP 04 将音频素材添加到"时间轴"面板中的A1轨道上，素材画面如图14-32所示。

图14-31 设置相关参数

图14-32 添加素材文件

STEP 05 拖曳时间指示器至00:00:30:00的位置，如图14-33所示。

STEP 06 使用剃刀工具分割A1轨道上的素材文件，如图14-34所示。

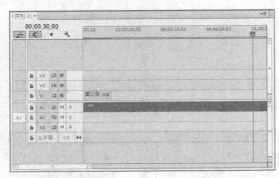

图14-33　拖曳时间指示器

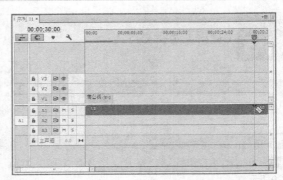

图14-34　分割素材文件

STEP 07 在"工具"面板中选取选择工具，选择A1轨道上第2段音频素材文件，按Delete键删除素材文件，如图14-35所示。

STEP 08 将鼠标移至照片素材文件的结尾处，按住鼠标左键并拖曳以调整素材文件的持续时间，与音频素材的持续时间一致为止，如图14-36所示。

图14-35　删除素材文件

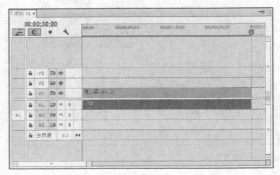

图14-36　调整素材文件的持续时间

STEP 09 选择A1轨道上的素材文件，在"效果"面板中展开"音频效果"选项，双击"延迟"选项，如图14-37所示，即可为选择的素材添加"延迟"音频效果。

STEP 10 拖曳时间指示器至开始位置，在"效果控件"面板中展开"延迟"选项，单击"旁路"选项左侧的"切换动画"按钮，并选中"旁路"复选框，如图14-38所示。

图14-37　双击"延迟"选项

图14-38　选中"旁路"复选框

STEP 11 拖曳时间指示器至00:00:06:00的位置，取消选中"旁路"复选框，如图14-39所示。

STEP 12 拖曳时间指示器至00:00:15:00的位置，再次选中"旁路"复选框，如图14-40所示。单击"播放–停止切换"按钮，即可试听延迟特效。

图14-39 取消选中"旁路"复选框

图14-40 选中"旁路"复选框

技巧点拨

　　声音是以一定的速度进行传播的，当遇到障碍物后就会反射回来，与原声之间形成差异。在前期录音或后期制作中，用户可以利用延时器来模拟不同的延时时间的反射声，从而造成一种空间感。运用"延迟"特效可以为音频素材添加一个回声效果，回声的长度可根据需要进行设置。

实战 316　制作混响特效

▶ 实例位置：光盘 \ 效果 \ 第14章 \ 实战 316.prproj
▶ 素材位置：光盘 \ 素材 \ 第14章 \ 实战 316.prproj
▶ 视频位置：光盘 \ 视频 \ 第14章 \ 实战 316.mp4

● 实例介绍 ●

　　在Premiere Pro CC中，"混响"特效可以模拟房间内部的声波传播方式，是一种室内回声效果，能够体现出宽阔回声的真实效果。

● 操作步骤 ●

STEP 01 按Ctrl + O组合键，打开一个项目文件，如图14-41所示。

STEP 02 在"项目"面板中选择照片素材文件，并将其添加到"时间轴"面板中的V1轨道上，如图14-42所示。

图14-41 打开项目文件

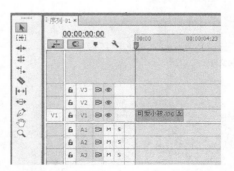

图14-42 添加素材文件

STEP 03 选择V1轨道上的素材文件，切换至"效果控件"面板，设置"缩放"为80.0，在"节目监视器"面板中可以查看素材画面，如图14-43所示。

STEP 04 将音频素材添加到"时间轴"面板中的A1轨道上，如图14-44所示。

图14-43　查看素材画面

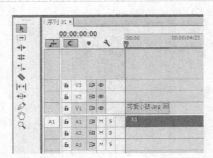

图14-44　添加素材文件

STEP 05 拖曳时间指示器至00:00:10:00的位置，如图14-45所示。

STEP 06 使用剃刀工具分割A1轨道上的素材文件，运用选择工具选择A1轨道上第2段音频素材文件，按Delete键删除素材文件，如图14-46所示。

图14-45　拖曳时间指示器

图14-46　删除素材文件

STEP 07 将鼠标指针移至照片素材文件的结尾处，按住鼠标左键并拖曳，以调整素材文件的持续时间，与音频素材的持续时间一致为止，如图14-47所示。

STEP 08 选择A1轨道上的素材文件，在"效果"面板中展开"音频效果"选项，双击"Reverb"选项，如图14-48所示，即可为选择的素材添加Reverb音频效果。

图14-47　调整素材文件的持续时间

图14-48　双击"Reverb"选项

知识扩展

"效果控件"中各个参数的含义如下。
- Reedley：指定信号与回响之间的时间。
- Absorption：指定声音被吸收的百分比。
- Size：指定空间大小的百分比。
- Density：指定回响拖尾的密度。
- LoDamp：指定低频的衰减，衰减低频可以防止环境声音造成的回响。
- HiDamp：指定高频的衰减，高频的衰减可以使回响声音更加柔和。
- Mix：控制回响的力度。

STEP 09 拖曳时间指示器至00:00:04:00的位置，在"效果控件"面板中展开"Reverb"选项，单击"旁路"选项左侧的"切换动画"按钮，并选中"旁路"复选框，如图14-49所示。

STEP 10 拖曳时间指示器至00:00:08:00的位置，取消选中"旁路"复选框，如图14-50所示。单击"播放-停止切换"按钮，即可试听混响特效。

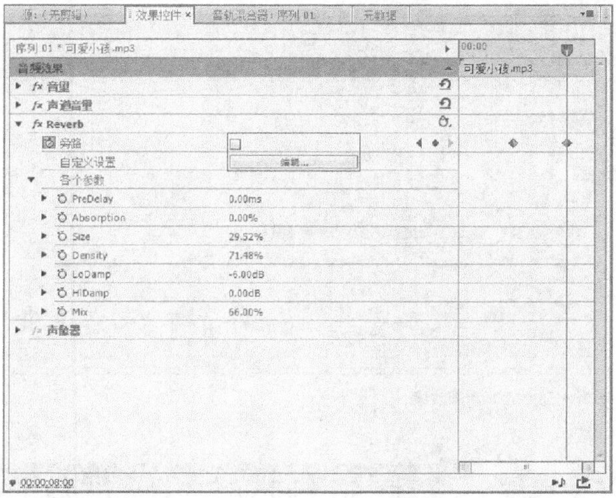

图14-49 选中"旁路"复选框

图14-50 取消选中"旁路"复选框

实战 317 制作消频特效

▶ 实例位置：光盘 \ 效果 \ 第14章 \ 实战317.prproj
▶ 素材位置：光盘 \ 素材 \ 第14章 \ 实战317.prproj
▶ 视频位置：光盘 \ 视频 \ 第14章 \ 实战317.mp4

● 实例介绍 ●

在Premiere Pro CC中，"消频"特效主要是用来过滤特定频率范围之外的一切频率。下面介绍制作消频特效的操作方法。

● 操作步骤 ●

STEP 01 按Ctrl+O组合键，打开一个项目文件，如图14-51所示。

STEP 02 在"效果"面板中展开"音频效果"选项，在其中选择"消频"音频效果，如图14-52所示。

图14-51 打开项目文件

图14-52 选择"消频"音频效果

STEP 03 按住鼠标左键并将其拖曳至A1轨道的音频文件素材上，释放鼠标左键，即可添加音频效果，如图14-53所示。

STEP 04 在"效果控件"面板展开"消频"选项，选中"旁路"复选框，设置"中心"为200.0Hz，如图14-54所示。执行上述操作后，即可完成"消频"特效的制作。

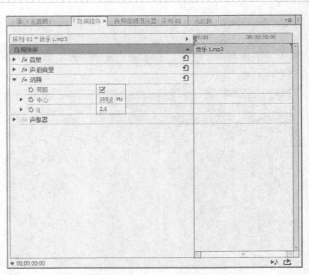

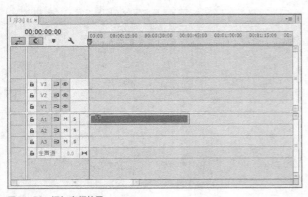

图14-53 添加音频效果

图14-54 设置相应参数

14.2 其他音频特效的制作

在了解了一些常用的音频效果后，用户接下来将学习如何制作一些并不常用的音频效果，如Chorus（合成）特效、DeCrackler（降爆声）特效、低通特效及高音特效等。

实战 318 制作合成特效

▶ 实例位置：光盘 \ 效果 \ 第 14 章 \ 实战 318.prproj
▶ 素材位置：光盘 \ 素材 \ 第 14 章 \ 实战 318.prproj
▶ 视频位置：光盘 \ 视频 \ 第 14 章 \ 实战 318.mp4

● 实例介绍 ●

对于仅包含单一乐器或语音的音频信号来说，运用"合成"特效可以取得较好的效果。

● 操作步骤 ●

STEP 01 按Ctrl + O组合键，打开一个项目文件，如图14-55所示。

STEP 02 在"效果"面板中，选择"Chorus"选项，如图14-56所示。

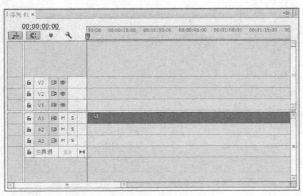

图14-55 打开项目文件

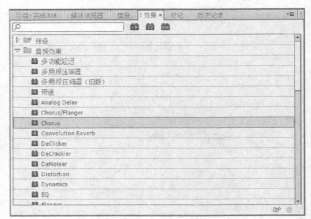

图14-56 选择"Chorus"选项

STEP 03 按住鼠标左键，并将其拖曳至A1轨道的音频素材上，释放鼠标左键，即可添加合成特效，如图14-57所示。

STEP 04 在"效果控件"面板中展开"Chorus"选项，单击"自定义设置"选项右侧的"编辑"按钮，如图14-58所示。

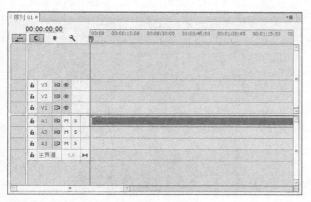

图14-57　添加合成特效

图14-58　单击"编辑"按钮

STEP 05 弹出"剪辑效果编辑器"对话框，设置"Rate"为7.60、"Depth"为22.5%、"Delay"为12.0ms，如图14-59所示。关闭对话框，单击"播放-停止切换"按钮，即可试听效果。

图14-59　设置相应参数

实战 319　制作反转特效

▶ 实例位置：光盘 \ 效果 \ 第 14 章 \ 实战 319.prproj
▶ 素材位置：光盘 \ 素材 \ 第 14 章 \ 实战 319.prproj
▶ 视频位置：光盘 \ 视频 \ 第 14 章 \ 实战 319.mp4

● 实例介绍 ●

在Premiere Pro CC中，"反转"特效可以模拟房间内部的声音情况，能表现出宽阔、真实的效果。下面将介绍制作反转特效的操作方法。

● 操作步骤 ●

STEP 01 按Ctrl + O组合键，打开一个项目文件，如图14-60所示。

STEP 02 在"项目"面板中选择照片素材文件，并将其添加到"时间轴"面板中的V1轨道上，如图14-61所示。

图14-60　打开项目文件

图14-61　添加素材文件

STEP 03 选择V1轨道上的素材文件，切换至"效果控件"面板，设置"缩放"为125.0。在"节目监视器"面板中可以查看素材画面，如图14-62所示。

图14-62　查看素材画面

STEP 05 拖曳时间指示器至00:00:03:14的位置，使用剃刀工具分割A1轨道上的素材文件，如图14-64所示。

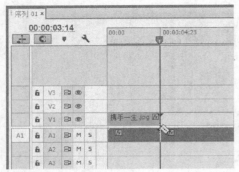

图14-64　分割素材文件

STEP 07 在"效果"面板中展开"音频效果"选项，双击"反转"选项，如图14-66所示，即可为选择的素材添加"反转"音频效果。

图14-66　双击"反转"选项

STEP 04 将音频素材添加到"时间轴"面板中的A1轨道上，如图14-63所示。

图14-63　添加素材文件

STEP 06 在工具箱中选取选择工具，选择A1轨道上第2段音频素材文件，按Delete键删除素材文件，然后选择A1轨道上第1段音频素材文件，如图14-65所示。

图14-65　选择素材文件

STEP 08 在"效果控件"面板中，展开"反转"选项，选中"旁路"复选框，如图14-67所示。单击"播放-停止切换"按钮，即可试听反转特效。

图14-67　选中"旁路"复选框

| 实战
320 | 制作低通特效 | ▶ 实例位置：光盘 \ 效果 \ 第 14 章 \ 实战 320.prproj
▶ 素材位置：光盘 \ 素材 \ 第 14 章 \ 实战 320.prproj
▶ 视频位置：光盘 \ 视频 \ 第 14 章 \ 实战 320.mp4 |

● 实例介绍 ●

在Premiere Pro CC中，"低通"特效主要是用于去除音频素材中的高频部分。

● 操作步骤 ●

STEP 01 按Ctrl＋O组合键，打开一个项目文件，如图14-68所示。

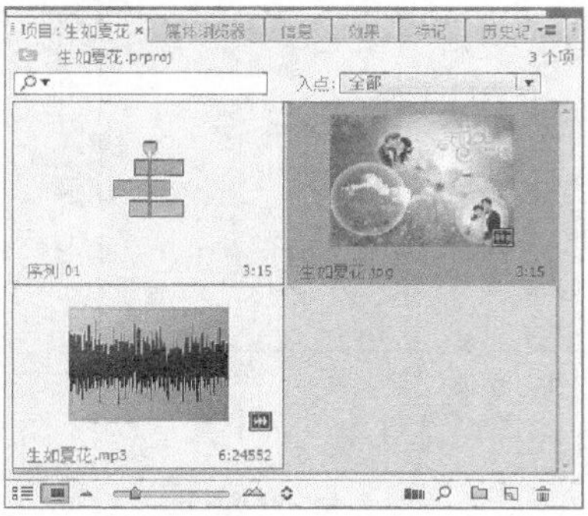

图14-68　打开项目文件

STEP 03 选择V1轨道上的素材文件，切换至"效果控件"面板，设置"缩放"为110.0。在"节目监视器"面板中可以查看素材画面，如图14-70所示。

图14-70　查看素材画面

STEP 05 拖曳时间指示器至00:00:03:14的位置，使用剃刀工具分割A1轨道上的素材文件，运用选择工具选择第2段音频素材文件并删除，如图14-72所示。

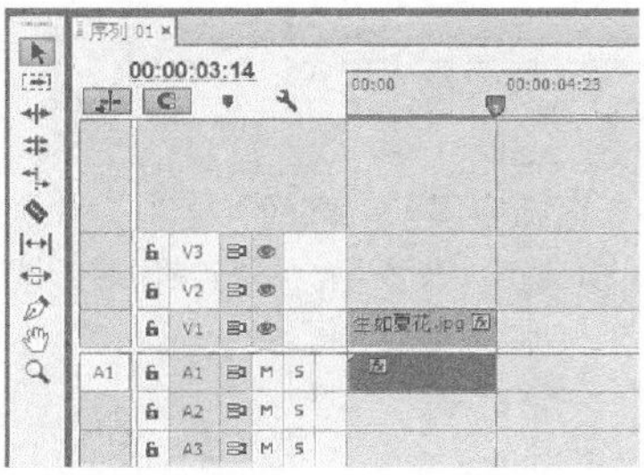

图14-72　删除素材文件

STEP 02 在"项目"面板中选择照片素材文件，并将其添加到"时间轴"面板中的V1轨道上，如图14-69所示。

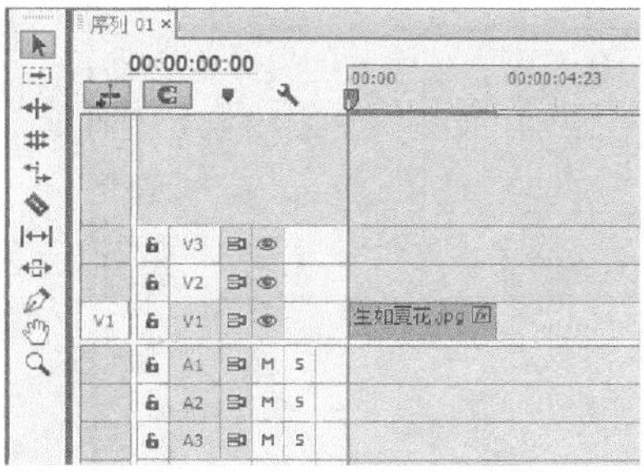

图14-69　添加素材文件

STEP 04 将音频素材文件添加到"时间轴"面板中的A1轨道上，如图14-71所示。

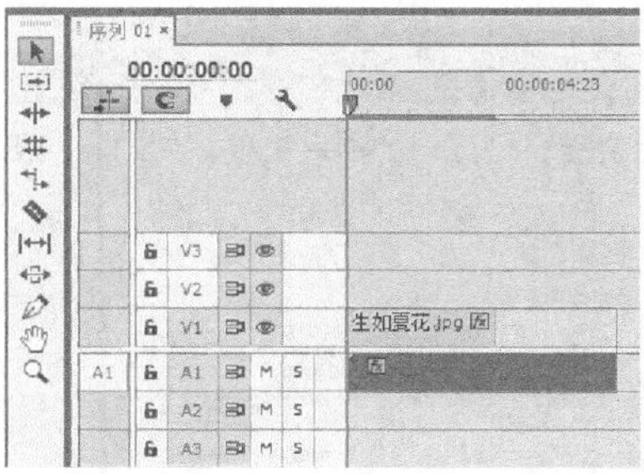

图14-71　添加素材文件

STEP 06 选择A1轨道上的素材文件，在"效果"面板中展开"音频效果"选项，双击"低通"选项，如图14-73所示，即可为选择的素材添加"低通"音频效果。

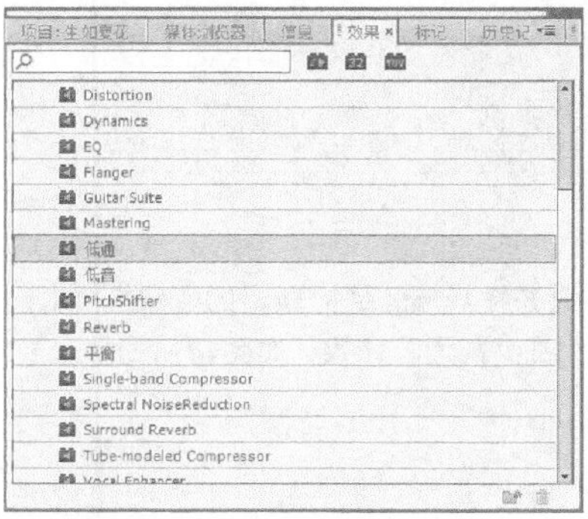

图14-73　双击"低通"选项

STEP 07 拖曳时间指示器至开始位置，在"效果控件"面板中展开"低通"选项，单击"屏蔽度"选项左侧的"切换动画"按钮，如图14-74所示，添加一个关键帧。

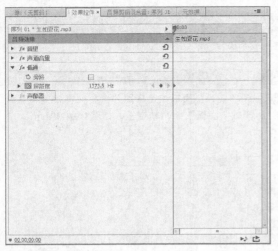

图14-74 单击"切换动画"按钮

STEP 08 将时间指示器拖曳至00:00:03:00的位置，设置"屏蔽度"为300.0Hz，如图14-75所示。单击"播放–停止切换"按钮，即可试听低通特效。

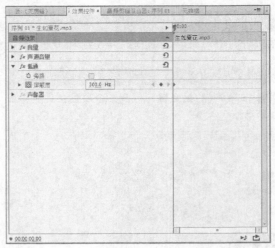

图14-75 设置"屏蔽度"为300.0Hz

实战 321　制作高通特效

▶ 实例位置：光盘 \ 效果 \ 第14章 \ 实战 321. prproj
▶ 素材位置：光盘 \ 素材 \ 第14章 \ 实战 321. prproj
▶ 视频位置：光盘 \ 视频 \ 第14章 \ 实战 321. mp4

● 实例介绍 ●

在Premiere Pro CC中，"高通"特效主要是用于去除音频素材中的低频部分。

● 操作步骤 ●

STEP 01 按Ctrl + O组合键，打开一个项目文件，如图14-76所示。

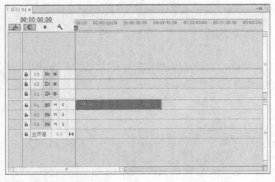

图14-76 打开项目文件

STEP 03 按住鼠标左键并将其拖曳至A1轨道的音频素材上，释放鼠标左键，即可添加"高通"特效，如图14-78所示。

STEP 02 在"效果"面板中，选择"高通"选项，如图14-77所示。

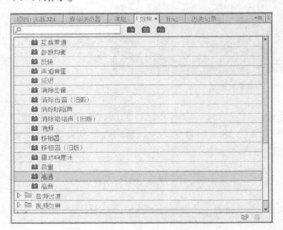

图14-77 选择"高通"选项

STEP 04 在"效果控件"面板中展开"高通"选项，设置"屏蔽度"为3500.0Hz，如图14-79所示。执行操作后，即可制作"高通"特效。

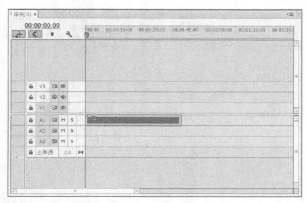

图14-78　添加"高通"特效

图14-79　设置参数值

实战
322　制作高音特效

▶ 实例位置：光盘 \ 效果 \ 第 14 章 \ 实战 322.prproj
▶ 素材位置：光盘 \ 素材 \ 第 14 章 \ 实战 322.prproj
▶ 视频位置：光盘 \ 视频 \ 第 14 章 \ 实战 322.mp4

● 实例介绍 ●

　　在Premiere Pro CC中，"高音"特效用于对素材音频中的高音部分进行处理，可以增加也可以衰减重音部分，同时又不影响素材的其他音频部分。

● 操作步骤 ●

STEP 01 按Ctrl＋O组合键，打开一个项目文件，如图14-80所示。

STEP 02 在"效果"面板中，选择"高音"选项，如图14-81所示。

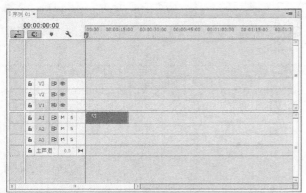

图14-80　打开项目文件

图14-81　选择"高音"选项

STEP 03 按住鼠标左键并将其拖曳至A1轨道的音频素材上，释放鼠标左键，即可添加"高音"特效，如图14-82所示。

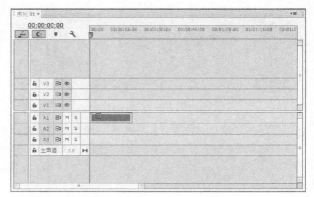

图14-82　添加"高音"特效

STEP 04 在"效果控件"面板中展开"高音"选项，设置"提升"为20.0dB，如图14-83所示。执行操作后，即可制作高音特效。

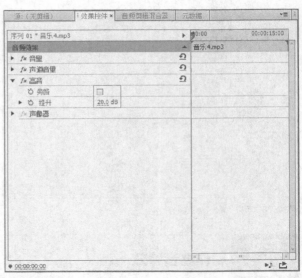

图14-83 设置参数值

实战 **323** 制作低音特效

▶ 实例位置：光盘 \ 效果 \ 第14章 \ 实战323.prproj
▶ 素材位置：光盘 \ 素材 \ 第14章 \ 实战323.prproj
▶ 视频位置：光盘 \ 视频 \ 第14章 \ 实战323.mp4

● 实例介绍 ●

在Premiere Pro CC中，"低音"特效主要是用于增加或减少低音频率。

● 操作步骤 ●

STEP 01 按Ctrl＋O组合键，打开一个项目文件，如图14-84所示。

STEP 02 在"效果"面板中，选择"低音"选项，如图14-85所示。

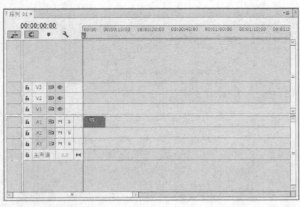

图14-84 打开项目文件

图14-85 选择"低音"选项

STEP 03 按住鼠标左键并将其拖曳至A1轨道的音频素材上，释放鼠标左键，即可添加"低音"特效，如图14-86所示。

STEP 04 在"效果控件"面板中展开"低音"选项，设置"提升"为-10.0dB，如图14-87所示。执行操作后，即可制作低音特效。

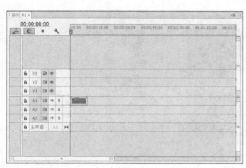

图14-86 添加"低音"特效

图14-87 设置参数值

实战 324 制作降爆声特效

▶ **实例位置**：光盘 \ 效果 \ 第14章 \ 实战324.prproj
▶ **素材位置**：光盘 \ 素材 \ 第14章 \ 实战324.prproj
▶ **视频位置**：光盘 \ 视频 \ 第14章 \ 实战324.mp4

● **实例介绍** ●

在Premiere Pro CC中，DeCrackler（降爆声）特效可以消除音频中无声部分的背景噪声。

● **操作步骤** ●

STEP 01 按Ctrl + O组合键，打开一个项目文件，如图14-88所示。

STEP 02 在"效果"面板中，选择"DeCrackler"选项，如图14-89所示。

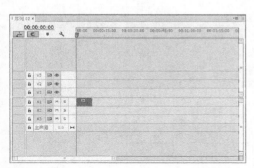

图14-88 打开项目文件

图14-89 选择"DeCrackler"选项

STEP 03 按住鼠标左键并将其拖曳至A1轨道的音频素材上，释放鼠标左键，即可添加降爆声特效，如图14-90所示。

STEP 04 在"效果控件"面板中，单击"自定义设置"选项右侧的"编辑"按钮，如图14-91所示。

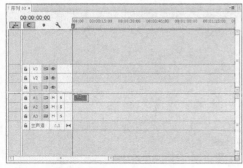

图14-90 添加降爆声特效

图14-91 单击"编辑"按钮

STEP 05 弹出"剪辑效果编辑器"对话框，设置"Threshold"为15%、"Reduction"为28%，如图14-92所示。执行操作后，即可制作降爆声特效。

图14-92　设置参数值

实战 325　制作滴答声特效

▶ 实例位置：光盘 \ 效果 \ 第 14 章 \ 实战 325.prproj
▶ 素材位置：光盘 \ 素材 \ 第 14 章 \ 实战 325.prproj
▶ 视频位置：光盘 \ 视频 \ 第 14 章 \ 实战 325.mp4

● 实例介绍 ●

在Premiere Pro CC中，滴答声（DeClicker）特效可以消除音频素材中的滴答声。

● 操作步骤 ●

STEP 01 按Ctrl + O组合键，打开一个项目文件，如图14-93所示。

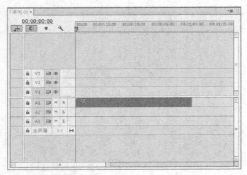

图14-93　打开项目文件

STEP 02 在"效果"面板中，选择"DeClicker"选项，如图14-94所示。

图14-94　选择"DeClicker"选项

STEP 03 按住鼠标左键并将其拖曳至A1轨道的音频素材上，释放鼠标左键，即可添加滴答声特效，如图14-95所示。

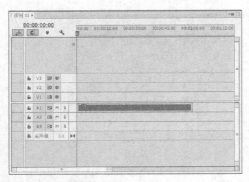

图14-95　添加滴答声特效

STEP 04 在"效果控件"面板中，单击"自定义设置"选项右侧的"编辑"按钮，如图14-96所示。

图14-96　单击"编辑"按钮

STEP 05 弹出"剪辑效果编辑器"对话框，选中"Classj"单选按钮，如图14-97所示。执行操作后，即可制作滴答声特效。

图14-97 选中"Classj"单选按钮

<table>
<tr><td>实战
326</td><td>制作互换声道特效</td></tr>
</table>

▶ 实例位置：光盘 \ 效果 \ 第 14 章 \ 实战 326.prproj
▶ 素材位置：光盘 \ 素材 \ 第 14 章 \ 实战 326.prproj
▶ 视频位置：光盘 \ 视频 \ 第 14 章 \ 实战 326.mp4

● 实例介绍 ●

在Premiere Pro CC中，"互换声道"音频效果的主要功能是将声道的相位进行反转。

● 操作步骤 ●

STEP 01 按Ctrl + O组合键，打开一个项目文件，如图14-98所示。

STEP 02 在"项目"面板中选择照片素材文件，并将其添加到"时间轴"面板中的V1轨道上，如图14-99所示。

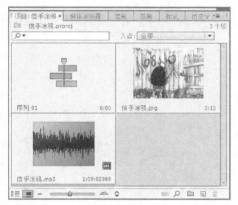

图14-98 打开项目文件

图14-99 添加照片素材文件

STEP 03 选择V1轨道上的素材文件，切换至"效果控件"面板，设置"缩放"为65.0。在"节目监视器"面板中可以查看素材画面，如图14-100所示。

STEP 04 将音频素材添加到"时间轴"面板中的A1轨道上，如图14-101所示。

图14-100 查看素材画面

图14-101 添加音频素材文件

STEP 05 拖曳时间指示器至00:00:03:14的位置，使用剃刀工具分割A1轨道上的素材文件，运用选择工具选择A1轨道上第2段音频素材文件并删除，然后选择A1轨道上的第1段音频素材文件，如图14-102所示。

图14-102　选择素材文件

STEP 06 在"效果"面板中展开"音频效果"选项，双击"互换声道"选项，如图14-103所示，即可为选择的素材添加"互换声道"音频效果。

图14-103　双击"互换声道"选项

STEP 07 拖曳时间指示器至开始位置，在"效果控件"面板中展开"互换声道"选项，单击"旁路"选项左侧的"切换动画"按钮，添加第1个关键帧，如图14-104所示。

图14-104　添加第1个关键帧

STEP 08 再拖曳时间指示器至00:00:02:00的位置，选中"旁路"复选框，添加第2个关键帧，如图14-105所示。单击"播放-停止切换"按钮，即可试听"互换声道"特效。

图14-105　添加第2个关键帧

知识扩展

　　"多段压缩"特效是Premiere Pro CC新引进的标准音频插件之一。

　　"多段压缩"（Multiband Compressor）特效可以对高、中、低3个波段进行压缩控制，为该特效展开的各选项。如果用户觉得用前面的动态范围的压缩调整还不够理想的话，可以尝试使用Multiband Compressor特效的方法来获得较为理想的效果。图14-106所示为"效果控件"面板中的"自定义设置"选项区。

　　"多段压缩"特效中各选项的含义如下。

➢　Threshold（1 ~ 3）：设置一个值，当导入的素材信号超过这个值的时候开始调用压缩，范围为 - 60 ~ 0dB。

➢　Ratio（1 ~ 3）：设置一个压缩比率，最高为8:1。

➢　Attack（1 ~ 3）：设定一个时间，即导入素材的信号超过Threshold参数值以后到压缩开始进行的时间。

➢　Release（1 ~ 3）：指定一个时间，当信号电平低于Threshold参数值以后到压缩重新取样的响应时间。

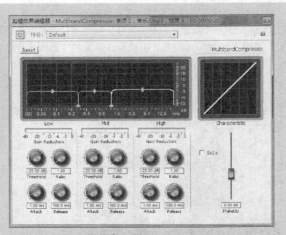

图14-106　"自定义设置"选项区

▶ 实例位置：光盘 \ 效果 \ 第 14 章 \ 实战 327. prproj
▶ 素材位置：光盘 \ 素材 \ 第 14 章 \ 实战 327. prproj
▶ 视频位置：光盘 \ 视频 \ 第 14 章 \ 实战 327. mp4

实战 327　制作参数均衡特效

● 实例介绍 ●

在Premiere Pro CC中，"参数均衡"音频效果主要用于精确地调整一个音频文件的音调，增强或衰减接近中心频率处的声音。

● 操作步骤 ●

STEP 01 按Ctrl + O组合键，打开一个项目文件，如图14-107所示。

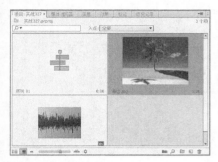

图14-107　打开项目文件

STEP 03 选择V1轨道上的素材文件，切换至"效果控件"面板，设置"缩放"为60.0。在"节目监视器"面板中可以查看素材画面，如图14-109所示。

图14-109　查看素材画面

STEP 05 拖曳时间指示器至00:00:05:00的位置，使用剃刀工具分割A1轨道上的素材文件，如图14-111所示。

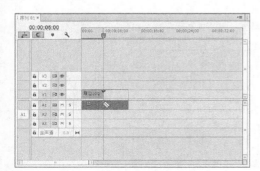

图14-111　分割素材文件

STEP 02 在"项目"面板中选择照片素材文件，并将其添加到"时间轴"面板中的V1轨道上，如图14-108所示。

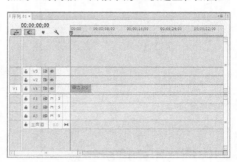

图14-108　添加照片素材文件

STEP 04 将音频素材添加到"时间轴"面板的A1轨道上，如图14-110所示。

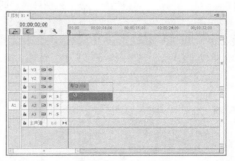

图14-110　添加音频素材文件

STEP 06 在"工具"面板中选取选择工具，选择A1轨道上第2段音频素材文件，按Delete键删除素材文件，如图14-112所示。

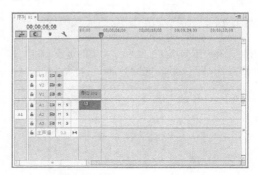

图14-112　删除素材文件

STEP 07 选择A1轨道上的素材文件，在"效果"面板中展开"音频效果"选项，双击"参数均衡"选项，如图14-113所示，即可为选择的素材添加"参数均衡"音频效果。

STEP 08 在"效果控件"面板中展开"参数均衡"选项，设置"中心"为12000.0Hz、"Q"为10.0、"提升"为2.0dB，如图14-114所示。单击"播放-停止切换"按钮，即可试听参数均衡特效。

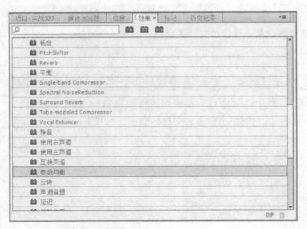

图14-113 双击"参数均衡"选项

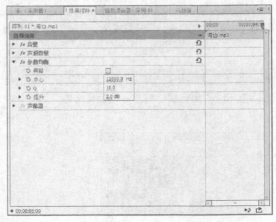

图14-114 设置相应选项

实战 328 制作PitchShifter特效

▶ 实例位置：光盘 \ 效果 \ 第14章 \ 实战 328.prproj
▶ 素材位置：光盘 \ 素材 \ 第14章 \ 实战 328.prproj
▶ 视频位置：光盘 \ 视频 \ 第14章 \ 实战 328.mp4

● 实例介绍 ●

在Premiere Pro CC中，PitchShifter特效主要用来调整引入信号的高音。PitchShifter特效又称音高转换器，该特效可以加深或减少原始音频素材的高音，可以用来调整输入信号的定调。

● 操作步骤 ●

STEP 01 按Ctrl + O组合键，打开一个项目文件，如图14-115所示。

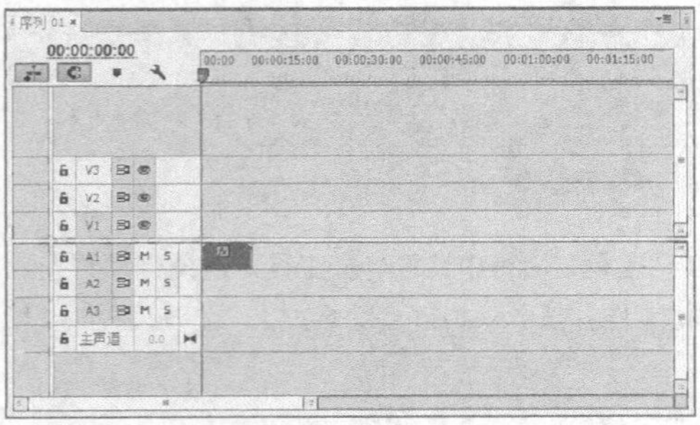

STEP 02 在"效果"面板中，选择"PitchShifter"选项，如图14-116所示。

图14-115 打开项目文件

图14-116 选择"PitchShifter"选项

STEP 03 按住鼠标左键并将其拖曳至A1轨道的音频素材文件上，释放鼠标左键，即可添加"PitchShifter"特效，如图14-117所示。

图14-117 添加音频特效

STEP 04 在"效果控件"面板中展开"PitchShifterl""各个参数"选项，并单击各选项左侧的"切换动画"按钮，如图14-118所示。

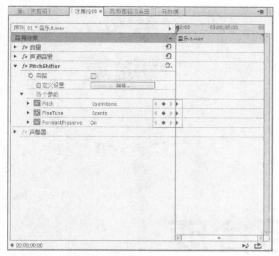

图14-118 单击"切换动画"按钮

STEP 05 拖曳"当前时间指示器"至00:00:07:00的位置，单击"预设"按钮，在弹出的列表框中选择"A quint up"选项，如图14-119所示。

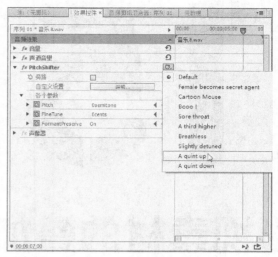

图14-119 选择A quintup选项

STEP 06 设置完成后，系统将自动为素材添加关键帧，如图14-120所示。执行上述操作后，即可完成PitchShifter特效的制作。

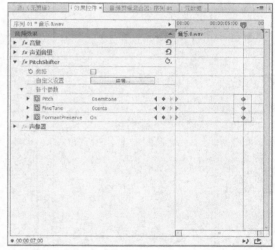

图14-120 添加关键帧

知识扩展

在Premiere Pro CC中，Spectral NoiseReduction（光谱减少噪声）特效用于光谱方式对噪音进行处理。

制作光谱减少噪声特效的具体方法是：在"效果"面板中，选择"音频效果"|"Spectral NoiseReduction"选项，按住鼠标左键并将其拖曳至A1轨道的音频素材上，释放鼠标左键以添加特效。在"效果控件"面板中，设置各关键帧，即可制作光谱减少噪声特效。在"效果控件"面板中用户还可以使用自定义设置选项区中的图标来调整各属性，如图14-121所示。

图14-121 自定义设置选项区

第 **15** 章

软件
精通篇

影视素材的叠加与合成

本章导读

在 Premiere Pro CC 中，所谓叠覆特效，是 Premiere Pro CS6 提供的一种视频编辑方法，它将视频素材添加到视频轨中之后，对视频素材的大小、位置以及透明度等属性进行调节，从而产生视频叠加效果。本章主要介绍影视覆叠特效的制作方法与技巧。

要点索引

- Alpha 通道的认识
- 透明叠加特效的运用
- 其他合成效果的运用

15.1　对Alpha 通道的认识

Alpha通道是图像额外的灰度图层，利用Alpha通道可以将视频轨道中图像、文字等素材与其他视频轨道中的素材进行组合。本节主要介绍Premiere Pro CC中的Alpha通道与遮罩特效。

实战 329	创建PSD图层图像的方法	▶ 实例位置：光盘 \ 效果 \ 第 15 章 \ 实战 329.psd ▶ 素材位置：光盘 \ 素材 \ 第 15 章 \ 实战 329.jpg ▶ 视频位置：光盘 \ 视频 \ 第 15 章 \ 实战 329.mp4

● 实例介绍 ●

Alpha通道信息都是静止的图像信息，因此，需要运用Photoshop这一类图像编辑软件来生成带有通道信息的图像文件。接下来将介绍如何创建带有Alpha通道的PSD图像。

● 操作步骤 ●

STEP 01 在启动Phtotshop后，单击"文件"｜"打开"命令，打开一幅素材文件，如图15-1所示。按F7键，展开"图层"面板，并单击"图层"面板底部的"创建新图层"按钮，如图15-2所示。执行上述操作后，即可创建"图层1"图层。

图15-1　打开素材

图15-2　"创建新图层"按钮

STEP 02 接下来将使用Photoshop中的形状工具创建一个形状路径，并选择工具箱中的"自定形状工具"，如图15-3所示。然后在工具属性栏中设置"形状"为"红心形卡"，如图15-4所示，并在图像编辑窗口中创建一个心形路径。

图15-3　自定形状工具

图15-4　选择形状

STEP 03 按Ctrl + Enter组合键将路径转换为选区，并按Ctrl + Shift + I组合键，反选选区，如图15-5所示。单击"窗口" | "通道"命令，展开"通道"面板，单击面板底部的"创建新通道"按钮，新建Alpha通道，如图15-6所示。

图15-5 反选选区

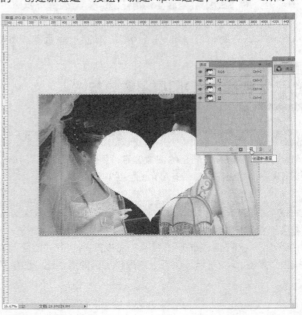

图15-6 "创建新通道"按钮

STEP 04 设置"前景色"为白色，按Alt + Delete组合键，填充颜色，如图15-7所示。最后，用户可以将编辑完成的文件进行保存，单击"文件" | "另存为"命令，在弹出的"另存为"对话框中，设置需要保存文件的文件名及储存选项，单击"保存"按钮，如图15-8所示。

图15-7 填充颜色

图15-8 保存为PSD文件

实战 330　通过Alpha通道进行视频叠加

▶ 实例位置：光盘 \ 效果 \ 第15章 \ 实战 330.prproj
▶ 素材位置：光盘 \ 效果 \ 第15章 \ 实战 330.prproj
▶ 视频位置：光盘 \ 视频 \ 第15章 \ 实战 330.mp4

● 实例介绍 ●

在Premiere Pro CC中，一般情况下，利用通道进行视频叠加的方法很简单，用户可以根据需要运用Alpha通道进行视频叠加。Alpha通道信息都是静止的图像信息，因此需要运用Photoshop这一类图像编辑软件来生成带有通道信息的图像文件。

在创建完带有通道信息的图像文件后，接下来只需要将带有Alpha通道信息的文件拖入到Premiere Pro CC的"时间线"面板的视频轨道上即可，视频轨道中编号较低的内容将自动透过Alpha通道显示出来。

● 操作步骤 ●

STEP 01　按Ctrl + O组合键，打开一个项目文件，如图15-9所示。

图15-9　打开项目文件

STEP 02　在"项目"面板中将素材分别添加至V1和V2轨道上，拖动控制条调整视图，选择V2轨道上的素材，在"效果控件"面板中展开"运动"选项，设置"缩放"为50.0，如图15-10所示。

STEP 03　在"效果"面板中展开"视频效果"|"键控"选项，在其中选择"Alpha调整"视频效果，如图15-11所示，按住鼠标左键并将其拖曳至V2轨道的素材上，即可添加"Alpha"调整视频效果。

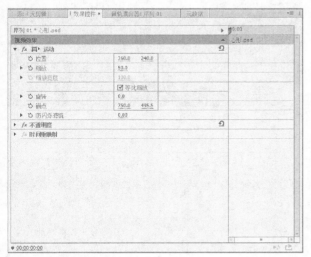

图15-10　设置缩放值

图15-11　选择"Alpha调整"视频效果

STEP 04　将时间线移至素材的开始位置，在"效果控件"面板中展开"Alpha调整"选项，单击"不透明度""反转Alpha"和"仅蒙版"3个选项左侧的"切换动画"按钮，如图15-12所示。

STEP 05　然后将"当前时间指示器"拖曳至00:00:02:10的位置，设置"不透明度"为50.0%，并选中"仅蒙版"复选框，添加关键帧，如图15-13所示。

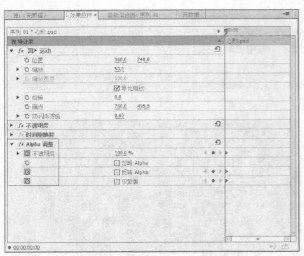

图15-12　单击"切换动画"按钮

图15-13　添加关键帧

STEP 06 设置完成后，将时间线移至素材的开始位置，在"节目监视器"面板中单击"播放–停止切换"按钮，即可预览视频叠加后的视频效果，如图15–14所示。

图15-14　预览视频叠加后的效果

知识扩展

遮罩的基础知识：

遮罩能够根据自身灰阶的不同，有选择地隐藏素材画面中的内容。在Premiere Pro CC中，遮罩的作用主要是隐藏顶层素材画面中的部分内容，并显示下一层画面的内容。

> 无用信号遮罩

"无用信号遮罩"主要是针对视频图像的特定键进行处理，"无用信号遮罩"是运用多个遮罩点，并在素材画面中连成一个固定的区域，用来隐藏画面中的部分图像。系统提供了4点、8点以及16点无信号遮罩特效。

> 色度键

"色度键"特效用于将图像上的某种颜色及其相似范围的颜色设定为透明，从而可以看见底层的图像。"色度键"特效的作用是利用颜色来制作遮罩效果，这种特效多运用于画面中有大量近似色的素材中。"色度键"特效也常常用于其他文件的Alpha通道或填充，如果输入的素材是包含背景的Alpha，可能需要去除图像中的光晕，而光晕通常和背景及图像有很大的差异。

> 亮度键

"亮度键"特效用于将叠加图像的灰度值设置为透明。"亮度键"是用来去除素材画面中较暗的部分图像，所以该特效常运用于画面明暗差异化特别明显的素材中。

> 非红色键

"非红色键"特效与"蓝屏键"特效的效果类似，其区别在于蓝屏键去除的是画面中的蓝色图像，而非红色键不仅可以去除蓝色背景，还可以去除绿色背景。

　　➤　图像遮罩键

　　"图像遮罩键"特效可以用一幅静态的图像作蒙版。在 Premiere Pro CC 中，"图像遮罩键"特效是将素材作为划定遮罩的范围，或者为图像导入一张带有 Alpha 通道的图像素材来指定遮罩的范围。

　　➤　差异遮罩键

　　"差异遮罩键"特效可以将两个图像相同区域进行叠加。"差异遮罩键"特效是作用于对比两个相似的图像剪辑，并去除图像剪辑在画面中的相似部分，最终只留下有差异的图像内容。

　　➤　颜色键

　　"颜色键"特效用于需要透明的颜色来设置透明效果。"颜色键"特效主要运用于大量相似色的素材画面中，其作用是隐藏素材画面中指定的色彩范围。

15.2　透明叠加特效的运用

　　在 Premiere Pro CC 中，可以通过对素材透明度的设置，制作出各种透明混合叠加的效果。透明度叠加是将一个素材的部分显示在另一个素材画面上，利用半透明的画面来呈现下一张画面。本节主要介绍运用常用透明叠加的基本操作方法。

实战 331　运用透明度叠加

> ▶ 实例位置：光盘 \ 效果 \ 第 15 章 \ 实战 331.prproj
> ▶ 素材位置：光盘 \ 素材 \ 第 15 章 \ 实战 331.prproj
> ▶ 视频位置：光盘 \ 视频 \ 第 15 章 \ 实战 331.mp4

● 实例介绍 ●

　　在 Premiere Pro CC 中，用户可以直接在"效果控件"面板中降低或提高素材的透明度，这样可以让两个轨道的素材同时显示在画面中。

● 操作步骤 ●

STEP 01 按 Ctrl + O 组合键，打开一个项目文件，如图 15–15 所示。

STEP 02 在 V2 轨道上，选择视频素材，如图 15–16 所示。

图 15-15　打开项目文件

图 15-16　选择视频素材

STEP 03 在"效果控件"面板中，展开"不透明度"选项，单击"不透明度"选项左侧的"切换动画"按钮，添加关键帧，如图 15–17 所示。

STEP 04 将时间线移至 00:00:04:00 的位置，设置"不透明度"为 50.0%，添加关键帧，如图 15–18 所示。

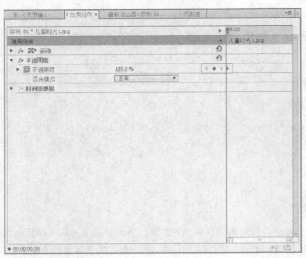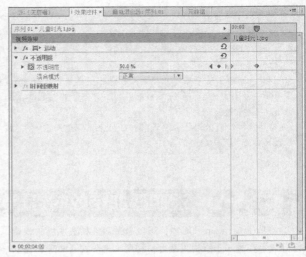

图15-17　添加关键帧（1）　　　　　　　　　　　　　图15-18　添加关键帧（2）

STEP 05 用与上述同样的方法，分别在00:00:06:00、00:00:08:00和00:00:09:00位置，为素材添加关键帧，并分别设置"不透明度"为25.0%、40.0%和80.0%。设置完成后，将时间线移至素材的开始位置，在"节目监视器"面板中，单击"播放-停止切换"按钮，预览透明度叠加效果，如图15-19所示。

图15-19　预览透明化叠加效果

实战 332　运用蓝屏键透明叠加

▶ 实例位置：光盘 \ 效果 \ 第15章 \ 实战 332.prproj
▶ 素材位置：光盘 \ 素材 \ 第15章 \ 实战 332.prproj
▶ 视频位置：光盘 \ 视频 \ 第15章 \ 实战 332.mp4

● 实例介绍 ●

在Premiere Pro CC中，"蓝屏键"特效可以去除画面中的所有蓝色部分，这样可以为画面添加更加特殊的叠加效果，这种特效常运用在影视抠图中。

● 操作步骤 ●

STEP 01 按Ctrl + O组合键，打开一个项目文件，如图15-20所示。

STEP 02 在"效果"面板中，选择"蓝屏键"选项，如图15-21所示。

图15-20　打开项目文件

图15-21　选择"蓝屏键"选项

STEP 03 按住鼠标左键并将其拖曳至V2轨道的素材图像上，添加视频效果，如图15-22所示。

STEP 04 展开"效果控件"面板，展开"蓝屏键"选项，设置"阈值"为50.0%，如图15-23所示。

图15-22　添加视频效果

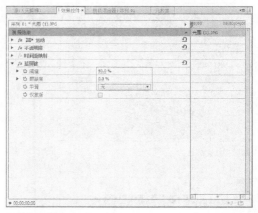

图15-23　设置参数值

STEP 05 设置完成后，将时间线移至素材的开始位置，在"节目监视器"面板中，单击"播放-停止切换"按钮，预览蓝屏键叠加效果，如图15-24所示。

图15-24　预览蓝屏键叠加效果

实战 333　运用非红色键叠加

▶ 实例位置：光盘 \ 效果 \ 第 15 章 \ 实战 333.prproj
▶ 素材位置：光盘 \ 素材 \ 第 15 章 \ 实战 333.prproj
▶ 视频位置：光盘 \ 视频 \ 第 15 章 \ 实战 333.mp4

● 实例介绍 ●

"非红色键"特效可以将图像上的背景变成透明色。下面将介绍运用非红色键叠加素材的操作方法。

● 操作步骤 ●

STEP 01 按Ctrl＋O组合键，打开一个项目文件，如图15-25所示。

STEP 02 在"效果"面板中，选择"非红色键"选项，如图15-26所示。

图15-25　打开项目文件

图15-26　选择"非红色键"选项

STEP 03 按住鼠标左键并将其拖曳至V2轨道的视频素材上，如图15-27所示。

STEP 04 在"效果控件"面板中，设置"阈值"为0.0%、"屏蔽度"为1.5%，即可运用非红色键叠加素材。叠加效果如图15-28所示。

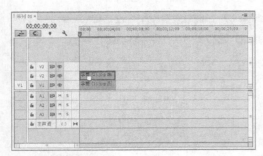

图15-27　拖曳至视频素材上

图15-28　运用非红色键叠加素材

实战 334　运用颜色键透明叠加

▶ **实例位置**：光盘 \ 效果 \ 第15章 \ 实战 334.prproj
▶ **素材位置**：光盘 \ 素材 \ 第15章 \ 实战 334.prproj
▶ **视频位置**：光盘 \ 视频 \ 第15章 \ 实战 334.mp4

● 实例介绍 ●

在Premiere Pro CC中，用户可以运用"颜色键"特效制作出一些比较特别的效果叠加。下面介绍如何使用颜色键来制作特殊效果。

● 操作步骤 ●

STEP 01 按Ctrl + O组合键，打开一个项目文件，如图15-29所示。

STEP 02 在"效果"面板中，选择"颜色键"选项，如图15-30所示。

图15-29　打开项目文件

图15-30　选择"颜色键"选项

STEP 03 按住鼠标左键并将其拖曳至V2轨道的素材图像上，添加视频效果，如图15-31所示。

STEP 04 在"效果控件"面板中，设置"主要颜色"为绿色（RGB参数值为45、144、66）、"颜色容差"为50，如图15-32所示。

图15-31 添加视频效果

图15-32 设置参数值

知识扩展

"效果控件"特效中各选项的含义如下。

➤ "颜色容差"选项：主要是用于扩展所选颜色的范围。

➤ "边缘细化"选项：能够在选定色彩的基础上，扩大或缩小"主要颜色"的范围。

➤ "羽化边缘"选项：可以在图像边缘产生平滑过渡，其参数越大，羽化的效果越明显。

STEP 05 执行上述操作后，即可运用颜色键叠加素材。叠加效果如图15-33所示。

图15-33 运用颜色键叠加素材效果

实战 335 运用亮度键透明叠加

▶ 实例位置：光盘 \ 效果 \ 第 15 章 \ 实战 335.prproj
▶ 素材位置：光盘 \ 素材 \ 第 15 章 \ 实战 335.prproj
▶ 视频位置：光盘 \ 视频 \ 第 15 章 \ 实战 335.mp4

● 实例介绍 ●

在Premiere Pro CC中，亮度键是用来抠出图层中指定明亮度或亮度的所有区域的。下面将介绍添加"亮度键"特效并去除背景中的黑色区域的方法。

● 操作步骤 ●

STEP 01 以实战334的效果为例，在"效果"面板中，展开"键控" | "亮度键"选项，如图15-34所示。

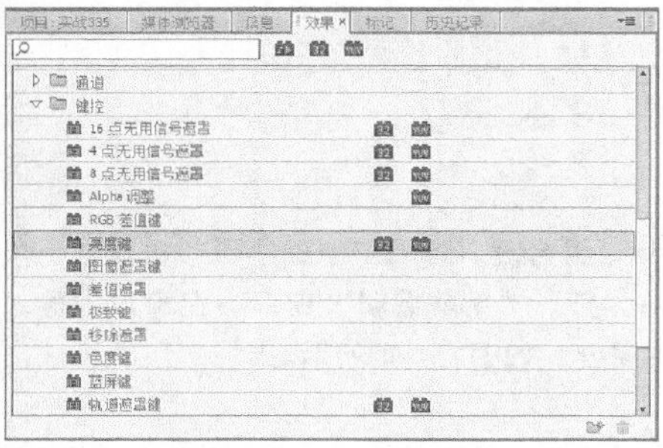

STEP 02 按住鼠标左键并将其拖曳至V2轨道的素材图像上，添加视频效果，如图15-35所示。

图15-34 选择"亮度键"选项

图15-35 拖曳视频效果

STEP 03 在"效果控件"面板中，设置"阈值""屏蔽度"均为100.0%，如图15-36所示。

STEP 04 执行上述操作后，即可运用"亮度键"叠加素材。叠加效果如图15-37所示。

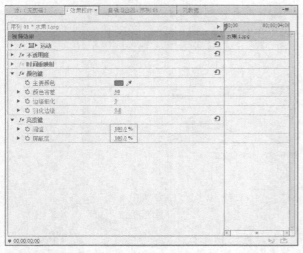

图15-36 设置相应的参数

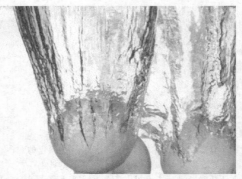

图15-37 预览视频效果

15.3 其他合成效果的应用

在Premiere Pro CC中，除了上一节介绍的叠加方式外，还有"字幕"叠加方式、"淡入淡出"叠加方式及"RGB差值键"叠加方式等，这些叠加方式都是相当实用的。本节主要介绍运用这些叠加方式的基本操作方法。

实战 336 应用字幕叠加特效

▶ 实例位置：光盘 \ 效果 \ 第 15 章 \ 实战 336. prproj
▶ 素材位置：光盘 \ 素材 \ 第 15 章 \ 实战 336. prproj
▶ 视频位置：光盘 \ 视频 \ 第 15 章 \ 实战 336. mp4

● 实例介绍 ●

在Premiere Pro CC中，华丽的字幕效果往往会让整个影视素材显得更加耀眼。下面介绍运用字幕叠加的操作方法。

● 操作步骤 ●

STEP 01 按Ctrl + O组合键，打开一个项目文件，如图15-38所示。

图15-38 打开项目文件

STEP 02 在"效果控件"面板中，设置V1轨道素材的"缩放"为135.0，如图15-39所示。

STEP 03 按Ctrl + T组合键，弹出"新建字幕"对话框，单击"确定"按钮，打开"字幕编辑"窗口，在窗口中输入文字并设置字幕属性，如图15-40所示。

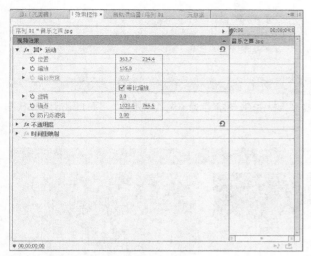

图15-39 设置相应选项

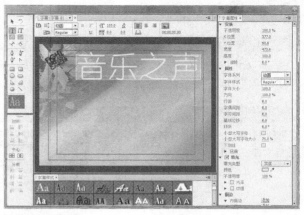

图15-40 输入文字

STEP 04 关闭"字幕编辑"窗口，在"项目"面板中拖曳"字幕01"至V3轨道中，如图15-41所示。

STEP 05 选择V2轨道中的素材，在"效果"面板中展开"视频效果"|"键控"选项，在其中选择"轨道遮罩键"视频效果，如图15-42所示。

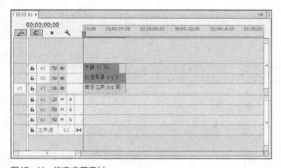

图15-41 拖曳字幕素材

图15-42 选择"轨道遮罩键"视频效果

STEP 06 按住鼠标左键并将其拖曳至V2轨道中的素材上，在"效果控件"面板中展开"轨道遮罩键"选项，设置"遮罩"为"视频3"，如图15-43所示。

STEP 07 在面板中展开"运动"选项，设置"缩放"为65.0。执行上述操作后，即可完成叠加字幕的制作，效果如图15-44所示。

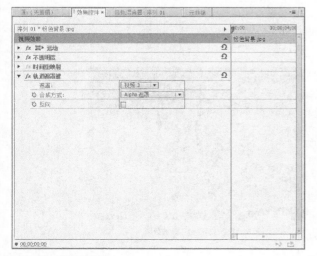

图15-43 设置相应参数

图15-44 字幕叠加效果

实战 337 应用RGB差值键特效

▶ 实例位置：光盘 \ 效果 \ 第15章 \ 实战 337.prproj
▶ 素材位置：光盘 \ 素材 \ 第15章 \ 实战 337.prproj
▶ 视频位置：光盘 \ 视频 \ 第15章 \ 实战 337.mp4

● 实例介绍 ●

在Premiere Pro CC中，"RGB差值键"特效主要用于将视频素材中的一种颜色差值做透明处理。下面介绍运用RGB差值键的操作方法。

● 操作步骤 ●

STEP 01 按Ctrl + O组合键，打一个项目文件，如图15-45所示。

图15-45 打开项目文件

STEP 02 在"效果"面板中展开"视频效果"|"键控"选项，在其中选择"RGB差值键"视频效果，如图15-46所示。

图15-46 选择"RGB差值键"视频效果

STEP 03 按住鼠标左键并将其拖曳至V2轨道的素材上，添加视频效果，如图15-47所示。

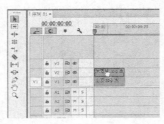

图15-47 添加视频效果

STEP 04 在"效果控件"面板中展开"RGB差值键"选项，设置"颜色"为粉色（RGB参数值为253、223、223）、"相似性"为50.0%，如图15-48所示。

图15-48 设置相应参数

STEP 05 执行上述操作后，即可运用"RGB差值键"制作叠加效果。在"节目监视器"面板中可以预览其效果，如图15-49所示。

图15-49 预览"RGB差值键"叠加效果

<table>
<tr><td rowspan="2">实战
338</td><td rowspan="2">应用淡入淡出叠加特效</td><td>▶ 实例位置：光盘 \ 效果 \ 第 15 章 \ 实战 338.prproj</td></tr>
<tr><td>▶ 素材位置：光盘 \ 素材 \ 第 15 章 \ 实战 338.prproj
▶ 视频位置：光盘 \ 视频 \ 第 15 章 \ 实战 338.mp4</td></tr>
</table>

● 实例介绍 ●

在Premiere Pro CC中，"淡入淡出叠加"效果通过对两个或两个以上的素材文件添加"不透明度"特效，并为素材添加关键帧实现素材之间的叠加转换。下面介绍运用淡入淡出叠加的操作方法。

● 操作步骤 ●

STEP 01 按Ctrl + O组合键，打开一个项目文件，如图15-50所示。

图15-50　打开项目文件

STEP 02 在"效果控件"面板中，分别设置V1和V2轨道中的素材"缩放"为72.0、160.0，如图15-51所示。

STEP 03 选择V2轨道中的素材，在"效果控件"面板中展开"不透明度"选项，设置"不透明度"为0.0%，添加关键帧，如图15-52所示。

图15-51　设置素材"缩放"　　　　图15-52　添加关键帧（1）

STEP 04 将"当前时间指示器"拖曳至00:00:02:04的位置，设置"不透明度"为100.0%，添加第2个关键帧，如图15-53所示。

STEP 05 将"当前时间指示器"拖曳至00:00:04:05的位置，设置"不透明度"为0.0%，添加第3个关键帧，如图15-54所示。

图15-53　添加关键帧（2）　　　　图15-54　添加关键帧（3）

STEP 06 执行上述操作后，将时间线移至素材的开始位置，在"节目监视器"面板中单击"播放-停止切换"按钮，即可预览淡入淡出叠加效果，如图15-55所示。

图15-55 预览淡入淡出叠加效果

技巧点拨

在 Premiere Pro CC 中，淡出就是一段视频剪辑结束时由亮变暗的过程，淡入是指一段视频剪辑开始时由暗变亮的过程。淡入淡出叠加效果会增加影视内容本身的一些主观气氛，而不像无技巧剪接那么生硬。另外，Premiere Pro CC 中的淡入淡出在影视转场特效中也被称为溶入溶出，或者渐隐与渐显。

实战 339 **应用4点无用信号遮罩特效**

▶ 实例位置：光盘 \ 效果 \ 第 15 章 \ 实战 339. prproj
▶ 素材位置：光盘 \ 素材 \ 第 15 章 \ 实战 339. prproj
▶ 视频位置：光盘 \ 视频 \ 第 15 章 \ 实战 339. mp4

● 实例介绍 ●

在Premiere Pro CC中，"4点无用信号遮罩"特效可以在视频画面中设定4个遮罩点，并利用这些遮罩点连成的区域来隐藏部分图像。

● 操作步骤 ●

STEP 01 按Ctrl + O组合键，打开一个项目文件，如图15-56所示。

图15-56 打开项目文件

STEP 02 在"效果控件"面板中，设置素材的"缩放"均为80.0，如图15-57所示。

STEP 03 在"效果"面板中展开"视频效果"|"键控"选项，在其中选择"4点无用信号遮罩"视频效果，如图15-58所示。

图15-57 设置素材的"缩放"

图15-58 选择相应视频效果

STEP 04 按住鼠标左键并将其拖曳至V2轨道的素材上，在"效果控件"面板中单击"4点无用信号遮罩"选项中的所有"切换动画"按钮，创建关键帧，如图15-59所示。

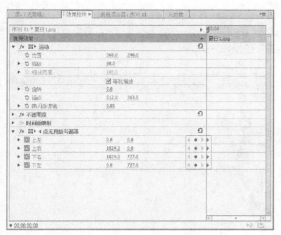

图15-59　创建关键帧

STEP 05 将"当前时间指示器"拖曳至00:00:01:00的位置，设置"上左"为（200.0、0.0）、"上右"为（650.0、0.0）、"下右"为（900.0、727.0）、"下左"为（0.0、727.0），添加第2组关键帧，如图15-60所示。

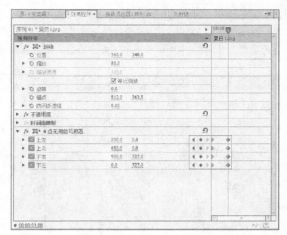

图15-60　添加关键帧（1）

STEP 06 将"当前时间指示器"拖曳至00:00:02:10的位置，设置"上左"为（733.0、0.0）、"上右"为（650.0、400.0）、"下右"为（963.0、700.0）、"下左"为（0.0、500.0），添加第3组关键帧，如图15-61所示。

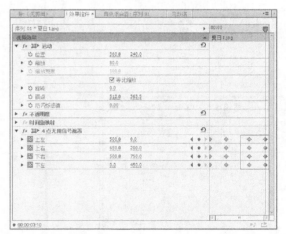

图15-61　添加关键帧（2）

STEP 07 将"当前时间指示器"拖曳至00:00:03:12的位置，设置"上左"为（500.0、0.0）、上右为（0.0、200.0）、"下右"为（500.0、750.0）、"下左"为（0.0、450.0），添加第4组关键帧，效果如图15-62所示。

图15-62　添加关键帧（3）

STEP 08 执行上述操作后，将时间线移至素材的开始位置，在"节目监视器"面板中单击"播放-停止切换"按钮，即可预览"4点无用信号遮罩"视频效果，如图15-63所示。

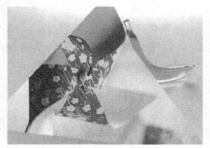

图15-63　预览视频效果

实战 340 应用8点无用信号遮罩特效

▶ 实例位置：光盘 \ 效果 \ 第 15 章 \ 实战 340.prproj
▶ 素材位置：光盘 \ 素材 \ 第 15 章 \ 实战 340.prproj
▶ 视频位置：光盘 \ 视频 \ 第 15 章 \ 实战 340.mp4

● 实例介绍 ●

在Premiere Pro CC中，"8点无用信号遮罩"与"4点无用信号遮罩"的作用一样，该效果包含了4点无用信号遮罩特效的所有遮罩点，并增加了4个调节点。下面介绍运用"8点无用信号遮罩"的操作方法。

● 操作步骤 ●

STEP 01 按Ctrl + O组合键，打开一个项目文件，如图15-64所示。

图15-64 打开项目文件

STEP 02 在"效果"面板中展开"视频效果"|"键控"选项，在其中选择"8点无用信号遮罩"视频效果，如图15-65所示。

STEP 03 按住鼠标左键并将其拖曳至V2轨道的素材上，在"效果控件"面板中，单击"8点无用信号遮罩"选项中的"上左顶点""右上顶点""下右顶点"和"左下顶点"选项的"切换动画"按钮，创建关键帧，如图15-66所示。

图15-66 创建关键帧

图15-65 选择相应视频效果

STEP 04 然后将"当前时间指示器"拖曳至00:00:01:00的位置，设置"上左顶点"为（200.0、0.0）、"右上顶点"为（600.0、0.0）、"下右顶点"为（600.0、593.0）、"左下顶点"为（200.0、593.0），此时系统会自动添加第2组关键帧，如图15-67所示。

STEP 05 然后用与上述相同的方法，分别将"当前时间指示器"拖曳至00:00:02:00、00:00:03:00和00:00:04:00的位置，分别设置"上左顶点"为（400.0、600.0和1000.0）、"右上顶点"为（400.0、200.0和-200.0）、"下右顶点"为（400.0、600.0和-200.0）、"左下顶点"为（400.0、200.0和1000.0），右侧参数均不变，设置完成后，即可添加关键帧，如图15-68所示。

技巧点拨

在 Premiere Pro CC 中，使用 "8 点无用信号遮罩" 视频效果后，将在 "节目监视器" 面板中显示带有控制柄的蒙版，通过移动控制柄可以调整蒙版的形状。

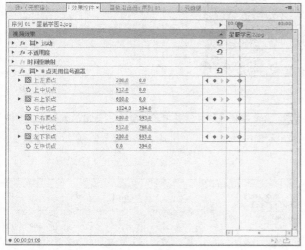

图15-67　添加关键帧（1）

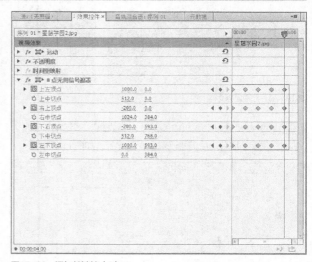

图15-68　添加关键帧（2）

STEP 06 执行上述操作后，将时间线移至素材的开始位置，在 "节目监视器" 面板中单击 "播放–停止切换" 按钮，即可预览 "8点无用信号遮罩" 视频效果，如图15-69所示。

图15-69　预览 "8点无用信号遮罩" 视频效果

技巧点拨

制作 8 点无用信号遮罩效果时，在 "效果控件面板中展开 "8 点无用信号遮罩" 选项，用户可以根据需要在面板中添加相应关键帧，并且可以移动关键帧的位置，制作不同的 8 点无用信号遮罩效果。

实战 341　应用16点无用信号遮罩特效

▶ 实例位置：光盘 \ 效果 \ 第 15 章 \ 实战 341.prproj
▶ 素材位置：光盘 \ 素材 \ 第 15 章 \ 实战 341.prproj
▶ 视频位置：光盘 \ 视频 \ 第 15 章 \ 实战 341.mp4

● **实例介绍** ●

在Premiere Pro CC中，"16点无用信号遮罩" 包含了 "8点无用信号遮罩" 的所有遮罩点，并在 "16点无用信号遮罩" 的基础上增加了8个遮罩点。下面介绍运用 "16点无用信号遮罩" 的方法。

● **操作步骤** ●

STEP 01 按Ctrl + O组合键，打开一个项目文件，如图15-70所示。

图15-70　打开项目文件

STEP 02 在"效果"面板中展开"视频效果"|"键控"选项，在其中选择"16点无用信号遮罩"视频效果，如图15-71所示。

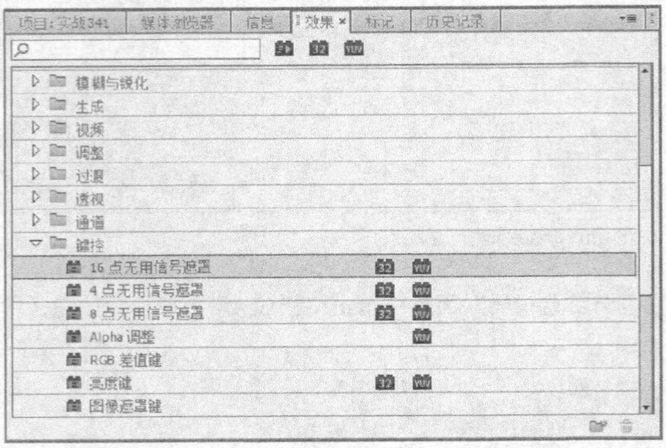

图15-71　选择相应视频效果

STEP 04 在"效果控件"面板中单击"16点无用信号遮罩"选项中的所有"切换动画"按钮，创建关键帧，如图15-73所示。

STEP 03 按住鼠标左键并将其拖曳至V2轨道的素材上，如图15-72所示。

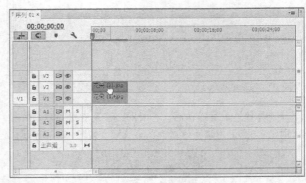

图15-72　拖曳视频效果

STEP 05 然后将"当前时间指示器"拖曳至00:00:01:20的位置，设置"上左顶点"为（185.0、160.0）、"上中切点"为（336.0、140.0）、"右上顶点"为（480.0、180.0）、"右中切点"为（518.0、312.0）、"下右顶点"为（498.0、454.0）、"下中切点"为（350.0、440.0）、"左下顶点"为（178.0、440.0）、"左中切点"为（180.0、300.0），添加第2组关键帧，如图15-74所示。

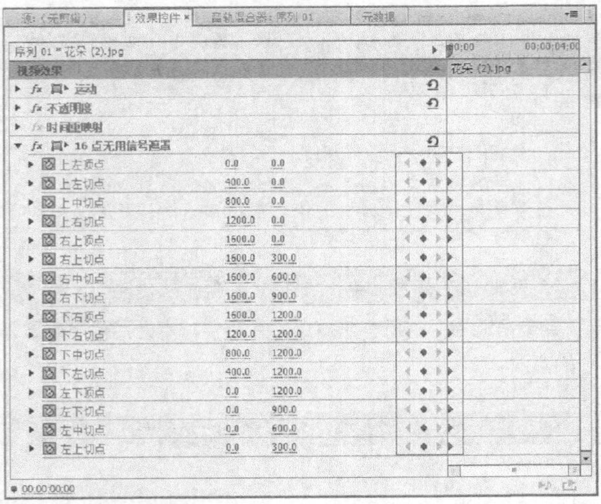

图15-73　创建关键帧

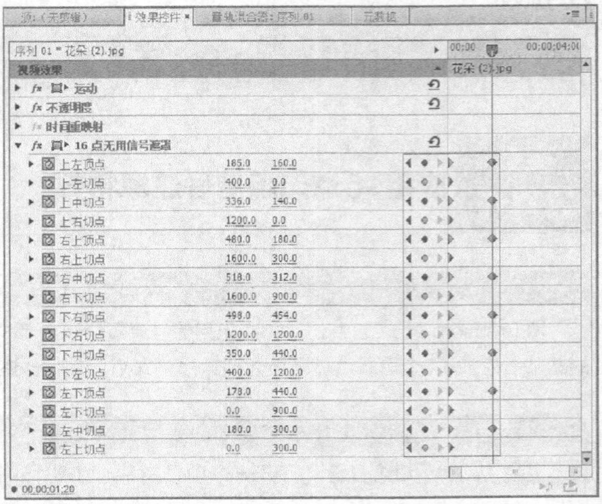

图15-74　添加关键帧（1）

STEP 06 然后将"当前时间指示器"拖曳至00:00:03:20的位置,设置"上左顶点"为(330.0、300.0)、"上中切点"为(400.0、260.0)、"右上顶点"为(330.0、260.0)、"右中切点"为(380.0、300.0)、"下右顶点"为(380.0、250.0)、"下中切点"为(350.0、330.0)、"左下顶点"为(320.0、300.0)、"左中切点"为(320.0、250.0),添加第3组关键帧,如图15-75所示。

STEP 07 在"时间线"面板中将"当前时间指示器"拖曳至素材的开始位置,如图15-76所示。

图15-75 添加关键帧(2)

图15-76 拖曳至开始位置

STEP 08 执行操作后,在"节目监视器"面板中单击"播放-停止切换"按钮,即可预览"16点无用信号遮罩"视频效果,如图15-77所示。

图15-77 预览"16点无用信号遮罩"视频效果

第 **16** 章

动态效果的设置与制作

本章导读

动态效果是指在原有的视频画面中合成或创建移动、变形和缩放等运动效果。在 Premiere Pro CC 中，为静态的素材加入适当的运动效果，可以让画面活动起来，显得更加逼真、生动。本章主要介绍影视运动效果的制作方法与技巧，让画面效果更为精彩。

要点索引

● 运动关键帧的设置
● 制作运动特效
● 制作画中画特效

16.1 运动关键帧的设置

在Premiere Pro CC中，关键帧可以帮助用户控制视频或音频特效的变化，并形成一个变化的过渡效果。

实战 342	通过时间线添加关键帧

▶ 实例位置：无
▶ 素材位置：光盘 \ 素材 \ 第 16 章 \ 实战 342. prproj
▶ 视频位置：光盘 \ 视频 \ 第 16 章 \ 实战 342. mp4

● 实例介绍 ●

用户在"时间轴"面板中可以针对应用于素材的任意特效添加关键帧，也可以指定添加关键帧的可见性。

● 操作步骤 ●

STEP 01 在"时间轴"面板中为某个轨道上的素材文件添加关键帧之前，首先需要展开相应的轨道，将鼠标移至在V1轨道的"切换轨道输出"按钮 👁 右侧的空白处，如图16-1所示。

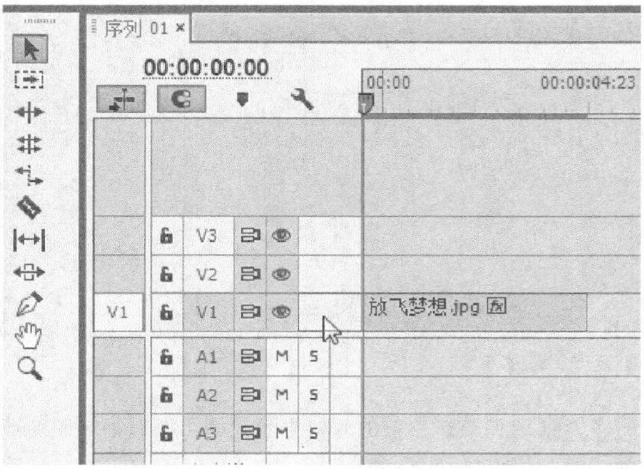

STEP 02 双击鼠标左键即可展开V1轨道，如图16-2所示。用户也可以向上滚动鼠标滚轮展开轨道，继续向上滚动滚轮，显示关键帧控制按钮；向下滚动鼠标滚轮，将最小化轨道。

图16-1 将鼠标移至空白处

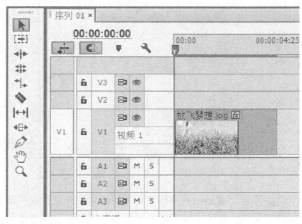

图16-2 展开V1轨道

STEP 03 选择"时间轴"面板中的对应素材，单击素材名称右侧的"不透明度"按钮 图，在弹出的列表框中选择"运动" | "缩放"选项，如图16-3所示。

STEP 04 将鼠标移至连接线的合适位置，按住Ctrl键，当鼠标指针呈白色带 + 号的形状时，单击鼠标左键，即可添加关键帧，如图16-4所示。

图16-3 选择"缩放"选项

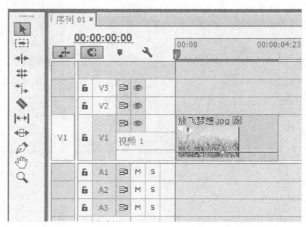

图16-4 添加关键帧

实战 343 通过效果控件添加关键帧

▶ 实例位置：无
▶ 素材位置：无
▶ 视频位置：光盘\视频\第16章\实战343.mp4

● 实例介绍 ●

在"效果控件"面板中除了可以添加各种视频特效外，还可以通过设置选项参数的方法创建关键帧。

● 操作步骤 ●

STEP 01 选择"时间轴"面板中的素材，并展开"效果控件"面板，单击"旋转"选项左侧的"切换动画"按钮 ⏱，如图16-5所示。

STEP 02 拖曳时间指示器至合适位置，并设置"旋转"选项的参数，即可添加对应选项的关键帧，如图16-6所示。

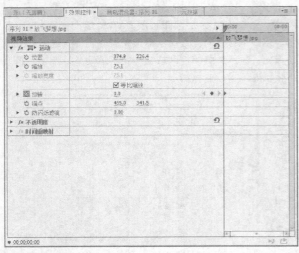

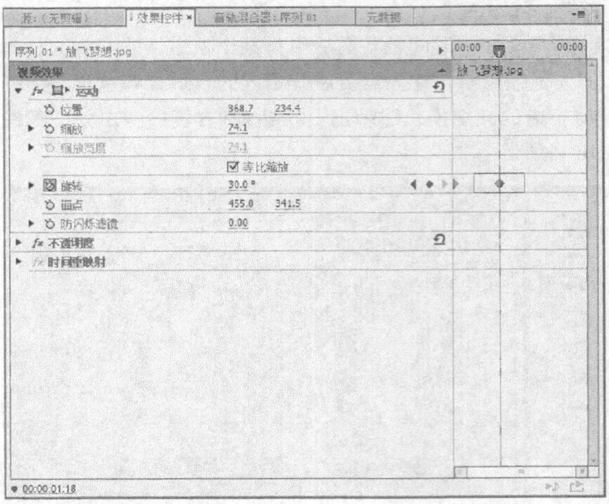

图16-5 单击"切换动画"按钮

图16-6 添加关键帧

STEP 03 在"时间轴"面板中也可以指定展开轨道后关键帧的可见性。单击"时间轴显示设置"按钮，在弹出的列表框中选择"显示视频关键帧"选项，如图16-7所示。

STEP 04 取消该选项前的对勾符号，即可在时间轴中隐藏关键帧，如图16-8所示。

图16-7 选择"显示视频关键帧"选项

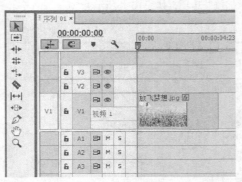

图16-8 隐藏关键帧

实战 344　调节关键帧

▶ 实例位置：光盘 \ 效果 \ 第 16 章 \ 实战 344.prproj
▶ 素材位置：光盘 \ 素材 \ 第 16 章 \ 实战 344.prproj
▶ 视频位置：光盘 \ 视频 \ 第 16 章 \ 实战 344.mp4

● 实例介绍 ●

用户在添加完关键帧后，可以适当调节关键帧的位置和属性，这样可以使运动效果更加流畅。

在Premiere Pro CC中，调节关键帧同样可以通过"时间线"和"效果控件"面板两种方法来完成。

● 操作步骤 ●

STEP 01 在"效果控件"面板中，用户只需要选择需要调节的关键帧，如图16-9所示。

STEP 02 然后按住鼠标左键将其拖曳至合适位置，即可完成关键帧的调节，如图16-10所示。

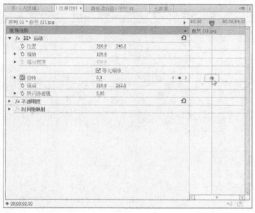

图16-9　选择需要调节的关键帧

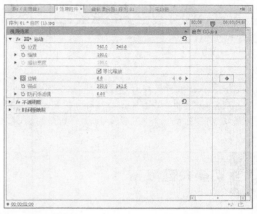

图16-10　调节关键帧

STEP 03 在"时间线"面板中调节关键帧时，不仅可以调整其位置，同时可以调节其参数的变化。当用户向上拖曳关键帧时，对应参数将增加，如图16-11所示。

STEP 04 反之，用户向下拖曳关键帧，对应参数将减少，如图16-12所示。

图16-11　向上调节关键帧

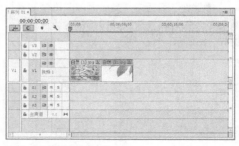

图16-12　向下调节关键帧

实战 345　复制和粘贴关键帧

▶ 实例位置：无
▶ 素材位置：无
▶ 视频位置：光盘 \ 视频 \ 第 16 章 \ 实战 345.mp4

● 实例介绍 ●

当用户需要创建多个相同参数的关键帧时，可以使用复制与粘贴关键帧的方法快速添加关键帧。

● 操作步骤 ●

STEP 01 在Premiere Pro CC中，用户首先需要复制关键帧。选择需要复制的关键帧后，单击鼠标右键，在弹出的快捷菜单中，选择"复制"选项，如图16-13所示。

STEP 02 接下来，拖曳"当前时间指示器"至合适位置，在"效果控件"面板内单击鼠标右键，在弹出的快捷菜单中，选择"粘贴"选项，如图16-14所示。执行操作后，即可复制一个相同的关键帧。

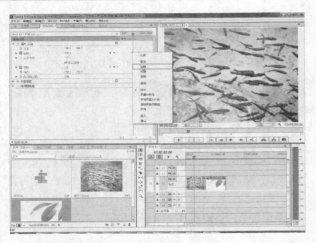

图16-13 选择"复制"选项

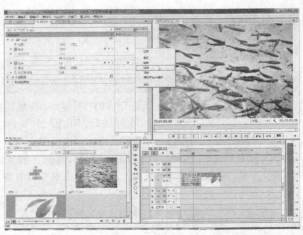

图16-14 选择"粘贴"选项

技巧点拨

在 Premiere Pro CC 中，用户还可以通过以下两种方法复制和粘贴关键帧。

单击"编辑"丨"复制"命令或者按 Ctrl + C 组合键，复制关键帧。

单击"编辑"丨"粘贴"命令或者按 Ctrl + V 组合键，粘贴关键帧。

实战 346 切换关键帧

▶ 实例位置：无
▶ 素材位置：无
▶ 视频位置：光盘\视频\第 16 章\实战 346.mp4

● 实例介绍 ●

在Premiere Pro CC中，用户可以在已添加的关键帧之间进行快速切换。

● 操作步骤 ●

STEP 01 在"效果控件"面板中选择已添加关键帧的素材后，单击"转到下一关键帧"按钮，即可快速切换至第二关键帧，如图16-15所示。

STEP 02 当用户单击"转到上一关键帧"时，即可切换至第一关键帧，如图16-16所示。

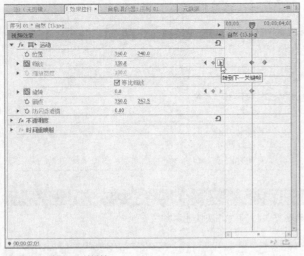

图16-15 转到下一关键帧

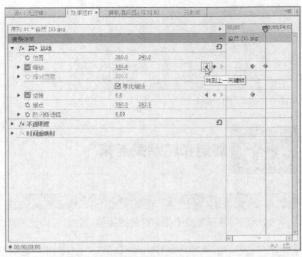

图16-16 转到上一关键帧

实战 347　删除关键帧

▶ 实例位置：无
▶ 素材位置：无
▶ 视频位置：光盘 \ 视频 \ 第 16 章 \ 实战 347.mp4

● 实例介绍 ●

在Premiere Pro CC中，当用户对添加的关键帧不满意时，可以将其删除，并重新添加新的关键帧。下面将介绍删除关键帧的操作方法。

● 操作步骤 ●

STEP 01 用户想要删除关键帧时，通过在"时间轴"面板中选中需要删除的关键帧，单击鼠标右键，在弹出的快捷菜单中选择"删除"选项，即可删除关键帧，如图16-17所示。当用户需要创建多个相同参数的关键帧时，便可使用复制与粘贴关键帧的方法快速添加关键帧。

STEP 02 如果用户需要删除素材中的所有关键帧，除了运用上述方法外，还可以直接单击"效果控件"面板中对应选项左侧的"切换动画"按钮，此时，系统将弹出信息提示框，如图16-18所示，单击"确定"按钮，即可清除素材中的所有关键帧。

图16-17　选择"删除"选项

图16-18　单击"确定"按钮

16.2 制作运动特效

通过对关键帧的学习，用户已经了解运动效果的基本原理了。在本节中可以从制作运动效果的一些基本操作开始学习，并逐渐熟练掌握各种运动特效的制作方法。

实战 348　制作飞行运动特效

▶ 实例位置：光盘 \ 效果 \ 第 16 章 \ 实战 348.prproj
▶ 素材位置：光盘 \ 素材 \ 第 16 章 \ 实战 348.prproj
▶ 视频位置：光盘 \ 视频 \ 第 16 章 \ 实战 348.mp4

● 实例介绍 ●

在制作运动特效的过程中，用户可以通过设置"位置"选项的参数得到一段镜头飞过的画面效果。下面将介绍飞行运动特效的操作方法。

● 操作步骤 ●

STEP 01 按Ctrl + O组合键，打开一个项目文件，如图16-19所示。

图16-19　打开项目文件

STEP 02 选择V2轨道上的素材文件，在"效果控件"面板中单击"位置"选项左侧的"切换动画"按钮，设置"位置"为（650.0、120.0）、"缩放"为25.0，如图16-20所示。

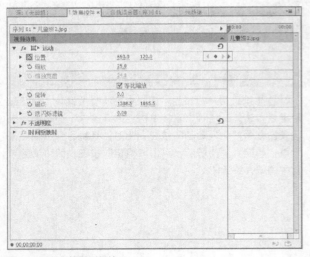

图16-20　添加第1个关键帧

STEP 04 拖曳时间指示器至00:00:04:00的位置，在"效果控件"面板中设置"位置"为（600.0、770.0），如图16-22所示。

技巧点拨

　　在Premiere Pro CC中经常会看到在一些镜头画面的上面飞过其他的镜头，同时两个镜头的视频内容照常进行，这就是设置运动方向的效果。在Premiere Pro CC中，视频的运动方向设置可以在"效果控件"面板的"运动"特效中得到实现，而"运动"特效是视频素材自带的特效，不需要在"效果"面板中选择特效即可进行应用。

STEP 03 拖曳时间指示器至00:00:02:00的位置，在"效果控件"面板中设置"位置"为（155.0、370.0），如图16-21所示。

图16-21　添加第2个关键帧

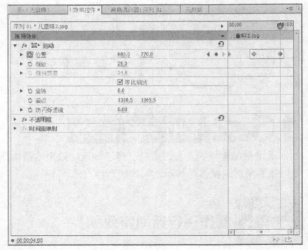

图16-22　添加第3个关键帧

STEP 05 执行操作后，即可制作飞行运动效果。将时间线移至素材的开始位置，在"节目监视器"面板中，单击"播放停止切换"按钮，即可预览飞行运动效果，如图16-23所示。

图16-23　预览视频效果

实战 349 制作缩放运动特效

▶实例位置：光盘\效果\第 16 章\实战 349.prproj
▶素材位置：光盘\素材\第 16 章\实战 349.prproj
▶视频位置：光盘\视频\第 16 章\实战 349.mp4

• 实例介绍 •

“缩放”运动效果是指对象以从小到大或从大到小的形式展现在观众的眼前。

• 操作步骤 •

STEP 01 按Ctrl＋O组合键，打开一个项目文件，如图16-24所示。

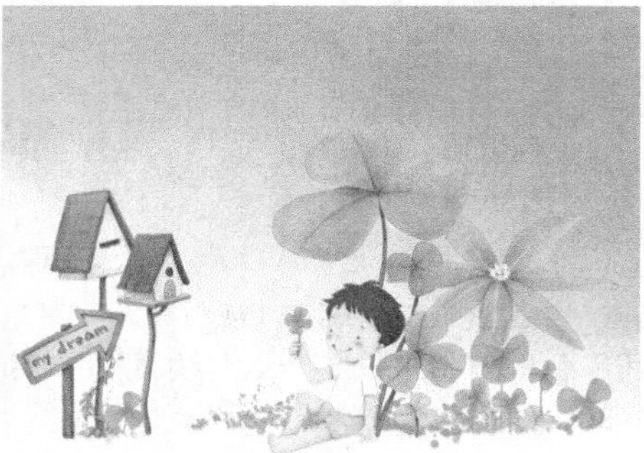

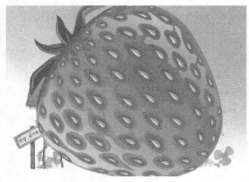

图16-24　打开项目文件

STEP 02 选择V1轨道上的素材文件，在“效果控件”面板中设置“缩放”为99.0，如图16-25所示。

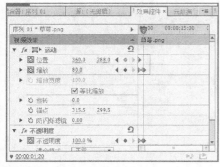

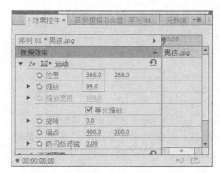

图16-25　设置“缩放”为99.0

STEP 03 设置视频缩放效果后，在“节目监视器”面板中可以查看素材画面，如图16-26所示。

图16-26　查看素材画面

STEP 04 选择V2轨道上的素材，在“效果控件”面板中，单击“位置”“缩放”及“不透明度”选项左侧的“切换动画”按钮，设置“位置”为（360.0、288.0）、“缩放”为0.0、“不透明度”为0.0%，如图16-27所示。

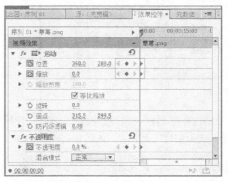

图16-27　添加第1组关键帧

STEP 05 拖曳时间指示器至00:00:01:20的位置，设置“缩放”为80.0、“不透明度”为100.0%，如图16-28所示。

图16-28　添加第2组关键帧

STEP 06 单击“位置”选项右侧的“添加/移除关键帧”按钮，如图16-29所示，即可添加关键帧。

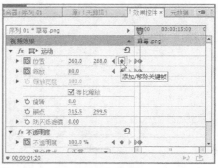

图16-29　单击“添加/移除关键帧”按钮

STEP 07 拖曳时间指示器至00:00:04:10的位置,选择"运动"选项,如图16-30所示。

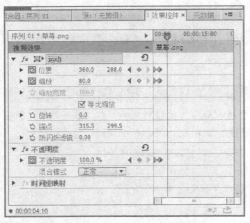

图16-30 选择"运动"选项

STEP 08 执行操作后,在"节目监视器"面板中显示运动控件,如图16-31所示。

图16-31 显示运动控件

STEP 09 在"节目监视器"面板中,单击运动控件的中心并拖曳以调整素材位置,拖曳素材四周的控制点以调整素材大小,如图16-32所示。

图16-32 调整素材

STEP 10 切换至"效果"面板,展开"视频效果"|"透视"选项,使用鼠标左键双击"投影"选项,如图16-33所示,即可为选择的素材添加投影效果。

图16-33 双击"投影"选项

STEP 11 在"效果控件"面板中展开"投影"选项,设置"距离"为10.0、"柔和度"为15.0,如图16-34所示。

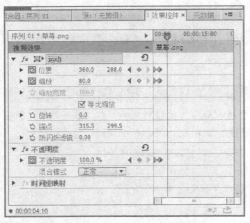

图16-34 设置相应选项

STEP 12 单击"播放-停止切换"按钮,预览视频效果,如图16-35所示。

图16-35 预览视频效果

技巧点拨

　　在 Premiere Pro CC 中，缩放运动效果在影视节目中运用得比较频繁。该效果不仅操作简单，而且制作的画面对比较强，表现力丰富。在工作界面中，为影片素材制作缩放运动效果后，如果对效果不满意，可以展开"特效控制台"面板，在其中设置相应"缩放"参数，即可以改变缩放运动效果。

实战 350	制作旋转降落特效	▶ 实例位置：光盘 \ 效果 \ 第 16 章 \ 实战 350.prproj ▶ 素材位置：光盘 \ 素材 \ 第 16 章 \ 实战 350.prproj ▶ 视频位置：光盘 \ 视频 \ 第 16 章 \ 实战 350.mp4

● 实例介绍 ●

　　在 Premiere Pro CC 中，旋转运动效果可以使素材围绕指定的轴进行旋转。

● 操作步骤 ●

STEP 01 按 Ctrl + O 组合键，打开一个项目文件，如图 16-36 所示。

STEP 02 在"项目"面板中选择素材文件，分别添加到"时间轴"面板中的 V1 与 V2 轨道上，如图 16-37 所示。

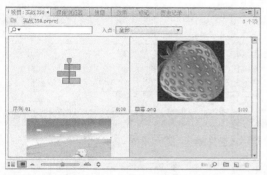

图16-36　打开项目文件

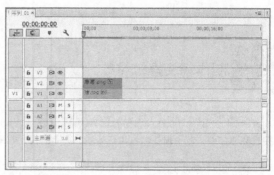

图16-37　添加素材文件

STEP 03 选择 V2 轨道上的素材文件，切换至"效果控件"面板，设置"位置"为（360.0、-30.0）、"缩放"为 9.5；单击"位置"与"旋转"选项左侧的"切换动画"按钮，添加关键帧，如图 16-38 所示。

STEP 04 拖曳时间指示器至 00:00:00:13 的位置，在"效果控件"面板中设置"位置"为（360.0、50.0）、"旋转"为 -180.0°，如图 16-39 所示。

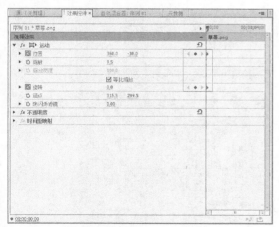

图16-38　添加第1组关键帧

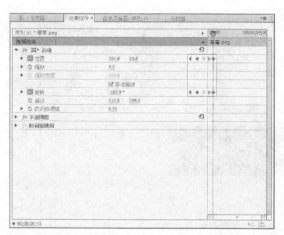

图16-39　添加第2组关键帧

STEP 05 拖曳时间指示器至 00:00:03:00 的位置，在"效果控件"面板中设置"位置"为（600.0、350.0）、"旋转"为 2.0°，添加关键帧，如图 16-40 所示。

STEP 06 单击"播放-停止切换"按钮，预览视频效果，如图 16-41 所示。

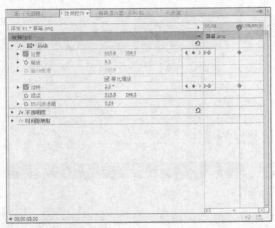

图16-40　添加第3组关键帧

图16-41　预览视频效果

技巧点拨

　　在"效果控件"面板中，"旋转"选项是指以对象的轴心为基准，使对象进行旋转，用户可对对象进行任意角度的旋转。

实战 351　制作镜头推拉特效

▶ 实例位置：光盘 \ 效果 \ 第16章 \ 实战351.prproj
▶ 素材位置：光盘 \ 素材 \ 第16章 \ 实战351.prproj
▶ 视频位置：光盘 \ 视频 \ 第16章 \ 实战351.mp4

● 实例介绍 ●

　　在视频节目中，制作镜头的推拉可以增加画面的视觉效果。下面介绍如何制作镜头的推拉效果。

● 操作步骤 ●

STEP 01 按Ctrl＋O组合键，打开一个项目文件，如图16-42所示。

STEP 02 在"项目"面板中选择"爱的婚纱.jpg"素材文件，并将其添加到"时间轴"面板中的V1轨道上，如图16-43所示。

图16-42　打开项目文件

图16-43　添加素材文件

STEP 03 选择V1轨道上的素材文件，在"效果控件"面板中设置"缩放"为95.0，如图16-44所示。

STEP 04 将"爱的婚纱.png"素材文件添加到"时间轴"面板中的V2轨道上，如图16-45所示。

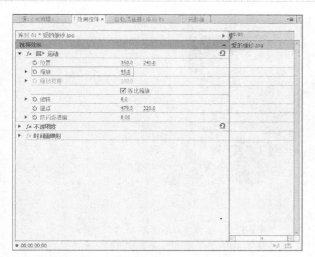

图16-44 设置"缩放"为95.0

图16-45 添加素材文件

STEP 05 选择V2轨道上的素材，在"效果控件"面板中单击"位置"与"缩放"选项左侧的"切换动画"按钮，设置"位置"为（110.0、90.0）、"缩放"为10.0，如图16-46所示。

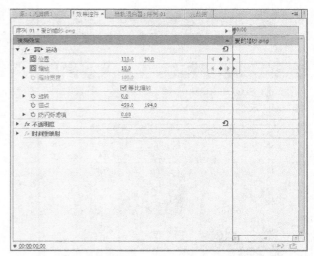

图16-46 添加第1组关键帧

STEP 06 拖曳时间指示器至00:00:02:00的位置，设置"位置"为（600.0、90.0）、"缩放"为25.0，如图16-47所示。

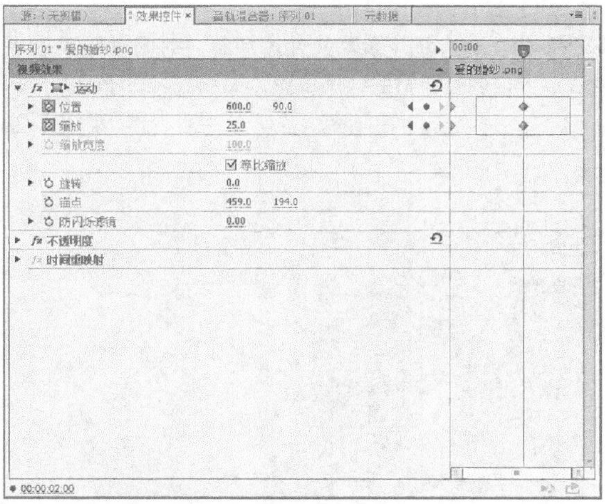

STEP 07 拖曳时间指示器至00:00:03:00的位置，设置"位置"为（350.0、160.0）、"缩放"为30.0，如图16-48所示。

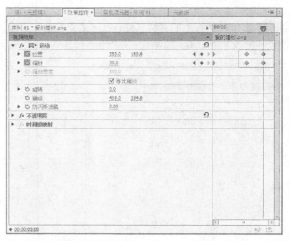

图16-47 添加第2组关键帧

图16-48 添加第3组关键帧

STEP 08 单击"播放-停止切换"按钮，预览视频效果，如图16-49所示。

图16-49 预览视频效果

实战 352 制作字幕漂浮特效

▶ 实例位置：光盘 \ 效果 \ 第16章 \ 实战352.prproj
▶ 素材位置：光盘 \ 素材 \ 第16章 \ 实战352.prproj
▶ 视频位置：光盘 \ 视频 \ 第16章 \ 实战352.mp4

● 实例介绍 ●

字幕漂浮效果主要是通过调整字幕的位置来制作运动效果，然后为字幕添加透明度效果来制作漂浮的效果。

● 操作步骤 ●

STEP 01 按Ctrl + O组合键，打开一个项目文件，如图16-50所示。

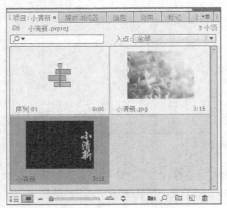

图16-50 打开项目文件

STEP 03 选择V1轨道上的素材文件，在"效果控件"面板中设置"缩放"为77.0，如图16-52所示。

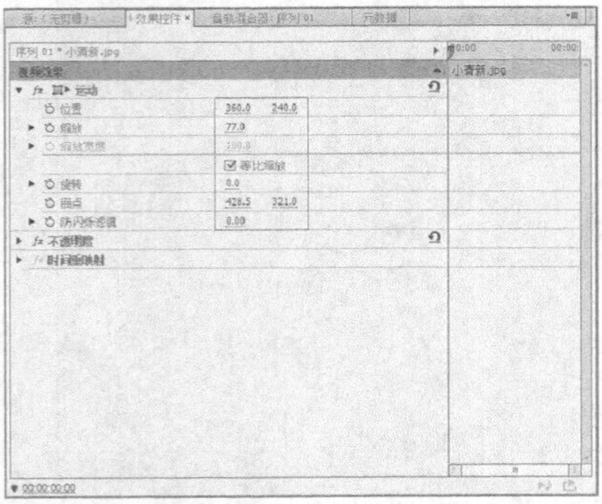

STEP 02 在"项目"面板中选择"小清新.jpg"素材文件，并将其添加到"时间轴"面板中的V1轨道上，如图16-51所示。

图16-51 添加素材文件

STEP 04 将"小清新"字幕文件添加到"时间轴"面板中的V2轨道上，调整素材的区间位置，如图16-53所示。

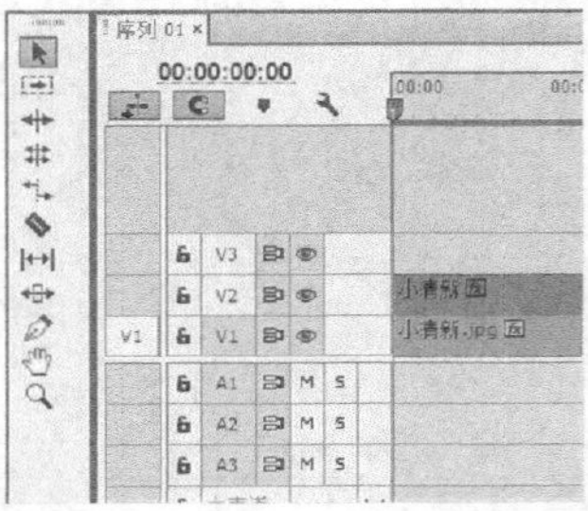

图16-52 设置"缩放"为77.0

图16-53 添加字幕文件

STEP 05 在"时间轴"面板中添加素材后，在"节目监视器"面板中可以查看素材画面，如图16-54所示。

图16-54　查看素材画面

STEP 06 选择V2轨道上的素材，切换至"效果"面板，展开"视频效果"|"扭曲"选项，双击"波形变形"选项，如图16-55所示，即可为选择的素材添加波形变形效果。

图16-55　双击"波形变形"选项

STEP 07 在"效果控件"面板中，单击"位置"与"不透明度"选项左侧的"切换动画"按钮，设置"位置"为（150.0、250.0）、"不透明度"为50.0%，如图16-56所示。

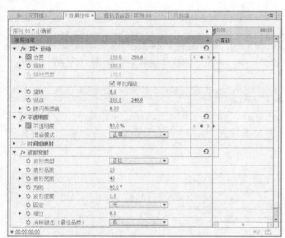

图16-56　添加第1组关键帧

STEP 08 拖曳时间指示器至00:00:02:00的位置，设置"位置"为（300.0、300.0）、"不透明度"为60.0%，如图16-57所示。

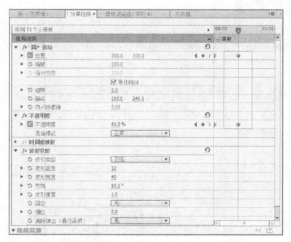

图16-57　添加第2组关键帧

STEP 09 拖曳时间指示器至00:00:03:24的位置，设置"位置"为（450.0、250.0）、"不透明度"为100.0%，如图16-58所示。

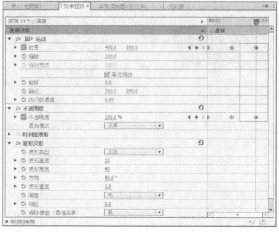

图16-58　添加第3组关键帧

STEP 10 单击"播放-停止切换"按钮，预览视频效果，如图16-59所示。

图16-59　预览视频效果

技巧点拨

在Premiere Pro CC中，字幕漂浮效果是指为文字添加波浪特效后，通过设置相关的参数，可以模拟水波流动的效果。

实战
353　制作字幕逐字输出特效

▶ 实例位置：光盘\效果\第16章\实战353.prproj
▶ 素材位置：光盘\素材\第16章\实战353.prproj
▶ 视频位置：光盘\视频\第16章\实战353.mp4

● 实例介绍 ●

在Premiere Pro CC中，用户可以通过"裁剪"特效制作字幕逐字输出效果。下面介绍制作字幕逐字输出效果的操作方法。

● 操作步骤 ●

STEP 01 按Ctrl + O组合键，打开一个项目文件，如图16-60所示。

STEP 02 在"项目"面板中选择"幸福恋人.jpg"素材文件，并将其添加到"时间轴"面板中的V1轨道上，如图16-61所示。

图16-60　打开项目文件

图16-61　添加素材文件

STEP 03 选择V1轨道上的素材文件，在"效果控件"面板中设置"缩放"为80.0，如图16-62所示。

STEP 04 将"幸福恋人"字幕文件添加到"时间轴"面板中的V2轨道上，按住Shift键的同时，选择两个素材文件，单击鼠标右键，在弹出的快捷菜单中选择"速度/持续时间"选项，如图16-63所示。

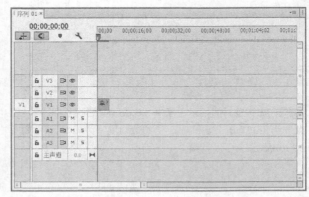

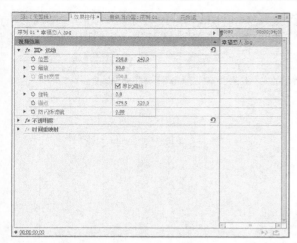

图16-62　设置"缩放"为80.0

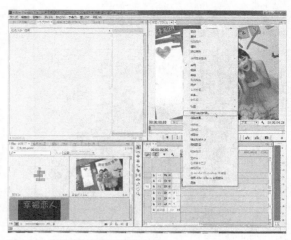

图16-63　选择"速度/持续时间"选项

STEP 05 在弹出的"剪辑速度/持续时间"对话框中设置"持续时间"为00:00:10:00，如图16-64所示。

图16-64　设置"持续时间"参数

STEP 06 单击"确定"按钮，设置持续时间。在"时间轴"面板中选择V2轨道上的字幕文件，如图16-65所示。

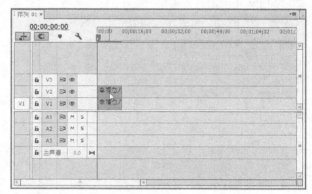

图16-65　选择字幕文件

STEP 07 切换至"效果"面板，展开"视频效果"|"变换"选项，使用鼠标左键双击"裁剪"选项，如图16-66所示，即可为选择的素材添加裁剪效果。

图16-66　双击"裁剪"选项

STEP 08 在"效果控件"面板中展开"裁剪"选项，拖曳时间指示器至00:00:00:12的位置，单击"右侧"与"底对齐"选项左侧的"切换动画"按钮，设置"右侧"为100.0%、"底对齐"为81.0%，如图16-67所示。

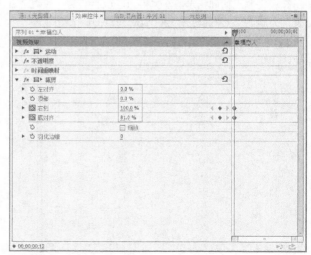

图16-67　设置相应选项

STEP 09 执行上述操作后，在"节目监视器"面板中可以查看素材画面，如图16-68所示。

图16-68　查看素材画面

STEP 11 拖曳时间指示器至00:00:01:00的位置，设置"右侧"为78.5%，如图16-70所示。

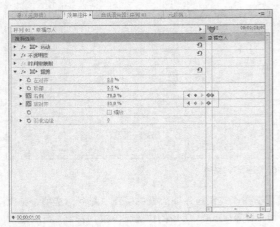

图16-70　添加第3组关键帧

STEP 13 拖曳时间指示器至00:00:02:00的位置，设置"右侧"为71.5%、"底对齐"为0.0%，如图16-72所示。

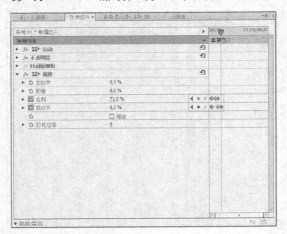

图16-72　添加第5组关键帧

STEP 10 拖曳时间指示器至00:00:00:13的位置，设置"右侧"为83.0%、"底对齐"为81.0%，如图16-69所示。

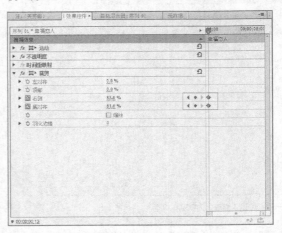

图16-69　添加第2组关键帧

STEP 12 拖曳时间指示器至00:00:01:13的位置，设置"右侧"为71.5%、"底对齐"为81.0%，如图16-71所示。

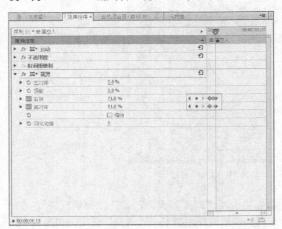

图16-71　添加第4组关键帧

STEP 14 用与上述同样的方法，在时间轴上的其他位置添加相应的关键帧，并设置关键帧的参数，如图16-73所示。

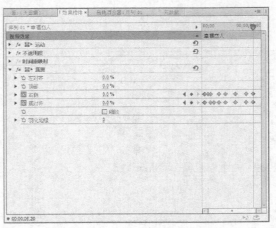

图16-73　添加其他关键帧

STEP 15 单击"播放–停止切换"按钮,预览视频效果,如图16-74所示。

图16-74 预览视频效果

实战 354 制作字幕立体旋转特效

▶ 实例位置:光盘 \ 效果 \ 第 16 章 \ 实战 354.prproj
▶ 素材位置:光盘 \ 素材 \ 第 16 章 \ 实战 354.prproj
▶ 视频位置:光盘 \ 视频 \ 第 16 章 \ 实战 354.mp4

● 实例介绍 ●

在Premiere Pro CC中,用户可以通过"基本3D"特效制作字幕立体旋转效果。下面介绍制作字幕立体旋转效果的操作方法。

● 操作步骤 ●

STEP 01 按Ctrl + O组合键,打开一个项目文件,如图16-75所示。

STEP 02 在"项目"面板中选择"美丽风景.jpg"素材文件,并将其添加到"时间轴"面板中的V1轨道上,如图16-76所示。

图16-75 打开项目文件

图16-76 添加素材文件

STEP 03 选择V1轨道上的素材文件,在"效果控件"面板中设置"缩放"为80.0,如图16-77所示。

STEP 04 将"美丽风景"字幕文件添加到"时间轴"面板中的V2轨道上,如图16-78所示。

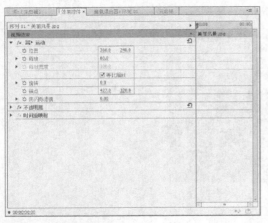

图16-77　设置"缩放"为80.0

图16-78　添加字幕文件

STEP 05　选择V2轨道上的素材，在"效果控件"面板中设置"位置"为（360.0、260.0），如图16-79所示。

STEP 06　切换至"效果"面板，展开"视频效果"|"透视"选项，使用鼠标左键双击"基本3D"选项，如图16-80所示，即可为选择的素材添加基本3D效果。

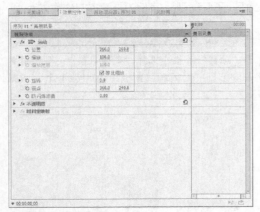

图16-79　设置"位置"参数

图16-80　双击"基本3D"选项

STEP 07　拖曳时间指示器到时间轴的开始位置，在"效果控件"面板中展开"基本3D"选项，单击"旋转""倾斜"及"与图像的距离"选项左侧的"切换动画"按钮，设置"旋转"为0.0°、"倾斜"为0.0°、"与图像的距离"为100.0，如图16-81所示。

STEP 08　拖曳时间指示器至00:00:01:00的位置，设置"旋转"为1×0.0°、"倾斜"为1×0.0°、"与图像的距离"为200.0，如图16-82所示。

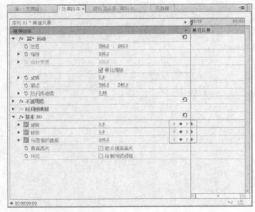

图16-81　添加第1组关键帧

图16-82　添加第2组关键帧

STEP 09 拖曳时间指示器至00:00:02:00的位置，设置"旋转"为1×0.0°、"倾斜"为1×0.0°、"与图像的距离"为100.0，如图16-83所示。

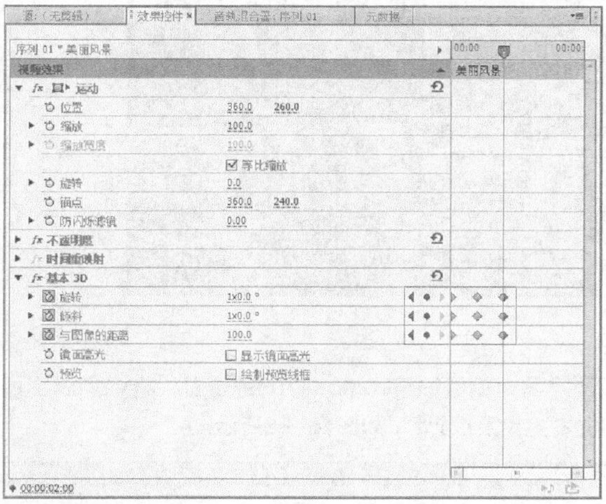

STEP 10 拖曳时间指示器至00:00:03:00的位置，设置"旋转"为2×0.0°、"倾斜"为2×0.0°、"与图像的距离"为0.0，如图16-84所示。

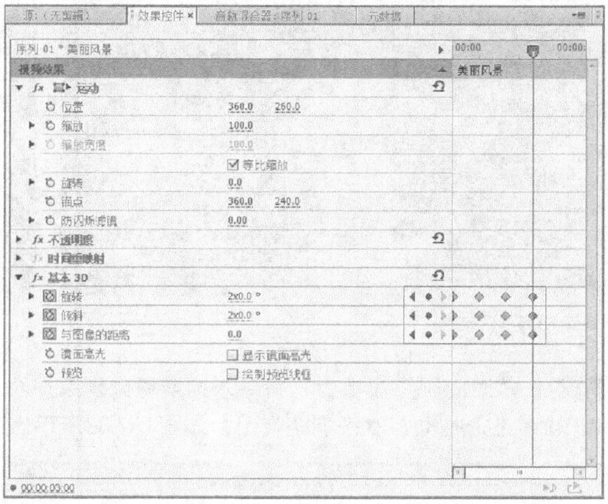

图16-83　添加第2组关键帧

图16-84　添加第3组关键帧

STEP 11 单击"播放-停止切换"按钮，预览视频效果，如图16-85所示。

图16-85　预览视频效果

16.3 制作画中画特效

　　画中画效果是在影视节目中常用的技巧之一，是指利用数字技术，在同一屏幕上显示两个画面。本节将详细介绍画中画的相关基础知识及制作方法，以供读者掌握。

实战 355 导入画中画特效

▶ 实例位置：光盘 \ 效果 \ 第16章 \ 实战355.prproj
▶ 素材位置：光盘 \ 素材 \ 第16章 \ 实战355.prproj
▶ 视频位置：光盘 \ 视频 \ 第16章 \ 实战355.mp4

● 实例介绍 ●

　　画中画是以高科技为载体，将普通的平面图像转化为层次分明、全景多变的精彩画面。在Premiere Pro CC中，制作画中画运动效果之前，首先需要导入影片素材。

● 操作步骤 ●

STEP 01 按Ctrl + O组合键，打开一个项目文件，如图16-86所示。

图16-86　打开项目文件

STEP 02 在"时间轴"面板上，将导入的素材分别添加至V1和V2轨道上，拖动控制条调整视图，如图16-87所示。

STEP 03 将时间线移至00:00:06:00的位置，将V2轨道上的素材向右拖曳至6秒处，如图16-88所示。

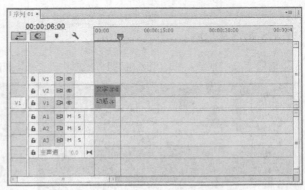

图16-87　添加素材图像

图16-88　拖曳鼠标

知识扩展

画中画的基础认识：

画中画效果是指在正常观看的主画面上，同时插入一个或多个经过压缩的子画面，以便在欣赏主画面的同时，观看其他影视效果。通过数字化处理，生成景物远近不同、具有强烈视觉冲击力的全景图像，给人一种身在画中的全新视觉享受。

画中画效果不仅可以同步显示多个不同的画面，还可以显示两个或多个内容相同画面效果，让画面产生万花筒的特殊效果。

➤ 画中画在天气预报的应用

随着计算机的普及，画中画效果逐渐成为天气预报节目中常用的播放技巧。

在天气预报节目中，大部分都是运用了画中画效果来进行播放的。工作人员通过后期的制作，将两个画面和合成至一个背景中，得到最终天气预报的效果。

➤ 画中画在新闻播报的应用

画中画效果在新闻播放节目中的应用也十分广泛。在新闻联播中，常常会看到节目主持人的右上角出来一个新的画面，这些画面通常是为了配合主持人报道新闻。

➤ 画中画在影视广告宣传的应用

影视广告是非常奏效而且覆盖面较广的广告传播方法之一。

在随着数码科技的发展，这种画中画效果被许多广告产业搬上了银幕中，加入了画中画效果的宣传动画，常常可以表现出更加明显的宣传效果。

➤ 画中画在显示器中的应用

如今网络电视的不断普及，以及大屏显示器的出现，画中画在显示器中的应用也并非人们想象中的那么"鸡肋"。在市场上，华硕VE276Q和三星P2370HN为代表的带有画中画功能的显示器的出现，受到了用户的一致认可，同时也将显示器的娱乐性进一步增强了。

<table>
<tr><td rowspan="2">实战
356</td><td rowspan="2">制作画中画特效</td><td>▶ 实例位置：光盘 \ 效果 \ 第 16 章 \ 实战 356.prproj</td></tr>
</table>

实战 356	制作画中画特效	▶ 实例位置：光盘 \ 效果 \ 第 16 章 \ 实战 356.prproj ▶ 素材位置：光盘 \ 素材 \ 第 16 章 \ 实战 356.prproj ▶ 视频位置：光盘 \ 视频 \ 第 16 章 \ 实战 356.mp4

● 实例介绍 ●

在添加完素材后，用户可以继续对画中画素材设置运动效果。接下来将介绍如何设置画中画的特效属性。

● 操作步骤 ●

STEP 01 以实战355的效果为例，将时间线移至素材的开始位置，选择V1轨道上的素材，在"效果控件"面板中，单击"位置"和"缩放"左侧的"切换动画"按钮，添加一组关键帧，如图16-89所示。

STEP 02 选择V2轨道上的素材，设置"缩放"为20.0，在"节目监视器"面板中，将选择的素材拖曳至面板左上角，单击"位置"和"缩放"左侧前的"切换动画"按钮，添加关键帧，如图16-90所示。

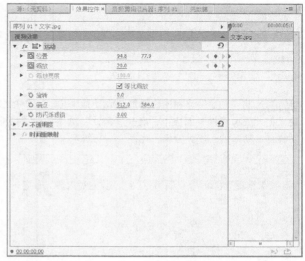

图16-89　添加关键帧（1）

图16-90　添加关键帧（2）

STEP 03 将时间线移至00:00:00:18的位置，选择V2轨道中的素材，在"节目监视器"面板中沿水平方向向右拖曳素材，系统会自动添加一个关键帧，如图16-91所示。

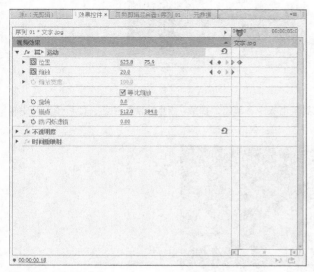

图16-91　添加关键帧（3）

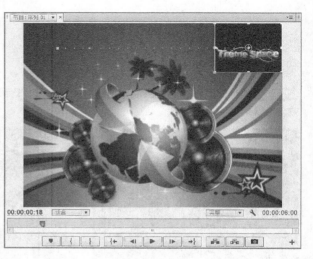

STEP 04 将时间线移至00:00:01:00的位置，选择V2轨道中的素材，在"节目监视器"面板中垂直向下方向拖曳素材，系统会自动添加一个关键帧，如图16-92所示。

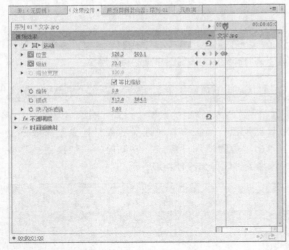
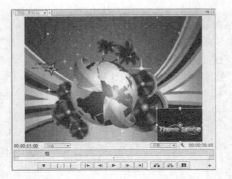

图16-92 添加关键帧（4）

STEP 05 将"动感"素材图像添加至V3轨道00:00:01:04的位置中，选择V3轨道上的素材，将时间线移至00:00:01:05的位置，在"效果控件"面板中，展开"运动"选项，设置"缩放"为40.0，在"节目监视器"面板中向右上角拖曳素材，系统会自动添加一组关键帧，如图16-93所示。

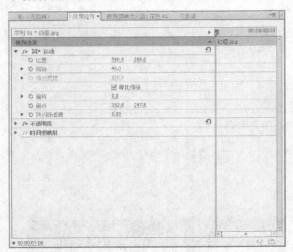

图16-93 添加关键帧（5）

STEP 06 执行操作后，即可制作画中画效果。在"节目监视器"面板中，单击"播放–停止切换"按钮，即可预览画中画效果，如图16-94所示。

图16-94 预览画中画效果

第 **17** 章

影视视频的设置与导出

本章导读

在 Premiere Pro CC 中，当用户完成一段影视内容的编辑，并且对编辑的效果感到满意时，可以将其输出成各种不同格式的文件。在导出视频时，用户需要对视频的格式、预设、输出名称和位置及其他选项进行设置，本章主要介绍如何设置影片输出的参数，并将影片输出成各种不同格式的文件。

要点索引
● 视频参数的设置
● 影视文件的导出

17.1 视频参数的设置

在导出视频时，用户需要对视频的格式、预设、输出名称和位置及其他选项进行设置。本节将介绍"导出设置"对话框及导出视频所需要设置的参数。

实战 357 设置视频预览区域

▶ 实例位置：无
▶ 素材位置：光盘＼素材＼第17章＼实战357.prproj
▶ 视频位置：光盘＼视频＼第17章＼实战357.mp4

● 实例介绍 ●

视频预览区域主要用来预览视频效果。下面将介绍设置视频预览区域的操作方法。

● 操作步骤 ●

STEP 01 按Ctrl＋O组合键，打开一个项目文件，如图17-1所示。

图17-1 打开项目文件

STEP 02 在Premiere Pro CC的界面中，单击"文件"｜"导出"｜"媒体"命令，如图17-2所示。

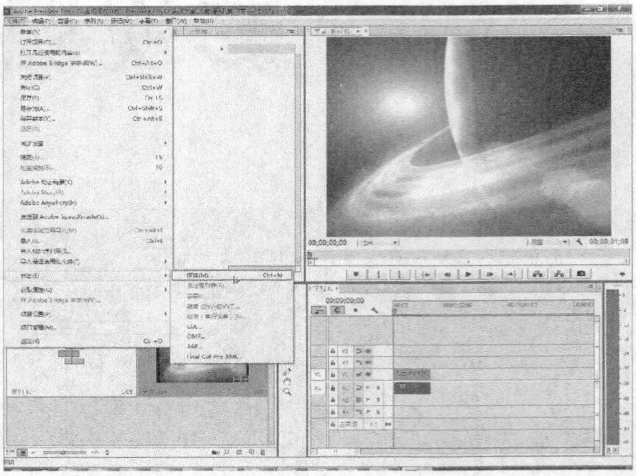

图17-2 单击"媒体"命令

STEP 03 弹出"导出设置"对话框，拖曳窗口底部的"当前时间指示器"查看导出的影视效果，如图17-3所示。

图17-3 查看影视效果

STEP 04 单击对话框左上角的"裁剪输出视频"按钮，视频预览区域中的画面将显示4个调节点，拖曳其中的某个点，即可裁剪输出视频的范围，如图17-4所示。

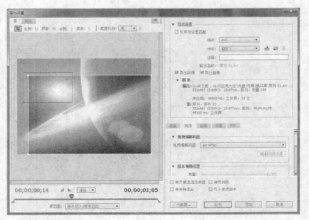

图17-4 裁剪视频范围

<table>
<tr><td rowspan="2">实战
358</td><td rowspan="2">设置参数设置区域</td><td>▶ 实例位置：无</td></tr>
<tr><td>▶ 素材位置：光盘 \ 素材 \ 第 17 章 \ 实战 358.prproj
▶ 视频位置：光盘 \ 视频 \ 第 17 章 \ 实战 358.mp4</td></tr>
</table>

● 实例介绍 ●

"参数设置区域"选项区中的各参数决定着影片的最终效果，用户可以在这里设置视频参数。

● 操作步骤 ●

STEP 01 以实战357的素材为例，单击"格式"选项右侧的下三角按钮，在弹出的列表框中选择"MPEG4"作为当前导出的视频格式，如图17-5所示。

STEP 02 根据导出视频格式的不同，设置"预设"选项。单击"预设"选项右侧的下三角按钮，在弹出的列表框中选择3GPP 352×288 H.263选项，如图17-6所示。

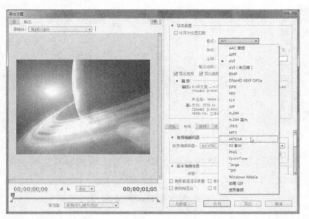

图17-5　设置导出格式

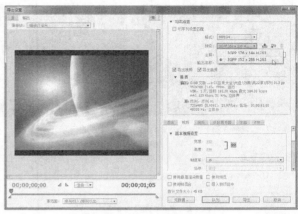

图17-6　选择相应选项

STEP 03 单击"输出名称"右侧的超链接，如图17-7所示。

STEP 04 弹出"另存为"对话框，设置文件名和储存位置，如图17-8所示，单击"保存"按钮，即可完成视频参数的设置。

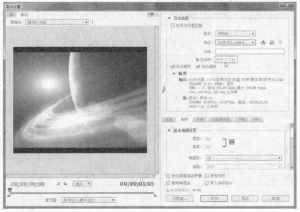

图17-7　单击超链接

图17-8　设置文件名和储存位置

17.2　影视文件的导出

随着视频格式的增加，Premiere Pro CC会根据所选文件的不同，调整不同的视频输出选项，以便用户更为快捷地调整视频的设置。本节主要介绍影视文件的导出方法。

实战 359 导出编码文件

▶ 实例位置：光盘 \ 效果 \ 第 17 章 \ 实战 359.prproj
▶ 素材位置：光盘 \ 素材 \ 第 17 章 \ 实战 359.prproj
▶ 视频位置：光盘 \ 视频 \ 第 17 章 \ 实战 359.mp4

● 实例介绍 ●

编码文件就是现在常见的AVI格式文件，这种格式的文件兼容性好、调用方便、图像质量好。下面将介绍导出编码文件的操作方法。

● 操作步骤 ●

STEP 01 按Ctrl + O组合键，打开一个项目文件，如图17-9所示。

图17-9　打开项目文件

STEP 02 单击"文件" | "导出" | "媒体"命令，如图17-10所示。

图17-10　单击"媒体"命令

STEP 04 在"导出设置"选项区中设置"格式"为AVI、"预设"为"NTSC DV宽银幕"，如图17-12所示。

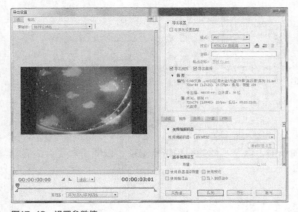

图17-12　设置参数值

STEP 03 执行上述操作后，弹出"导出设置"对话框，如图17-11所示。

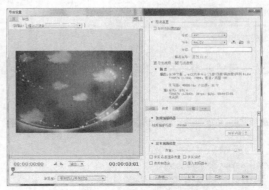

图17-11　"导出设置"对话框

STEP 05 单击"输出名称"右侧的超链接，弹出"另存为"对话框，在其中设置保存位置和文件名，如图17-13所示。

图17-13　设置保存位置和文件名

STEP 06 设置完成后，单击"保存"按钮，然后单击对话框右下角的"导出"按钮，如图17-14所示。

STEP 07 执行上述操作后，弹出"编码 序列01"对话框，开始导出编码文件，并显示导出进度，如图17-15所示。导出完成后，即可完成编码文件的导出。

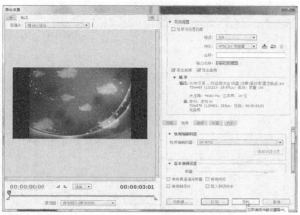

图17-14　单击"导出"按钮

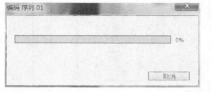

图17-15　显示导出进度

实战 360　导出EDL文件

▶ 实例位置：光盘 \ 效果 \ 第 17 章 \ 实战 360.edl
▶ 素材位置：光盘 \ 素材 \ 第 17 章 \ 实战 360.prproj
▶ 视频位置：光盘 \ 视频 \ 第 17 章 \ 实战 360.mp4

● 实例介绍 ●

在Premiere Pro CC中，用户不仅可以将视频导出为编码文件，还可以根据需要将其导出为EDL视频。

● 操作步骤 ●

STEP 01 按Ctrl + O组合键，打开一个项目文件，如图17-16所示。

STEP 02 单击"文件"｜"导出"｜"EDL"命令，如图17-17所示。

图17-16　打开项目文件

图17-17　单击"EDL"命令

技巧点拨

在 Premiere Pro CC 中，EDL 是一种广泛应用于视频编辑领域的编辑交换文件，其作用是记录用户对素材的各种编辑操作。这样，用户便可以在所有支持 EDL 文件的编辑软件内共享编辑项目，或通过替换素材来实现影视节目的快速编辑与输出。

STEP 03 弹出"EDL导出设置"对话框，单击"确定"按钮，如图17-18所示。

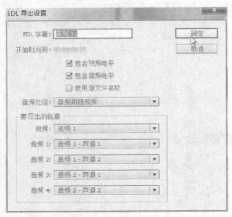

图17-18 单击"确定"按钮

STEP 04 弹出"将序列另存为 EDL"对话框，设置文件名和保存路径，如图17-19所示。

图17-19 设置文件名和保存路径

STEP 05 单击"保存"按钮，即可导出EDL文件。

技巧点拨

EDL文件在存储时只保留两轨的初步信息，因此在用到多于两轨道的视频时，两轨道以上的视频信息便会丢失。

实战 361 导出OMF文件

▶ 实例位置：光盘 \ 效果 \ 第17章 \ 实战361.omf
▶ 素材位置：光盘 \ 素材 \ 第17章 \ 实战361.prproj
▶ 视频位置：光盘 \ 视频 \ 第17章 \ 实战361.mp4

● 实例介绍 ●

在Premiere Pro CC中，OMF是由Avid推出的一种音频封装格式，能够被多种专业的音频封装格式。

● 操作步骤 ●

STEP 01 按Ctrl + O组合键，打开一个项目文件，如图17-20所示。

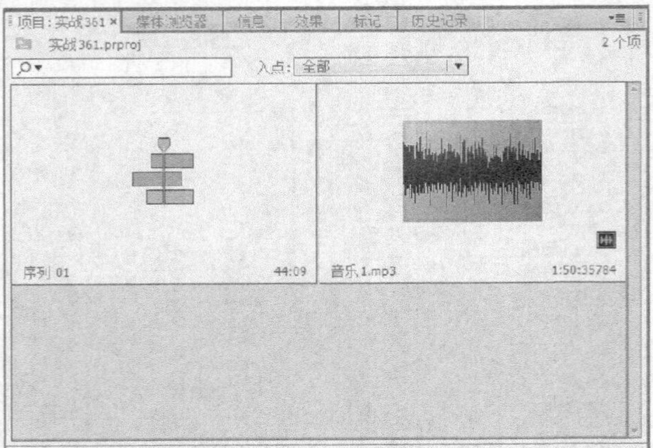

STEP 02 单击"文件" | "导出" | "OMF"命令，如图17-21所示。

图17-20 打开项目文件

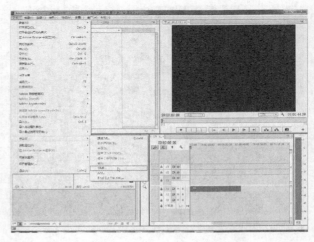

图17-21 单击OMF命令

STEP 03 弹出"OMF导出设置"对话框，单击"确定"按钮，如图17-22所示。

STEP 04 弹出"将序列另存为 OMF"对话框，设置文件名和路径，如图17-23所示。

图17-22 单击"确定"按钮 图17-23 设置文件名和保存路径

STEP 05 单击"保存"按钮，弹出"将媒体文件导出到 OMF 文件夹"对话框，同时显示输出进度，如图17-24所示。

STEP 06 输出完成后，弹出"OMF 导出信息"对话框，显示OMF的输出信息，如图17-25所示，单击"确定"按钮即可。

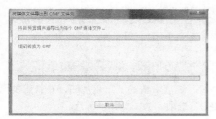

图17-24 显示输出进度 图17-25 显示OMF导出信息

知识扩展

设置音频参数：

首先，需要在"导出设置"对话框中设置"格式"为 MP3，并设置"预设"为"MP3 256kbps 高质量"，如图 17-26 所示。接下来，用户只需要设置导出音频的文件名和保存位置，单击"输出名称"右侧的相应超链接，弹出"另存为"对话框，设置文件名和储存位置，如图 17-27 所示。单击"保存"按钮，即可完成音频参数的设置。

图17-26 设置相关选项 图17-27 设置文件名和储存位置

知识扩展

设置滤镜参数：

在 Premiere Pro CC 中，用户还可以为需要导出的视频添加"高斯模糊"滤镜效果，让画面效果产生朦胧的模糊效果。

设置滤镜参数的具体方法是：首先，用户需要设置导出视频的"格式"为 AVI；接下来，切换至"滤镜"选项卡，选中"高斯模糊"复选框，设置"模糊度"为11、"模糊尺寸"为"水平和垂直"，如图 17-28 所示。

设置完成后，用户可以在"视频预览区域"中单击"导出"标签，切换至"输出"选项卡，查看输出视频的模糊效果，如图 17-29 所示。

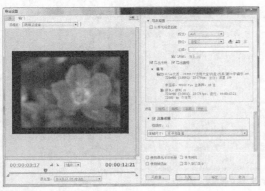

图17-28 设置"滤镜"参数

图17-29 查看模糊效果

实战 362 导出MP3文件

▶ 实例位置：光盘 \ 效果 \ 第 17 章 \ 实战 362.mp3
▶ 素材位置：光盘 \ 素材 \ 第 17 章 \ 实战 362.prproj
▶ 视频位置：光盘 \ 视频 \ 第 17 章 \ 实战 362.mp4

● 实例介绍 ●

MP3格式的音频文件凭借高采样率的音质、占用空间少的特性，成为了目前最为流行的一种音乐文件。

● 操作步骤 ●

STEP 01 按Ctrl + O组合键，打开一个项目文件，如图17-30所示。单击"文件"|"导出"|"媒体"命令，弹出"导出设置"对话框。

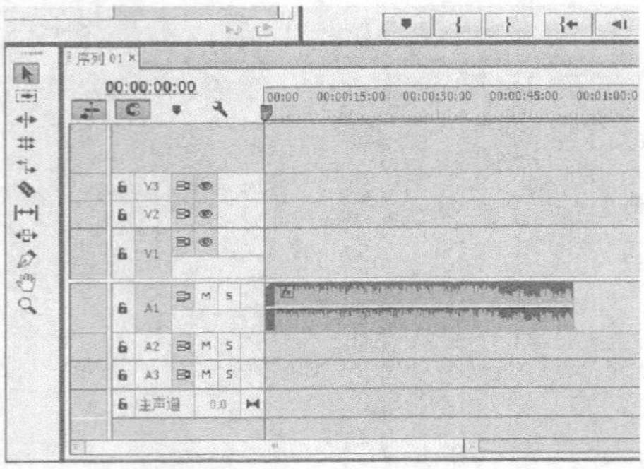

STEP 02 单击"格式"选项右侧的下三角按钮，在弹出的列表框中选择"MP3"选项，如图17-31所示。

图17-30 打开项目文件

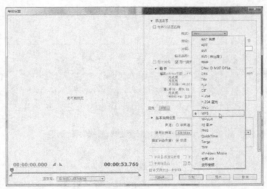

图17-31 选择"MP3"选项

STEP 03 单击"输出名称"右侧的超链接，弹出"另存为"对话框，设置保存位置和文件名，单击"保存"按钮，如图17-32所示。

STEP 04 返回相应对话框，单击"导出"按钮，弹出"渲染所需音频文件"对话框，显示导出进度，如图17-33所示。

图17-32 单击"保存"按钮

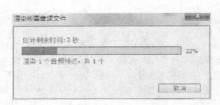

图17-33 显示导出进度

STEP 05　导出完成后，即可完成MP3音频文件的导出。

<table>
<tr><td rowspan="3">实战
363</td><td rowspan="3">导出WAV文件</td><td>▶ 实例位置：光盘 \ 效果 \ 第 17 章 \ 实战 363.wav</td></tr>
<tr><td>▶ 素材位置：光盘 \ 素材 \ 第 17 章 \ 实战 363.prproj</td></tr>
<tr><td>▶ 视频位置：光盘 \ 视频 \ 第 17 章 \ 实战 363.mp4</td></tr>
</table>

● 实例介绍 ●

在Premiere Pro CC中，用户不仅可以将音频文件转换成MP3格式，还可以转换为WAV格式的音频文件。

● 操作步骤 ●

STEP 01　按Ctrl＋O组合键，打开一个项目文件，如图 17-34所示。单击"文件"|"导出"|"媒体"命令，弹出"导出设置"对话框。

STEP 02　单击"格式"选项右侧的下三角按钮，在弹出的列表框中选择"波形音频"选项，如图17-35所示。

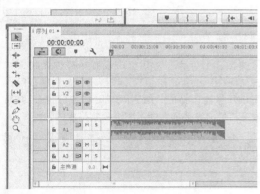

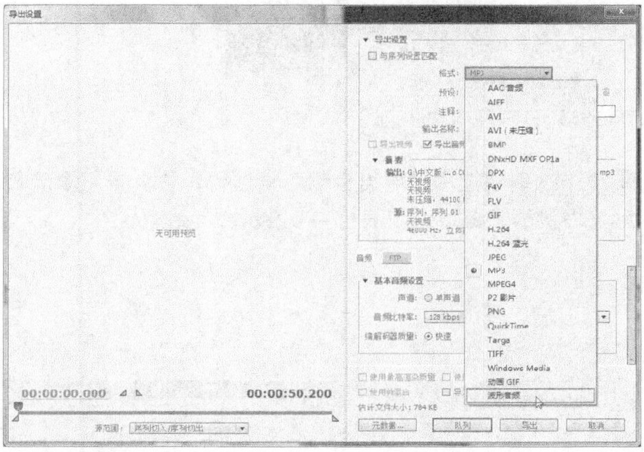

图17-34　打开项目文件

图17-35　选择合适的选项

STEP 03　单击"输出名称"右侧的超链接，弹出"另存为"对话框，设置保存位置和文件名，单击"保存"按钮，如图17-36所示。

STEP 04　返回相应对话框，单击"导出"按钮，弹出"渲染所需音频文件"对话框，显示导出进度，如图17-37所示。

图17-36　单击"保存"按钮

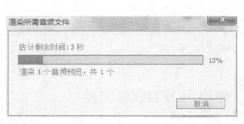

图17-37　显示导出进度

STEP 05　导出完成后，即可完成WAV音频文件的导出。

<table>
<tr><td rowspan="3">实战
364</td><td rowspan="3">视频格式的转换</td><td>▶ 实例位置：光盘 \ 效果 \ 第 17 章 \ 实战 364.wmv</td></tr>
<tr><td>▶ 素材位置：光盘 \ 素材 \ 第 17 章 \ 实战 364.prproj</td></tr>
<tr><td>▶ 视频位置：光盘 \ 视频 \ 第 17 章 \ 实战 364.mp4</td></tr>
</table>

● 实例介绍 ●

在Premiere Pro CC中，用户不仅可以将音频文件转换成MP3格式，还可转换为WAV格式的音频文件。

● 操作步骤 ●

STEP 01 按Ctrl + O组合键，打开一个项目文件，如图 17-38所示。单击"文件"|"导出"|"媒体"命令，弹出 "导出设置"对话框。

STEP 02 单击"格式"选项右侧的下三角按钮，在弹出的列 表框中选择"Windows Media"选项，如图17-39所示。

图17-38 打开项目文件

图17-39 选择合适的选项

STEP 03 取消选中"导出音频"复选框，并单击"输出名 称"右侧的超链接，如图17-40所示。

STEP 04 弹出"另存为"对话框，设置保存位置和文件 名，单击"保存"按钮，如图17-41所示。设置完成后， 单击"导出"按钮，弹出"编码 序列01"对话框，并显 示导出进度，导出完成后，即可完成视频格式的转换。

图17-40 单击"输出名称"超链接

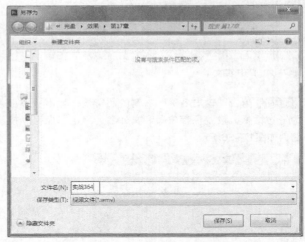

图17-41 单击"保存"按钮

实战 365 导出FLV流媒体文件

▶ 实例位置：光盘 \ 效果 \ 第17章 \ 实战 365.flv
▶ 素材位置：光盘 \ 素材 \ 第17章 \ 实战 365.prproj
▶ 视频位置：光盘 \ 视频 \ 第17章 \ 实战 365.mp4

● 实例介绍 ●

随着网络的普及，用户可以将制作的视频导出为FLV流媒体文件，然后再将其上传到网络中。

● 操作步骤 ●

STEP 01 按Ctrl + O组合键，打开一个项目文件，如图 17-42所示。单击"文件"|"导出"|"媒体"命令，弹出 "导出设置"对话框。

STEP 02 单击"格式"右侧的下三角按钮，在弹出的列表 框中，选择"FLV"选项，如图17-43所示。

图17-42　打开项目文件

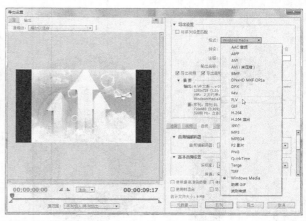

图17-43　选择FLV选项

STEP 03 单击"输出名称"右侧的超链接，弹出"另存为"对话框，设置保存位置和文件名，如图17-44所示。

STEP 04 单击"保存"按钮，设置完成后，单击"导出"按钮，弹出"编码 序列01"对话框，并显示导出进度，如图17-45所示。

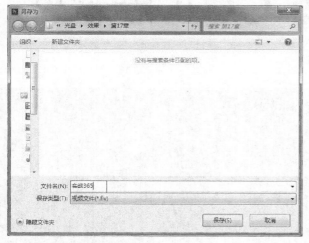

图17-44　设置保存位置和文件名

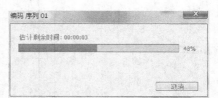

图17-45　显示导出进度

STEP 05 导出完成后，即可完成FLV流媒体文件的导出。

第**18**章

Premiere Pro CC扩展软件

本章导读

本章主要介绍 Premiere Pro CC 的扩展应用，内容包括：在 Flash CC 中制作动画效果，然后将其应用至 Premiere Pro CC 中；在 Photoshop CC 中制作图像背景效果，然后将其应用至 Premiere Pro CC 中；在 Premiere Pro CCX8 中制作出更加精彩的影视效果，然后将其应用至 Premiere Pro CC 中。

要点索引
- 在 Flash 中的运用
- 在 Photoshop 中的运用
- 在会声会影中的运用

18.1 在 Flash 中的运用

与Premiere Pro CC的旧版本相比，Premiere Pro CC对Flash的支持更加完善。在Flash动画软件中制作效果，然后插入到Premiere Pro CC中使用，可以令制作的视频更加专业化。

实战 366	制作逐帧动画特效

▶ 实例位置：光盘 \ 效果 \ 第 18 章 \ 实战 366.fla、实战 366.swf
▶ 素材位置：光盘 \ 素材 \ 第 18 章 \ 实战 366.fla
▶ 视频位置：光盘 \ 视频 \ 第 18 章 \ 实战 366.mp4

● 实例介绍 ●

逐帧动画，就是把运动过程附加在每个帧中，当影格快速移动的时候，利用人的视觉的残留现象，形成流畅的动画效果。

● 操作步骤 ●

STEP 01 进入Flash操作界面，执行菜单栏中的"文件"|"打开"命令，打开一个素材文件，如图18-1所示。

STEP 02 选取工具箱中的文本工具，在"属性"面板中设置"系列"为"华康少女文字W5"、"大小"为100.0磅、"颜色"为棕色（#521301），如图18-2所示。

图18-1　打开素材文件

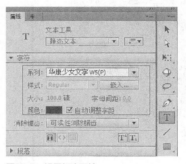

图18-2　设置相应属性

STEP 03 在舞台中的适当位置创建文本框，并在其中输入文本内容为"盗"，如图18-3所示。

STEP 04 选取工具箱中的任意变形工具，适当旋转文本的角度，如图18-4所示。

图18-3　输入文本内容

图18-4　旋转文本角度

STEP 05 在"文本"图层的第8帧插入关键帧，如图18-5所示。

STEP 06 选取工具箱中的文本工具，在舞台中创建文本内容为"宝"，如图18-6所示。

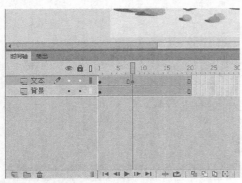

图18-5　在第8帧插入关键帧

图18-6　创建文本内容

STEP 07 在"文本"图层的第15帧插入关键帧，在第20帧插入帧，然后选择第15帧，如图18-7所示。

STEP 08 选取工具箱中的文本工具，在舞台中创建文本内容为"岛"，并调整其形状，如图18-8所示。完成上述操作后，执行菜单栏中的"控制"|"测试"命令，即可测试制作的逐帧动画。

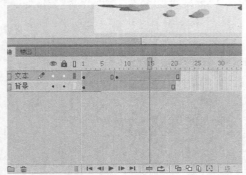

图18-7　在第15帧插入关键帧

图18-8　创建文本并调整其形状

实战 367　制作颜色渐变动画

▶ 实例位置：光盘＼效果＼第18章＼实战367.fla、实战367.swf
▶ 素材位置：光盘＼素材＼第18章＼实战367.fla
▶ 视频位置：光盘＼视频＼第18章＼实战367.mp4

● 实例介绍 ●

颜色渐变动画是将色彩渐变动画与动作渐变动画、形状渐变动画结合起来制作更加丰富的动画效果。

● 操作步骤 ●

STEP 01 进入Flash操作界面，执行菜单栏中的"文件"|"打开"命令，打开一个素材文件"女孩.fla"，如图18-9所示。

STEP 02 在"女孩"图层的第20帧插入关键帧，如图18-10所示。

图18-9　打开素材文件"女孩.fla"

图18-10　在第20帧插入关键帧

STEP 03 在舞台中选择相应的元件，如图18-11所示。

图18-11 选择相应元件

STEP 05 在"女孩"图层的第11帧上单击鼠标右键，在弹出的快捷菜单中选择"创建传统补间"选项，如图18-13所示。

图18-13 选择"创建传统补间"选项

STEP 07 单击"播放"按钮，预览制作的动画效果，如图18-15所示。

STEP 04 在"属性"面板中，设置"样式"为"色调"，单击"颜色"按钮，在弹出的选项区中选择绿色。拖动各选项右侧的滑块，设置"色调"为0%、"红"为0、"绿"为207、"蓝"为14，如图18-12所示。

图18-12 设置相应选项

STEP 06 执行操作后，即可创建传统补间，如图18-14所示。执行菜单栏中的"控制"|"测试"命令，测试制作的动作渐变动画。

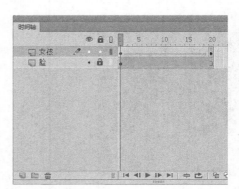

图18-14 创建传统补间

图18-15 制作动作渐变动画

实战
368
制作多个引导动画

▶ 实例位置：光盘 \ 效果 \ 第18章 \ 实战368.fla、实战368.swf
▶ 素材位置：光盘 \ 素材 \ 第18章 \ 实战368.fla
▶ 视频位置：光盘 \ 视频 \ 第18章 \ 实战368.mp4

● **实例介绍** ●

在Flash动画制作中经常碰到一个或多个对象沿曲线运动的问题，它是对运动对象沿直线运动动画的引申，用户学习了引导层的使用后，物体沿任意指定路径运动的问题将迎刃而解。

● **操作步骤** ●

STEP 01 进入Flash操作界面，执行菜单栏中的"文件"|"打开"命令，打开一个素材文件"泡泡.fla"，如图18-16所示。

STEP 02 为"红色"图层添加运动引导层，如图18-17所示。

图18-16 打开素材文件"泡泡.fla"

图18-17 添加运动引导层

STEP 03 选取工具箱中的钢笔工具，在舞台中绘制一条路径，如图18-18所示。

STEP 04 在"红色"图层的第25帧插入关键帧，如图18-19所示。

图18-18 绘制路径

图18-19 在第25帧插入关键帧

STEP 05 选择"红色"图层的第1帧，选取工具箱中的选择工具，将舞台中的"红色"图形元件拖曳至绘制路径的开始位置，如图18-20所示。

STEP 06 选择"红色"图层的第25帧，将舞台中的"红色"图形元件拖曳至绘制路径的结束位置，如图18-21所示。

图18-20 拖曳元件至开始位置

图18-21 拖曳元件至结束位置

STEP 07 在"红色"图层的第1帧至第25帧的任意一帧上创建传统补间动画，如图18-22所示。

STEP 08 在"属性"面板的"补间"选项区中，选中"调整到路径"复选框，如图18-23所示。

图18-22　创建传统补间动画

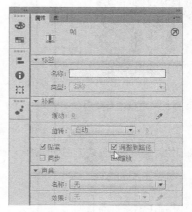

图18-23　选中相应复选框

STEP 09 在"蓝色"图层的第6帧插入关键帧，将"库"面板中的"蓝色"拖曳至舞台中，并调整图形的大小，此时"时间轴"面板如图18-24所示。

STEP 10 在"蓝色"图层的第32帧按F6键插入关键帧，第33帧按F7键插入空白关键帧，如图18-25所示。

图18-24　"时间轴"面板

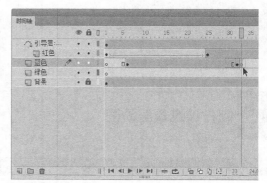

图18-25　插入相应的帧

STEP 11 选择"蓝色"图层，按住鼠标左键并拖曳至"红色"图层上方，此时出现一条黑色的线条，如图18-26所示。

STEP 12 释放鼠标左键，即可将"蓝色"图层移至"红色"图层的上方，如图18-27所示。

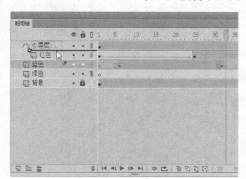

图18-26　拖曳"蓝色"图层

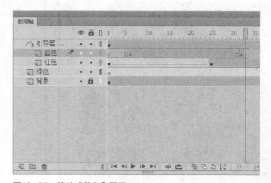

图18-27　移动"蓝色"图层

STEP 13 选择"蓝色"图层的第6帧，将舞台中相应的实例移至路径的开始位置，效果如图18-28所示。

STEP 14 选择"蓝色"图层的第32帧，将舞台中相应的实例移至路径的结束位置，如图18-29所示。

图18-28 移动实例至开始位置

图18-29 移动实例至结束位置

STEP 15 在"蓝色"图层的关键帧之间创建传统补间动画，如图18-30所示。

STEP 16 使用同样的方法，为"绿色"图层添加相应的实例并制作相应的效果，如图18-31所示。执行菜单栏中的"控制"|"测试"命令，测试制作的多个引导动画。

图18-30 创建传统补间动画

图18-31 制作"绿色"图层

实战 369 制作被遮罩层动画

▶ 实例位置：光盘 \ 效果 \ 第18章 \ 实战369.fla、实战369.swf
▶ 素材位置：光盘 \ 素材 \ 第18章 \ 实战369.fla
▶ 视频位置：光盘 \ 视频 \ 第18章 \ 实战369.mp4

● 实例介绍 ●

遮罩动画是Flash中的一个很重要的动画类型，很多效果丰富的动画都是通过遮罩动画来完成的。在Flash动画中，"遮罩"主要有两种用途：一个作用是用在整个场景或一个特定区域，使场景外的对象或特定区域外的对象不可见；另一个作用是用来遮罩住某一元件的一部分，从而实现一些特殊的效果。

● 操作步骤 ●

STEP 01 进入Flash操作界面，执行菜单栏中的"文件"|"打开"命令，打开一个素材文件"字幕特效.fla"，如图18-32所示。

STEP 02 在"时间轴"面板中解锁"图层1"图层，如图18-33所示。

图18-32 打开素材文件"字幕特效.fla"

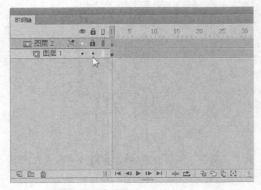

图18-33 解锁"图层1"图层

STEP 03 在"图层1"图层的第15帧、第30帧和第45帧插入关键帧,如图18-34所示。

STEP 04 选择"图层1"图层的第15帧,在工具箱中选取任意变形工具,移动位图图像的位置,如图18-35所示。

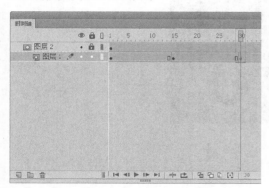

图18-34 插入关键帧

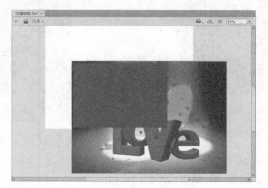

图18-35 移动位图图像位置

STEP 05 选择"图层1"图层的第30帧,在工具箱中选取任意变形工具,调整位图图像的位置,如图18-36所示。

STEP 06 选择"图层1"图层的第45帧,在工具箱中选取任意变形工具,调整位图图像的大小和位置,如图18-37所示。

图18-36 调整位图图像位置

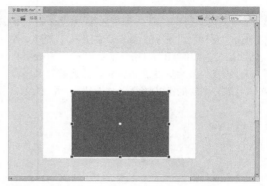

图18-37 调整位图图像大小和位置

STEP 07 在"图层1"图层的关键帧之间创建补间动画,如图18-38所示。

STEP 08 完成上述操作后,锁定"图层1"图层,如图18-39所示。执行菜单栏中的"控制"|"测试"命令,测试制作的被遮罩层动画。

图18-38 创建补间动画

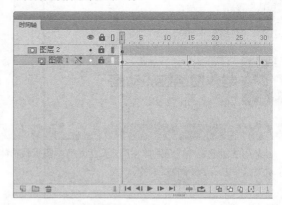

图18-39 锁定"图层1"图层

STEP 09 单击"播放"按钮,预览制作的动画效果,如图18-40所示。

图18-40　制作被遮罩层动画

实战 370　制作图像位移动画

▶实例位置：光盘＼效果＼第18章＼实战370.fla
▶素材位置：光盘＼素材＼第18章＼实战370.fla
▶视频位置：光盘＼视频＼第18章＼实战370.mp4

● 实例介绍 ●

位移动画是指对象从一个位置移动到另一个位置的动画，即动画过程中对象元件的初状态和末状态的位置不同。

● 操作步骤 ●

STEP 01 单击"文件"|"打开"命令，打开一个素材文件"写毛笔字.fla"，如图18-41所示。在"库"面板中将"毛笔"元件拖曳至舞台区的合适位置，并调整其大小和位置，在"毛笔"图层的第30帧插入关键帧。

STEP 02 在舞台区将毛笔移动至合适位置，在此图层的第1帧至第30帧中选任意一帧单击鼠标右键，在弹出的快捷菜单中选择"创建传统补间"命令，即可完成位移动画，如图18-42所示。

图18-41　打开素材文件"写毛笔字.fla"

图18-42　完成位移动画

实战 371　制作图像旋转动画

▶实例位置：光盘＼效果＼第18章＼实战371.fla
▶素材位置：光盘＼素材＼第18章＼实战371.fla
▶视频位置：光盘＼视频＼第18章＼实战371.mp4

● 实例介绍 ●

"旋转"在动画制作中运用非常广泛，生活有很多旋转物体，如风车、车轮、时钟等。旋转动画是动作补间动画的一种，在整个动画教学中属于基础知识。

● 操作步骤 ●

STEP 01 进入Flash操作界面，单击"文件"|"打开"命令，打开一个素材文件，选择"图层2"图层的第30帧，单击鼠标右键，在弹出的快捷菜单中选择"插入关键帧"选项，插入一个关键帧，适当移动第30帧舞台中图像的位置，如图18-43所示。

STEP 02 在"图层2"图层的第1帧至第30帧之间的任意位置上，单击鼠标右键，在弹出的快捷菜单中选择"创建传统补间"选项，即可创建传统补间动画，在"属性"面板的"补间"选项区中设置"旋转"为"顺时针"，如图18-44所示，操作完成后即可获得旋转动画。

图18-43　插入关键帧并移动图像

图18-44　设置"旋转"为"顺时针"

STEP 03 使用Ctrl + Enter组合键，测试制作的图像旋转动画，效果如图18-45所示。

图18-45　测试制作的图像旋转动画

18.2　在Photoshop中的运用

　　Photoshop的图像处理功能非常强大，在Premiere Pro CC中无法处理的照片，可以在Photoshop中进行处理，然后再将处理后的照片应用至Premiere Pro CC中，令制作的视频画面效果更加美观。本节主要介绍制作Photoshop背景图像并应用至Premiere Pro CC中的操作方法。

实战 372	制作照片美白特效	▶实例位置：光盘 \ 效果 \ 第 18 章 \ 实战 372.psd ▶素材位置：光盘 \ 素材 \ 第 18 章 \ 实战 372.jpg ▶视频位置：光盘 \ 视频 \ 第 18 章 \ 实战 372.mp4

● 实例介绍 ●

　　如果照片色彩太暗，用户可以使用Photoshop对照片制作美白特效。

● 操作步骤 ●

STEP 01 进入Photoshop操作界面，执行菜单栏中的"文件" | "打开"命令，打开一副素材图像，如图18-46所示。

STEP 02 打开"图层"面板，复制"背景"图层，得到"背景 拷贝"图层，如图18-47所示。

图18-46　打开素材图像

图18-47　得到"背景 拷贝"图层

STEP 03 执行菜单栏中的"滤镜"|"模糊"|"高斯模糊"命令,弹出"高斯模糊"对话框,设置"半径"为1.5,如图18-48所示。

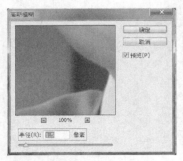

图18-48 设置半径

STEP 04 单击"确定"按钮,即可应用高斯模糊滤镜模糊人物图像,选择"背景 拷贝"图层,单击面板底部的"添加图层蒙版"按钮以添加图层蒙版,如图18-49所示。

图18-49 添加图层蒙版

STEP 05 选取画笔工具,在工具属性栏上设置好画笔的属性,运用黑色画笔工具在人物五官图像区域涂抹,如图18-50所示。

图18-50 涂抹图像

STEP 06 执行菜单栏中的"图层"|"新建调整图层"|"可选颜色"命令,弹出"新建图层"对话框,保持默认设置,如图18-51所示。

图18-51 保持默认设置

STEP 07 单击"确定"按钮,新建调整图层,展开"可选颜色"调整面板,设置"颜色"为"红色",再设置各参数值为-60、-20、-18、-2,如图18-52所示。

图18-52 设置参数值

STEP 08 执行上述操作后,图像编辑窗口中人物图像的颜色随之发生了改变,如图18-53所示。

图18-53 图像颜色发生变化

知识扩展

"亮度 / 对比度"对话框各选项含义如下。
- 亮度:用于调整图像的亮度。该值为正时增加图像亮度,为负时降低亮度。
- 对比度:用于调整图像的对比度。正值时增加图像对比度,负值时降低对比度。

STEP 09 使用相同的方法，新建"亮度/对比度"调整图层，打开调整面板，设置"亮度"为60、"对比度"为－13，如图18-54所示。

STEP 10 然后运用黑色画笔工具并调整图层中的图层蒙版，在除人物脸部之外的图像区域进行涂抹，即可完成脸部美白特效的制作，效果如图18-55所示。

图18-54　设置亮度和对比度

图18-55　美白效果

实战 373　制作匹配颜色特效

▶ 实例位置：光盘 \ 效果 \ 第 18 章 \ 实战 373.jpg
▶ 素材位置：光盘 \ 素材 \ 第 18 章 \ 倾听自然.jpg、背景画面.jpg
▶ 视频位置：光盘 \ 视频 \ 第 18 章 \ 实战 373.mp4

● 实例介绍 ●

　　"匹配颜色"命令可以调整图像的明度、饱和度及颜色平衡，还可以将两幅色调不同的图像自动调整统一成一个协调的色调。

● 操作步骤 ●

STEP 01 进入Photoshop操作界面，执行菜单栏中的"文件" | "打开"命令，打开两幅素材图像，如图18-56所示。

STEP 02 执行菜单栏中的"图像" | "调整" | "匹配颜色"命令，弹出"匹配颜色"对话框，如图18-57所示。

图18-56　打开两幅素材图像

图18-57　"匹配颜色"对话框

知识扩展

　　在"匹配颜色"对话框中，各选项的含义如下。
　　➤ 目标：在该选项后面显示了当前操作的图像文件的名称、图层名称及颜色模式。
　　➤ 应用调整时忽略选区：如果目标图像中存在选区，选中该复选框时，Photoshop将忽视选区的存在，将调整应用到整个图像。
　　➤ 明亮度：此参数可调整图像的亮度。数值越大，则得到的图像亮度也越高，反之则越低。

知识扩展

> ➤ 颜色强度：此参数可调整图像的颜色饱和度。数值越大，则得到的图像所匹配的颜色饱和度越高，反之则越低。
> ➤ 渐隐：此参数可调整图像颜色与图像原色相近的程度。数值越大，调整程度越小，反之则越大。
> ➤ 中和：选中该复选框可自动去除目标图像中的色痕。
> ➤ 使用源选区计算颜色：选中此复选框，在匹配颜色时仅计算源文件选区内的图像，选区外图像的颜色不计算在内。
> ➤ 使用目标选区计算调整：选中此复选框，在匹配颜色时仅计算目标文件选区内的图像，选区外图像的颜色不计算在内。
> ➤ 源：在该下拉列表框中可以选择源图像文件的名称。如果选择"无"选项，则目标图像与源图像相同。
> ➤ 图层：在该下拉列表框中将显示源图像文件中所具有的图层。如果选择"合并的"选项，则将源文件夹中的所有图层合并起来，再进行匹配颜色。

`STEP 03` 在"源"下拉列表框中选择"背景画面.jpg"选项，设置其他各选项，如图18-58所示。

`STEP 04` 单击"确定"按钮，即可完成匹配颜色特效的制作，效果如图18-59所示。

图18-58 设置相应选项

图18-59 匹配效果

实战 374 制作反相图像特效

> ▶ 实例位置：光盘 \ 效果 \ 第18章 \ 实战374.jpg
> ▶ 素材位置：光盘 \ 素材 \ 第18章 \ 实战374.jpg
> ▶ 视频位置：光盘 \ 视频 \ 第18章 \ 实战374.mp4

● 实例介绍 ●

"反相"命令用于制作类似照片底片的效果，也就是将黑色变成白色，或者从扫描的黑白阴片中得到一个阳片。将图像反相时，通道中每个像素的亮度值都会被转换为256级颜色刻度上相反的值。

● 操作步骤 ●

`STEP 01` 进入Photoshop操作界面，执行菜单栏中的"文件" | "打开"命令，打开一幅素材图像"梦幻场景.jpg"，如图18-60所示。

`STEP 02` 单击菜单栏中的"图像" | "调整" | "反相"命令，即可将图像呈反相模式显示，如图18-61所示。

图18-60 打开素材图像"梦幻场景.jpg"

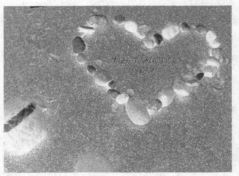

图18-61 反相模式显示

实战 375　制作色彩平衡特效

▶ 实例位置：光盘 \ 效果 \ 第18章 \ 实战 375.psd
▶ 素材位置：光盘 \ 素材 \ 第18章 \ 实战 375.jpg
▶ 视频位置：光盘 \ 视频 \ 第18章 \ 实战 375.mp4

● 实例介绍 ●

"色彩平衡"命令通过增加或减少处于高光、中间调及阴影区域中的特定颜色，从而改变图像的整体色调。

● 操作步骤 ●

STEP 01 进入Photoshop操作界面，执行菜单栏中的"文件" | "打开"命令，打开一幅素材图像"美食.jpg"，如图18-62所示。

STEP 02 打开"图层"面板，复制"背景"图层，得到"背景 拷贝"图层，如图18-63所示。

图18-62　打开素材图像"美食.jpg"

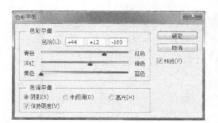

图18-63　得到"背景　拷贝"图层

STEP 03 执行菜单栏中的"图像" | "调整" | "色彩平衡"命令，弹出"色彩平衡"对话框，选中"中间调"单选按钮，设置"色阶"的参数值为100、-38、100，如图18-64所示。

STEP 04 选中"阴影"单选按钮，设置"色阶"的参数值为44、12、-100，如图18-65所示。

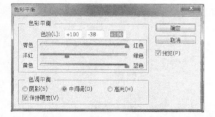

图18-64　设置相应参数（1）

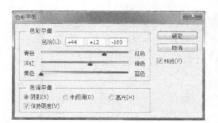

图18-65　设置相应参数（2）

STEP 05 选中"高光"单选按钮，设置"色阶"的参数值为25、-4、-24，如图18-66所示。

STEP 06 单击"确定"按钮，素材图像的整体色彩随之发生改变，效果如图18-67所示。

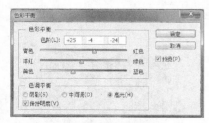

图18-66　设置相应参数（3）

图18-67　改变色彩效果

知识扩展

在 Photoshop CC 中，"色彩平衡"命令主要通过对处于高光、中间调及阴影区域中的指定颜色进行增加或减少，来改变图像的整体色调。

实战 376 制作渐变映射特效

▶ 实例位置：光盘\效果\第18章\实战376.jpg
▶ 素材位置：光盘\素材\第18章\实战376.jpg
▶ 视频位置：光盘\视频\第18章\实战376.mp4

● 实例介绍 ●

"渐变映射"命令的主要功能是将图像灰度范围映射到指定的渐变填充色。如果指定双色渐变作为映射渐变，图像中暗调像素将映射到渐变填充的一个端点颜色，高光像素将映射到另一个端点颜色，中间调映射到两个端点之间的过渡颜色。

● 操作步骤 ●

STEP 01 进入Photoshop操作界面，单击菜单栏中的"文件"|"打开"命令，打开一幅素材图像"钻戒.jpg"，如图18-68所示。

图18-68　打开素材图像"钻戒.jpg"

STEP 02 选取快速选择工具，在紫色钻戒上创建合适的选区，如图18-69所示。

图18-69　创建选区

STEP 03 执行菜单栏中的"图像"|"调整"|"渐变映射"命令，弹出"渐变映射"对话框，单击"点按可编辑渐变"按钮。弹出"渐变编辑器"对话框，将渐变条设置为黑色、红色（RGB参数值为185、0、0）、白色的渐变色，如图18-70所示。

STEP 04 单击"确定"按钮，返回"渐变映射"对话框，在"灰度映射所用的渐变"选项区中的颜色即可发生改变，如图18-71所示。

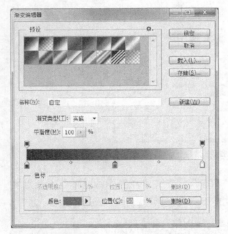

图18-70　设置渐变条

图18-71　渐变颜色发生改变

STEP 05 单击"确定"按钮，为选区内的图像填充渐变色，执行菜单栏中的"选择"|"取消选择"命令，取消选区，得到最终效果如图18-72所示。

图18-72　制作好的渐变映射特效

实战 377 制作智能滤镜特效

▶ 实例位置：光盘 \ 效果 \ 第18章 \ 实战377.psd
▶ 素材位置：光盘 \ 素材 \ 第18章 \ 实战377.jpg
▶ 视频位置：光盘 \ 视频 \ 第18章 \ 实战377.mp4

● 实例介绍 ●

　　智能滤镜，像给图层加样式一样，可以把滤镜删除，或者重新修改滤镜的参数，可以关掉滤镜效果的小眼睛而显示原图，非常便于再次修改。

● 操作步骤 ●

STEP 01 进入Photoshop操作界面，执行菜单栏中的"文件"|"打开"命令，打开一幅素材图像，如图18-73所示。

STEP 02 按F7键，打开"图层"面板，选择并复制"背景"图层，得到"背景 拷贝"图层，如图18-74所示。

图18-73　打开素材图像

图18-74　得到"背景 拷贝"图层

STEP 03 在"背景 拷贝"图层上单击鼠标右键，在弹出的快捷菜单中选择"转换为智能对象"选项，将图像转换为智能对象，如图18-75所示。

STEP 04 执行菜单栏中的"滤镜"|"滤镜库"命令，弹出"滤镜库（100%）"对话框，单击"纹理"左侧的下三角按钮，在弹出的列表框中选择"马赛克拼贴"选项，并设置相应选项，如图18-76所示。

图18-75　将图像转换为智能对象

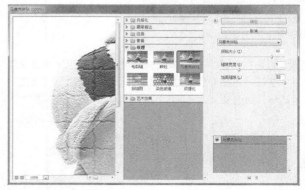

图18-76　设置相应选项

STEP 05 单击"确定"按钮，生成一个对应的智能滤镜图层，如图18-77所示。

STEP 06 执行上述操作后，图像编辑窗口中的图像效果随之发生改变，如图18-78所示。

图18-77　生成智能滤镜图层

图18-78　图像效果

实战 378 制作专色通道特效

▶实例位置：光盘 \ 效果 \ 第18章 \ 实战 378.psd
▶素材位置：光盘 \ 素材 \ 第18章 \ 实战 378.jpg
▶视频位置：光盘 \ 视频 \ 第18章 \ 实战 378.mp4

● 实例介绍 ●

专色通道，可以保存专色信息的通道——即可以作为一个专色版应用到图像和印刷当中，这是它区别于Alpha通道的明显之处。同时，专色通道具有Alpha通道的一切特点：保存选区信息、透明度信息。每个专色通道只是以灰度图形式存储相应专色信息。

● 操作步骤 ●

STEP 01 进入Photoshop操作界面，执行菜单栏中的"文件" | "打开"命令，打开一幅素材图像，如图18-79所示。

STEP 02 在工具箱中选取快速选择工具，在图像编辑窗口中的左上角进行涂抹，创建合适的选区，如图18-80所示。

图18-79　打开素材图像

图18-80　创建选区

STEP 03 在面板的右上方单击控制按钮，在弹出的快捷菜单中选择"新建专色通道"选项，弹出"新建专色通道"对话框，如图18-81所示。

STEP 04 单击"颜色"右侧的色块，弹出"拾色器（专色）"对话框，设置R为193、G为255、B为59，如图18-82所示。

图18-81　"新建专色通道"对话框

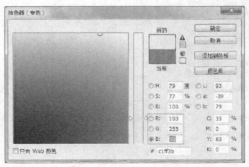

图18-82　设置参数值

STEP 05 单击"确定"按钮，返回"新建专色通道"对话框，改变油墨颜色，如图18-83所示。

STEP 06 单击"确定"按钮，新建一个名称为"专色1"的专色通道，如图18-84所示，图像编辑窗口中原选区内的图像颜色即可发生改变。

图18-83　改变油墨颜色

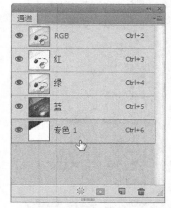

图18-84　新建专色通道"专色1"

STEP 07 执行上述操作后，即可制作专色通道特效，效果如图18-85所示。

 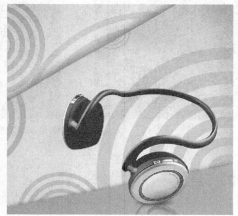

图18-85　制作出的专色通道特效

18.3　在会声会影中的运用

　　会声会影X8是Corel公司推出的专为个人及家庭设计的影片剪辑软件，功能强大、方便易用。随着其功能的日益完善，在数码领域、相册制作，以及商业领域的应用越来越广，深受广大数码摄影者、视频编辑者的青睐。本节主要介绍将会声会影制作的影视效果应用至Premiere Pro CC中的操作方法。

实战 379　调整图像的色调

▶ 实例位置：光盘 \ 效果 \ 第 18 章 \ 实战 379.VSP
▶ 素材位置：光盘 \ 素材 \ 第 18 章 \ 实战 379.jpg
▶ 视频位置：光盘 \ 视频 \ 第 18 章 \ 实战 379.mp4

● 实例介绍 ●

　　在会声会影X8中，如果用户对照片的色调不太满意，此时可以重新调整照片的色调。下面介绍图像色调的调整的操作方法。

● 操作步骤 ●

STEP 01 进入会声会影编辑器，在视频轨中插入所需的图像素材，如图18-86所示。

STEP 02 在"照片"选项面板中，单击"色彩校正"按钮，如图18-87所示。

图18-86 插入图像素材

图18-87 单击"色彩校正"按钮

STEP 03 进入相应选项面板，拖动"色调"右侧的滑块，直至参数显示为–15，如图18-88所示。

STEP 04 执行上述操作后，即可在预览窗口中预览调整色调后的效果，如图18-89所示。

图18-88 拖动滑块

图18-89 预览照片效果

实战 380 调整图像的亮度

▶ 实例位置：光盘\效果\第18章\实战 380.VSP
▶ 素材位置：光盘\素材\第18章\实战 380.jpg
▶ 视频位置：光盘\视频\第18章\实战 380.mp4

● 实例介绍 ●

在会声会影X8中，当素材亮度过暗或者太亮时，用户可以调整素材的亮度。下面介绍图像亮度的调整的操作方法。

● 操作步骤 ●

STEP 01 进入会声会影编辑器，在视频轨中插入一幅素材图像，如图18-90所示。

STEP 02 在"照片"选项面板中，单击"色彩校正"按钮，如图18-91所示。

图18-90 插入素材图像

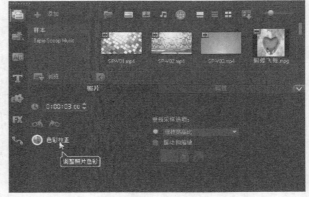

图18-91 单击"色彩校正"按钮

STEP 03 进入相应选项面板，拖动"亮度"右侧的滑块，直至参数显示为30，如图18-92所示。

图18-92　向右拖动滑块

STEP 04 执行上述操作后，在预览窗口中可以预览调整亮度后的效果，如图18-93所示。

图18-93　调整图像亮度效果

技巧点拨

亮度是指颜色的明暗程度，它通常使用从-100~100的整数来调整。在正常光线下照射的色相，被定义为标准色相。一些亮度高于标准色相，称为该色相的高光；反之称为该色相的阴影。

实战 381　调整图像的饱和度

▶ 实例位置：光盘 \ 效果 \ 第 18 章 \ 实战 381.VSP
▶ 素材位置：光盘 \ 素材 \ 第 18 章 \ 实战 381.jpg
▶ 视频位置：光盘 \ 视频 \ 第 18 章 \ 实战 381.mp4

● 实例介绍 ●

在会声会影X8中使用饱和度功能，可以调整整张照片或单个颜色分量的色相、饱和度和亮度值，还可以同步调整照片中所有的颜色。下面介绍图像饱和度的调整的操作方法。

● 操作步骤 ●

STEP 01 进入会声会影编辑器，在视频轨中插入所需的图像素材，如图18-94所示。

STEP 02 在预览窗口中可预览添加的图像素材效果，如图18-95所示。

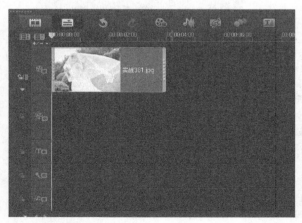

图18-94　插入图像素材

图18-95　预览图像效果

STEP 03 在"照片"选项面板中，单击"色彩校正"按钮，进入相应选项面板，拖动"饱和度"选项右侧的滑块，直至参数显示为32，如图18-96所示。

STEP 04 执行上述操作后，在预览窗口中，即可预览调整饱和度后的图像效果，如图18-97所示。

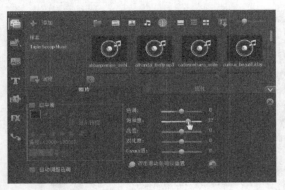

图18-96 拖动滑块

图18-97 预览图像效果

实战 382	调整图像的对比度

▶ 实例位置：光盘 \ 效果 \ 第18章 \ 实战382. VSP
▶ 素材位置：光盘 \ 素材 \ 第18章 \ 实战382. jpg
▶ 视频位置：光盘 \ 视频 \ 第18章 \ 实战382. mp4

● 实例介绍 ●

在会声会影X8中，对比度是指图像中阴暗区域最亮的白与最暗的黑之间不同亮度范围的差异。下面介绍图像对比度的调整的操作方法。

● 操作步骤 ●

STEP 01 进入会声会影编辑器，在视频轨中插入一幅图像素材，如图18-98所示。

STEP 02 在预览窗口中可预览添加的图像素材效果，如图18-99所示。

图18-98 插入一幅素材图像

图18-99 预览图像效果

STEP 03 在"照片"选项面板中，单击"色彩校正"按钮，进入相应选项面板，拖动"对比度"选项右侧的滑块，直至参数显示为30，如图18-100所示。

STEP 04 执行上述操作后，在预览窗口中，即可预览调整对比度后的图像效果，如图18-101所示。

技巧点拨

"对比度"选项用于调整图像的对比度，其取值范围为-100~100的整数。对比数值越高，图像对比度越大；反之则降低图像的对比度。

在会声会影X8中调整完图像的对比度后，如果对其不满意，可以将其恢复。

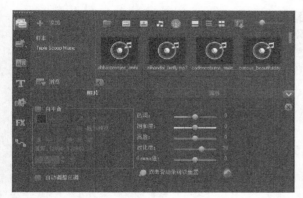

图18-100　拖动滑块

图18-101　预览图像效果

<table><tr><td>实战
383</td><td>制作模糊滤镜特效</td><td>▶ 实例位置：光盘 \ 效果 \ 第 18 章 \ 实战 383. VSP
▶ 素材位置：光盘 \ 素材 \ 第 18 章 \ 实战 383. jpg
▶ 视频位置：光盘 \ 视频 \ 第 18 章 \ 实战 383. mp4</td></tr></table>

● 实例介绍 ●

在会声会影X8中，用户还可以根据需要为图像应用"模糊"滤镜，制作模糊效果。下面介绍应用"模糊"滤镜的操作方法。

● 操作步骤 ●

STEP 01 进入会声会影编辑器，在故事板中插入一幅图像素材，如图18-102所示。

STEP 02 在"滤镜"素材库中，单击窗口上方的"画廊"按钮，在弹出的列表框中选择"焦距"选项，如图18-103所示。

图18-102　插入图像素材

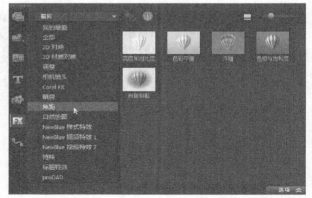

图18-103　选择"焦距"选项

STEP 03 在"焦距"滤镜素材库中选择"模糊"滤镜效果，如图18-104所示。

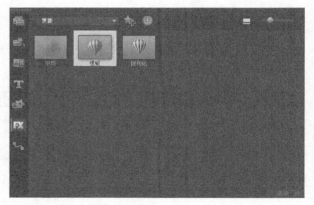

图18-104　选择"模糊"滤镜效果

STEP 04 按住鼠标左键并拖曳至故事板中的图像素材上方，为其添加"模糊"滤镜效果，在"属性"选项面板中单击"自定义滤镜"按钮，如图18-105所示。

STEP 05 弹出"模糊"对话框，选中最后一个关键帧，设置"程度"为5，如图18-106所示。

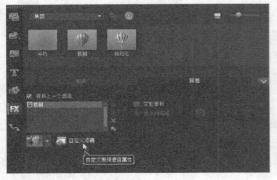

图18-105 单击"自定义滤镜"按钮

图18-106 设置相应属性

技巧点拨

"滤镜"属性选项面板中各个选项的含义如下。

➤ "替换上一个滤镜"复选框：选中该复选框，将新添加的视频滤镜效果替换之前添加的滤镜效果。

➤ "滤镜"列表框：在该列表框中将显示该素材添加的所有滤镜效果。

➤ "下三角"按钮：单击该按钮，在弹出的列表框中显示了所有滤镜的预设样式。

➤ "自定义滤镜"按钮：单击该按钮，将弹出相应的滤镜属性对话框，在其中可以对添加的滤镜进行相应设置。

➤ "变形素材"复选框：选中该复选框后，可以对预览窗口中的素材进行变形操作。

➤ "显示网格线"复选框：选中该复选框，将在预览窗口中显示素材的网格效果，方便用户对素材进行编辑，单击右侧的"网格线选项"按钮，在弹出的对话框中可以对网格线进行相应编辑。

STEP 06 执行上述操作后，单击"确定"按钮，即可为图像应用"模糊"滤镜效果。单击导览面板中的"播放"按钮，预览"模糊"滤镜效果，如图18-107所示。

图18-107 预览"模糊"滤镜效果

技巧点拨

在弹出的"模糊"对话框中的"程度"数值框中输入模糊数值，可以调整图像的模糊程度。

实战 384 制作泡泡滤镜特效

▶ 实例位置：光盘\效果\第18章\实战384.VSP
▶ 素材位置：光盘\素材\第18章\实战384.jpg
▶ 视频位置：光盘\视频\第18章\实战384.mp4

● 实例介绍 ●

在会声会影X8中，为图像应用"泡泡"滤镜，可以在画面中添加许多气泡。下面介绍应用"泡泡"滤镜的操作方法。

● 操作步骤 ●

STEP 01 进入会声会影编辑器，在故事板中插入一幅图像素材，如图18-108所示。

STEP 02 单击"滤镜"按钮，切换至"滤镜"选项卡，单击窗口上方的"画廊"按钮，在弹出的列表框中选择"标题特效"选项，如图18-109所示。

图18-108　插入图像素材

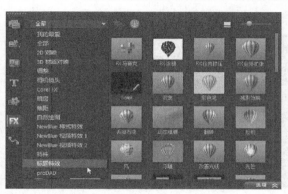

图18-109　选择"标题特效"选项

STEP 03 打开"标题特效"素材库，选择"泡泡"滤镜效果，如图18-110所示。

STEP 04 按住鼠标左键并拖曳至故事板中的图像素材上方，为素材添加"泡泡"滤镜效果。在"属性"选项面板中单击"自定义滤镜"左侧的下三角按钮，在弹出的列表框中选择最后一个预设样式，如图18-111所示。

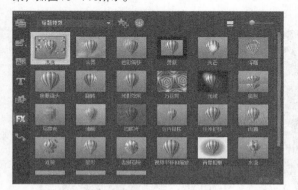

图18-110　选择"泡泡"滤镜效果

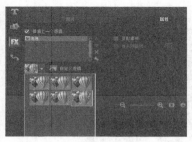

图18-111　选择相应预设样式

STEP 05 执行上述操作后，单击导览面板中的"播放"按钮，即可预览"泡泡"滤镜效果，如图18-112所示。

图18-112　预览"泡泡"滤镜效果

实战 385　制作雨滴滤镜特效

▶ 实例位置：光盘 \ 效果 \ 第18章 \ 实战385.VSP
▶ 素材位置：光盘 \ 素材 \ 第18章 \ 实战385.jpg
▶ 视频位置：光盘 \ 视频 \ 第18章 \ 实战385.mp4

● 实例介绍 ●

在会声会影X8中，为图像应用"雨滴"滤镜，可以在画面上添加雨滴的效果，模仿大自然中下雨的场景。下面介绍应用"雨滴"滤镜的操作方法。

● 操作步骤 ●

STEP 01 进入会声会影编辑器，在故事板中插入一幅图像素材，如图18-113所示。

STEP 02 在"滤镜"素材库中，单击窗口上方的"画廊"按钮，在弹出的列表框中选择"标题特效"选项，打开"标题特效"素材库，选择"雨滴"滤镜效果，如图18-114所示。

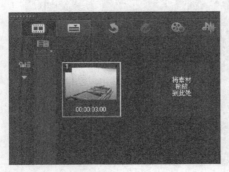

图18-113　插入图像素材

图18-114　选择"雨滴"滤镜效果

STEP 03 按住鼠标左键并拖曳至故事板中的图像素材上方，添加"雨滴"滤镜效果，如图18-115所示。

STEP 04 在"属性"选项面板中单击"自定义滤镜"左侧的下三角按钮，在弹出的列表框中选择相应预设样式，如图18-116所示。

图18-115　添加"雨滴"滤镜效果

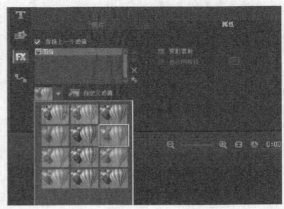

图18-116　选择相应预设样式

STEP 05 执行上述操作后，单击导览面板中的"播放"按钮，即可预览"雨滴"滤镜效果，如图18-117所示。

图18-117　预览"雨滴"滤镜效果

实战 386　制作水彩滤镜特效

▶ 实例位置：光盘 \ 效果 \ 第18章 \ 实战386.VSP
▶ 素材位置：光盘 \ 素材 \ 第18章 \ 实战386.jpg
▶ 视频位置：光盘 \ 视频 \ 第18章 \ 实战386.mp4

● 实例介绍 ●

在会声会影X8中，"水彩"滤镜效果可以为图像画面带来一种朦胧的水彩感。"水彩"滤镜预设模式列表框中，一共向用户提供了11种不同的滤镜预设模式，用户可根据需要选择相应的效果。下面介绍应用"水彩"滤镜的操作方法。

● 操作步骤 ●

STEP 01 进入会声会影编辑器，在故事板中插入一幅图像素材，如图18-118所示。

图18-118 插入图像素材

STEP 02 在预览窗口中可预览插入的素材图像效果，如图18-119所示。

图18-119 预览图像效果

STEP 03 在"滤镜"素材库中，单击窗口上方的"画廊"按钮，在弹出的列表框中选择"自然绘图"选项，如图18-120所示。

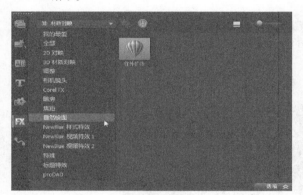

图18-120 选择"自然绘图"选项

STEP 04 打开"自然绘图"素材库，选择"水彩"滤镜效果，如图18-121所示。

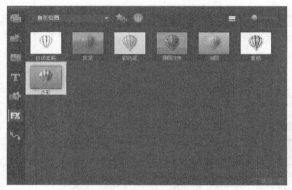

图18-121 选择"水彩"滤镜效果

STEP 05 按住鼠标左键并拖曳至故事板中的图像素材上方，添加"水彩"滤镜效果。在"属性"选项面板中单击"自定义滤镜"左侧的下三角按钮，在弹出的列表框中选择第1排第3种预设样式，如图18-122所示。

图18-122 选择相应预设样式

STEP 06 执行上述操作后，单击导览面板中的"播放"按钮，即可预览"水彩"滤镜效果，如图18-123所示。

图18-123 预览"水彩"滤镜效果

实战 387 制作双色套印滤镜特效

▶ 实例位置：光盘 \ 效果 \ 第18章 \ 实战387.VSP
▶ 素材位置：光盘 \ 素材 \ 第18章 \ 实战387.jpg
▶ 视频位置：光盘 \ 视频 \ 第18章 \ 实战387.mp4

● 实例介绍 ●

在会声会影X8中，为图像应用"双色套印"滤镜，可以将视频图像转换为双色套印模式。下面介绍应用"双色套印"滤镜的操作方法。

● 操作步骤 ●

STEP 01 进入会声会影编辑器，在故事板中插入一幅图像素材，如图18-124所示。

图18-124 插入图像素材

STEP 02 在预览窗口中可预览插入的素材图像效果，如图18-125所示。

图18-125 预览图像效果

STEP 03 在"滤镜"素材库中，单击窗口上方的"画廊"按钮，在弹出的列表框中选择"相机镜头"选项，打开"相机镜头"素材库，选择"双色套印"滤镜效果，如图18-126所示。

图18-126 选择"双色套印"滤镜效果

STEP 04 按住鼠标左键并拖曳至故事板中的图像素材上方，添加"双色套印"滤镜效果，如图18-127所示。

图18-127 添加"双色套印"滤镜效果

STEP 05 在"属性"选项面板中单击"自定义滤镜"左侧的下三角按钮，在弹出的列表框中选择第1排第3种预设样式，如图18-128所示。

图18-128 选择相应预设样式

STEP 06 执行上述操作后，单击导览面板中的"播放"按钮，即可预览"双色套印"滤镜效果，如图18-129所示。

图18-129 预览"双色套印"滤镜效果

▶ 实例位置：光盘 \ 效果 \ 第 18 章 \ 实战 388.VSP
▶ 素材位置：光盘 \ 素材 \ 第 18 章 \ 实战 388. jpg
▶ 视频位置：光盘 \ 视频 \ 第 18 章 \ 实战 388.mp4

实战 388　制作旧底片滤镜特效

● 实例介绍 ●

在会声会影X8中，为图像应用"旧底片"滤镜，可以将画面效果转换为旧底片模式。下面介绍应用"旧底片"滤镜的操作方法。

● 操作步骤 ●

STEP 01 进入会声会影编辑器，在故事板中插入一幅图像素材，如图18-130所示。

图18-130　插入图像素材

STEP 02 在预览窗口中可预览插入的素材图像效果，如图18-131所示。

图18-131　预览图像效果

STEP 03 在"滤镜"素材库中，单击窗口上方的"画廊"按钮，在弹出的列表框中选择"相机镜头"选项，打开"相机镜头"素材库，选择"旧底片"滤镜效果，如图18-132所示。

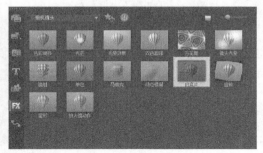

图18-132　选择"旧底片"滤镜效果

STEP 04 按住鼠标左键并拖曳至故事板中的图像素材上方，添加"旧底片"滤镜效果，如图18-133所示。

图18-133　添加"旧底片"滤镜效果

STEP 05 在"属性"选项面板中单击"自定义滤镜"左侧的下三角按钮，在弹出的列表框中选择第1排第1种预设样式，如图18-134所示。

图18-134　选择相应预设样式

STEP 06 执行上述操作后，单击导览面板中的"播放"按钮，即可预览"旧底片"滤镜效果，如图18-135所示。

图18-135　预览"旧底片"滤镜效果

技巧点拨

在会声会影 X8 中为图像添加"旧底片"滤镜效果后，如果对旧底片的颜色不满意，此时可以在"属性"选项面板中单击"自定义滤镜"按钮，弹出"旧底片"对话框，在其中可以设置"替换色彩"的颜色。

实战 389 制作肖像画滤镜特效

▶ 实例位置：光盘 \ 效果 \ 第 18 章 \ 实战 389.VSP
▶ 素材位置：光盘 \ 素材 \ 第 18 章 \ 实战 389.jpg
▶ 视频位置：光盘 \ 视频 \ 第 18 章 \ 实战 389.mp4

● 实例介绍 ●

在会声会影X8中，"肖像相框"滤镜主要用于描述人物肖像画，用户可以根据需要为图像添加"肖像相框"滤镜效果。下面介绍应用"肖像相框"滤镜的操作方法。

● 操作步骤 ●

STEP 01 进入会声会影X8编辑器，在故事板中插入一幅素材图像，如图18-136所示。

STEP 02 在预览窗口中，可以预览素材的画面效果，如图18-137所示。

图18-137　预览视频画面效果

图18-136　插入素材图像

STEP 03 单击"滤镜"按钮，切换至"滤镜"选项卡，在"暗房"滤镜组中选择"肖像相框"滤镜，如图18-138所示。

STEP 04 按住鼠标左键并将其拖曳至故事板中的素材上，释放鼠标左键，即可添加"肖像相框"滤镜。在预览窗口中可以预览"肖像相框"视频滤镜效果，如图18-139所示。

图18-138　选择"肖像相框"滤镜

图18-139　预览"肖像相框"视频滤镜效果

实战 390 制作百叶窗转场特效

▶ 实例位置：光盘\效果\第18章\实战390.VSP
▶ 素材位置：光盘\素材\第18章\实战390(1).jpg、实战390(2).jpg
▶ 视频位置：光盘\视频\第18章\实战390.mp4

● 实例介绍 ●

在会声会影X8中，"百叶窗"转场效果是3D转场类型中最常用的一种，是指素材A以百叶窗翻转的方式进行过渡，显示素材B。下面介绍应用"百叶窗"转场的操作方法。

● 操作步骤 ●

STEP 01 进入会声会影编辑器，在故事板中插入两幅图像素材，如图18-140所示。

STEP 02 单击"转场"按钮，切换至"转场"选项卡，单击窗口上方的"画廊"按钮，在弹出的列表框中选择3D选项，如图18-141所示。

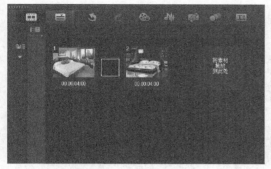

图18-140 插入图像素材

图18-141 选择3D选项

STEP 03 打开3D素材库，在其中选择"百叶窗"转场效果，如图18-142所示。

STEP 04 按住鼠标左键并拖曳至故事板中的两幅图像素材之间，添加"百叶窗"转场效果，如图18-143所示。

图18-142 选择"百叶窗"转场效果

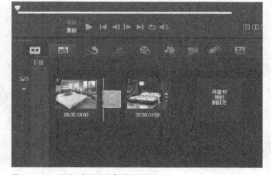

图18-143 添加"百叶窗"转场效果

STEP 05 执行上述操作后，单击导览面板中的"播放"按钮，即可预览"百叶窗"转场效果，如图18-144所示。

图18-144 预览"百叶窗"转场效果

实战 391	制作折叠盒转场特效

▶ 实例位置：光盘 \ 效果 \ 第18章 \ 实战 391.VSP
▶ 素材位置：光盘 \ 素材 \ 第18章 \ 实战 391(1).jpg、实战 391(2).jpg
▶ 视频位置：光盘 \ 视频 \ 第18章 \ 实战 391.mp4

● 实例介绍 ●

　　在会声会影X8中，运用"折叠盒"转场是将素材A以折叠的形式折成立体的长方体盒子，然后再显示素材B。下面介绍应用"折叠盒"转场的操作方法。

● 操作步骤 ●

STEP 01 进入会声会影编辑器，在故事板中插入两幅图像素材，如图18-145所示。

STEP 02 在"转场"素材库的3D转场中，选择"折叠盒"转场效果，按住鼠标左键并将其拖曳至故事板中的两幅图像素材之间，添加"折叠盒"转场效果，如图18-146所示。

图18-145　插入图像素材

图18-146　添加"折叠盒"转场效果

STEP 03 执行上述操作后，单击导览面板中的"播放"按钮，即可预览"折叠盒"转场效果，如图18-147所示。

图18-147　预览"折叠盒"转场效果

实战 392	制作扭曲转场特效

▶ 实例位置：光盘 \ 效果 \ 第18章 \ 实战 392.VSP
▶ 素材位置：光盘 \ 素材 \ 第18章 \ 实战 392.jpg
▶ 视频位置：光盘 \ 视频 \ 第18章 \ 实战 392.mp4

● 实例介绍 ●

　　在会声会影X8中，"扭曲"转场效果是指素材A以扭曲旋转的方式进行运动，显示素材B形成相应的过渡效果。下面介绍应用"扭曲"转场的操作方法。

● 操作步骤 ●

STEP 01 进入会声会影编辑器，在故事板中插入两幅图像素材，如图18-148所示。

STEP 02 单击"转场"按钮，切换至"转场"选项卡，单击窗口上方的"画廊"按钮，在弹出的列表框中选择"小时钟"选项，如图18-149所示。

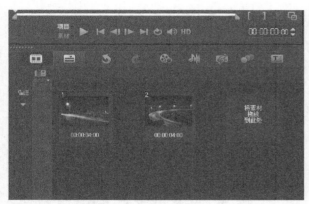

图18-148　插入图像素材

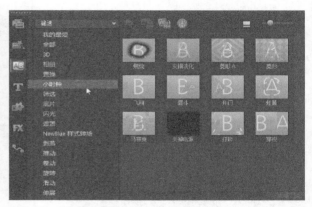

图18-149　选择"小时钟"选项

STEP 03 打开"小时钟"素材库，选择"扭曲"转场效果，如图18-150所示。

STEP 04 按住鼠标左键并拖曳至故事板中的两幅图像素材之间，添加"扭曲"转场效果，如图18-151所示。

图18-150　选择"扭曲"转场效果

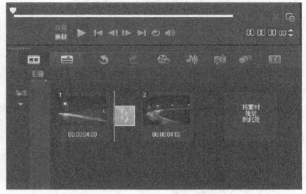

图18-151　添加"扭曲"转场效果

STEP 05 执行上述操作后，单击导览面板中的"播放"按钮，即可预览"扭曲"转场效果，如图18-152所示。

图18-152　预览"扭曲"转场效果

实战 393　制作遮罩转场特效

▶ **实例位置**：光盘 \ 效果 \ 第18章 \ 实战 393.VSP
▶ **素材位置**：光盘 \ 素材 \ 第18章 \ 实战 393(1).jpg、实战 393(2).jpg
▶ **视频位置**：光盘 \ 视频 \ 第18章 \ 实战 393.mp4

● 实例介绍 ●

　　在会声会影X8中，"遮罩"转场素材库中包括遮罩A、遮罩B、遮罩C、遮罩D及遮罩E等6种转场类型。下面介绍应用"遮罩"转场的操作方法。

● 操作步骤 ●

STEP 01 进入会声会影编辑器，在故事板中插入两幅图像素材，如图18-153所示。

STEP 02 单击"转场"按钮，切换至"转场"选项卡，单击窗口上方的"画廊"按钮，在弹出的列表框中选择"遮罩"选项，如图18-154所示。

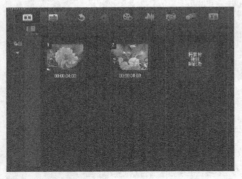

图18-153 插入图像素材

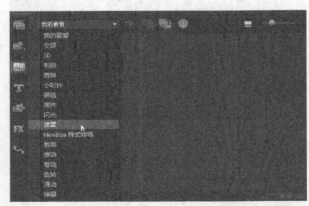

图18-154 选择"遮罩"选项

STEP 03 打开"遮罩"素材库，选择"遮罩C"转场效果，如图18-155所示。

STEP 04 按住鼠标左键并拖曳至故事板中的两幅图像素材之间，添加"遮罩C"转场效果，如图18-156所示。

图18-155 选择"遮罩C"转场效果

图18-156 添加"遮罩C"转场效果

STEP 05 执行上述操作后，单击导览面板中的"播放"按钮，即可预览"遮罩C"转场效果，如图18-157所示。

图18-157 预览"遮罩C"转场效果

技巧点拨

在会声会影X8中，"遮罩"转场素材的特征是将镜头A以遮罩的形式消去，再将镜头B显示出来，实现转场效果。

| 实战
394 | 制作开门转场特效 | ▶ 实例位置：光盘 \ 效果 \ 第 18 章 \ 实战 394.VSP
▶ 素材位置：光盘 \ 素材 \ 第 18 章 \ 实战 394(1).jpg、实战 394(2).jpg
▶ 视频位置：光盘 \ 视频 \ 第 18 章 \ 实战 394.mp4 |

● 实例介绍 ●

在会声会影X8中，"开门"转场效果只是"筛选"素材库中的一种，"筛选"素材库的特征是素材A以自然过渡的方式逐渐被素材B取代。下面介绍应用"开门"转场的操作方法。

● 操作步骤 ●

STEP 01 进入会声会影编辑器，在故事板中插入两幅图像素材，如图18-158所示。

STEP 02 单击"转场"按钮，切换至"转场"选项卡，单击窗口上方的"画廊"按钮，在弹出的列表框中选择"筛选"选项，如图18-159所示。

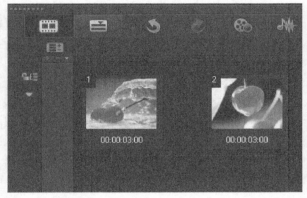

图18-158　插入图像素材

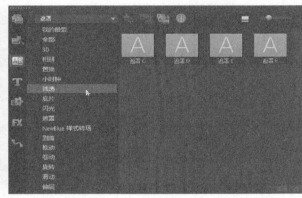

图18-159　选择"筛选"选项

STEP 03 打开"筛选"素材库，选择"开门"转场效果，如图18-160所示。

STEP 04 按住鼠标左键并拖曳至故事板中的两幅图像素材之间，添加"开门"转场效果，如图18-161所示。

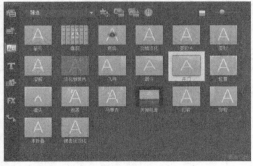

图18-160　选择"开门"转场效果

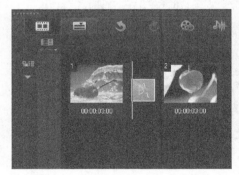

图18-161　添加"开门"转场效果

STEP 05 执行上述操作后，单击导览面板中的"播放"按钮，即可预览"开门"转场效果，如图18-162所示。

图18-162　预览"开门"转场效果

实战 395 制作剥落转场特效

▶ 实例位置：光盘 \ 效果 \ 第18章 \ 实战 395.VSP
▶ 素材位置：光盘 \ 素材 \ 第18章 \ 实战 395(1).jpg、实战 395(2).jpg
▶ 视频位置：光盘 \ 视频 \ 第18章 \ 实战 395.mp4

● 实例介绍 ●

在会声会影X8中，"剥落"转场效果是将素材A以类似剥落的翻转方式消去，然后再显示素材B。下面介绍应用"剥落"转场的操作方法。

● 操作步骤 ●

STEP 01 进入会声会影编辑器，在故事板中插入两幅图像素材，如图18-163所示。

STEP 02 单击"转场"按钮，切换至"转场"选项卡，单击窗口上方的"画廊"按钮，在弹出的列表框中选择"剥落"选项，如图18-164所示。

图18-163 插入图像素材

图18-164 选择"剥落"选项

STEP 03 打开"剥落"素材库，选择"翻页"转场效果，如图18-165所示。

STEP 04 按住鼠标左键并拖曳至故事板中的两幅图像素材之间，添加"翻页"转场效果，如图18-166所示。

图18-165 选择"翻页"转场效果

图18-166 添加"翻页"转场效果

STEP 05 执行上述操作后，单击导览面板中的"播放"按钮，即可预览"翻页"转场效果，如图18-167所示。

图18-167 预览"翻页"转场效果

实战 396 制作相册转场特效

▶ 实例位置：光盘 \ 效果 \ 第 18 章 \ 实战 396. VSP
▶ 素材位置：光盘 \ 素材 \ 第 18 章 \ 实战 396 (1) . jpg、实战 396 (2) . jpg
▶ 视频位置：光盘 \ 视频 \ 第 18 章 \ 实战 396. mp4

● 实例介绍 ●

在会声会影X8中，"相册"转场效果是以相册翻动的方式来展现视频或静态画面。相册转场的参数设置丰富，可以选择多种相册布局、封面、背景、大小和位置等。下面介绍应用"相册"转场的操作方法。

● 操作步骤 ●

STEP 01 进入会声会影编辑器，在故事板中插入两幅图像素材，如图18-168所示。

STEP 02 单击"转场"按钮，切换至"转场"选项卡，单击窗口上方的"画廊"按钮，在弹出的列表框中选择"相册"选项，如图18-169所示。

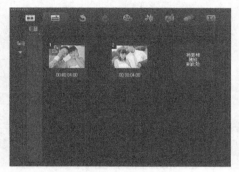

图18-168 插入图像素材

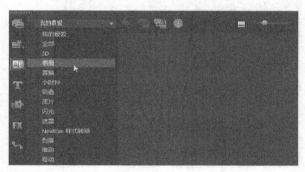

图18-169 选择"相册"选项

STEP 03 打开"相册"素材库，选择"翻转"转场效果，如图18-170所示。

STEP 04 按住鼠标左键并拖曳至故事板中的两幅图像素材之间，添加"翻转"转场效果，如图18-171所示。

图18-170 选择"翻转"转场效果

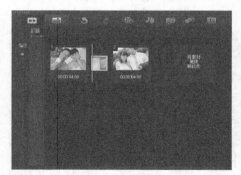

图18-171 添加"翻转"转场效果

STEP 05 执行上述操作后，单击导览面板中的"播放"按钮，即可预览"翻转"转场效果，如图18-172所示。

图18-172 预览"翻转"转场效果

实战 397 制作装饰图案特效

▶ 实例位置：光盘 \ 效果 \ 第 18 章 \ 实战 397. VSP
▶ 素材位置：光盘 \ 素材 \ 第 18 章 \ 实战 397. jpg
▶ 视频位置：光盘 \ 视频 \ 第 18 章 \ 实战 397. mp4

● 实例介绍 ●

在会声会影X8中，如果用户想使画面变得丰富多彩，则可在画面中添加符合视频的装饰图案。下面介绍制作装饰图案特效的操作方法。

● 操作步骤 ●

STEP 01 进入会声会影编辑器，在视频轨中插入一幅图像素材，如图18-173所示。

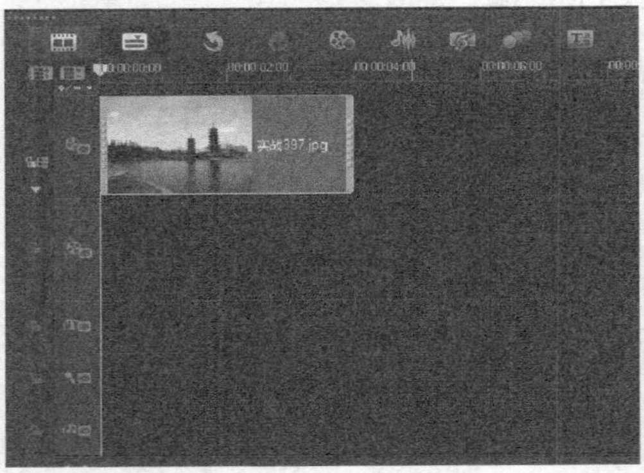

STEP 02 在预览窗口中可以预览插入的素材图像效果，如图18-174所示。

图18-173 插入素材图像

图18-174 预览素材图像效果

STEP 03 单击"图形"按钮，切换至"图形"素材库，单击窗口上方的"画廊"按钮，在弹出的列表框中选择"对象"选项，如图18-175所示。

STEP 04 打开"对象"素材库，在其中选择需要添加的对象素材"OB-48.png"，如图18-176所示。

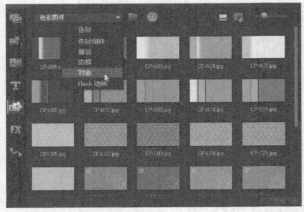

图18-175 选择"对象"选项

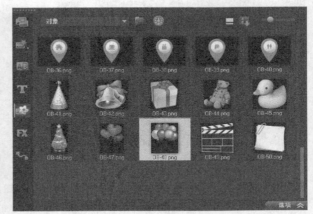

图18-176 选择对象素材

STEP 05 按住鼠标左键并拖曳至覆叠轨中的开始位置，如图18-177所示。

STEP 06 在预览窗口中调整覆叠素材的大小和位置，即可预览添加的装饰图案效果，如图18-178所示。

技巧点拨

在会声会影 X8 中，还可以在"对象"素材库中导入计算机硬盘中的对象素材，制作装饰图案效果。

图18-177　拖曳至覆叠轨

图18-178　预览装饰图案效果

实战 398　制作Flash动画特效

▶ 实例位置：光盘 \ 效果 \ 第18章 \ 实战398.VSP
▶ 素材位置：光盘 \ 素材 \ 第18章 \ 实战398.jpg
▶ 视频位置：光盘 \ 视频 \ 第18章 \ 实战398.mp4

● 实例介绍 ●

在会声会影X8中，用户可以根据需要在覆叠轨中添加Flash动画，为画面添加唯美动画效果。下面介绍制作Flash动画特效的操作方法。

● 操作步骤 ●

STEP 01　进入会声会影编辑器，在视频轨中插入一幅图像素材，如图18-179所示。

STEP 02　展开"照片"选项面板，设置"照片区间"为0:00:08:00，如图18-180所示。

图18-179　插入图像素材

图18-180　设置照片区间

STEP 03　单击"图形"按钮，切换至"图形"素材库，单击窗口上方的"画廊"按钮，在弹出的列表框中选择"Flash动画"选项，如图18-181所示。

STEP 04　打开"Flash动画"素材库，在其中选择需要添加的Flash动画素材"FL-F19.swf"，如图18-182所示。

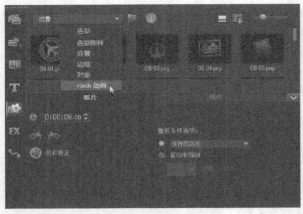

图18-181 选择"Flash动画"选项

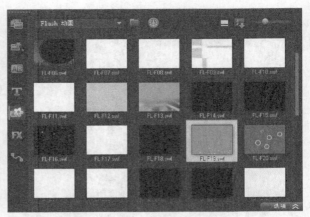

图18-182 选择Flash动画素材

STEP 05 按住鼠标左键并拖曳至覆叠轨中的开始位置,即可添加Flash动画。单击导览面板中的"播放"按钮,预览Flash动画效果,如图18-183所示。

图18-183 预览Flash动画效果

实战 399 制作照片边框特效

▶ 实例位置:光盘\效果\第18章\实战399.VSP
▶ 素材位置:光盘\素材\第18章\实战399.jpg
▶ 视频位置:光盘\视频\第18章\实战399.mp4

● 实例介绍 ●

在会声会影X8中,为照片素材添加边框是一种简单而实用的装饰方式,它可以使枯燥、单调的照片变得生动而有趣。下面介绍制作照片边框特效的操作方法。

● 操作步骤 ●

STEP 01 进入会声会影编辑器,在视频轨中插入一幅图像素材,如图18-184所示。

STEP 02 在预览窗口中可以预览插入的素材图像效果,如图18-185所示。

图18-184 插入图像素材

图18-185 预览素材图像效果

STEP 03　单击"图形"按钮，切换至"图形"素材库，单击窗口上方的"画廊"按钮，在弹出的列表框中选择"边框"选项，如图18-186所示。

STEP 04　打开"边框"素材库，在其中选择需要添加的边框素材"FR-B03.png"，如图18-187所示。

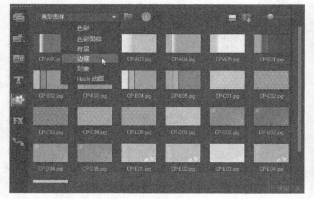

图18-186　选择"边框"选项

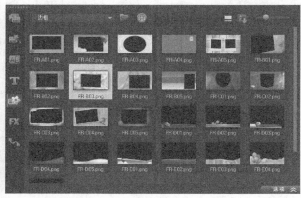

图18-187　选择边框素材

STEP 05　按住鼠标左键并拖曳至覆叠轨中的开始位置，如图18-188所示。

STEP 06　在预览窗口中即可预览添加的照片边框效果，如图18-189所示。

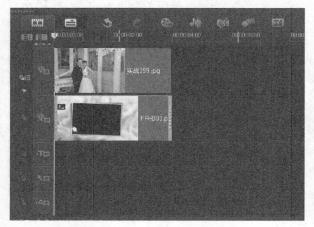

图18-188　拖曳至覆叠轨

图18-189　预览照片边框效果

实战 400　制作画中画特效

▶ 实例位置：光盘 \ 效果 \ 第 18 章 \ 实战 400.VSP
▶ 素材位置：光盘 \ 素材 \ 第 18 章 \ 实战 400(1).jpg、实战 400(2).jpg
▶ 视频位置：光盘 \ 视频 \ 第 18 章 \ 实战 400.mp4

● 实例介绍 ●

在会声会影X8中，用户可以制作出多重画面的效果，并为画中画添加边框、透明度和动画等效果。下面介绍制作画中画特效的操作方法。

● 操作步骤 ●

STEP 01　进入会声会影编辑器，在视频轨和覆叠轨中分别插入一幅素材图像，如图18-190所示。

STEP 02　在预览窗口中，拖曳覆叠素材四周的控制柄，调整覆叠素材的位置和大小，如图18-191所示。

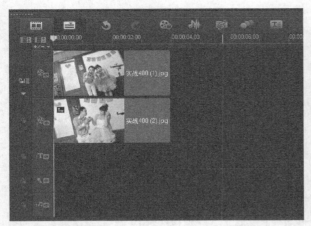

图18-190 插入素材图像

图18-191 调整位置和大小

STEP 03 在"属性"选项面板的右侧，单击"淡入动画效果"按钮和"淡出动画效果"按钮，如图18-192所示。

STEP 04 在"属性"选项面板中，单击"遮罩和色度键"按钮，进入相应选项面板，在其中设置"边框"为2，如图18-193所示。

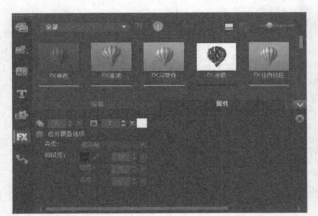

图18-192 设置边框值

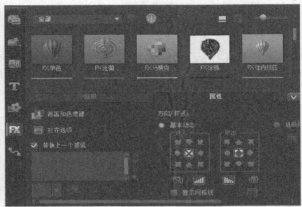

图18-193 单击相应动画按钮

STEP 05 执行上述操作后，单击导览面板中的"播放"按钮，即可预览画中画效果，如图18-194所示。

图18-194 预览画中画效果

软件
实战篇

第 **19** 章

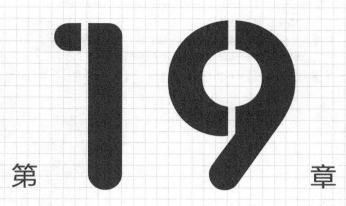

制作《戒指广告》特效

本章导读

随着珠宝行业的不断发展，戒指广告的宣传手段也逐渐从单纯的平面宣传模式走向了多元化的多媒体宣传方式。戒指视频广告的出现，让动态视频更具商业化。本章主要介绍如何制作戒指商业广告。

要点索引

● 戒指广告效果欣赏
● 制作戒指广告背景
● 制作广告字幕特效
● 戒指广告的后期处理

19.1 戒指广告效果欣赏

戒指永远是爱情的象征，它不仅是装饰自身的物件，更是品位、地位的体现。本实例主要介绍制作戒指广告的具体操作方法，效果如图19-1所示。

图19-1 戒指广告效果

实战 401 导入背景图片

▶ 实例位置：光盘 \ 效果 \ 第 19 章 \ 实战 401.prproj
▶ 素材位置：光盘 \ 素材 \ 第 19 章 \ 情人节 .jpg
▶ 视频位置：光盘 \ 视频 \ 第 19 章 \ 实战 401.mp4

● 实例介绍 ●

用户在制作宣传动画前，首选需要一个合适的背景图片。紫色代表浪漫和神秘感，接下来导入一张紫色图片作为整个宣传效果的背景。

● 操作步骤 ●

STEP 01 新建一个名为"戒指广告"的项目文件，单击"确定"按钮，如图19-2所示。

STEP 02 单击"文件"|"新建"|"序列"选项，如图19-3所示。

图19-2 单击"确定"按钮

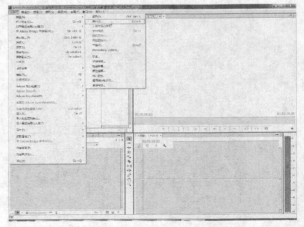

图19-3 单击"序列"选项

STEP 03 执行操作后，弹出"新建序列"对话框，单击"确定"按钮，即可新建一个序列，如图19-4所示。

STEP 04 单击"文件"|"导入"命令，如图19-5所示。

图19-4 单击"确定"按钮

图19-5 单击"导入"命令

STEP 05 弹出"导入"对话框，在其中选择合适的素材图像，如图19-6所示。

STEP 06 单击对话框下方的"打开"按钮，即可将选择的图像文件导入到"项目"面板中，如图19-7所示。

图19-6 选择合适的素材图像

图19-7 导入到"项目"面板中

STEP 07 选择导入的图像文件，将其拖曳至V1轨道上，如图19-8所示。

STEP 08 展开"效果控件"面板，设置"缩放"为60，如图19-9所示。

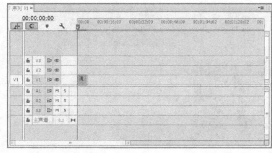

图19-8 拖曳至V1轨道上

图19-9 设置"缩放"为60

STEP 09 在"节目监视器"面板中单击"播放–停止切换"按钮，即可预览图像效果，如图19–10所示。

图19-10　预览图像效果

实战 402 导入分层图像

▶ 实例位置：光盘 \ 效果 \ 第19章 \ 实战 402.prproj
▶ 素材位置：光盘 \ 素材 \ 第19章 \ 闪光.psd
▶ 视频位置：光盘 \ 视频 \ 第19章 \ 实战 402.mp4

● 实例介绍 ●

在导入背景图像后，用户可以导入分层图像，以增添戒指广告的特色性。

● 操作步骤 ●

STEP 01 在Premiere Pro CC工作界面中，单击"文件" | "导入"命令，如图19–11所示。

STEP 02 弹出"导入"对话框后，在其中选择合适的素材图像，如图19–12所示。

图19-11　单击"导入"命令

图19-12　选择合适的素材图像

STEP 03 单击"打开"按钮，弹出"导入分层文件：闪光"对话框，单击"确定"按钮，如图19–13所示。

STEP 04 执行操作后，即可将文件导入到"项目"面板中，如图19–14所示。

图19-13　单击"确定"按钮

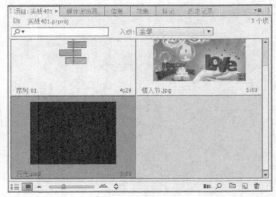

图19-14　导入到"项目"面板中

STEP 05 选择该素材文件，并将其拖曳至V2轨道中，如图 19-15所示。

STEP 06 在"节目监视器"面板中，预览分层图像效果，如图19-16所示。

图19-15 拖曳至V2轨道中

图19-16 分层图像效果

实战 403 导入戒指素材

▶ 实例位置：光盘 \ 效果 \ 第 19 章 \ 实战 403.prproj
▶ 素材位置：光盘 \ 素材 \ 第 19 章 \ 戒指 . png
▶ 视频位置：光盘 \ 视频 \ 第 19 章 \ 实战 403.mp4

● 实例介绍 ●

戒指宣传广告中不能缺少戒指，否则体现不出戒指广告的主题。下面将介绍导入"戒指"素材的操作方法。

● 操作步骤 ●

STEP 01 在Premiere Pro CC工作界面中，单击"文件"|"导入"命令，如图19-17所示。

STEP 02 弹出"导入"对话框后，在其中选择合适的素材图像，如图19-18所示。

图19-17 单击"导入"命令

图19-18 选择合适的素材图像

STEP 03 单击"打开"按钮，即可将文件导入到"项目"面板中，如图19-19所示。

STEP 04 选择该素材文件，并将其拖曳至V3轨道中，如图19-20所示。

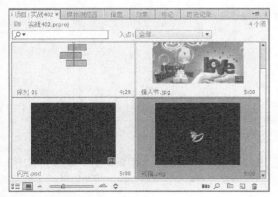

图19-19 导入到"项目"面板中

图19-20 拖曳至V3轨道中

STEP 05 展开"效果控件"面板,设置"位置"为260、280;"缩放"为50,如图19-21所示。

STEP 06 在"节目监视器"面板中单击"播放-停止切换"按钮,即可预览图像效果,如图19-22所示。

图19-21 设置相应参数

图19-22 预览图像效果

19.2 制作戒指广告背景

静态背景会显得过于呆板,为了让背景更加具有吸引力,本节将详细介绍制作动态的戒指广告背景的操作方法。

实战 404 制作闪光背景

▶ 实例位置:光盘\效果\第19章\实战404.prproj
▶ 素材位置:无
▶ 视频位置:光盘\视频\第19章\实战404.mp4

● 实例介绍 ●

闪光背景可以为静态的背景图像增添动感效果,下面将介绍制作闪光背景的操作方法。

● 操作步骤 ●

STEP 01 选择V2轨道上的素材,如图19-23所示。

STEP 02 展开"效果控件"面板,如图19-24所示。

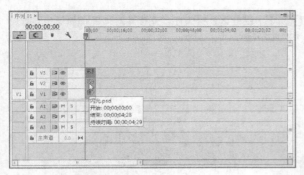

图19-23 选择V2轨道上的素材

图19-24 展开"效果控件"面板

STEP 03 单击"缩放"和"旋转"左侧的"切换动画"按钮,设置"缩放"为50,添加关键帧,如图19-25所示。

STEP 04 单击"节目监视器"面板中的"播放-停止切换"按钮,预览闪光背景效果,如图19-26所示。

图19-25 添加关键帧

图19-26 预览闪光背景效果

实战 405 制作若隐若现特效

▶ 实例位置：光盘 \ 效果 \ 第 19 章 \ 实战 405.prproj
▶ 素材位置：无
▶ 视频位置：光盘 \ 视频 \ 第 19 章 \ 实战 405.mp4

● 实例介绍 ●

用户可以为"戒指"素材添加出一种若隐若现的效果，以体现出朦胧感。

● 操作步骤 ●

STEP 01 选择V3轨道上的素材，如图19-27所示。

STEP 02 展开"效果控件"面板，如图19-28所示。

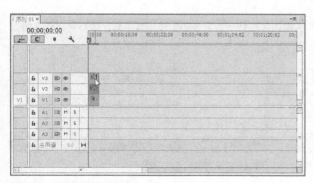

图19-27 选择V3轨道上的素材

图19-28 展开"效果控件"面板

STEP 03 单击"不透明度"左侧的"切换动画"按钮，设置参数为0，如图19-29所示。

STEP 04 将时间线拖曳至00:00:01:15位置，如图19-30所示。

图19-29 设置参数为0

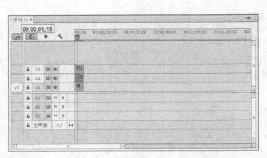

图19-30 拖曳至00:00:01:15位置

STEP 05 在"效果控件"面板中设置"不透明度"为100，添加关键帧，如图19-31所示，即可制作出若隐若现效果。

图19-31 添加关键帧

19.3 制作广告字幕特效

　　当用户完成了对戒指广告的所有编辑操作后，最后将为广告画面添加产品的店名和宣传语等信息。本节将详细介绍制作广告字幕特效的操作方法。

实战 406 创建宣传语字幕

▶ 实例位置：光盘 \ 效果 \ 第 19 章 \ 实战 406.prproj
▶ 素材位置：无
▶ 视频位置：光盘 \ 视频 \ 第 19 章 \ 实战 406.mp4

● 实例介绍 ●

　　为了让整个宣传效果的色调得到统一，在创建宣传字幕效果时，在尽量使字幕的颜色与主题背景颜色相同。

● 操作步骤 ●

STEP 01 单击"文件"|"新建"|"字幕"选项，如图19-32所示。

STEP 02 弹出"新建字幕"对话框后，单击"确定"按钮，即可以新建一个字幕文件，如图19-33所示。

图19-32　单击"字幕"选项

图19-33　单击"确定"按钮

STEP 03 在字幕编辑窗口中，选择"文字工具"，如图19-34所示。

STEP 04 输入文字"与你相约"，如图19-35所示。

图19-34　选择"文字工具"

图19-35　输入文字

STEP 05 设置"字体"为华康雅宋体W9(P)、"大小"为65、"颜色"为白色，选中"阴影"复选框，如图19-36所示。

STEP 06 添加"外描边"选项，设置"大小"为35、"填充类型"为"四色渐变"，并调整其颜色参数，其字幕效果如图19-37所示。

图19-36　设置参数值

图19-37　设置参数值后的字幕效果

STEP 07 关闭字幕编辑窗口，将创建的字幕文件添加至V4轨道的合适位置，并调整其长度，如图19-38所示。

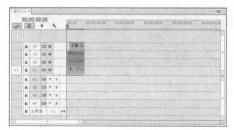

图19-38　添加字幕文件

实战 407 创建宣传语运动字幕

▶ 实例位置：光盘\效果\第19章\实战407.prproj
▶ 素材位置：无
▶ 视频位置：光盘\视频\第19章\实战407.mp4

● 实例介绍 ●

完成宣传语字幕的创建后，用户可以为宣传语字幕添加运动效果，以增添广告的丰富性。

● 操作步骤 ●

STEP 01 选择"字幕01"，如图19-39所示。

STEP 02 展开"效果控件"面板，单击"缩放"和"不透明度"左侧的"切换动画"按钮，设置"缩放"和"不透明度"均为0，添加关键帧，如图19-40所示。

图19-40 添加关键帧

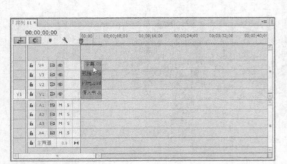

图19-39 选择"字幕01"

STEP 03 将时间线拖曳至00:00:04:00位置，如图19-41所示。

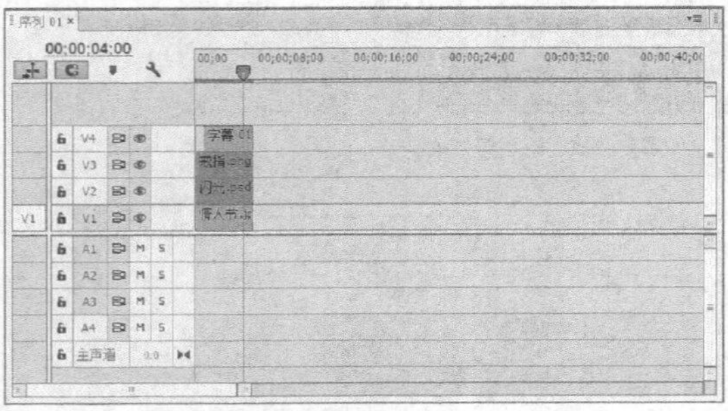

STEP 04 设置"缩放"和"不透明度"均为100，添加关键帧，如图19-42所示，即可以设置字幕运动。

图19-42 添加关键帧

图19-41 拖曳至00:00:04:00位置

实战 408 创建店名字幕特效

▶ 实例位置：光盘 \ 效果 \ 第 19 章 \ 实战 408.prproj
▶ 素材位置：无
▶ 视频位置：光盘 \ 视频 \ 第 19 章 \ 实战 408.mp4

● 实例介绍 ●

在制作了宣传语字幕后，还需要创建出珠宝店的店名，这样才能体现出广告的价值。

● 操作步骤 ●

STEP 01 单击"文件"|"新建"|"字幕"选项，如图 19-43 所示。

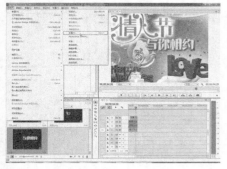

图19-43 单击"字幕"选项

STEP 02 弹出"新建字幕"对话框后，单击"确定"按钮，即可以新建一个字幕文件，如图 19-44 所示。

图19-44 单击"确定"按钮

STEP 03 选取输入工具，输入文字"宝蒂来珠宝"，如图 19-45 所示。

图19-45 输入文字

STEP 04 设置"字体"为华文行楷、"字体大小"为70、"颜色"为白色，选中"阴影"复选框，其字幕效果如图 19-46 所示。

图19-46 设置参数值后的字幕效果

STEP 05 添加"外描边"选项，设置"颜色"的参数为121、7、89，调整字幕的位置，其字幕效果如图 19-47 所示。

图19-47 设置参数值后的字幕效果

STEP 06 关闭字幕编辑窗口，将创建的字幕文件添加至V5轨道的合适位置，并调整其长度，如图 19-48 所示。

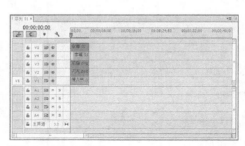

图19-48 添加字幕文件

实战 409 创建店名运动字幕

▶ 实例位置：光盘 \ 效果 \ 第 19 章 \ 实战 409.prproj
▶ 素材位置：无
▶ 视频位置：光盘 \ 视频 \ 第 19 章 \ 实战 409.mp4

● 实例介绍 ●

添加字幕效果后，用户可以根据个人的爱好为字幕添加动态效果。

● 操作步骤 ●

STEP 01 选择V5轨道中的字幕文件，如图19-49所示。

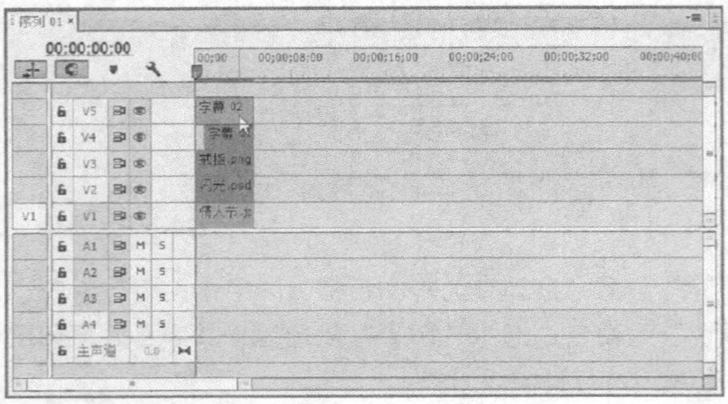

STEP 02 展开"效果控件"面板，如图19-50所示。

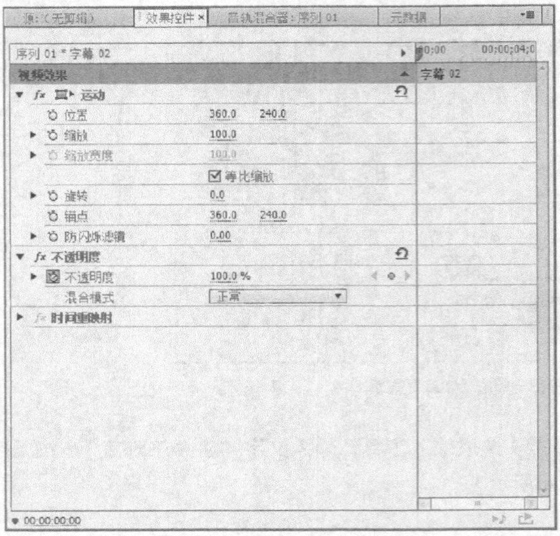

图19-49 选择字幕文件

图19-50 展开"效果控件面板"

STEP 03 单击"缩放"和"不透明度"左侧的"切换动画"按钮，设置"缩放"和"不透明度"均为0，添加关键帧，图19-51所示。

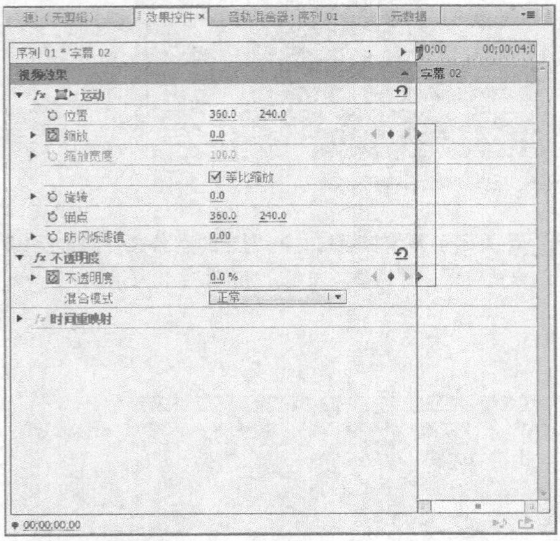

STEP 04 将时间线拖曳至00:00:01:15位置，设置"缩放"为100、"不透明度"为0，添加关键帧，如图19-52所示。

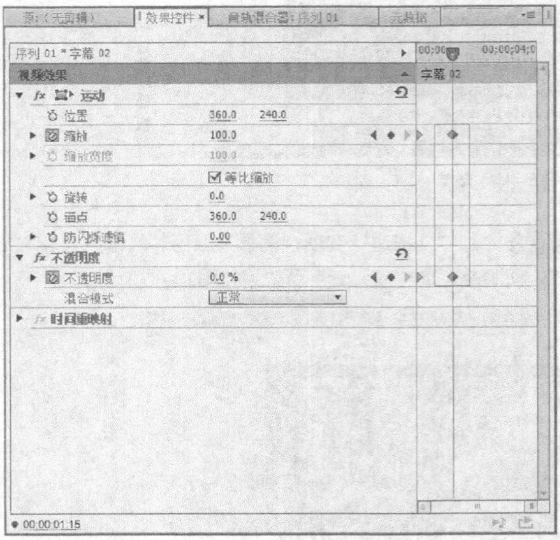

图19-51 添加关键帧

图19-52 添加关键帧

STEP 05 将时间线拖曳至00:00:02:16位置，设置"不透明度"为100，如图19-53所示。

STEP 06 在"节目监视器"面板中，预览店名运动效果，如图19-54所示。

图19-53　添加关键帧

图19-54　预览店名运动效果

19.4 戒指广告的后期处理

在Premiere Pro CC中制作宣传广告时，为了增加影片的震撼效果，可以为宣传广告添加音频效果。本节将详细介绍后期处理戒指广告的操作方法。

实战 410	添加音乐文件

▶ 实例位置：光盘\效果\第19章\实战410.prproj
▶ 素材位置：无
▶ 视频位置：光盘\视频\第19章\实战410.mp4

● 实例介绍 ●

在制作完戒指广告的整体效果后，需要为广告添加音乐文件。下面将介绍为广告添加音乐的操作方法。

● 操作步骤 ●

STEP 01 在Premiere Pro CC工作界面中，单击"文件"|"导入"命令，如图19-55所示。

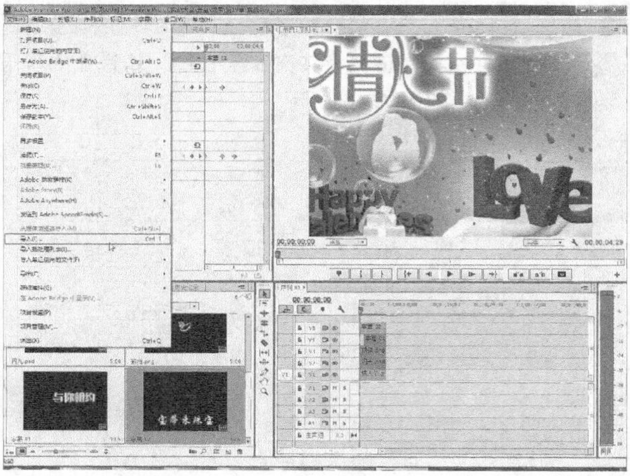

STEP 02 弹出"导入"对话框后，选择合适的音乐，如图19-56所示。

图19-55　单击"导入"命令

图19-56　选择音乐文件

STEP 03 单击"打开"按钮，如图19-57所示。

STEP 04 执行操作后，即可将选择的音乐文件导入到"项目"面板中，如图19-58所示。

图19-57　单击"打开"按钮

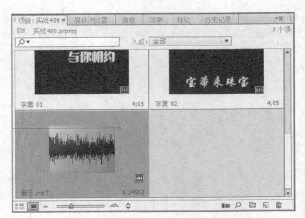

图19-58　导入到"项目"面板中

STEP 05 选择导入的"音乐"素材，将其添加至A1轨道上，并调整音乐的长度，如图19-59所示。

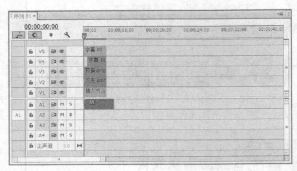

图19-59　添加音乐文件

实战 411　添加音乐过渡效果

▶ 实例位置：光盘 \ 效果 \ 第 19 章 \ 实战 411.prproj
▶ 素材位置：无
▶ 视频位置：光盘 \ 视频 \ 第 19 章 \ 实战 411.mp4

● 实例介绍 ●

中秋节作为中国的特色节日，自然需要表现出中国独有的特色，接下来将导入一副"中秋月圆"来作为宣传背景。

● 操作步骤 ●

STEP 01 在"效果"面板中，展开"音频过渡" I "交叉淡化"选项，在其中选择"恒定功率"选项，如图19-60所示。

图19-60　选择"恒定功率"选项

STEP 02 按住鼠标左键并将其拖曳至"A1"轨道上的音乐素材的开始处，如图19-61所示。

图19-61　拖曳至音乐素材的开始处

STEP 03 按住鼠标左键并将其拖曳至"A1"轨道上的音乐素材的结尾处，如图19-62所示。

STEP 04 单击"节目监视器"面板中的"播放–停止切换"按钮，如图19-63所示。

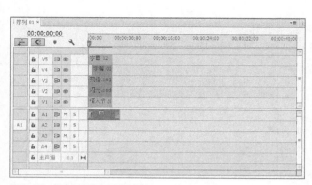

图19-62　拖曳至音乐素材的结尾处

图19-63　单击"播放-停止切换"按钮

STEP 05 预览制作出的戒指广告效果，如图19-64所示。

图19-64　预览戒指广告效果

第**20**章

第 ... 章

制作炫彩字幕特效

本章导读

影片的字幕具有极为强烈的信息传递功能，不仅可以在视频画面中起到画龙点睛的作用，还可以强化视频作品的视觉冲击力。本章主要通过案例实战演练，让用户从 Premiere Pro CC 文字工具及特效的学习中，了解并熟练掌握如何打造炫彩的字幕效果。

要点索引

- 制作"玫瑰花开"字幕特效
- 制作"圣诞快乐"字幕特效
- 制作"冰封王座"字幕特效

20.1 制作"玫瑰花开"字幕特效

玫瑰花象征着爱情，捕捉花开的瞬间需要很强的耐心和决心，本实例中选取了一段玫瑰花开放的瞬间作为素材，并通过Premiere Pro CC为视频添加了"若影若现"字幕效果。

实战 412 导入玫瑰花视频背景

▶ 实例位置：光盘 \ 效果 \ 第 20 章 \ 实战 412.prproj
▶ 素材位置：光盘 \ 素材 \ 第 20 章 \ 玫瑰花开 .jpg
▶ 视频位置：光盘 \ 视频 \ 第 20 章 \ 实战 412.mp4

● 实例介绍 ●

用户在制作玫瑰花开视频字幕之前，首先需要导入"玫瑰花"的视频作为背景，并对其大小进行调节。

● 操作步骤 ●

STEP 01 单击"文件"|"新建"|"序列"选项，如图20-1所示。

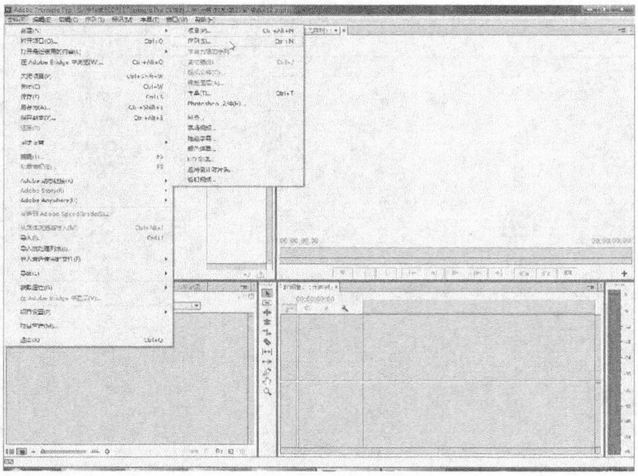

STEP 02 执行操作后，弹出"新建序列"对话框，单击"确定"按钮，即可新建一个序列，如图20-2所示。

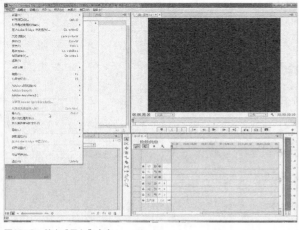

图20-1　单击"序列"选项

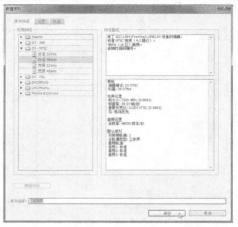

图20-2　单击"确定"按钮

STEP 03 单击"文件"|"导入"命令，如图20-3所示。

STEP 04 弹出"导入"对话框后，在其中选择合适的素材图像，如图20-4所示。

图20-3　单击"导入"命令

图20-4　选择合适的素材图像

STEP 05 单击对话框下方的"打开"按钮，如图20-5所示。

STEP 06 将选择的图像文件导入"项目"面板中，如图20-6所示。

图20-5　单击"打开"按钮

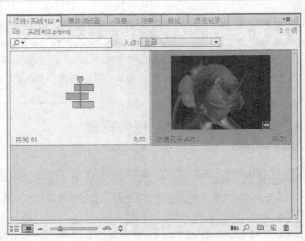

图20-6　导入"项目"面板中

STEP 07 选择导入图像文件，将其拖曳至V1轨道上，如图20-7所示。

STEP 08 选择V1轨道上的素材，如图20-8所示。

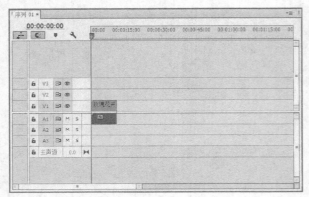

图20-7　拖曳至"V1"轨道上

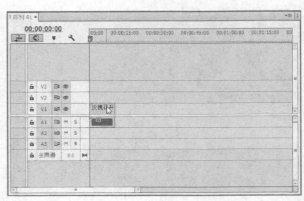

图20-8　选择素材

STEP 09 展开"效果控件"面板，如图20-9所示。

图20-9　展开"效果控件"面板

实战 413　创建一个视频字幕

▶ 实例位置：光盘 \ 效果 \ 第 20 章 \ 实战 413. prproj
▶ 素材位置：无
▶ 视频位置：光盘 \ 视频 \ 第 20 章 \ 实战 413. mp4

● 实例介绍 ●

　　用户在制作玫瑰花开视频字幕之前，首先需要导入"玫瑰花"的视频作为背景，并对其大小进行调节，才能在素材中创建一个视频字幕。

● 操作步骤 ●

STEP 01 在"效果控件"面板中，设置"缩放"为187.0，如图20-10所示。

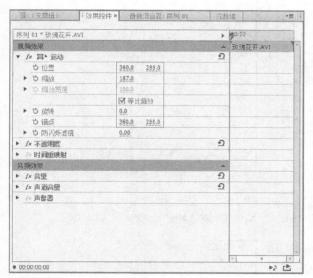

图20-10　设置"缩放"为187.0

STEP 03 执行操作后，弹出"新建字幕"对话框，单击"确定"按钮，如图20-12所示。

图20-12　单击"确定"按钮

STEP 05 在字幕编辑器窗口中输入文字"玫"，如图20-14所示。

STEP 02 单击"字幕"｜"新建字幕"｜"默认静态字幕"命令，如图20-11所示。

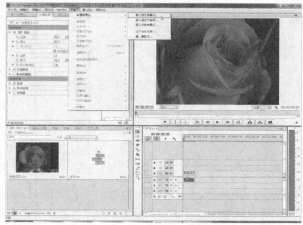

图20-11　单击"默认静态字幕"命令

STEP 04 在字幕编辑器窗口中，选择文字工具，如图20-13所示。

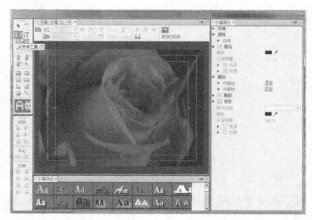

图20-13　选择文字工具

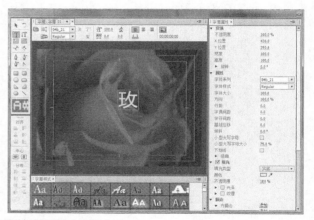

图20-14　输入文字"玫"

STEP 06 在右侧"字幕属性"面板中选中"填充"复选框，如图20-15所示。

STEP 07 在右侧"字幕属性"面板中设置"颜色"为白色，如图20-16所示。

图20-15 选中"填充"复选框

图20-16 设置"颜色"为白色

STEP 08 在右侧"字幕属性"面板中选中"阴影"复选框，如图20-17所示。

STEP 09 在右侧"字幕属性"面板中设置"颜色"为红色，如图20-18所示。

图20-17 选中"阴影"复选框

图20-18 设置"颜色"为红色

STEP 10 在右侧"字幕属性"面板中设置"不透明度"为100%，如图20-19所示。

图20-19 设置"不透明度"为100%

实战 414 设置字幕缩放特效

▶ 实例位置：光盘 \ 效果 \ 第 20 章 \ 实战 414.prproj
▶ 素材位置：无
▶ 视频位置：光盘 \ 视频 \ 第 20 章 \ 实战 414.mp4

● 实例介绍 ●

用户在添加一个字幕后，即可将该字幕进行设置缩放、旋转等特效。

● 操作步骤 ●

STEP 01 单击"字幕"面板右上角的"关闭"按钮，如图 20-20 所示。

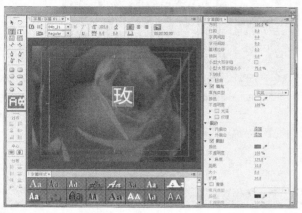

图20-20 单击"关闭"按钮

STEP 03 选择该文件，如图20-22所示。

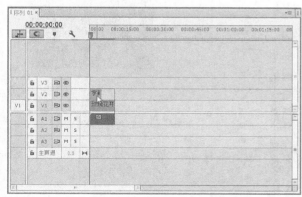

图20-22 选择该文字

STEP 05 在"效果控件"面板中，设置"缩放"为187.0，即可添加字幕，如图20-24所示。

STEP 02 此时，字幕文件将自动添加至"项目"面板中，拖曳该文字至V2轨道上，如图20-21所示。

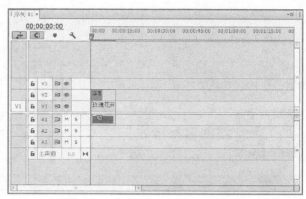

图20-21 拖曳至V2轨道上

STEP 04 展开"效果控件"面板，如图20-23所示。

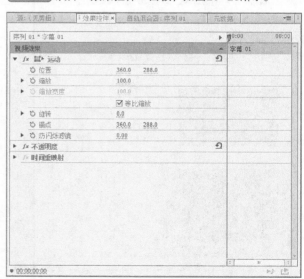

图20-23 展开"效果控件"面板

STEP 06 在"节目监视器"面板中单击"播放-停止切换"按钮，即可预览图像效果，如图20-25所示。

图20-24 设置"缩放"为187.0

图20-25 预览图像效果

实战 415 复制字幕特效

▶ 实例位置：光盘 \ 效果 \ 第 20 章 \ 实战 415.prproj
▶ 素材位置：无
▶ 视频位置：光盘 \ 视频 \ 第 20 章 \ 实战 415.mp4

● 实例介绍 ●

用户在添加一个字幕后，即可将该字幕进行复制。

● 操作步骤 ●

STEP 01 选择"项目"面板中的"字幕01"，如图20-26所示。

STEP 02 单击鼠标右键，在弹出的快捷菜单中选择"复制"选项，如图20-27所示。

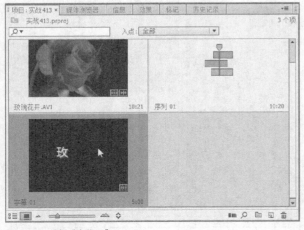

图20-26 选择"字幕01"

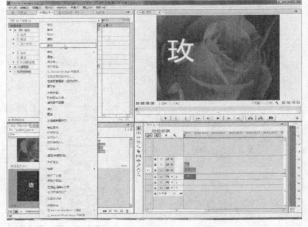

图20-27 选择"复制"选项

实战 416 粘贴字幕特效

▶ 实例位置：光盘 \ 效果 \ 第 20 章 \ 实战 416.prproj
▶ 素材位置：无
▶ 视频位置：光盘 \ 视频 \ 第 20 章 \ 实战 416.mp4

● 实例介绍 ●

用户在复制一个字幕后，即可再进行粘贴操作。

● 操作步骤 ●

STEP 01 单击鼠标右键，在弹出的快捷菜单中选择"粘贴"选项以粘贴字幕，如图20-28所示。

图20-28 粘贴字幕

STEP 02 执行操作后，即可将粘贴字幕显示在"项目"面板中，如图20-29所示。

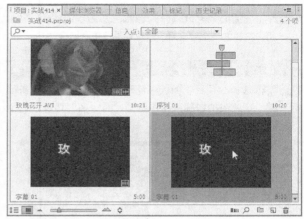

图20-29 显示在"项目"面板中

STEP 03 再次单击鼠标右键，在弹出的快捷菜单中选择"粘贴"选项以粘贴字幕，如图20-30所示。

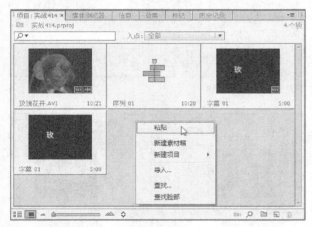

图20-30 粘贴字幕

STEP 04 执行操作后，即可将粘贴字幕显示在"项目"面板中，如图20-31所示。

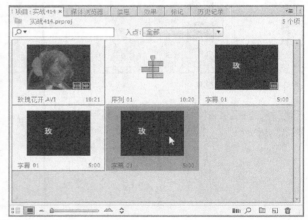

图20-31 显示在"项目"面板中

STEP 05 用同样的方法粘贴字幕，如图20-32所示。

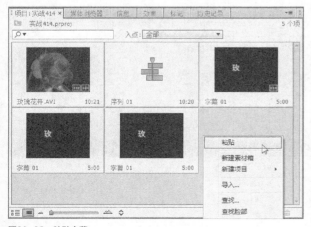

图20-32 粘贴字幕

STEP 06 执行操作后，即可将粘贴字幕显示在"项目"面板中，如图20-33所示。

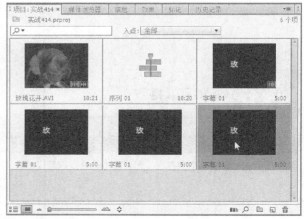

图20-33 显示在"项目"面板中

实战 417	重命名字幕特效	▶ 实例位置：光盘 \ 效果 \ 第 20 章 \ 实战 417. prproj
		▶ 素材位置：无
		▶ 视频位置：光盘 \ 视频 \ 第 20 章 \ 实战 417. mp4

● 实例介绍 ●

用户在粘贴一个字幕后，即可再进行重命名操作。

● 操作步骤 ●

STEP 01 选择"项目"面板中复制出的一份字幕，单击鼠标右键，在弹出的快捷菜单中选择"重命名"选项，如图20-34所示。

STEP 02 输入新的名称，如图20-35所示。

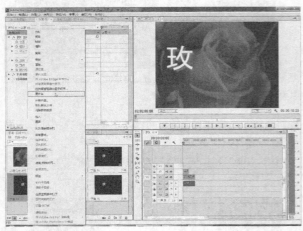

图20-34 "重命名"选项

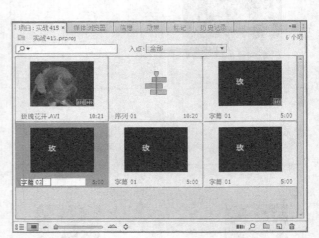

图20-35 输入新的名称

STEP 03 运用上述同样的方法，修改其他字幕的名称，如图20-36所示。

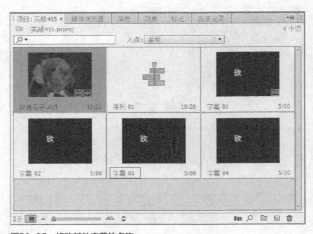

图20-36 修改其他字幕的名称

实战 418	修改字幕特效	▶ 实例位置：光盘 \ 效果 \ 第 20 章 \ 实战 418. prproj
		▶ 素材位置：无
		▶ 视频位置：光盘 \ 视频 \ 第 20 章 \ 实战 418. mp4

● 实例介绍 ●

用户在重命名一个字幕后，即可再进行修改字幕操作。

● 操作步骤 ●

STEP 01 双击"字幕02"，如图20-37所示。

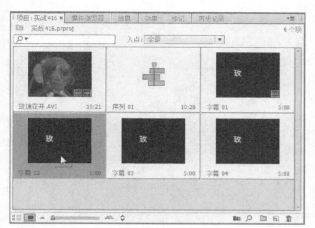

图20-37 双击"字幕02"

STEP 02 展开"字幕"面板，在面板中对原有的文字进行修改，如图20-38所示。

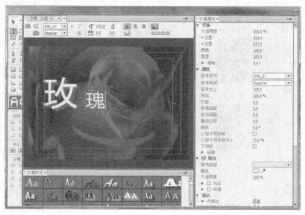

图20-38 文字修改

STEP 03 单击"字幕"面板右上角的"关闭"按钮，如图20-39所示。

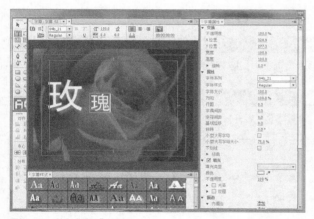

图20-39 单击"关闭"按钮

STEP 04 在"项目"面板可查看修改后的字幕效果，如图20-40所示。

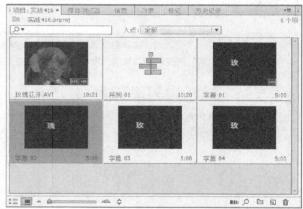

图20-40 字幕效果

STEP 05 双击"字幕03"，如图20-41所示。

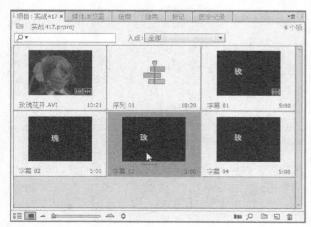

图20-41 双击"字幕03"

STEP 06 展开"字幕"面板，在面板中对原有的字幕进行修改，如图20-42所示。

图20-42 文字修改

STEP 07 用与上述同样的方法，在面板中对原有的字幕进行修改，随后即可在项目面板中查看修改后的字幕效果，如图20-43所示。

STEP 08 拖曳创建好的字幕至"时间线"面板，并将字幕分别拖曳至不同轨道中，如图20-44所示。

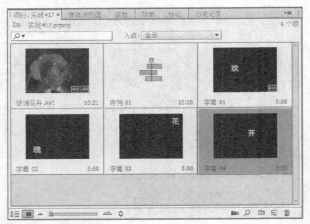

图20-43 字幕效果

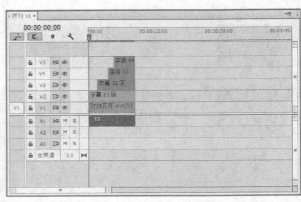

图20-44 拖入字幕

实战 419 制作旋转渐隐字幕特效

▶ 实例位置：光盘 \ 效果 \ 第 20 章 \ 实战 419. prproj
▶ 素材位置：无
▶ 视频位置：光盘 \ 视频 \ 第 20 章 \ 实战 419. mp4

● 实例介绍 ●

用户通过"字幕"面板创建字幕后，字幕将自动保存在"项目"面板中，接下来为这些字幕添加动态效果。

● 操作步骤 ●

STEP 01 在Premiere Pro CC工作界面中，选择"字幕01"，如图20-45所示。

STEP 02 展开"效果控件"面板，如图20-46所示。

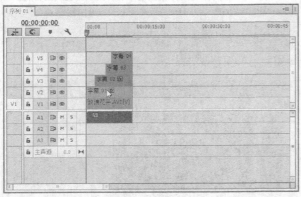

图20-45 选择"字幕01"

图20-46 展开"效果控件"面板

STEP 03 单击"位置""缩放""不透明度"左侧的"切换动画"按钮，并设置"不透明度"为0.0%，如图20-47所示。

STEP 04 拖曳"当前时间指示器"至合适位置，设置"位置"为212.0、396.0，"缩放"为120.0，"不透明度"为100.0%，如图20-48所示。

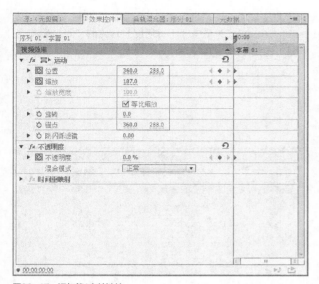

图20-47 添加第1个关键帧

图20-48 添加第2个关键帧

STEP 05 拖曳"当前时间指示器"至00:00:02:00位置，如图20-49所示。

STEP 06 设置"位置"为212.0、396.0，"缩放"为186.0，"不透明度"为100.0%，如图20-50所示。

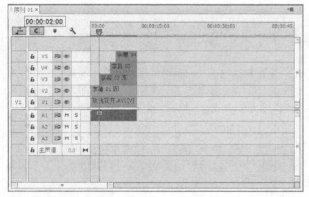

图20-49 拖曳"当前时间指示器"

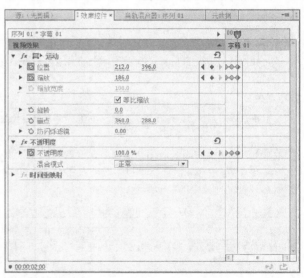

图20-50 添加第3个关键帧

STEP 07 拖曳"当前时间指示器"至00:00:03:00位置，如图20-51所示。

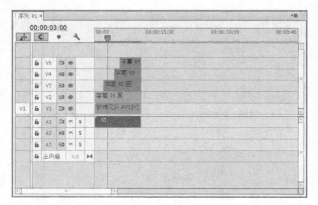

图20-51 拖曳"当前时间指示器"

STEP 08 拖曳"当前时间指示器"至合适位置，单击"位置""缩放"和"不透明度"选项右侧的"添加/移除关键帧"按钮，如图20-52所示。

STEP 09 继续拖曳"当前时间指示器"，设置"位置"为222.0、501.7，并单击"不透明度"右侧的"添加/移除关键帧"按钮，如图20-53所示。

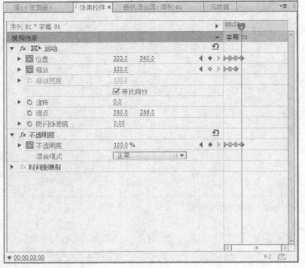

图20-52　添加第4个关键帧

图20-53　添加第5个关键帧

技巧点拨 1

　　用户在调整"当前时间指示器"时，除了运用鼠标拖曳外，还可以直接单击时间标尺，即可快速跳转至当前时间位置。

技巧点拨 2

　　若用户未对当前特效进行任何修改，并单击"添加／移除关键帧"按钮，此时，用户将添加一个参数不变的关键帧。

STEP 10 继续拖曳"当前时间指示器"，设置"位置"为222.0、501.7，并单击"不透明度"选项右侧的"添加/移除关键帧"按钮，如图20-54所示。

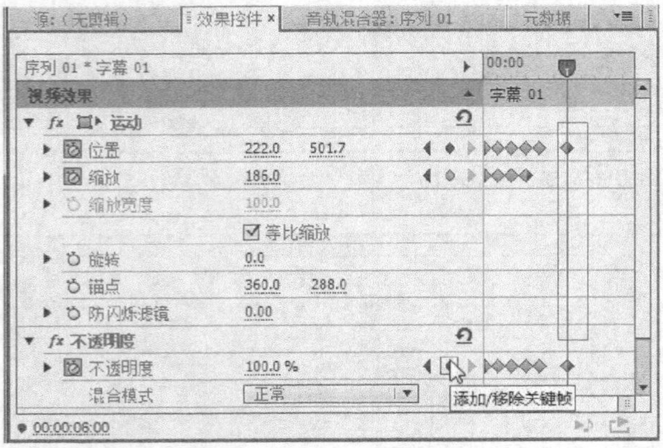

STEP 11 继续拖曳"当前时间指示器"，设置"位置"为222.0、501.7，并单击"不透明度"右侧的"添加/移除关键帧"按钮，如图20-55所示。

图20-54　添加第6个关键帧

图20-55　添加第7个关键帧

STEP 12 运用上述同样的方法，为其他字幕添加关键帧，设置完成后，即可完成一个"渐隐字幕"动画效果，如图20-56所示。

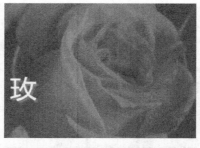

技巧点拨

用户除了使用调节透明度的方法制作"渐隐"效果外，还可以通过添加"效果"面板中的"交叉叠化(标准)"特效来完成"渐隐"效果的添加。

图20-56　渐隐字幕动画效果

20.2　制作"圣诞快乐"字幕特效

圣诞节是西方的新年，随着现在文化的不断发展与各国之间的密切交流，这个节日也逐渐被亚洲人所接纳。圣诞节的象征就是大量的圣诞礼物与人与人之间的美好祝福。本实例以大量红色的礼物为背景，并通过Premiere Pro CC强大的文字编辑功能，为快乐圣诞节增添了几分快乐的气氛。

实战 420　导入"圣诞礼物"视频

▶ 实例位置：光盘 \ 效果 \ 第 20 章 \ 实战 420.prproj
▶ 素材位置：光盘 \ 素材 \ 第 20 章 \ 圣诞快乐.jpg
▶ 视频位置：光盘 \ 视频 \ 第 20 章 \ 实战 420.mp4

● 实例介绍 ●

通过单击相应选项导入一段视频，下面介绍导入视频的操作方法。

● 操作步骤 ●

STEP 01 单击"文件"|"新建"|"序列"选项，如图20-57所示。

STEP 02 执行操作后，弹出"新建序列"对话框，单击"确定"按钮，即可新建一个序列，如图20-58所示。

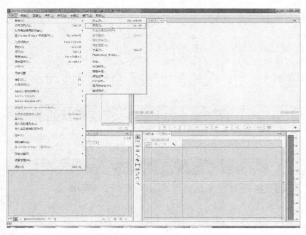

图20-57　单击"序列"选项

图20-58　单击"确定"按钮

STEP 03 单击"文件"|"导入"命令，如图20-59所示。

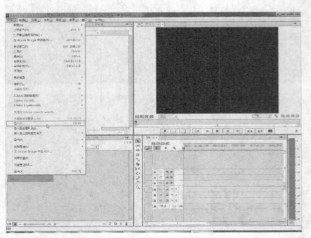

图20-59 单击"导入"命令

STEP 05 单击对话框下方的"打开"按钮，如图20-61所示。

20-61 单击"打开"按钮

STEP 04 弹出"导入"对话框后，在其中选择合适的素材图像，如图20-60所示。

图20-60 选择合适的素材图像

STEP 06 即可将选择的图像文件导入到"项目"面板中，如图20-62所示。

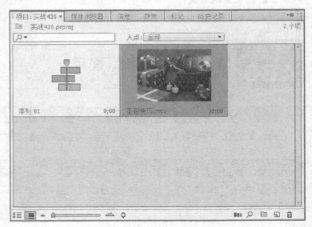

图20-62 导入到"项目"面板中

实战 421 拖曳"圣诞礼物"视频

▶ 实例位置：光盘 \ 效果 \ 第 20 章 \ 实战 421. prproj
▶ 素材位置：光盘 \ 素材 \ 第 20 章 \ 圣诞快乐 . jpg
▶ 视频位置：光盘 \ 视频 \ 第 20 章 \ 实战 421. mp4

● 实例介绍 ●

下面主要介绍拖曳视频的操作方法。

● 操作步骤 ●

STEP 01 在"项目"面板中，选择导入的图像文件，如图20-63所示。

STEP 02 将其拖曳至V1轨道上，如图20-64所示。

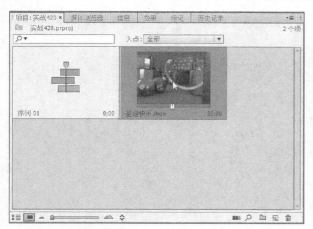

图20-63　选择导入的图像文件

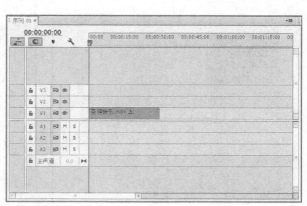

图20-64　拖曳至V1轨道上

STEP 03 选择V1轨道上的素材，如图20-65所示。

STEP 04 展开"效果控件"面板，并展开面板中的"运动"选项，如图20-66所示。

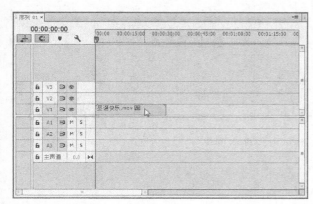

图20-65　选择素材

图20-66　展开"效果控件"面板

实战 422　制作"圣诞礼物"特效

▶ 实例位置：光盘 \ 效果 \ 第20章 \ 实战 422.prproj
▶ 素材位置：无
▶ 视频位置：光盘 \ 视频 \ 第20章 \ 实战 422.mp4

● 实例介绍 ●

当用户导入的视频素材不够清晰时，可以利用Premiere Pro CC中的"模糊与锐化"特效来锐化素材。

● 操作步骤 ●

STEP 01 选择"效果"面板，如图20-67所示。

STEP 02 在选择的"效果"面板中，展开"视频效果"选项，如图20-68所示。

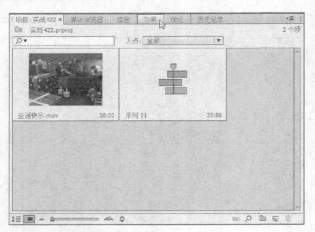

图20-67　选择"效果"面板

图20-68　展开"视频效果"选项

STEP 03 在其中选择"锐化"特效，如图20-69所示。

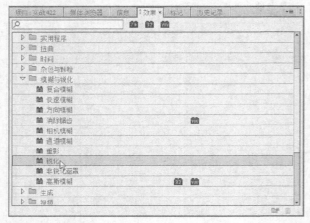

图20-69　选择特效

STEP 04 按住鼠标左键并将其拖曳至V1轨道的素材图像上，如图20-70所示。

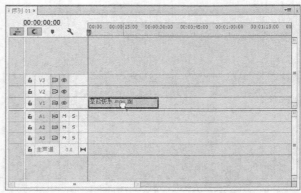

图20-70　拖曳至V1轨道

实战 423	锐化"圣诞礼物"视频	▶ 实例位置：光盘\效果\第20章\实战423.prproj
		▶ 素材位置：无
		▶ 视频位置：光盘\视频\第20章\实战423.mp4

● 实例介绍 ●

当用户导入的视频素材不够清晰时，可以设置Premiere Pro CC中的锐化量。

● 操作步骤 ●

STEP 01 展开"效果控件"面板，如图20-71所示。

图20-71　展开"效果控件"面板

STEP 02 设置"锐化量"为70，如图20-72所示。

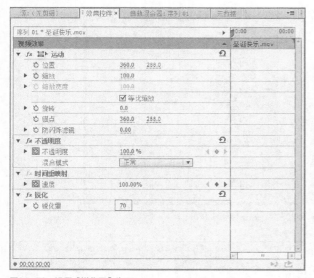

图20-72　设置"锐化量"为70

STEP 03 在"节目监视器"面板中单击"播放-停止切换"按钮，即可预览图像效果，如图20-73所示。

图20-73　预览图像效果

实战 424　添加视频轨道

▶ 实例位置：光盘 \ 效果 \ 第 20 章 \ 实战 424.prproj
▶ 素材位置：无
▶ 视频位置：光盘 \ 视频 \ 第 20 章 \ 实战 424.mp4

● 实例介绍 ●

当视频轨不够时，在时间轴面板中可以添加多个视频轨道。

● 操作步骤 ●

STEP 01 在V1轨道上，单击鼠标右键，在弹出的快捷菜单选择"添加轨道"选项，如图20-74所示。

STEP 02 弹出的"添加轨道"对话框如图20-75所示。

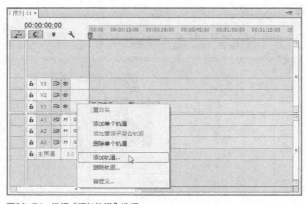

图20-74　选择"添加轨道"选项

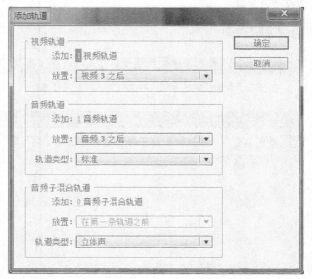

图20-75　"添加轨道"对话框

技巧点拨

如果用户需要将添加的视频轨道添加至"视频1"轨道的下方位置，可以单击"添加视音轨"对话框中的"位置"倒三角按钮，在弹出的下拉列表框中选择"在第一轨道之前"选项。

STEP 03 在其中设置相应参数，如图20-76所示。

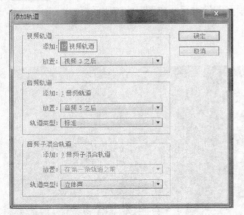

图20-76　设置相应参数

STEP 05 即可在时间轴查看所添加的视频轨道，如图20-78所示。

STEP 04 设置完成后，单击"确定"按钮，如图20-77所示。

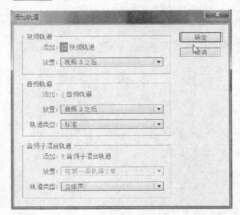

图20-77　单击"确定"按钮

图20-78　查看添加的视频轨道

实战 425　创建"圣诞快乐"字幕

▶ 实例位置：光盘 \ 效果 \ 第20章 \ 实战425.prproj
▶ 素材位置：无
▶ 视频位置：光盘 \ 视频 \ 第20章 \ 实战425.mp4

● 实例介绍 ●

在完成了背景视频的添加，并为背景视频的清晰度做出了调整后，用户即可开始为其创建字幕效果了。

● 操作步骤 ●

STEP 01 单击"字幕" | "新建字幕" | "默认静态字幕"命令，如图20-79所示。

图20-79　单击"默认静态字幕"命令

STEP 02 执行操作后，弹出"新建字幕"对话框，如图 20-80 所示。

图20-80　"新建字幕"对话框

STEP 03 单击"确定"按钮，如图20-81所示。

图20-81　单击"确定"按钮

STEP 04 在字幕编辑窗口中，选择文字工具，如图20-82 所示。

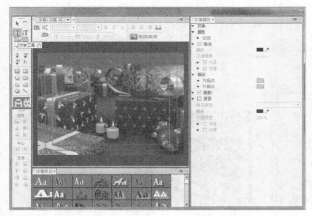

图20-82　选择文字工具

STEP 05 在字幕编辑窗口中，输入文字"圣诞快乐"，如图20-83所示。

图20-83　输入文字"圣诞快乐"

实战 426	设置"圣诞快乐"字幕

▶ 实例位置：光盘 \ 效果 \ 第 20 章 \ 实战 426.prproj
▶ 素材位置：无
▶ 视频位置：光盘 \ 视频 \ 第 20 章 \ 实战 426.mp4

● 实例介绍 ●

在为其创建了字幕效果之后可以设置字幕属性。

● 操作步骤 ●

STEP 01 在字幕编辑窗口中，选择输入的文字，如图 20-84所示。

![图20-84 选择输入的文字]

图20-84　选择输入的文字

STEP 02 在"字幕属性"面板中设置"字体"为华文隶书，如图20-85所示。

图20-85　设置"字体"为华文隶书

STEP 03 在"字幕属性"面板中设置
"字体大小"为120.0，如图20-86所示。

STEP 04 设置"填充类型"为线性渐
变，如图20-87所示。

图20-86 设置"大小"为120.0

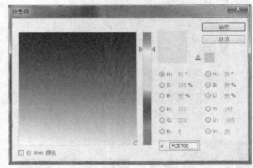

图20-87 "填充类型"为线性渐变

STEP 05 在"字幕属性"中，选择第
一个线性渐变，如图20-88所示。

STEP 06 在弹出的拾色器中设置为黄
色，如图20-89所示。

图20-88 选择第一个

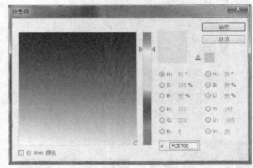

图20-89 设置为黄色

STEP 07 在"字幕属性"中，选择第
二个线性渐变，如图20-90所示。

STEP 08 在弹出的拾色器中设置为橘
黄色，如图20-91所示。

图20-90 选择第二个

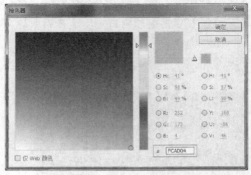

图20-91 设置为橘黄色

STEP 09 设置完成后，即可返回字幕属性面板查看双色线性渐变，如图20-92所示。

STEP 10 在"字幕属性"面板中选中"阴影"复选框，如图20-93所示。

图20-92　查看双色线性渐变

图20-93　选中"阴影"复选框

STEP 11 设置"颜色"为黑色，如图20-94所示。

STEP 12 设置"不透明度"为78%，如图20-95所示。

图20-94　设置"颜色"为黑色

图20-95　设置"不透明度"为78%

STEP 13 设置"角度"为-5°，如图20-96所示。

STEP 14 设置"距离"为14.0，如图20-97所示。

图20-96　设置"角度"为-5°

图20-97　设置"距离"为14.0

STEP 15 设置"大小"为14.0，如图
20-98所示。

STEP 16 设置"扩展"为82.0，如图
20-99所示。

图20-98 设置"大小"为14.0

图20-99 设置"扩展"为82.0

实战 427 设置其他字幕名称

▶ 实例位置：光盘\效果\第20章\实战427.prproj
▶ 素材位置：无
▶ 视频位置：光盘\视频\第20章\实战427.mp4

● 实例介绍 ●

在完成了背景视频的添加，并为背景视频的清晰度做出了调整后，为效果创建字幕效果了之后可以设置其他字幕属性。

● 操作步骤 ●

STEP 01 单击"字幕"窗口右上角的"关闭"按钮，字幕
将自动保存到"项目"面板中，如图20-100所示。

STEP 02 在"项目"面板中选择该字幕，如图20-101所示。

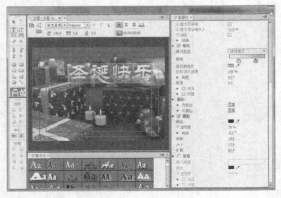

图20-100 单击"关闭"按钮

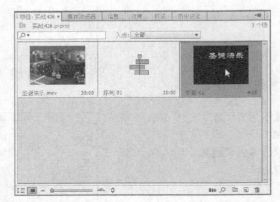

图20-101 选择该字幕

STEP 03 按住鼠标左键并将其拖曳至V2轨道上，如图20-102所示。

STEP 04 调整字幕的区间长度，如图20-103所示。

图20-102 拖曳至V2轨道上

图20-103 调整区间长度

STEP 05 单击"字幕"|"新建字幕"|"默认静态字幕"命令，如图20-104所示。

STEP 06 执行操作后，弹出"新建字幕"对话框，如图20-105所示。

图20-104 单击"默认静态字幕"命令

图20-105 "新建字幕"对话框

STEP 07 单击"确定"按钮，如图20-106所示。

STEP 08 在字幕编辑窗口中，选择文字工具，如图20-107所示。

图20-106 单击"确定"按钮

图20-107 选择文字工具

STEP 09 在字幕编辑窗口中，输入文字"Merry"，如图20-108所示。

STEP 10 选择输入的文字，如图20-109所示。

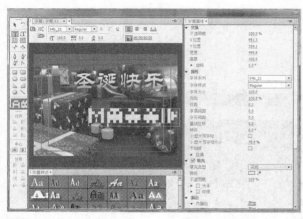

图20-108 输入文字"Merry"

图20-109 选择输入的文字

STEP 11 在"字幕属性"面板中设置"字体"为华文行楷，如图20-110所示。

STEP 12 设置"填充类型"为线性渐变，如图20-111所示。

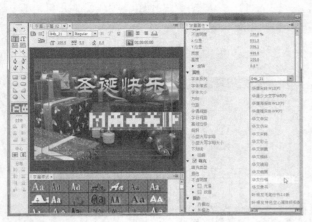

图20-110 设置"字体"为华文行楷

图20-111 设置"填充类型"为线性渐变

STEP 13 选择第一个线性渐变，如图20-112所示。

STEP 14 设置为淡黄色，如图20-113所示。

图20-112 选择第一个线性渐变

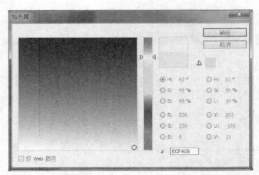

图20-113 设置为淡黄色

STEP 15 选择第二个线性渐变，如图20-144所示。

STEP 16 设置为青绿色，如图20-115所示。

图20-114 选择第二个线性渐变

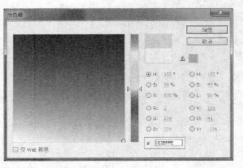

图20-115 设置为青绿色

STEP 17 设置完成后，即可返回字幕属性面板查看双色线性渐变，如图20-116所示。

STEP 18 单击"字幕"窗口右上角的"关闭"按钮，字幕将自动保存到"项目"面板中，如图20-117所示。

图20-116 查看双色线性渐变

图20-117 单击"关闭"按钮

实战 428 制作"基本3D"特效

▶ 实例位置：光盘 \ 效果 \ 第 20 章 \ 实战 428.prproj
▶ 素材位置：无
▶ 视频位置：光盘 \ 视频 \ 第 20 章 \ 实战 428.mp4

● 实例介绍 ●

下面主要介绍添加基本3D特效的操作方法。

● 操作步骤 ●

STEP 01 在时间轴面板中，选择V2轨道上的字幕文件，如图20-118所示。

STEP 02 展开"效果控件"面板，如图20-119所示。

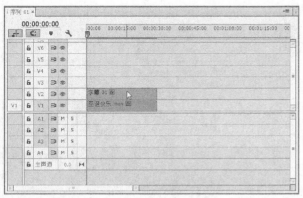

图20-118 选择字幕文件

图20-119 展开"效果控件"面板

STEP 03 单击面板中的"位置""缩放""不透明度"选项左侧的"切换动画"按钮，如图20-120所示。

STEP 04 设置"不透明度"为0.0%、"缩放"为50.0，如图20-121所示。

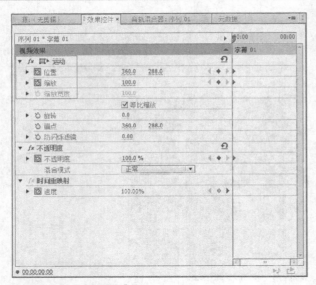

图20-120　单击"切换动画"按钮

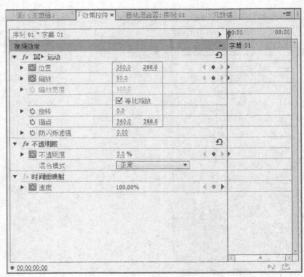

图20-121　设置相应参数

STEP 05 拖曳"当前时间指示器"至00:00:01:00位置，如图20-122所示。

STEP 06 设置"不透明度"为100%，如图20-123所示。

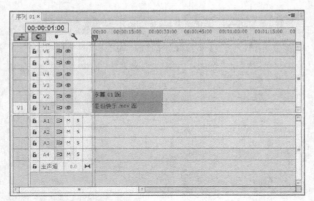

图20-122　拖曳时间线至合适位置

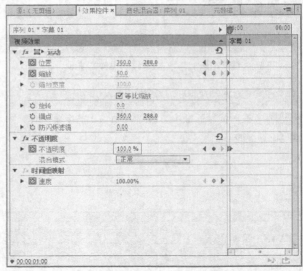

图20-123　设置"不透明度"为100%

STEP 07 拖曳"当前时间指示器"至00:00:03:00位置，如图20-124所示。

图20-124　拖曳时间线至合适位置

STEP 08 单击"不透明度"右侧的"添加/移除关键帧"按钮，并设置"缩放"为125.0，如图20-125所示。

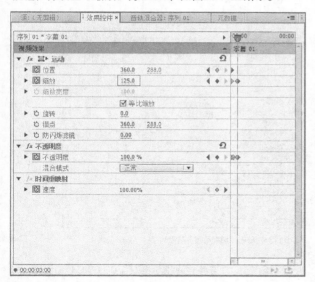

图20-125 设置"缩放"为125%

STEP 10 在"效果"面板中展开"视频效果"选项，如图20-127所示。

图20-127 展开"视频效果"选项

STEP 12 按住鼠标左键并拖曳至V2轨道上，如图20-129所示。

STEP 09 拖曳"当前时间指示器"至起始位置，如图20-126所示。

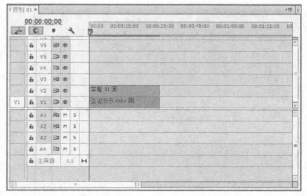

图20-126 拖曳时间线至起始位置

STEP 11 在"透视"中选择"基本3D"，如图20-128所示。

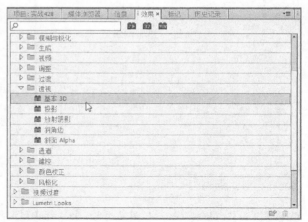

图20-128 选择"基本3D"

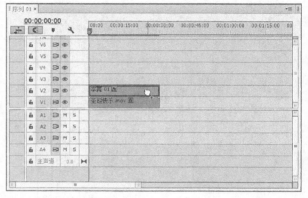

图20-129 拖曳至V2轨道上

STEP 13 展开"效果控件"面板,在其中将显示添加的特效,如图20-130所示。

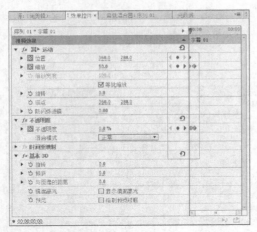

图20-130 显示添加的特效

STEP 15 设置"旋转"为66.0°、"倾斜"为26.0°,如图20-132所示。

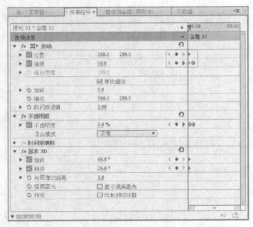

图20-132 设置相应参数

STEP 17 设置"旋转"和"倾斜"均为0.0°,如图20-134所示。

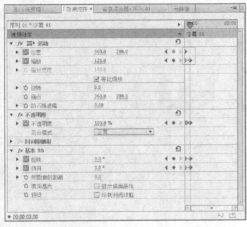

图20-134 设置相应参数

STEP 14 单击面板中的"旋转""倾斜"选项左侧的"切换动画"按钮,如图20-131所示。

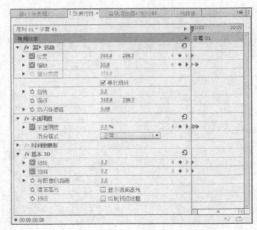

图20-131 单击"切换动画"按钮

STEP 16 拖曳"当前时间指示器"至00:00:03:00位置,如图20-133所示。

图20-133 拖曳时间线至合适位置

STEP 18 拖曳"当前时间指示器"至00:00:07:00位置,如图20-135所示。

图20-135 拖曳时间线至合适位置

STEP 19 设置"旋转"和"倾斜"均为0.0°，如图20-136所示。

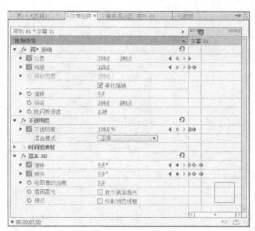

图20-136 设置相应参数

<table>
<tr><td>实战
429</td><td>重命名字幕名称</td></tr>
</table>

▶ 实例位置：光盘 \ 效果 \ 第20章 \ 实战429.prproj
▶ 素材位置：无
▶ 视频位置：光盘 \ 视频 \ 第20章 \ 实战429.mp4

● 实例介绍 ●

为了更快地制作字幕效果，可以用复制粘贴的方法来操作，同样也需要重命名字幕名称。

● 操作步骤 ●

STEP 01 选择"项目"面板中的"字幕02"，如图20-137所示。

STEP 02 单击鼠标右键，在弹出的快捷菜单选择"复制"选项，如图20-138所示。

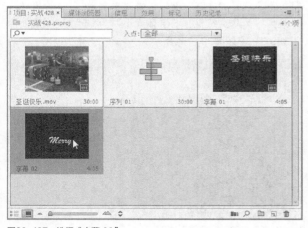

图20-137 选择"字幕02"

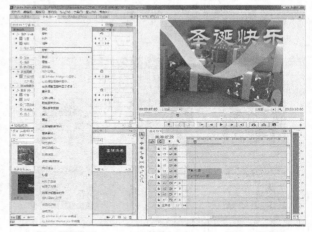

图20-138 选择"复制"选项

STEP 03 粘贴该字幕9份，在"项目"面板中即可查看，如图20-139所示。

图20-139 复制字幕

STEP 04 选择一个字幕，单击鼠标右键，在弹出的快捷菜单中选择"重命名"选项，如图20-140所示。

STEP 05 用同样的方法，重命名其他字幕名称，图20-141所示。

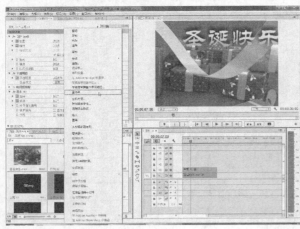

图20-140 选择"重命名"选项

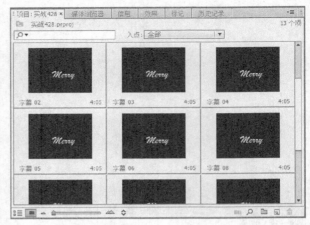

图20-141 重命名其他字幕名称

实战 430 修改字幕文字

▶ 实例位置：光盘 \ 效果 \ 第 20 章 \ 实战 430.prproj
▶ 素材位置：无
▶ 视频位置：光盘 \ 视频 \ 第 20 章 \ 实战 430.mp4

● 实例介绍 ●

将重命名的字幕修改成自己想要的文字。

● 操作步骤 ●

STEP 01 双击"字幕 03"，如图20-142所示。

STEP 02 展开"字幕"面板，修改文字为C，并设置"字体系列"为华文行楷、"字体大小"为164.9、"旋转"为330.3°，如图20-143所示。

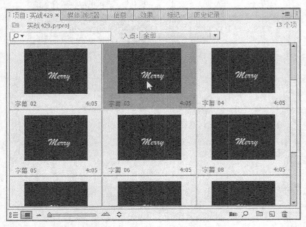

图20-142 双击"字幕 03"

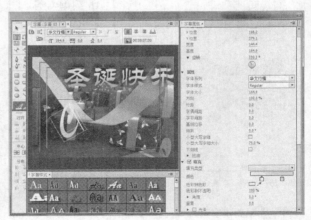

图20-143 修改文字为C

STEP 03 设置完成后，单击"字幕"面板右上角的"关闭"按钮，如图20-144所示。

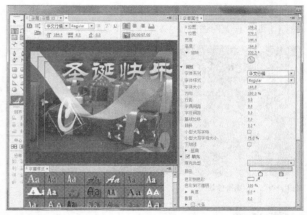

图20-144　单击"关闭"按钮

实战431　拖曳字幕至轨道

▶ 实例位置：光盘 \ 效果 \ 第 20 章 \ 实战 431.prproj
▶ 素材位置：无
▶ 视频位置：光盘 \ 视频 \ 第 20 章 \ 实战 431.mp4

● 实例介绍 ●

完成了修改字幕的操作后，即可将修改好的字幕拖曳至所需的轨道上。

● 操作步骤 ●

STEP 01 在"项目"面板中选择"字幕 02"，如图20-145所示。

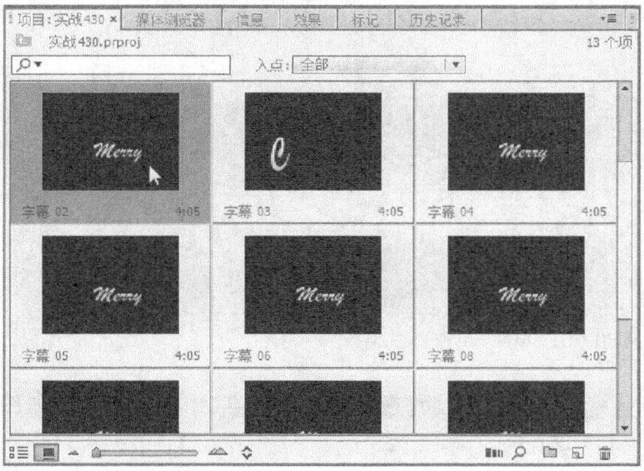

STEP 02 按住鼠标左键并将"字幕02"拖曳至"时间线"面板中，如图20-146所示。

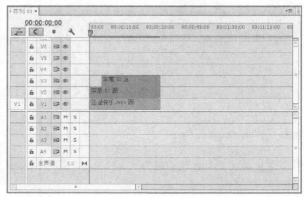

图20-145　选择"字幕02"

图20-146　拖曳至"时间线"面板中

STEP 03 在"项目"面板中选择"字幕 03"，按住鼠标左键并将"字幕 03"拖曳至"时间线"面板中，如图20-147所示。

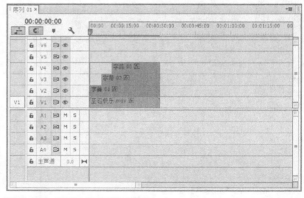

图20-147　拖曳至"时间线"面板中

STEP 04 在"节目监视器"面板中单击"播放–停止切换"按钮，即可预览图像效果，如图20-148所示。

图20-148 预览图像效果

STEP 05 运用上述同样方法，修改其他字幕效果，并将其拖曳至不同视频轨道，如图20-149所示。

图20-149 预览图像效果

实战 432	添加字幕动态效果

▶ 实例位置：光盘 \ 效果 \ 第 20 章 \ 实战 432.prproj
▶ 素材位置：无
▶ 视频位置：光盘 \ 视频 \ 第 20 章 \ 实战 432.mp4

● 实例介绍 ●

用户通过字幕窗口创建了两个字幕后，接下来需要对字幕进行进一步的编辑，最终，还需要为整个视频效果添加淡入淡出特效。

● 操作步骤 ●

STEP 01 选择"字幕 02"，如图20-150所示。

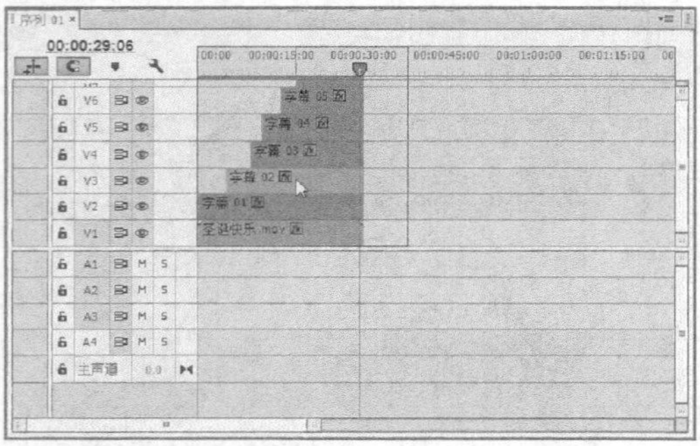

图20-150 选择"字幕 02"

STEP 02 拖曳"当前时间指示器"至素材的起始位置，如图20-151所示。

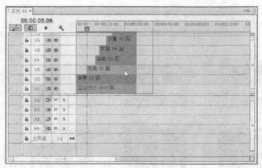

图20-151 拖曳"当前时间指示器"

STEP 03 单击"位置"左侧的"切换动画"按钮，如图20-152所示。

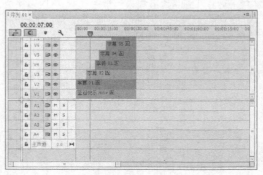

图20-152 单击"切换动画"按钮

STEP 04 拖曳"当前时间指示器"至00:00:07:00，如图20-153所示。

图20-153 拖曳"当前时间指示器"

STEP 05 设置"位置"为360.0、270.0，如图20-154所示。

图20-154　设置"位置"

STEP 07 展开"效果控件"面板，如图20-156所示。

图20-156　展开"效果控件"面板

STEP 09 拖曳"当前时间指示器"至00:00:10:20，如图20-158所示。

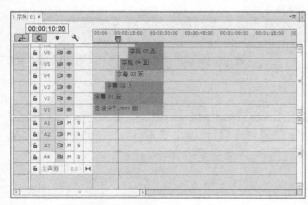

图20-158　拖曳"当前时间指示器"

STEP 06 选择"字幕 03"，如图20-155所示。

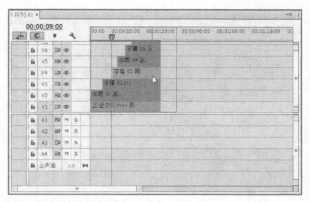

图20-155　选择"字幕 03"

STEP 08 选择"时间线"面板中的"字幕 03"，展开"效果控件"面板，单击"缩放"左侧的"切换动画"按钮，并设置"不透明度"为0.0%，如图20-157所示。

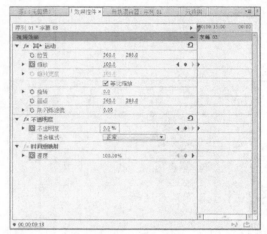

图20-157　设置"不透明度"为0.0%

STEP 10 设置"不透明度"为0.0%，如图20-159所示。

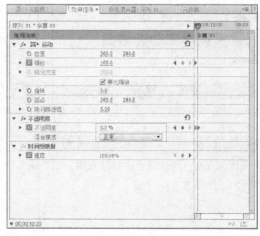

图20-159　设置"不透明度"为0.0%

STEP 11 拖曳"当前时间指示器"至00:00:11:00，如图20-160所示。

STEP 12 设置"不透明度"为100.0%，如图20-161所示。

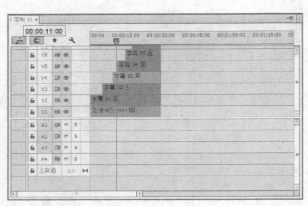

图20-160　拖曳"当前时间指示器"

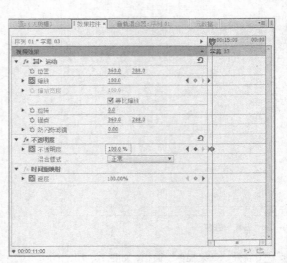

图20-161　设置"不透明度"为100.0%

STEP 13 拖曳"当前时间指示器"至00：00：11：10，如图20-162所示。

STEP 14 设置"不透明度"为100.0%，如图20-163所示。

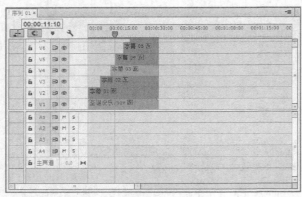

图20-162　拖曳"当前时间指示器"

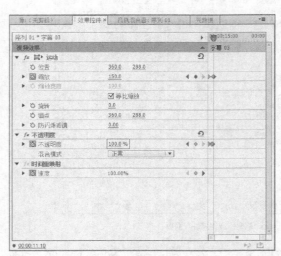

图20-163　设置"不透明度"为100.0%

实战 433　复制字幕动态效果

▶ 实例位置：光盘＼效果＼第20章＼实战433.prproj
▶ 素材位置：无
▶ 视频位置：光盘＼视频＼第20章＼实战433.mp4

● 实例介绍 ●

下面将主要介绍用简便的方法来完成其他字幕的动态效果。

● 操作步骤 ●

STEP 01 设置完成后，按住鼠标左键并拖曳，框选所有关键帧，如图20-164所示。

STEP 02 单击鼠标右键，在弹出的快捷菜单中选择"复制"选项，如图20-165所示。

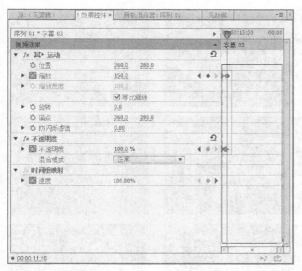

图20-164　框选关键帧

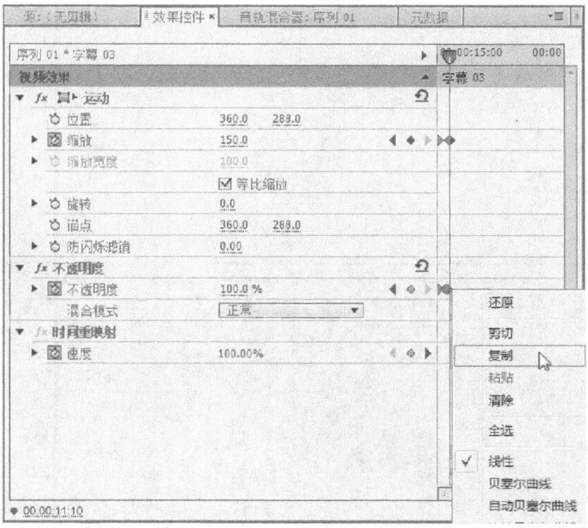

图20-165　"复制"选项

技巧点拨

用户在执行复制关键帧的操作时，除了使用上述方法外，还可以在按住Alt键的同时拖曳关键帧，即可快速复制关键帧。

实战 434　制作精彩字幕特效

▶ 实例位置：光盘 \ 效果 \ 第 20 章 \ 实战 434.prproj
▶ 素材位置：无
▶ 视频位置：光盘 \ 视频 \ 第 20 章 \ 实战 434.mp4

● 实例介绍 ●

要完成字幕的动态效果，也可以运用视频效果的特效来制作更多精彩的效果。

● 操作步骤 ●

STEP 01 选择其他视频轨道中的字幕，将关键帧粘贴至其他字幕中，展开"效果"面板，展开"伸缩"选项并选择"交叉伸展"特效，如图20-166所示。

STEP 02 按住鼠标左键并将其拖曳至V1轨道的起始位置，如图20-167所示。

图20-166　选择"交叉伸展"特效

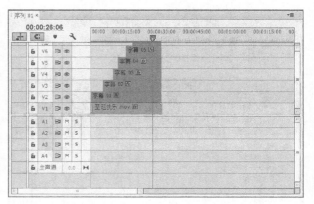

图20-167　起始位置

STEP 03 按住鼠标左键并将其拖曳至V1轨道的结束位置，如图20-168所示。

STEP 04 在"节目监视器"面板中单击"播放–停止切换"按钮，即可预览图像效果，如图20-169所示。

573

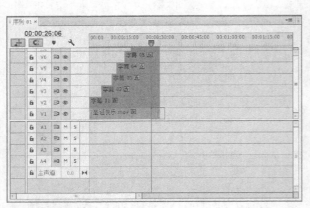

图20-168 结束位置

图20-169 预览图像效果

20.3 制作"冰封王座"字幕特效

随着游戏产业的不断发展，许多3D游戏逐渐占据了现代游戏市场的主导地位。然而，这些游戏除了本身具有很强的娱乐性外，绚丽的宣传画面同样为游戏添色不少，其中的绚丽字幕自然也起到了画龙点睛的作用。本实例以近年来最火爆的3D游戏"魔兽世界"为背景，制作出了绚丽的发光字幕效果。

实战 435	新建项目

▶ 实例位置：光盘 \ 效果 \ 第 20 章 \ 实战 435.prproj
▶ 素材位置：无
▶ 视频位置：光盘 \ 视频 \ 第 20 章 \ 实战 435.mp4

● 实例介绍 ●

用户在制作一个视频效果时，首先就要新建一个项目文件，下面将主要介绍新建项目文件的操作方法。

● 操作步骤 ●

STEP 01 启动Premiere Pro CC后，进入欢迎界面，单击"新建项目"选项，如图20-170所示。

STEP 02 弹出"新建项目"对话框，如图20-171所示。

图20-170 单击"新建项目"选项

图20-171 "新建项目"对话框

STEP 03 在"名称"右侧的框中输入"实战435"，如图 20-172所示。

STEP 04 输入完成后，单击"确定"按钮，如图20-173 所示。

图20-172　输入"实战435"

图20-173　单击"确定"按钮

实战 436　新建序列

▶实例位置：光盘\效果\第20章\实战436.prproj
▶素材位置：无
▶视频位置：光盘\视频\第20章\实战436.mp4

● 实例介绍 ●

新建项目完成后，需要新建一个序列。

● 操作步骤 ●

STEP 01 单击"文件"|"新建"|"序列"选项，如图 20-174所示。

STEP 02 执行操作后，弹出"新建序列"对话框，如图 20-175所示。

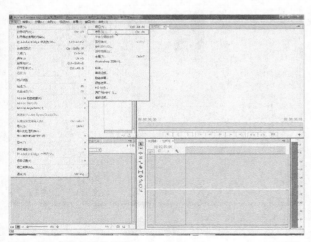

图20-174　单击"序列"选项

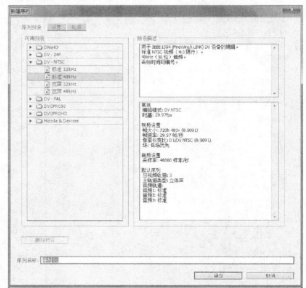

图20-175　"新建序列"对话框

STEP 03 单击"确定"按钮，如图20-176所示。

STEP 04 即可在"项目"面板中查看新建序列，如图20-177 所示。

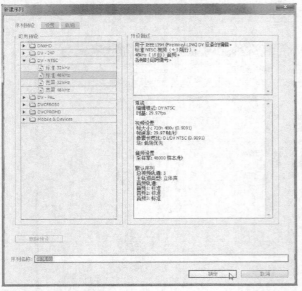

图20-176　单击"确定"按钮

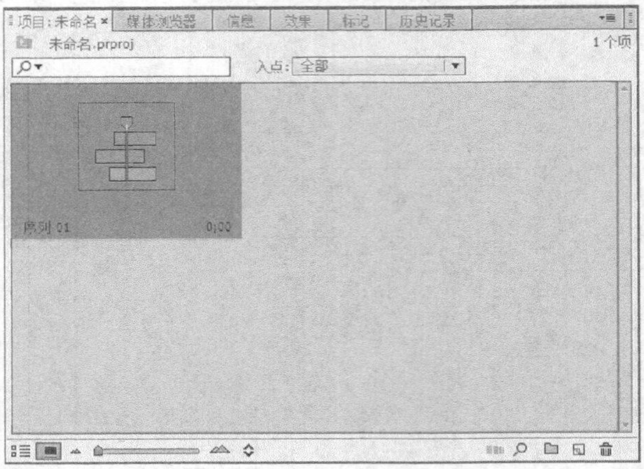

图20-177　查看新建序列

实战 437　导入"魔兽世界"素材

▶ 实例位置：光盘 \ 效果 \ 第 20 章 \ 实战 437.prproj
▶ 素材位置：光盘 \ 素材 \ 第 20 章 \ 冰封王座 .jpg
▶ 视频位置：光盘 \ 视频 \ 第 20 章 \ 实战 437.mp4

● 实例介绍 ●

下面将主要介绍导入"魔兽世界"素材的操作方法。

● 操作步骤 ●

STEP 01　单击"文件"|"导入"命令，如图20-178所示。

STEP 02　弹出的"导入"对话框如图20-179所示。

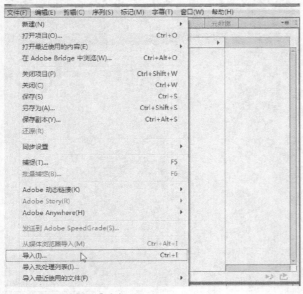

图20-178　单击"导入"命令

图20-179　"导入"对话框

STEP 03　在其中选择合适的素材图像，如图20-180所示。

STEP 04　单击"打开"按钮，如图20-181所示。

图20-180　选择合适的素材图像

图20-181　单击"打开"按钮

STEP 05 即可在"项目"面板中查看导入的素材图像，如图20-182所示。

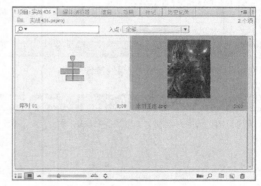

图20-182　查看导入的素材图像

<table>
<tr><td>实战
438</td><td>拖曳"魔兽世界"素材</td><td>▶ 实例位置：光盘 \ 效果 \ 第 20 章 \ 实战 438.prproj
▶ 素材位置：无
▶ 视频位置：光盘 \ 视频 \ 第 20 章 \ 实战 438.mp4</td></tr>
</table>

● 实例介绍 ●

导入素材完成后，下面主要介绍拖曳"魔兽世界"素材至合适的轨道上的方法。

● 操作步骤 ●

STEP 01 在"项目"面板中，选择导入的素材图像，如图20-183所示。

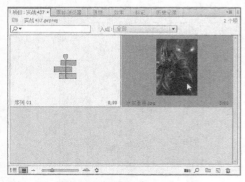

图20-183　选择导入的素材图像

STEP 02 按住鼠标左键并拖曳至V1轨道上，如图20-184所示。

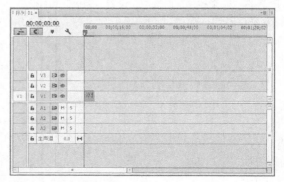

图20-184　拖曳至V1轨道上

STEP 03 在"节目监视器"面板中单击"播放-停止切换"按钮，即可预览图像效果，如图20-185所示。

图20-185 预览图像效果

实战 439 设置素材缩放效果

▶实例位置：光盘＼效果＼第20章＼实战439.prproj
▶素材位置：无
▶视频位置：光盘＼视频＼第20章＼实战439.mp4

● 实例介绍 ●

下面将主要介绍设置素材缩放效果的操作方法。

● 操作步骤 ●

STEP 01 选择V1轨道上的素材，如图20-186所示。

图20-186 选择V1轨道上的素材

STEP 03 在"效果控件"面板中，设置"缩放"为120.0，如图20-188所示。

STEP 02 展开"效果控件"面板，如图20-187所示。

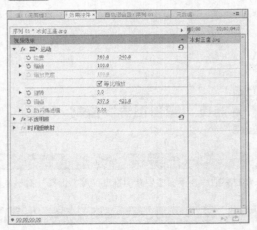

图20-187 展开"效果控件"面板

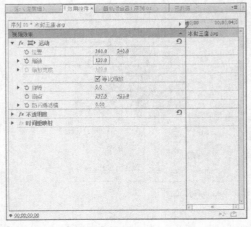

图20-188 设置"缩放"为120.0

实战 440	新建字幕	▶实例位置：光盘 \ 效果 \ 第 20 章 \ 实战 440.prproj
		▶素材位置：无
		▶视频位置：光盘 \ 视频 \ 第 20 章 \ 实战 440.mp4

● 实例介绍 ●

下面将主要介绍新建字幕的操作方法。

● 操作步骤 ●

STEP 01 单击"字幕"|"新建字幕"|"默认静态字幕"命令，如图20-189所示。

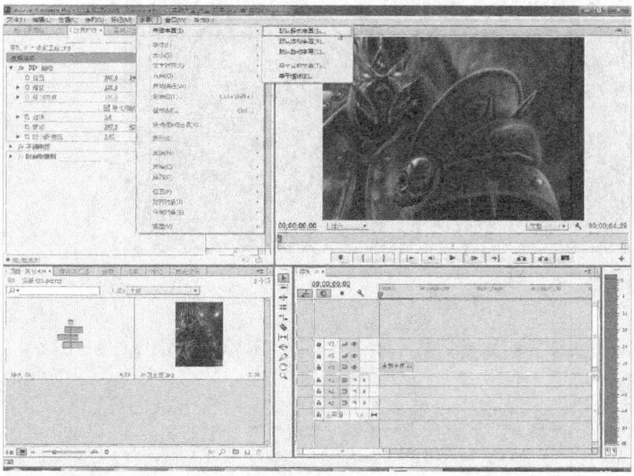

STEP 02 执行操作后，弹出"新建字幕"对话框，如图20-190所示。

图20-189　单击"默认静态字幕"命令

图20-190　"新建字幕"对话框

STEP 03 单击"确定"按钮，如图20-191所示。

STEP 04 执行操作后，即可打开"字幕编辑器"窗口，如图20-192所示。

图20-191　单击"确定"按钮

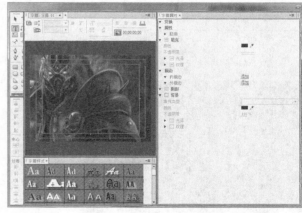

图20-192　"字幕编辑器"窗口

实战 441	输入文字	▶实例位置：光盘 \ 效果 \ 第 20 章 \ 实战 441.prproj
		▶素材位置：无
		▶视频位置：光盘 \ 视频 \ 第 20 章 \ 实战 441.mp4

● 实例介绍 ●

下面将主要介绍输入文字的操作方法。

● 操作步骤 ●

STEP 01 在"字幕编辑器"窗口中，选取"垂直文字工具"，如图20-193所示。

STEP 02 输入文字"冰封"，如图20-194所示。

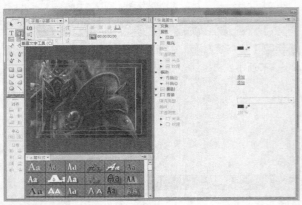

图20-193 选取"垂直文字工具"

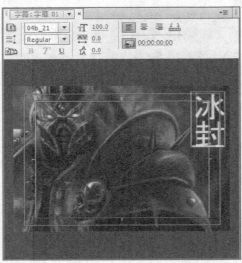

图20-194 输入文字

实战 442 设置字幕属性

▶ 实例位置：光盘\效果\第20章\实战442.prproj
▶ 素材位置：无
▶ 视频位置：光盘\视频\第20章\实战442.mp4

● 实例介绍 ●

下面将主要介绍设置字幕属性的操作方法。

● 操作步骤 ●

STEP 01 选择输入的文字，如图20-195所示。

STEP 02 在"字幕编辑器"窗口中设置"字体系列"为方正卡通简体，如图20-196所示。

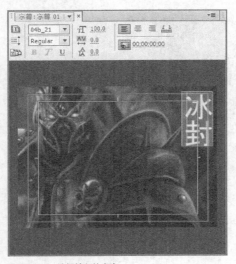

图20-195 选择输入的文字

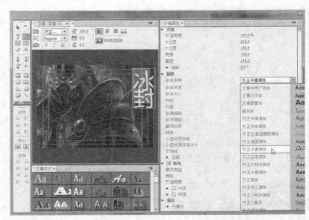

图20-196 设置"字体系列"

STEP 03 在"字幕编辑器"窗口中设置"字体大小"为91.2，如图20-197所示。

STEP 04 设置"填充类型"为线性渐变，如图20-198所示。

图20-197　设置"字体大小"为91.2

图20-198　设置"填充类型"为线性渐变

STEP 05 在"字幕属性"中，双击第一个线性渐变，如图20-199所示。

STEP 06 在弹出的"拾色器"对话框中设置为淡蓝色，如图20-200所示。

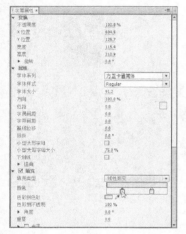

图20-199　双击第一个线性渐变

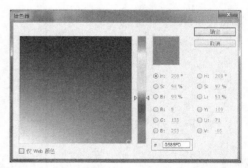

图20-200　设置为淡蓝色

STEP 07 在"字幕属性"中，双击第二个线性渐变，如图20-201所示。

STEP 08 在弹出的"拾色器"对话框中设置为深蓝色，如图20-202所示。

图20-201　双击第二个线性渐变

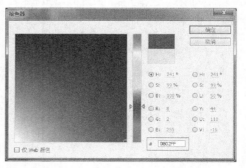

图20-202　设置为深蓝色

STEP 09 设置完成后，即可返回"字幕属性"面板查看双色线性渐变，如图20-203所示。

图20-203　查看双色线性渐变

STEP 10 单击"字幕"窗口右上角的"关闭"按钮，如图20-204所示。

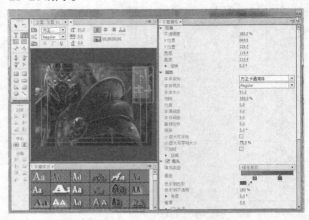

图20-204　单击"关闭"按钮

STEP 11 字幕将自动保存到"项目"面板中，如图20-205所示。

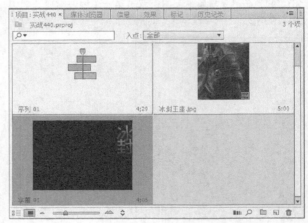

图20-205　自动保存到"项目"面板中

实战 443　复制字幕

▶ 实例位置：光盘 \ 效果 \ 第 20 章 \ 实战 443.prproj
▶ 素材位置：无
▶ 视频位置：光盘 \ 视频 \ 第 20 章 \ 实战 443.mp4

● 实例介绍 ●

下面将主要介绍复制字幕的操作方法。

● 操作步骤 ●

STEP 01 在"项目"面板中选择字幕，如图20-206所示。

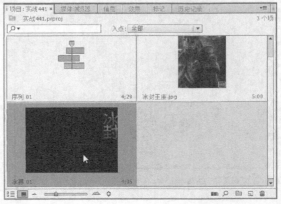

图20-206　选择字幕

STEP 02 单击鼠标右键，在弹出的快捷菜单中选择"复制"选项，如图20-207所示。

STEP 03 执行操作后，即可在项目面板中查看通过复制得到的字幕，如图20-208所示。

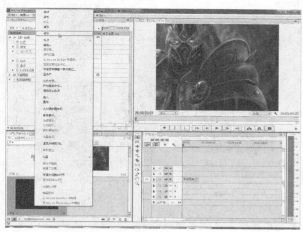

图20-207　选择"复制"选项

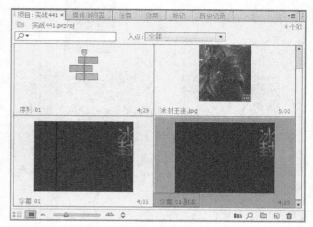

图20-208　查看复制得到的字幕

实战 444　重命名字幕

▶ 实例位置：光盘 \ 效果 \ 第 20 章 \ 实战 444.prproj
▶ 素材位置：无
▶ 视频位置：光盘 \ 视频 \ 第 20 章 \ 实战 444.mp4

● 实例介绍 ●

下面将主要介绍重命名字幕的操作方法。

● 操作步骤 ●

STEP 01 在"项目"面板中选择复制的字幕，如图20-209所示。

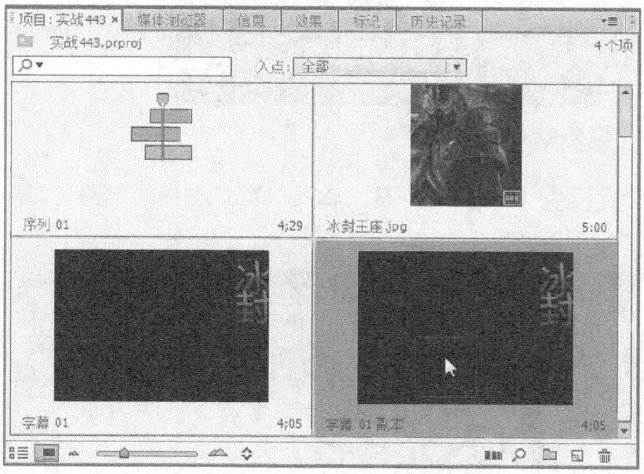

STEP 02 单击鼠标右键，在弹出的快捷菜单中选择"重命名"选项，如图20-210所示。

图20-209　选择复制的字幕

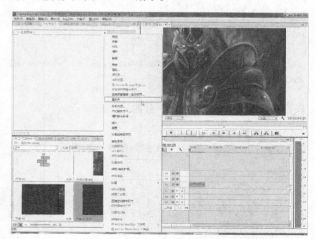

图20-210　选择"重命名"选项

STEP 03 在该框中输入文字为"字幕02"，如图20-211所示。

STEP 04 双击重命名后的字幕，如图20-212所示。

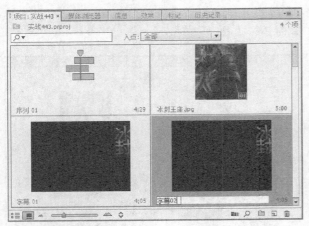

图20-211 输入文字

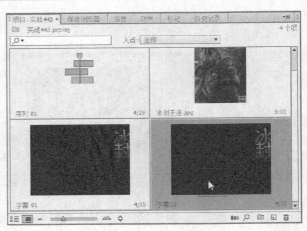

图20-212 双击字幕

STEP 05 执行操作后，即可打开"字幕编辑器"窗口，如图20-213所示。

STEP 06 将文字"冰封"改为"王座"，如图20-214所示。

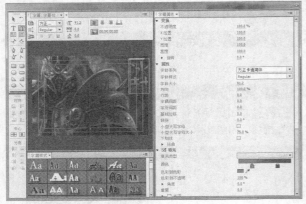

图20-213 打开"字幕编辑器"窗口

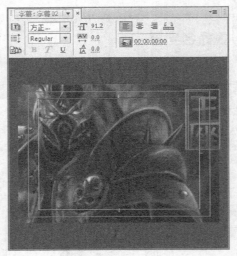

图20-214 将文字改为"王座"

STEP 07 选取"选择工具"，如图20-215所示。

STEP 08 即可在"字幕编辑器"窗口中移动字幕，如图20-216所示。

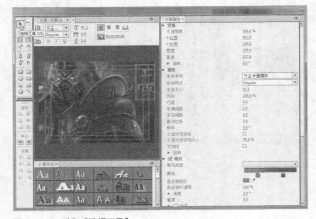

图20-215 选取"选择工具"

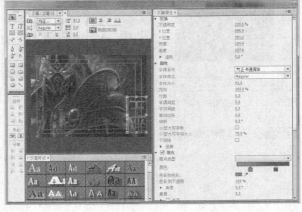

图20-216 移动字幕

STEP 09 单击"字幕"窗口右上角的"关闭"按钮，如图20-217所示。

STEP 10 字幕将自动保存到"项目"面板中，如图20-218所示。

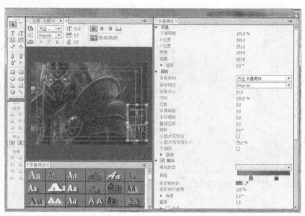

图20-217　单击"关闭"按钮

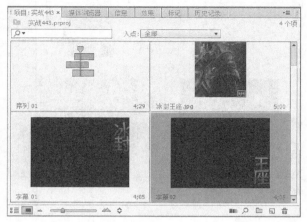

图20-218　自动保存到"项目"面板中

实战 445　拖曳字幕至轨道

▶ 实例位置：光盘 \ 效果 \ 第 20 章 \ 实战 445.prproj
▶ 素材位置：无
▶ 视频位置：光盘 \ 视频 \ 第 20 章 \ 实战 445.mp4

● 实例介绍 ●

下面将主要介绍拖曳字幕至轨道的操作方法。

● 操作步骤 ●

STEP 01 在"项目"面板中选择"字幕01"，如图20-219所示。

STEP 02 按住鼠标左键并将其拖曳至V3轨道上，如图20-220所示。

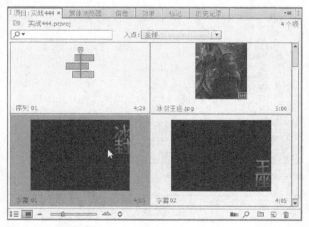

图20-219　选择字幕01

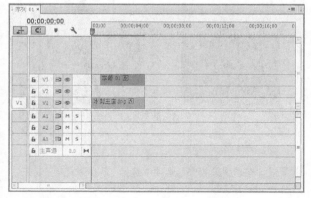

图20-220　拖曳至V3轨道上

STEP 03 在"项目"面板中选择"字幕02"，如图20-221所示。

STEP 04 按住鼠标左键并将其拖曳至V2轨道上，如图20-222所示。

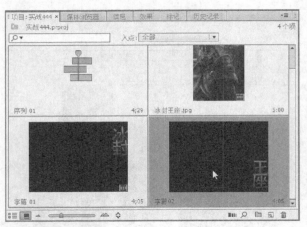

图20-221　选择"字幕02"

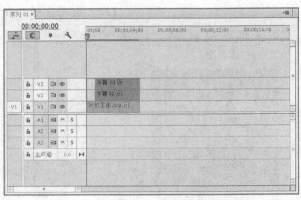

图20-222　拖曳至V2轨道上

实战 446	添加Alpha发光特效

▶ 实例位置：光盘 \ 效果 \ 第 20 章 \ 实战 446.prproj
▶ 素材位置：无
▶ 视频位置：光盘 \ 视频 \ 第 20 章 \ 实战 446.mp4

● 实例介绍 ●

下面将主要介绍添加Alpha发光特效的操作方法。

● 操作步骤 ●

STEP 01 选择"效果"面板，如图20-223所示。

STEP 02 展开"视频效果"选项，如图20-224所示。

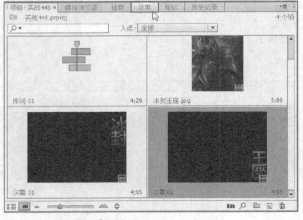

图20-223　选择"效果"面板

图20-224　展开"视频效果"选项

STEP 03 在"视频效果"选项中选择"Alpha发光"特效，如图20-225所示。

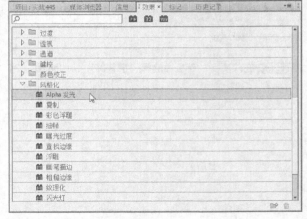

图20-225　选择"Alpha发光"特效

STEP 04 按住鼠标左键并将其拖曳至V3轨道上，如图20-226所示。

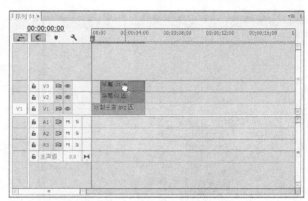

图20-226　拖曳至V3轨道上

STEP 05 展开"效果控件"面板，如图20-227所示。

图20-227　"展开"效果控件"面板

STEP 06 单击"Alpha发光"选项的所有"切换动画"按钮，如图20-228所示。

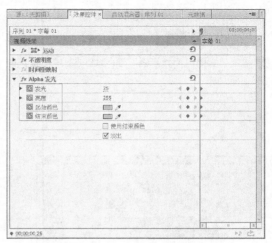

图20-228　单击"切换动画"按钮

STEP 07 拖曳"当前时间指示器"至00:00:01:15位置，如图20-229所示。

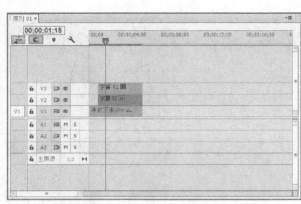

图20-229　拖曳"当前时间指示器"

STEP 08 设置"发光"为67、"亮度"为253、"起始颜色"为红色，如图20-230所示。

图20-230　设置相应参数

STEP 09 拖曳"当前时间指示器"至00:00:02:00位置，如图20-231所示。

STEP 10 设置"发光"为67、"起始颜色"为白色，单击"亮度"右侧的"添加/移除关键帧"按钮，如图20-232所示。

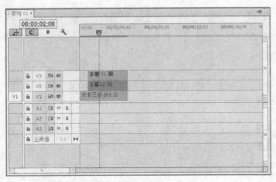

图20-231 拖曳"当前时间指示器"

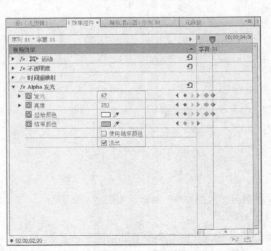

图20-232 设置相应参数

STEP 11 拖曳"当前时间指示器"至00:00:03:10位置，如图20-233所示。

STEP 12 设置"发光"为0，如图20-234所示。

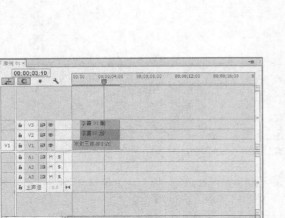

图20-233 拖曳"当前时间指示器"

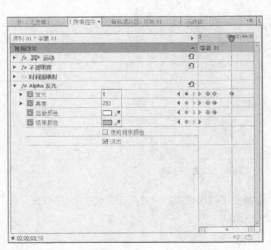

图20-234 设置"发光"为0

技巧点拨

在"Alpha发光"特效中，如果用户未选中"淡出"复选框，则添加的发光效果将显得十分僵硬，没有羽化的过渡效果。

实战 447 复制Alpha发光特效

▶ 实例位置：光盘\效果\第20章\实战447.prproj
▶ 素材位置：无
▶ 视频位置：光盘\视频\第20章\实战447.mp4

● 实例介绍 ●

下面将主要介绍复制Alpha发光特效的操作方法。

● 操作步骤 ●

STEP 01 在"效果控件"面板中，选择"Alpha发光"选项，如图20-235所示。

STEP 02 单击鼠标右键，在弹出的快捷菜单中选择"复制"选项，如图20-236所示。

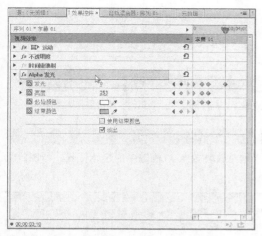

图20-235 选择"Alpha发光"选项

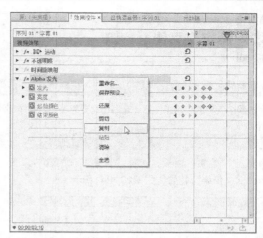

图20-236 选择"复制"选项

STEP 03 选择V2轨道上的素材，如图20-237所示。

STEP 04 展开"效果控件"面板，如图20-238所示。

图20-237 选择V2轨道上的素材

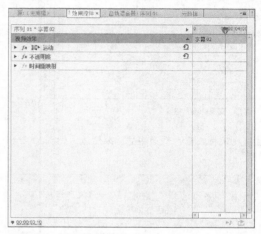

图20-238 展开"效果控件"面板

STEP 05 在"效果控件"面板中空白位置处单击鼠标右键，在弹出的快捷菜单中选择"粘贴"选项，如图20-239所示。

STEP 06 执行操作后，即可在"效果控件"面板中查看复制后的"Alpha发光"特效，如图20-240所示。

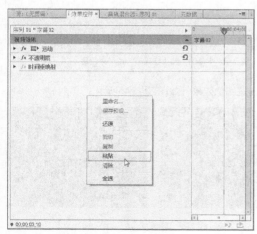

图20-239 选择"粘贴"选项

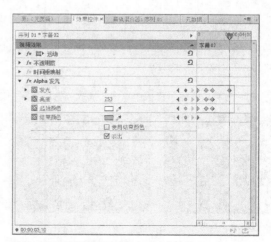

图20-240 查看复制后的"Alpha发光"特效

实战 448 制作交叉伸展特效

▶ 实例位置：光盘 \ 效果 \ 第 20 章 \ 实战 448. prproj
▶ 素材位置：无
▶ 视频位置：光盘 \ 视频 \ 第 20 章 \ 实战 448. mp4

● 实例介绍 ●

在完成整个素材的编辑操作后，最后还需要为整个效果添加淡入淡出的效果，这样才能让观众观看时，不会显得太突然。

● 操作步骤 ●

STEP 01 展开"效果"面板，选择"视频过渡"选项，在其中选择"交叉伸展"特效，如图20-241所示。

STEP 02 拖曳该特效至V1轨道中的起始位置，如图20-242所示。

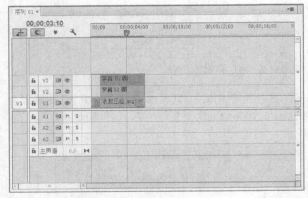

图20-241 选择"交叉伸展"特效

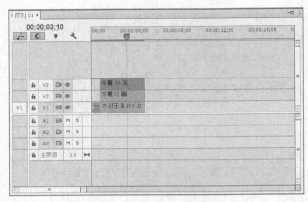

图20-242 拖曳至V1轨道中的起始位置

STEP 03 拖曳该特效至V1轨道中的结束位置，如图20-243所示。

STEP 04 用与上述同样的方法，拖曳该效果至"字幕01"和"字幕02"的结束位置，如图20-244所示。

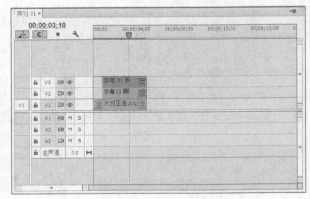

图20-243 拖曳至V1轨道中的结束位置

图20-244 拖曳至"字幕01"和"字幕02"的结束位置

STEP 05 在"节目监视器"面板中单击"播放-停止切换"按钮，即可预览图像效果，如图20-245所示。

图20-245 预览图像效果

第**21**章

制作《爱的魔力》特效

本章导读

伴随着数码相机的普及，以及婚纱摄影的盛行，婚纱相册已经逐渐成为一种潮流的展现。通过 Premiere Pro CC 可以轻松为照片添加特效，也可以轻松制作相册片头、添加转场效果等。本章主要介绍如何运用 Premiere Pro CC 制作婚纱相册。

要点索引

● 婚纱相册效果欣赏
● 制作婚纱相册片头
● 导入并编辑婚纱照片
● 添加视频特效与字幕
● 添加婚纱片尾与音频

21.1 婚纱相册效果欣赏

本实例制作的是《爱的魔力》，实例效果欣赏如图21-1所示。

图21-1 实例效果欣赏

21.2 制作婚纱相册片头

随着数码科技的不断发展和数码相机的进一步普及，人们逐渐开始为婚纱相册制作绚丽的片头，让原本单调的婚纱效果变得更加丰富。

实战 449	新建项目	▶ 实例位置：光盘 \ 效果 \ 第 21 章 \ 实战 449.prproj
		▶ 素材位置：无
		▶ 视频位置：光盘 \ 视频 \ 第 21 章 \ 实战 449.mp4

● 实例介绍 ●

用户在制作一个视频效果时，首先要新建一个项目文件。下面将主要介绍新建项目文件的操作方法。

● 操作步骤 ●

STEP 01 启动Premiere Pro CC后，进入欢迎界面，单击"新建项目"选项，如图21-2所示。

STEP 02 弹出"新建项目"对话框，如图21-3所示。

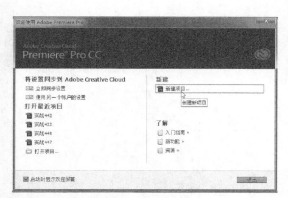

图21-2　单击"新建项目"选项

图21-3　"新建项目"对话框

STEP 03 在"名称"右侧的框中输入"实战449"，如图21-4所示。

STEP 04 输入完成后，单击"确定"按钮，如图21-5所示。

图21-4　输入"实战449"

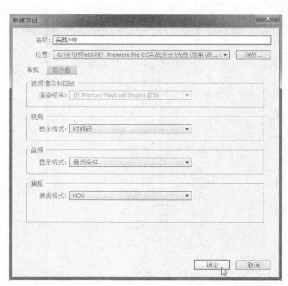

图21-5　单击"确定"按钮

实战 450　新建序列

▶ 实例位置：光盘 \ 效果 \ 第 21 章 \ 实战 450.prproj
▶ 素材位置：无
▶ 视频位置：光盘 \ 视频 \ 第 21 章 \ 实战 450.mp4

● 实例介绍 ●

新建项目完成后，需要新建一个序列。

● 操作步骤 ●

STEP 01 单击"文件"|"新建"|"序列"选项，如图21-6 所示。

STEP 02 执行操作后，弹出"新建序列"对话框，如图 21-7所示。

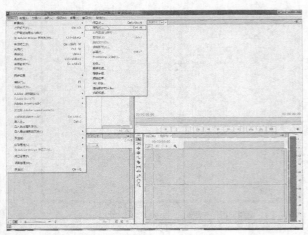

图21-6　单击"序列"选项

图21-7　"新建序列"对话框

STEP 03 单击"确定"按钮，如图21-8所示。

STEP 04 即可在项目面板查看新建序列，如图21-9所示。

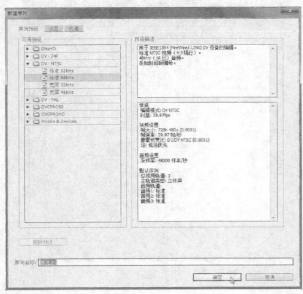

图21-8　单击"确定"按钮

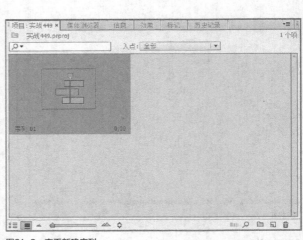

图21-9　查看新建序列

实战 451　导入婚纱片头

▶ 实例位置：光盘 \ 效果 \ 第 21 章 \ 实战 451.prproj
▶ 素材位置：光盘 \ 素材 \ 第 21 章 \ 片头.avi
▶ 视频位置：光盘 \ 视频 \ 第 21 章 \ 实战 451.mp4

● 实例介绍 ●

　　用户在制作婚纱相册之前，首选需要选择一段富有纪念意义的片头视频作为片头效果。接下来将介绍如何导入视频片头的方法。

●操作步骤●

STEP 01 单击"文件"|"导入"命令，如图21-10所示。

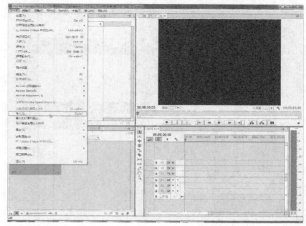

图21-10 单击"导入"命令

STEP 02 弹出"导入"对话框，如图21-11所示。

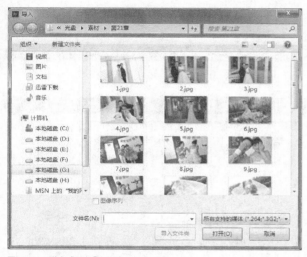

图21-11 弹出"导入"对话框

STEP 03 在其中选择合适的素材图像，如图21-12所示。

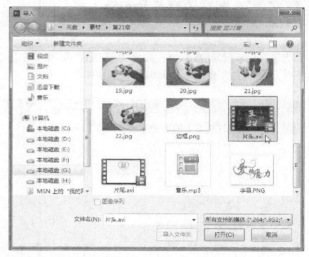

图21-12 选择合适的素材图像

STEP 04 单击"打开"按钮，如图21-13所示。

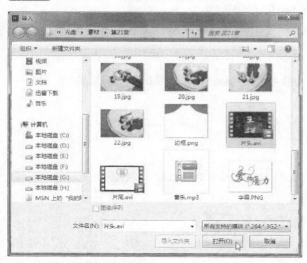

图21-13 单击"打开"按钮

STEP 05 即可在"项目"面板中查看导入的素材图像，如图21-14所示。

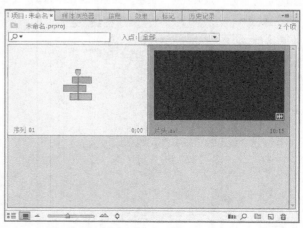

图21-14 查看导入的素材图像

STEP 06 在项目面板中选择该素材图像，如图21-15所示。

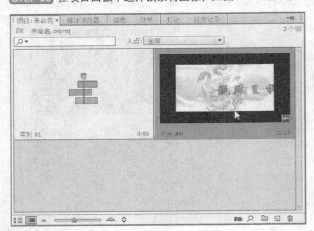

图21-15　选择该素材图像

STEP 07 按住鼠标左键并将其拖曳至V1轨道上，如图21-16所示。

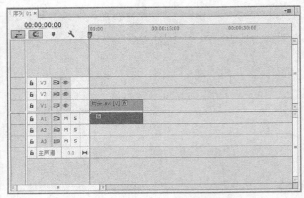

图21-16　拖曳至V1轨道上

实战 452　编辑婚纱片头特效

▶ **实例位置**：光盘 \ 效果 \ 第 21 章 \ 实战 452.prproj
▶ **素材位置**：无
▶ **视频位置**：光盘 \ 视频 \ 第 21 章 \ 实战 452.mp4

● 实例介绍 ●

下面将主要介绍编辑婚纱片头特效的操作方法。

● 操作步骤 ●

STEP 01 选择V1轨道上的图像素材，如图21-17所示。

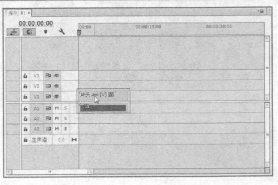

图21-17　选择图像素材

STEP 02 展开"效果控件"面板，如图21-18所示。

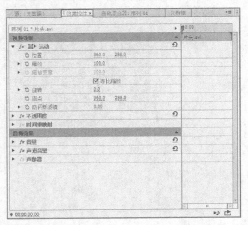

图21-18　展开"效果控件"面板

STEP 03 在其中设置"缩放"为275，如图21-19所示。

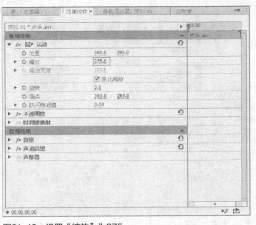

图21-19　设置"缩放"为275

实战 453	添加婚纱片头转场	▶ 实例位置：光盘 \ 效果 \ 第 21 章 \ 实战 453.prproj ▶ 素材位置：无 ▶ 视频位置：光盘 \ 视频 \ 第 21 章 \ 实战 453.mp4

● 实例介绍 ●

下面将主要介绍添加婚纱片头转场的操作方法。

● 操作步骤 ●

STEP 01 选择"效果"面板，如图21-20所示。

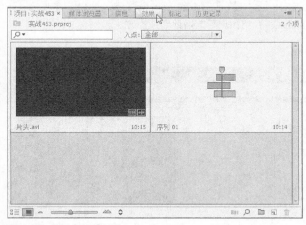

图21-20　选择"效果"面板

STEP 02 展开"溶解"选项，如图21-21所示。

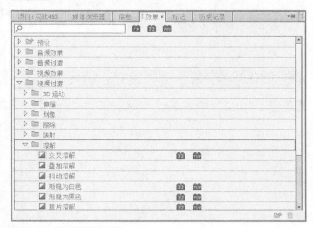

图21-21　展开"溶解"选项

STEP 03 选择"交叉溶解"视频特效，如图21-22所示。

图21-22　选择视频特效

STEP 04 拖曳"交叉溶解"特效至片头视频素材的结束点位置，如图21-23所示。

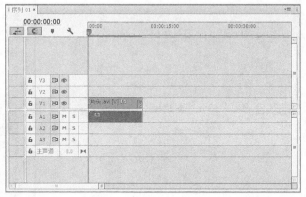

图21-23　拖曳特效至结束点位置

STEP 05 在"节目监视器"面板中单击"播放-停止切换"按钮，即可预览视频效果，如图21-24所示。

图21-24　预览视频效果

21.3 导入并编辑婚纱照片

婚纱相册是以照片预览为主的视频动画，因此，用户需要准备大量的照片素材。接下来将介绍如何导入并编辑照片素材。

实战 454	导入婚纱照片	▶ 实例位置：光盘 \ 效果 \ 第 21 章 \ 实战 454. prproj ▶ 素材位置：光盘 \ 素材 \ 第 21 章 \1. jpg~22. jpg ▶ 视频位置：光盘 \ 视频 \ 第 21 章 \ 实战 454. mp4

● 实例介绍 ●

用户在制作婚纱相册之前，首先需要将素材导入软件，接下来将介绍如何导入婚纱照片的方法。

● 操作步骤 ●

STEP 01 单击"文件"|"导入"命令，如图21-25所示。

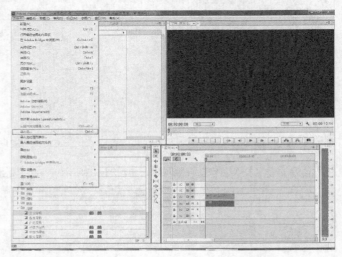

图21-25 单击"导入"命令

STEP 02 弹出"导入"对话框，如图21-26所示。

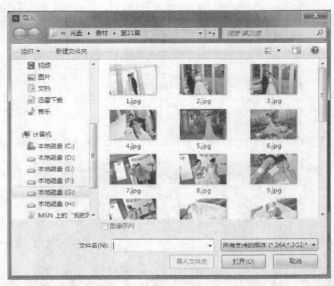

图21-26 "导入"对话框

STEP 03 在其中选择合适的素材图像,如图21-27所示。

STEP 04 单击"打开"按钮,如图21-28所示。

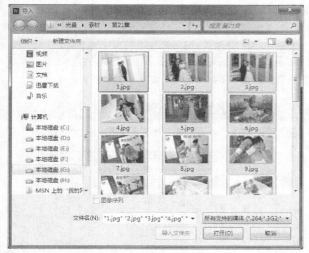

图21-27 选择合适的素材图像

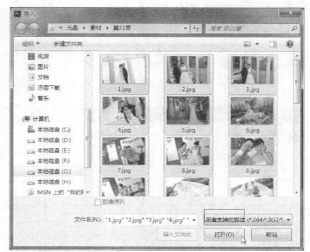

图21-28 单击"打开"按钮

STEP 05 即可在项目面板中查看导入的素材图像,如图21-29所示。

图21-29 查看导入的素材图像

STEP 06 按住鼠标左键并将其拖曳至V1轨道上,如图21-30所示。

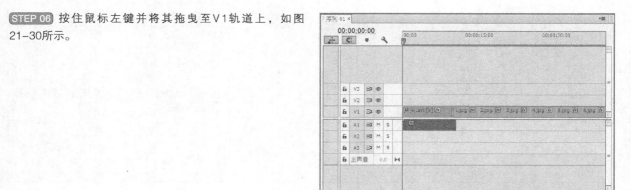

图21-30 拖曳至V1轨道上

实战 455 编辑婚纱照片特效

▶ **实例位置**：光盘 \ 效果 \ 第 21 章 \ 实战 455. prproj
▶ **素材位置**：无
▶ **视频位置**：光盘 \ 视频 \ 第 21 章 \ 实战 455. mp4

● 实例介绍 ●

当用户导入一段视频后，接下来将对素材的缩放比例进行调节，让整个素材与画面的比例更加协调。

● 操作步骤 ●

STEP 01 选择"1.jpg"照片素材，如图21-31所示。

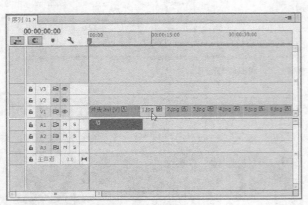

图21-31　选择"1.jpg"照片素材

STEP 03 设置"位置"均为360.0，"缩放"为200.0，如图21-33所示。

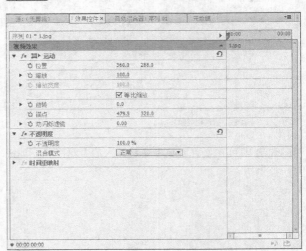

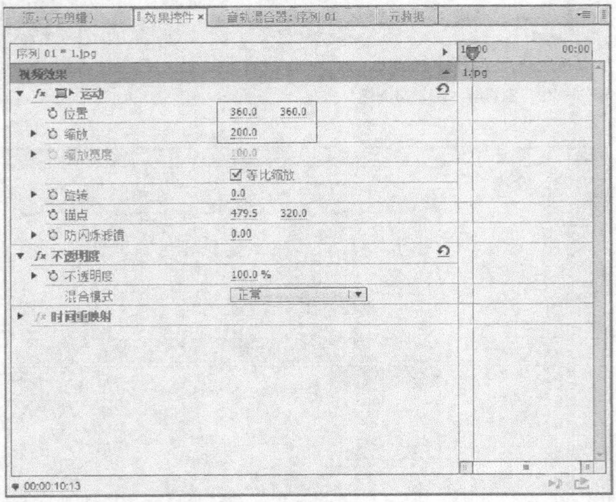

图21-32　展开"效果控件"面板

STEP 02 展开"效果控件"面板，如图21-32所示。

STEP 04 选择"2.jpg"照片素材，如图21-34所示。

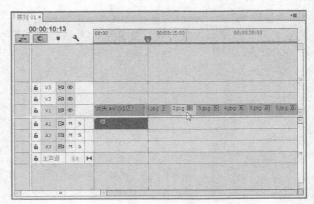

图21-33　设置相应参数

图21-34　选择"2.jpg"照片素材

STEP 05 展开"效果控件"面板，如图21-35所示。

STEP 06 设置"位置"均为360.0，"缩放"为100.0，如图21-36所示。

图21-35　展开"效果控件"面板

图21-36　设置相应参数

STEP 07 在"节目监视器"面板中单击"播放–停止切换"按钮，即可预览图像效果，如图21-37所示。

图21-37　预览图像效果

实战 456	编辑其他婚纱照片特效

▶ 实例位置：光盘 \ 效果 \ 第 21 章 \ 实战 456. prproj
▶ 素材位置：无
▶ 视频位置：光盘 \ 视频 \ 第 21 章 \ 实战 456. mp4

● 实例介绍 ●

下面介绍编辑其他婚纱照片特效的操作方法。

● 操作步骤 ●

STEP 01 选择"3.jpg"照片素材，如图21-38所示。

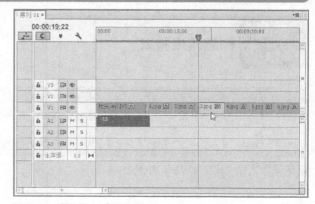

图21-38　选择"3.jpg"照片素材

STEP 02 展开"效果控件"面板，如图21-39所示。

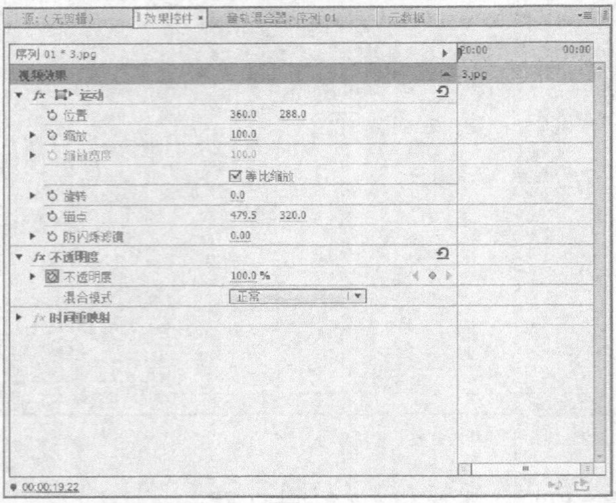

STEP 03 设置"位置"均为360.0，"缩放"为82.0，如图21-40所示。

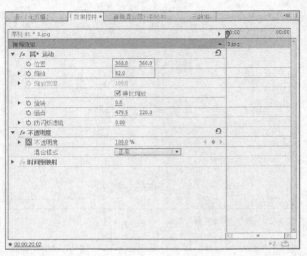

图21-39 展开"效果控件"面板

图21-40 设置相应参数

STEP 04 运用上述同样的方法，设置其他素材的属性，在"节目监视器"面板中单击"播放—停止切换"按钮，即可预览图像效果，如图21-41所示。

图21-41 预览图像效果

实战 457 伸展转场特效

▶ 实例位置：光盘 \ 效果 \ 第 21 章 \ 实战 457.prproj
▶ 素材位置：无
▶ 视频位置：光盘 \ 视频 \ 第 21 章 \ 实战 457.mp4

● 实例介绍 ●

在婚纱相册中，通常需要用到大量的转场效果。下面将主要介绍"伸展"转场特效。

● 操作步骤 ●

STEP 01 选择"效果"面板，如图21-42所示。

STEP 02 展开"伸缩"选项，如图21-43所示。

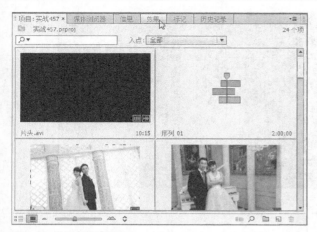

图21-42 选择"效果"面板

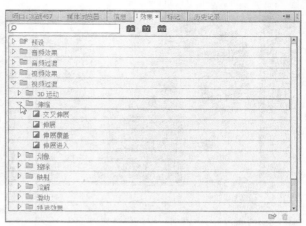

图21-43 展开"伸缩"选项

STEP 03 在其中选择"伸展"视频特效,如图21-44 所示。

图21-44 选择"伸展"视频特效

STEP 04 按住鼠标左键并将其拖曳至素材"1.jpg"与 "2.jpg"之间,如图21-45所示。

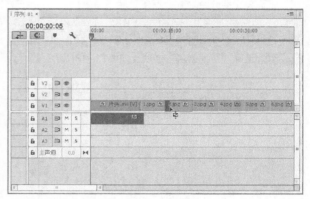

图21-45 拖曳至素材"1.jpg"与"2.jpg"之间

STEP 05 释放鼠标左键,即可添加转场特效,如图21-46 所示。

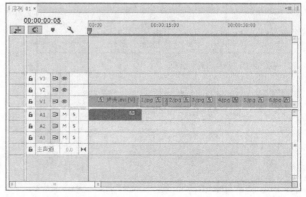

图21-46 添加转场特效

STEP 06 在"节目监视器"面板中单击"播放–停止切换"按钮,即可预览图像效果,如图21-47所示。

图21-47 预览图像效果

<table>
<tr><td rowspan="3">实战
458</td><td rowspan="3">中心剥落转场特效</td></tr>
</table>

实战 458 中心剥落转场特效

▶ 实例位置：光盘 \ 效果 \ 第 21 章 \ 实战 458.prproj
▶ 素材位置：无
▶ 视频位置：光盘 \ 视频 \ 第 21 章 \ 实战 458.mp4

● 实例介绍 ●

下面将主要介绍"中心剥落"转场特效。

● 操作步骤 ●

STEP 01 选择"页面剥落"选项，如图21-48所示。

STEP 02 在其中选择"中心剥落"视频特效，如图21-49所示。

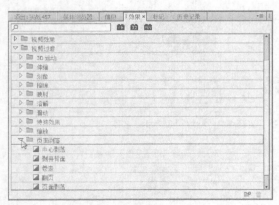

图21-48 选择"页面剥落"选项

图21-49 选择"中心剥落"视频特效

STEP 03 按住鼠标左键并将其拖曳至素材"2.jpg"与"3.jpg"之间，如图21-50所示。

STEP 04 释放鼠标左键，即可添加转场特效，如图21-51所示。

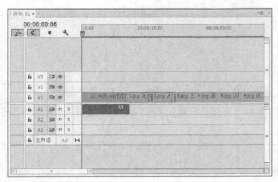

图21-50 拖曳至素材"2.jpg"与"3.jpg"之间

图21-51 添加转场特效

STEP 05 在"节目监视器"面板中单击"播放-停止切换"按钮，即可预览图像效果，如图21-52所示。

图21-52　预览图像效果

实战 459　卷走转场特效

▶ 实例位置：光盘 \ 效果 \ 第 21 章 \ 实战 459.prproj
▶ 素材位置：无
▶ 视频位置：光盘 \ 视频 \ 第 21 章 \ 实战 459.mp4

● 实例介绍 ●

下面将主要介绍"卷走"转场特效。

● 操作步骤 ●

STEP 01 选择"页面剥落"选项，如图21-53所示。

图21-53　选择"页面剥落"选项

STEP 02 在其中选择"卷走"视频特效，如图21-54所示。

图21-54　选择"卷走"视频特效

STEP 03 按住击鼠标左键并将其拖曳至素材"3.jpg"与"4.jpg"之间，如图21-55所示，释放鼠标左键，即可添加转场特效。

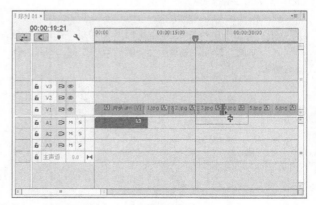

图21-55　拖曳至素材"3.jpg"与"4.jpg"之间

STEP 04 在"节目监视器"面板中单击"播放-停止切换"按钮,即可预览图像效果,如图21-56所示。

图21-56 预览图像效果

实战 460 径向擦除转场特效

▶ 实例位置:光盘\效果\第21章\实战460.prproj
▶ 素材位置:无
▶ 视频位置:光盘\视频\第21章\实战460.mp4

● 实例介绍 ●

下面将主要介绍"径向擦除"转场特效。

● 操作步骤 ●

STEP 01 选择"擦除"选项,如图21-57所示。

STEP 02 在其中选择"径向擦除"视频特效,如图21-58所示。

图21-57 选择"擦除"选项

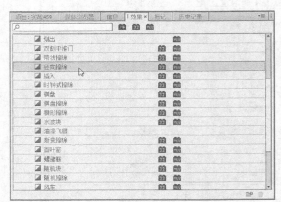

图21-58 选择"径向擦除"视频特效

STEP 03 按住击鼠标左键并将其拖曳至素材"4.jpg"与"5.jpg"之间,如图21-59所示,释放鼠标左键,即可添加转场特效。

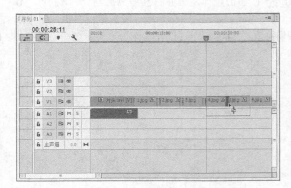

图21-59 拖曳至素材"4.jpg"与"5.jpg"之间

STEP 04 在"节目监视器"面板中单击"播放–停止切换"按钮，即可预览图像效果，如图21–60所示。

图21-60 预览图像效果

实战 461　棋盘擦除转场特效

▶ 实例位置：光盘 \ 效果 \ 第 21 章 \ 实战 461.prproj
▶ 素材位置：无
▶ 视频位置：光盘 \ 视频 \ 第 21 章 \ 实战 461.mp4

● 实例介绍 ●

下面将主要介绍"棋盘擦除"转场特效。

● 操作步骤 ●

STEP 01 选择"擦除"选项，如图21–61所示。

STEP 02 在其中选择"棋盘擦除"视频特效，如图21–62所示。

图21-61 选择"擦除"选项

图21-62 选择"棋盘擦除"视频特效

STEP 03 按住鼠标左键并将其拖曳至素材"5.jpg"与"6.jpg"之间，如图21–63所示。

STEP 04 释放鼠标左键，即可添加转场特效，如图21–64所示。

图21-63 拖曳至素材"5.jpg"与"6.jpg"之间

图21-64 添加转场特效

STEP 05 在"节目监视器"面板中单击"播放-停止切换"按钮,即可预览图像效果,如图21-65所示。

图21-65 预览图像效果

实战 462 翻转转场特效

▶ 实例位置:光盘 \ 效果 \ 第 21 章 \ 实战 462.prproj
▶ 素材位置:无
▶ 视频位置:光盘 \ 视频 \ 第 21 章 \ 实战 462.mp4

● 实例介绍 ●

下面将主要介绍"翻转"转场特效。

● 操作步骤 ●

STEP 01 选择"3D运动"选项,如图21-66所示。

STEP 02 在其中选择"翻转"视频特效,如图21-67所示。

图21-66 选择"3D运动"选项

图21-67 选择"翻转"视频特效

STEP 03 按住鼠标左键并将其拖曳至素材"6.jpg"与"7.jpg"之间,如图21-68所示。

STEP 04 释放鼠标左键,即可添加转场特效,如图21-69所示。

图21-68 拖曳至素材"6.jpg"与"7.jpg"之间

图21-69 添加转场特效

STEP 05 在"节目监视器"面板中单击"播放-停止切换"按钮,即可预览图像效果,如图21-70所示。

图21-70　预览图像效果

实战 463　圆划像转场特效

▶ 实例位置：光盘 \ 效果 \ 第 21 章 \ 实战 463.prproj
▶ 素材位置：无
▶ 视频位置：光盘 \ 视频 \ 第 21 章 \ 实战 463.mp4

● 实例介绍 ●

下面将主要介绍"圆划像"转场特效。

● 操作步骤 ●

STEP 01 选择"划像"选项,如图21-71所示。

STEP 02 在其中选择"圆划像"视频特效,如图21-72所示。

图21-71　选择"划像"选项

图21-72　选择"圆划像"视频特效

STEP 03 按住鼠标左键并将其拖曳至素材"7.jpg"与"8.jpg"之间,如图21-73所示。

STEP 04 释放鼠标左键,即可添加转场特效,如图21-74所示。

图21-73　拖曳至素材"7.jpg"与"8.jpg"之间

图21-74　添加转场特效

STEP 05 在"节目监视器"面板中单击"播放-停止切换"按钮，即可预览图像效果，如图21-75所示。

图21-75 预览图像效果

实战 464 翻页转场特效

▶ 实例位置：光盘 \ 效果 \ 第 21 章 \ 实战 464.prproj
▶ 素材位置：无
▶ 视频位置：光盘 \ 视频 \ 第 21 章 \ 实战 464.mp4

● 实例介绍 ●

下面将主要介绍"翻页"转场特效。

● 操作步骤 ●

STEP 01 选择"页面剥落"选项，如图21-76所示。

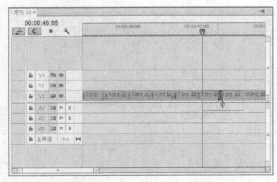

图21-76 选择"页面剥落"选项

STEP 03 按住鼠标左键并将其拖曳至素材"8.jpg"与"9.jpg"之间，如图21-78所示。

图21-78 拖曳至素材"7.jpg"与"8.jpg"之间

STEP 02 在其中选择"翻页"视频特效，如图21-77所示。

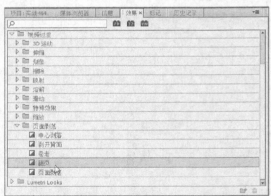

图21-77 选择"翻页"视频特效

STEP 04 释放鼠标左键，即可添加转场特效，如图21-79所示。

图21-79 添加转场特效

STEP 05 在"节目监视器"面板中单击"播放-停止切换"按钮,即可预览图像效果,如图21-80所示。

图21-80 预览图像效果

实战 465 旋转离开转场特效

▶ 实例位置:光盘 \ 效果 \ 第 21 章 \ 实战 465.prproj
▶ 素材位置:无
▶ 视频位置:光盘 \ 视频 \ 第 21 章 \ 实战 465.mp4

● 实例介绍 ●

下面将主要介绍"旋转离开"转场特效。

● 操作步骤 ●

STEP 01 选择"3D运动"选项,如图21-81所示。

STEP 02 在其中选择"旋转离开"视频特效,如图21-82所示。

图21-81 选择"3D运动"选项

图21-82 选择"旋转离开"视频特效

STEP 03 按住鼠标左键并将其拖曳至素材"9.jpg"与"10.jpg"之间,如图21-83所示。

STEP 04 释放鼠标左键,即可添加转场特效,如图21-84所示。

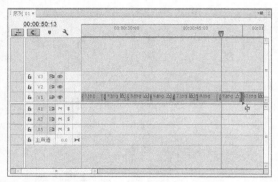

图21-83 拖曳至素材"9.jpg"与"10.jpg"之间

图21-84 添加转场特效

STEP 05 在"节目监视器"面板中单击"播放–停止切换"按钮，即可预览图像效果，如图21-85所示。

图21-85 预览图像效果

实战 466 立方体旋转转场特效

▶ 实例位置：光盘 \ 效果 \ 第 21 章 \ 实战 466.prproj
▶ 素材位置：无
▶ 视频位置：光盘 \ 视频 \ 第 21 章 \ 实战 466.mp4

● 实例介绍 ●

下面将主要介绍"立方体旋转"转场特效。

● 操作步骤 ●

STEP 01 选择"3D运动"选项，如图21-86所示。

STEP 02 在其中选择"立方体旋转"视频特效，如图21-87所示。

图21-86 选择"3D运动"选项

图21-87 选择"立方体旋转"视频特效

STEP 03 按住鼠标左键并将其拖曳至素材"10.jpg"与"11.jpg"之间，如图21-88所示。

STEP 04 释放鼠标左键，即可添加转场特效，如图21-89所示。

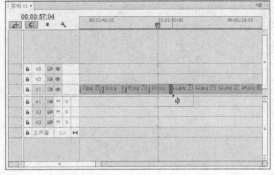

图21-88 拖曳至素材"10.jpg"与"11.jpg"之间

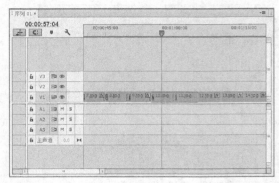

图21-89 添加转场特效

STEP 05 在"节目监视器"面板中单击"播放–停止切换"按钮，即可预览图像效果，如图21-90所示。

图21-90　预览图像效果

实战 467　缩放框转场特效

▶ 实例位置：光盘 \ 效果 \ 第 21 章 \ 实战 467.prproj
▶ 素材位置：无
▶ 视频位置：光盘 \ 视频 \ 第 21 章 \ 实战 467.mp4

● 实例介绍 ●

下面将主要介绍"缩放框"转场特效。

● 操作步骤 ●

STEP 01 选择"缩放"选项，如图21-91所示。

STEP 02 在其中选择"缩放框"视频特效，如图21-92所示。

图21-91　选择"缩放"选项

图21-92　选择"缩放框"视频特效

STEP 03 按住鼠标左键并将其拖曳至素材"11.jpg"与"12.jpg"之间，如图21-93所示。

STEP 04 释放鼠标左键，即可添加转场特效，如图21-94所示。

图21-93　拖曳至素材"11.jpg"与"12.jpg"之间

图21-94　添加转场特效

STEP 05 在"节目监视器"面板中单击"播放-停止切换" 按钮，如图21-95所示。

STEP 06 即可预览图像效果，如图21-96所示。

图21-95　单击"播放-停止切换"按钮

图21-96　预览图像效果

实战 468　缩放轨迹转场特效

▶ 实例位置：光盘 \ 效果 \ 第 21 章 \ 实战 468.prproj
▶ 素材位置：无
▶ 视频位置：光盘 \ 视频 \ 第 21 章 \ 实战 468.mp4

● 实例介绍 ●

下面将主要介绍"缩放轨迹"转场特效。

● 操作步骤 ●

STEP 01 选择"缩放"选项，如图21-97所示。

图21-97　选择"缩放"选项

STEP 02 在其中选择"缩放轨迹"视频特效，如图21-98所示。

图21-98　选择"缩放轨迹"视频特效

STEP 03 按住鼠标左键并将其拖曳至素材"12.jpg"与 "13.jpg"之间，如图21-99所示。

图21-99　拖曳至素材"12.jpg"与"13.jpg"之间

STEP 04 释放鼠标左键，即可添加转场特效，如图21- 100所示。

图21-100　添加转场特效

STEP 05 在"节目监视器"面板中单击"播放−停止切换"按钮，即可预览图像效果，如图21−101所示。

图21−101　预览图像效果

实战 469　三维转场特效

▶ 实例位置：光盘 \ 效果 \ 第 21 章 \ 实战 469.prproj
▶ 素材位置：无
▶ 视频位置：光盘 \ 视频 \ 第 21 章 \ 实战 469.mp4

● 实例介绍 ●

下面将主要介绍"三维"转场特效。

● 操作步骤 ●

STEP 01 选择"特殊效果"选项，如图21−102所示。

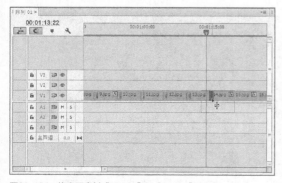

图21−102　选择"特殊效果"选项

STEP 02 在其中选择"三维"视频特效，如图21−103所示。

图21−103　选择"三维"视频特效

STEP 03 按住鼠标左键并将其拖曳至素材"13.jpg"与"14.jpg"之间，如图21−104所示。

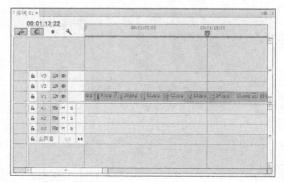

图21−104　拖曳至素材"13.jpg"与"14.jpg"之间

STEP 04 释放鼠标左键，即可添加转场特效，如图21−105所示。

图21−105　添加转场特效

STEP 05 在"节目监视器"面板中单击"播放-停止切换"按钮,即可预览图像效果,如图21-106所示。

图21-106 预览图像效果

实战 470 纹理化转场特效

▶ 实例位置:光盘 \ 效果 \ 第 21 章 \ 实战 470. prproj
▶ 素材位置:无
▶ 视频位置:光盘 \ 视频 \ 第 21 章 \ 实战 470. mp4

● 实例介绍 ●

下面将主要介绍"纹理化"转场特效。

● 操作步骤 ●

STEP 01 选择"特殊效果"选项,如图21-107所示。

图21-107 选择"特殊效果"选项

STEP 02 在其中选择"纹理化"视频特效,如图21-108所示。

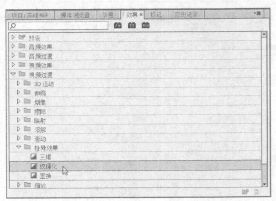

图21-108 选择"纹理化"视频特效

STEP 03 按住鼠标左键并将其拖曳至素材"14.jpg"与"15.jpg"之间,如图21-109所示。

图21-109 拖曳至素材"14.jpg"与"15.jpg"之间

STEP 04 释放鼠标左键,即可添加转场特效,如图21-110所示。

图21-110 添加转场特效

STEP 05 在"节目监视器"面板中单击"播放-停止切换"按钮，即可预览图像效果，如图21-111所示。

图21-111　预览图像效果

实战 471	添加其他转场特效	▶ 实例位置：光盘 \ 效果 \ 第 21 章 \ 实战 471.prproj ▶ 素材位置：无 ▶ 视频位置：光盘 \ 视频 \ 第 21 章 \ 实战 471.mp4

● **实例介绍** ●

下面将主要介绍"多旋转"转场特效。

● **操作步骤** ●

STEP 01 选择"滑动"选项，如图21-112所示。

图21-112　选择"滑动"选项

STEP 02 在其中选择"多旋转"视频特效，如图21-113所示。

图21-113　选择"多旋转"视频特效

STEP 03 按住鼠标左键并将其拖曳至素材"15.jpg"与"16.jpg"之间，如图21-114所示。

图21-114　拖曳至素材"15.jpg"与"16.jpg"之间

STEP 04 释放鼠标左键，即可添加转场特效，如图21-115所示。

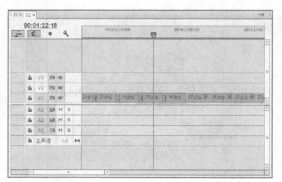

图21-115　添加转场特效

STEP 05 在"节目监视器"面板中单击"播放-停止切换"按钮,即可预览图像效果,如图21-116所示。

图21-116 预览图像效果

STEP 06 用户可以根据需要,继续为其他素材照片添加不同的转场效果,如图21-117所示。

STEP 07 在"节目监视器"面板中单击"播放-停止切换"按钮,如图21-118所示。

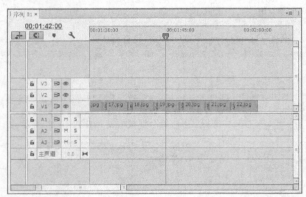

图21-117 添加不同的转场效果

图21-118 单击"播放-停止切换"按钮

STEP 08 即可预览图像效果,如图21-119所示。

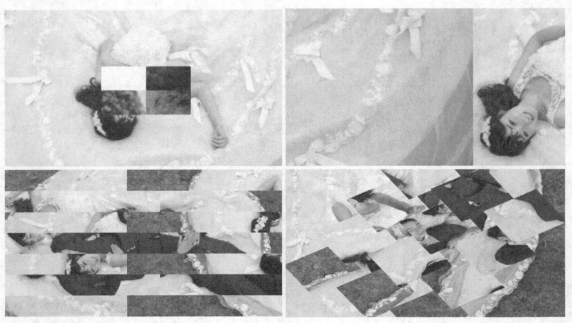

图21-119 预览图像效果

21.4 添加视频特效与字幕

相册片头是整个婚纱相册的重要组成部分，接下来将介绍如何导入并编辑婚纱相册的片头效果。

| 实战 472 | 添加"镜头光晕"特效 | ▶ 实例位置：光盘 \ 效果 \ 第 21 章 \ 实战 472.prproj
▶ 素材位置：无
▶ 视频位置：光盘 \ 视频 \ 第 21 章 \ 实战 472.mp4 |

● 实例介绍 ●

接下来将为照片素材添加一些华丽的特殊效果，如"镜头光晕"特效。

● 操作步骤 ●

STEP 01 选择"1.jpg"照片素材，如图21-120所示。

STEP 02 单击"效果"面板，如图21-121所示。

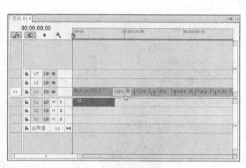

图21-120　选择"1.jpg"照片素材

图21-121　单击"效果"面板

STEP 03 展开"生成"文件夹，如图21-122所示。

STEP 04 在其中选择"镜头光晕"特效，如图21-123所示。

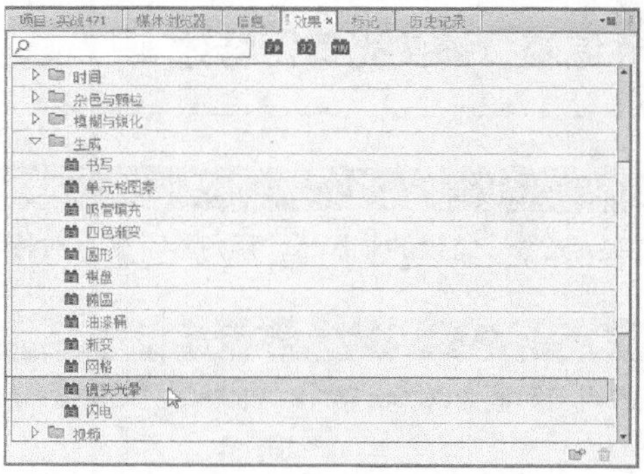

图21-122　展开"生成"文件夹

图21-123　选择"镜头光晕"特效

STEP 05 按住鼠标左键并将其拖曳至"1.jpg"图像素材上，如图21-124所示。

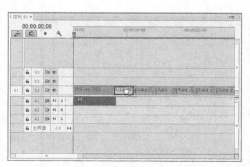

图21-124　拖曳至"1.jpg"图像素材上

STEP 06 展开"效果控件"面板，如图21-125所示。

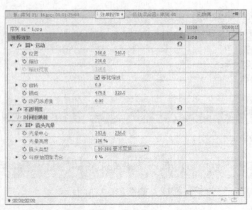

图21-125 展开"效果控件"面板

STEP 08 在"节目监视器"面板中单击"播放-停止切换"按钮，即可预览图像效果，如图21-127所示。

STEP 07 在"效果控件"面板中设置相应参数，如图21-126所示。

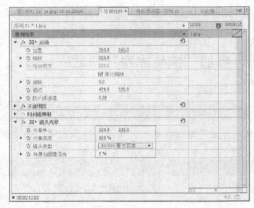

图21-126 设置相应参数

图21-127 预览图像效果

实战 473 编辑"镜头光晕"特效

▶ 实例位置：光盘 \ 效果 \ 第 21 章 \ 实战 473.prproj
▶ 素材位置：无
▶ 视频位置：光盘 \ 视频 \ 第 21 章 \ 实战 473.mp4

● 实例介绍 ●

完成"镜头光晕"特效的添加后，用户接下来可对特效的属性进行设置，让特效产生运动效果。

● 操作步骤 ●

STEP 01 设置当前时间为00:00:10:19，如图21-128所示。

图21-128 设置当前时间

STEP 02 单击"镜头光晕"特效所有选项左侧的"切换动画"按钮，如图21-129所示。

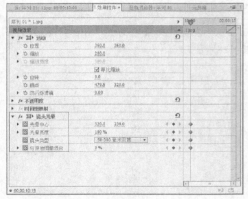

图21-129 单击"切换动画"按钮

STEP 03 设置当前时间为00:00:12:11，如图21-130所示。

STEP 04 设置"光晕中心"为681.2、398.0、"光晕亮度"为100%，如图21-131所示。

图21-130 设置当前时间

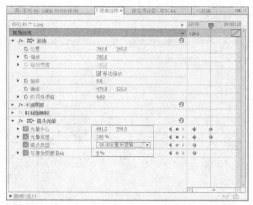

图21-131 设置相应参数

STEP 05 设置当前时间为00:00:13:06，如图21-132所示。

STEP 06 设置"光晕亮度"为0%、"光晕中心"为771.0、4374.0，如图21-133所示。

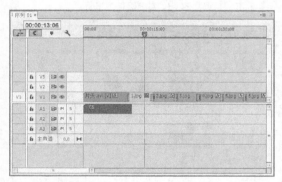

图21-132 设置当前时间

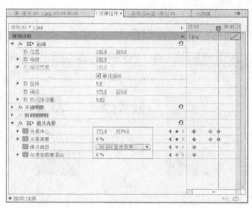

图21-133 设置相应参数

STEP 07 在"节目监视器"面板中单击"播放-停止切换"按钮，即可预览图像效果，如图21-134所示。

图21-134 预览图像效果

实战 474　导入动态字幕特效

▶ 实例位置：光盘 \ 效果 \ 第 21 章 \ 实战 474.prproj
▶ 素材位置：光盘 \ 素材 \ 第 21 章 \ 字幕.png
▶ 视频位置：光盘 \ 视频 \ 第 21 章 \ 实战 474.mp4

● 实例介绍 ●

完成特效的制作后，接下来将导入一些字幕效果的图片。

● 操作步骤 ●

STEP 01 单击"文件"|"导入"命令，如图21-135所示。

图21-135 单击"导入"命令

STEP 02 弹出的"导入"对话框如图21-136所示。

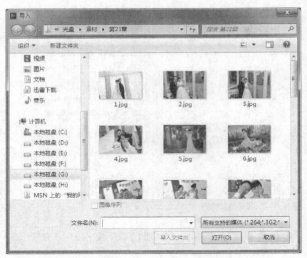

图21-136 "导入"对话框

STEP 03 在其中选择合适的素材图像，如图21-137所示。

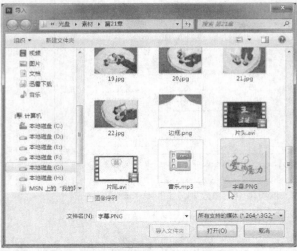

图21-137 选择合适的素材图像

STEP 04 单击"打开"按钮，如图21-138所示。

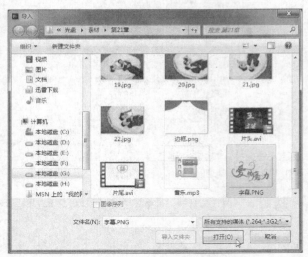

图21-138 单击"打开"按钮

STEP 05 即可在"项目"面板中查看导入的素材图像，如图21-139所示。

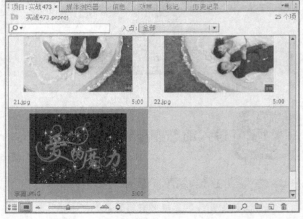

图21-139 查看导入的素材图像

实战 475 添加动态字幕特效

▶ 实例位置：光盘 \ 效果 \ 第 21 章 \ 实战 475. prproj
▶ 素材位置：无
▶ 视频位置：光盘 \ 视频 \ 第 21 章 \ 实战 475. mp4

● 实例介绍 ●

下面将主要介绍添加动态字幕特效的方法。

● 操作步骤 ●

STEP 01 在"项目"面板中，选择字幕素材图像，如图21-140所示。

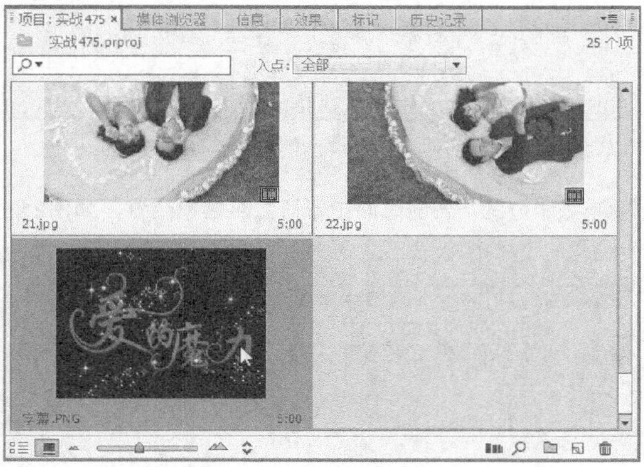

STEP 02 按住鼠标左键并拖曳至V2轨道上，如图21-141所示。

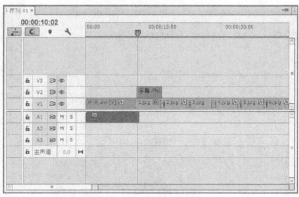

图21-140　选择字幕素材图像

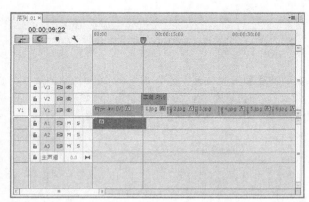

图21-141　拖曳至V2轨道上

STEP 03 选择V2轨道上的素材，如图21-142所示。

STEP 04 设置当前时间为00:00:12:05，如图21-143所示。

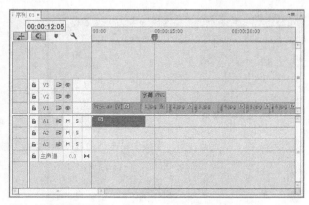

图21-142　选择V2轨道上的素材

图21-143　设置当前时间

STEP 05 展开"效果控件"面板，单击"位置""缩放"选项左侧的"切换动画"按钮，单击"不透明度"选项右侧的"添加-移除关键帧"按钮，并设置各参数，如图21-144所示。

STEP 06 设置当前时间为00:00:13:05，如图21-145所示。

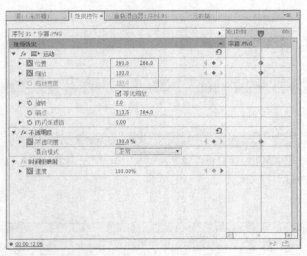

图21-144 设置各参数

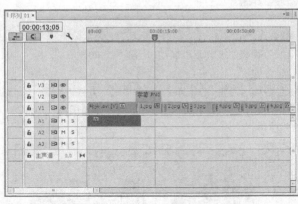

图21-145 设置当前时间

STEP 07 设置"位置"为400.0、420.0，"缩放"为77.0，"不透明度"为100.0%，如图21-146所示。

STEP 08 拖曳"当前时间指示器"至起始位置，如图21-147所示。

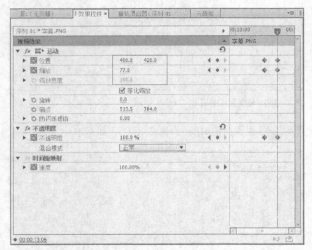

图21-146 设置相应参数

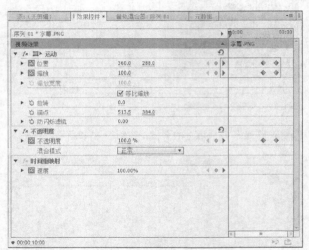

图21-147 拖曳至起始位置

STEP 09 在"节目监视器"面板中单击"播放-停止切换"按钮，即可预览图像效果，如图21-148所示。

图21-148 预览图像效果

21.5 添加婚纱片尾与音频

相册片头是整个婚纱相册的重要组成部分，接下来将介绍如何导入并编辑婚纱相册的片尾效果。

实战 476　导入婚纱片尾

▶ 实例位置：光盘 \ 效果 \ 第 21 章 \ 实战 476.prproj
▶ 素材位置：光盘 \ 素材 \ 第 21 章 \ 片尾.avi
▶ 视频位置：光盘 \ 视频 \ 第 21 章 \ 实战 476.mp4

● 实例介绍 ●

当相册的编辑接近尾声时，用户便可以开始制作视频的片尾了，接下来将导入一段片尾视频素材。

● 操作步骤 ●

STEP 01 单击"文件"Ⅰ"导入"命令，如图21-149所示。

STEP 02 弹出的"导入"对话框如图21-150所示。

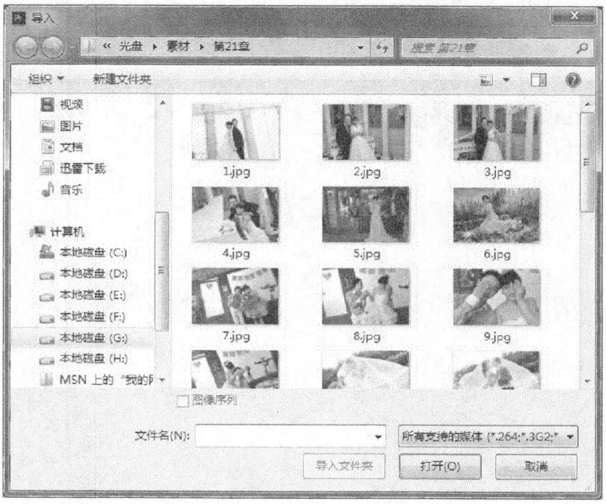

图21-149　单击"导入"命令

图21-150　"导入"对话框

STEP 03 在其中选择合适的素材图像，如图21-151所示。

STEP 04 单击"打开"按钮，如图21-152所示。

图21-151　选择合适的素材图像

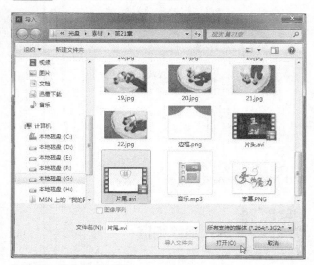

图21-152　单击"打开"按钮

STEP 05 即可在项目面板中查看导入的素材图像，如图21-153所示。

STEP 06 在项目面板中选择该素材图像，如图21-154所示。

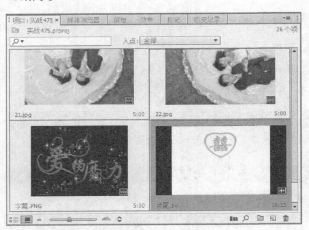

图21-153 查看导入的素材图像

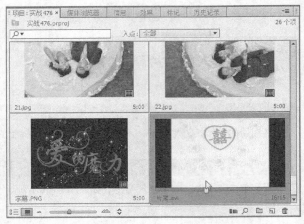

图21-154 选择该素材图像

STEP 07 按住鼠标左键并将其拖曳至V1轨道上，如图21-155所示。

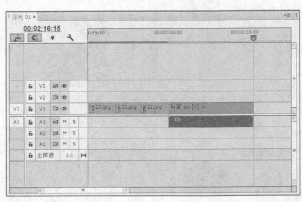

图21-155 拖曳至V1轨道上

STEP 08 在"节目监视器"面板中单击"播放-停止切换"按钮，即可预览图像效果，如图21-156所示。

图21-156 预览图像效果

实战 477 导入婚纱相框

▶ 实例位置：光盘 \ 效果 \ 第 21 章 \ 实战 477.prproj
▶ 素材位置：光盘 \ 素材 \ 第 21 章 \ 相框 .png
▶ 视频位置：光盘 \ 视频 \ 第 21 章 \ 实战 477.mp4

● 实例介绍 ●

下面将主要介绍导入婚纱相框的操作方法。

● 操作步骤 ●

STEP 01　单击"文件"|"导入"命令，如图21-157所示。

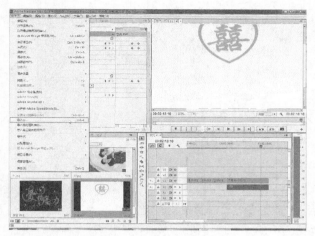

图21-157　单击"导入"命令

STEP 02　弹出的"导入"对话框如图21-158所示。

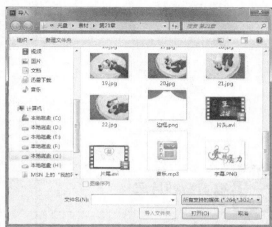

图21-158　"导入"对话框

STEP 03　在其中选择合适的素材图像，如图21-159所示。

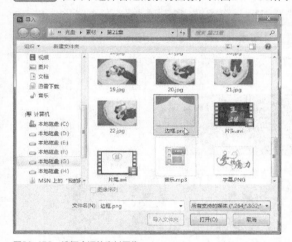

图21-159　选择合适的素材图像

STEP 04　单击"打开"按钮，如图21-160所示。

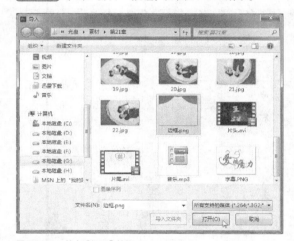

图21-160　单击"打开"按钮

STEP 05　即可在项目面板中查看导入的素材图像，如图21-161所示。

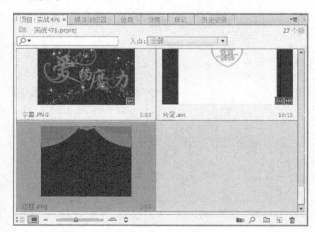

图21-161　查看导入的素材图像

STEP 06　在项目面板中选择该素材图像，如图21-162所示。

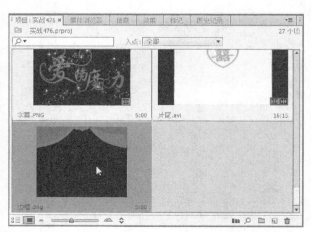

图21-162　选择该素材图像

STEP 07 按住鼠标左键并将其拖曳至V2轨道上，如图21-163所示。

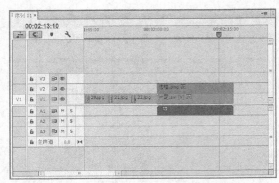

图21-163　拖曳至V2轨道上

实战 478　编辑婚纱片尾

▶ 实例位置：光盘 \ 效果 \ 第 21 章 \ 实战 478.prproj
▶ 素材位置：无
▶ 视频位置：光盘 \ 视频 \ 第 21 章 \ 实战 478.mp4

● 实例介绍 ●

下面将主要介绍编辑婚纱片尾的操作方法。

● 操作步骤 ●

STEP 01 选择V1轨道上的素材，如图21-164所示。

STEP 02 单击"效果"面板，如图21-165所示。

图21-164　选择V1轨道上的素材

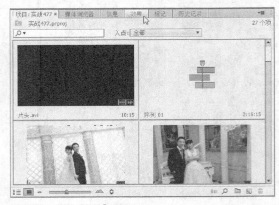

图21-165　单击"效果"面板

STEP 03 展开"溶解"选项，如图21-166所示。

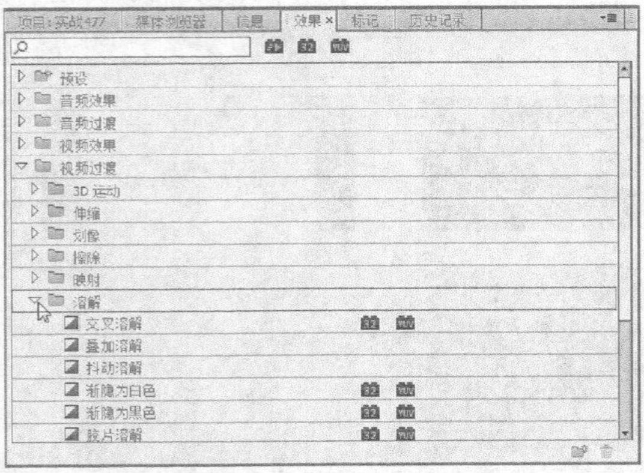

STEP 04 选择"交叉溶解"特效，如图21-167所示。

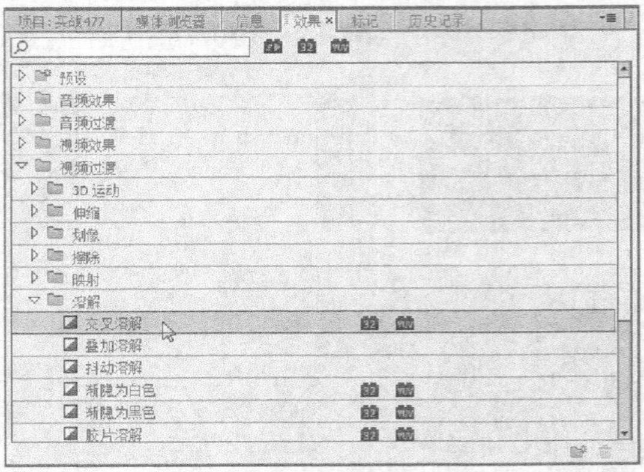

图21-166　展开"溶解"选项

图21-167　选择"交叉溶解"特效

STEP 05 按住鼠标左键并将"交叉溶解"特效拖曳至片尾素材的起始位置，如图21-168所示。

图21-168 拖曳至片尾素材的起始位置

<table><tr><td>实战
479</td><td>编辑婚纱相框</td><td>▶ 实例位置：光盘 \ 效果 \ 第 21 章 \ 实战 479. prproj
▶ 素材位置：无
▶ 视频位置：光盘 \ 视频 \ 第 21 章 \ 实战 479.mp4</td></tr></table>

● 实例介绍 ●

下面将主要介绍编辑婚纱相框的操作方法。

● 操作步骤 ●

STEP 01 选择V2轨道上的素材，如图21-169所示。

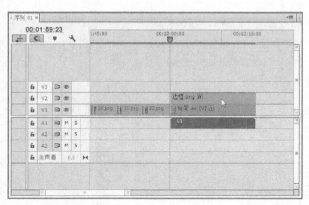

图21-169 选择V2轨道上的素材

STEP 03 设置当前时间为00:02:05:03，如图21-171所示。

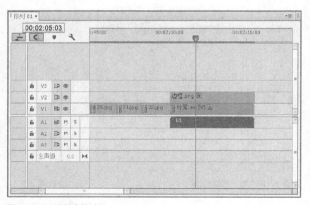

图21-171 设置当前时间

STEP 02 展开"效果"控件面板，设置"位置"为356.6、370.0，如图21-170所示。

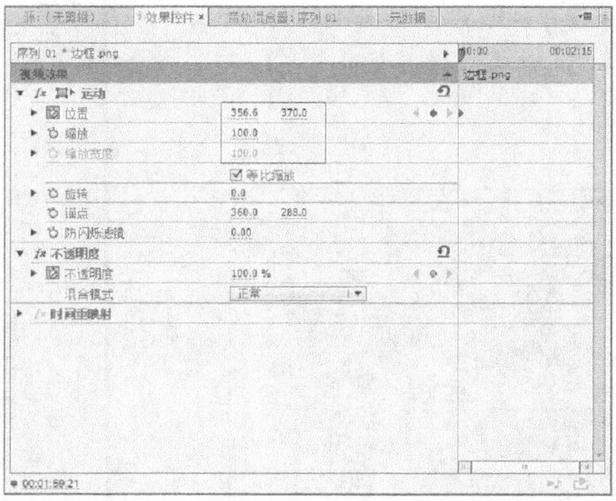

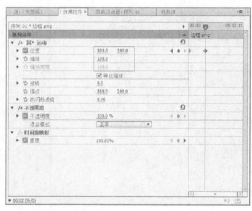

图21-170 设置相应参数

STEP 04 设置"缩放"为360.0、380.0，如图21-172所示。

图21-172 设置相应参数

实战 480 复制婚纱相框

▶ 实例位置：光盘 \ 效果 \ 第 21 章 \ 实战 480.prproj
▶ 素材位置：无
▶ 视频位置：光盘 \ 视频 \ 第 21 章 \ 实战 480.mp4

● 实例介绍 ●

下面将主要介绍复制婚纱相框的操作方法。

● 操作步骤 ●

STEP 01 框选"位置"选项右侧的关键帧，如图21-173所示。

STEP 02 单击鼠标右键，在弹出的快捷菜单中选择"复制"选项，如图21-174所示。

图21-173 框选关键帧

图21-174 选择"复制"选项

STEP 03 设置当前时间为00:02:07:10，如图21-175所示。

STEP 04 单击鼠标左键，在弹出的快捷菜单中选择"粘贴"选项，如图21-176所示。

图21-175 设置当前时间

图21-176 选择"粘贴"选项

STEP 05 在"效果控件"面板中查看粘贴后的效果，如图21-177所示。

STEP 06 将最后的关键帧拖曳至第3关键帧前方位置，如图21-178所示。

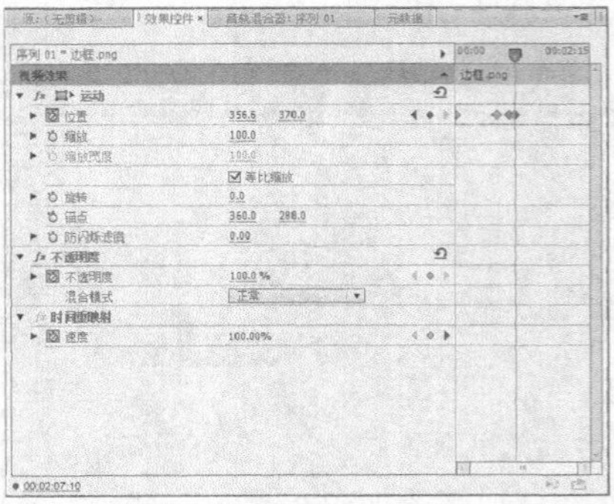

图21-177 查看粘贴后的效果

图21-178 调整关键帧位置

实战
481 新建字幕

▶ 实例位置：光盘 \ 效果 \ 第 21 章 \ 实战 481.prproj
▶ 素材位置：无
▶ 视频位置：光盘 \ 视频 \ 第 21 章 \ 实战 481.mp4

● 实例介绍 ●

下面将主要介绍新建字幕的操作方法。

● 操作步骤 ●

STEP 01 单击"字幕" | "新建字幕" | "默认静态字幕"命令，如图21-179所示。

STEP 02 执行操作后，弹出的"新建字幕"对话框如图21-180所示。

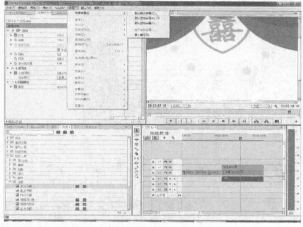

图21-179 单击"默认静态字幕"命令

图21-180 "新建字幕"对话框

STEP 03 单击"确定"按钮，如图21-181所示。

STEP 04 执行操作后，即可打开"字幕编辑器"窗口，如图21-182所示。

图21-181 单击"确定"按钮

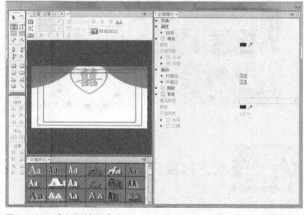

图21-182 "字幕编辑器"窗口

实战
482 输入字幕

▶ 实例位置：光盘 \ 效果 \ 第 21 章 \ 实战 482.prproj
▶ 素材位置：无
▶ 视频位置：光盘 \ 视频 \ 第 21 章 \ 实战 482.mp4

● 实例介绍 ●

下面将主要介绍输入字幕的操作方法。

● 操作步骤 ●

STEP 01 在"字幕编辑器"窗口中，选取"文字工具"，如图21-183所示。

STEP 02 运用面板中的输入工具创建需要的文字，如图21-184所示。

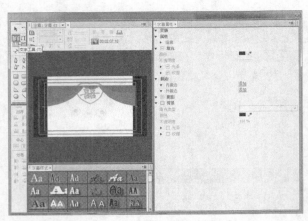

图21-183 选取"文字工具"

图21-184 创建需要的文字

STEP 03 设置"字体系列"为隶书，如图21-185所示。

STEP 04 单击"字幕编辑器"窗口右上角的"关闭"按钮，字幕将自动保存到"项目"面板中，如图21-186所示。

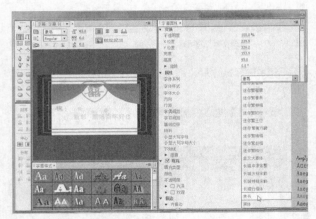

图21-185 设置"字体系列"为隶书

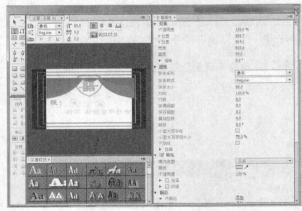

图21-186 单击"关闭"按钮

实战 483 立方体旋转字幕

▶ 实例位置：光盘 \ 效果 \ 第 21 章 \ 实战 483. prproj
▶ 素材位置：无
▶ 视频位置：光盘 \ 视频 \ 第 21 章 \ 实战 483. mp4

● 实例介绍 ●

下面将主要介绍立方体旋转字幕的操作方法。

● 操作步骤 ●

STEP 01 在"项目"面板中选择该字幕，如图21-187所示。

STEP 02 按住鼠标左键并将其拖曳至V3轨道上，如图21-188所示。

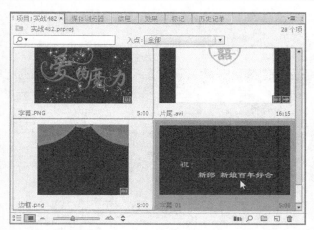

图21-187 选择该字幕

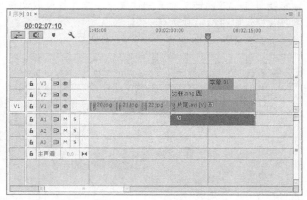

图21-188 拖曳至V3轨道上

STEP 03 单击"效果"面板，如图21-189所示。

STEP 04 展开"3D运动"选项，如图21-190所示。

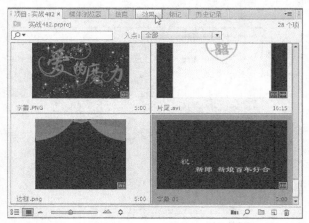

图21-189 单击"效果"面板

图21-190 展开"3D运动"选项

STEP 05 在其中选择"立方体旋转"特效，如图21-191所示。

STEP 06 按住鼠标左键并将其拖曳至字幕的起始位置，如图21-192所示。

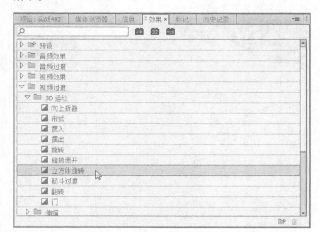

图21-191 选择"立方体旋转"特效

图21-192 拖曳至字幕的起始位置

STEP 07 拖曳鼠标指针至"字幕01"的结束点位置，当鼠标指针变成双向箭头时，按住鼠标左键并拖曳以调整字幕长度，如图21-193所示。

STEP 08 选择"交叉溶解"特效，如图21-194所示。

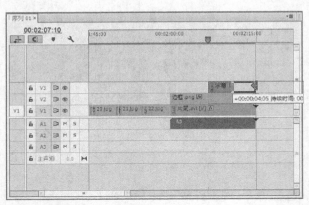

图21-193 调整字幕长度

图21-194 选择"交叉溶解"特效

STEP 09 按住鼠标左键并将其拖曳至字幕的结束位置，如图21-195所示。

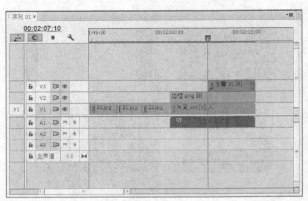

图21-195 拖曳至字幕的结束位置

STEP 10 在"节目监视器"面板中单击"播放-停止切换"按钮，即可预览图像效果，如图21-196所示。

图21-196 预览图像效果

实战 484 导入音频

▶ **实例位置**：光盘 \ 效果 \ 第21章 \ 实战484.prproj
▶ **素材位置**：无
▶ **视频位置**：光盘 \ 视频 \ 第21章 \ 实战484.mp4

● 实例介绍 ●

下面将主要介绍导入音频的操作方法。

● 操作步骤 ●

STEP 01 单击"文件"|"导入"命令，如图21-197所示。

STEP 02 弹出的"导入"对话框如图21-198所示。

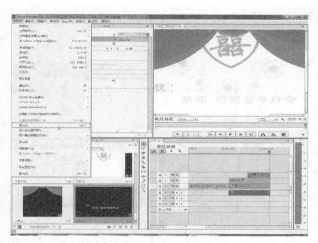

图21-197 单击"导入"命令

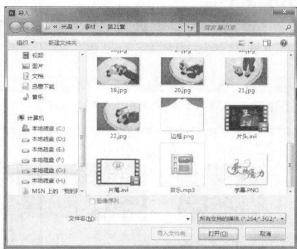

图21-198 "导入"对话框

STEP 03 在其中选择音频，如图21-199所示。

STEP 04 单击"打开"按钮，如图21-200所示。

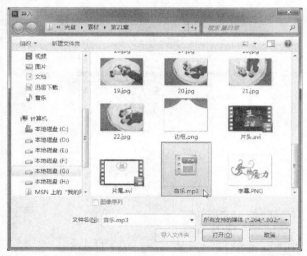

图21-199 选择音频

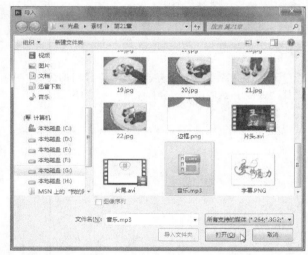

图21-200 单击"打开"按钮

STEP 05 执行上述操作后，即可在"项目"面板中查看导入的视频，如图21-201所示。

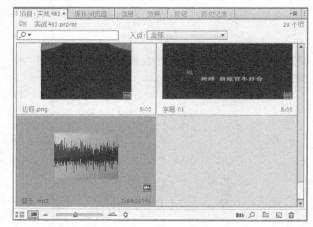

图21-201 查看导入的音频

实战 485 编辑音频

▶ **实例位置:**光盘 \ 效果 \ 第 21 章 \ 实战 485.prproj
▶ **素材位置:**无
▶ **视频位置:**光盘 \ 视频 \ 第 21 章 \ 实战 485.mp4

● 实例介绍 ●

下面将主要介绍编辑音频的操作方法。

● 操作步骤 ●

STEP 01 在"项目"面板中选择音频,如图21-202所示。

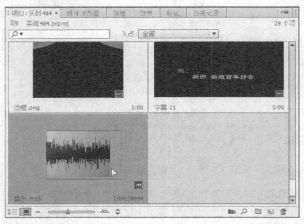

图21-202 选择音频

STEP 03 选择音频,单击鼠标右键,在弹出的列表框中选择"速度/持续时间"选项,如图21-204所示。

STEP 02 按住鼠标左键并将其拖曳至A1轨道上,如图21-203所示。

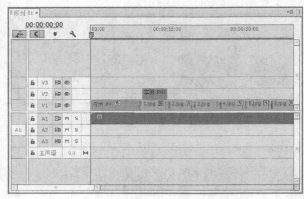

图21-203 拖曳至A1轨道上

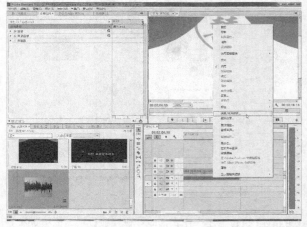

图21-204 选择"速度/持续时间"选项

STEP 04 在弹出的"剪辑速度/持续时间"对话框设置"持续时间"为00:02:16:15,如图21-205所示。

图21-205 设置"持续时间"

STEP 05 在"时间线"面板中查看调整后的效果，如图21-206所示。

STEP 06 单击V1轨道上的"切换轨道上输出"，如图21-207所示。

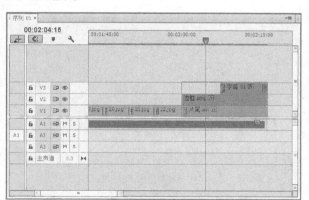

图21-206　看调整后的效果

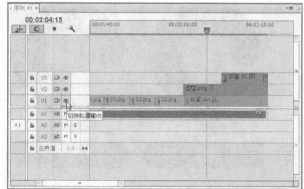

图21-207　单击"切换轨道上输出"

STEP 07 在"节目监视器"面板中单击"播放-停止切换"按钮，即可预览图像效果，如图21-208所示。

图21-208　预览图像效果

第**22**章

制作《纯真的童年》特效

本章导读

每一对父母都希望为自己的孩子创建一个美好的家庭，同样也希望为孩子留下一段美好的童年回忆。因此，父母都喜欢将孩子的生活片段用相机记录下来，并制作成儿童相册。本章主要介绍如何制作儿童相册。

要点索引

● 儿童相册效果欣赏
● 制作儿童相册片头
● 编辑儿童照片素材
● 编辑后期效果与片尾

22.1　儿童相册效果欣赏

本实例制作《纯真的童年》特效，实例效果如图22-1所示。

图22-1　实例效果

22.2　制作儿童相册片头

现在的人们大多都喜欢将孩子成长过程点点滴滴用相机记录下来，接下来将运用Premiere Pro CC制作一段儿童相册的片头效果。

实战 486	新建项目	▶ 实例位置：光盘＼效果＼第 22 章＼实战 486.prproj ▶ 素材位置：无 ▶ 视频位置：光盘＼视频＼第 22 章＼实战 486.mp4

● 实例介绍 ●

制作片头效果之前，首选需要新建项目，下面将主要介绍新建项目的操作方法。

● 操作步骤 ●

STEP 01 启动Premiere Pro CC后，进入欢迎界面，单击 "新建项目"选项，如图22-2所示。

STEP 02 弹出的"新建项目"对话框如图22-3所示。

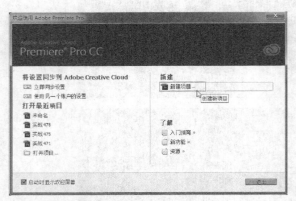

图22-2 单击"新建项目"选项

图22-3 "新建项目"对话框

STEP 03 在"名称"右侧的框中输入"实战486"，如图22-4所示。

STEP 04 输入完成后，单击"确定"按钮，如图22-5所示。

图22-4 输入"实战486"

图22-5 单击"确定"按钮

实战 487 新建序列

▶ 实例位置：光盘 \ 效果 \ 第22章 \ 实战487.prproj
▶ 素材位置：无
▶ 视频位置：光盘 \ 视频 \ 第22章 \ 实战487.mp4

● 实例介绍 ●

完成新建项目后，需要新建一个序列。

● 操作步骤 ●

STEP 01 单击"文件"|"新建"|"序列"选项，如图22-6 所示。

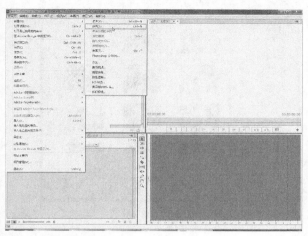

图22-6 单击"序列"选项

STEP 02 执行操作后，弹出"新建序列"对话框，如图 22-7所示。

图22-7 "新建序列"对话框

STEP 03 单击"确定"按钮，如图22-8所示。

图22-8 单击"确定"按钮

STEP 04 即可在项目面板查看新建序列，如图22-9所示。

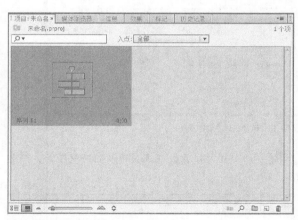

图22-9 查看新建序列

实战 488 导入"胶片式"片头

▶ 实例位置：光盘 \ 效果 \ 第 22 章 \ 实战 488.prproj
▶ 素材位置：光盘 \ 素材 \ 第 22 章 \ 片头.wmv
▶ 视频位置：光盘 \ 视频 \ 第 22 章 \ 实战 488.mp4

● 实例介绍 ●

制作片头效果之前，首选需要导入一段视频素材。

● 操作步骤 ●

STEP 01 单击"文件"|"导入"命令，如图22-10所示。

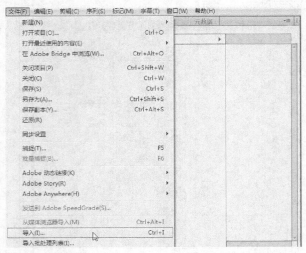

图22-10 单击"导入"命令

STEP 02 弹出的"导入"对话框如图22-11所示。

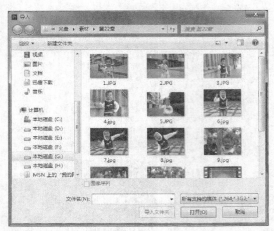

图22-11 "导入"对话框

STEP 03 在其中选择合适的素材图像，如图22-12所示。

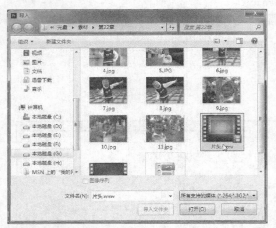

图22-12 选择合适的素材图像

STEP 04 单击"打开"按钮，如图22-13所示。

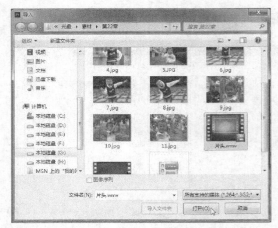

图22-13 单击"打开"按钮

STEP 05 即可在项目面板中查看导入的素材图像，如图22-14所示。

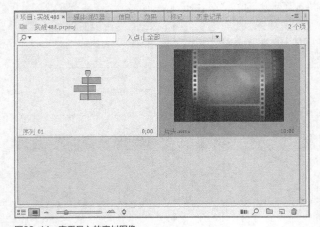

图22-14 查看导入的素材图像

STEP 06 在项目面板中选择该素材图像，如图22-15所示。

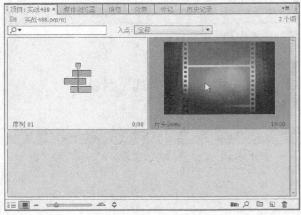

图22-15 选择该素材图像

STEP 07 按住鼠标左键并将其拖曳至V1轨道上，如图22-16所示。

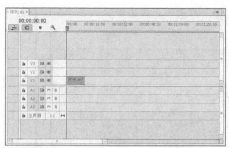

图22-16 拖曳至V1轨道上

▶ 实例位置：光盘 \ 效果 \ 第 22 章 \ 实战 489.prproj
▶ 素材位置：光盘 \ 素材 \ 第 22 章 \1. jpg~4. jpg
▶ 视频位置：光盘 \ 视频 \ 第 22 章 \ 实战 488.mp4

实战 489 导入照片素材至视频轨

● 实例介绍 ●

下面介绍导入照片素材至视频轨的操作方法。

● 操作步骤 ●

STEP 01 单击"文件"|"导入"命令，如图22-17所示。

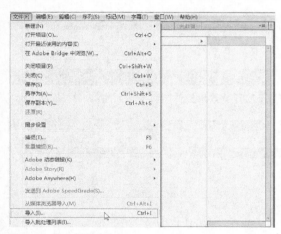

图22-17 单击"导入"命令

STEP 02 弹出的"导入"对话框如图22-18所示。

图22-18 "导入"对话框

STEP 03 在其中选择合适的素材图像，如图22-19所示。

图22-19 选择合适的素材图像

STEP 04 单击"打开"按钮，如图22-20所示。

图22-20 单击"打开"按钮

STEP 05 即可在项目面板中查看导入的素材图像，如图22-21所示。

STEP 06 在项目面板中选择导入的素材图像，按住鼠标左键并将其拖曳至不同的轨道上，如图22-22所示。

图22-21 查看导入的素材图像

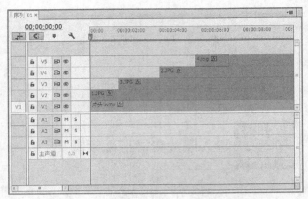

图22-22 拖曳至不同的轨道上

实战 490 编辑导入的照片1

▶ 实例位置：光盘 \ 效果 \ 第 22 章 \ 实战 490. prproj
▶ 素材位置：无
▶ 视频位置：光盘 \ 视频 \ 第 22 章 \ 实战 490.mp4

● 实例介绍 ●

下面介绍编辑导入的照片1的操作方法。

● 操作步骤 ●

STEP 01 选择"1.jpg"照片素材，如图22-23所示。

STEP 02 展开"效果控件"面板，如图22-24所示。

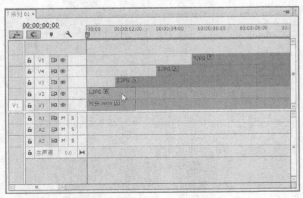

图22-23 选择"1.jpg"照片素材

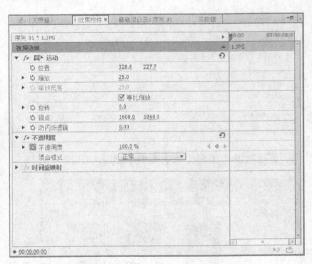

图22-24 展开"效果控件"面板

STEP 03 单击"位置"选项左侧的"切换动画"按钮，设置"位置"为761.3、5644.0，并设置"缩放"为28.0，如图22-25所示。

STEP 04 设置当前时间为00:00:02:00，如图22-26所示。

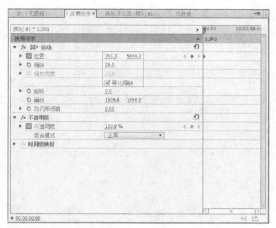

图22-25 设置相应参数

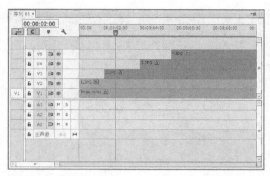

图22-26 设置当前时间

STEP 05 设置"位置"为7659.0、-253.2，添加关键帧，如图22-27所示。

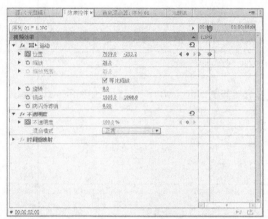

图22-27 添加关键帧

实战 491 编辑导入的照片2

▶ 实例位置：光盘 \ 效果 \ 第 22 章 \ 实战 491.prproj
▶ 素材位置：无
▶ 视频位置：光盘 \ 视频 \ 第 22 章 \ 实战 491.mp4

● 实例介绍 ●

下面介绍编辑导入的照片2的操作方法。

● 操作步骤 ●

STEP 01 选择"3.jpg"照片素材，如图22-28所示。

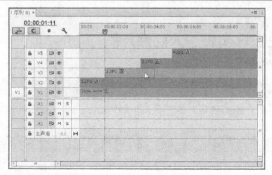

图22-28 选择"3.jpg"照片素材

STEP 02 展开"效果控件"面板，如图22-29所示。

STEP 03 单击"位置"选项左侧的"切换动画"按钮，设置"位置"为756.7、1119.7，并设置"缩放"为29.0，如图22-30所示。

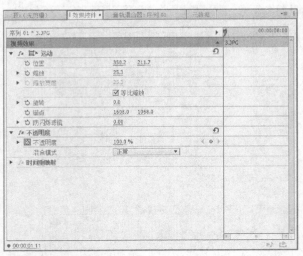

图22-29 展开"效果控件"面板

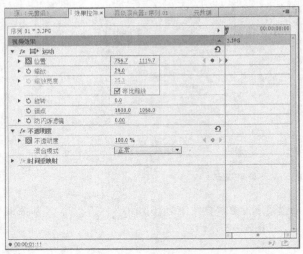

图22-30 设置相应参数

STEP 04 设置当前时间为00:00:03:11，如图22-31所示。

STEP 05 设置"位置"为765.9、-173.9，如图22-32所示。

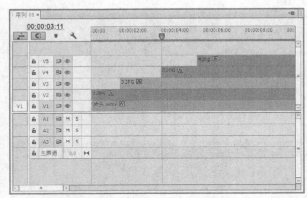

图22-31 设置当前时间

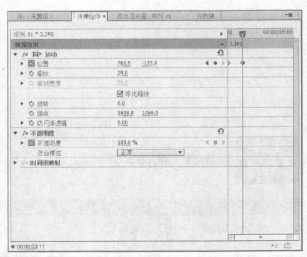

图22-32 设置相应参数

实战 492 编辑导入的照片3

▶ 实例位置：光盘\效果\第22章\实战492.prproj
▶ 素材位置：无
▶ 视频位置：光盘\视频\第22章\实战492.mp4

● 实例介绍 ●

下面介绍编辑导入的照片3的操作方法。

● 操作步骤 ●

STEP 01 选择"2.jpg"照片素材，如图22-33所示。

STEP 02 展开"效果控件"面板，如图22-34所示。

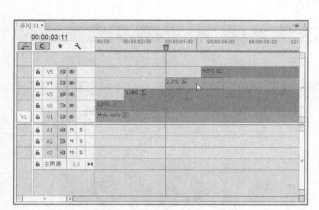

图22-33 选择"2.jpg"照片素材

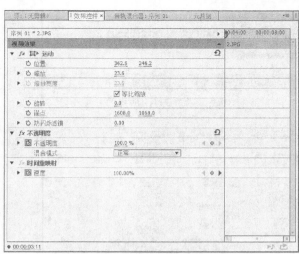

图22-34 展开"效果控件"面板

STEP 03 设置"缩放"为28.0，如图22-35所示。

STEP 04 设置当前时间为00:00:05:00，如图22-36所示。

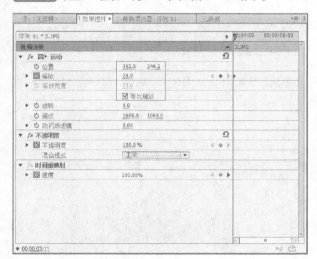

图22-35 设置相应参数

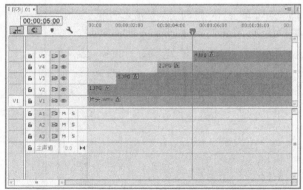

图22-36 设置当前时间

STEP 05 设置"缩放"为30.0，如图22-37所示。

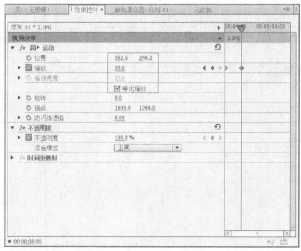

图22-37 设置相应参数

实战 493 编辑导入的照片4

▶ 实例位置：光盘 \ 效果 \ 第 22 章 \ 实战 493.prproj
▶ 素材位置：无
▶ 视频位置：光盘 \ 视频 \ 第 22 章 \ 实战 493.mp4

● 实例介绍 ●

下面介绍编辑导入的照片4的操作方法。

● 操作步骤 ●

STEP 01 选择 "4.jpg" 照片素材，如图22-38所示。

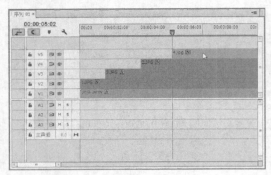

图22-38　选择 "4.jpg" 照片素材

STEP 02 设置当前时间为00:00:06:00，如图22-39所示。

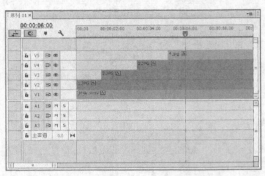

图22-39　设置当前时间

STEP 03 单击 "不透明度" 选项右侧的 "添加–移除关键帧" 按钮，如图22-40所示。

图22-40　单击 "添加–移除关键帧" 按钮

STEP 05 设置 "不透明度" 为0，如图22-42所示。

STEP 04 设置当前时间为00:00:08:10，如图22-41所示。

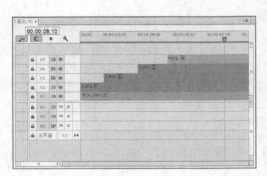

图22-41　设置当前时间

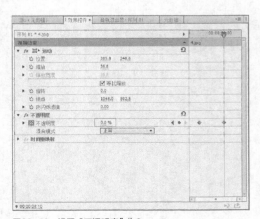

图22-42　设置 "不透明度" 为0

22.3　编辑儿童照片素材

　　与婚纱相册一样，相册主要组成部分为照片，因此，用户需要准备大量的儿童成长的照片。接下来将导入照片素材，并对素材进行编辑操作。

实战 494	导入儿童照片素材	▶ 实例位置：光盘\效果\第22章\实战494.prproj
		▶ 素材位置：无
		▶ 视频位置：光盘\视频\第22章\实战494.mp4

● 实例介绍 ●

　　下面介绍导入儿童照片素材的操作方法。

● 操作步骤 ●

STEP 01 单击"文件"|"导入"命令，如图22-43所示。　　STEP 02 弹出"导入"对话框，如图22-44所示。

图22-43　单击"导入"命令

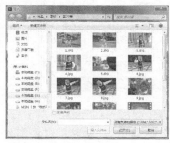

图22-44　"导入"对话框

STEP 03 在其中选择合适的素材图像，如图22-45所示。　　STEP 04 单击"打开"按钮，如图22-46所示。

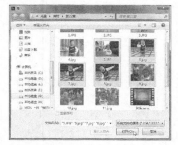

图22-45　选择合适的素材图像

图22-46　单击"打开"按钮

STEP 05 即可在"项目"面板中查看导入的素材图像，如图22-47所示。　　STEP 06 在"项目"面板中选择导入的素材图像，按住鼠标左键并将其拖曳至V1轨道上，如图22-48所示。

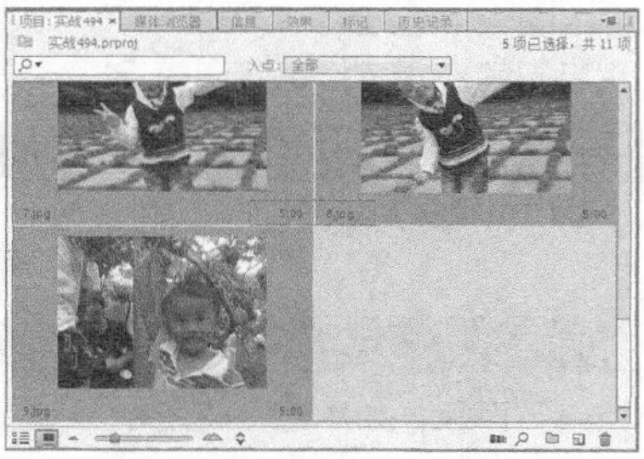

图22-47　查看导入的素材图像

图22-48　拖曳至V1轨道上

实战 495　编辑儿童照片6.jpg

▶ 实例位置：光盘 \ 效果 \ 第 22 章 \ 实战 495.prproj
▶ 素材位置：无
▶ 视频位置：光盘 \ 视频 \ 第 22 章 \ 实战 495.mp4

● 实例介绍 ●

下面介绍编辑儿童照片"6.jpg"的操作方法。

● 操作步骤 ●

STEP 01 选择"6.jpg"照片素材，如图22-49所示。

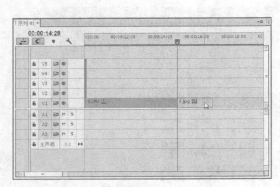

图22-49　选择"6.jpg"照片素材

STEP 03 在"效果控件"面板中，设置"位置"为360.0、250.0，如图22-51所示。

STEP 02 展开"效果控件"面板，如图22-50所示。

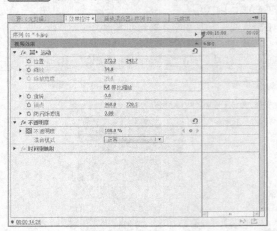

图22-50　展开"效果控件"面板

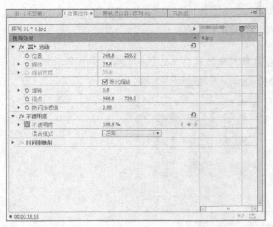

图22-51　设置相应参数

实战 496　编辑儿童照片7.jpg

▶ 实例位置：光盘 \ 效果 \ 第 22 章 \ 实战 496.prproj
▶ 素材位置：无
▶ 视频位置：光盘 \ 视频 \ 第 22 章 \ 实战 496.mp4

● 实例介绍 ●

下面介绍编辑儿童照片素材"7.jpg"的操作方法。

● 操作步骤 ●

STEP 01 选择"7.jpg"照片素材，如图22-52所示。

STEP 02 展开"效果控件"面板，如图22-53所示。

图22-52　选择"7.jpg"照片素材

图22-53　展开"效果控件"面板

STEP 03 在"效果控件"面板中，设置"位置"为360.0、250.0，"缩放"为45.0，如图22-54所示。

图22-54　设置相应参数

实战 497　**圆划像转场特效**

▶ **实例位置**：光盘 \ 效果 \ 第 22 章 \ 实战 497.prproj
▶ **素材位置**：无
▶ **视频位置**：光盘 \ 视频 \ 第 22 章 \ 实战 497.mp4

● **实例介绍** ●

下面介绍"圆划像"转场特效的操作方法。

● **操作步骤** ●

STEP 01 选择"5.jpg"照片素材，如图22-55所示。

STEP 02 单击"效果"面板，如图22-56所示。

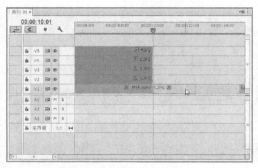

图22-55　选择"5.jpg"照片素材

图22-56　单击"效果"面板

STEP 03 展开"划像"选项，如图22-57所示。

STEP 04 在其中选择"圆划像"视频特效，如图22-58所示。

图22-57 展开"划像"选项

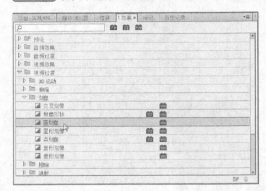

图22-58 选择"圆划像"视频特效

STEP 05 按住鼠标左键并将其拖曳至素材"5.jpg"与"6.jpg"之间，如图22-59所示。

STEP 06 释放鼠标即可添加转场效果，如图22-60所示。

图22-59 拖曳至素材"5.jpg"与"6.jpg"之间

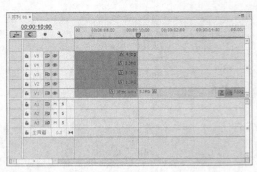

图22-60 添加转场效果

STEP 07 在"节目监视器"面板中单击"播放–停止切换"按钮，即可预览图像效果，如图22-61所示。

图22-61 预览图像效果

实战 498 三维转场特效

▶ 实例位置：光盘 \ 效果 \ 第22章 \ 实战498.prproj
▶ 素材位置：无
▶ 视频位置：光盘 \ 视频 \ 第22章 \ 实战498.mp4

● 实例介绍 ●

下面介绍"三维"转场特效的操作方法。

● 操作步骤 ●

STEP 01 选择"6.jpg"照片素材，如图22-62所示。

STEP 02 单击"效果"面板，如图22-63所示。

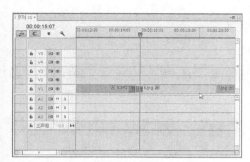

图22-62　选择"6.jpg"照片素材

图22-63　单击"效果"面板

STEP 03 展开"特殊效果"选项，如图22-64所示。

STEP 04 在其中选择"三维"视频特效，如图22-65所示。

图22-64　展开"特殊效果"选项

图22-65　选择"三维"视频特效

STEP 05 按住鼠标左键并将其拖曳至素材"6.jpg"与"7.jpg"之间，如图22-66所示。

STEP 06 释放 鼠标即可添加转场效果，如图22-67所示。

图22-66　拖曳至素材"6.jpg"与"7.jpg"之间

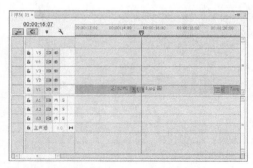

图22-67　添加转场效果

STEP 07 在"节目监视器"面板中单击"播放-停止切换"按钮，即可预览图像效果，如图22-68所示。

图22-68　预览图像效果

实战 499 纹理化转场特效

▶ **实例位置**：光盘 \ 效果 \ 第 22 章 \ 实战 499. prproj
▶ **素材位置**：无
▶ **视频位置**：光盘 \ 视频 \ 第 22 章 \ 实战 499. mp4

● 实例介绍 ●

下面介绍"纹理化"转场特效的操作方法。

● 操作步骤 ●

STEP 01 选择"7.jpg"照片素材，如图22-69所示。

图22-69 选择"7.jpg"照片素材

STEP 02 单击"效果"面板，如图22-70所示。

图22-70 单击"效果"面板

STEP 03 展开"特殊效果"选项，如图22-71所示。

图22-71 展开"特殊效果"选项

STEP 04 在其中选择"纹理化"视频特效，如图22-72所示。

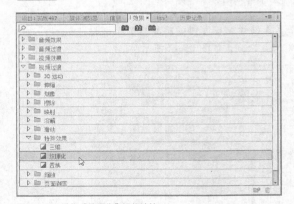

图22-72 选择"纹理化"视频特效

STEP 05 按住鼠标左键并将其拖曳至素材"7.jpg"与"8.jpg"之间，如图22-73所示。

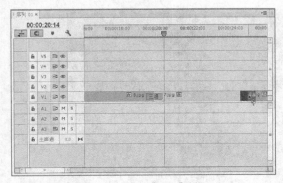

图22-73 拖曳至素材"7.jpg"与"8.jpg"之间

STEP 06 释放鼠标即可添加转场效果，如图22-74所示。

图22-74 添加转场效果

STEP 07 在"节目监视器"面板中单击"播放−停止切换"按钮，即可预览图像效果，如图22−75所示。

图22−75　预览图像效果

实战 500　棋盘转场特效

▶ 实例位置：光盘 \ 效果 \ 第 22 章 \ 实战 500.prproj
▶ 素材位置：无
▶ 视频位置：光盘 \ 视频 \ 第 22 章 \ 实战 500.mp4

● 实例介绍 ●

下面介绍"棋盘"转场特效的操作方法。

● 操作步骤 ●

STEP 01 选择"8.jpg"照片素材，如图22−76所示。

图22−76　选择"8.jpg"照片素材

STEP 02 单击"效果"面板，如图22−77所示。

图22−77　单击"效果"面板

STEP 03 展开"擦除"选项，如图22−78所示。

图22−78　展开"擦除"选项

STEP 04 在其中选择"棋盘"视频特效，如图22−79所示。

图22−79　选择"棋盘"视频特效

STEP 05 按住鼠标左键并将其拖曳至素材"8.jpg"与 "9.jpg"之间，如图22-80所示。

STEP 06 释放鼠标即可添加转场效果，如图22-81所示。

图22-80 拖曳至"8.jpg"与"9.jpg"之间

图22-81 添加转场效果

STEP 07 在"节目监视器"面板中单击"播放–停止切换"按钮，即可预览图像效果，如图22-82所示。

图22-82 预览图像效果

实战 501 百叶窗擦除转场特效

▶ 实例位置：光盘 \ 效果 \ 第 22 章 \ 实战 501.prproj
▶ 素材位置：无
▶ 视频位置：光盘 \ 视频 \ 第 22 章 \ 实战 501.mp4

● 实例介绍 ●

下面介绍"百叶窗擦除"转场特效的操作方法。

● 操作步骤 ●

STEP 01 选择"9.jpg"照片素材，如图22-83所示。

STEP 02 单击"效果"面板，如图22-84所示。

图22-83 选择"9.jpg"照片素材

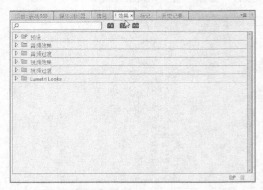

图22-84 单击"效果"面板

STEP 03 展开"擦除"选项，如图22-85所示。

STEP 04 在其中选择"百叶窗擦除"视频特效，如图22-86所示。

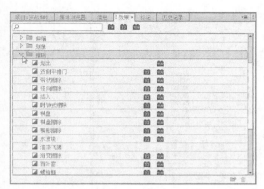

图22-85 展开"擦除"选项

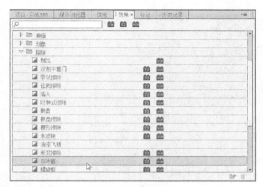

图22-86 选择"棋盘擦除"视频特效

STEP 05 按住鼠标左键并将其拖曳至素材"9.jpg"与"10.jpg"之间，如图22-87所示。

STEP 06 释放鼠标即可添加转场效果，如图22-88所示。

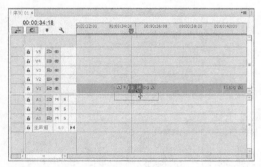

图22-87 拖曳至素材"9.jpg"与"10.jpg"之间

图22-88 添加转场效果

STEP 07 在"节目监视器"面板中单击"播放-停止切换"按钮，即可预览图像效果，如图22-89所示。

图22-89 预览图像效果

实战 502 缩放轨迹转场特效

▶ 实例位置：光盘 \ 效果 \ 第 22 章 \ 实战 502.prproj
▶ 素材位置：无
▶ 视频位置：光盘 \ 视频 \ 第 22 章 \ 实战 502.mp4

● 实例介绍 ●

下面介绍"缩放轨迹"转场特效的操作方法。

● 操作步骤 ●

STEP 01 选择"10.jpg"照片素材，如图22-90所示。

图22-90 选择"10.jpg"照片素材

STEP 02 单击"效果"面板，如图22-91所示。

图22-91 单击"效果"面板

STEP 03 展开"缩放"选项，如图22-92所示。

图22-92 展开"缩放"选项

STEP 04 在其中选择"缩放轨迹"视频特效，如图22-93所示。

图22-93 选择"缩放轨迹"视频特效

STEP 05 按住鼠标左键并将其拖曳至素材"10.jpg"与"11.jpg"之间，如图22-94所示。

图22-94 拖曳至素材"10.jpg"与"11.jpg"之间

STEP 06 释放鼠标即可添加转场效果，如图22-95所示。

图22-95 添加转场效果

STEP 07 在"节目监视器"面板中单击"播放–停止切换"按钮，即可预览图像效果，如图22-96所示。

图22-96 预览图像效果

▶ 实例位置：光盘＼效果＼第 22 章＼实战 503.prproj
▶ 素材位置：无
▶ 视频位置：光盘＼视频＼第 22 章＼实战 503.mp4

实战 503 新建字幕

● 实例介绍 ●

下面将主要介绍新建字幕的操作方法。

● 操作步骤 ●

STEP 01　单击"字幕"|"新建字幕"|"默认静态字幕"命令，如图22-97所示。

STEP 02　执行操作后，弹出"新建字幕"对话框，如图 22-98所示。

图22-97　单击"默认静态字幕"命令

图22-98　"新建字幕"对话框

STEP 03　单击"确定"按钮，如图22-99所示。

STEP 04　执行操作后，即可打开"字幕编辑器"窗口，如图22-100所示。

图22-99　单击"确定"按钮

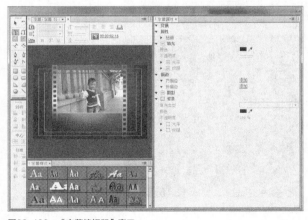

图22-100　"字幕编辑器"窗口

实战 504 输入字幕

▶ 实例位置：光盘＼效果＼第 22 章＼实战 504.prproj
▶ 素材位置：无
▶ 视频位置：光盘＼视频＼第 22 章＼实战 504.mp4

● 实例介绍 ●

下面将主要介绍输入字幕的操作方法。

● 操作步骤 ●

STEP 01 在"字幕编辑器"窗口中，选取"文字工具"，如图22-101所示。

STEP 02 运用面板中的输入工具创建需要的文字，如图22-102所示。

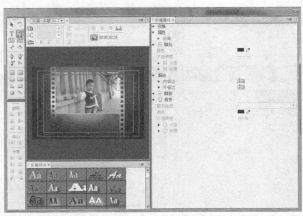

图22-101 选取"文字工具"

图22-102 创建需要的字幕

实战 505 设置字幕属性

▶ 实例位置：光盘 \ 效果 \ 第 22 章 \ 实战 505. prproj
▶ 素材位置：无
▶ 视频位置：光盘 \ 视频 \ 第 22 章 \ 实战 505. mp4

● 实例介绍 ●

下面将主要介绍设置字幕属性的操作方法。

● 操作步骤 ●

STEP 01 选择输入的文字，如图22-103所示。

STEP 02 设置"字体系列"为隶书，如图22-104所示。

图22-103 选择输入的文字

图22-104 设置"字体系列"为隶书

STEP 03 设置"填充类型"为"四色渐变"，"颜色"为金黄色、暗黄色、金黄色、暗黄色的四色渐变，如图22-105所示。

STEP 04 查看"颜色"为金黄色、暗黄、金黄色、暗黄的四色渐变，如图22-106所示。

图22-105 设置"填充类型"

图22-106 查看"颜色"

STEP 05 单击"字幕编辑器"面板右侧的"关闭"按钮，
如图22-107所示。

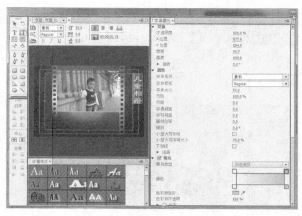

图22-107　单击"关闭"按钮

实战 506	拖曳字幕至视频轨

▶ 实例位置：光盘＼效果＼第 22 章＼实战 506.prproj
▶ 素材位置：无
▶ 视频位置：光盘＼视频＼第 22 章＼实战 506.mp4

● 实例介绍 ●

下面将主要介绍拖曳字幕至视频轨的操作方法。

● 操作步骤 ●

STEP 01 在"项目"面板中选择"字幕01"，如图22-108
所示。

STEP 02 按住鼠标左键并将其拖曳至V6轨道上，如图
22-109所示。

图22-108　选择"字幕01"

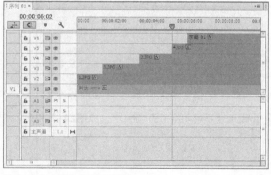

图22-109　将其拖曳至V6轨道上

22.4　编辑后期效果与片尾

当相册的编辑操作接近尾声时，用户还需要制作一段片尾效果，同时需要添加一些标题字幕并导入音频素材。

实战 507	制作字幕淡入淡出特效

▶ 实例位置：光盘＼效果＼第 22 章＼实战 507.prproj
▶ 素材位置：无
▶ 视频位置：光盘＼视频＼第 22 章＼实战 507.mp4

● 实例介绍 ●

下面将主要介绍制作字幕淡入淡出特效的操作方法。

● 操作步骤 ●

STEP 01 选择V6轨道上的字幕,如图22-110所示。

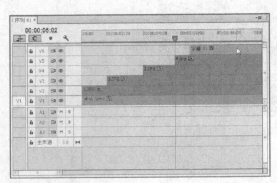

图22-110 选择字幕

STEP 03 设置"不透明度"为0.0%,如图22-112所示。

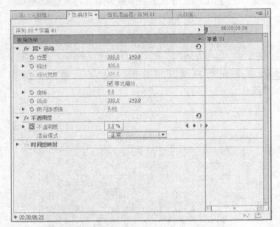

图22-112 设置"不透明度"为0.0%

STEP 05 设置"不透明度"为100.0%,如图22-114所示。

STEP 02 展开"效果控件"面板,如图22-111所示。

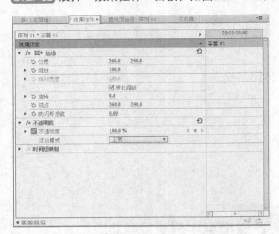

图22-111 "效果控件"面板

STEP 04 设置当前时间为00:00:06:27,如图22-113所示。

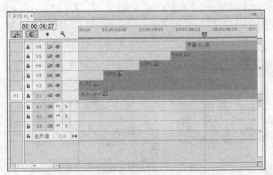

图22-113 设置当前时间

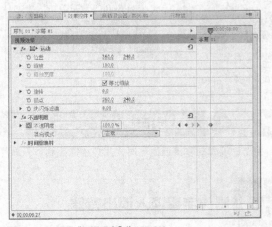

图22-114 设置"不透明度"为100.0%

实战	▶ 实例位置：光盘 \ 效果 \ 第 22 章 \ 实战 508.prproj
508 复制字幕淡入淡出特效	▶ 素材位置：无
	▶ 视频位置：光盘 \ 视频 \ 第 22 章 \ 实战 508.mp4

● 实例介绍 ●

下面将主要介绍复制字幕淡入淡出特效的操作方法。

● 操作步骤 ●

STEP 01 框选"效果"面板中的关键帧，如图22-115 所示。

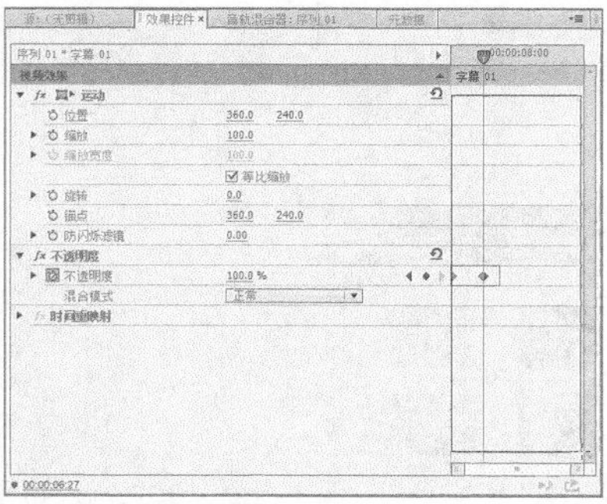

STEP 02 单击鼠标右键，在弹出的快捷菜单中选择"复制"选项，如图22-116所示。

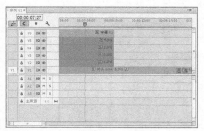

图22-115 框选关键帧

图22-116 选择"复制"选项

STEP 03 设置当前时间为00:00:07:27，如图22-117所示。

STEP 04 单击鼠标右键，在弹出的快捷菜单中选择"粘贴"选项，如图22-118所示。

图22-117 设置当前时间

图22-118 选择"粘贴"选项

STEP 05 在"效果控件"面板中查看粘贴后的关键帧，如图22-119所示。

STEP 06 选择粘贴的关键帧，调换前后关键帧的顺序，此时，"透明度"的第3关键帧为100.0%，第4关键帧为0.0%，如图22-120所示。

图22-119 查看粘贴后的关键帧

图22-120 调整关键帧顺序

实战 509 导入主题字幕效果

▶ 实例位置：光盘 \ 效果 \ 第22章 \ 实战509.prproj
▶ 素材位置：无
▶ 视频位置：光盘 \ 视频 \ 第22章 \ 实战509.mp4

● 实例介绍 ●

下面将介绍导入主题字幕效果的操作方法。

● 操作步骤 ●

STEP 01 单击"文件"|"导入"命令，如图22-121所示。

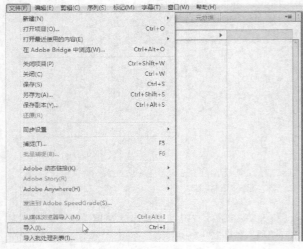

图22-121 单击"导入"命令

STEP 02 弹出的"导入"对话框如图22-122所示。

图22-122 "导入"对话框

STEP 03 在其中选择合适的素材图像，如图22-123所示。

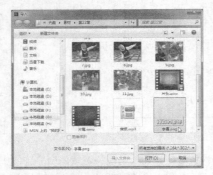

图22-123 选择合适的素材图像

STEP 04 单击"打开"按钮，如图22-124所示。

图22-124 单击"打开"按钮

STEP 05 即可在项目面板中查看导入的素材图像，如图22-125所示。

图22-125 查看导入的素材图像

<table>
<tr><td>实战
510</td><td>拖曳主题字幕至视频轨</td><td>▶ 实例位置：光盘 \ 效果 \ 第 22 章 \ 实战 510.prproj
▶ 素材位置：无
▶ 视频位置：光盘 \ 视频 \ 第 22 章 \ 实战 510.mp4</td></tr>
</table>

● 实例介绍 ●

下面将介绍拖曳主题字幕至视频轨的操作方法。

● 操作步骤 ●

STEP 01　在项目面板中选择导入的素材图像，如图22-126
所示。

STEP 02　按住鼠标左键并将其拖曳至V7轨道上，如图
22-127所示。

图22-126　选择导入的素材图像

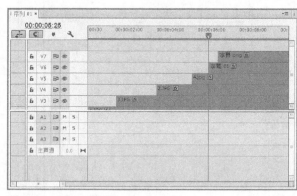

图22-127　拖曳至V7轨道上

<table>
<tr><td>实战
511</td><td>添加主题字幕特效</td><td>▶ 实例位置：光盘 \ 效果 \ 第 22 章 \ 实战 511.prproj
▶ 素材位置：无
▶ 视频位置：光盘 \ 视频 \ 第 22 章 \ 实战 511.mp4</td></tr>
</table>

● 实例介绍 ●

下面将介绍添加主题字幕特效的操作方法。

● 操作步骤 ●

STEP 01　选择"字幕.png"，如图22-128所示。

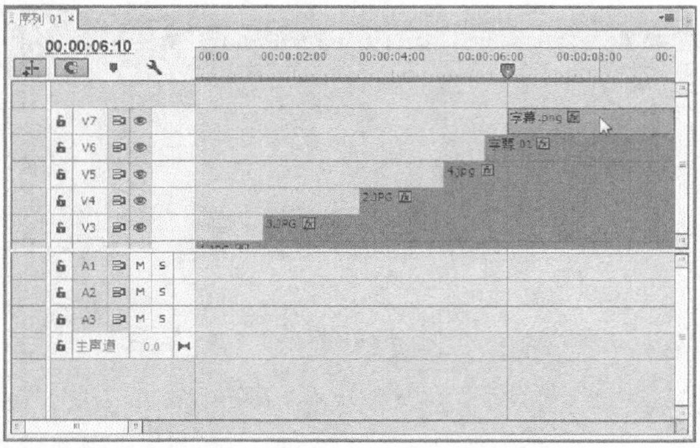

STEP 02　单击"效果"面板，如图22-129所示。

图22-128　选择"字幕.png"

图22-129　单击"效果"面板

STEP 03 选择"图像控制"选项,如图22-130所示。

图22-130 选择"图像控制"选项

STEP 04 在其中选择"颜色平衡(RGB)"特效,如图 22-131所示。

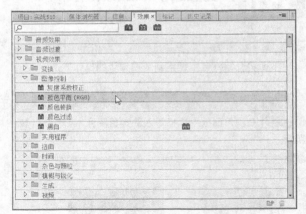

图22-131 选择"颜色平衡(RGB)"特效

STEP 05 按住鼠标左键并将其拖曳至V7轨道上,如图22-132所示。

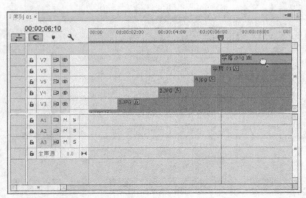

图22-132 曳至V7轨道上

STEP 07 设置"红色"为133、"绿色"为104、"蓝色"为0,如图22-134所示。

STEP 06 展开"效果控件"面板,如图22-133所示。

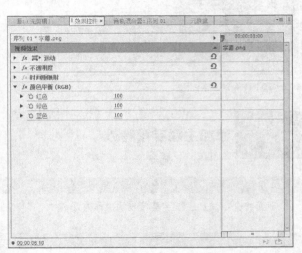

图22-133 展开"效果控件"面板

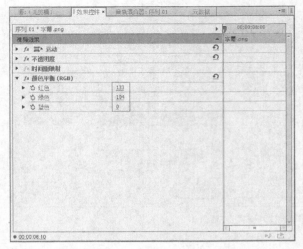

图22-134 设置相应参数

<table>
<tr><td rowspan="2" style="vertical-align:middle; text-align:center;">**实战**
512</td><td rowspan="2">**编辑主题字幕特效**</td></tr>
</table>

▶ 实例位置：光盘 \ 效果 \ 第 22 章 \ 实战 512.prproj
▶ 素材位置：无
▶ 视频位置：光盘 \ 视频 \ 第 22 章 \ 实战 512.mp4

● 实例介绍 ●

下面将介绍编辑主题字幕特效的操作方法。

● 操作步骤 ●

STEP 01 选择"字幕.png"，如图22-135所示。

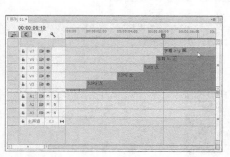

图22-135　选择"字幕.png"

STEP 02 展开"效果控件"面板，如图22-136所示。

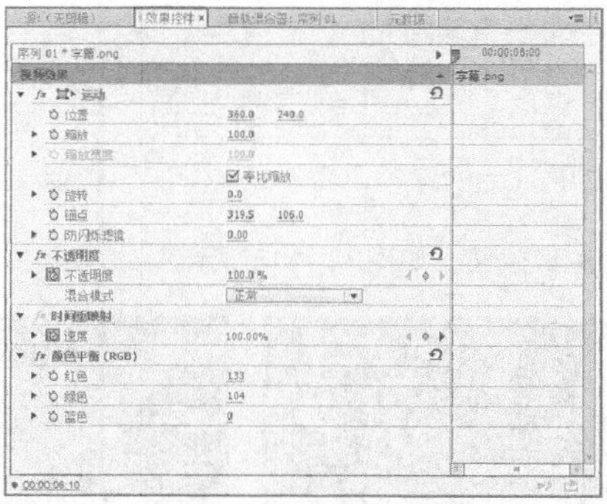

图22-136　展开"效果控件"面板

STEP 03 单击"位置""缩放"选项左侧的"切换动画"按钮，设置"不透明度"为0.0%，并设置其他参数，如图22-137所示。

图22-137　设置相应参数

STEP 04 设置当前时间为00:00:07:00，如图22-138所示。

图22-138　设置当前时间

STEP 05 设置"位置"均为360.0、"缩放"为120.0、"不透明度"为100.0%，如图22-139所示。

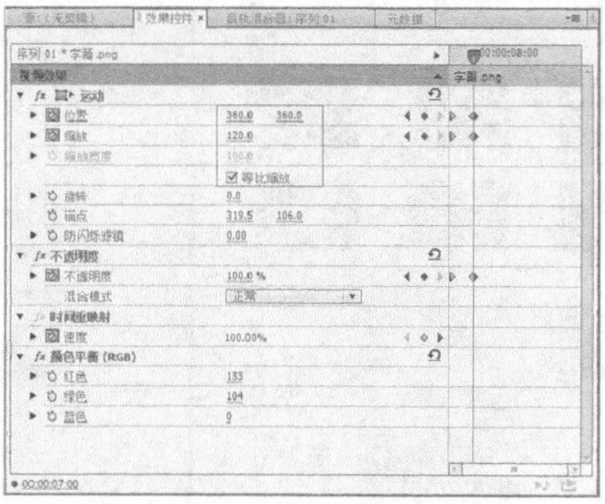

图22-139　设置相应参数

STEP 06 设置当前时间为00:00:08:10，如图22-140所示。

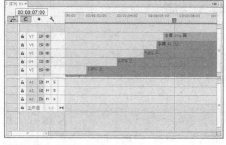

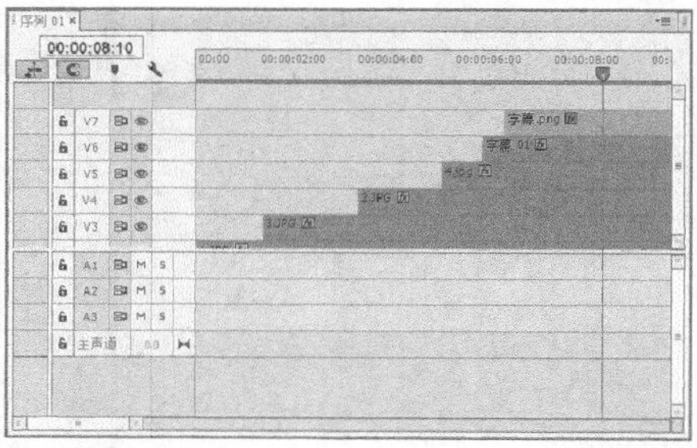

图22-140　设置当前时间

667

STEP 07 设置"不透明度"为100.0%,如图22-141所示。

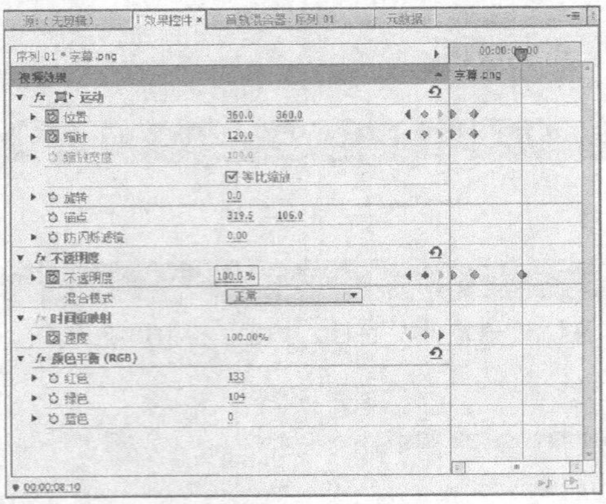

STEP 08 在"节目监视器"面板中单击"播放-停止切换"按钮,如图22-142所示。

图22-141 设置"不透明度"

图22-142 单击"播放-停止切换"按钮

STEP 09 即可预览图像效果,如图22-143所示。

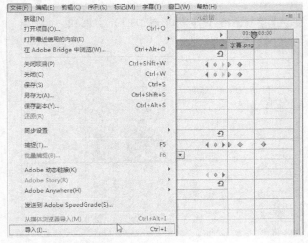

图22-143 预览图像效果

实战 513 导入片尾

▶ 实例位置:光盘\效果\第22章\实战513.prproj
▶ 素材位置:无
▶ 视频位置:光盘\视频\第22章\实战513.mp4

● 实例介绍 ●

下面将介绍导入片尾的操作方法。

● 操作步骤 ●

STEP 01 单击"文件"|"导入"命令,如图22-144所示。

STEP 02 弹出的"导入"对话框如图22-145所示。

图22-144 单击"导入"命令

图22-145 "导入"对话框

STEP 03 在其中选择合适的素材图像，如图22-146所示。

图22-146　选择合适的素材图像

STEP 04 单击"打开"按钮，如图22-147所示。

图22-147　单击"打开"按钮

STEP 05 即可在"项目"面板中查看导入的素材图像，如图22-148所示。

图22-148　查看导入的素材图像

实战 514　拖曳片尾至视频轨

▶ 实例位置：光盘 \ 效果 \ 第 22 章 \ 实战 514.prproj
▶ 素材位置：无
▶ 视频位置：光盘 \ 视频 \ 第 22 章 \ 实战 514.mp4

● **实例介绍** ●

下面将介绍拖曳片尾至视频轨的操作方法。

● **操作步骤** ●

STEP 01 在"项目"面板中选择导入的素材图像，如图22-149所示。

图22-149　选择导入的素材图像

STEP 02 按住鼠标左键并将其拖曳至V1轨道上，如图22-150所示。

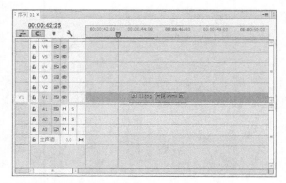

图22-150　拖曳至V1轨道上

实战 515 添加基本3D特效

▶ **实例位置：**光盘 \ 效果 \ 第 22 章 \ 实战 515.prproj
▶ **素材位置：**无
▶ **视频位置：**光盘 \ 视频 \ 第 22 章 \ 实战 515.mp4

● 实例介绍 ●

下面将介绍添加基本3D的操作方法。

● 操作步骤 ●

STEP 01 选择"11.jpg"照片素材，如图22-151所示。

图22-151 选择"11.jpg"照片素材

STEP 02 单击"效果"面板，如图22-152所示。

图22-152 单击"效果"面板

STEP 03 展开"透视"选项，如图22-153所示。

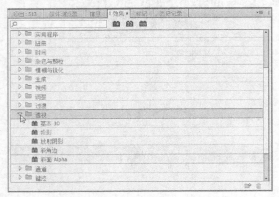

图22-153 展开"透视"选项

STEP 04 选择"基本3D"特效，如图22-154所示。

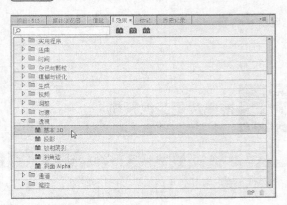

图22-154 选择"基本3D"特效

STEP 05 按住鼠标左键并将其拖曳至素材"11.jpg"上，如图22-155所示。

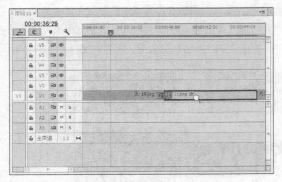

图22-155 拖曳至素材"11.jpg"上

<table>
<tr><td>实战
516</td><td>编辑基本3D特效</td><td>▶ 实例位置：光盘 \ 效果 \ 第 22 章 \ 实战 516.prproj
▶ 素材位置：无
▶ 视频位置：光盘 \ 视频 \ 第 22 章 \ 实战 516.mp4</td></tr>
</table>

● 实例介绍 ●

下面将介绍编辑基本3D的操作方法。

● 操作步骤 ●

STEP 01 展开"效果控件"面板，如图22-156所示。

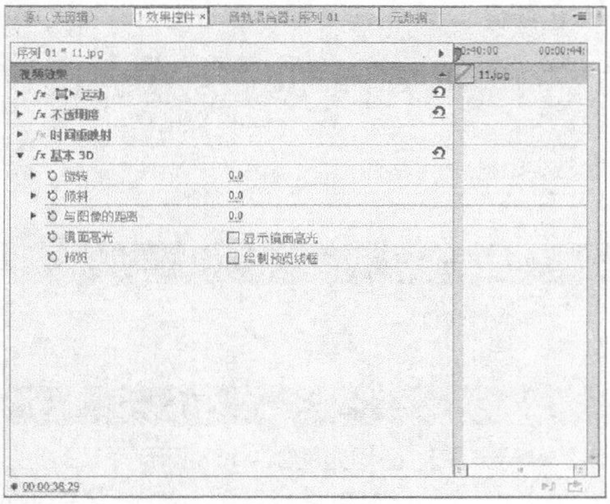

STEP 02 单击"效果控件"面板中"运动"特效的"位置""缩放"选项以及"基本3D"特效中"旋转""倾斜"选项左侧的"切换动画"按钮，如图22-157所示。

图22-156　展开"效果控件"面板

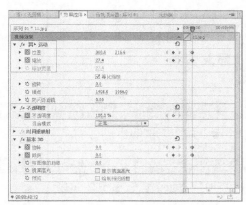

图22-157　单击"切换动画"按钮

STEP 03 设置当前时间为00:00:41:00，如图22-158所示。

STEP 04 设置"位置"为360.0和280.0、"缩放"为30.0、"倾斜"为-8.0°，如图22-159所示。

图22-158　设置当前时间

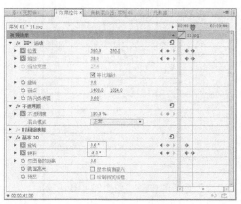

图22-159　设置相应参数

STEP 05 设置当前时间为00:00:42:00，如图22-160所示。

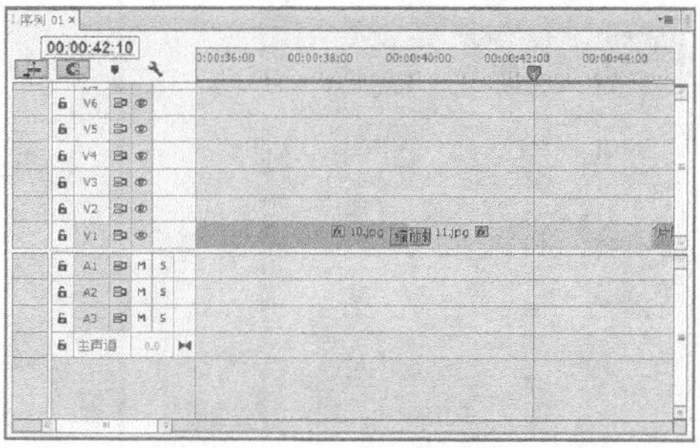

图22-160　设置当前时间

STEP 06 设置"位置"为320.0、280.0，"缩放"为40.0，"倾斜"为–8.0°，如图22–161所示。

图22-161　设置相应参数

实战 517　导入音频

▶ 实例位置：光盘＼效果＼第22章＼实战517.prproj
▶ 素材位置：无
▶ 视频位置：光盘＼视频＼第22章＼实战517.mp4

● 实例介绍 ●

下面将介绍导入音频的操作方法。

● 操作步骤 ●

STEP 01 单击"文件"|"导入"命令，如图22-162所示。

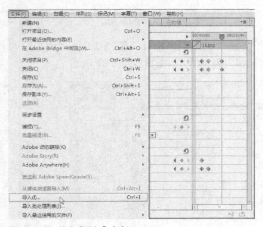

图22-162　单击"导入"命令

STEP 02 弹出的"导入"对话框如图22-163所示。

图22-163　"导入"对话框

STEP 03 在其中选择合适的音频，如图22-164所示。

图22-164　选择合适的素材图像

STEP 04 单击"打开"按钮，如图22-165所示。

图22-165　单击"打开"按钮

STEP 05 即可在"项目"面板中查看导入的音频，如图22-166所示。

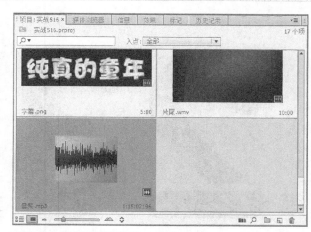

图22-166 查看导入的素材图像

实战 518 拖曳音频至视频轨

▶ 实例位置：光盘 \ 效果 \ 第 22 章 \ 实战 518.prproj
▶ 素材位置：无
▶ 视频位置：光盘 \ 视频 \ 第 22 章 \ 实战 518.mp4

● 实例介绍 ●

下面将介绍拖曳音频至视频轨的操作方法。

● 操作步骤 ●

STEP 01 在"项目"面板中选择导入的素材图像，如图22-167所示。

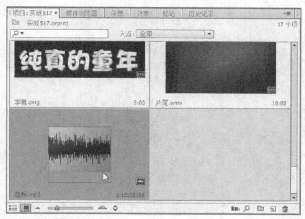

图22-167 选择导入的素材图像

STEP 02 按住鼠标左键并将其拖曳至A1轨道上，如图22-168所示。

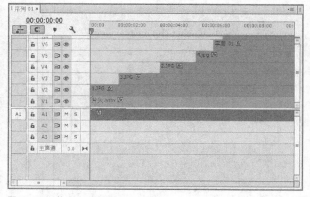

图22-168 拖曳至A1轨道上

第23章

第 **23** 章

制作《老有所乐》特效

本章导读

随着时间的匆匆流逝，许多美好的回忆都将渐渐地变得模糊起来，于是，许多人运用摄像机将美好的时刻记录下来，并制作成影像保存起来。本章主要介绍如何制作《老有所乐》特效。

要点索引

● 老年相册效果欣赏
● 制作老年相册片头
● 导入并编辑老年照片
● 添加视频特效与字幕
● 添加老年相册片尾与音频

23.1 老年相册效果欣赏

本实例制作的是《老有所乐》，实例效果如图23-1所示。

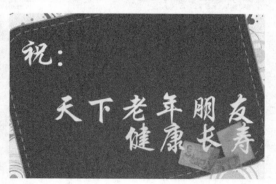

图23-1 实例效果欣赏

23.2 制作老年相册片头

随着数码科技的不断发展和数码相机的进一步普及，人们逐渐开始为老年相册制作绚丽的片头，让原本单调的老年相册效果变得更加丰富。

实战 519 新建项目	▶ 实例位置：光盘 \ 效果 \ 第 23 章 \ 实战 519.prproj ▶ 素材位置：无 ▶ 视频位置：光盘 \ 视频 \ 第 23 章 \ 实战 519.mp4

● 实例介绍 ●

用户在制作一个视频效果时，首先就要新建一个项目文件。下面将主要介绍新建项目文件的操作方法。

● 操作步骤 ●

STEP 01 启动Premiere Pro CC后，进入欢迎界面，单击 "新建项目"选项，如图23-2所示。

STEP 02 弹出的"新建项目"对话框如图23-3所示。

图23-2 单击"新建项目"选项

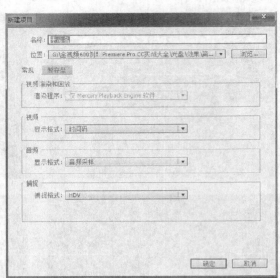

图23-3 "新建项目"对话框

STEP 03 在"名称"右侧的框中输入"实战519"，如图23-4所示。

STEP 04 输入完成后，单击"确定"按钮，如图23-5所示。

图23-4 输入"实战519"

图23-5 单击"确定"按钮

实战 520 新建序列

▶ 实例位置：光盘＼效果＼第23章＼实战520.prproj
▶ 素材位置：无
▶ 视频位置：光盘＼视频＼第23章＼实战520.mp4

● 实例介绍 ●

新建项目完成后，需要新建一个序列。

● 操作步骤 ●

STEP 01 单击"文件"|"新建"|"序列"选项，如图23-6所示。

STEP 02 执行操作后，弹出"新建序列"对话框，如图23-7所示。

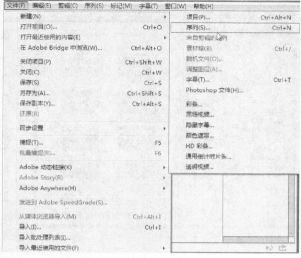

图23-6 单击"序列"选项

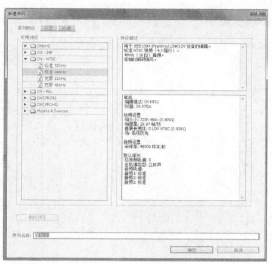

图23-7 "新建序列"对话框

STEP 03 单击"确定"按钮，如图23-8所示。

STEP 04 即可在"项目"面板查看新建序列，如图23-9所示。

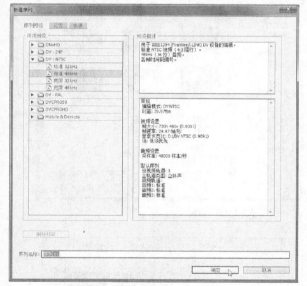

图23-8 单击"确定"按钮

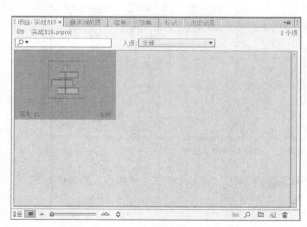

图23-9 查看新建序列

实战 521 导入老年相册片头

▶ 实例位置：光盘 \ 效果 \ 第 23 章 \ 实战 521.prproj
▶ 素材位置：光盘 \ 素材 \ 第 23 章 \ 片头 .wmv
▶ 视频位置：光盘 \ 视频 \ 第 23 章 \ 实战 521.mp4

● 实例介绍 ●

在制作片头效果之前，用户首先需要导入一段视频素材。

STEP 01 单击"文件"|"导入"命令，如图23-10所示。

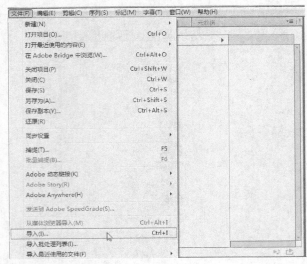

图23-10 单击"导入"命令

STEP 02 弹出的"导入"对话框如图23-11所示。

图23-11 "导入"对话框

STEP 03 在其中选择合适的素材图像，如图23-12所示。

图23-12 选择合适的素材图像

STEP 04 单击"打开"按钮，如图23-13所示。

图23-13 单击"打开"按钮

STEP 05 即可在"项目"面板中查看导入的素材图像，如图23-14所示。

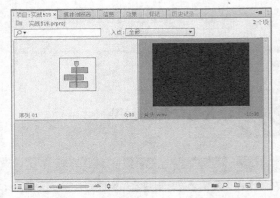

图23-14 查看导入的素材图像

实战
522

拖曳老年相册片头至视频轨

▶ 实例位置：光盘 \ 效果 \ 第 23 章 \ 实战 522.prproj
▶ 素材位置：无
▶ 视频位置：光盘 \ 视频 \ 第 23 章 \ 实战 522.mp4

● 实例介绍 ●

下面主要介绍拖曳老年相册片头至视频轨的操作方法。

● 操作步骤 ●

STEP 01 在"项目"面板中选择该素材图像，如图23-15所示。

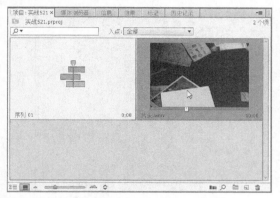

图23-15 选择该素材图像

STEP 02 在素材上单击鼠标左键并将其拖曳至V1轨道上，如图23-16所示。

图23-16 拖曳至V1轨道上

实战
523

编辑老年相册片头特效

▶ 实例位置：光盘 \ 效果 \ 第 23 章 \ 实战 523.prproj
▶ 素材位置：无
▶ 视频位置：光盘 \ 视频 \ 第 23 章 \ 实战 523.mp4

● 实例介绍 ●

下面将主要介绍编辑老年相册片头特效的操作方法。

● 操作步骤 ●

STEP 01 选择V1轨道上的图像素材，如图23-17所示。

图23-17 选择图像素材

STEP 03 在其中设置"缩放"为100，如图23-19所示。

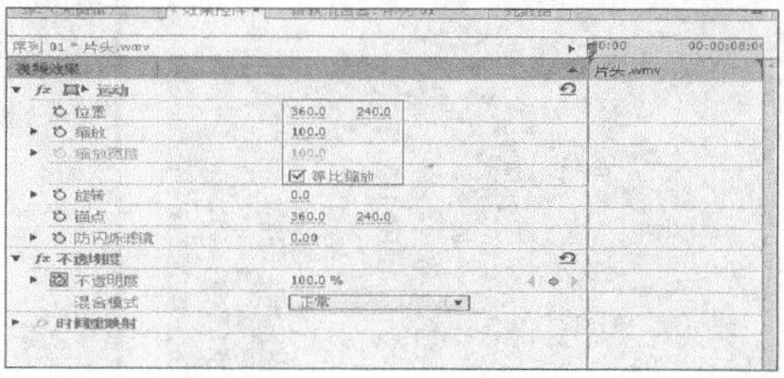

STEP 02 展开"效果控件"面板，如图23-18所示。

图23-18 "效果控件"面板

图23-19 设置"缩放"为100

实战 524 添加老年相册片头转场

▶ 实例位置：光盘 \ 效果 \ 第 23 章 \ 实战 524.prproj
▶ 素材位置：无
▶ 视频位置：光盘 \ 视频 \ 第 23 章 \ 实战 524.mp4

● 实例介绍 ●

下面将主要介绍添加老年相册片头转场的操作方法。

● 操作步骤 ●

STEP 01 选择"效果"面板，如图23-20所示。

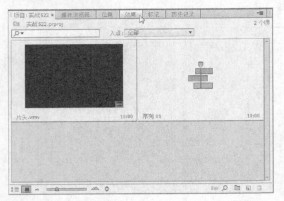

图23-20 选择"效果"面板

STEP 02 展开"溶解"选项，如图23-21所示。

图23-21 展开"溶解"选项

STEP 03 选择"交叉溶解"视频特效，如图23-22所示。

图23-22 选择视频特效

STEP 04 拖曳"交叉溶解"特效至片头视频素材的结束点位置，如图23-23所示。

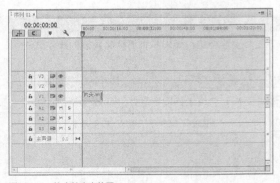

图23-23 拖曳结束点位置

STEP 05 在"节目监视器"面板中单击"播放–停止切换"按钮，即可预览图像效果，如图23-24所示。

图23-24 预览图像效果

23.3 导入并编辑老年照片

完成片头效果的制作后，接下来用户便可以导入其他的照片素材，并对素材的属性进行编辑了。

实战 525	导入老年照片	▶ 实例位置：光盘 \ 效果 \ 第 23 章 \ 实战 525.prproj
		▶ 素材位置：光盘 \ 素材 \ 第 23 章 \ 1.jpg~22.jpg
		▶ 视频位置：光盘 \ 视频 \ 第 23 章 \ 实战 525.mp4

● 实例介绍 ●

用户在制作老年相册之前，首先需要选择一段富有纪念意义的片头视频作为片头效果。接下来将介绍如何导入老年照片的方法。

● 操作步骤 ●

STEP 01 单击"文件" | "导入"命令，如图 23-25 所示。

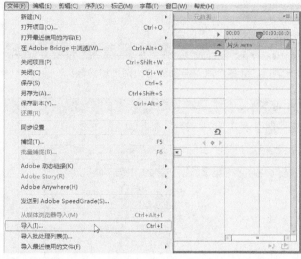

图 23-25 单击"导入"命令

STEP 02 弹出的"导入"对话框如图 23-26 所示。

图 23-26 "导入"对话框

STEP 03 在其中选择合适的素材图像，如图 23-27 所示。

图 23-27 选择合适的素材图像

STEP 04 单击"打开"按钮，如图 23-28 所示。

图 23-28 单击"打开"按钮

STEP 05 即可在"项目"面板中查看导入的素材图像，如图23-29所示。

STEP 06 按住鼠标左键并将其拖曳至V1轨道上，如图23-30所示。

图23-29　查看导入的素材图像

图23-30　拖曳至V1轨道上

实战 526　编辑老年照片特效1

▶ 实例位置：光盘 \ 效果 \ 第 23 章 \ 实战 526.prproj
▶ 素材位置：无
▶ 视频位置：光盘 \ 视频 \ 第 23 章 \ 实战 526.mp4

● 实例介绍 ●

当用户导入一段视频后，接下来需要对素材的缩放比例进行调节，让整个素材与画面的比例更加协调。

● 操作步骤 ●

STEP 01 选择"1.jpg"照片素材，如图23-31所示。

STEP 02 展开"效果控件"面板，如图23-32所示。

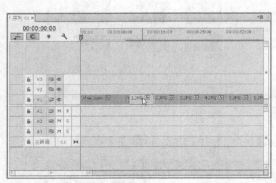

图23-31　选择"1.jpg"照片素材

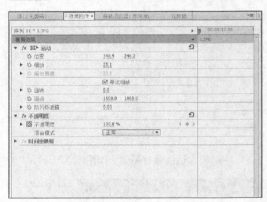

图23-32　"效果控件"面板

STEP 03 设置"位置"为360.0、250.0，"缩放"为25.0，如图23-33所示。

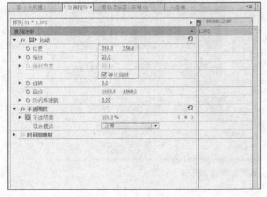

图23-33　设置相应参数

实战 527 编辑老年照片特效2

▶ 实例位置：光盘 \ 效果 \ 第 23 章 \ 实战 527. prproj
▶ 素材位置：无
▶ 视频位置：光盘 \ 视频 \ 第 23 章 \ 实战 527. mp4

● 实例介绍 ●

下面主要介绍编辑老年照片特效2的操作方法。

● 操作步骤 ●

STEP 01 选择"2.jpg"照片素材，如图23-34所示。

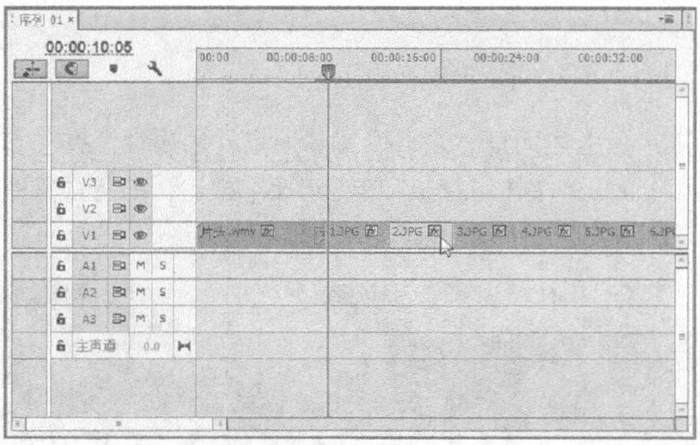

STEP 02 展开"效果控件"面板，如图23-35所示。

图23-34 选择"2.jpg"照片素材

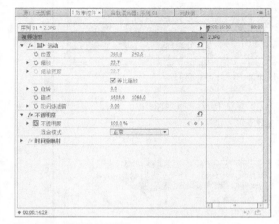

图23-35 "效果控件"面板

STEP 03 设置"位置"为360.0、230.0，"缩放"为26.0，如图23-36所示。

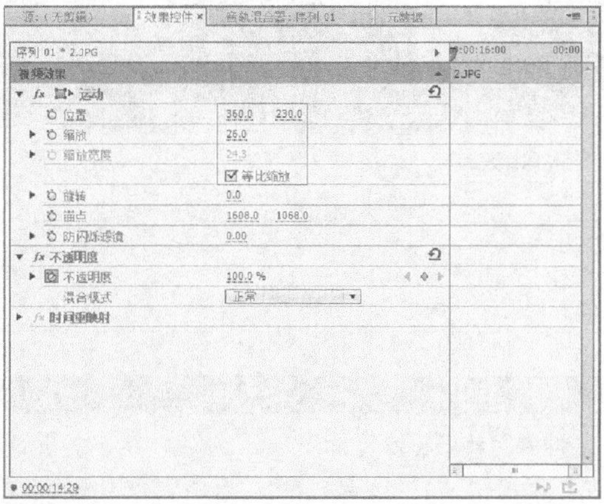

STEP 04 在"节目监视器"面板中单击"播放-停止切换"按钮，即可预览图像效果，如图23-37所示。

图23-36 设置相应参数

图23-37 预览图像效果

实战 528 编辑其他老年照片特效

▶ 实例位置：光盘 \ 效果 \ 第 23 章 \ 实战 528. prproj
▶ 素材位置：无
▶ 视频位置：光盘 \ 视频 \ 第 23 章 \ 实战 528. mp4

● 实例介绍 ●

下面将介绍编辑其他老年照片特效的操作方法。

● 操作步骤 ●

STEP 01 选择"3.jpg"照片素材，如图23-38所示。

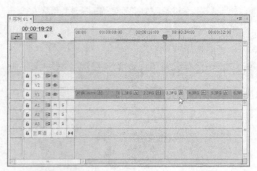

图23-38 选择"3.jpg"照片素材

STEP 02 展开"效果控件"面板，如图23-39所示。

图23-39 "效果控件"面板

STEP 03 设置"位置"为360.0、246.0，"缩放"为25.0，如图23-40所示。

图23-40 设置相应参数

STEP 04 运用上述同样方法，设置其他素材的属性。在"节目监视器"面板中单击"播放-停止切换"按钮，即可预览图像效果，如图23-41所示。

图23-41 预览图像效果

实战 529 伸展转场特效

▶ 实例位置：光盘 \ 效果 \ 第23章 \ 实战529.prproj
▶ 素材位置：无
▶ 视频位置：光盘 \ 视频 \ 第23章 \ 实战529.mp4

● 实例介绍 ●

在老年相册中，通常需要用到大量的转场效果。下面将主要介绍"伸展"转场特效。

● 操作步骤 ●

STEP 01 选择"效果"面板，如图23-42所示。

图23-42 选择"效果"面板

STEP 02 展开"伸缩"选项，如图23-43所示。

图23-43　展开"伸缩"选项

STEP 03 在其中选择"伸展"视频特效，如图23-44所示。

图23-44　选择"伸展"视频特效

STEP 04 按住鼠标左键并将其拖曳至素材"1.jpg"与"2.jpg"之间，如图23-45所示。

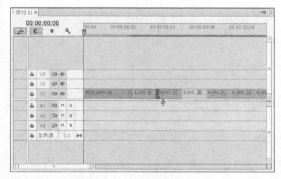

图23-45　拖曳至素材"1.jpg"与"2.jpg"之间

STEP 05 释放鼠标左键，即可添加转场特效，如图23-46所示。

图23-46　添加转场特效

STEP 06 在"节目监视器"面板中单击"播放-停止切换"按钮，即可预览图像效果，如图23-47所示。

图23-47　预览图像效果

实战 530　中心剥落转场特效

▶ 实例位置：光盘＼效果＼第 23 章＼实战 530.prproj
▶ 素材位置：无
▶ 视频位置：光盘＼视频＼第 23 章＼实战 530.mp4

● 实例介绍 ●

下面将主要介绍"中心剥落"转场特效的操作方法。

• 操作步骤 •

STEP 01 选择"页面剥落"选项，如图23-48所示。

图23-48　选择"页面剥落"选项

STEP 02 在其中选择"中心剥落"视频特效，如图23-49所示。

图23-49　选择"中心剥落"视频特效

STEP 03 按住鼠标左键并将其拖曳至素材"2.jpg"与"3.jpg"之间，如图23-50所示。

图23-50　拖曳至素材"2.jpg"与"3.jpg"之间

STEP 04 释放鼠标左键，即可添加转场特效，如图23-51所示。

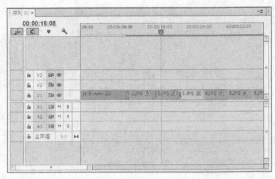

图23-51　添加转场特效

STEP 05 在"节目监视器"面板中单击"播放-停止切换"按钮，即可预览图像效果，如图23-52所示。

图23-52　预览图像效果

实战 531　卷走转场特效

▶ 实例位置：光盘 \ 效果 \ 第 23 章 \ 实战 531.prproj
▶ 素材位置：无
▶ 视频位置：光盘 \ 视频 \ 第 23 章 \ 实战 531.mp4

• 实例介绍 •

　　下面将主要介绍"卷走"转场特效的操作方法。

• 操作步骤 •

STEP 01　选择"页面剥落"选项，如图23-53所示。

STEP 02　在其中选择"卷走"视频特效，如图23-54所示。

图23-53　选择"页面剥落"选项

图23-54　选择"卷走"视频特效

STEP 03　按住鼠标左键并将其拖曳至素材"3.jpg"与"4.jpg"之间，如图23-55所示。

STEP 04　释放鼠标左键，即可添加转场特效，如图23-56所示。

图23-55　拖曳至素材"3.jpg"与"4.jpg"之间

图23-56　添加转场特效

STEP 05　在"节目监视器"面板中单击"播放-停止切换"按钮，即可预览图像效果，如图23-57所示。

图23-57　预览图像效果

实战 532	径向擦除转场特效	▶ 实例位置：光盘 \ 效果 \ 第 23 章 \ 实战 532.prproj ▶ 素材位置：无 ▶ 视频位置：光盘 \ 视频 \ 第 23 章 \ 实战 532.mp4

• 实例介绍 •

下面将主要介绍"径向擦除"转场特效的操作方法。

● 操作步骤 ●

STEP 01 选择"擦除"选项，如图23-58所示。

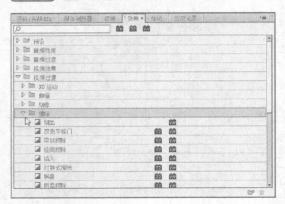

图23-58 选择"擦除"选项

STEP 02 在其中选择"径向擦除"视频特效，如图23-59所示。

图23-59 选择"径向擦除"视频特效

STEP 03 按住鼠标左键并将其拖曳至素材"4.jpg"与"5.jpg"之间，如图23-60所示。

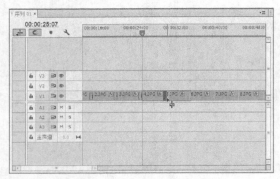

图23-60 拖曳至素材"4.jpg"与"5.jpg"之间

STEP 04 释放鼠标左键，即可添加转场特效，如图23-61所示。

图23-61 添加转场特效

STEP 05 在"节目监视器"面板中单击"播放-停止切换"按钮，即可预览图像效果，如图23-62所示。

图23-62 预览图像效果

实战 533 棋盘擦除转场特效

▶ 实例位置：光盘 \ 效果 \ 第23章 \ 实战 533.prproj
▶ 素材位置：无
▶ 视频位置：光盘 \ 视频 \ 第23章 \ 实战 533.mp4

● 实例介绍 ●

下面将主要介绍"棋盘擦除"转场特效的操作方法。

● 操作步骤 ●

STEP 01 选择 "擦除" 选项，如图23-63所示。

STEP 02 在其中选择 "棋盘擦除" 视频特效，如图23-64所示。

图23-63　选择 "擦除" 选项

图23-64　选择 "棋盘擦除" 视频特效

STEP 03 按住鼠标左键并将其拖曳至素材 "5.jpg" 与 "6.jpg" 之间，如图23-65所示。

STEP 04 释放鼠标左键，即可添加转场特效，如图23-66所示。

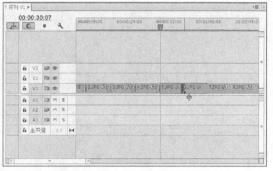

图23-65　拖曳至素材 "5.jpg" 与 "6.jpg" 之间

图23-66　添加转场特效

STEP 05 在 "节目监视器" 面板中单击 "播放–停止切换" 按钮，即可预览图像效果，如图23-67所示。

图23-67　预览图像效果

实战 534　翻转转场特效

▶ 实例位置：光盘 \ 效果 \ 第23章 \ 实战534.prproj
▶ 素材位置：无
▶ 视频位置：光盘 \ 视频 \ 第23章 \ 实战534.mp4

● 实例介绍 ●

下面将主要介绍 "翻转" 转场特效的操作方法。

● 操作步骤 ●

STEP 01 选择"3D运动"选项，如图23-68所示。

STEP 02 在其中选择"翻转"视频特效，如图23-69所示。

图23-68 选择"3D运动"选项

图23-69 选择"翻转"视频特效

STEP 03 按住鼠标左键并将其拖曳至素材"6.jpg"与"7.jpg"之间，如图23-70所示。

STEP 04 释放鼠标左键，即可添加转场特效，如图23-71所示。

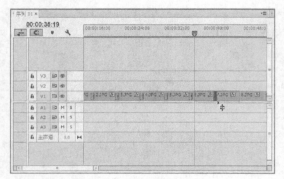

图23-70 拖曳至素材"6.jpg"与"7.jpg"之间

图23-71 添加转场特效

STEP 05 在"节目监视器"面板中单击"播放-停止切换"按钮，即可预览图像效果，如图23-72所示。

图23-72 预览图像效果

实战 535 圆划像转场特效

▶ 实例位置：光盘 \ 效果 \ 第 23 章 \ 实战 535.prproj
▶ 素材位置：无
▶ 视频位置：光盘 \ 视频 \ 第 23 章 \ 实战 535.mp4

● 实例介绍 ●

下面将主要介绍"圆划像"转场特效的操作方法。

● 操作步骤 ●

STEP 01 选择"划像"选项，如图23-73所示。

图23-73 选择"划像"选项

STEP 02 在其中选择"圆划像"视频特效，如图23-74所示。

图23-74 选择"圆划像"视频特效

STEP 03 按住鼠标左键并将其拖曳至素材"7.jpg"与"8.jpg"之间，如图23-75所示。

图23-75 拖曳至素材"8.jpg"与"9.jpg"之间

STEP 04 释放鼠标左键，即可添加转场特效，如图23-76所示。

图23-76 添加转场特效

STEP 05 在"节目监视器"面板中单击"播放-停止切换"按钮，即可预览图像效果，如图23-77所示。

图23-77 预览图像效果

实战 536 翻页转场特效

▶ 实例位置：光盘\效果\第23章\实战536.prproj
▶ 素材位置：无
▶ 视频位置：光盘\视频\第23章\实战536.mp4

● 实例介绍 ●

下面将主要介绍"翻页"转场特效的操作方法。

● 操作步骤 ●

STEP 01 选择"页面剥落"选项，如图23-78所示。

图23-78 选择"页面剥落"选项

STEP 02 在其中选择"翻页"视频特效，如图23-79所示。

图23-79 选择"翻页"视频特效

STEP 03 按住鼠标左键并将其拖曳至素材"8.jpg"与"9.jpg"之间，如图23-80所示。

图23-80 拖曳至素材"8.jpg"与"9.jpg"之间

STEP 04 释放鼠标左键，即可添加转场特效，如图23-81所示。

图23-81 添加转场特效

STEP 05 在"节目监视器"面板中单击"播放–停止切换"按钮，即可预览图像效果，如图23-82所示。

图23-82 预览图像效果

实战 537 旋转离开转场特效

▶ 实例位置：光盘 \ 效果 \ 第 23 章 \ 实战 537.prproj
▶ 素材位置：无
▶ 视频位置：光盘 \ 视频 \ 第 23 章 \ 实战 537.mp4

● 实例介绍 ●

下面将主要介绍"旋转离开"转场特效的操作方法。

● 操作步骤 ●

STEP 01 选择"3D运动"选项，如图23-83所示。

图23-83 选择"3D运动"选项

STEP 02 在其中选择"旋转离开"视频特效，如图23-84所示。

图23-84 选择"旋转离开"视频特效

STEP 03 按住鼠标左键并将其拖曳至素材"9.jpg"与"10.jpg"之间，如图23-85所示。

图23-85 拖曳至素材"9.jpg"与"10.jpg"之间

STEP 04 释放鼠标左键，即可添加转场特效，如图23-86所示。

图23-86 添加转场特效

STEP 05 在"节目监视器"面板中单击"播放—停止切换"按钮，即可预览图像效果，如图23-87所示。

图23-87 预览图像效果

实战 538 立方体旋转转场特效

▶ 实例位置：光盘 \ 效果 \ 第 23 章 \ 实战 538.prproj
▶ 素材位置：无
▶ 视频位置：光盘 \ 视频 \ 第 23 章 \ 实战 538.mp4

● 实例介绍 ●

下面将主要介绍"立方体旋转"转场特效的操作方法。

● 操作步骤 ●

STEP 01 选择"3D运动"选项，如图23-88所示。

STEP 02 在其中选择"立方体旋转"视频特效，如图23-89所示。

图23-88 选择"3D运动"选项

图23-89 选择"立方体旋转"视频特效

STEP 03 按住鼠标左键并将其拖曳至素材"10.jpg"与"11.jpg"之间，如图23-90所示。

STEP 04 释放鼠标左键，即可添加转场特效，如图23-91所示。

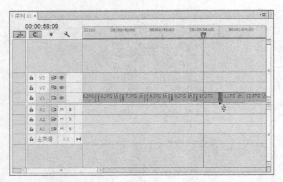

图23-90 拖曳至素材"10.jpg"与"11.jpg"之间

图23-91 添加转场特效

STEP 05 在"节目监视器"面板中单击"播放–停止切换"按钮，即可预览图像效果，如图23-92所示。

图23-92 预览图像效果

实战 539 缩放框转场特效

▶ 实例位置：光盘 \ 效果 \ 第 23 章 \ 实战 539.prproj
▶ 素材位置：无
▶ 视频位置：光盘 \ 视频 \ 第 23 章 \ 实战 539.mp4

● 实例介绍 ●

下面将主要介绍"缩放框"转场特效的操作方法。

● 操作步骤 ●

STEP 01 选择"缩放"选项，如图23-93所示。

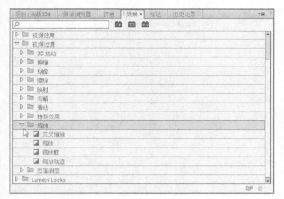

图23-93　选择"缩放"选项

STEP 02 在其中选择"缩放框"视频特效，如图23-94所示。

图23-94　选择"缩放框"视频特效

STEP 03 按住鼠标左键并将其拖曳至素材"11.jpg"与"12.jpg"之间，如图23-95所示。

图23-95　拖曳至素材"11.jpg"与"12.jpg"之间

STEP 04 释放鼠标左键，即可添加转场特效，如图23-96所示。

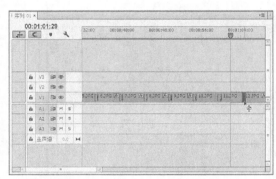

图23-96　添加转场特效

STEP 05 在"节目监视器"面板中单击"播放-停止切换"按钮，即可预览图像效果，如图23-97所示。

图23-97　预览图像效果

实战 540　缩放轨迹转场特效

▶ 实例位置：光盘 \ 效果 \ 第23章 \ 实战 540.prproj
▶ 素材位置：无
▶ 视频位置：光盘 \ 视频 \ 第23章 \ 实战 540.mp4

● 实例介绍 ●

下面将主要介绍"缩放轨迹"转场特效的操作方法。

● 操作步骤 ●

STEP 01 选择"缩放"选项，如图23-98所示。

STEP 02 在其中选择"缩放轨迹"视频特效，如图23-99所示。

图23-98 选择"缩放"选项

图23-99 选择"缩放轨迹"视频特效

STEP 03 按住鼠标左键并将其拖曳至素材"12.jpg"与"13.jpg"之间，如图23-100所示。

STEP 04 释放鼠标左键，即可添加转场特效，如图23-101所示。

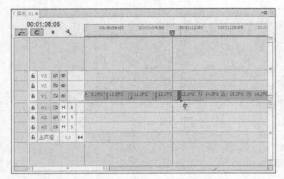

图23-100 拖曳至素材"12.jpg"与"13.jpg"之间

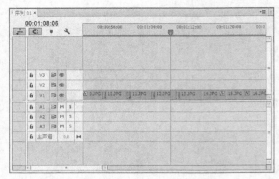

图23-101 添加转场特效

STEP 05 在"节目监视器"面板中单击"播放–停止切换"按钮，即可预览图像效果，如图23-102所示。

图23-102 预览图像效果

实战 541 三维转场特效

▶ 实例位置：光盘 \ 效果 \ 第23章 \ 实战541.prproj
▶ 素材位置：无
▶ 视频位置：光盘 \ 视频 \ 第23章 \ 实战541.mp4

● 实例介绍 ●

下面将主要介绍"三维"转场特效的操作方法。

● 操作步骤 ●

STEP 01 选择"特殊效果"选项，如图23-103所示。

图23-103 选择"特殊效果"选项

STEP 02 在其中选择"三维"视频特效，如图23-104所示。

图23-104 选择"三维"视频特效

STEP 03 按住鼠标左键并将其拖曳至素材"13.jpg"与"14.jpg"之间，如图23-105所示。

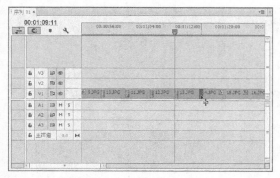

图23-105 拖曳至素材"13.jpg"与"14.jpg"之间

STEP 04 释放鼠标左键，即可添加转场特效，如图23-106所示。

图23-106 添加转场特效

STEP 05 在"节目监视器"面板中单击"播放-停止切换"按钮，即可预览图像效果，如图23-107所示。

图23-107 预览图像效果

实战 542	纹理化转场特效

▶ 实例位置：光盘 \ 效果 \ 第 23 章 \ 实战 542.prproj
▶ 素材位置：无
▶ 视频位置：光盘 \ 视频 \ 第 23 章 \ 实战 542.mp4

● 实例介绍 ●

下面将主要介绍"纹理化"转场特效的操作方法。

● 操作步骤 ●

STEP 01 选择"特殊效果"选项，如图23-108所示。

图23-108　选择"特殊效果"选项

STEP 02 在其中选择"纹理化"视频特效，如图23-109所示。

图23-109　选择"纹理化"视频特效

STEP 03 按住鼠标左键并将其拖曳至素材"14.jpg"与"15.jpg"之间，如图23-110所示。

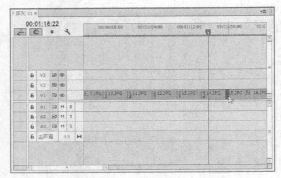

图23-110　拖曳至素材"14.jpg"与"15.jpg"之间

STEP 04 释放鼠标左键，即可添加转场特效，如图23-111所示。

图23-111　添加转场特效

STEP 05 在"节目监视器"面板中单击"播放-停止切换"按钮，即可预览图像效果，如图23-112所示。

图23-112　预览图像效果

实战 543　划出转场特效

▶ 实例位置：光盘＼效果＼第23章＼实战543.prproj
▶ 素材位置：无
▶ 视频位置：光盘＼视频＼第23章＼实战543.mp4

● 实例介绍 ●

　　下面将主要介绍"划出"转场特效的操作方法。

● 操作步骤 ●

STEP 01 选择"擦除"选项，如图23-113所示。

图23-113 选择"擦除"选项

STEP 02 在其中选择"划出"视频特效，如图23-114所示。

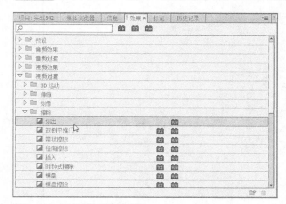

图23-114 选择"划出"视频特效

STEP 03 按住鼠标左键并将其拖曳至素材"15.jpg"与"16.jpg"之间，如图23-115所示。

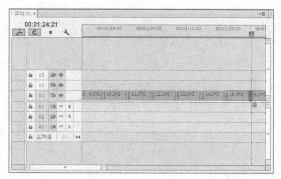

图23-115 拖曳至素材"15.jpg"与"16.jpg"之间

STEP 04 释放鼠标左键，即可添加转场特效，如图23-116所示。

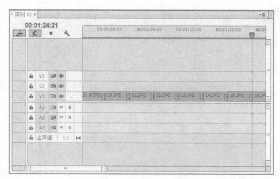

图23-116 添加转场特效

STEP 05 在"节目监视器"面板中单击"播放-停止切换"按钮，即可预览图像效果，如图23-117所示。

图23-117 预览图像效果

实战 544 双侧平推门转场特效

▶ 实例位置：光盘 \ 效果 \ 第 23 章 \ 实战 544.prproj
▶ 素材位置：无
▶ 视频位置：光盘 \ 视频 \ 第 23 章 \ 实战 544.mp4

● 实例介绍 ●

下面将主要介绍"双侧平推门"转场特效的操作方法。

● 操作步骤 ●

STEP 01 选择 "擦除" 选项，如图23-118所示。

STEP 02 在其中选择 "双侧平推门" 视频特效，如图23-119所示。

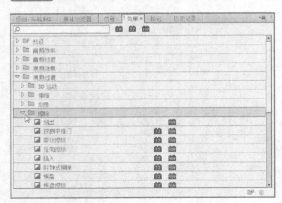

图23-118 选择 "擦除" 选项

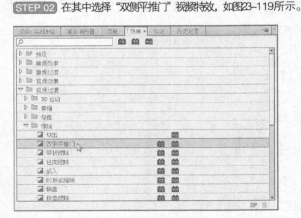

图23-119 选择 "双侧平推门" 视频特效

STEP 03 按住鼠标左键并将其拖曳至素材 "16.jpg" 与 "17.jpg" 之间，如图23-120所示。

STEP 04 释放鼠标左键，即可添加转场特效，如图23-121所示。

图23-120 拖曳至素材 "16.jpg" 与 "17.jpg" 之间

图23-121 添加转场特效

STEP 05 在 "节目监视器" 面板中单击 "播放-停止切换" 按钮，即可预览图像效果，如图23-122所示。

图23-122 预览图像效果

实战 545 添加其他转场特效

▶ 实例位置：光盘 \ 效果 \ 第23章 \ 实战 545.prproj
▶ 素材位置：无
▶ 视频位置：光盘 \ 视频 \ 第23章 \ 实战 545.mp4

● 实例介绍 ●

下面将主要介绍添加其他转场特效的操作方法。

● 操作步骤 ●

STEP 01 选择"擦除"选项，如图23-123所示。　　STEP 02 在其中选择"带状擦除"视频特效，如图23-124所示。

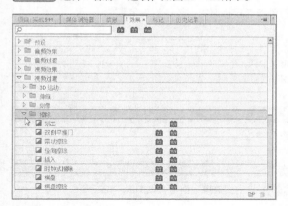

图23-123　选择"擦除"选项

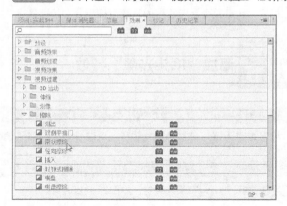

图23-124　选择"带状擦除"视频特效

STEP 03 按住鼠标左键并将其拖曳至素材"17.jpg"与"18.jpg"之间，如图23-125所示。　　STEP 04 释放鼠标左键，即可添加转场特效，如图23-126所示。

图23-125　拖曳至素材"17.jpg"与"18.jpg"之间

图23-126　添加转场特效

STEP 05 用户可以根据需要，继续为其他素材照片添加不同的转场效果。在"节目监视器"面板中单击"播放－停止切换"按钮，即可预览图像效果，如图23-127所示。

图23-127　预览图像效果

23.4 添加视频特效与字幕

相册片头是整个老年相册的重要组成部分，接下来将介绍如何添加老年相册的视频特效与字幕。

实战 546 添加"镜头光晕"特效

▶ 实例位置：光盘 \ 效果 \ 第 23 章 \ 实战 546. prproj
▶ 素材位置：无
▶ 视频位置：光盘 \ 视频 \ 第 23 章 \ 实战 546.mp4

● 实例介绍 ●

接下来将为照片素材添加一些华丽的特殊效果，如"镜头光晕"特效。

● 操作步骤 ●

STEP 01 选择"1.jpg"照片素材，如图23-128所示。

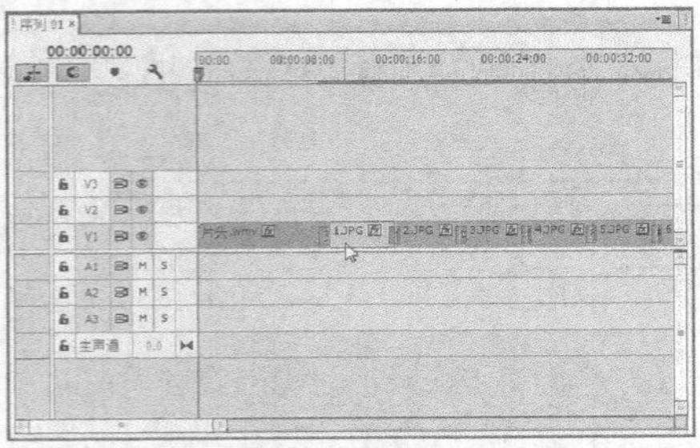

图23-128 选择"1.jpg"照片素材

STEP 03 展开"生成"文件夹，如图23-130所示。

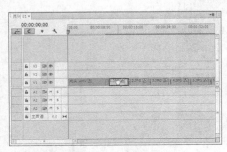

图23-130 展开"生成"文件夹

STEP 05 按住鼠标左键并将其拖曳至"1.jpg"图像素材上，如图23-132所示。

图23-132 拖曳至"1.jpg"图像素材上

STEP 02 单击"效果"面板，如图23-129所示。

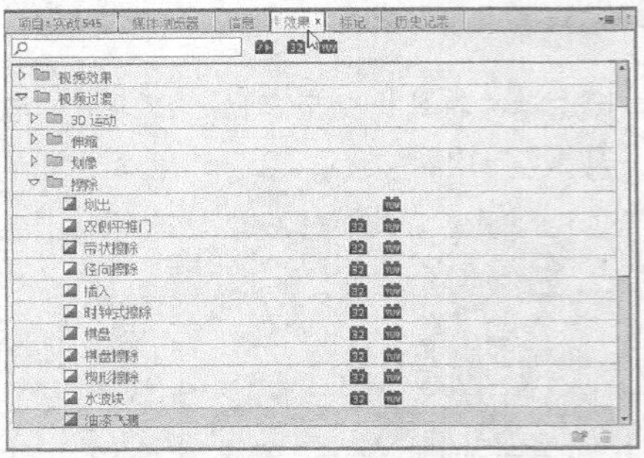

图23-129 单击"效果"面板

STEP 04 在其中选择"镜头光晕"特效，如图23-131所示。

图23-131 选择"镜头光晕"特效

STEP 06 展开"效果控件"面板，如图23-133所示。

图23-133 "效果控件"面板

STEP 07 在"效果控件"面板中设置相应参数,如图23-134所示。

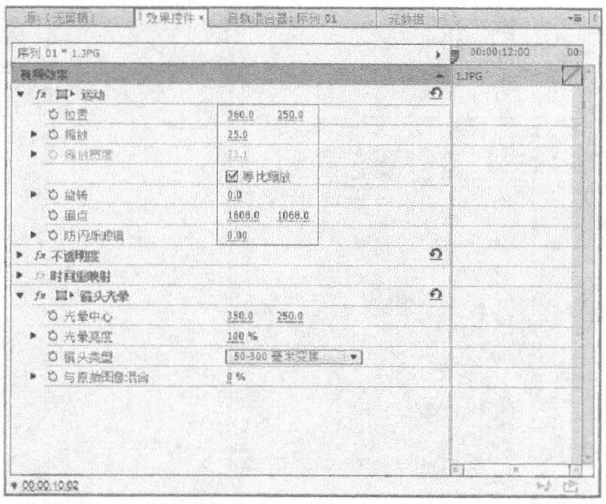

STEP 08 在"节目监视器"面板中单击"播放-停止切换"按钮,即可预览图像效果,如图23-135所示。

图23-134 设置相应参数

图23-135 预览图像效果

实战 547 编辑"镜头光晕"特效

▶ 实例位置:光盘 \ 效果 \ 第 23 章 \ 实战 547.prproj
▶ 素材位置:无
▶ 视频位置:光盘 \ 视频 \ 第 23 章 \ 实战 547.mp4

● 实例介绍 ●

完成"镜头光晕"特效的添加后,用户接下来可对特效的属性进行设置,让特效产生运动效果。

● 操作步骤 ●

STEP 01 设置当前时间为00:00:10:09,如图23-136所示。

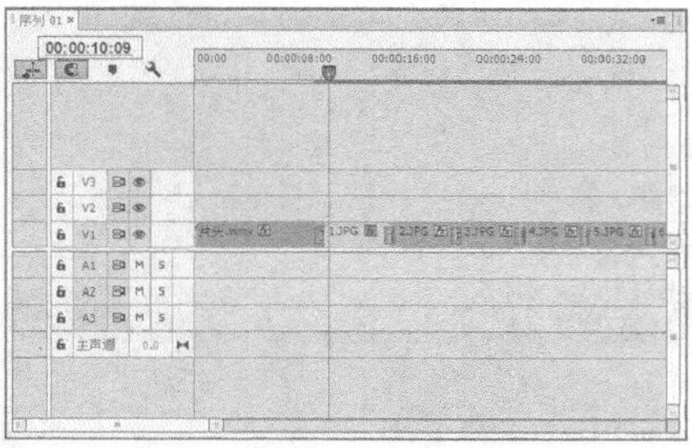

STEP 02 单击"镜头光晕"特效所有选项左侧的"切换动画"按钮,如图23-137所示。

图23-136 设置当前时间

图23-137 单击"切换动画"按钮

STEP 03 设置当前时间为00:00:12:11,如图23-138所示。

STEP 04 设置"光晕中心"为681.0、360.0,"光晕亮度"为100%,如图23-139所示。

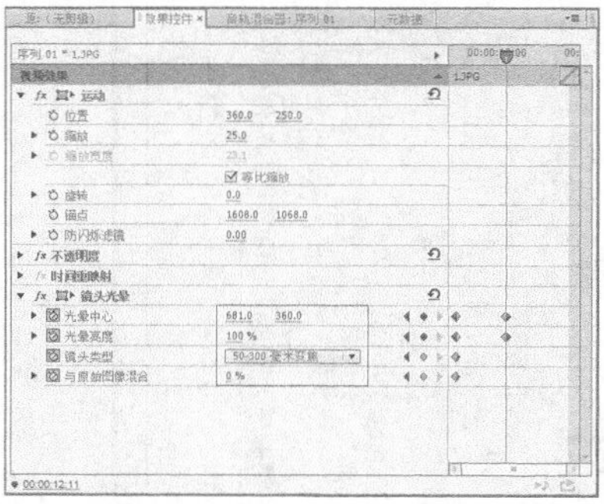

图23-138 设置当前时间

图23-139 设置相应参数

STEP 05 设置当前时间为00:00:12:15，设置"光晕中心"为681.2、360.0、"光晕亮度"为100%，如图23-140所示。

图23-140 设置相应参数

STEP 06 设置当前时间为00:00:13:06，如图23-141所示。

图23-141 设置当前时间

STEP 07 设置"光晕亮度"为0%、"光晕中心"为771.0、437.4，如图23-142所示。

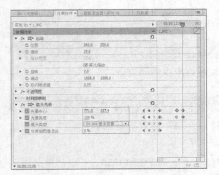

图23-142 设置相应参数

STEP 08 在"节目监视器"面板中单击"播放-停止切换"按钮，即可预览图像效果，如图23-143所示。

图23-143 预览图像效果

实战 548 导入动态字幕特效

▶ 实例位置：光盘 \ 效果 \ 第23章 \ 实战548.prproj
▶ 素材位置：光盘 \ 素材 \ 第23章 \ 字幕.png
▶ 视频位置：光盘 \ 视频 \ 第23章 \ 实战548.mp4

● 实例介绍 ●

完成特效的制作后，接下来将导入一些字幕效果的图片。

● 操作步骤 ●

STEP 01 单击"文件"|"导入"命令，如图23-144所示。

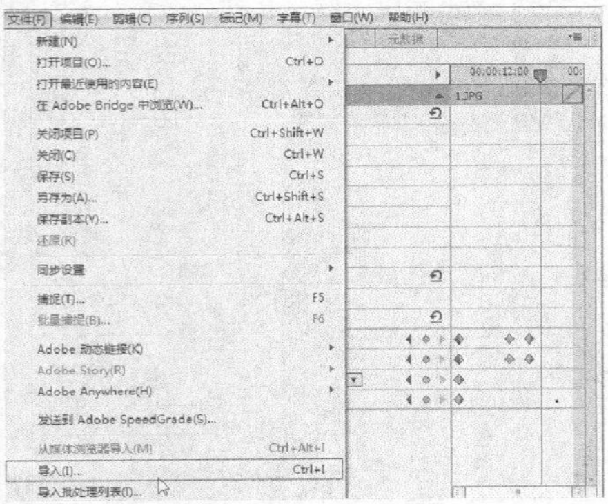

图23-144 单击"导入"命令

STEP 02 弹出的"导入"对话框如图23-145所示。

图23-145 "导入"对话框

STEP 03 在其中选择合适的素材图像，如图23-146所示。

STEP 04 单击"打开"按钮，如图23-147所示。

图23-146　选择合适的素材图像

图23-147　单击"打开"按钮

STEP 05 即可在"项目"面板中查看导入的素材图像，如图23-148所示。

图23-148　查看导入的素材图像

实战 549　拖曳动态字幕特效至视频轨

▶ 实例位置：光盘 \ 效果 \ 第 23 章 \ 实战 549.prproj
▶ 素材位置：无
▶ 视频位置：光盘 \ 视频 \ 第 23 章 \ 实战 549.mp4

● 实例介绍 ●

下面将主要介绍拖曳动态字幕特效至视频轨的操作方法。

● 操作步骤 ●

STEP 01 在"项目"面板中，选择字幕素材图像，如图23-149所示。

STEP 02 按住鼠标左键并将其拖曳至V2轨道上，如图23-150所示。

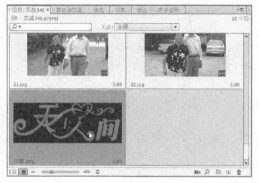

图23-149　选择字幕素材图像

图23-150　拖曳至V2轨道上

实战 550　添加动态字幕特效

▶ 实例位置：光盘＼效果＼第 23 章＼实战 550.prproj
▶ 素材位置：无
▶ 视频位置：光盘＼视频＼第 23 章＼实战 550.mp4

● 实例介绍 ●

下面将主要介绍添加动态字幕特效的操作方法。

● 操作步骤 ●

STEP 01 选择V2轨道上的素材，如图23-151所示。

图23-151　选择V2轨道上的素材

STEP 02 设置当前时间为00:00:12:05，如图23-152所示。

图23-152　设置当前时间

STEP 03 展开"效果控件"面板，单击"位置""缩放"选项左侧的"切换动画"按钮，单击"不透明度"选项右侧的"添加–移除关键帧"按钮，并设置各参数，如图23-153所示。

图23-153　设置各参数

STEP 04 设置当前时间为00:00:13:05，如图23-154所示。

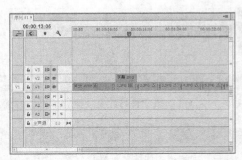

图23-154　设置当前时间

STEP 05 设置"位置"为400.0、420.0，"缩放"为77.0，"不透明度"为100.0%，如图23-155所示。

图23-155　设置相应参数

STEP 06 拖曳"当前时间指示器"至起始位置，如图23-156所示。

图23-156　拖曳至起始位置

STEP 07 在"节目监视器"面板中单击"播放–停止切换"按钮，即可预览图像效果，如图23–157所示。

图23-157　预览图像效果

23.5　添加老年相册片尾与音频

完成视频素材的基本编辑后，用户便可以制作视频的片尾效果，并为视频添加合适的字幕效果了。

实战 551　导入老年片尾

▶ 实例位置：光盘 \ 效果 \ 第23章 \ 实战551.prproj
▶ 素材位置：光盘 \ 素材 \ 第23章 \ 片尾.bmp
▶ 视频位置：光盘 \ 视频 \ 第23章 \ 实战551.mp4

● 实例介绍 ●

当相册的基本编辑接近尾声时，用户便可以开始制作相册视频的片尾了。接下来将导入一段片尾视频素材。

● 操作步骤 ●

STEP 01 单击"文件"｜"导入"命令，弹出"导入"对话框如图23–158所示。

STEP 02 在其中选择合适的素材图像，如图23–159所示。

图23-158　"导入"对话框

图23-159　选择合适的素材图像

STEP 03 单击"打开"按钮，如图23–160所示。

STEP 04 即可在"项目"面板中查看导入的素材图像，如图23–161所示。

图23-160　单击"打开"按钮

图23-161　查看导入的素材图像

实战 552 拖曳片尾至视频轨

▶ 实例位置：光盘 \ 效果 \ 第 23 章 \ 实战 552.prproj
▶ 素材位置：无
▶ 视频位置：光盘 \ 视频 \ 第 23 章 \ 实战 552.mp4

• 实例介绍 •

下面将主要介绍拖曳片尾至视频轨的操作方法。

• 操作步骤 •

STEP 01 在"项目"面板中选择该素材图像，如图23-162所示。

STEP 02 按住鼠标左键并将其拖曳至V1轨道上，如图23-163所示。

图23-162 选择该素材图像

图23-163 拖曳至V1轨道上

STEP 03 在"节目监视器"面板中单击"播放-停止切换"按钮，即可预览图像效果，如图23-164所示。

图23-164 预览图像效果

实战 553 导入老年相框

▶ 实例位置：光盘 \ 效果 \ 第 23 章 \ 实战 553.prproj
▶ 素材位置：光盘 \ 素材 \ 第 23 章 \ 相框.png
▶ 视频位置：光盘 \ 视频 \ 第 23 章 \ 实战 553.mp4

• 实例介绍 •

下面将主要介绍导入老年相框的操作方法。

• 操作步骤 •

STEP 01 单击"文件" | "导入"命令，如图23-165所示。

图23-165 单击"导入"命令

STEP 02 弹出的"导入"对话框如图23-166所示。

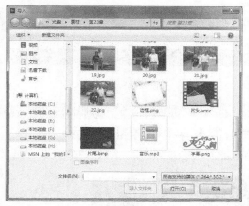

图23-166 "导入"对话框

STEP 03 在其中选择合适的素材图像,如图23-167所示。

图23-167 选择合适的素材图像

STEP 04 单击"打开"按钮,如图23-168所示。

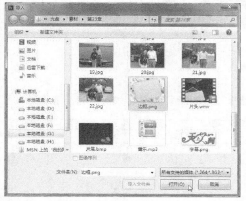

图23-168 单击"打开"按钮

STEP 05 即可在"项目"面板中查看导入的素材图像,如图23-169所示。

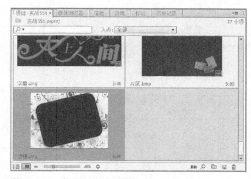

图23-169 查看导入的素材图像

实战 554 拖曳边框至视频轨

▶ 实例位置:光盘\效果\第23章\实战554.prproj
▶ 素材位置:无
▶ 视频位置:光盘\视频\第23章\实战554.mp4

• 实例介绍 •

下面将主要介绍拖曳边框至视频轨的操作方法。

• 操作步骤 •

STEP 01 在"项目"面板中选择该素材图像,如图23-170所示。

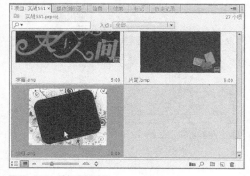

图23-170 选择素材图像

STEP 02 按住鼠标左键并将其拖曳至V2轨道上,如图23-171所示。

图23-171 拖曳至V1轨道上

实战 555 添加老年片尾特效

▶ 实例位置：光盘 \ 效果 \ 第 23 章 \ 实战 555.prproj
▶ 素材位置：无
▶ 视频位置：光盘 \ 视频 \ 第 23 章 \ 实战 555.mp4

● 实例介绍 ●

下面将主要介绍添加老年片尾特效的操作方法。

● 操作步骤 ●

STEP 01 选择V1轨道上的素材，如图23-172所示。

图23-172 选择V1轨道上的素材

STEP 03 展开"溶解"选项，如图23-174所示。

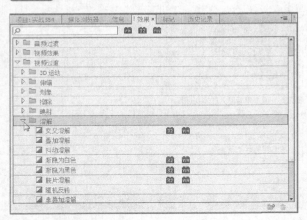

图23-174 展开"溶解"选项

STEP 05 按住鼠标左键，并将其拖曳至片尾素材的起始位置，如图23-176所示。

STEP 02 单击"效果"面板，如图23-173所示。

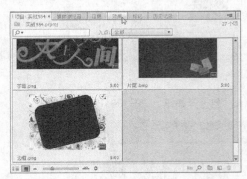

图23-173 单击"效果"面板

STEP 04 选择"交叉溶解"特效，如图23-175所示。

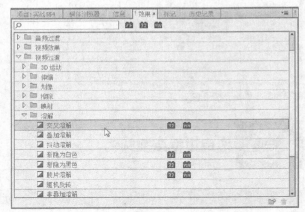

图23-175 选择"交叉溶解"特效

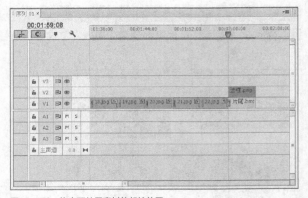

图23-176 拖曳至片尾素材的起始位置

实战 556　编辑老年相框

▶实例位置：光盘 \ 效果 \ 第 23 章 \ 实战 556.prproj
▶素材位置：无
▶视频位置：光盘 \ 视频 \ 第 23 章 \ 实战 556.mp4

● 实例介绍 ●

下面将主要介绍编辑老年相框的操作方法。

● 操作步骤 ●

STEP 01 选择V2轨道上的素材，如图23-177所示。

STEP 02 展开"效果"控件面板，设置"位置"为356.6、240.0，如图23-178所示。

图23-177　选择V2轨道上的素材

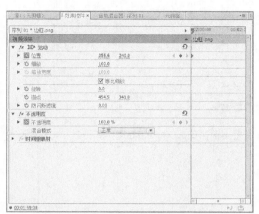

图23-178　设置相应参数

STEP 03 设置当前时间为00:02:00:00，如图23-179所示。

STEP 04 设置"位置"为360.0、250.0，如图23-180所示。

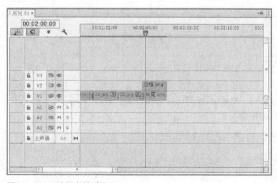

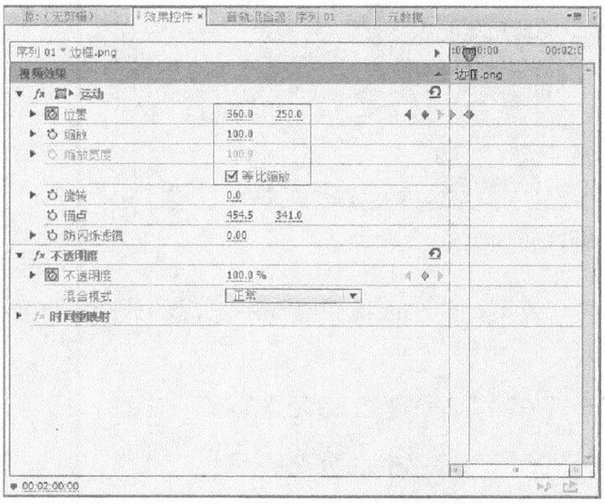

图23-179　设置当前时间

图23-180　设置相应参数

实战 557　复制老年相框

▶实例位置：光盘 \ 效果 \ 第 23 章 \ 实战 557.prproj
▶素材位置：无
▶视频位置：光盘 \ 视频 \ 第 23 章 \ 实战 557.mp4

● 实例介绍 ●

下面将主要介绍复制老年相框的操作方法。

● 操作步骤 ●

STEP 01 框选"位置"选项右侧的关键帧，如图23-181所示。

STEP 02 单击鼠标右键，在弹出的快捷菜单中选择"复制"选项，如图23-182所示。

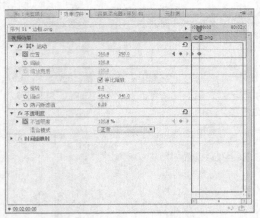

图23-181　框选关键帧

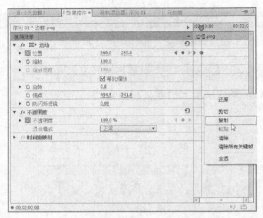

图23-182　　选择"复制"选项

STEP 03 设置当前时间为00:02:01:10，如图23-183所示。

STEP 04 单击鼠标右键，在弹出的快捷菜单中选择"粘贴"选项，如图23-184所示。

图23-183　设置当前时间

图23-184　　选择"粘贴"选项

STEP 05 在"效果控件"面板中查看粘贴后的效果，如图23-185所示。

STEP 06 将最后关键帧拖曳至第3关键帧前方位置，如图23-186所示。

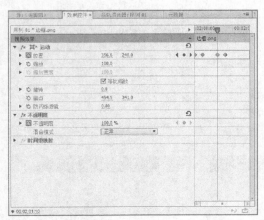

图23-185　查看粘贴后的效果

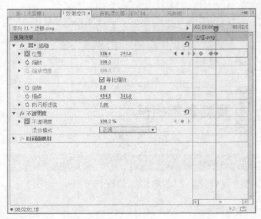

图23-186　调整关键帧位置

实战 558 新建字幕

▶ 实例位置：光盘 \ 效果 \ 第 23 章 \ 实战 558.prproj
▶ 素材位置：无
▶ 视频位置：光盘 \ 视频 \ 第 23 章 \ 实战 558.mp4

● 实例介绍 ●

下面将主要介绍新建字幕的操作方法。

● 操作步骤 ●

STEP 01 单击"字幕"|"新建字幕"|"默认静态字幕"命令，如图23-187所示。

STEP 02 执行操作后，弹出"新建字幕"对话框，如图23-188所示。

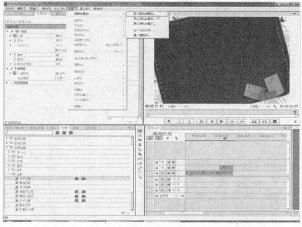

图23-187 单击"默认静态字幕"命令

图23-188 "新建字幕"对话框

STEP 03 单击"确定"按钮，如图23-189所示。

STEP 04 执行操作后，即可打开"字幕编辑器"窗口，如图23-190所示。

图23-189 单击"确定"按钮

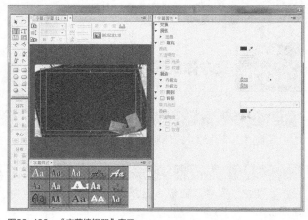

图23-190 "字幕编辑器"窗口

实战 559 输入字幕

▶ 实例位置：光盘 \ 效果 \ 第 23 章 \ 实战 559.prproj
▶ 素材位置：无
▶ 视频位置：光盘 \ 视频 \ 第 23 章 \ 实战 559.mp4

● 实例介绍 ●

下面将主要介绍输入字幕的操作方法。

• 操作步骤 •

STEP 01 在"字幕编辑器"窗口中，选取"文字工具"，如图23-191所示。

STEP 02 运用面板中的输入工具创建需要的字幕，如图23-192所示。

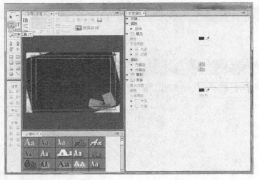

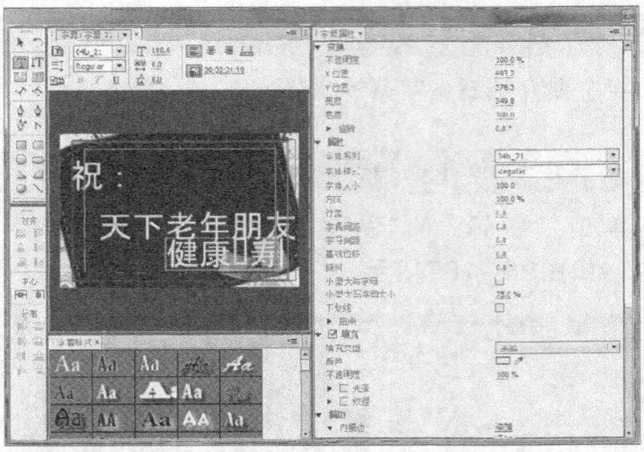

图23-191 选取"文字工具"

图23-192 创建需要的字幕

STEP 03 设置相应字幕属性，如图23-193所示。

STEP 04 单击"字幕编辑器"窗口上方的"关闭"按钮，字幕将自动保存到"项目"面板中，如图23-194所示。

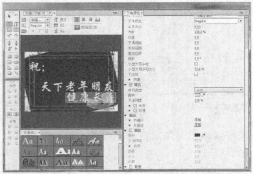

图23-193 设置相应字幕属性

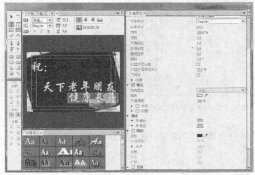

图23-194 单击"关闭"按钮

实战 560 立方体旋转字幕

▶ 实例位置：光盘 \ 效果 \ 第23章 \ 实战560.prproj
▶ 素材位置：无
▶ 视频位置：光盘 \ 视频 \ 第23章 \ 实战560.mp4

• 实例介绍 •

下面将主要介绍立方体旋转字幕的操作方法。

• 操作步骤 •

STEP 01 在"项目"面板中选择该字幕，如图23-195所示。

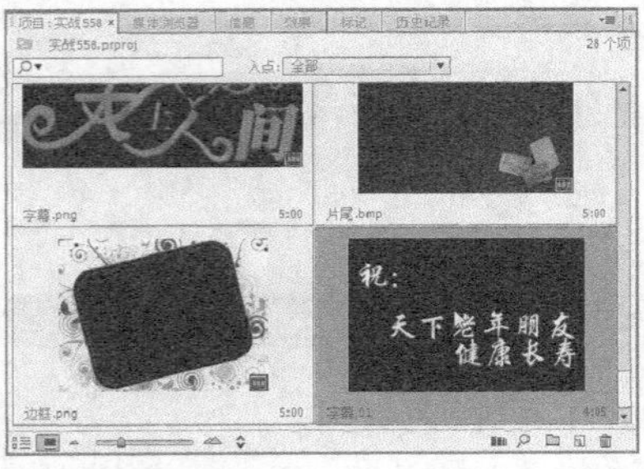

STEP 02 按住鼠标左键并将其拖曳至V3轨道上，如图23-196所示。

图23-195 选择该字幕

图23-196 拖曳至V3轨道上

STEP 03 单击"效果"选项,如图23-197所示。

STEP 04 在"效果"面板中展开"3D运动"选项,如图23-198所示。

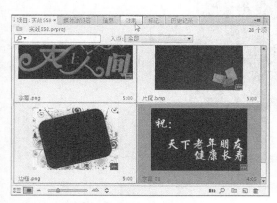

图23-197　单击"效果"选项

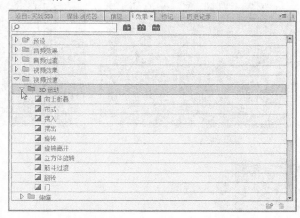

图23-198　展开"3D运动"选项

STEP 05 在其中选择"立方体旋转"特效,如图23-199所示。

STEP 06 按住鼠标左键并将其拖曳至字幕的起始位置,如图23-200所示。

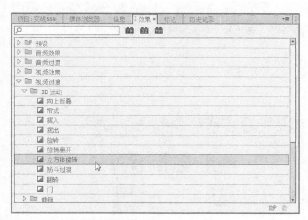

图23-199　选择"立方体旋转"特效

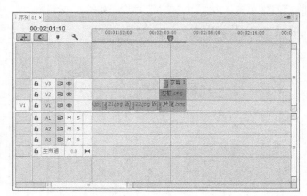

图23-200　拖曳至字幕的起始位置

STEP 07 选择"交叉溶解"特效,如图23-201所示。

STEP 08 按住鼠标左键并将其拖曳至字幕的结束位置,如图23-202所示。

图23-201　选择"交叉溶解"特效

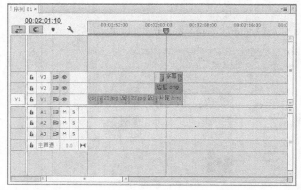

图23-202　拖曳至字幕的结束位置

STEP 09 在"节目监视器"面板中单击"播放–停止切换"按钮，即可预览图像效果，如图23-203所示。

图23-203　预览图像效果

实战 561 导入音频

▶ 实例位置：光盘 \ 效果 \ 第 23 章 \ 实战 561.prproj
▶ 素材位置：无
▶ 视频位置：光盘 \ 视频 \ 第 23 章 \ 实战 561.mp4

● 实例介绍 ●

下面将主要介绍导入音频的操作方法。

● 操作步骤 ●

STEP 01 单击"文件"|"导入"命令，如图23-204所示。

STEP 02 弹出的"导入"对话框如图23-205所示。

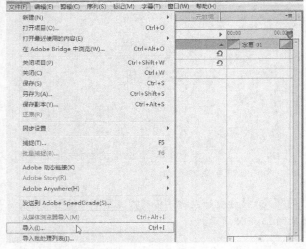

图23-204　单击"导入"命令

图23-205　"导入"对话框

STEP 03 在其中选择音频，如图23-206所示。

STEP 04 单击"打开"按钮，如图23-207所示。

图23-206　选择音频

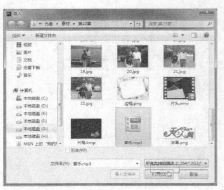

图23-207　单击"打开"按钮

STEP 05 即可在"项目"面板中查看导入的音频，如图23-208所示。

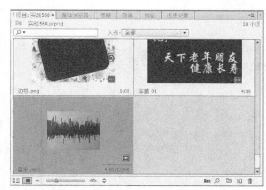

图23-208　　查看导入的音频

实战 562 编辑音频

▶ 实例位置：光盘 \ 效果 \ 第 23 章 \ 实战 562.prproj
▶ 素材位置：无
▶ 视频位置：光盘 \ 视频 \ 第 23 章 \ 实战 562.mp4

● 实例介绍 ●

下面将主要介绍编辑音频的操作方法。

● 操作步骤 ●

STEP 01 在"项目"面板中选择音频，如图23-209所示。

STEP 02 按住鼠标左键并将其拖曳至A1轨道上，如图23-210所示。

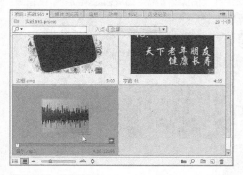

图23-209　选择音频

图23-210　　拖曳至A1轨道上

STEP 03 选择音频，单击鼠标右键，在弹出的快捷菜单中选择"速度/持续时间"选项，如图23-211所示。

STEP 04 在弹出的"剪辑速度/持续时间"对话框设置"持续时间"为00:02:04:00，如图23-212所示。

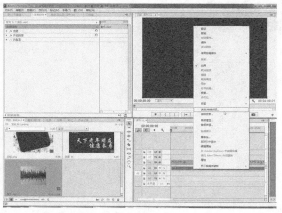

图23-211　选择"速度/持续时间"选项

图23-212　设置"持续时间"

STEP 05 在"时间线"面板中查看调整后的效果，如图23-213所示。

STEP 06 在"节目监视器"面板中单击"播放-停止切换"按钮，如图23-214所示。

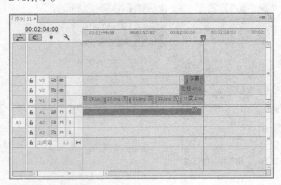

图23-213　看调整后的效果

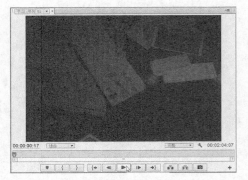

图23-214　单击"播放-停止切换"按钮

STEP 07 即可预览图像效果，如图23-215所示。

图23-215　预览图像效果

第**24**章

制作《商业广告》特效

本章导读

随着商务产业的不断发展，商业广告的宣传手段也逐渐从单纯的平面宣传模式走向了多元化的多媒体宣传方式。商业视频广告的出现，让动态视频更加商业化，本章主要介绍如何制作商业视频广告。

要点索引
● 制作戒指宣传效果
● 制作啤酒宣传效果
● 制作玉器宣传效果

24.1 制作戒指宣传效果

戒指永远是爱情的象征，它不仅是装饰自身的物件，更是品位、地位的体现。本实例将以戒指为宣传对象，介绍如何制作戒指的动态宣传效果，如图24-1所示。

图24-1　实例效果欣赏

实战 563　新建项目

▶ 实例位置：光盘 \ 效果 \ 第 24 章 \ 实战 563.prproj
▶ 素材位置：无
▶ 视频位置：光盘 \ 视频 \ 第 24 章 \ 实战 563.mp4

● 实例介绍 ●

用户在制作一个视频效果时，首先就要新建一个项目文件，下面将主要介绍新建项目文件的操作方法。

● 操作步骤 ●

STEP 01 启动Premiere ProCC后，进入欢迎界面，单击"新建项目"选项，如图24-2所示。

STEP 02 弹出的"新建项目"对话框如图24-3所示。

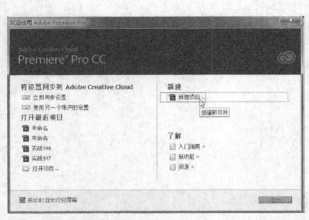

图24-2　单击"新建项目"选项

图24-3　"新建项目"对话框

STEP 03 在"名称"右侧的框中输入"实战563"，如图 24-4所示。

STEP 04 输入完成后，单击"确定"按钮，如图24-5所示。

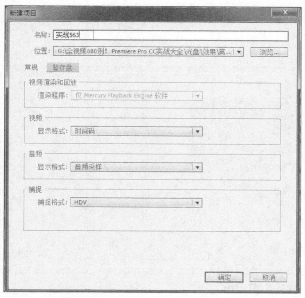

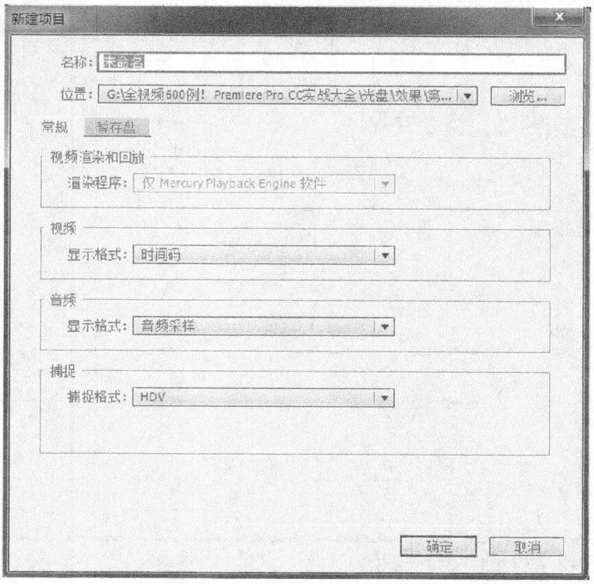

图24-4　输入"实战563"

图24-5　单击"确定"按钮

实战 564　新建序列

▶ 实例位置：光盘 \ 效果 \ 第 24 章 \ 实战 564.prproj
▶ 素材位置：无
▶ 视频位置：光盘 \ 视频 \ 第 24 章 \ 实战 564.mp4

● 实例介绍 ●

新建项目完成后，需要新建一个序列。

● 操作步骤 ●

STEP 01 单击"文件"|"新建"|"序列"选项，如图24-6 所示。

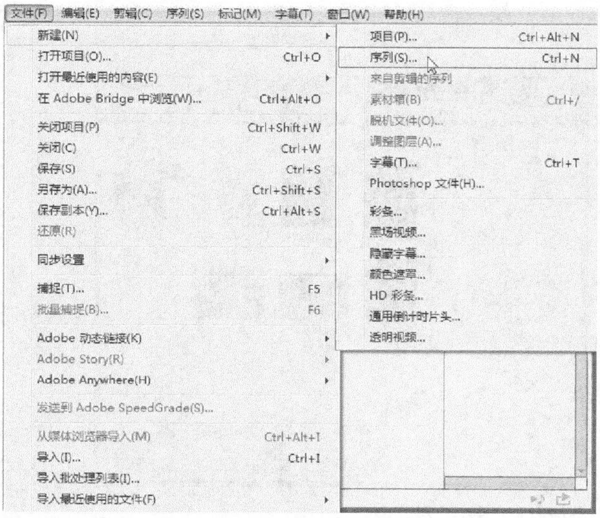

STEP 02 执行操作后，弹出"新建序列"对话框，如图 24-7所示。

图24-6　单击"序列"选项

图24-7　"新建序列"对话框

STEP 03 单击"确定"按钮,如图24-8所示。

STEP 04 即可在"项目"面板查看新建序列,如图24-9所示。

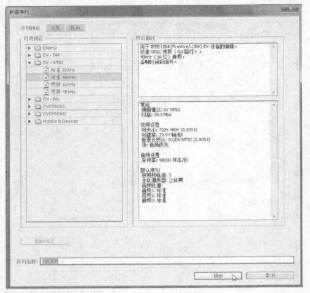

图24-8 单击"确定"按钮

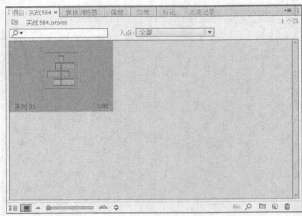

图24-9 查看新建序列

实战 565 导入紫色背景

▶ 实例位置:光盘 \ 效果 \ 第 24 章 \ 实战 565.prproj
▶ 素材位置:光盘 \ 素材 \ 第 24 章 \ 紫色 .jpg
▶ 视频位置:光盘 \ 视频 \ 第 24 章 \ 实战 565.mp4

● 实例介绍 ●

用户在制作宣传动画前,首先需要选取一个合适的背景图片或视频。紫色代表着浪漫和神秘感,接下来将导入一张紫色图片作为整个宣传效果的背景。

● 操作步骤 ●

STEP 01 单击"文件"|"导入"命令,如图24-10所示。

STEP 02 弹出的"导入"对话框如图24-11所示。

图24-10 单击"导入"命令

图24-11 "导入"对话框

STEP 03 在其中选择合适的素材图像，如图24-12所示。

图24-12 选择合适的素材图像

STEP 04 单击"打开"按钮，如图24-13所示。

图24-13 单击"打开"按钮

STEP 05 即可在"项目"面板中查看导入的素材图像，如图24-14所示。

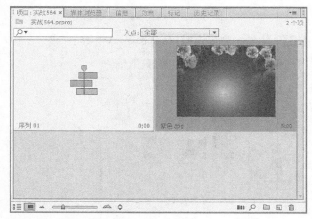

图24-14 查看导入的素材图像

STEP 06 在"项目"面板中选择该素材图像，如图24-15所示。

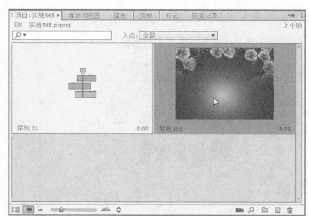

图24-15 选择该素材图像

STEP 07 按住鼠标左键并将其拖曳至V1轨道上，如图24-16所示。

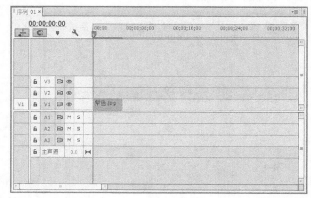

图24-16 拖曳至V1轨道上

实战 566 导入动态背景图片

▶ 实例位置：光盘 \ 效果 \ 第24章 \ 实战 566. prproj
▶ 素材位置：光盘 \ 素材 \ 第24章 \ 星星. psd
▶ 视频位置：光盘 \ 视频 \ 第24章 \ 实战 566. mp4

● 实例介绍 ●

下面将主要介绍导入动态背景图片的操作方法。

● 操作步骤 ●

STEP 01 单击"文件"|"导入"命令，如图24-17所示。

图24-17 单击"导入"命令

STEP 03 在其中选择合适的素材图像，如图24-19所示。

图24-19 选择合适的素材图像

STEP 05 弹出的"导入分层文件：星星"对话框如图24-21所示。

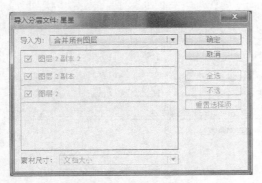

图24-21 "导入分层文件：星星"对话框

STEP 02 弹出的"导入"对话框如图24-18所示。

图24-18 "导入"对话框

STEP 04 单击"打开"按钮，如图24-20所示。

图24-20 单击"打开"按钮

STEP 06 单击"确定"按钮，即可在"项目"面板中查看导入的素材图像，如图24-22所示。

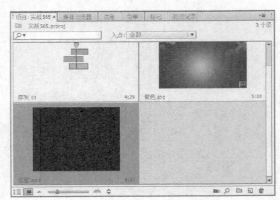

图24-22 查看导入的素材图像

STEP 07 在"项目"面板中选择该素材图像，如图24-23 所示。

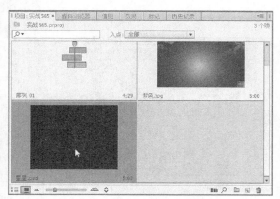

图24-23 选择该素材图像

STEP 08 按住鼠标左键并将其拖曳至V2轨道上，如图24-24 所示。

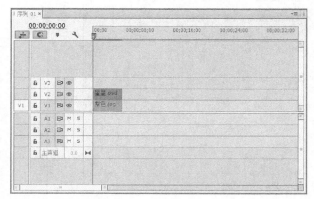

图24-24 拖曳至V2轨道上

实战 567 制作动态背景图片

▶ 实例位置：光盘 \ 效果 \ 第 24 章 \ 实战 567.prproj
▶ 素材位置：无
▶ 视频位置：光盘 \ 视频 \ 第 24 章 \ 实战 567.mp4

● 实例介绍 ●

静态背景会显得过于呆板，为了让背景更加具有吸引力，下面将为紫色背景添加一些可以运动的星星图片。

● 操作步骤 ●

STEP 01 选择V2轨道上的素材图像，如图24-25所示。

图24-25 选择V2轨道上的素材图像

STEP 02 展开"效果控件"面板，如图24-26所示。

图24-26 "效果控件"面板

STEP 03 单击"缩放"和"旋转"左侧的"切换动画"按钮，并设置"缩放"为50.0，如图24-27所示。

图24-27 设置相应参数

STEP 04 设置当前时间为00:00:01:00，如图24-28所示。

图24-28 设置当前时间

STEP 05 设置"旋转"为262.0°，如图24-29所示。

STEP 06 设置当前时间为00:00:02:00，如图24-30所示。

图24-29 设置"旋转"

图24-30 设置当前时间

STEP 07 设置"缩放"为191.0、"旋转"为160.0°，如图24-31所示。

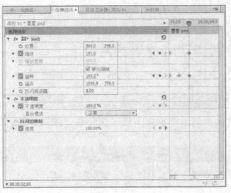

图24-31 设置相应参数

实战 568 导入戒指素材图像

▶ **实例位置**：光盘 \ 效果 \ 第 24 章 \ 实战 568.prproj
▶ **素材位置**：无
▶ **视频位置**：光盘 \ 视频 \ 第 24 章 \ 实战 568.mp4

● 实例介绍 ●

戒指是整个宣传的主题，因此，需要将其放置在最合适的位置。接下来将导入一张戒指图片，并加入一些字幕来衬托整个宣传画面。

● 操作步骤 ●

STEP 01 单击"文件"|"导入"命令，如图24-32所示。

STEP 02 弹出的"导入"对话框，如图24-33所示。

图24-32 单击"导入"命令

图24-33 "导入"对话框

STEP 03 在其中选择合适的素材图像，如图24-34所示。

STEP 04 单击"打开"按钮，如图24-35所示。

图24-34 选择合适的素材图像

图24-35 单击"打开"按钮

STEP 05 弹出"导入分层文件：戒指"对话框，如图24-36所示。

STEP 06 单击"导入为"选项右侧的倒三角按钮，在弹出的下拉列表框中选择"各个图层"选项，如图24-37所示。

图24-36 "导入分层文件：戒指"对话框

图24-37 选择"各个图层"选项

STEP 07 单击"确定"按钮，即可在"项目"面板中查看导入的素材图像，如图24-38所示。

STEP 08 将素材分别拖曳至不同的轨道上，如图24-39所示。

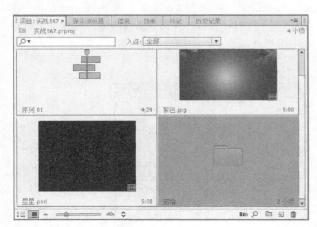

图24-38 查看导入的素材图像

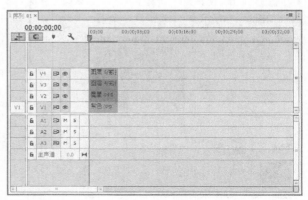

图24-39 拖曳至不同轨道上

STEP 09 选择V3轨道上的素材，如图24-40所示。

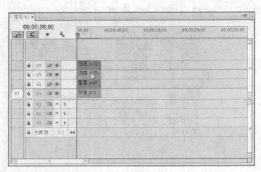

图24-40 选择V3轨道上的素材

STEP 10 设置"缩放"为50.0，如图24-41所示。

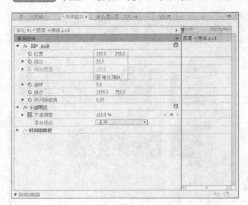

图24-41 设置"缩放"为50.0

STEP 11 选择V4轨道上的素材，如图24-42所示。

图24-42 选择V4轨道上的素材

STEP 12 设置"缩放"为50.0，如图24-43所示。

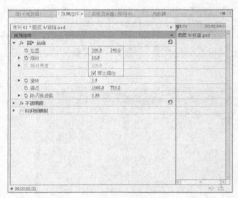

图24-43 设置"缩放"为50.0

实战 569 新建字幕

▶ 实例位置：光盘 \ 效果 \ 第 24 章 \ 实战 569.prproj
▶ 素材位置：无
▶ 视频位置：光盘 \ 视频 \ 第 24 章 \ 实战 569.mp4

● 实例介绍 ●

下面将主要介绍新建字幕的操作方法。

● 操作步骤 ●

STEP 01 单击"字幕"|"新建字幕"|"默认静态字幕"命令，如图24-44所示。

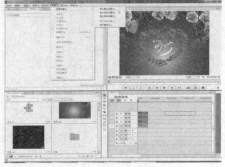

图24-44 单击"默认静态字幕"命令

STEP 02 执行操作后，弹出"新建字幕"对话框，如图24-45所示。

图24-45 "新建字幕"对话框

STEP 03 单击"确定"按钮，如图24-46所示。

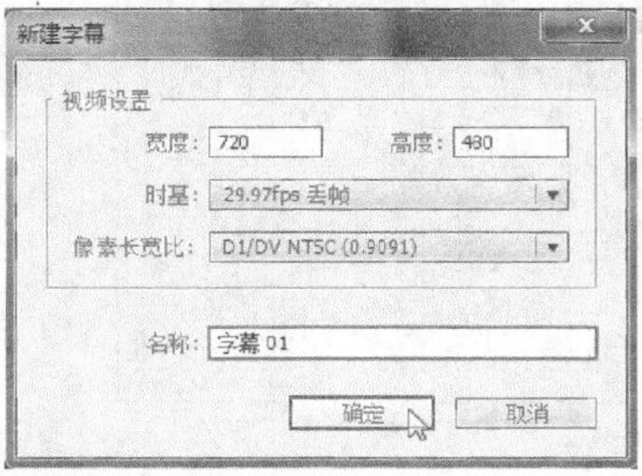

STEP 04 执行操作后，即可打开"字幕编辑器"窗口，如图24-47所示。

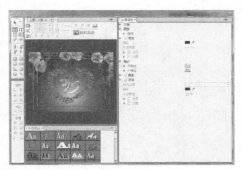

图24-46　单击"确定"按钮

图24-47　"字幕编辑器"窗口

实战 570 　输入字幕

▶ 实例位置：光盘 \ 效果 \ 第 24 章 \ 实战 570.prproj
▶ 素材位置：无
▶ 视频位置：光盘 \ 视频 \ 第 2 章 \ 实战 570.mp4

● 实例介绍 ●

下面将主要介绍输入字幕的操作方法。

● 操作步骤 ●

STEP 01 在"字幕编辑器"窗口中，选取"文字工具"，如图24-48所示。

STEP 02 运用面板中的输入工具创建需要的字幕，如图24-49所示。

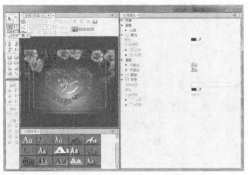

图24-48　选取"文字工具"

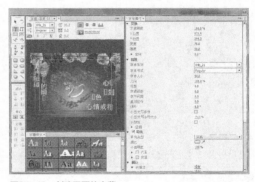

图24-49　创建需要的字幕

STEP 03 设置相应的"字体属性"，如图24-50所示。

STEP 04 单击"字幕编辑器"窗口右上角的"关闭"按钮，如图24-51所示。

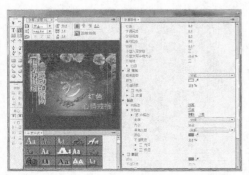

图24-50　设置相应的"字体属性"

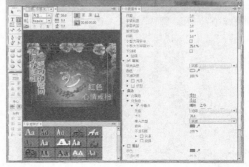

图24-51　单击"关闭"按钮

STEP 05 字幕将自动保存到"项目"面板中，如图24-52所示。

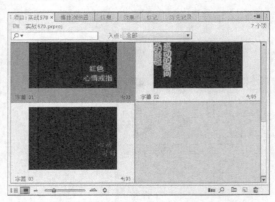

图24-52　保存到"项目"面板中

实战 571　制作图层4特效

▶ 实例位置：光盘 \ 效果 \ 第 24 章 \ 实战 571.prproj
▶ 素材位置：无
▶ 视频位置：光盘 \ 视频 \ 第 24 章 \ 实战 571.mp4

● 实例介绍 ●

下面将主要介绍制作图层4特效的操作方法。

● 操作步骤 ●

STEP 01 选择V3轨道上的素材，如图24-53所示。

STEP 02 在"效果"面板中，选择"4点无用信号遮罩"特效，如图24-54所示。

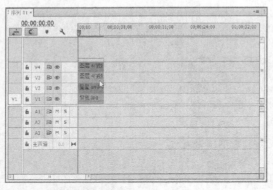

图24-53　选择V3轨道上的素材

图24-54　选择"4点无用信号遮罩"特效

STEP 03 单击该特效所有选项左侧的"切换动画"按钮，并设置各参数，如图24-55所示。

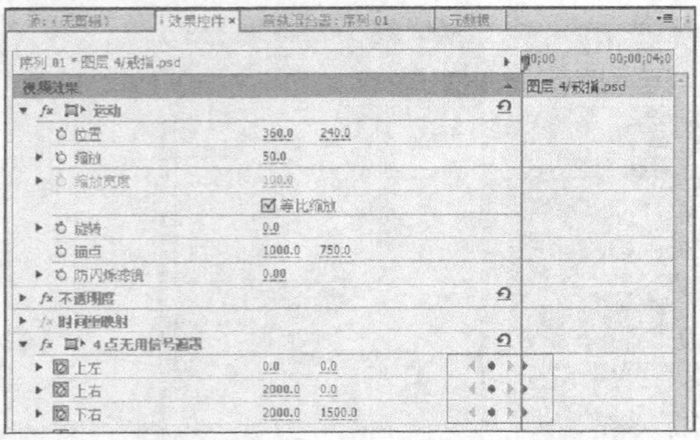

STEP 04 设置当前时间为00:00:01:00，如图24-56所示。

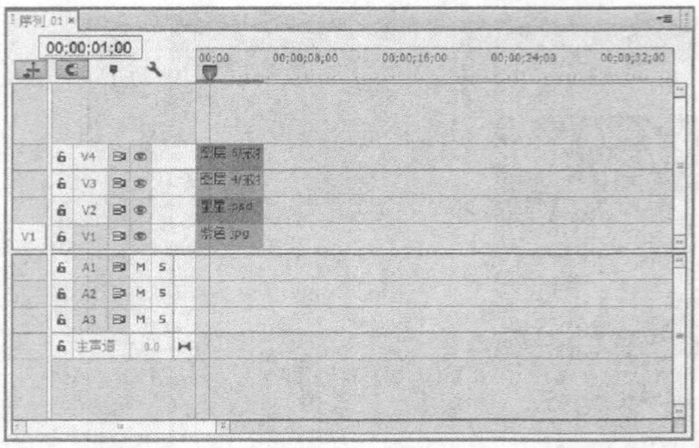

图24-55　设置各参数

图24-56　设置当前时间

STEP 05 设置"上右"为832.0、332.0，如图24-57所示。

STEP 06 设置当前时间为00:00:02:00，如图24-58所示。

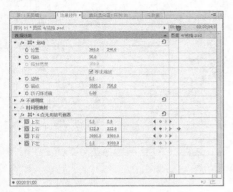

图24-57 设置各参数

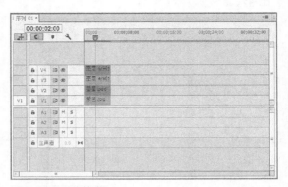

图24-58 设置当前时间

STEP 07 设置"上右"为1327.0、268.0，"下右"为1422.0、1130.0，如图24-59所示。

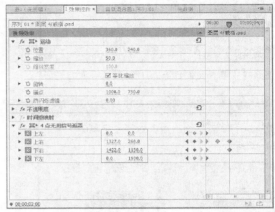

图24-59 设置各参数

实战 572	制作图层6特效	▶ 实例位置：光盘 \ 效果 \ 第 24 章 \ 实战 572.prproj ▶ 素材位置：无 ▶ 视频位置：光盘 \ 视频 \ 第 24 章 \ 实战 572.mp4

● 实例介绍 ●

下面将主要介绍制作图层6特效的操作方法。

● 操作步骤 ●

STEP 01 选择V4轨道上的素材，如图24-60所示。

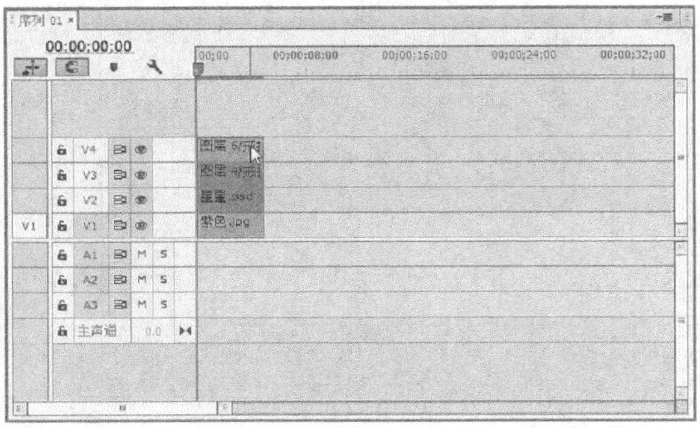

STEP 02 在"效果"面板中，选择"时钟式擦除"特效，如图24-61所示。

图24-60 选择V4轨道上的素材

图24-61 选择"时钟式擦除"特效

STEP 03 按住鼠标左键并将其拖曳至V4轨道素材的起始位置上，如图24-62所示。

图24-62 拖曳至V4轨道上

实战
573 制作字幕01特效

▶ 实例位置：光盘 \ 效果 \ 第24章 \ 实战 573.prproj
▶ 素材位置：无
▶ 视频位置：光盘 \ 视频 \ 第24章 \ 实战 573.mp4

● 实例介绍 ●

下面将主要介绍制作字幕01特效的操作方法。

● 操作步骤 ●

STEP 01 在"项目"面板中，选择"字幕01"素材图像，如图24-63所示。

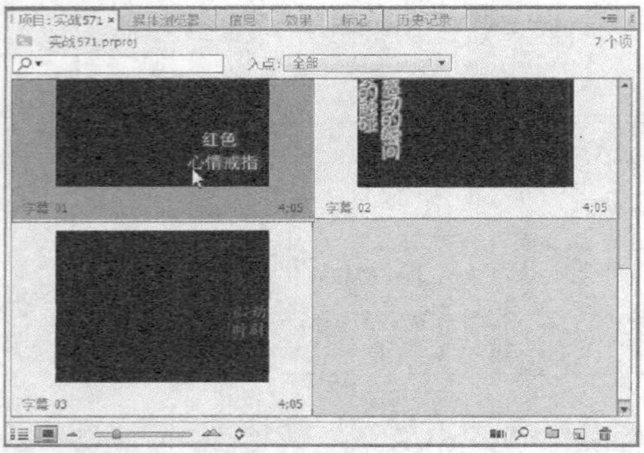

STEP 02 按住鼠标左键并将其拖曳至V5轨道上，如图24-64所示。

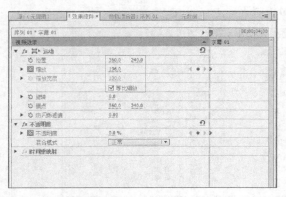

图24-63 选择"字幕01"素材图像

图24-64 拖曳至V5轨道上

STEP 03 单击面板中的"缩放"选项左侧的"切换动画"按钮，并设置"缩放"为196.0、"不透明度"为0.0%，如图24-65所示。

STEP 04 设置当前时间为00:00:01:00，如图24-66所示。

图24-65 设置相应参数

图24-66 设置当前时间

STEP 05 设置 "缩放" 为119.2、 "不透明度" 为80.0%,
如图24-67所示。

图24-67　设置相应参数

实战 574　制作字幕03特效

▶ 实例位置：光盘 \ 效果 \ 第 24 章 \ 实战 574.prproj
▶ 素材位置：无
▶ 视频位置：光盘 \ 视频 \ 第 24 章 \ 实战 574.mp4

● 实例介绍 ●

下面将主要介绍制作字幕03特效的操作方法。

● 操作步骤 ●

STEP 01 在 "项目" 面板中，选择 "字幕03" 素材图像，
如图24-68所示。

STEP 02 按住鼠标左键并将其拖曳至V6轨道上， 如图
24-69所示。

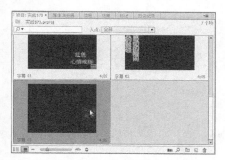

图24-68　选择 "字幕03" 素材图像

图24-69　拖曳至V6轨道上

STEP 03 在 "效果" 面板中，选择 "划像形状" 特效，如图
24-70所示。

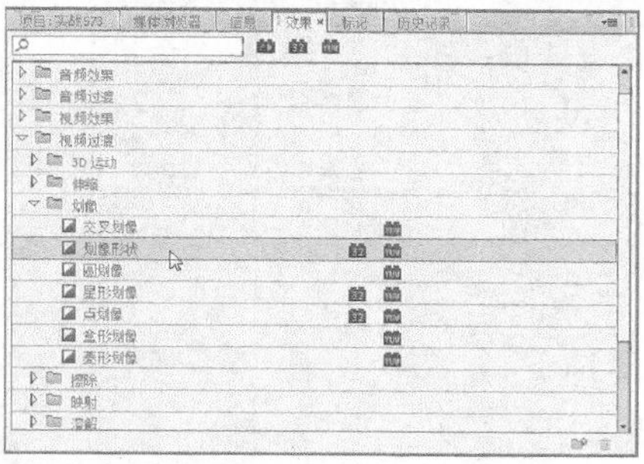

STEP 04 按住鼠标左键并将其拖曳至V6轨道的起始位置
上，如图24-71所示。

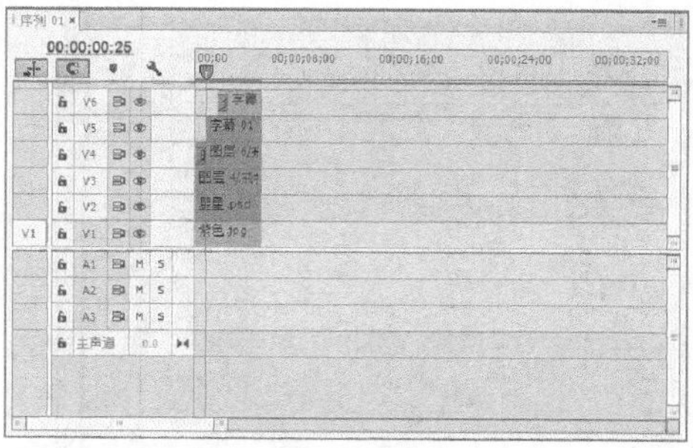

图24-70　选择 "划像形状" 特效

图24-71　拖曳至V6轨道的起始位置上

实战 575　制作字幕02特效

▶ 实例位置：光盘 \ 效果 \ 第 24 章 \ 实战 575.prproj
▶ 素材位置：无
▶ 视频位置：光盘 \ 视频 \ 第 24 章 \ 实战 575.mp4

● 实例介绍 ●

下面将主要介绍制作字幕02特效的操作方法。

STEP 01 在"项目"面板中，选择"字幕02"素材图像，如图24-72所示。

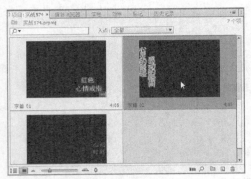

图24-72 选择"字幕02"素材图像

STEP 02 按住鼠标左键并将其拖曳至V7轨道上，如图24-73所示。

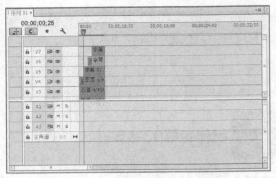

图24-73 拖曳至V7轨道上

STEP 03 选择V7轨道上的素材图像，如图24-74所示。

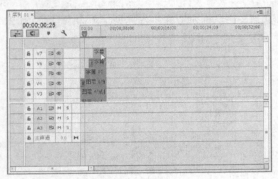

图24-74 选择V7轨道上的素材图像

STEP 04 设置"缩放"为196.0、"不透明度"为0.0%，如图24-75所示。

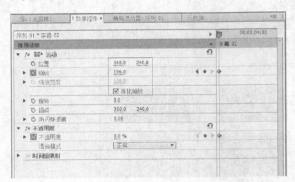

图24-75 设置相应参数

STEP 05 设置当前时间为00:00:03:00，如图24-76所示。

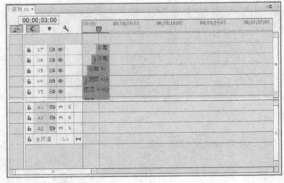

图24-76 设置当前时间

STEP 06 设置"缩放"为100.0、"不透明度"为100.0%，如图24-77所示。

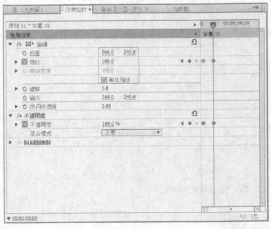

图24-77 设置相应参数

在 "节目监视器" 面板中单击 "播放–停止切换" 按钮，即可预览图像效果，如图24–78所示。

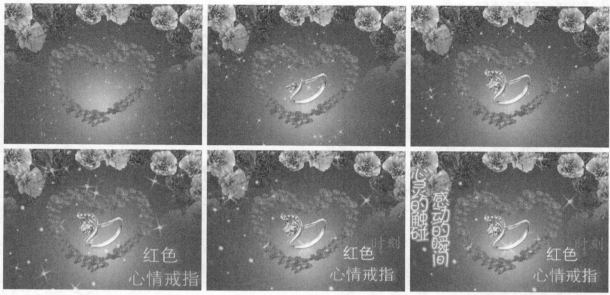

图24–78　预览图像效果

24.2　制作啤酒宣传效果

　　在酒水饮料的宣传效果中，大多数以追求创意和冲击力为主，力求使作品立体地展现出整个产品的文化、理念、特点等。因此，在版式中以单纯、简明、统一、均衡为主。本实例以啤酒为例，讲解如何制作啤酒宣传动画效果，如图24–79所示。

图24–79　预览图像效果

<table>
<tr><td rowspan="2">实战
576</td><td rowspan="2">新建项目</td><td>▶ 实例位置：光盘 \ 效果 \ 第 24 章 \ 实战 576. prproj</td></tr>
<tr><td>▶ 素材位置：无
▶ 视频位置：光盘 \ 视频 \ 第 24 章 \ 实战 576. mp4</td></tr>
</table>

● 实例介绍 ●

用户在制作一个视频效果时，首先就要新建一个项目文件，下面将主要介绍新建项目文件的操作方法。

● 操作步骤 ●

STEP 01 启动Premiere Pro CC后，进入欢迎界面，单击 "新建项目"选项，如图24-80所示。

STEP 02 弹出的"新建项目"对话框如图24-81所示。

图24-81 "新建项目"对话框

图24-80 单击"新建项目"选项

STEP 03 在"名称"右侧的框中输入"实战576"，如图24-82所示。

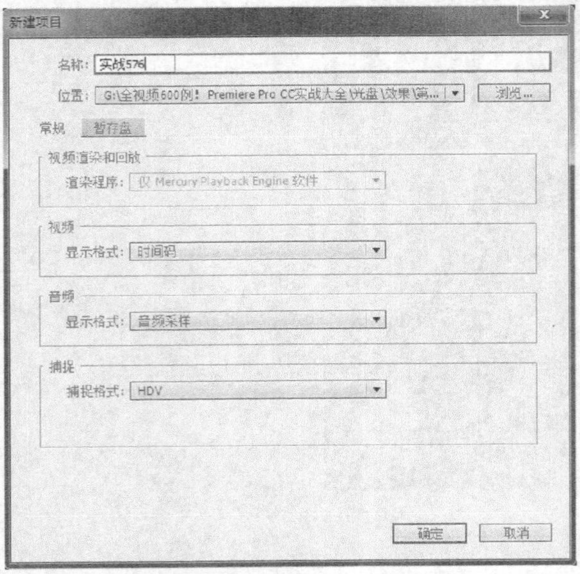

STEP 04 输入完成后，单击"确定"按钮，如图24-83所示。

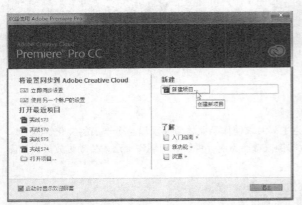

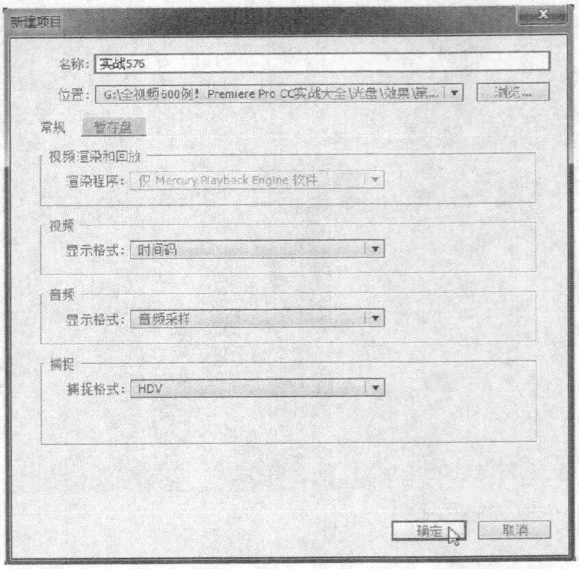

图24-82 输入"实战576"

图24-83 单击"确定"按钮

实战 577　新建序列

▶ 实例位置：光盘 \ 效果 \ 第 24 章 \ 实战 577. prproj
▶ 素材位置：无
▶ 视频位置：光盘 \ 视频 \ 第 24 章 \ 实战 577. mp4

● 实例介绍 ●

新建项目完成后，需要新建一个序列。

● 操作步骤 ●

STEP 01 单击"文件" | "新建" | "序列"命令，如图 24-84 所示。

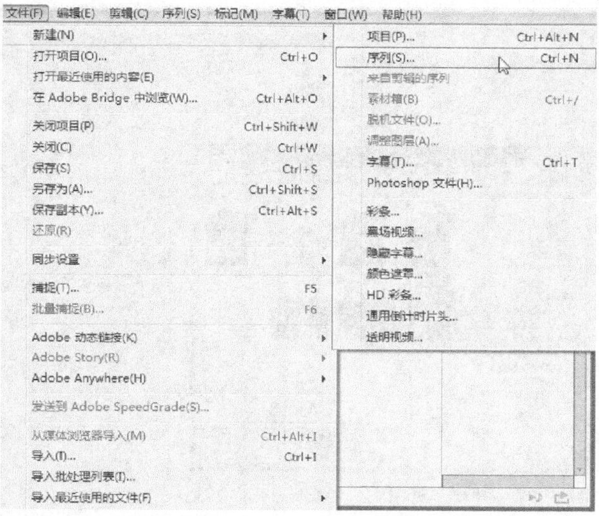

STEP 02 执行操作后，弹出"新建序列"对话框，如图 24-85 所示。

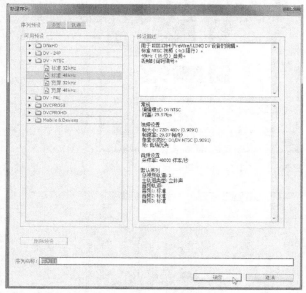

图24-84　单击"序列"命令

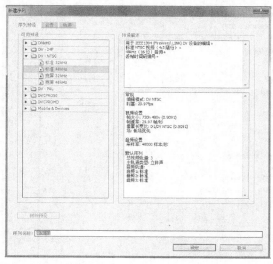

图24-85　"新建序列"对话框

STEP 03 单击"确定"按钮，如图24-86所示。

STEP 04 即可在"项目"面板查看新建序列，如图24-87 所示。

图24-86　单击"确定"按钮

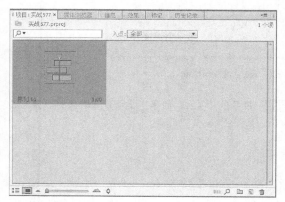

图24-87　查看新建序列

实战 578 导入啤酒背景

▶ 实例位置：光盘 \ 效果 \ 第 24 章 \ 实战 578.prproj
▶ 素材位置：光盘 \ 素材 \ 第 24 章 \ 啤酒背景.jpg
▶ 视频位置：光盘 \ 视频 \ 第 24 章 \ 实战 578.mp4

● 实例介绍 ●

为了突出主体，用户首先需要导入一张颜色相对单一的背景图片来衬托主体。

● 操作步骤 ●

STEP 01 单击"文件" | "导入"命令，如图24-88所示。

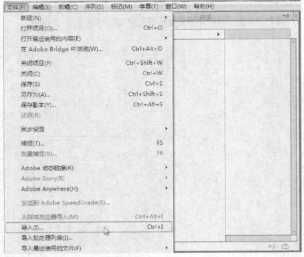

图24-88 单击"导入"命令

STEP 02 弹出的"导入"对话框如图24-89所示。

图24-89 "导入"对话框

STEP 03 在其中选择合适的素材图像，如图24-90所示。

图24-90 选择合适的素材图像

STEP 04 单击"打开"按钮，如图24-91所示。

图24-91 单击"打开"按钮

STEP 05 即可在"项目"面板中查看导入的素材图像，如图24-92所示。

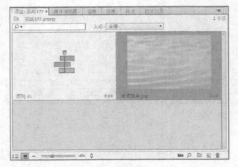

图24-92 查看导入的素材图像

实战 579 制作啤酒特效

▶ 实例位置：光盘\效果\第 24 章\实战 579.prproj
▶ 素材位置：无
▶ 视频位置：光盘\视频\第 24 章\实战 579.mp4

● 实例介绍 ●

下面主要介绍制作啤酒特效的操作方法。

● 操作步骤 ●

STEP 01 在"项目"面板中选择合适的素材图像，如图 24-93 所示。

STEP 02 按住鼠标并将其拖曳至 V1 轨道上，如图 24-94 所示。

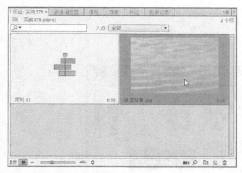

图 24-93 选择合适的素材图像

图 24-94 拖曳至 V1 轨道上

STEP 03 单击"效果"选项，如图 24-95 所示。

STEP 04 在"效果"面板中展开"溶解"选项，如图 24-96 所示。

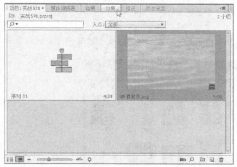

图 24-95 单击"效果"选项

图 24-96 选择"溶解"选项

STEP 05 在其中选择"交叉溶解"特效，如图 24-97 所示。

STEP 06 按住鼠标并将其拖曳至 V1 轨道上的起始位置，如图 24-98 所示。

图 24-97 选择"交叉溶解"特效

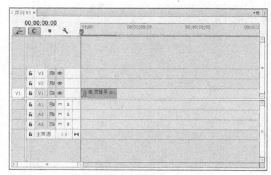

图 24-98 拖曳至 V1 轨道上的起始位置

实战 580 导入PSD图层

▶ 实例位置：光盘 \ 效果 \ 第 24 章 \ 实战 580. prproj
▶ 素材位置：无
▶ 视频位置：光盘 \ 视频 \ 第 24 章 \ 实战 580. mp4

● 实例介绍 ●

下面将主要介绍导入PSD图层的操作方法。

● 操作步骤 ●

STEP 01 单击"文件"I"导入"命令，如图24-99所示。

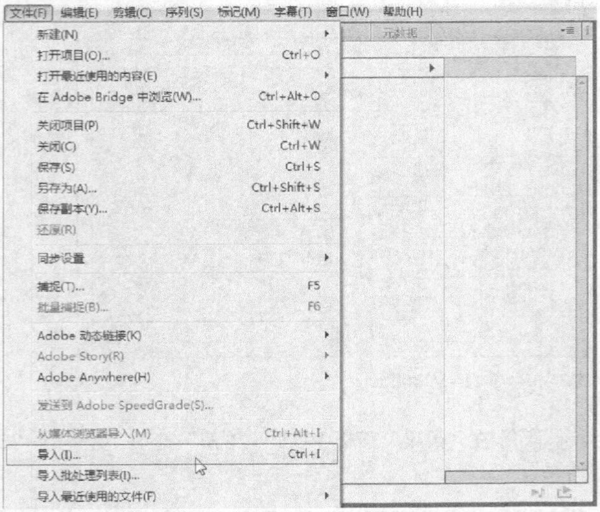

STEP 02 弹出的"导入"对话框如图24-100所示。

图24-99 单击"导入"命令

图24-100 "导入"对话框

STEP 03 在其中选择合适的素材图像，如图24-101所示。

STEP 04 单击"打开"按钮，如图24-102所示。

图24-101 选择合适的素材图像

图24-102 单击"打开"按钮

STEP 05 弹出"导入分层文件:啤酒"对话框，如图24-103所示。

图24-103 "导入分层文件:啤酒"对话框

STEP 06 在"导入为"后的下拉菜单中选择"各个图层"，单击"确定"按钮，如图24-104所示，即可在"项目"面板中查看导入的素材图像。

图24-104　单击"确定"按钮

STEP 07 在"项目"面板中选择该素材图像，如图24-105所示。

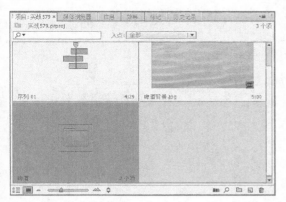

图24-105　选择该素材图像

STEP 08 按住鼠标左键并将其拖曳至不同的轨道上，如图24-106所示。

图24-106　拖曳至不同的轨道上

实战 581　制作图层4特效

▶ 实例位置：光盘\效果\第24章\实战581.prproj
▶ 素材位置：无
▶ 视频位置：光盘\视频\第24章\实战581.mp4

● 实例介绍 ●

下面将主要介绍制作图层4特效的操作方法。

● 操作步骤 ●

STEP 01 在V2轨道中选择"图层4"，如图24-107所示。

图24-107　选择"图层4"

STEP 02 展开"效果控件"面板，如图24-108所示。

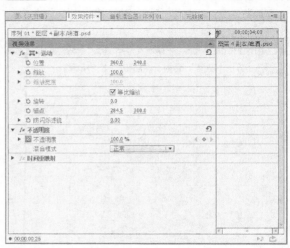

图24-108　展开"效果控件"面板

STEP 03 设置"位置"为1470.0、662.0，"缩放"为 160.0，"不透明度"为0.0%，如图24-109所示。

STEP 04 设置当前时间为00:00:01:15，如图24-110所示。

图24-109 设置相应参数

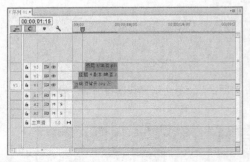

图24-110 设置当前时间

STEP 05 设置"不透明度"为100.0%，如图24-111所示。

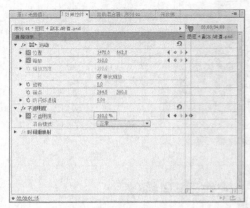

图24-111 设置"不透明度"为100.0%

实战
582
制作高斯模糊特效

▶ 实例位置：光盘 \ 效果 \ 第 24 章 \ 实战 582.prproj
▶ 素材位置：无
▶ 视频位置：光盘 \ 视频 \ 第 24 章 \ 实战 582.mp4

● 实例介绍 ●

下面将主要介绍制作"高斯模糊"特效的操作方法。

● 操作步骤 ●

STEP 01 打开"效果"面板，如图24-112所示。

STEP 02 展开"视频效果"选项，如图24-113所示。

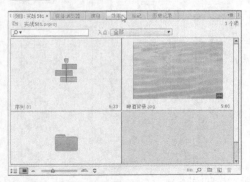

图24-112 打开"效果"面板

图24-113 展开"视频效果"选项

STEP 03 展开"模糊与锐化"选项，如图24-114所示。

图24-114 选择"模糊与锐化"选项

STEP 04 选择"高斯模糊"特效，如图24-115所示。

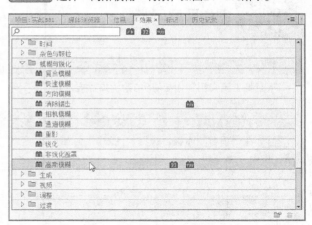

图24-115 选择"高斯模糊"特效

STEP 05 按住鼠标左键并将其拖曳至V2轨道上，如图24-116所示。

图24-116 拖曳至V2轨道上

STEP 06 设置"模糊度"为1.0，如图24-117所示。

图24-117 设置"模糊度"为1.0

STEP 07 设置当前时间为00:00:01:15，如图24-118所示。

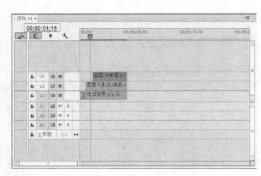

图24-118 设置当前时间

STEP 08 设置"模糊度"为1.0，如图24-119所示。

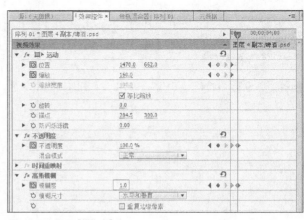

图24-119 设置"模糊度"为1.0

▶ 实例位置：光盘 \ 效果 \ 第 24 章 \ 实战 583.prproj
▶ 素材位置：无
▶ 视频位置：光盘 \ 视频 \ 第 24 章 \ 实战 583.mp4

实战 583 制作图层5特效

● 实例介绍 ●

下面将主要介绍制作图层5特效的操作方法。

● 操作步骤 ●

STEP 01 在"项目"面板中选择"图层5"，如图24-120所示。

STEP 02 展开"效果控件"面板，如图24-121所示。

图24-120 选择"图层5"

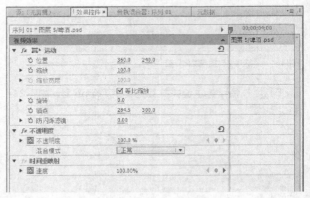

图24-121 展开"效果控件"面板

STEP 03 设置"位置"为1545.0、1815.0，如图24-122所示。

STEP 04 设置当前时间为00:00:02:15，如图24-123所示。

图24-122 设置相应参数

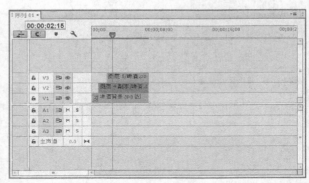

图24-123 设置当前时间

STEP 05 设置"位置"为513.9、267.2，如图24-124所示。

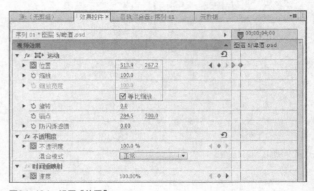

图24-124 设置"位置"

实战
584 新建字幕

▶ 实例位置：光盘 \ 效果 \ 第 24 章 \ 实战 584.prproj
▶ 素材位置：无
▶ 视频位置：光盘 \ 视频 \ 第 24 章 \ 实战 584.mp4

● 实例介绍 ●

下面将主要介绍新建字幕的操作方法。

● 操作步骤 ●

STEP 01 单击"字幕"|"新建字幕"|"默认静态字幕"命令，如图24-125所示。

STEP 02 执行操作后，弹出"新建字幕"对话框，如图24-126所示。

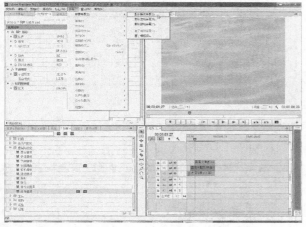

图24-125　单击"默认静态字幕"命令

图24-126　"新建字幕"对话框

STEP 03 单击"确定"按钮，如图24-127所示。

STEP 04 执行操作后，即可打开"字幕编辑器"窗口，如图24-128所示。

图24-127　单击"确定"按钮

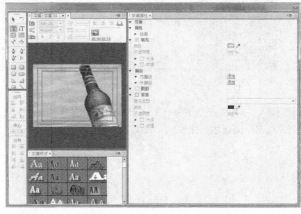

图24-128　"字幕编辑器"窗口

实战
585 输入字幕

▶ 实例位置：光盘 \ 效果 \ 第 24 章 \ 实战 585.prproj
▶ 素材位置：无
▶ 视频位置：光盘 \ 视频 \ 第 24 章 \ 实战 585.mp4

● 实例介绍 ●

下面将主要介绍输入字幕的操作方法。

● 操作步骤 ●

STEP 01 在"字幕编辑器"窗口中，选取"文字工具"，如图24-129所示。

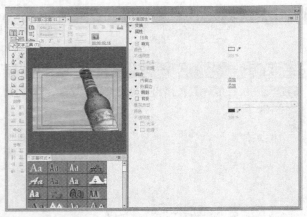

图24-129 选取"文字工具"

STEP 03 设置相应字体属性，如图24-131所示。

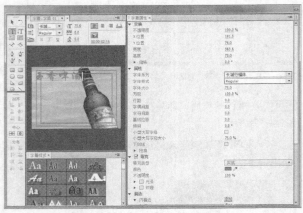

图24-131 设置相应字体属性

STEP 05 运用同上的方法，输入其他字幕，字幕将自动保存到"项目"面板中，如图24-133所示。

STEP 02 运用面板中的输入工具创建需要的字幕，如图24-130所示。

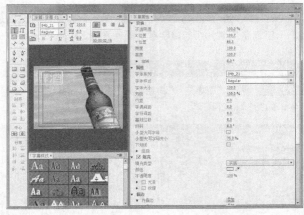

图24-130 创建需要的字幕

STEP 04 单击"字幕编辑器"窗口右上角的"关闭"按钮，如图24-132所示。

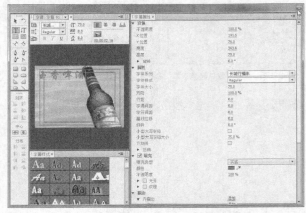

图24-132 单击"关闭"按钮

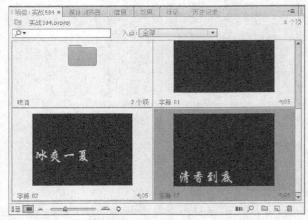

图24-133 保存到"项目"面板中的字幕

<table>
<tr><td rowspan="3">实战
586</td><td rowspan="3">制作字幕01特效</td></tr>
</table>

实战 **586**	制作字幕01特效	▶ **实例位置**：光盘 \ 效果 \ 第 24 章 \ 实战 586. prproj ▶ **素材位置**：无 ▶ **视频位置**：光盘 \ 视频 \ 第 24 章 \ 实战 586.mp4

● 实例介绍 ●

下面将主要介绍制作字幕01特效的操作方法。

● 操作步骤 ●

STEP 01 在"项目"面板中选择"字幕01"素材图像，如图24-134所示。

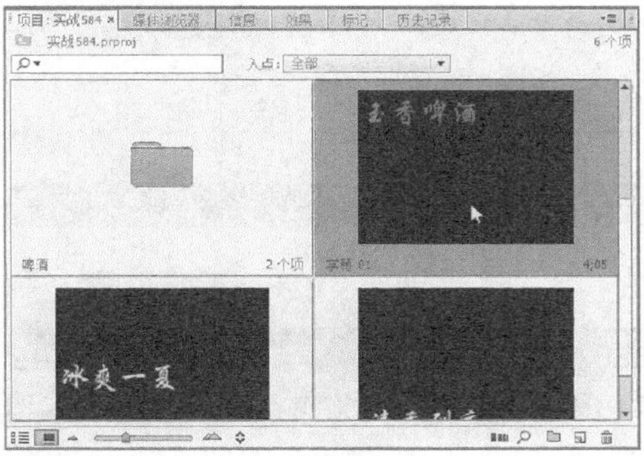

STEP 02 按住鼠标左键并将其拖曳至V4轨道上，如图24-135所示。

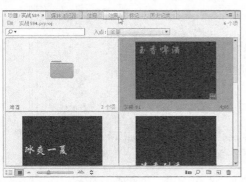

图24-134 选择"字幕01"素材图像

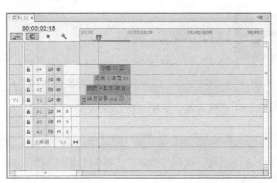

图24-135 拖曳至V4轨道上

STEP 03 打开"效果"面板，如图24-136所示。

STEP 04 展开"扭曲"选项，如图24-137所示。

图24-136 打开"效果"面板

图24-137 展开"扭曲"选项

STEP 05 在其中选择"弯曲"特效，如图24-138所示。

STEP 06 按住鼠标左键并将其拖曳至V4轨道上，如图24-139所示。

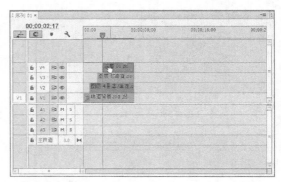

图24-138 选择"弯曲"特效

图24-139 拖曳至V4轨道上

STEP 07 展开"效果控件"面板，单击"弯曲"特效所有选项左侧的"切换动画"按钮，如图24-140所示。

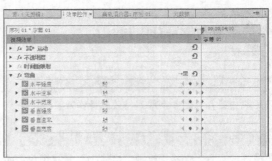

图24-140　单击"切换动画"按钮

实战 587　制作字幕02特效

▶ 实例位置：光盘 \ 效果 \ 第 24 章 \ 实战 587. prproj
▶ 素材位置：无
▶ 视频位置：光盘 \ 视频 \ 第 24 章 \ 实战 587. mp4

● 实例介绍 ●

下面将主要介绍制作字幕02特效的操作方法。

● 操作步骤 ●

STEP 01 在"项目"面板中选择"字幕02"素材图像，如图24-141所示。

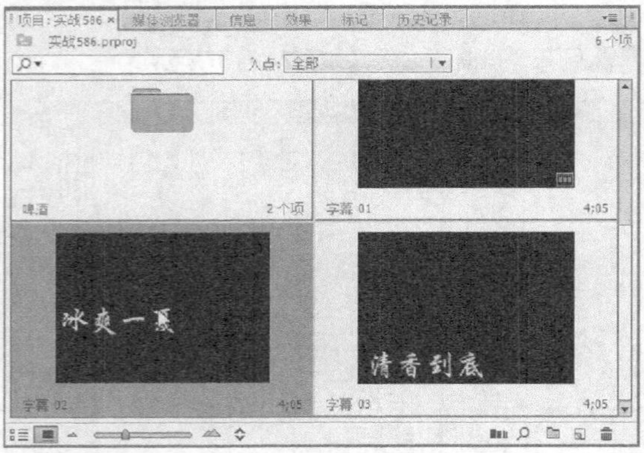

STEP 02 按住鼠标左键并将其拖曳至V5轨道上，如图24-142所示。

图24-141　选择"字幕02"素材图像

图24-142　拖曳至V5轨道上

STEP 03 选择V5轨道上的"字幕02"素材图像，如图24-143所示。

STEP 04 打开"效果"面板，如图24-144所示。

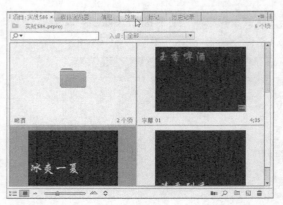

图24-143　选择素材图像

图24-144　打开"效果"面板

STEP 05 展开"3D运动"选项，如图24-145所示。

STEP 06 在其中选择"筋斗过渡"特效，如图24-146所示。

图24-145　展开"3D运动"选项

图24-146　选择"筋斗过渡"特效

STEP 07 按住鼠标左键并将其拖曳至V5轨道上，如图24-147所示。

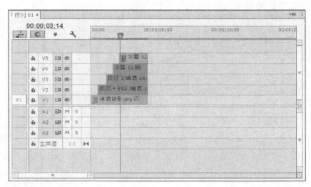

图24-147　拖曳至V5轨道上

实战 588　制作字幕03特效

▶ 实例位置：光盘 \ 效果 \ 第 24 章 \ 实战 588.prproj
▶ 素材位置：无
▶ 视频位置：光盘 \ 视频 \ 第 24 章 \ 实战 588.mp4

● 实例介绍 ●

下面将主要介绍制作字幕03特效的操作方法。

● 操作步骤 ●

STEP 01 在"项目"面板中选择"字幕03"素材图像，如图24-148所示。

STEP 02 按住鼠标左键并将其拖曳至V6轨道上，如图24-149所示。

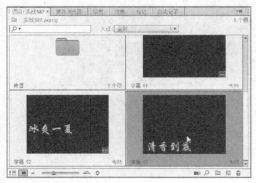

图24-148　选择"字幕03"素材图像

图24-149　其拖曳至V6轨道上

STEP 03 选择V6轨道上的"字幕03"素材图像，如图24-150所示。

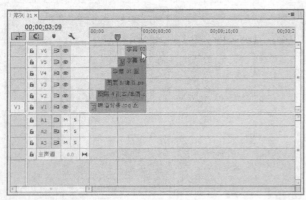

图24-150　选择素材图像

STEP 04 打开"效果"面板，如图24-151所示。

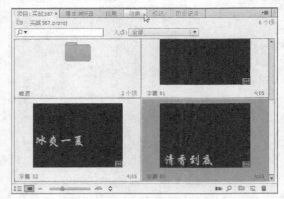

图24-151　打开"效果"面板

STEP 05 展开"3D运动"选项，如图24-152所示。

图24-152　展开"3D运动"选项

STEP 06 在其中选择"立方体旋转"特效，如图24-153所示。

图24-153　选择"立方体旋转"特效

STEP 07 按住鼠标左键并将其拖曳至V6轨道上，如图24-154所示。

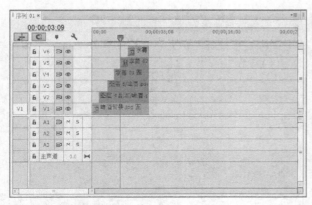

图24-154　拖曳至V6轨道上

STEP 08 在"节目监视器"面板中单击"播放-停止切换"按钮，如图24-155所示。

图24-155　单击"播放-停止切换"按钮

STEP 09 即可预览图像效果，如图24-156所示。

图24-156　预览图像效果

24.3 制作玉器宣传效果

　　在古代，"玉器"经常出现在皇宫和贵族的家中，画可以体现出一个人的高贵和富有。接下来将制作一段关于玉器的宣传动画效果，如图24-157所示。

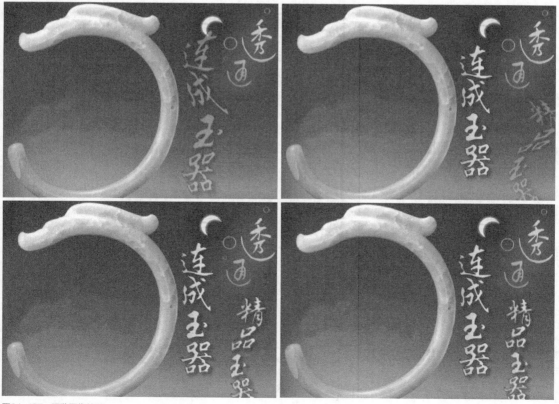

图24-157　预览图像效果

▶ 实例位置：光盘 \ 效果 \ 第 24 章 \ 实战 589. prproj
▶ 素材位置：无
▶ 视频位置：光盘 \ 视频 \ 第 24 章 \ 实战 589. mp4

实战 589 新建项目

● 实例介绍 ●

用户在制作一个视频效果时，首先要新建一个项目文件，下面将主要介绍新建项目文件的操作方法。

● 操作步骤 ●

STEP 01 启动Premiere Pro CC后，进入欢迎界面，单击 "新建项目"选项，如图24-158所示。

STEP 02 弹出的"新建项目"对话框如图24-159所示。

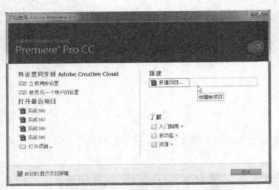

图24-158　单击"新建项目"选项

图24-159　"新建项目"对话框

STEP 03 在"名称"右侧的框中输入"实战589"，如图24-160所示。

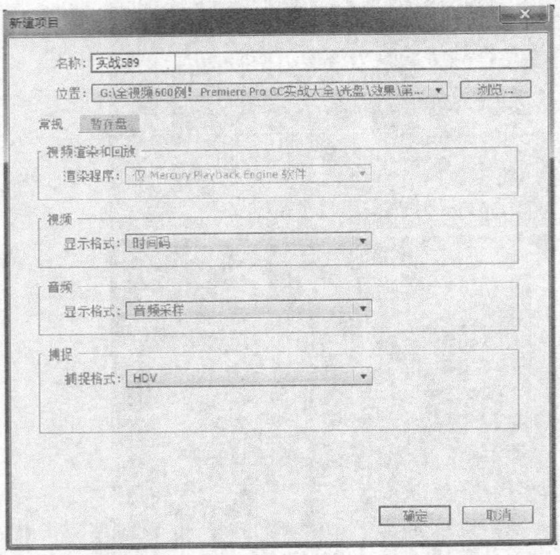

STEP 04 输入完成后，单击"确定"按钮，如图24-161所示。

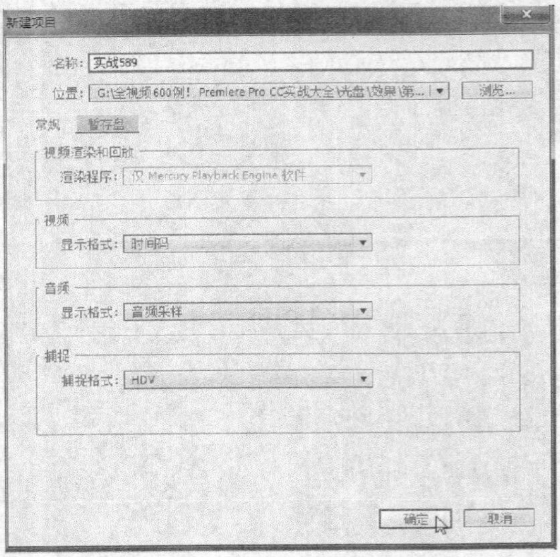

图24-160　输入"实战589"

图24-161　单击"确定"按钮

实战	新建序列	▶ 实例位置：光盘 \ 效果 \ 第 24 章 \ 实战 590. prproj
590		▶ 素材位置：无
		▶ 视频位置：光盘 \ 视频 \ 第 24 章 \ 实战 590. mp4

● 实例介绍 ●

新建项目完成后，需要新建一个序列。

● 操作步骤 ●

STEP 01 单击"文件"|"新建"|"序列"命令，如图 24-162所示。

STEP 02 执行操作后，弹出"新建序列"对话框，如图 24-163所示。

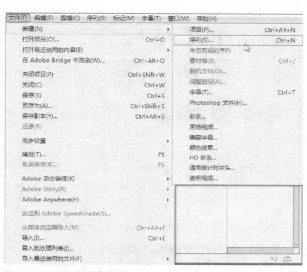

图24-162　单击"序列"命令

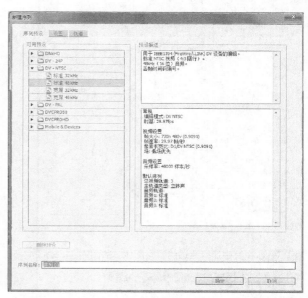

图24-163　"新建序列"对话框

STEP 03 单击"确定"按钮，如图24-164所示。

STEP 04 即可在"项目"面板查看新建序列，如图24-165所示。

图24-164　单击"确定"按钮

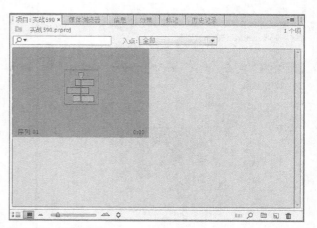

图24-165　查看新建序列

实战 591 导入玉器宣传背景

▶ 实例位置：光盘 \ 效果 \ 第 24 章 \ 实战 591.prproj
▶ 素材位置：光盘 \ 素材 \ 第 24 章 \ 玉器.jpg
▶ 视频位置：光盘 \ 视频 \ 第 24 章 \ 实战 591.mp4

● 实例介绍 ●

在制作玉器宣传效果之前，用户首先需要导入一张带有玉器的素材图片。

● 操作步骤 ●

STEP 01 单击"文件" | "导入"命令，如图24-166所示。

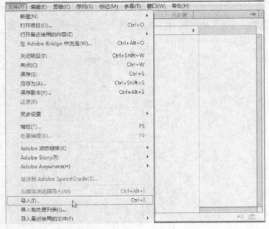

图24-166 单击"导入"命令

STEP 02 弹出的"导入"对话框如图24-167所示。

图24-167 "导入"对话框

STEP 03 在其中选择合适的素材图像，如图24-168所示。

图24-168 选择合适的素材图像

STEP 04 单击"打开"按钮，如图24-169所示。

图24-169 单击"打开"按钮

STEP 05 即可在"项目"面板中查看导入的素材图像，如图24-170所示。

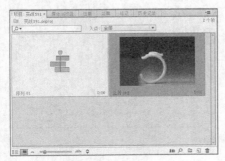

图24-170 查看导入的素材图像

STEP 06 在"项目"面板中选择导入的素材图像，如图24-171所示。

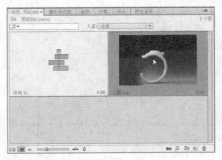

图24-171 选择导入的素材图像

STEP 07 按住鼠标左键并将其拖曳至V1轨道上，如图24-172所示。

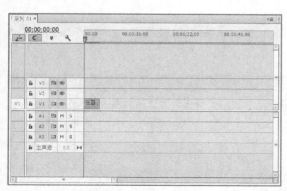

图24-172　拖曳至V1轨道上

STEP 08 打开"效果"面板，如图24-173所示。

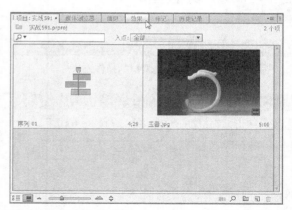

图24-173　打开"效果"面板

STEP 09 展开"视频过渡"选项，如图24-174所示。

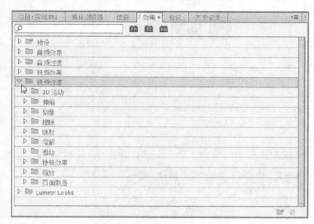

图24-174　展开"视频过渡"选项

STEP 10 选择"溶解"选项，如图24-175所示。

图24-175　选择"溶解"选项

STEP 11 在其中选择"抖动溶解"特效，如图24-176所示。

图24-176　选择"抖动溶解"特效

STEP 12 按住鼠标左键并将其拖曳至V1轨道素材的起始位置，如图24-177所示。

图24-177　拖曳至V1轨道素材的起始位置

<table>
<tr><td rowspan="2">实战
592</td><td rowspan="2">导入其他素材</td></tr>
</table>

▶ 实例位置：光盘 \ 效果 \ 第 24 章 \ 实战 592. prproj
▶ 素材位置：无
▶ 视频位置：光盘 \ 视频 \ 第 24 章 \ 实战 592. mp4

● 实例介绍 ●

下面将主要介绍导入其他素材的操作方法。

● 操作步骤 ●

STEP 01 单击"文件"|"导入"命令，如图24-178所示。

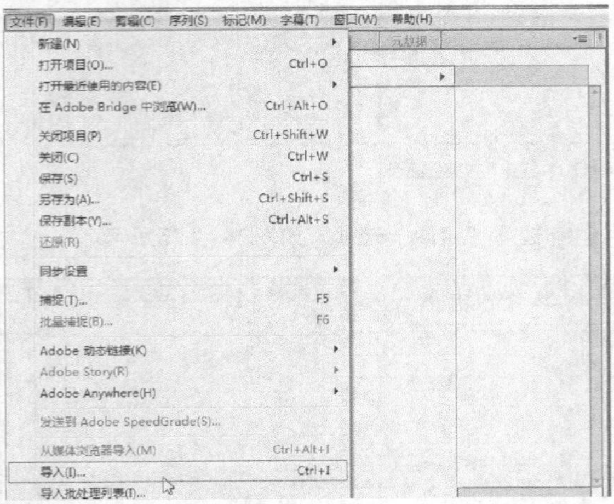

STEP 02 弹出的"导入"对话框如图24-179所示。

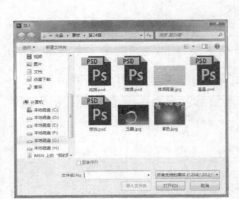

图24-178 单击"导入"命令

图24-179 "导入"对话框

STEP 03 在其中选择合适的素材图像，如图24-180所示。

STEP 04 单击"打开"按钮，如图24-181所示。

图24-180 选择合适的素材图像

图24-181 单击"打开"按钮

STEP 05 弹出"导入分层文件:修饰"对话框，如图24-182所示。

STEP 06 单击"确定"按钮，如图24-183所示。

图24-182 "导入分层文件：修饰"对话框

图24-183 单击"确定"按钮

STEP 07 在"项目"面板中查看该素材图像，如图24-184所示。

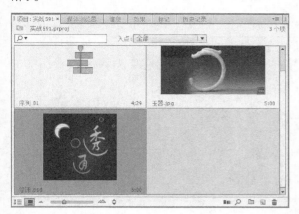

图24-184 查看素材图像

STEP 08 在"项目"面板中选择该素材图像，如图24-185所示。

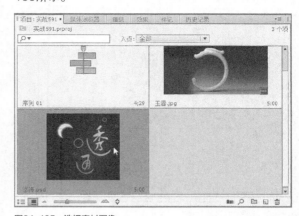

图24-185 选择素材图像

STEP 09 按住鼠标左键并将其拖曳至V2轨道上，如图24-186所示。

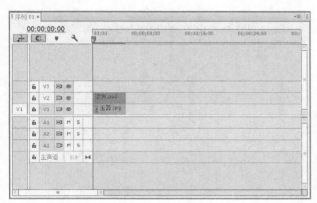

图24-186 拖曳至V2轨道上

STEP 10 打开"效果"面板，如图24-187所示。

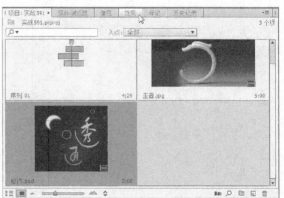

图24-187 打开"效果"面板

STEP 11 展开"视频效果"选项，如图24-188所示。

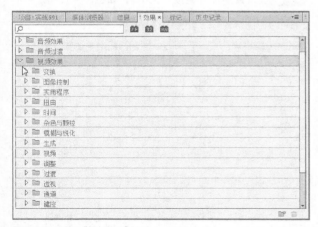

图24-188 展开"视频效果"选项

STEP 12 选择"过渡"选项，如图24-189所示。

图24-189 选择"过渡"选项

STEP 13 在其中选择"块溶解"特效，如图24-190所示。

STEP 14 按住鼠标左键并将其拖曳至V2轨道上，如图24-191所示。

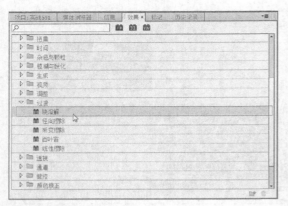

图24-190 选择"块溶解"特效

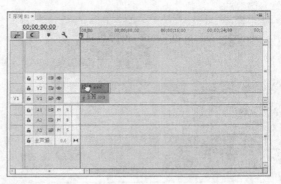

图24-191 拖曳至V2轨道上

STEP 15 展开"效果控件"面板，如图24-192所示。

STEP 16 单击"块溶解"特效所有选项左侧的"切换动画"按钮，并设置相应参数，如图24-193所示。

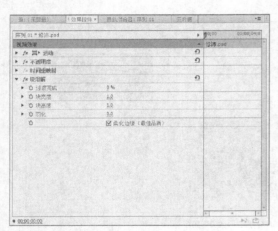

图24-192 展开"效果控件"面板

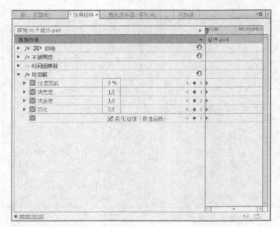

图24-193 设置相应参数

STEP 17 设置当前时间为00:00:01:00，如图24-194所示。

STEP 18 设置"过渡完成"为0%，如图24-195所示。

图24-194 设置当前时间

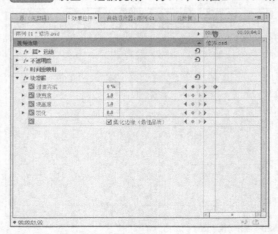

图24-195 设置"过渡完成"为0%

实战 593	新建字幕

▶ 实例位置：光盘 \ 效果 \ 第 24 章 \ 实战 593.prproj
▶ 素材位置：无
▶ 视频位置：光盘 \ 视频 \ 第 24 章 \ 实战 593.mp4

● 实例介绍 ●

下面将主要介绍新建字幕的操作方法。

● 操作步骤 ●

STEP 01 单击"字幕"|"新建字幕"|"默认静态字幕"命令，如图24-196所示。

图24-196　单击"默认静态字幕"命令

STEP 02 执行操作后，弹出"新建字幕"对话框，如图24-197所示。

图24-197　"新建字幕"对话框

STEP 03 单击"确定"按钮，如图24-198所示。

STEP 04 执行操作后，即可打开"字幕编辑器"窗口，如图24-199所示。

图24-198　单击"确定"按钮

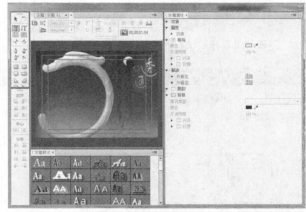

图24-199　"字幕编辑器"窗口

实战 594	输入字幕

▶ 实例位置：光盘 \ 效果 \ 第 24 章 \ 实战 594.prproj
▶ 素材位置：无
▶ 视频位置：光盘 \ 视频 \ 第 24 章 \ 实战 594.mp4

● 实例介绍 ●

下面将主要介绍输入字幕的操作方法。

● 操作步骤 ●

STEP 01 在"字幕编辑器"窗口中，选取"垂直文字工具"，如图24-200所示。

STEP 02 运用面板中的输入工具创建需要的字幕，如图24-201所示。

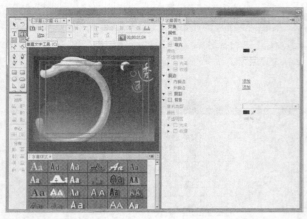

图24-200 选取"垂直文字工具"

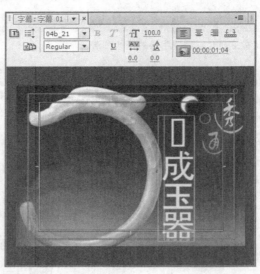

图24-201 创建需要的字幕

实战 595 设置字幕属性

▶ 实例位置：光盘 \ 效果 \ 第24章 \ 实战595.prproj
▶ 素材位置：无
▶ 视频位置：光盘 \ 视频 \ 第24章 \ 实战595.mp4

● 实例介绍 ●

下面将主要介绍设置字幕属性的操作方法。

● 操作步骤 ●

STEP 01 在"字幕编辑器"窗口中选择输入的字幕，如图24-202所示。

STEP 02 设置"字体系列"为华文行楷，如图24-203所示。

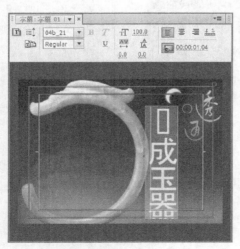

图24-202 选择输入的字幕

图24-203 设置"字体系列"

STEP 03 设置字体"大小"为80.0，如图24-204所示。

图24-204 设置"字体大小"

STEP 04 设置"填充类型"为四色渐变，如图24-205所示。

图24-205 设置"填充类型"

STEP 05 "颜色"为暗黄、淡黄、暗黄、淡黄的四色渐变，如图24-206所示。

图24-206 四色渐变

STEP 06 选中"阴影"复选框，如图24-207所示。

图24-207 选中"阴影"复选框

STEP 07 单击"字幕编辑器"窗口右上角的"关闭"按钮，如图24-208所示。

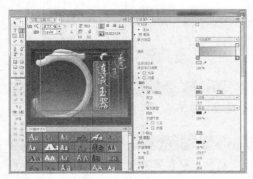

图24-208 单击"关闭"按钮

STEP 08 即可在"项目"面板中查看输入的字幕画面，如图24-209所示。

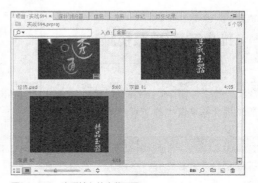

图24-209 查看输入的字幕画面

实战 596　拖曳字幕01至视频轨

▶ 实例位置：光盘 \ 效果 \ 第 24 章 \ 实战 596.prproj
▶ 素材位置：无
▶ 视频位置：光盘 \ 视频 \ 第 24 章 \ 实战 596.mp4

● 实例介绍 ●

下面将主要介绍拖曳字幕01至视频轨的操作方法。

● 操作步骤 ●

STEP 01 在"项目"面板选择"字幕01"素材图像，如图24-210所示。

STEP 02 按住鼠标左键并将其拖曳至V3轨道上，如图24-211所示。

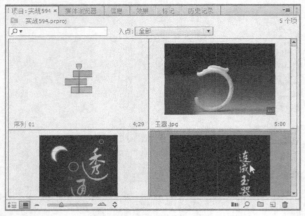

图24-210　在"项目"面板选择"字幕01"

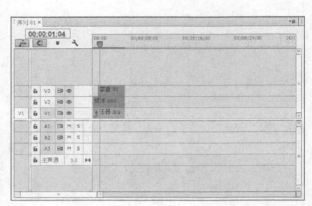

图24-211　拖曳至V3轨道上

STEP 03 在"节目监视器"面板中单击"播放-停止切换"按钮，即可预览图像效果，如图24-212所示。

图24-212　预览图像效果

实战 597　拖曳字幕02至视频轨

▶ 实例位置：光盘 \ 效果 \ 第 24 章 \ 实战 597.prproj
▶ 素材位置：无
▶ 视频位置：光盘 \ 视频 \ 第 24 章 \ 实战 597.mp4

● 实例介绍 ●

下面将主要介绍拖曳字幕02至视频轨的操作方法。

● 操作步骤 ●

STEP 01 在"项目"面板选择"字幕02"素材图像，如图24-213所示。

STEP 02 按住鼠标左键并将其拖曳至V4轨道上，如图24-214所示。

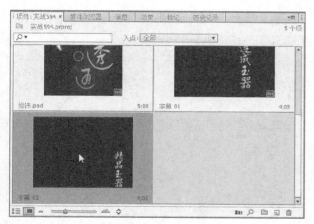

图24-213 在"项目"面板选择"字幕02"

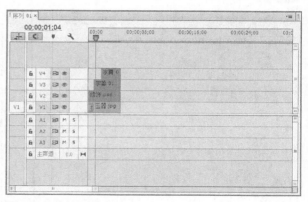

图24-214 拖曳至V4轨道上

STEP 03 在"节目监视器"面板中单击"播放-停止切换"按钮,即可预览图像效果,如图24-215所示。

图24-215 预览图像效果

实战 598 制作字幕01特效

▶ 实例位置:光盘 \ 效果 \ 第 24 章 \ 实战 598.prproj
▶ 素材位置:无
▶ 视频位置:光盘 \ 视频 \ 第 24 章 \ 实战 598.mp4

• 实例介绍 •

下面将主要介绍制作字幕01特效的操作方法。

• 操作步骤 •

STEP 01 选择V3轨道上的素材图像,如图24-216所示。

STEP 02 打开"效果"面板,如图24-217所示。

图24-216 选择素材图像

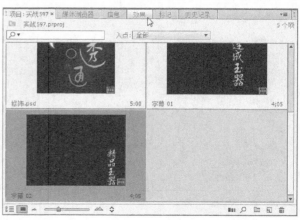

图24-217 打开"效果"面板

STEP 03 展开"视频效果"选项，如图24-218所示。

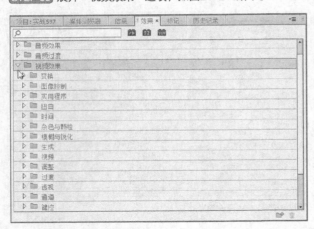

图24-218 展开"视频效果"选项

STEP 05 在其中选择"弯曲"特效，如图24-220所示。

图24-220 选择"弯曲"特效

STEP 07 展开"效果控件"面板，如图24-222所示。

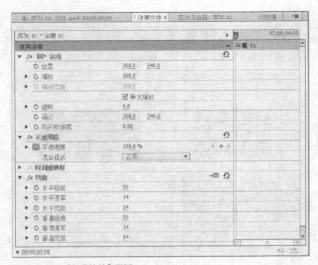

图24-222 "效果控件"面板

STEP 04 展开"扭曲"选项，如图24-219所示。

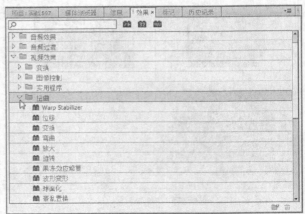

图24-219 展开"扭曲"选项

STEP 06 按住鼠标左键并将其拖曳至V3轨道上，如图24-221所示。

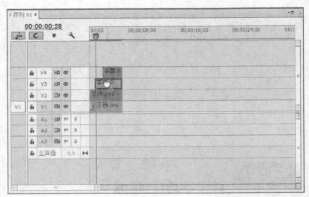

图24-221 拖曳至V3轨道上

STEP 08 单击"弯曲"特效所有选项左侧的"切换动画"按钮，设置各参数，如图24-223所示。

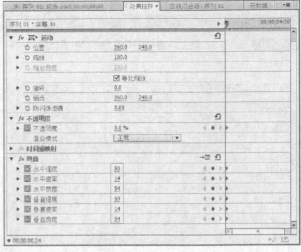

图24-223 设置各参数

STEP 09 设置当前时间为00:00:01:10,如图24-224所示。

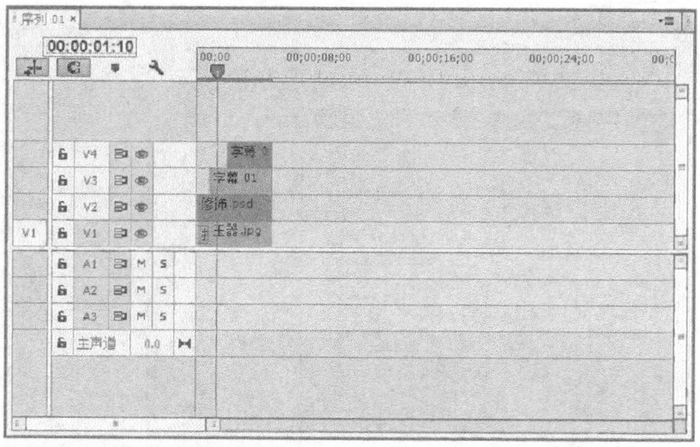

STEP 10 设置"不透明度"为100.0%,并设置各参数,如图24-225所示。

图24-224　设置当前时间

图24-225　设置各参数

STEP 11 设置当前时间为00:00:02:00,如图24-226所示。

STEP 12 设置各参数均为0,如图24-227所示。

图24-226　设置当前时间

图24-227　设置各参数

实战 599　制作字幕02特效

▶ 实例位置：光盘 \ 效果 \ 第 24 章 \ 实战 599.prproj
▶ 素材位置：无
▶ 视频位置：光盘 \ 视频 \ 第 24 章 \ 实战 599.mp4

● 实例介绍 ●

下面将主要介绍制作字幕02特效的操作方法。

● 操作步骤 ●

STEP 01 在"效果控件"面板中,选择"弯曲"特效,如图24-228所示。

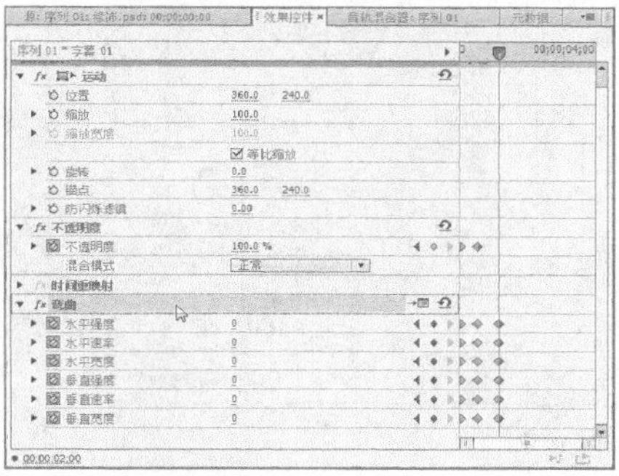

STEP 02 单击鼠标右键,在弹出的快捷菜单中选择"复制"命令,如图24-229所示。

图24-228　选择"弯曲"特效

图24-229　选择"复制"命令

STEP 03 选择V4轨道上的素材图像，如图24-230所示。

STEP 04 在"效果控件"面板的空白位置处，单击鼠标右键，在弹出的快捷菜单中选择"粘贴"命令，如图24-231所示。

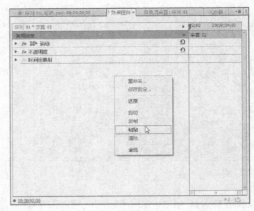

图24-231　选择"粘贴"命令

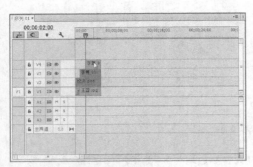

图24-230　选择V4轨道上的素材图像

STEP 05 执行上述操作后，即可在"效果控件"面板中查看复制后的"弯曲"特效，如图24-232所示。

STEP 06 选择V3轨道上的素材图像，如图24-233所示。

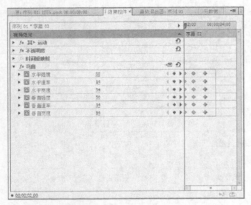

图24-232　查看复制后的"弯曲"特效

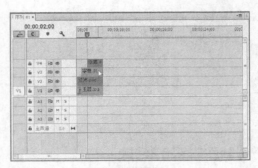

图24-233　选择V3轨道上的素材图像

STEP 07 在面板中框选"不透明度"选项右侧的关键帧，如图24-234所示。

STEP 08 单击鼠标右键，在弹出的快捷菜单中选择"复制"命令，如图23-235所示。

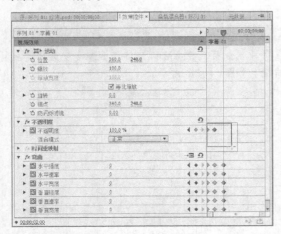

图24-234　框选关键帧

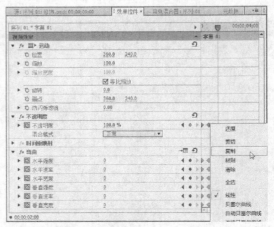

图23-235　选择"复制"命令

STEP 09 选择V4轨道上的素材图像，如图24-236所示。

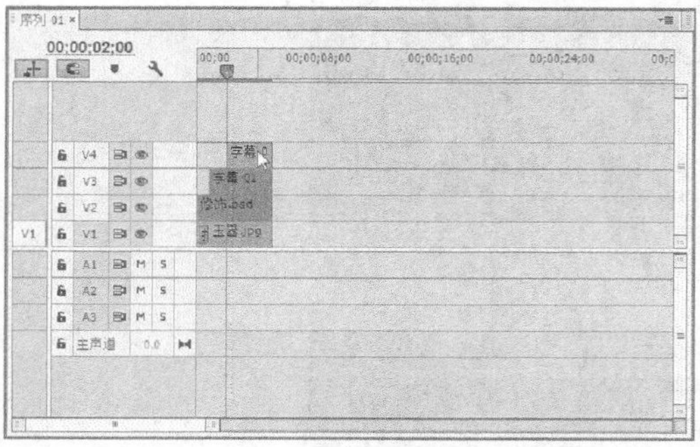

STEP 10 在"不透明度"选项右侧单击鼠标右键，在弹出的快捷菜单中选择"粘贴"命令，如图23-237所示。

图24-236　选择V4轨道上的素材图像

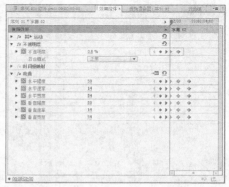

图24-237　选择"粘贴"命令

STEP 11 执行上述操作后，即可在"效果控件"面板中查看复制后的"不透明度"的关键帧，如图24-238所示。

图24-238　查看复制后的"不透明度"的关键帧

实战 600　预览玉器宣传效果

▶ 实例位置：光盘 \ 效果 \ 第 24 章 \ 实战 600.prproj
▶ 素材位置：无
▶ 视频位置：光盘 \ 视频 \ 第 24 章 \ 实战 600.mp4

● 实例介绍 ●

下面将主要介绍预览玉器宣传效果的操作方法。

● 操作步骤 ●

STEP 01 在"节目监视器"面板中单击"播放-停止切换"按钮，如图24-239所示。

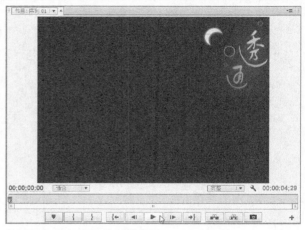

图24-239　单击"播放-停止切换"按钮

STEP 02 即可预览图像效果，如图24-240所示。

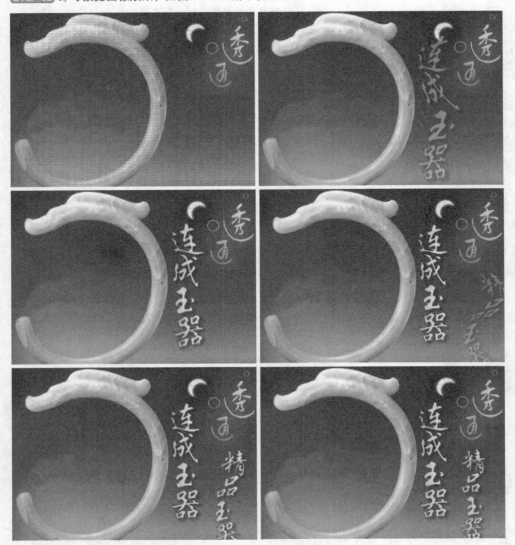

图24-240　预览图像效果